MECÁNICA CUÁNTICA

Books LLC®, Reference Series, Memphis, USA, 2011. ISBN: 9781231640982. www.booksllc.net.
Derecho de Autor: http://creativecommons.org/licenses/by-sa/3.0/deed.es

Tabla de contenidos

Anticonmutador 2
Aproximación de Born-Oppenheimer. 2
Armónicos esféricos 2
Barrera de potencial 5
Capa electrónica 7
Catástrofe ultravioleta 8
Claude Cohen-Tannoudji 9
Coeficiente de transmisión 9
Coeficientes Clebsch—Gordan 10
Colapso de la función de onda 11
Conmutador de dos operadores 11
Constante de Planck 12
Contacto de punto cuántico 13
Correlación electrónica 13
Cosmología cuántica 14
Cruce evitado 14
Cuantización 14
Cuanto 15
Cuerpo negro 16
Darwinismo cuántico 17
Debate Bohr-Einstein 18
Decoherencia cuántica 21
Degeneración (física) 22
Densidad (mecánica cuántica) 22
Detector de bombas de Elitzur–Vaidman 22
Determinante de Slater 24
Diagrama de Feynman 25
Dualidad onda corpúsculo 26
Eco de espín 29
Ecuación de Dirac 30
Ecuación de Klein-Gordon 34
Ecuación de Rarita-Schwinger 35
Ecuación de Schrödinger 36
Ecuación de Schrödinger-Pauli 39
Efecto Aharonov-Bohm 40
Efecto Compton 40
Efecto Josephson 41
Efecto Lamb 42
Efecto fotoeléctrico 44
Efecto pantalla 47
Efecto penetración orbital 47
Efectos relativistas sobre orbitales de enlace 48
Electrón desapareado 50
Electrón secundario 51

Energía de Fermi 51
Energía del punto cero 51
Energía del vacío 53
Entrelazamiento cuántico 53
Escala de energía 56
Esfera de Bloch 57
Espacio de Fock 58
Espacio de Hilbert 59
Espacio de Hilbert equipado 61
Espectro de la energía 62
Espín 63
Estado cuántico 64
Estado de Fock 65
Estado estacionario (mecánica cuántica) 65
Estado excitado 67
Estado fundamental (química) 67
Estado mixto 68
Estado puro 69
Estadística de Bose-Einstein 69
Estadística de Fermi-Dirac 70
Estructura nuclear 71
Experimento de Franck y Hertz 73
Experimento de Stern y Gerlach 74
Experimento de Young 75
Fase geométrica 77
Fluctuación cuántica 78
Fluxón 78
Funciones ortogonales 78
Función de Green 79
Función de cuadrado integrable 80
Función de onda 81
Función de onda normalizable 82
Función de trabajo 83
Física atómica 84
Fórmula de Landau-Zener 84
Gato de Schrödinger 85
Giróscopo cuántico 86
Gravedad cuántica 87
Gravedad cuántica de bucles 89
Hamiltoniano (mecánica cuántica) ... 91
Heteroestructura 93
Hidrógeno triatómico 93
Hilo cuántico 94
Historia de la mecánica cuántica 95
Historia de la teoría cuántica de campos 96
Hueco de Fermi 97
Inestabilidad de dos haces 97
Integral de caminos (mecánica cuántica) 98
Interacción Yukawa 99
Interacción de canje 100
Interacción de configuraciones 105
Interpretaciones de la mecánica cuántica 106
Interpretación Madhyamika 107
Interpretación de Bohm 107
Interpretación de Copenhague 117
Interpretación estadística de la mecánica cuántica 118
Juan Martín Maldacena 118
Lee Smolin 119
Ley de Planck 120
Ley de Rayleigh-Jeans 121
Ley de Stefan-Boltzmann 121
Ley de desplazamiento de Wien 123
Láser de dióxido de carbono 124
Láser de punto cuántico 125
Límite clásico 125
Lógica cuántica 127
Materia degenerada 129
Matrices de Pauli 130
Max Planck 131
Mecánica cuántica 132
Mecánica cuántica relativista 135
Mecánica matricial 136
Modelo Anderson 139
Modelo Hubbard 139
Modo normal 140
Momento angular 141
Método CASSCF 144
Método de Hartree-Fock 145
Niels Böhr 147
Nivel energético 148
Notación Bra-Ket 149
Nube de electrones 150
Número cuántico 151
Observable 152
Ondas de materia 153
Operador (mecánica cuántica) 154
Operador escalera 155

Operador hermítico 156	Principio de localidad..................... 180	Teorema adiabático 193
Operador unitario 157	Problema de los muchos cuerpos 180	Teorema de Bell 194
Orbital molecular 158	Punto cuántico................................. 180	Teorema de Ehrenfest 201
Oscilador armónico cuántico 160	Regla de oro de Fermi..................... 181	Teorema de Hellman-Feynman....... 201
Paquete de ondas............................. 161	Relación de indeterminación de Heisen-	Teorema de la estadística del espín . 202
Paradoja EPR 162	berg 182	Teoría BCS..................................... 202
Paridad (física)................................ 162	Relatividad de escala....................... 185	Teoría de la dispersión 206
Partícula en un anillo 166	Reloj de lógica cuántica 185	Teoría de variables ocultas.............. 207
Partícula en un potencial de simetría es-	Resonancia (química)...................... 185	Teoría del campo unificado............. 209
férica 168	Richard Feynman 187	Teoría perturbacional 211
Partícula en una caja 170	Rotor rígido 0	Teorías de colapso objetivo............. 213
Partícula libre 172	Salto cuántico 190	Tiempo imaginario 214
Partículas idénticas.......................... 173	Segunda cuantización...................... 190	Transición de fase cuántica 214
Positronio 174	Segundo sonido 191	Unidades atómicas 215
Postulados de la mecánica cuántica 175	Sistema cuántico abierto 191	Universos paralelos 216
Principio de acción.......................... 177	Suicidio cuántico 191	Zitterbewegung 222
Principio de correspondencia.......... 179	Superposición cuántica 192	Átomo de hidrógeno........................ 223
Principio de exclusión de Pauli....... 179	Teleportación cuántica 192	Átomo hidrogenoide 226

Anticonmutador

Se define el **anticonmutador** de dos operadores lineales $\hat{A}$ y $\hat{B}$ como la combinación:

$$\{\hat{A}, \hat{B}\} = \hat{A}\hat{B} + \hat{B}\hat{A}$$

La relación anterior requiere que la intersección de los dominios de ambos operadores sea un conjunto denso de un mismo espacio de Hilbert.

Los anticonmutadores tienen gran importancia en la definición de las álgebras de Clifford, y por tanto, en las relaciones algebraicas que definen los espinores. Una relación que, aunque trivial, es de gran utilidad en los cálculos con operadores lineales no conmutantes es:

$$\hat{A}\hat{B} = \frac{1}{2}\left([\hat{A}, \hat{B}] + \{\hat{A}, \hat{B}\}\right)$$

donde $[\hat{A}, \hat{B}]$ es el conmutador de ambos operadores.

Aplicaciones

La descripción cuántica de partículas fermiónicas requiere que el anticonmutador los operadores de creación y destrucción cumplan ciertas restricciones.

Obtenido de «http://es.wikipedia.org/wiki/Anticonmutador»

Aproximación de Born-Oppenheimer

Una de las aproximaciones fundamentales de la mecánica cuántica es el desacoplamiento de los movimientos electrónico y nuclear, conocida como **Aproximación de Born-Oppenheimer**. Al ser la masa del núcleo mucho mayor que la de los electrones, su velocidad es correspondientemente pequeña. De esta forma, el núcleo experimenta a los electrones como si estos fueran una nube de carga, mientras que los electrones sienten a los núcleos como si estos estuvieran estáticos. De esta forma, los electrones se adaptan 'instantáneamente' a cualquier posición de los núcleos.

Sin este desacoplamiento, resulta prácticamente imposible el trabajo en física molecular o física del estado sólido, por ser irresolubles problemas de más de dos cuerpos.

La consideración explícita del acoplamiento de los movimientos electrónico y nuclear (generalmente, a través de otro tipo de simplificaciones), se conoce como acoplamiento electrón-fonón en sistemas extendidos o acoplamiento vibrónico en sistemas cero-dimensionales.

Obtenido de «http://es.wikipedia.org/wiki/Aproximaci%C3%B3n_de_Born-Oppenheimer»

Armónicos esféricos

En matemáticas, los **armónicos esféricos** son funciones armónicas que representan la variación espacial de un conjunto ortogonal de soluciones de la ecuación de Laplace cuando la solución se expresa en coordenadas esféricas.

Los armónicos esféricos son importantes en muchas aplicaciones teóricas y prácticas, en particular en la física atómica (dado que la función de onda de los electrones contienen armónicos esféricos) y en la teoría del potencial que resulta relevante tanto para el campo gravitatorio como para la electrostática.

Introducción

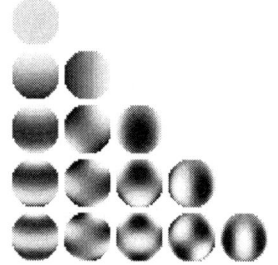

Armónicos esféricos de variable real Y, para l =0,...,4 (de arriba a abajo) y m = 0,...,4 (de izquierda a derecha). Los armónicos con m negativo Y son idénticos pero rotados 90°/m grados alrededor del eje Z con respecto a los positivos.

La ecuación de Laplace en coordenadas esféricas viene dada por:

$$\nabla^2 f = \frac{1}{r^2}\frac{\partial}{\partial r}\left(r^2 \frac{\partial f}{\partial r}\right) + \frac{1}{r^2 \sin\theta}\frac{\partial}{\partial \theta}\left(\sin\theta \frac{\partial f}{\partial \theta}\right) + \frac{1}{r^2 \sin^2\theta}\frac{\partial^2 f}{\partial \varphi^2} = 0$$

(véase también nabla y laplaciano en coordenadas esféricas). Si en esta expresión se consideran soluciones particulares de la forma,

$$f(r,\theta,\phi) = R(r)Y(\theta,\varphi)$$

, la parte angular Y, se denomina armónico esférico y satisface la relación:

$$\frac{1}{\sin\theta}\frac{d}{d\theta}\left(\sin\theta \frac{dY(\theta,\varphi)}{d\theta}\right) + \frac{1}{\sin^2\theta}\frac{d^2 Y(\theta,\varphi)}{d\varphi^2} + l(l+1)Y(\theta,\varphi) = 0$$

Si a su vez se usa el método de separación de variables a esta última ecuación se puede ver que la ecuación anterior admite soluciones periódicas en las dos coordenadas angulares l es un número entero. Entonces la solución periódica del sistema anterior dependerá de los dos enteros (l, m) y vendrá dada en términos de funciones trigonométricas y de polinomios asociados de Legendre:

$$Y_\ell^m(\theta,\varphi) = N\, e^{im\varphi}\, P_\ell^m(\cos\theta)$$

,

Donde Y_ℓ^m se llama función armónica esférica de grado ℓ y orden m, P_ℓ^m es el polinomio asociado de Legendre, N es una constante de normalización y θ y φ representan las variables angulares (el ángulo azimutal o colatitud y polar o longitud, respectivamente).

Las coordenadas esféricas utilizadas en este artículo son consistentes con las utilizadas por los físicos, pero difieren de las utilizadas por los matemáticos (ver coordenadas esféricas). En particular, la colatitud θ, o ángulo polar, se encuentra en el rango $0 \leq \theta \leq \pi$ y la longitud φ, o azimuth, posee el rango $0 \leq \varphi < 2\pi$. Por lo tanto, θ es 0 en el Polo Norte, π / 2 en el Ecuador, y π en el Polo Sur.

Cuando la ecuación de Laplace se resuelve sobre un dominio esférico, las condiciones de periodicidad sobre la frontera en la coordenada φ así como las condiciones de regularidad en el "polo norte" y "sur" de la esfera, conllevan como se ha dicho que los números el grado l y el orden m necesarios para que se satisfagan deben ser enteros que cumplen: $\ell \geq 0$ y $|m| \leq \ell$.

Normalización

Existen varias normalizaciones utilizadas para las funciones de armónicos esféricos. En física y sismología estas funciones son generalmente definidas como

$$Y_\ell^m(\theta,\varphi) = A_\ell^m P_\ell^m(\cos\theta)\, e^{im\varphi}$$

donde

$$A_\ell^m = \sqrt{\frac{(2\ell+1)}{4\pi}\frac{(\ell-m)!}{(\ell+m)!}}$$

Estas funciones son ortonormalizadas

$$\int_{\varphi=0}^{2\pi}d\varphi \int_{-1}^{1} d(\cos\theta) Y_\ell^m(\theta,\varphi^*)\, Y_{\ell'}^{m'*}(\theta,\varphi) = \delta_{\ell\ell'}\delta_{mm'}$$

donde δ = 1, δ = 0 si a ≠ b, (ver delta de Kronecker). Mientras que en las áreas de geodésica y análisis espectral se utiliza

$$Y_\ell^m(\theta,\varphi) = \sqrt{(2\ell+1)\frac{(\ell-m)!}{(\ell+m)!}}\, P_\ell^m(\cos\theta)\, e^{im\varphi}$$

que posee una potencia unitaria

$$\frac{1}{4\pi}\int_{\varphi=0}^{2\pi}\int_{-1}^{1} d(\cos\theta) Y_\ell^m(\theta,\varphi^*)\, Y_{\ell'}^{m'*}(\theta,\varphi) = \delta_{\ell\ell'}\delta_{mm'}$$

En temas de magnetismo, en cambio, se utilizan los armónicos de Schmidt semi-normalizados

$$Y_\ell^m(\theta,\varphi) = \sqrt{(2l+1)\frac{(\ell-m)!}{(\ell+m)!}}\, P_\ell^m(\cos\theta)\, e^{im\varphi}$$

poseen la siguiente normalización

$$\int_{\varphi=0}^{2\pi}\int_{-1}^{1} d(\cos\theta) Y_\ell^m(\theta,\varphi^*)\, Y_{\ell'}^{m'*}(\theta,\varphi) = \frac{4\pi}{(2\ell+1)}\delta_{\ell\ell'}\delta_{mm'}$$

.

Utilizando la identidad (ver funciones asociadas de Legendre)

$$P_\ell^{-m} = (-1)^m \frac{(\ell-m)!}{(\ell+m)!} P_\ell^m$$

se puede demostrar que todas las funciones armónicas esféricas normalizadas mencionadas en los párrafos anteriores satisfacen

$$Y_\ell^{m*}(\theta,\varphi) = (-1)^m Y_\ell^{-m}(\theta,\varphi)$$

,

donde el símbolo * significa conjugación compleja.

Convención de fase de Condon-Shortley

Una fuente de confusión con la definición de los esféricos armónicos es el factor de fase de $(-1)^m$, comúnmente identificado como la fase de Condon-Shortley en la literatura relacionada con mecánica cuántica. En el área de mecánica cuántica, es práctica usual incluir este factor de fase en la definición de las funciones asociadas de Legendre, o acoplarlo a la definición de las funciones armónicas esféricas. No existe ningún requerimiento que obligue a utilizar la fase de Condon-Shortley en la definición de las funciones esféricas armónicas, pero si es que se la incluye entonces algunas operaciones en el campo de la mecánica cuántica son más simples. Por el contrario en los campos de geodesia y magnetismo nunca se incluye el factor de fase de Condon-Shortley en la definición de los armónicos esféricos.

Expansión en armónicos esféricos

Los armónicos esféricos forman un conjunto completo ortonormal de funciones y por lo tanto forman un espacio vec-

4 - Armónicos esféricos

torial análogo a vectores unitarios de la base. Sobre la esfera unitaria, toda función de cuadrado integrable puede, por lo tanto, ser expandida como una combinación lineal de:

$$f(\theta, \varphi) = \sum_{\ell=0}^{\infty} \sum_{m=-\ell}^{\ell} f_\ell^m Y_\ell^m(\theta, \varphi)$$

Esta expansión es exacta siempre y cuando ℓ se extienda a infinito. Se producirá un error de truncamiento al limitar la suma sobre ℓ a un ancho de banda finito L. Los coeficientes de la expansión f_ℓ^m pueden obtenerse multiplicando la ecuación precedente por el complejo conjugado de los esféricos armónicos, integrando sobre un ángulo sólido Ω, y utilizando las relaciones de ortogonalidad indicadas previamente. Para el caso de armónicos ortonormalizados, se obtiene

$$f_\ell^m = \int_\Omega f(\theta,\varphi) Y_\ell^{m*}(\theta,\varphi) d\Omega = \int_0^{2\pi} d\varphi \int_0^\pi d\theta \sin\theta f(\theta,\varphi) Y_\ell^{m*}(\theta,\varphi)$$

Un conjunto alternativo de armónicos esféricos para funciones reales puede ser obtenido a partir del conjunto

$$Y_{\ell m} = \begin{cases} Y_\ell^m & \text{si } m=0 \\ \frac{1}{\sqrt{2}}(Y_\ell^m + (-1)^m Y_\ell^{-m}) = \sqrt{2} N P_\ell^m(\theta)\cos m\varphi & \text{si } m>0 \\ \frac{1}{i\sqrt{2}}(Y_\ell^{|m|} - (-1)^{|m|} Y_\ell^{-|m|}) = \sqrt{2} N P_\ell^{|m|}(\theta)\sin |m|\varphi & \text{si } m<0 \end{cases}$$

Estas funciones tienen las mismas propiedades de normalización que las funciones complejas indicadas previamente. En esta notación, una función real integrable puede ser expresada como una suma de armónicos esféricos de infinitos términos como

$$f(\theta,\varphi) = \sum_{\ell=0}^{\infty} \sum_{m=-\ell}^{\ell} f_{\ell m} Y_{\ell m}(\theta,\varphi)$$

Armónicos Esféricos en física

A continuación mencionaremos algunas aplicaciones de los armónicos esféricos en física, tanto en electrostática como en mecánica cuántica.

Armónicos esféricos en elesctrostática

El átomo de hidrógeno

El moderno modelo atómico cuántico del átomo de hidrógeno presupone que cada electrón en un estado estacionario de energía del electrón tiene una posición que se distribuye alrededor del núcleo atómico con una distribución de probabilidad cuya variación angular viene dada por un armónico esférico.

Análisis espectral

La potencia total de una función f es definida en la literatura de procesamiento de señales electrónicas como la integral de la función elevada al cuadrado, divida por el área que abarca. Usando las propiedades de ortonormalidad de las funciones esfericas armónicas de potencia real unitaria, es fácil verificar que la potencia total de una función definida sobre la esfera unitaria se relaciona con sus coeficientes espectrales a través de una generalización del teorema de Parseval:

$$\frac{1}{4\pi} \int_\Omega f(\Omega)^2 d\Omega = \sum_{l=0}^{\infty} S_{ff}(l)$$

donde

$$S_{ff}(l) = \sum_{m=-l}^{l} f_{lm}^2$$

se define como el espectro de potencia angular. En forma similar, se puede definir la potencia cruzada entre dos funciones como

$$\frac{1}{4\pi} \int_\Omega f(\Omega) g(\Omega) d\Omega = \sum_{l=0}^{\infty} S_{fg}(l)$$

donde

$$S_{fg}(l) = \sum_{m=-l}^{l} f_{lm} g_{lm}$$

se define como el espectro cruzado en este caso. Si las funciones f y g tienen un valor promedio igual a cero (o sea los coeficientes espectrales f y g son nulos), entonces $S_{ff}(l)$ y $S(l)$ representan las contribuciones a la varianza y covarianza de la función para el grado ℓ, respectivamente. Es común que el espectro de potencia cruzado se pueda aproximar por una power law del tipo

$$S_{ff}(l) = C \ell^\beta$$

Cuando $\beta = 0$, el espectro es "blanco" dado que cada grado posee idéntica potencia. Cuando $\beta < 0$, el espectro se denomina "rojo" ya que existe mayor potencia a grados bajos con longitudes de onda largas que a altos grados. Finalmente, cuando $\beta > 0$, el espectro es denominado "azul".

Teorema de la suma

Un resultado matemático de sumo interés y utilidad es el llamado *teorema de la suma* para los armónicos esféricos. Dos vectores **r** y **r'**, con coordenadas esféricas (r, θ, φ) y (r', θ', φ'), respectivamente, tienen un ángulo γ entre ellos dado por la expresión

$$\cos\gamma = \cos\theta \cos\theta' + \sin\theta \sin\theta' \cos(\varphi - \varphi')$$

El teorema de la suma expresa un polinomio de Legendre de orden l en el ángulo γ en términos de los productos de dos armónicos esféricos con coordenadas angulares (θ,φ) y (θ',φ'):

$$P_l(\cos\gamma) = \frac{4\pi}{2l+1} \sum_{m=-l}^{l} Y_{lm}^*(\theta',\varphi') Y_{lm}(\theta,$$

Esta expresión es válida tanto para los armónicos reales como para los complejos. Sin embargo, debe enfatizarse que la fórmula indicada previamente es válida solo para armónicos esféricos ortonormalizados. Para armónicos de potencia unitaria es necesario eliminar el factor 4π de la expresión anterior.

Visualización de los armónicos esféricos

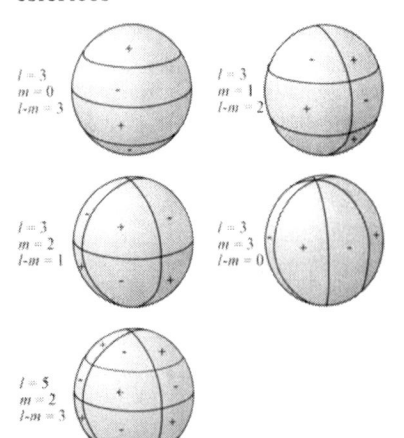

Representación esquemática de Y sobre la esfera unitaria. Y es igual a 0 a lo largo de m círculos que pasan a través de los polos, y a lo largo de l-m círculos de igual latitud. La función cambia de signo cada vez que cruza una de dichas líneas.

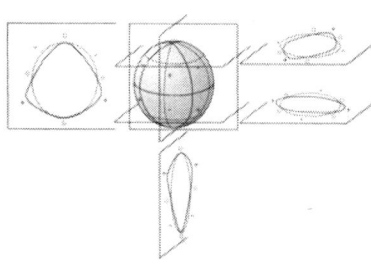

La función armónica esférica real Y mostrada a lo largo de cuatro cortes.

Los armónicos esféricos son fáciles de visualizar contando el número de cruces por cero que ellos tienen tanto en dirección de las latitudes como de las longitudes. Para la dirección en las latitudes, las funciones asociadas de Legendre tienen $l - |m|$ ceros, mientras que en sentido longitudinal, las funciones trigonométricas *seno* y *coseno* tienen $2|m|$ ceros.

Cuando el armónico esférico de orden m es nulo o cero, las funciones armónicas esféricas no dependen de la longitud, y se dice que la función es **zonal**. Cuando $l = |m|$, no existen cruces por cero en sentido de las latitudes, y se dice que la función es **sectorial**. Para otro casos, las funciones forman un damero sobre la esfera.

Ejemplos de los primeros armónicos esféricos

Expresiones analíticas de los primeros armónicos esféricos ortonormalizados, que usan la convención de fase de Condon-Shortley:

$$Y_0^0(\theta, \varphi) = \frac{1}{2}\sqrt{\frac{1}{\pi}}$$

$$Y_1^{-1}(\theta, \varphi) = \frac{1}{2}\sqrt{\frac{3}{2\pi}} \sin\theta\, e^{-i\varphi}$$

$$Y_1^0(\theta, \varphi) = \frac{1}{2}\sqrt{\frac{3}{\pi}} \cos\theta$$

$$Y_1^1(\theta, \varphi) = \frac{-1}{2}\sqrt{\frac{3}{2\pi}} \sin\theta\, e^{i\varphi}$$

$$Y_2^{-2}(\theta, \varphi) = \frac{1}{4}\sqrt{\frac{15}{2\pi}} \sin^2\theta\, e^{-2i\varphi}$$

$$Y_2^{-1}(\theta, \varphi) = \frac{1}{2}\sqrt{\frac{15}{2\pi}} \sin\theta \cos\theta\, e^{-i\varphi}$$

$$Y_2^0(\theta, \varphi) = \frac{1}{4}\sqrt{\frac{5}{\pi}} (3\cos^2\theta - 1)$$

$$Y_2^1(\theta, \varphi) = \frac{-1}{2}\sqrt{\frac{15}{2\pi}} \sin\theta \cos\theta\, e^{i\varphi}$$

$$Y_2^2(\theta, \varphi) = \frac{1}{4}\sqrt{\frac{15}{2\pi}} \sin^2\theta\, e^{2i\varphi}$$

$$Y_3^0(\theta, \varphi) = \frac{1}{4}\sqrt{\frac{7}{\pi}} (5\cos^3\theta - 3\cos\theta)$$

Tabla de armónicos esféricos hasta Y

Generalizaciones

El mapa de los armónicos esféricos puede ser visto como representaciones de la simetría de grupo de rotaciones alrededor de un punto (SO(3)) y recubridor universal SU(2). Por lo tanto, capturan la simetría de la esfera de dos dimensiones. Cada grupo de armónicos esféricos con un valor dado del parámetro *l* da lugar a una representación irreducible diferente del grupo *SO*(3).

Además, la esfera es equivalente a la esfera de Riemann. El conjunto completo de simetrías de la esfera de Riemann se describen mediante el grupo de transformaciones de Möbius PSL(2,C), que es isomorfo al grupo de Lie real llamado grupo de Lorentz. El análogo del los armónicos esféricos con respecto al grupo de Lorentz es la serie hipergeométrica; de hecho, los armónicos esféricos pueden reescribirse en términos de la serie hipergeométrica, dado que SO(3) es un subgrupo de PSL(2,C).

Más específicamente, se puede generalizar a la serie hipergeométrica para describir las simetrías de cualquier espacio de simetría; en particular, la serie hipergeométrica puede ser desarrollada para todo grupo de Lie

Obtenido de «http://es.wikipedia.org/wiki/Arm%C3%B3nicos_esf%C3%A9ricos»

Barrera de potencial

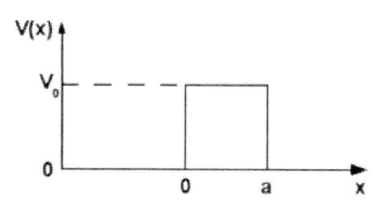

En mecánica cuántica, la **barrera de potencial finita** es un problema modelo mono-dimensional que permite demostrar el fenómeno del efecto túnel. Para ello se resuelve la ecuación de Schrödinger independiente del tiempo para una partícula que incide sobre una barrera de potencial.

Características del movimiento

Desde el punto de vista clásico, si la energía de la partícula es menor que la barrera siempre será reflejada, es decir, rebotada. Mientras que si la energía es mayor que la de la barrera siempre la pasará.

El comportamiento cuántico esperado es muy diferente del clásico. De hecho sucede que cuánticamente hay siempre una probabilidad finita de que la partícula "penetre" la barrera y continúe viajando hacia el otro lado, incluso cuando la energía de la partícula es menor que la de la barrera. La probabilidad de que la partícula pase a través de la barrera viene dada por el coeficiente de transmisión, mientras que la probabilidad de que la partícula sea reflejada viene dada por el coeficiente de reflexión.

Deducción

La ecuación de Schrödinger independiente del tiempo en una dimensión es

6 - Barrera de potencial

$$H\psi(x) = \left[-\frac{\hbar^2}{2m}\frac{d^2}{dx^2} + V(x)\right]\psi(x) = E\psi(x),$$

donde H es el Hamiltoniano, $\hbar$ es la constante de Planck reducida, m es la masa de la partícula, E es la energía de la partícula y

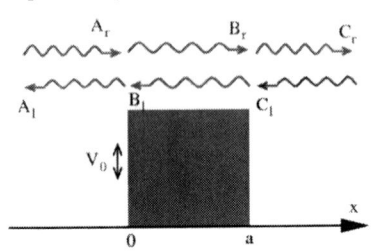

Colisión de una partícula con una barrera de potencial finito de altura V. Se indican las amplitudes y sentido (hacia la derecha y hacia la izquierda) de las ondas. Se representan en rojo aquellas ondas usadas para obtener las amplitudes de las ondas reflejadas y transmitidas. En la ilustración se considera el caso $E > V$.

(1)
$$V(x) = \begin{cases} 0 & \text{si } x < 0 \\ V_0 & \text{si } 0 \leq x \leq a \\ 0 & \text{si } x > a \end{cases}$$

es la barrera de potencial de altura $V > 0$ y anchura a.

(Una forma más elegante de expresar el potencial es en función de la función escalón de Heaviside, definida por $\Theta(x) = 0, x < 0; \Theta(x) = 1, x > 0$. Entonces, el potencial se expresa como
$$V(x) = V_0[\Theta(x) - \Theta(x-a)]$$
). Con esta elección del origen de coordenadas, la barrera se encuentra entre $x = 0$ y $x = a$. Sin embargo, es posible cualquier otra elección del origen de coordenadas sin que cambien los resultados.

La barrera divide el espacio en tres zonas, correspondientes a $x < 0, 0 < x < a, x > 0$. En cada una de estas zonas el potencial es constante, lo que significa que la partícula es cuasi-libre. Así, la solución general se puede escribir como una superposición de ondas moviéndose hacia la derecha y hacia la izquierda. Para el caso en el que la partícula tiene una energía menor que la de la barrera ($E < V$), tendremos

(2)
$$\psi(x) = \begin{cases} A_r e^{ik_0 x} + A_l e^{-ik_0 x} & \text{si } x < 0 \\ B_r e^{k_1 x} + B_l e^{-k_1 x} & \text{si } 0 \leq x \leq a \\ C_r e^{ik_0 x} + C_l e^{-ik_0 x} & \text{si } x > a \end{cases}$$

donde el número de ondas está relacionado con la energía

(3)
$$\begin{cases} k_0 = \sqrt{2mE/\hbar^2} & \text{si } x < 0 \text{ o } x > a \\ k_1 = \sqrt{2m(V_0 - E)/\hbar^2} & \text{si } 0 \leq x \leq a \end{cases}$$

La relación entre los coeficientes A, B, C se obtiene de las condiciones de contorno de la función de onda en $x = 0$ and $x = a$. Así, las condiciones de continuidad de la función de onda y de su primera derivada se expresan como:

(4)
$$\begin{cases} \lim_{x \to 0^-} \psi(x) = \lim_{x \to 0^+} \psi(x) \\ \lim_{x \to 0^-} \frac{d}{dx}\psi(x) = \lim_{x \to 0^+} \frac{d}{dx}\psi(x) \\ \lim_{x \to a^-} \psi(x) = \lim_{x \to a^+} \psi(x) \\ \lim_{x \to a^-} \frac{d}{dx}\psi(x) = \lim_{x \to a^+} \frac{d}{dx}\psi(x) \end{cases}$$

Teniendo en cuenta la expresión de la función de onda, las condiciones de contorno imponen las siguientes relaciones entre los coeficientes

(5)
$$\begin{cases} A_r + A_l = B_r + B_l, \\ ik_0(A_r - A_l) = k_1(B_r - B_l), \\ B_r e^{ak_1} + B_l e^{-ak_1} = C_r e^{iak_0} + C_l e^{-iak_0}, \\ k_1(B_r e^{ak_1} - B_l e^{-ak_1}) = ik_0(C_r e^{iak_0} - C_l e^{-iak_0}) \end{cases}$$

Coeficiente de transmisión

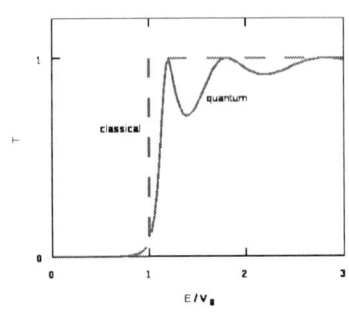

Probabilidad de transmisión a través de una barrera de potencial finita para $\sqrt{2mV_0}a/\hbar = 7$. Línea discontínua: resultado clásico. Línea sólida: resultado mecano cuántico.

El **coeficiente de transmisión** se define como la relación entre el flujo o densidad de corriente de la onda transmitida y el flujo de la onda incidente. Se utiliza habitualmente para obtener la probabilidad de que una partícula pase a través de una barrera por efecto túnel. Así,

$$T = \frac{|j_{\text{transmitida}}|}{|j_{\text{incidente}}|}$$

donde j es la densidad de corriente en la onda que incide antes de alcanzar la barrera y j la densidad de corriente en la onda transmitida al otro lado de la barrera.

La densidad de corriente asociada con la onda plana incidente es

$$j_{\text{incidente}} = |A_r|^2 \frac{\hbar k_0}{m}$$

mientras que la asociada con la onda plana transmitida

$$j_{\text{transmitida}} = |C_r|^2 \frac{\hbar k_0}{m}$$

De esta forma, el coeficiente de transmisión se obtiene de la relación entre los cuadrados de las amplitudes de las ondas incidente y transmitida

$$T = \frac{|C_r|^2}{|A_r|^2}$$

Es interesante presentar una expresión aproximada para el coeficiente de transmisión para el caso en el que la energía de la partícula E es menor que la de la barrera V. Para ello consideremos una barrera con una anchura a grande. Si $a \to \infty$, el coeficiente B tenderá a cero para compensar que la exponencial $e^{k_1 x}$ tiende a infinito. Así, la condición de continuidad de la función de onda en $x = a$ se expresa en este caso simplificado como
$$C_r e^{ik_0 a} = B_l e^{-k_1 a} \to |C_r|^2 = |B_l|^2 e^{-2k_1 a}$$
De esta manera, si $E < V$, el coeficiente de transmisión depende de la anchura de la barrera a de forma exponencial

$$T = \frac{|C_r|^2}{|A_r|^2} \sim \frac{|B_l|^2}{|A_r|^2} e^{-2k_1 a}$$

Para obtener la dependencia con la energía, tenemos que resolver el sistema de ecuaciones (5), con el fin de relacionar

B con A.

$$B_l = \frac{2ik_0}{ik_0 - k_1} A_r$$

Así,

$$T \sim \frac{4k_0^2}{k_0^2 + k_1^2} e^{-2k_1 a} = \frac{4E}{V_0} e^{-2\sqrt{2m(V_0-E)/\hbar^2}\,a}$$

Soluciones exactas

E < V

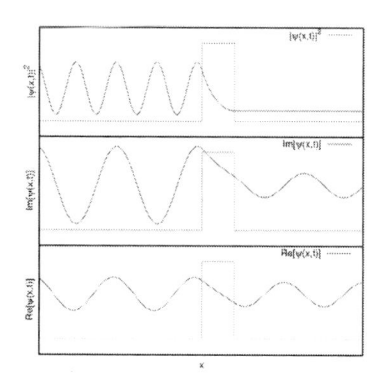

Representación de la parte real, parte imaginaria y la densidad de probabilidad de un estado estacionario

$$\Psi(x,t) = \psi(x)e^{-iEt/\hbar}$$

con *E < V*. Nótese que la densidad de probabilidad no varía con el tiempo.

En este caso

$$k_1 = \sqrt{2m(V_0 - E)/\hbar^2}$$

$$T = \frac{|C_r|^2}{|A_r|^2} = \frac{4k_0^2 k_1^2}{4k_0^2 k_1^2 + (k_0^2 + k_1^2)^2 \sinh^2 k_1 a} = \frac{4E(V_0-E)}{4E(V_0-E) + V_0^2 \sinh^2(k_1 a)}$$

E > V

En este caso

$$k_1 = \sqrt{2m(E - V_0)/\hbar^2}$$

$$T = \frac{|C_r|^2}{|A_r|^2} = \frac{4k_0^2 k_1^2}{4k_0^2 k_1^2 + (k_0^2 - k_1^2)^2 \sin^2 k_1 a} = \frac{4E(E-V_0)}{4E(E-V_0) + V_0^2 \sin^2(k_1 a)}$$

Obtenido de «http://es.wikipedia.org/wiki/Barrera_de_potencial»

Capa electrónica

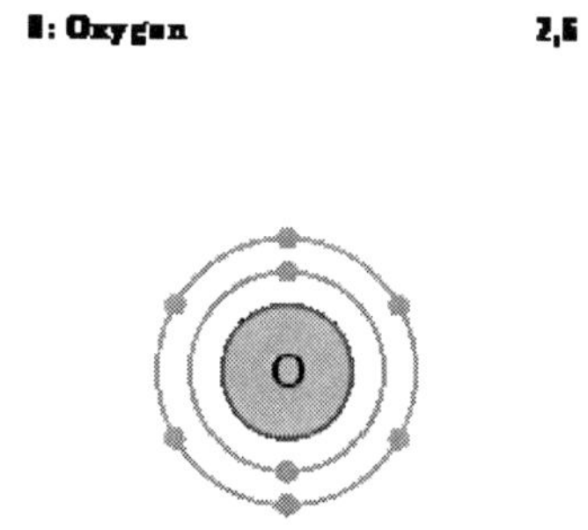

1: Oxygen   2,5

Estructura del átomo de oxígeno

La *capa electrónica*, *capa de electrones* o *cubierta de electrones* puede pensarse como una órbita seguida por electrones alrededor del núcleo de un átomo. Por que cada capa contiene un cierto número de electrones, cada capa es asociada con un particular rango de energía, y por lo tanto cada capa debe de llenarse completamente antes de poder agregar más electrones a la capa exterior. Los electrones en la última capa determinan las propiedades químicas del átomo (ver capa de valencia).

Las capas electrónicas son simbolizadas mediante letras, sucesivamente, partiendo de la más cercana al núcleo:
- La primera capa es la *capa K*, n = 1
- Luego viene la *capa L*, n = 2
- Luego *capa M*, n = 3
- Luego la *capa N*, n = 4
- Luego la *capa O*, n = 5
- Luego la *capa P*, n = 6
- Luego la *capa Q*, n = 7

Hay una fórmula para determinar el número de electrones que puede tener una capa: 2n².

La *capa K* (común a todos los Elementos químicos), posee hasta dos electrones, la *capa L* puede tener hasta 8 electrones, la capa M 18, la capa de N 32, la capa de O 50, la capa P 72 y la capa Q 98 .. El número de capas de un átomo depende del número de electrones del átomo. Los electrones se disponen con prioridad en la capa más cercana al núcleo hasta que ésta se satura (se alcanza el número máximo de electrones), los electrones restantes se colocan en la siguiente capa hasta que está saturada y así sucesivamente, hasta que ya no hay electrones. Por lo tanto, un átomo de hidrógeno, que tiene un electrón, sólo tiene una capa, la *capa K* que está parcialmente llena (un electrón de un máximo de dos). Un átomo de helio, que tiene dos electrones, éstos se distribuyen en la *capa K* que está completamente llena (dos electrones de un máximo de dos). Por lo tanto, el átomo de litio, que tiene tres electrones, tiene una *capa K* saturada (con los dos primeros electrones), y una *capa L* que contiene el tercer electrón.

Una capa se dice que está saturada si contiene su número máximo de electrones. La *capa K* de los átomos de helio y litio está pues saturada.

Historia

La existencia de capas de electrones fue observada por primera vez en el rayo X de Charles Barkla y Henry Moseley. Barkla las llamó con las letras *K*, *L*, *M*, *N*, *O*, *P*, y *Q*. El origen de esta terminología fue alfabético. Una capa *J* fue sospechada, pero otros experimentos indicaron que las líneas de absorción de *K* eran producidas por la primera capa de electrones.

El nombre de las capas de electrones se deriva del modelo de Bohr, en el cual se pensaba que los grupos de electrones orbitaban el núcleo a ciertas distancias, así que sus orbitas formaban capas alrededor de los núcleos.

El fisicoquímico Gilbert Lewis fue el responsable de mucho del desarrollo temprano de la teoría de la participación de los electrones de la capa de valencia en los enlaces químicos. Linus Pauling después generalizo y expandió la teoría al aplicar nociones de la mecánica estructura.

Ejemplo

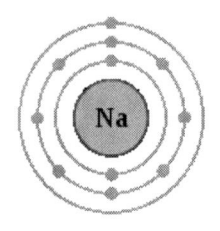

11: Sodium   2,8,1

Estructura del átomo de sodio

El sodio tiene once electrones. Su estructura electrónica es la siguiente: *(K) (L) (M)*. Las capas *K* y *L* están saturadas.

El número máximo de electrones permitidos en cada capa no es cualquiera. Según el principio de Pauli, es igual a $2n^2$ para la *n* capa. Se completará con 2 electrones en la capa K, 8 en la capa L, 18 en la M, etc. En resumen: *(K)(L)(M)(N)(O)(P)* ...

Este modelo de llenado de las capas electrónicas ha sido cuestionado por la física cuántica con un modelo más complejo, pero que parece más próximo a la realidad a escala atómica: Además de las capas, debe tenerse en cuenta la existencia de subcapas electrónicas denominadas s, p, d, f, g, y que tienen sus propios números máximos de electrones para estar saturadas.

Las cosas se complican desde el átomo de potasio (Z = 19): El 19 electrón se coloca en la capa de N, mientras que la capa M no está saturada (puede contener 18 electrones, a pesar de que sólo contiene 8).

Así, para el átomo de potasio, tenemos: (K)(L)(M)(N) en lugar de (K)(L)(M).

Lo mismo ocurre con el átomo de calcio (Z = 20), pero para los átomos con un número atómico entre el 20 y 30, los 20 a 30 electrones se colocan en la capa M, que terminan de llenar antes de llenar la capa N.

- **Ejemplos:**
  - Argón (Z = 18): *(K)²(L)(M)*
  - Potasio (Z = 19): *(K)²(L)(M)(N)*
  - Calcio (Z = 20): *(K)²(L)(M)(N)*
  - Escandio (Z = 21): *(K)²(L)(M)(N)*

Obtenido de «http://es.wikipedia.org/wiki/Capa_electr%C3%B3nica»

Catástrofe ultravioleta

La **catástrofe ultravioleta**, es un fallo de la teoría clásica del electromagnetismo al explicar la emisión electromagnética de un cuerpo en equilibrio térmico con el ambiente.

De acuerdo con las predicciones del electromagnetismo clásico, un cuerpo negro ideal en equilibrio térmico debía emitir energía en todos los rangos de frecuencia; de manera que a mayor frecuencia, mayor energía.

Así lo mostraron Rayleigh y Jeans, por quienes la catástrofe de ultravioleta también se conoce como **catástrofe de Rayleigh-Jeans**. De acuerdo con la ley que ellos enunciaron, la densidad de energía emitida para cada frecuencia debía ser proporcional al cuadrado de la última, lo que implica que las emisiones a altas frecuencias (en el ultravioleta) deben portar enormes cantidades de energía. Tanto es así, que al calcular la cantidad total de energía radiada (es decir, la suma de las emisiones en todos los rangos de frecuencia), se aprecia que ésta es infinita, hecho que pone en riesgo los postulados de conservación de la energía.

$$I(\nu) = \frac{8\pi}{c^3} T \kappa_B \nu^2$$

La anterior es la formulación matemática de la Ley de Rayleigh-Jeans, en donde $I(\nu)$ es la Radiancia espectral (intensidad de radiación) para la frecuencia ν. κ es la constante de Boltzmann, T es la temperatura y c es la velocidad de la luz. Es importante resaltar que esta ley es el resultado del análisis desde la teoría del electromagnetismo clásico.

Los experimentos para medir la radiación a bajas frecuencias (en el infrarrojo) arrojaron resultados acordes con la teoría; pero ésta implicaba que todos los objetos estarían emitiendo constantemente radiación visible, es decir, que actuarían como fuentes de luz todo el tiempo. Esto, sin embargo, es falso.

Posteriormente, cuando se desarrollaron técnicas de medición apropiadas, se estudió la radiación en el visible y en el ultravioleta, y la observación experimental mostró claramente que la predicción del electromagnetismo clásico, resumida en la ley de Rayleigh-Jeans, no se cumplía en dichos intervalos de radiación. En realidad, aunque la energía aumenta con el cuadrado de la frecuencia cuando esta es baja, al aumentarla más, la energía tiende a cero.

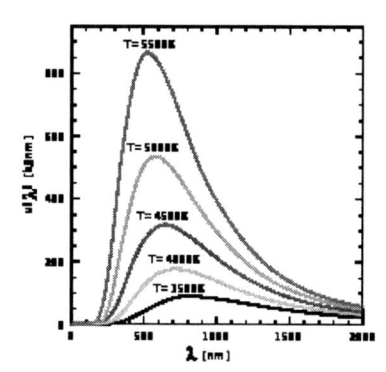

Energía radiada como función de la longitud de onda para varios cuerpos a diferentes temperaturas.

A menudo el análisis del caso se hace teniendo en cuenta la longitud de onda en lugar de la frecuencia, lo que resulta equivalente, ya que las dos cantidades son inversamente proporcionales.

En la gráfica de al lado se muestra cómo varía en la práctica la densidad de energía emitida en relación con la longitud de onda para cuerpos negros a diferentes temperaturas y se observa que dicha densidad tiende a cero en los dos extremos, tanto para las longitudes de onda cortas (altas frecuencias) como para las "largas" (frecuencias bajas).

Wilhelm Wien estudió la curva obtenida experimentalmente. En 1893 encontró que podía representarla aproximadamente mediante la siguiente fórmula:

$$I(\nu) = \frac{C_1 \nu^3}{\exp(C_2 \nu)}$$

Donde C y C son constantes arbitrarias. Aunque esta ecuación sólo se aproxima a la curva, demuestra que el fenómeno tiene un comportamiento muy distinto al previsto por la física clásica.

Éste fue uno de los primeros indicios de que existen problemas irresolubles en el marco de la física clásica. La solución a este problema fue planteada por Max Planck en 1900, con lo que se conoce ahora como Ley de Planck. Ese momento se considera como el principio de la Mecánica cuántica.

La razón por la cual la física clásica no es capaz de explicar el fenómeno consiste en que el Teorema de equipartición de la energía no es válido cuando la energía térmica es mucho menor que la energía relacionada con la frecuencia de la radiación.

Obtenido de «http://es.wikipedia.org/wiki/Cat%C3%A1strofe_ultravioleta»

Claude Cohen-Tannoudji

Claude Cohen-Tannoudji.

Claude Cohen-Tannoudji (Constantina, Argelia, 1 de abril de 1933) físico franco-argelino de origen sefardí que trabaja en la École Normale Supérieure de París, donde también estudió. Recibió en 1997 junto a Steven Chu y William Daniel Phillips el Premio Nobel de Física por su trabajo indepediente y pionero en el enfriamiento y atrapado de átomos usando luz láser.

Docencia

Después de su tesis, empezó a enseñar mecánica cuántica en la Universidad de París. Sus lecciones fueron la base para el popular libro *Mécanique quantique*, que escribió con dos de sus colegas. Continuó también con su trabajo de investigación sobre la interacción átomo-fotón, y su grupo desarrolló el formalismo *dressed atom*.

Premio Nobel de Física

Su trabajo le llevó al Premio Nobel de física en 1997 *por el desarrollo de métodos para enfriar y atrapar átomos con radiación laser*, compartido con Steven Chu y William Daniel Phillips.

Obtenido de «http://es.wikipedia.org/wiki/Claude_Cohen-Tannoudji»

Coeficiente de transmisión

El **coeficiente de transmisión** se utiliza en física y en ingeniería eléctrica cuando se consideran medios con discontinuidades en propagación de ondas. El coeficiente de transmisión describe la amplitud (o la intensidad) de una onda transmitida respecto a la onda incidente. El coeficiente de transmisión está estrechamente relacionado con el *coeficiente de reflexión*.

Distintos campos de la ciencia tienen diferentes aplicaciones para este término.

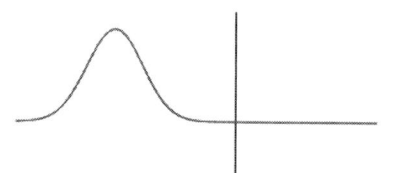

Una onda electromagnética (o de otro tipo) experimenta transmisión y reflexión parcial cuando el medio por el que viaja cambia bruscamente.

Óptica

Mecánica cuántica

El **coeficiente de transmisión** se define como la relación entre el flujo o densidad de corriente de la onda transmitida y el flujo de la onda incidente. Se utiliza habitualmente para obtener la probabilidad de que una partícula pase a través de una barrera por efecto túnel. Así,

$$T = \frac{|j_{\text{transmitida}}|}{|j_{\text{incidente}}|},$$

donde j es la densidad de corriente en la onda que incide antes de alcanzar la barrera y j la densidad de corriente en la onda transmitida al otro lado de la barrera.

Un ejemplo simple del cálculo del coeficiente de transmisión se puede ver en barrera de potencial.

Obtenido de «http://es.wikipedia.org/wiki/Coeficiente_de_transmisi%C3%B3n»

Coeficientes Clebsch—Gordan

Para los coeficientes vea el Anexo:Tabla de coeficientes de Clebsch-Gordan.

En física, los **coeficientes Clebsch—Gordan** o **coeficientes CG** son el conjunto de números que aparecen al acoplar momentos angulares en mecánica cuántica. El nombre deriva de los matemáticos alemanes Alfred Clebsch (1833-1872) y Paul Gordan (1837-1912), que resolvieron un problema equivalente en la teoría de invariantes.

En términos matemáticos, los coeficientes de CG se utilizan en teoría de grupos, en particular en los grupos de Lie para calcular un producto tensorial de representaciones irreducibles como suma directa de la descomposición del mismo en las distintas representaciones irreducibles.

La física emplea esta peculiaridad para descomponer un determinado estado con una determinada base del espacio de Hilbert y una determinada representación en una suma de estados en otra representación que pueda ser más útil, especialmente en el caso de estados en una determinada representación irreducible de SO(3) de rotaciones. En el artículo se utiliza la notación de Dirac.

Definición formal

Sea V un espacio vectorial con $2j + 1$ dimensiones representado por los estados $|j_1 m_1\rangle$, $\{m_1 = -j_1, -j_1 + 1, \ldots j_1\}$ y V otro espacio vectorial con $2j + 1$ dimensiones, igualmente representado por los estados $|j_2 m_2\rangle$, $\{m_2 = -j_2, -j_2 + 1, \ldots j_2\}$.

El producto tensorial de estos espacios, $V_{12} \equiv V_1 \otimes V_2$, tiene $(2j + 1)(2j + 1)$ dimensiones. Este espacio se representa con la denominada *base desacoplada*:

$$|j_1 j_2 m_1 m_2\rangle \equiv |j_1 m_1\rangle \otimes |j_2 m_2\rangle.$$

Puede ser más útil emplear un espacio vectorial suma

$$V_3 = V_1 \oplus V_2$$

(con $j_3 = |j_1 - j_2|, \ldots, j_1 + j_2$,

$m_3 = -j_3, -j_3 + 1, \ldots j_1$

y $2j + 1$ dimensiones) y utilizar una nueva base, denominada *base acoplada*, de forma que:

$$|j_3 j_3 m_3\rangle = \sum |j_1 j_2 m_1 m_2\rangle\langle j_1 j_2 m_1 m_2|j_3 m_3\rangle = \sum |j_1 m_1\rangle \otimes |j_2 m_2\rangle C^{m_1 m_2}_{m_3}$$

Los coeficientes del desarrollo

$$C^{m_1 m_2}_{j_3 m_3} = \langle j_1 j_2 m_1 m_2|j_3 m_3\rangle$$

se denominan **coeficientes Clebsch-Gordan**.

Notación en física nuclear

Utilizando una determinada representación, por ejemplo la representación de posiciones, y utilizando la notación de Einstein, podemos escribir:

$$\psi^{j_1 j_2 j_3}_{m_3}(\vec{r}) = \langle \vec{r}|j_1 j_2 j_3 m_3\rangle = C^{j_1 j_2 j_3}_{m_1 m_2 m_3} Y^{j_1}_{m_1} Y^{j_2}_{m_2} = C^{j_1 j_2 j_3}_{m_1 m_2 m_3} \varphi^{j_1}_{m_1}(\vec{r})$$

También se suele utilizar emplear la siguiente notación:

$$\left[\phi^{[j_1]} \otimes \phi^{[j_2]}\right]^{[j_3]} = \sum_{m_1, m_2} C^{j_1 j_2 j_3}_{m_1 m_2 m_3} \phi_{j_1, m_1} \phi_{j_2, m_2}.$$

Ejemplo de uso: acoplamiento de momentos angulares

Propiedades

Ortogonalidad

La primera de las relaciones de ortogonalidad es:

$$\sum_{j_3, m_3} \langle m_1 m_2|j_3 m_3\rangle\langle j_3 m_3|m'_1 m'_2\rangle = C^{m_1 m_2}_{j_3 m_3} C^{j_3 m_3}_{m'_1 m'_2} = \delta^{m_1}_{m'_1} \delta^{m_2}_{m'_2},$$

y la segunda:

$$\sum_{m_1, m_2} \langle j_3 m_3|m_1 m_2\rangle\langle m_1 m_2|j'_3 m'_3\rangle = C^{j_3 m_3}_{m_1 m_2} C^{m_1 m_2}_{j'_3 m'_3} = \delta^{m_3}_{m'_3} \delta^{j_3}_{j'_3}.$$

Simetría

$$C^{j_1, j_2, j_3}_{m_1, m_2, m_3} =$$
$$= (-1)^{j_1 + j_2 - j_3} C^{j_1, j_2, j_3}_{-m_1, -m_2, -m_3}$$
$$= (-1)^{j_1 + j_2 - j_3} C^{j_2, j_1, j_3}_{m_2, m_1, m_3}$$
$$= (-1)^{j_1 - m_1} \sqrt{\frac{2j_3 + 1}{2j_2 + 1}} C^{j_1, j_3, j_2}_{m_1, -m_3, -m_2}$$
$$= (-1)^{j_2 + m_2} \sqrt{\frac{2j_3 + 1}{2j_2 + 1}} C^{j_3, j_2, j_3}_{-m_3, m_2, -m_1}$$
$$= (-1)^{j_1 - m_1} \sqrt{\frac{2j_3 + 1}{2j_1 + 1}} C^{j_3, j_1, j_2}_{m_3, -m_1, m_2}$$
$$= (-1)^{j_2 + m_2} \sqrt{\frac{2j_3 + 1}{2j_1 + 1}} C^{j_2, j_3, j_1}_{-m_2, m_3, m_1}$$

Casos especiales

Véase

- Símbolos 3-jm
- Símbolos 6-j
- Símbolos 9-j
- Coeficiente W de Racah
- Armónicos esféricos
- Polinomios asociados de Legendre
- Momento Angular
- Acoplo de momento angular
- Número cuántico de momento angular total
- Número cuántico azimutal
- Tabla de coeficientes de Clebsch-Gordan
- Matriz D de Wigner

Obtenido de «http://es.wikipedia.org/wiki/Coeficientes_Clebsch%E2%80%94Gordan»

Colapso de la función de onda

El **colapso de la función de onda** es un proceso físico relacionado con el problema de la medida de la mecánica cuántica consistente en la variación abrupta del estado de un sistema después de haber obtenido una medida.

La naturaleza de dicho proceso es intensamente discutida en diferentes interpretaciones de la Mecánica cuántica

Introducción

El aspecto no local de la naturaleza sugerido por el Teorema de Bell, se ajusta a la teoría cuántica por medio del colapso de la función de onda, que es un cambio repentino y global de la función de onda como sistema. Se produce cuando alguna parte del sistema es observada. Es decir, cuando se hace una observación/medición del sistema en una región, la función de onda varía instantáneamente, y no sólo en esa región de la medida sino en cualquier otra por muy distante que esté.

En la interpretación de Copenhague, este comportamiento se considera natural en una función que describe probabilidades. Puesto que las probabilidades dependen de lo que se conoce como el sistema, si el conocimiento que se tiene del sistema cambia como consecuencia del resultado de una observación, en ese caso la función de probabilidad deberá obviamente cambiar. Por esta razón, ante el aumento de información, un cambio de la función de probabilidad en una región distante es normal incluso en la física clásica. Refleja el hecho de que las partes de un sistema están correlacionadas entre sí y, por lo tanto, un incremento de la información aquí está acompañado por un incremento de la función del sistema en cualquier otra parte. Sin embargo en la teoría cuántica este colapso de la función de onda es tal que aquello que ocurre en un lugar distante, en muchos casos tiene que depender de lo que el observador eligió observar. Lo que uno ve allí depende de lo que yo hago aquí. Este es un efecto completamente no-local, no-clásico."

Obtenido de «http://es.wikipedia.org/wiki/Colapso_de_la_funci%C3%B3n_de_onda»

Conmutador de dos operadores

Se define el **conmutador** de dos operadores lineales $\hat{A}$ y $\hat{B}$, definidos sobre un mismo domino denso de cierto espacio de Hilbert, como un nuevo operador definido por la diferencia del producto de operadores:

$$[\hat{A}, \hat{B}] = \hat{A}\hat{B} - \hat{B}\hat{A}$$

Los conmutadores tienen gran importancia en la definición de las álgebras de Lie y la mecánica cuántica, así como en el formalismo más actual de la geometría diferencial, ya que son la imagen algebraica de las transformaciones infinitesimales multiparamétricas en una variedad diferenciable. La clave de esto es que son operadores que satisfacen una misma relación algebraica que las derivadas, que es una relación a tres variables conocida como identidad de Jacobi.

Propiedades

- Cuando los operadores actúan sobre un espacio de dimensión finita entonces la traza del conmutador de dos operadores es un operador con traza nula.
- Si el conmutador de dos operadores autoadjuntos es nulo entonces existe una base de Hilbert formada por vectores propios de ambos operadores. Esta propiedad resulta de fundamental importancia en mecánica cuántica a la hora de construir un conjunto completo de observables compatibles (CCOC).

Identidades

En teoría de grupos $[x, y] := x^{-1}y^{-1}xy$. Las identidades de los conmutadores son herramientas muy importantes en el estudio de la teoría de grupo, *(McKay, 2000, p. 4)*. La expresión a^x denota $x^{-1}ax$.

- $x^y = x[x, y]$.
- $[y, x] = [x, y]^{-1}$.
- $[xy, z] = [x, z]^y \cdot [y, z]$
- $[x, yz] = [x, z] \cdot [x, y]^z$.
- $[x, y^{-1}] = [y, x]^{y^{-1}}$ y $[x^{-1}, y] = [y, x]^{x^{-1}}$.
- $[[x, y^{-1}], z]^y \cdot [[y, z^{-1}], x]^z \cdot [[z, x^{-1}], y]^x = 1$ y $[[x,y],z][[z,x],y][[y,z],x] = 1$.

Identidad 5 es también llamada *identidad de Hall-Witt*. Análogo a la identidad de Jacobi.

Obtenido de «http://es.wikipedia.org/wiki/Conmutador_de_dos_operadores»

Constante de Planck

Una placa en la Universidad Humboldt, en Berlín, en conmemoración a Max Planck como "descubridor del quanto elemental, h," quien educó en este edificio desde 1889 hasta 1928.

La **constante de Planck**, simbolizada con la letra h (o bien $\hbar = h/2\pi$, en cuyo caso se conoce como **constante reducida de Planck**), es una constante física que representa al **cuanto elemental de acción**. Es la relación entre la cantidad de energía y de frecuencia asociadas a un cuanto o a una partícula. Desempeña un papel central en la teoría de la mecánica cuántica y recibe su nombre de su descubridor, Max Planck, uno de los padres de dicha teoría.

La constante de Planck relaciona la energía E de los fotones con la frecuencia ν de la onda lumínica (letra griega Nu o Ni) según la fórmula:
$$E = h\nu$$
Dado que la frecuencia ν, longitud de onda λ, y la velocidad de la luz c están relacionados por $\nu\lambda = c$, la constante de Planck también puede ser expresada como:
$$E = \frac{hc}{\lambda}$$

Historia

Planck encontró en 1900 que sólo era posible describir la radiación del cuerpo negro de una forma matemática que correspondiera con las medidas experimentales, haciendo la suposición de que la materia sólo puede tener estados de energía discretos y no continuos. La idea era que la radiación electromagnética emitida por un cuerpo negro se podía modelar como una serie de osciladores armónicos con una energía cuántica de la forma:
$$E = h\nu = h\frac{\omega}{2\pi} = \frac{h}{2\pi}\omega = \hbar\omega$$

E es la energía de los fotones de radiación con una frecuencia (Hz) de ν (letra griega Nu) o frecuencia angular (radianes/s) de ω (omega).

Este modelo se mostró muy exacto y se denomina ley de Planck.

El mismo Planck, cuando publicó sus resultados sobre la radiación del cuerpo negro, afirmaba que su hipótesis sin duda debía ser falsa. El tiempo ha demostrado que se equivocaba al pensar que se equivocaba, es decir: el universo es cuántico (no continuo) de acuerdo a todo lo que hasta ahora saben los físicos.

Planck tumbó por completo, con esta hipótesis, todo aquello en que se basa la mecánica clásica, en la que lo continuo se usa y entiende de forma natural.

Aunque a nivel macroscópico no parece ser así, a nivel microscópico resulta ser cierto. El minúsculo valor de la constante de Planck significa que a nivel macroscópico es despreciable el efecto de esta "cuantización" o "discretización" de los valores energéticos posibles, y por tanto los valores de la energía de cualquier sistema nos parece que pueden variar de forma continua.

Se inauguró así una nueva forma de pensar en física, que se ha desarrollado a lo largo de todo el siglo XX gracias al esfuerzo de numerosos y brillantes pensadores, dando lugar al nacimiento de la física cuántica.

La constante de Planck es uno de los números más importantes del universo al alcance del conocimiento humano. Su trascendencia real a nivel físico y filosófico aún no se conoce completamente.

Interpretación física

La constante de Planck se usa para describir la cuantización que se produce en las partículas, para las cuales ciertas propiedades físicas sólo toman valores múltiplos de valores fijos en vez de un espectro continuo de valores. Por ejemplo, la energía de una partícula se relaciona con su frecuencia ν por:
$$E = h\nu.$$
Tales condiciones de cuantificación las encontramos por toda la mecánica cuántica. Por ejemplo, si J es el momento angular total de un sistema con invariancia rotacional y J_z es el momento angular del sistema medido sobre una dirección cualquiera, estas cantidades solo pueden tomar los valores:
$$J^2 = j(j+1)\hbar^2, \quad j = 0, 1/2, 1, 3/2, \ldots$$
$$J_z = m\hbar, \quad m = -j, -j+1, \ldots, j$$

En consecuencia, a veces $\hbar$ se considera como un cuanto de momento angular pues el momento angular de un sistema cualquiera, medido con respecto a un eje cualquiera, es siempre múltiplo entero de este valor.

La constante de Planck aparece igualmente dentro del enunciado del principio de incertidumbre de Heisenberg. La incertidumbre de una medida de la posición Δx y de una medida de la cantidad de movimiento a lo largo del mismo eje Δp obedece la relación siguiente:
$$\Delta x \Delta p \geq \tfrac{1}{2}\hbar.$$

Unidades, valor y símbolos

La constante de Planck tiene dimensiones de energía multiplicada por tiempo, que también son las dimensiones de la acción. En las unidades del SI la constante de Planck se expresa en julios·segundo. Sus dimensiones también pueden ser escritas como momento por distancia (N•m•s), que también son las dimensiones del momento angular. Frecuentemente la unidad elegida es el eV•s, por las pequeñas energías que frecuentemente se encuentran en la física cuántica.

El valor conocido de la constante de Planck es:

$$h = 6.626\,068\,96(33) \times 10^{-34}\,\text{J}\cdot\text{s} = 4.135\,667\,33(10) \times 10^{-15}\,\text{eV}\cdot\text{s}$$

Los dos dígitos entre paréntesis denotan la incertidumbre en los últimos dígitos del valor.

Los números citados aquí son los valores recomendados por el CODATA de 2006.

Los valores más precisos de la constante de Planck se suelen obtener mediante la *constante de Josephson* K (obtenida gracias a experimentos relacionados con el efecto Josephson y la cuantización del flujo magnético) y la *Constante de von Klitzing* (relacionada con el efecto Hall cuántico). Curiosamente, a pesar de que la constante de Planck está asociada a sistemas microscópicos, la mejor manera de calcularla deriva de fenómenos macroscópicos como el efecto Hall cuántico y el efecto Josephson.

Constante reducida de Planck

Paul Dirac introdujo la constante reducida de Planck (hache barrada, similar a una letra del alfabeto maltés, Ħ/ħ) difiere de la constante de Planck por un factor 2π. Es:

$$\hbar = \frac{h}{2\pi} = 1.054\,571\,628(53) \times 10^{-34}\,\text{J}\cdot\text{s} = 6.582\,118\,99(16) \times 10^{-16}\,\text{eV}\cdot\text{s}$$

Representación informática

Unicode reserva los códigos U+210E (*h*) para la constante de Planck y U+210F (*ħ*) para la constante de Dirac.

Véase también

- Ley de Planck
- Unidades de Planck
- Unidades atómicas
- Lista de constantes físicas
- Catástrofe ultravioleta
- Cuerpo negro

Referencias

Obtenido de «http://es.wikipedia.org/wiki/Constante_de_Planck»

Contacto de punto cuántico

Un **contacto de punto cuántico** (**quantum point contact, QPC**) es una constricción estrecha entre dos amplias regiones electro conductoras, de un ancho comparable a la longitud de onda electrónica (de nanómetro a micrómetro). Los contactos de punto cuántico fueron mencionados por primera vez en 1988 por un grupo holandés (Van Wees y otros), e independientemente, por un grupo británico (Wharam y otros).

Fabricación

Hay diferentes maneras de fabricar un QPC. Por ejemplo, puede ser realizado en una juntura-rota??? separando una pieza de conductor hasta que se rompa. El punto de ruptura forma el contacto de punto. De una manera más controlada, los contactos de punto cuántico son formados en los gases de electrones de 2 dimensiones (2DEG), ej. en heteroestructuras de GaAs/AlGaAs. Aplicando un voltaje a electrodos de puerta forma conveniente, el gas de electrón puede ser agotado localmente y muchos tipos de diferentes regiones conductoras pueden ser creadas en el plano del 2DEG, entre ellos, los puntos cuánticos y los contactos de punto cuánticos.

Otros medios de crear un contacto de punto es colocando una punta de un microscopio de efecto túnel cerca de la superficie de un conductor.

Lectura adicional

- H. van Houten and C.W.J. Beenakker (1996). «**Quantum point contacts**». *Physics Today* **49** (7): pp. 22–27.
- C.W.J.Beenakker and H. van Houten (1991). «**Quantum Transport in Semiconductor Nanostructures**». *Solid State Physics* **44**.
- B.J. van Wees et al. (1988). «**Quantized conductance of point contacts in a two-dimensional electron gas**». *Physical Review Letters* **60**: pp. 848–850.
- D.A. Wharam et al. (1988). «**One-dimensional transport and the quantization of the ballistic resistance**». *J. Phys. C* **21**: pp. L209.
- J.M. Elzerman et al. (2003). «**Few-electron quantum dot circuit with integrated charge read out**». *Physical Review B* **67**: pp. 161308.
- K. J. Thomas et al. (1996). «**Possible spin polarization in a one-dimensional electron gas**». *Physical Review Letters* **77**: pp. 135.
- Nicolás Agraït, Alfredo Levy Yeyati, Jan M. van Ruitenbeek (2003). «**Quantum properties of atomic-sized conductors**». *Physics Reports* **377**: pp. 81.

Obtenido de «http://es.wikipedia.org/wiki/Contacto_de_punto_cu%C3%A1ntico»

Correlación electrónica

La **correlación electrónica**, en mecánica cuántica, se refiere a la interacción entre electrones en un sistema cuántico. El término correlación se toma de la estadística, y significa que dos funciones de distribución *f(x)* y *g(y)* no son independientes entre sí. En el caso de dos electrones, si definimos *ρ(r,r)* como la probabilidad conjunta de encontrar al electrón *a* en **r** y al electrón *b* en **r**, se dice que existe correlación entre ellos si

$$\rho(\mathbf{r}_a, \mathbf{r}_b) \neq \rho(\mathbf{r}_a)\rho(\mathbf{r}_b)$$

esto es, si la probabilidad conjunta no es igual al producto de las probabilidades individuales.

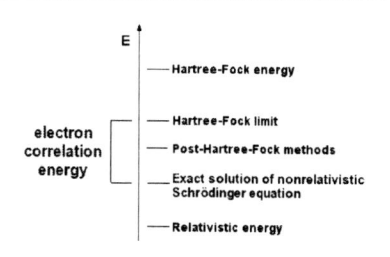

La energía de correlación separa el límite Hartree-Fock de la solución exacta de la ecuación de ondas de Schrödinger no relativística.

Dentro del método Hartree-Fock de la química cuántica, la función de onda antisimétrica que describe a un conjunto de electrones se aproxima por un solo determinante de Slater. Las funciones de onda exactas, sin embargo, en general no pueden ser representadas como determinantes únicos. La descripción monodeterminantal no tiene en cuenta la correlación entre electrones de espín opuesto, lo que lleva a una energía electrónica superior a la solución exacta de la ecuación de Schrödinger no-relativista dentro de la aproximación de Born-Oppenheimer. Así pues, el límite Hartree-Fock (la menor energía que puede obtenerse con este método) está siempre por encima de esta energía. Löwdin acuñó el término *energía de correlación* para ésta diferencia. (La energía más baja y más exacta se encontraría al superar la aproximación de Born-Oppenheimer, y además incluir correcciones relativistas).

En realidad, una parte de la correlación electrónica sí se considera dentro del método Hartree-Fock: el canje electrónico describe la correlación entre electrones con espines paralelos. Esto, que evita que dos electrones con espines paralelos se encuentren en la misma región del espacio, recibe con frecuencia el nombre de correlación de Fermi o hueco de Fermi.

Obtenido de «http://es.wikipedia.org/wiki/Correlaci%C3%B3n_electr%C3%B3nica»

Cosmología cuántica

En física teórica, la **cosmología cuántica** es un campo joven que procura estudiar el efecto de la mecánica cuántica en los primeros momentos del universo después de la Gran Explosión (Big Bang). A pesar de muchas tentativas, el campo sigue siendo una rama algo especulativa de la gravedad cuántica. El Big Bang/Big Crunch es reemplazado por un rebote cuántico removiendo de esta manera las singularidades.

Un importante problema en este campo es el origen de la información en el universo.

Obtenido de «http://es.wikipedia.org/wiki/Cosmolog%C3%ADa_cu%C3%A1ntica»

Cruce evitado

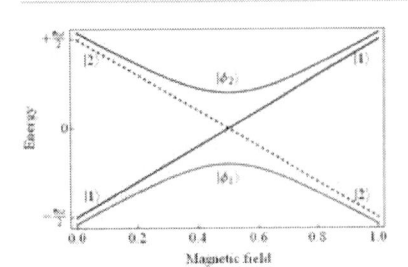

Un cruce evitado entre dos niveles de energía en un sistema magnético sometido a un campo magnético externo. Las etiquetas $|\phi_1\rangle$ y $|\phi_2\rangle$ señalan al estado fundamental frente al primer estado excitado, mientras que $|1\rangle$ y $|2\rangle$ denotan el *carácter* de estos estados.

En mecánica cuántica se llama **cruce evitado** al cambio de carácter entre dos niveles de energía adyacentes que se produce de forma continua, sin que los dos niveles estén degenerados. Los valores propios de una matriz hermítica que depende de N parámetros reales continuos no pueden cruzarse excepto en una variedad de $N-2$ dimensiones. En el caso de algunos sistemas con pocos grados de libertad, esto implica que no es posible un cruce en el que los dos niveles tengan la misma energía, y el cambio de carácter entre dos estados se produce a través de un cruce evitado.

Esto tiene especial relevancia en química cuántica. En la aproximación de Born-Oppenheimer, el hamiltoniano molecular se diagonaliza para una geometría molecular dada, esto es, un conjunto de coordenadas nucleares. En las geometrías en las que las superficies de energía están sufriendo un cruce evitado la aproximación de Born-Oppenheimer falla. Cuando no se produce un cruce evitado, se encuentra una intersección cónica.

La fórmula de Landau-Zener permite calcular, para unas condiciones concretas, la probabilidad de que en un cruce evitado el sistema pase de forma continua del estado fundamental al estado excitado, manteniendo su carácter, frente a la probabilidad de que cambie gradualmente su carácter y se mantenga en el estado fundamental.

Obtenido de «http://es.wikipedia.org/wiki/Cruce_evitado»

Cuantización

En física, una **cuantización** es un procedimiento matemático para construir un modelo cuántico para un sistema físico a partir de su descripción clásica.

Definición formal

En concreto dada la descripción hamiltoniana de un sistema clásico mediante una variedad simpléctica $(\mathcal{M}, \omega)$ se puede definir formalmente el proceso de cuantización como la construcción de un espacio de Hilbert $\mathcal{H}$ tal que al conjunto de magnitudes físicas u observables medibles en el sistema clásico

f_i se le asigna un conjunto de observables cuánticos u operadore autoadjuntos $\hat{f}_i$ tales que:

- $(f_i + f_j)\hat{} = \hat{f}_j + \hat{f}_j$
- $(\lambda f_i)\hat{} = \lambda \hat{f}_j \quad \lambda \in \mathbb{R}$
- $\{f_i, f_j\}\hat{} = -i[\hat{f}_i, \hat{f}_j]$
- $\hat{1} = I_{\mathcal{H}}$

- Los operadores de posición $\hat{q}_i$ y sus momentos conjugados $\hat{p}_i$ actúan irreduciblemente sobre $\mathcal{H}$.

Donde $I_{\mathcal{H}}$ es la aplicación identidad sobre el espacio de Hilbert asignado al sistema, $\{\cdot,\cdot\}$ es el paréntesis de Poisson y $[\cdot,\cdot]$ es el conmutador de operadores.

Por el teorema de Stone-von Neumann la condición (5) implica que los grados de libertad de desplazamiento nos obligan a tomar $\mathcal{H} \approx L^2(\mathbb{R}^n)$ y un operador es multiplicativo y otro derivativo. Así si se usan la representación en forma de función de onda en términos de las coordeandas espaciales:

$\hat{q}_i \psi(q_i) = q_i \psi(q_i) \qquad \hat{p}_i \psi(q_i) = -i\hbar \frac{\partial}{\partial q_i} \psi(q_i)$

Si se usan la representación en forma de función de onda en términos de las coordeandas de momento conjugado:

$\hat{p}_i \tilde{\psi}(p_i) = p_i \tilde{\psi}(p_i) \qquad \hat{q}_i \tilde{\psi}(p_i) = -i\hbar \frac{\partial}{\partial p_i} \tilde{\psi}(p_i)$

Sistemas cuantizables

Un sistema hamiltoniano clásico definido sobre una variedad simpléctica $(\mathcal{M}, \omega)$ se llama cuantizable si existe un *S*-fibrado principal $\pi: \mathcal{Q}_{\mathcal{M}} \to \mathcal{M}$ y una 1-forma α sobre $\mathcal{Q}_{\mathcal{M}}$, llamada variedad de cuantización, tal que:

- α es invariante bajo la acción de $S^1[\approx U(1)]$
- $\pi^* \omega = d\alpha$

Un resultado recogido en Steenrod 1951 implica que una variedad es cuantizable si la segunda clase de cohomología satisface cierta propiedad:

$(\mathcal{M}, \omega)$ *es cuantizable si y sólo si* $\omega/h \in H^2(\mathcal{M}, \mathbb{Z})$, *es decir la integral de la forma simpléctica integrada sobre una variedad compacta de dimensión 2 es un número entero multiplicado por la constante de Planck. Es más en aquellos casos en que existe más de un modo de cuantizar un sistema clásico, las diferentes cuantizaciones pueden clasificarse de acuerdo con la forma de* $H^1(\mathcal{M}, \mathbb{Z})$

Primera cuantización

Los procedimientos de primera cuantización son métodos que permiten construir modelos de una partícula dentro de la mecánica cuántica a partir de la correspondiente descripción clásica del espacio de fases de una partícula.

- La **cuantización canónica**, es un procedimiento informal que asigna a magnitud física expresable en términos de las coordendas canónicas del sistema clásico, un operador obtenido por substitución directa de las variables canónicas por operadores hermíticos *P* y *Q* que satisfacen las relaciones [Q,P] = ih/2π, [Q,Q] = 0, [P,P] = 0 y [Q,P] = 0.
- La **cuantización de Weyl**, es un procedimiento para construir un operador hermítico sobre el espacio $L^2(\mathbb{R}^n)$ para un sistema cuyo espacio de fases clásico tenga una topología $\mathbb{R}^{2n}$. Esta técnica fue descrita por primera vez por Hermann Weyl en 1927.

Segunda cuantización

Los procedimientos de segunda cuantización son métodos para construir teorías cuánticas de campos a partir de una teoría clásica de campos.

- **Cuantización canónica**, es una extensión del procedimiento de cuantización canónica empleado en la primera cuantización pero extendido en este caso a más de una partícula.
- **Cuantización canónica covariante**.
- **Cuantización mediante integrales de camino**, propuesto por Feynmann y Kac que depende de construir una medida acotada en un espacio de Hilbert a partir del funcional de acción.
- **Cuantización geométrica**.
- **Aproximación variacional de Schwinger**.

Obtenido de «http://es.wikipedia.org/wiki/Cuantizaci%C3%B3n»

Cuanto

En física, el término **cuanto** o **cuantio** (del latín *Quantum*, plural *Quanta*, que representa una cantidad de algo) denotaba en la física cuántica primitiva tanto el valor mínimo que puede tomar una determinada magnitud en un sistema físico, como la mínima variación posible de este parámetro al pasar de un estado discreto a otro. Se hablaba de que una determinada magnitud estaba cuantizada según el valor de cuanto. Es decir, cuanto es una proporción hecha por la magnitud dada.

Un ejemplo del modo en que algunas cantidades relevantes de un sistema físico están cuantizadas lo encontramos en el caso de la carga eléctrica de un cuerpo, que sólo puede tomar un valor que sea un múltiplo entero de la carga del electrón. En la moderna teoría cuántica aunque se sigue hablando de cuantización el término cuanto ha caído en desuso. El hecho de que las magnitudes estén cuantizadas se considera ahora un hecho secundario y menos definitorio de las caracterísitcas esenciales de la teoría.

En informática, un **cuanto de tiempo** es un pequeño intervalo de tiempo que se asigna a un proceso para que ejecute sus instrucciones. El cuanto es determinado por el planificador de procesos utilizando algún algoritmo de planificación.

Historia

El ejemplo clásico de un cuanto procede de la descripción de la naturaleza de la luz, como la energía de la luz está cuantizada, la mínima cantidad posible de energía que puede transportar la luz sería la que proporciona una partícula subatómica.

Obtenido de «http://es.wikipedia.org/wiki/Cuanto»

Cuerpo negro

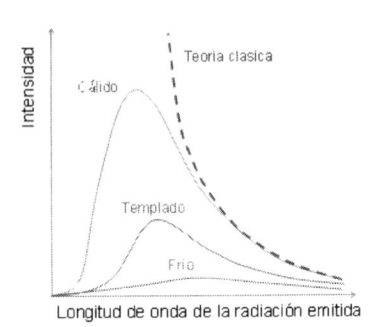

Radiación de cuerpo negro para diferentes temperaturas. El gráfico también muestra el modelo clásico de Raleygh y Jeans que precedió a la ley cuántica de Planck.

Un **cuerpo negro** es un objeto teórico o ideal que absorbe toda la luz y toda la energía radiante que incide sobre él. Nada de la radiación incidente se refleja o pasa a través del cuerpo negro. A pesar de su nombre, el cuerpo negro emite luz y constituye un modelo ideal físico para el estudio de la emisión de radiación electromagnética. El nombre *Cuerpo negro* fue introducido por Gustav Kirchhoff en 1862. La luz emitida por un cuerpo negro se denomina radiación de cuerpo negro.

Todo cuerpo emite energía en forma de ondas electromagnéticas, siendo esta radiación, que se emite incluso en el vacío, tanto más intensa cuando más elevada es la temperatura del emisor. La energía radiante emitida por un cuerpo a temperatura ambiente es escasa y corresponde a longitudes de onda superiores a las de la luz visible (es decir, de menor frecuencia). Al elevar la temperatura no sólo aumenta la energía emitida sino que lo hace a longitudes de onda más cortas; a esto se debe el cambio de color de un cuerpo cuando se calienta. Los cuerpos no emiten con igual intensidad a todas las frecuencias o longitudes de onda, sino que siguen la ley de Planck.

A igualdad de temperatura, la energía emitida depende también de la naturaleza de la superficie; así, una superficie mate o negra tiene un **poder emisor** mayor que una superficie brillante. Así, la energía emitida por un filamento de carbón incandescente es mayor que la de un filamento de platino a la misma temperatura. La ley de Kirchhoff establece que un cuerpo que es buen emisor de energía es también buen absorbente de dicha energía. Así, los cuerpos de color negro son buenos absorbentes y el cuerpo negro es un cuerpo ideal, no existente en la naturaleza, que absorbe toda la energía.

Ley de Planck (Modelo cuántico)

La intensidad de la radiación emitida por un cuerpo negro, con una temperatura T en la frecuencia ν, viene dada por la ley de Planck:

$$I(\nu,T) = \frac{2h\nu^3}{c^2} \frac{1}{\exp(h\nu/kT)-1}$$

donde $I(\nu,T) \cdot \delta\nu$ es la cantidad de energía por unidad de área, unidad de tiempo y unidad de ángulo sólido emitida en el rango de frecuencias entre ν y $\nu + \delta\nu$; h es una constante que se conoce como constante de Planck; c es la velocidad de la luz; y k es la constante de Boltzmann.

Se llama **Poder emisivo** de un cuerpo $E(\nu,T)$ a la cantidad de energía radiante emitida por la unidad de superficie y tiempo entre las frecuencias ν y $\nu + \delta\nu$.

$$E(\nu,T) = 4\pi \cdot I(\nu,T) = \frac{8\pi h\nu^3}{c^3} \frac{1}{\exp(h\nu/kT)-}$$

La longitud de onda en la que se produce el máximo de emisión viene dada por la ley de Wien; por lo tanto, a medida que la temperatura aumenta, el brillo de un cuerpo va sumando longitudes de onda, cada vez más pequeñas, y pasa del rojo al blanco según va sumando las radiaciones desde el amarillo hasta el violeta. La potencia emitida por unidad de área viene dada por la ley de Stefan-Boltzmann.

Ley de Rayleigh-Jeans (Modelo Clásico)

Antes de Planck, la Ley de Rayleigh-Jeans modelizaba el comportamiento del cuerpo negro utilizando el modelo clásico. De esta forma, el modelo que define la radiación del cuerpo negro a una longitud de onda concreta:

$$B_\lambda(T) = \frac{2ckT}{\lambda^4}$$

donde c es la velocidad de la luz, k es la constante de Boltzmann y T es la temperatura absoluta.

Esta ley predice una producción de energía infinita a longitudes de onda muy pequeñas. Esta situación que no se corrobora experimentalmente es conocida como la catástrofe ultravioleta.

Aproximaciones de cuerpo negro

El cuerpo negro es un objeto teórico o ideal, pero se puede aproximar de varias formas:

Cavidad aislada

Es posible estudiar objetos en el laboratorio con comportamiento muy cercano al del cuerpo negro. Para ello se estudia la radiación proveniente de un agujero pequeño en una cámara aislada. La cámara *absorbe* muy poca energía del exterior, ya que ésta solo puede incidir por el reducido agujero. Sin embargo, la cavidad irradia energía como un cuerpo negro. La luz emitida depende de la temperatura del interior de la cavidad, produciendo el espectro de emisión de un cuerpo negro. El sistema funciona de la siguiente manera:

La luz que entra por el orificio incide sobre la pared más alejada, donde parte de ella es absorbida y otra reflejada en un ángulo aleatorio y vuelve a incidir sobre otra parte de la pared. En ella, parte vuelve a ser absorbido y otra parte reflejada, y en cada reflexión una parte de la luz es absorbida por las paredes de la cavidad. Después de muchas reflexiones, toda la energía incidente ha sido absorbida.

Aleaciones y nanotubos

Según el Libro Guinness de los Récords, la sustancia que menos refleja la luz (en otras palabras, la sustancia más negra) es una **aleación de fósforo y níquel**, con fórmula química NiP. Esta sustancia fue producida, en principio, por investigadores indios y estadounidenses en 1980, pero perfeccionada (fabricada más oscura) por Anritsu (Japón) en 1990. Esta sustancia refleja tan sólo el 0,16 % de la luz visible; es decir, 25 veces menos que la pintura negra convencional.

En el año 2008 fue publicado en la revista científica Nanoletters un artículo con resultados experimentales acerca de un material creado con **nanotubos de carbono** que es el más absorbente creado por el hombre, con una reflectancia de 0,045 %.

Cuerpos reales y aproximación de cuerpo gris

Los objetos reales nunca se comportan como cuerpos negros ideales. En su lugar, la radiación emitida a una frecuencia dada es una fracción de la emisión ideal. La *emisividad* de un material especifica cuál es la fracción de radiación de cuerpo negro que es capaz de emitir el cuerpo real. La emisividad depende de la longitud de onda de la radiciación, la temperatura de la superficie, acabado de la superficie (pulida, oxidada, limpia, sucia, nueva, intemperizada, etc.) y ángulo de emisión.

En algunos casos resulta conveniente suponer que existe un valor de emisividad constante para todas las longitudes de onda, siempre menor que 1 (que es la emisividad de un cuerpo negro). Esta aproximación se denomina *aproximación de cuerpo gris*. La Ley de Kirchhoff indica que en equilibrio termodinámico, la emisividad es igual a la absortividad, de manera que este objeto, que no es capaz de absorber toda la radiación incidente, también emite menos energía que un cuerpo negro ideal.

Aplicaciones astronómicas

En astronomía, las estrellas se estudian en muchas ocasiones como cuerpos negros, aunque esta es una aproximación muy mala para el estudio de sus fotosferas. La radiación cósmica de fondo de microondas proveniente del Big Bang se comporta como un cuerpo negro casi ideal. La radiación de Hawking es la radiación de cuerpo negro emitida por agujeros negros.

Obtenido de «http://es.wikipedia.org/wiki/Cuerpo_negro»

Darwinismo cuántico

El **Darwinismo cuántico** es una teoría para explicar el surgimiento del mundo clásico desde el mundo cuántico como consecuencia de un proceso de selección natural darwiniano, donde los varios posibles estados cuánticos son seleccionados apuntando en favor de un estado estable. Fue propuesta por Wojciech Zurek y un grupo de colaboradores que incluye a including Ollivier, Poulin, Paz y Blume-Kohout. El desarrollo de la teoría se debe a la integración de una serie de tópicos de investigación de Zurek durante el curso de veinticinco años, incluyendo: pointer states, einselection y decoherencia cuántica.

Obtenido de «http://es.wikipedia.org/wiki/Darwinismo_cu%C3%A1ntico»

Debate Bohr-Einstein

Niels Bohr con Albert Einstein en casa de Paul Ehrenfesten Leiden (Diciembre 1925)

El **debate Bohr Einstein** es un nombre popular dado a una serie de disputas públicas entre Albert Einstein y Niels Bohr acerca de la física cuántica. Estos dos hombres, junto con Max Planck fueron los fundadores de la teoría cuántica original. Sus "debates" son muy recordados debido a su importancia en la filosofía de la ciencia. El sentido y significación de estos debates son escasamente comprendidos, pero su gran importancia fue tenida en cuenta por el propio Bohr y escrita en su artículo "Discusiones con Einstein sobre los Problemas Epistemológicos en la Física Atómica" publicados en un volumen dedicado a Einstein.

La posición de Einstein con respecto a la mecánica cuántica es significativamente más sutil y de mente más abierta de lo que ha sido a veces presentado en los manuales técnicos y artículos científicos populares. Sus poderosas y constantes críticas a la mecánica cuántica obligó a sus defensores a aguzar y refinar su comprensión acerca de las implicaciones filosóficas y científicas de sus propias teorías.

Debates Pre-revolucionarios

Einstein fué el primero de los físicos en señalar que el descubrimiento de Plank del cuánto de acción (h) implicaba reescribir de nuevo la física. Con objeto de probar esta afirmación, en 1905 propuso que la luz actuaba a veces como una partícula a la que llamó cuanto de luz (actualmente llamado fotón). Bohr fue uno de los mayores oponentes verbales a la idea del fotón y no llegó a abrazarla abiertamente hasta 1925. Su posterior habilidad para trabajar creativamente con una idea a la que que él se había resistido tan largamente es bastante inusual en la historia de la ciencia. El fotón llamó la atención a Einstein porque él lo vió como una realidad física (aunque confusa) detrás de los propios números. A Bohr le desagradaba porque hacía arbitraria ciertas soluciones matemáticas. No le gustaba que los científicos tuvieran que elegir entre distintas ecuaciones.

1913 trajo el modelo de Bohr del átomo de hidrógeno que hacía uso del cuánto de Plank para explicar el espectro atómico. Einstein estuvo al principio dubitativo, pero rápidamente cambió su mente y lo aceptó. Él toleró el modelo de Bohr a pesar del hecho de que su realidad subyacente no podía ser representada en detalle, porque lo consideró un trabajo en progreso.

La revolución cuántica

La revolución cuántica a mediados de los años 1920 ocurrió bajo la dirección de Einstein y Bohr, y sus debates post-revolucionarios fueron acerca de cómo darle sentido a tal cambio. Los choques para Einstein comenzaron en 1925 cuando Werner Heisenberg introdujo ecuaciones matriciales que removían los elementos Newtonianos del espacio y el tiempo de cualquier realidad subyacente. El siguiente golpe sucedió en 1926 cuando Max Born propuso que la mecánica debía ser entendida como una 'probabilidad' sin ningún tipo de explicación causal. Finalmente el los últimos 1927, Heisenberg y Born declararon en la Conferencia Solvay que la revolución había sido completada y no era necesario ir más allá. Fue en ese último estadio donde el escepticismo de Einstein se convirtió en un auténtico desmayo. Él creía que había muchos frutos recogidos, pero que las razones profundas de la mecánica distaban mucho de haber sido comprendidas.

Einstein se rehusó a aceptar la revolución como completa, reflejando su rechazo en la idea de que las posiciones en el espacio-tiempo nunca podían ser completamente conocidas y por el hecho de que las probabilidades cuánticas no reflejaban las causas subyacentes. Él no rechazaba las estadísticas o las probabilidades en sí mismas y el propio Einstein era una gran pensador estadístico. Era la ausencia de una razón o explicación para los eventos concretos, más allá de su mera predicción estadística, lo que Einstein rechazaba. A Bohr, mientras tanto, para nada le afectaban ninguno de los elementos que tanto procupaban a Einstein. Él hizo su propio arreglo con las contradicciones proponiendo un principio de complementariedad que enfatizaba el papel del observador sobre lo observado.

Post-Revolución: Primera etapa

Como se menciona arriba, la posición de Einstein trajo consigo modificaciones significativas con el transcurso de los años. En la primera etapa, Einstein se negó a aceptar el indeterminismo cuántico y trató de demostrar que el principio de indeterminación podía ser violado, sugiriendo ingeniosos **experimentos mentales** que permitirían una determinación precisa y simultanea de variables incompatibles, tales como velocidad y posición, o revelar explícitamente y al mismo tiempo los aspectos ondulatorios y corpusculares del mismo proceso.

El primer ataque serio de Einstein a la concepción "ortodoxa" tuvo lugar durante la **5ª Conferencia de física** en el Instituto Solvay en 1927. Einstein apuntó la posibilidad de tomar ventaja de las leyes de la conservación de la energía y del impulso momento para obtener información del estado de una partícula en un proceso de interferencia que de acuerdo con el principio de indeterminación o complementariedad, no debería ser accesible.

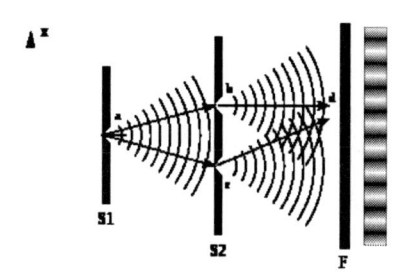

Figura A. Un cañón monocromático (donde todas las partículas poseen el mismo 'impulso') encuentra una primera pantalla, se difracta, y la onda difractada encuentra una segunda pantalla con dos rendijas, resultando la formación de una figura de interferencia en la pantalla al fondo. F. Como siempre, se asume que solo una partícula cada vez, es capaz de atravesar el mecanismo completo.
<img src="pus.img"> De la medición del recodo de la pantalla S, de acuerdo con Einstein, puede deducirse cúal es la rendija que la partícula ha atravesado sin destruir los aspectos ondulatorios del proceso.

Para seguir su argumentación y evaluar la respuesta de Bohr, es conveniente referirnos al aparato experimental ilustrado en la figura A. Un cañón de luz perpendicular al eje X que se propaga en la dirección z encuentra una pantalla S que presenta una estrecha (con respecto a la longitud de onda del rayo) rendija. Después de haber pasado a través de la rendija, la función de onda se difracta con una apertura angular que causa el encuentro con una segunda pantalla S que presenta dos rendijas. La propagación sucesiva de la onda da como resultado la formación de una figura de interferencia en la pantalla final F.

Al pasar a través de las dos rendijas de la segunda pantalla S, los aspecto ondulatorios del proceso se vuelven esenciales. De hecho, es precisamente la interferencia entre los dos términos de la superposición cuántica correspondiente a los estados en que la partícula es localizada en una de las dos rendijas lo que implica que la partícula sea "guiada" preferiblemente dentro de las zonas de interferencia constructiva y no pueda terminar en un punto de las zonas de interferencia destructiva (en el cual la función de onda se anula). Es también importante darse cuenta de que cualquier experimento designado para evidenciar los aspectos corpusculares del proceso y el hecho de atravesar la pantalla S (que, en este caso, se reduce a determinar qué rendija ha sido atravesada) inevitablemente destruye los aspectos ondulatorios, implicando la desaparición de la figura de interferencia y provoca la aparición de dos figuras de difracción concentradas que confirman nuestro conocimiento acerca de la trayectoria seguida por la partícula.

En este punto Einstein juega con la primera pantalla y argumenta lo siguiente: ya que las partículas incidentes tienen velocidades (prácticamente) perpendiculares a la pantalla S, y ya que solo la interacción con ella puede causar la la deflexión de la dirección original de propagación, por la ley de conservación del impulso que implica que la suma de los impulsos de los sistemas que interactúan sea conservada, si la partícula incidente se desvía hacia arriba, la pantalla reaccionaría hacia abajo y viceversa. En condiciones realísticas la masa de la pantalla es tan pesada que permanecerá estacionaria, pero, en principio es posible medir incluso una reacción infinitesimal. Si imaginamos que medimos el impulso de la pantalla en la dirección X despues de que cada partícula simple ha pasado, podemos saber a partir del hecho de que la pantalla se ha movido hacia abajo (arriba), que la partícula en cuestión se ha desviado hacia arriba (abajo) y por tanto podemos saber a través de qué rendija en S ha pasado. Así, como la determinación de la dirección del rebote de la pantalla se realiza despues de que la partícula ha pasado, ello no puede influenciar el desarrollo sucesivo del proceso y tendremos todavía la misma figura de interferencia en la pantalla F. La interferencia tiene lugar precisamente porque el estado del sistema es de *superposición* de dos estados cuyas funciones de onda son no nulasa precisamente cerca de las dos rendijas. Por otro lado, si cada partícula pasa solo a través de la rendija b o de la rendija c, entonces el cjnjunto de los sistemas es es la mezcla estadística de los dos estados, lo cual significa que la interferencia no es posible. Si Einstein está en lo cierto, entonces hay una violación del principio de indeterminación.

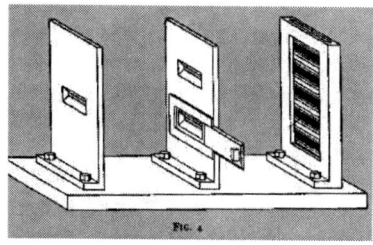

Figura B. Representación de Bohr del experimento mental de Einstein descrito arriba. La ventana se muestra móvil para evidenciar que el solo intento de conocer la rendija atravesada, ya destruye el patrón de interferencias.

La repuesta de Bohr fue ilustrar la idea de Einstein más claramente a través de los diagramas en las figuras B y C. Bohr observa que el conocimiento extremadamente preciso de cualquier movimiento (potencial) vertical de la pantalla es una presunción esencial en el argumento de Einstein. De hecho si su velocidad en la dirección X *antes* del paso de la partícula no es conocida con una precisión sustancialmente mayor que aquella que la inducida por la reacción de la pantalla (es decir, si se estuviera moviendo ya, verticalmente con una velocidad más grande y desconocida que la que se deriva como consecuencia del contacto con la partícula), entonces la determinación de su movimiento después del paso de la partícula no daría el resultado que buscamos. No obstante, continúa Bohr, una determinación extremadamente precisa de la velocidad de la pantalla, cuando aplicamos el principio de indeterminación, implica una inevitable imprecisión de su posición en la dirección X. Antes de que el proceso empiece siquiera, la pantalla ocuparía una posición indeterminada de cierta extensión al menos (definida por el formalismo). Ahora consideramos, por ejemplo, el punto *d* en la figura A, donde no hay una interferencia destructiva.

Es obvio que cualquier desplazamiento de la primera pantalla haría que las longitudes de los dos caminos, *a-b-d* y *a-c-d*, fueran diferentes de las indicadas en la figura. Si la diferencia entre los dos caminos varía en media longitud de onda en el punto *d* tendríamos una interferencia constructiva en lugar de destructiva. El experimento ideal debería promediar todas las posiciones posibles de la pantalla S1, y, para cualquier posición, le corresponde a cada punto fijo *F*, un tipo diferente de interferencia, desde la perfectamente confructiva hasta la perfectamente destructiva. El efecto de este promedio es que el patrón de interferencia sobre la pantalla *F* será uniformemente gris. Una vez más, nuestro intento de evidenciar los aspectos corpusculares en *S* ha destruido la posibilidad de interferencia en *F* que depende crucialmente de los aspectos ondulatorios.

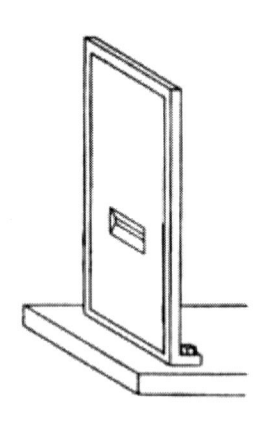

Figura C. Para realizar la propuesta de Einstein, es necesario reemplazar la primera pantalla en la Figura A (S1) por un diafragma móvil que pueda desplazarse verticalmente tal como éste propuesto por Bohr.

Debería tenerse en cuenta, como reconoció Bohr, que para entender este fenómeno es decisivo que a diferencia de las mediciones clásicas el propio aparato de medida es tambien parte del sistema y el formalismo mecanocuántico debe aplicarse al sistema completo en el que está incluido. De hecho, la introducción de cualquier dispositivo nuevo, como un espejo, en el camino de la partícula, podría introducir nuevos efectos de interferencia que influirían esencialmente en las predicciones sobre los resultados que serían finalmente observados.

El argumento de Bohr acerca de la imposibilidad de usar el aparato propuesto por Einstein para violar el principio de indeterminación depende crucialmente del hecho de que un sistema macroscópico (la pantalla *S*) obedece a leyes cuánticas. Por otro lado, Bohr afirmó consistentemente, que para ilustrar los aspectos microscópicos de la realidad era necesario instalar un proceso de amplificación dentro de aparatos macroscópicos, cuyas característica fundamental es la de obsdecer a las leyes clásicas que se pueden describir en términos clásicos. Esta ambigüedad regresaría más tarde en la forma en que comúnmente se conoce todavía y se denomina hoy, el problema de la medida.

Aspectos psicológicos del debate

Algunos autores [E.G.Granda] han llamado la atención sobre los aspectos psicológicos en el fondo del debate, que admiten un análisis interesante.

De acuerdo con la psicología de Carl Gustav Jung, tanto Bohr como Einstein constituirían un claro ejemplo de dos tipologías diferentes, que debaten dos maneras muy diferentes de entender la realidad.

Bohr es un tipo *sensato*, y la sensación es una función psicológica muy desarrollada.

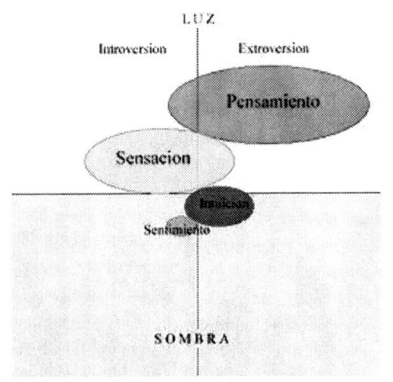

ESTJ Tipo psicológico de Niels Bohr. Construye su visión según lo concreto, palpable y medible

Esta constitución anímica explica el énfasis puesto en lo 'observable' y la 'observación' como indicativo principal de 'realidad'. La interpretación de Copenhague es un buen ejemplo de la perspectiva que un individuo de tipología ESTJ tiene sobre la realidad.

Albert Einstein es por el contrario un tipo fuertemente *intuitivo* y por ello trató siempre de adoptar una interpretación realista de la física. Como todos los intuitivos tiende a enfatizar la 'realidad' de los 'principios generales' y 'leyes universales'. La Teoría 'General' de la Relatividad es un claro ejemplo de busqueda de un 'principio universal', que para él constituía el objetivo último de la física.

Bohr, como buén sensitivo, se conformaba con que el objeto de la física se redujese a la mera predicción de mediciones experimentales.

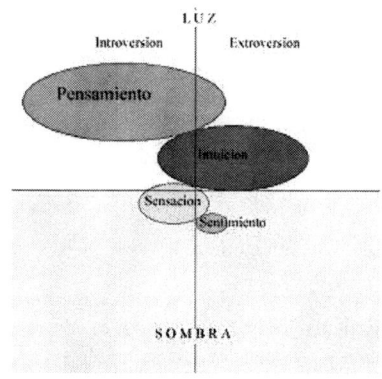

INTP Tipo psicológico de Albert Einstein. Construye su visión del mundo basada en principios generales.

La Interpretación de Bohm, es un ejemplo de visión intuitiva y corresponde a una tipología INTP como la del propio Einstein. Otros tipos e interpretaciones intermedias son también posibles.

Tanto Bohr como Einstein son científicos y en ellos la función *Pensamiento* predomina, lo cual permitía el dialogo entre ambos a pesar de sus diferencias.

El 'Pensamiento'es una función calificadora que ambos compartían y les permitió llegar a conclusiones.

Este debate nuevo en la física, no lo es sin embargo en la filosofía como muestra la historia tanto en el Budismo entre la filosofías Vaibhasika y la Cittamatra, como entre los filósofos griegos presocráticos.

El hecho de que éste tipo de debate aparezca en ámbitos y épocas muy distintas, de manera recurrente, sugiere la influencia de un patrón arquetípico en el trasfondo dichos debates.

Véase también

- Afshar's experiment
- Complementarity
- Copenhagen interpretation
- Double-slit experiment
- EPR paradox
- Quantum eraser
- Schrödinger's cat
- Uncertainty principle
- Wheeler's delayed choice experiment

Referencias

- Boniolo, G., (1997) *Filosofia della Fisica*, Mondadori, Milan.
- Bolles, Edmund Blair (2004) *Einstein Defiant*, Joseph Henry Press, Washington, D.C.
- Born, M. (1973) *The Born Einstein Letters*, Walker and Company, New York, 1971.
- Ghirardi, Giancarlo, (1997) *Un'Occhiata alle Carte di Dio*, Il Saggiatore, Milan.
- González-Granda F.,Eduardo, (2009) *Psicología de la Física*, Ngal-So Ed., Madrid.
- Pais, A., (1986) *Subtle is the Lord... The Science and Life of Albert Einstein*, Oxford University Press, Oxford, 1982.
- Shilpp, P.A., (1958) *Albert Einstein: Philosopher-Scientist*, Northwestern University and Southern Illinois University, Open Court, 1951.

Obtenido de «http://es.wikipedia.org/wiki/Debate_Bohr-Einstein»

Decoherencia cuántica

En la mecánica cuántica las partículas son tratadas como ondas que se comportan según la ecuación de Schrödinger. De este modo, este comportamiento entra en contradicción con la mecánica clásica donde es bien sabido que las partículas no presentan fenómenos típicos de las ondas como la interferencia. Cómo es posible que las partículas cuánticas formen cuerpos más grandes que se comportan de manera clásica es un fenómeno que se conoce como **decoherencia cuántica**.

Este término está intimamente ligado con la computación cuántica, ya que la decoherencia de los qubits representa un problema. Se basa en que los sistemas físicos no residen aislados sino que interactúan con otros, y esta interacción es la que provoca que se deshagan los estados de superposición de los qubits (mientras no interactúe, es un sistema coherente, es decir, se encuentra en una indefinida superposición de estados). A este intervalo de pérdida de coherencia se le asocia que lo que esencialmente es un sistema cuántico lo podamos describir por medio de variables clásicas.

La decoherencia se debe al acoplamiento del qubit con el entorno (ordenador cuántico). En consecuencia el qubit debe considerarse como un sistema abierto. El acoplamiento del qubit y el ordenador cuántico produce un entrelazamiento entre ambos sistemas que modifica el qubit de forma, a priori, incontrolable. Generalmente se asume que una vez que el qubit ha perdido la coherencia la computación completa falla y, en consecuencia, los resultados que se obtienen no son correctos. En el modelo de computación cuántica los cálculos se realizan aplicando transformaciones unitarias al qubit. Sin embargo esto sólo se cumple de forma aproximada ya que, debido al acoplamiento entre los dos sistemas, la evolución del qubit generalmente no es unitaria.

Lecturas recomendadas

- Mario Castagnino, Sebastian Fortin, Roberto Laura and Olimpia Lombardi, *A general theoretical framework for decoherence in open and closed systems*, Classical and Quantum Gravity, 25, pp. 154002–154013, (2008). Se propone un esquema teórico general para la decoherencia, que abarca formalismos originalmente concebidos para ser aplicados sólo a sistemas abiertos o cerrados.

Obtenido de «http://es.wikipedia.org/wiki/Decoherencia_cu%C3%A1ntica»

Degeneración (física)

En Mecánica Cuántica, se denomina **degeneración** al hecho de que un mismo nivel de energía (autovalor del operador hamiltoniamo) posea más de un estado asociado (autofunción del operador hamiltoniano con el mismo autovalor). En términos de la ecuación de Schödinger estacionaria podemos escribir:

$$\hat{H}\psi_n^k = E_n \psi_n^k$$

Donde el superíndice k nos indica que hay más de un autoestado asociado a E_n. Este subíndice toma los valores:

$$k = 1, 2, 3, ..., g_n$$

El número g_n se denomina degeneración del n-ésimo nivel energético. Los ejemplos más típicos de sistemas cuánticos en los cuales no hay degeneración son el pozo de potencial infinito y el oscilador armónico unidimensional (cuando se pasa a más de una dimensión el oscilador armónico presenta una degeneración sencilla). En ambos casos puede escribirse:

$$\hat{H}\psi_n = E_n \psi_n$$

En estos casos se tiene trivialmente $g_n = 1$ y el superíndice k se hace redundante. Por otra parte, el caso más conocido de degeneración es el átomo de hidrógeno, en cuyo caso escribimos:

$$\hat{H}\psi_{nlmm_s} = E_n \psi_{nlmm_s}$$

La degeneración del nivel E_n es $g_n = 2n^2$. En este caso la forma particular de la degeneración es complicada y no puede reducirse a sólo un índice adicional k.

Obtenido de «http://es.wikipedia.org/wiki/Degeneraci%C3%B3n_(f%C3%ADsica)»

Densidad (mecánica cuántica)

En mecánica cuántica, bajo la interpretación probabilística, las partículas no pueden ser consideradas puntuales, sino que se encuentran deslocalizadas espacialmente antes de realizar una medida sobre su posición. La densidad (abuso de notación, llamada densidad de probabilidad) es una distribución que determina la probabilidad espacial de una o más partículas idénticas.

En el sentido físico, la función densidad $\rho(\vec{r}, t)$ o $n(\vec{r}, t)$ de un sistema determina la probabilidad encontrar un electrón en la posición $\vec{r}$ en un tiempo t. Como tal es una función positiva y real.

La integral de la densidad sobre todo el espacio se normaliza al número total de partículas del sistema:

$$\int dx\, \rho(x) = N.$$

En mecánica cuántica, la densidad puede ser obtenida a partir de una función de onda de N partículas Ψ como

$$\rho(x) = \int dx_2 ... dx_N\, |\Psi^{(N)}(x, x_2, ..., x_N)|^2$$

En el caso que la función de onda Ψ sea un determinante de Slater compuesto de N orbitales φ_k, la densidad es:

$$\rho(x) = \frac{1}{N}\sum_{k=1}^{N}|\varphi_k(x)|^2$$

Este es el caso de las formulaciones de la teoría del funcional de la densidad y de método de Hartree-Fock.

Obtenido de «http://es.wikipedia.org/wiki/Densidad_(mec%C3%A1nica_cu%C3%A1ntica)»

Detector de bombas de Elitzur–Vaidman

En física, **el problema del detector de bombas de Elitzur–Vaidman** es un experimento mental de la mecánica cuántica, propuesto por primera vez por Avshalom Elitzur y Lev Vaidman en 1993. Se construyó y se probó con éxito un detector de bombas real por Anton Zeilinger, Paul Kwiat, Harald Weinfurter y Thomas Herzog en 1994. Utiliza un interferómetro de Mach–Zehnder para determinar si ha tenido lugar cierta medida. Fue seleccionado por la revista New Scientist como una de las siete maravillas del mundo cuántico.

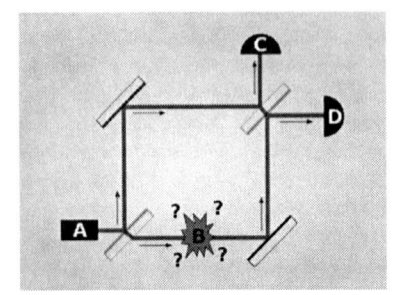

Diagrama del detector de bombas. A - emisor de fotones, B - bomba a detectar, C,D - detector de fotones. Los espejos en las esquinas inferior izquierda y superior derecha son semiespejados.

Problema

Consideramos un conjunto de bombas, algunas de las cuales son falsas. Suponemos que estas bombas cuentan con una característica especial: las bombas reales tienen un sensor accionado por fotones que hará detonar la bomba cuando absorbe un fotón. Las bombas falsas carecen de dicho sensor, no explotarán nunca y dejarán pasar el fotón sin interferir con él en ningún sentido. El problema está en cómo separar al menos algunas de las bombas reales de las falsas. Un método de clasificación de las bombas podría ser detectar todas las bombas falsas intentando hacerlas detonar todas. Por desgracia, este proceso destruiría todas las bombas reales.

Solución

La solución para detectar las bombas reales está en el uso de un modo de observación basado en la dualidad onda-corpúsculo, una propiedad de la mecánica cuántica.

Comenzamos con un interferómetro de Mach-Zehnder y una fuente de luz que emite fotones de uno en uno. Cuando un fotón emitido por la fuente de luz alcanza una superficie semiespejada, tiene la misma probabilidad de pasar a través de ella como de ser reflejado. Colocamos una bomba (B) que se interponga en uno de los caminos del fotón. Si la bomba es real, el fotón será absorbido y detonará la bomba. Si la bomba es falsa, el fotón pasará a través de ella sin ser alterado.

Cuando el estado de un fotón es alterado de forma no determinista, como la interacción con una superficie semiespejada que atravesará de forma no determinista o será reflejado, el fotón se encontrará en una superposición cuántica, por la cual estará en todos los posibles estados y podrá interferir consigo mismo. Este fenómeno continúa hasta que un observador interaccione con él, haciendo que colapse la función de onda y devolviendo al fotón a un estado determinista.

Por tanto, hay sólo tres posibles resultados observables:
- La bomba explota. La bomba era real, pero ya ha explotado.
- La bomba no explota y sólo el detector (C) detecta el fotón. La bomba ha de ser real.
- La bomba no explota y sólo el detector (D) detecta el fotón. Es posible que la bomba sea real o falsa.

Con este proceso, el 25% de las bombas reales pueden ser identificadas como tales sin tener que detonarlas. Repitiendo este proceso, siempre que nos encontremos con el resultado #3, la probabilidad aumenta hasta el 33%. (Ver la sección de experimentos abajo para una modificación de este experimento con casi un 100% de posibilidades.)

Interpretación de Everett

Otra forma conceptual de entender este fenómeno es a través de la interpretación de los universos paralelos de Hugh Everett. La superposición del comportamiento es análoga a tener universos paralelos para cada uno de los estados del fotón. Por tanto, cuando un fotón se encuentra con una superficie semiespejada, en uno de los universos pasa a través, mientras que en otro se refleja en ella. Estos dos universos están completamente separados excepto por la partícula en superposición. El fotón que pasa a través del espejo en un universo puede interactuar con el fotón reflejado en él en el otro universo. Los fotones continuarán interactuando entre ellos hasta que un observador de uno de los universos mida el estado de uno de los fotones.

Explicación paso a paso
Si la bomba es falsa:
- El fotón tanto (i) pasará a través de la primera superficie semiespejada (camino inferior) como (ii) será reflejado (camino superior).
- La bomba no absorberá el fotón, por lo que el camino inferior es una ruta posible hasta el punto de interferencia.
- El sistema se reduce a un interferómetro de Mach-Zehnder básico sin muestra, en el cual aparece una interferencia constructiva a lo largo del camino horizontal hacia (D) y una interferencia destructiva a lo largo del camino vertical hacia (C).
- Por tanto, el detector en (D) detectará un fotón y el detector en (C) no.

Si la bomba es real:
- El fotón tanto (i) pasará a traves de la primera superficie semiespejada (camino inferior) como (ii) será reflejado (camino superior).
- Al encontrarse con el observador (la bomba), la función de onda colapsará y el fotón tomará el camino inferior o el superior, pero no ambos.
- **Si el fotón toma el camino inferior**:
  - Como la bomba es real, el fotón la detonará y explotará.
- **Si el fotón toma el camino superior**:
  - Como no toma el camino inferior, no habrá interferencia en la segunda superficie semiespejada.
  - El fotón, una vez en el camino superior, tanto (i) pasará a través de la segunda superficie semiespejada como (ii) será reflejado.
  - Hasta encontrarse con otros observadores (detectores C y D), la función de onda colapsará otra vez y el fotón se encontrará o en el detector (C) o en el detector (D), pero no en ambos.

Experimentos

En 1994, Anton Zeilinger, Paul Kwiat, Harald Weinfurter y Thomas Herzog realizaron un experimento equivalente al anterior, demostrando que eran posibles medidas libres de interacciones.

En 1996, Kwiat et al. idearon un método, usando una secuencia de dispositivos de polarización, que aumentaba de forma eficiente la probabilidad de encontrar una bomba real hasta una cantidad arbitrariamente cercana al 100%. La idea clave era dividir una fracción del haz de fotones en un gran número de haces de amplitud muy pequeña y reflejarlos todos en el espejo, recombinándolos después con el haz original. También puede argumentarse que esta construcción revisada es simplemente equivalente a una cavidad resonante y el resultado aparece como más lógico de este modo. Ver Watanabe y Inoue (2000).

Este experimento posee un significado filosófico porque determina la respuesta a una pregunta hipotética: "¿Qué sucedería si el fotón pasara a través del sensor de la bomba?". La respuesta es tanto: "la bomba es real, el fotón es observado, y la bomba explota", como "la bomba es falsa, el fotón no es observado, y el fotón pasa a través del sensor sin ser alterado".

Si fuésemos capaces de realizar la medida, cualquier bomba podría de hecho explotar. Pero aquí la respuesta a la pregunta "¿qué pasaría en la realidad?" está determinada *sin* que la bomba se desactivase. Esto proporciona un ejem-

Determinante de Slater

El **determinante de Slater** es una técnica matemática de la mecánica cuántica que se usa para generar funciones de ondas antisimétricas que describan los estados colectivos de varios fermiones y que cumplan el principio de exclusión de Pauli.

Este tipo de determinantes toman su nombre de John C. Slater, físico y químico teórico estadounidense que propuso su utilización con el fin de asegurar que la función de onda electrónica sea antisimétrica respecto del intercambio de dos electrones. Los determinantes de Slater se construyen a partir de funciones de onda monoelectrónicas denominadas espín-orbitales $\chi(\mathbf{x})$, donde $\mathbf{x}$ representa las coordenadas de posición y de espín del electrón. Como una consecuencia de las propiedades de los determinantes, dos electrones no pueden estar descritos por el mismo espín-orbital ya que significaría que la función de onda se anula en todo el espacio.

Dos partículas

Para ilustrar su funcionamiento podemos considerar el caso más simple, el de dos partículas. Si x_1 y x_2 son las coordenadas (espaciales y de espín) de la partícula 1 y la partícula 2 respectivamente, se puede generar la función de onda colectiva Ψ como el producto de las funciones de onda individuales de cada partícula, es decir

$$\Psi(x_1, x_2) = \chi_1(x_1)\chi_2(x_2).$$

Esta expresión se denomina producto de Hartree, y es la función de onda más simple que podemos escribir dentro de la aproximación orbital. De hecho, este tipo de función de ondas no es válido para la representación de estados colectivos de fermiones ya que esta función de ondas no es antisimétrica ante un intercambio de partículas. La función debe satisfacer la siguiente condición

$$\Psi(x_1, x_2) = -\Psi(x_2, x_1).$$

Es fácil comprobar que aunque el anterior producto de Hartree no es antisimétrico respecto del intercambio de partículas, la siguiente combinación lineal de estos productos sí que lo es

$$\Psi(x_1, x_2) = \frac{1}{\sqrt{2}}[\chi_1(x_1)\chi_2(x_2) - \chi_1(x_2)\chi_2(x_1)].$$

donde hemos incluido un factor para que la función de ondas esté normalizada convenientemente. Esta última ecuación puede reescribirse como un determinante de la siguiente forma

$$\Psi(x_1, x_2) = \frac{1}{\sqrt{2}} \begin{vmatrix} \chi_1(x_1) & \chi_1(x_2) \\ \chi_2(x_1) & \chi_2(x_2) \end{vmatrix},$$

conocido como el **determinante de Slater** de las funciones χ y χ. Por tanto esta función de onda además de ser antisimétrica, considera que los dos electrones son partículas indistinguibles. Las funciones así generadas tienen la propiedad de anularse si dos de las funciones de ondas de una partícula son iguales o, lo que es equivalente, dos de los fermiones están descritos por el mismo espín orbital. Esto es equivalente a satisfacer el principio de exclusión de Pauli.

Generalización a *N* partículas

Esta expresión puede ser generalizada sin gran dificultad a cualquier número de fermiones. Para un sistema compuesto por *N* fermiones, se define el determinante de Slater como

$$\Psi(x_1, x_2, \ldots, x_N) = \frac{1}{\sqrt{N!}} \begin{vmatrix} \chi_1(x_1) & \chi_1(x_2) & \cdots & \chi_1(x_N) \\ \chi_2(x_1) & \chi_2(x_2) & \cdots & \chi_2(x_N) \\ \vdots & & & \vdots \\ \chi_N(x_1) & \chi_N(x_2) & \cdots & \chi_N(x_N) \end{vmatrix}$$

El uso del determinante como generador de la función de ondas garantiza la antisimetrica con respecto al intercambio de partículas así como la imposibilidad de que dos partículas estén en el mismo estado cuántico, aspecto crucial al tratar con fermiones.

En el método de Hartree-Fock, un único determinante de Slater se usa como aproximación a la función de ondas electrónica, se denomina a métodos similares *monodeterminantales*. En métodos de cálculo más precisos, tales como la interacción de configuraciones o el MCSCF, se utilizan superposiciones lineales de determinantes de Slater, y se llaman métodos *multideterminantales*.

Bibliografía

Obtenido de «http://es.wikipedia.org/wiki/Determinante_de_Slater»

Diagrama de Feynman

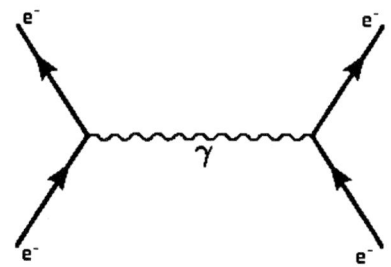

Diagrama de Feynman ilustrando la interacción entre dos electrones producida mediante el intercambio de un fotón.

Un **diagrama de Feynman**, en física, es un dispositivo de conteo para realizar cálculos en la teoría cuántica de campos, inventada por el físico estadounidense Richard Feynman. El problema de calcular secciones eficaces de dispersión en física de partículas se reduce a sumar sobre las amplitudes de todos los estados intermedios posibles, en lo qué se conoce como expansión perturbativa. Estos estados se pueden representar por los diagramas de Feynman, que son más fáciles de no perder de vista en, con frecuencia, cálculos tortuosos. Feynman mostró cómo calcular las amplitudes del diagrama usando, las así llamadas, reglas de Feynman, que se pueden derivar del lagrangiano subyacente al sistema. Cada línea interna corresponde a un factor del propagador de la partícula virtual correspondiente; cada vértice donde las líneas se reúnen da un factor derivado de un término de interacción en el lagrangiano, y las líneas entrantes y salientes determinan restricciones en la energía, el momento y el espín.

Además de su valor como técnica matemática, los diagramas de Feynman proporcionan penetración física profunda a la naturaleza de las interacciones de las partículas. Las partículas obran recíprocamente en cada modo posible; de hecho, la partícula "virtual" intermediaria se puede propagar más rápidamente que la luz. La probabilidad de cada resultado entonces es obtenida sumando sobre todas tales posibilidades. Esto se liga a la formulación integral funcional de la mecánica cuántica, también inventada por Feynman - vea la formulación integral de trayectorias.

El uso ingenuo de tales cálculos produce a menudo diagramas con amplitudes infinitas, lo que es intolerable en una teoría física. El problema es que las auto-interacciones de las partículas han sido ignoradas erróneamente. La técnica de la renormalización, iniciada por Feynman, Schwinger, y Tomonaga, compensa este efecto y elimina los términos infinitos molestos. Después de realizada la renormalización, los cálculos de diagramas de Feynman emparejan a menudo resultados experimentales con exactitud muy buena. El diagrama de Feynman y los métodos de la integral de trayectorias también se utilizan en la mecánica estadística.

Murray Gell-Mann se refirió siempre a los diagramas de Feynman como diagramas de Stückelberg, por un físico suizo, Ernst Stückelberg, que ideó una notación similar.

Interpretación

Los diagramas de Feynman son realmente una manera gráfica de no perder de vista los índices de Witt como la notación gráfica de Penrose para los índices en álgebra multilineal. Hay varios diversos tipos para los índices, uno para cada campo (éste depende de cómo se agrupan los campos; por ejemplo, si el campo del quark "up" y el campo del quark "down" se trata como campos diversos, entonces habría diverso tipo asignado a ambos pero si se tratan como solo campo de varios componentes con "sabores", entonces sería solamente un tipo) los bordes, (es decir los propagadores) son tensores de rango (2,0) en la notación de deWitt (es decir con dos índices contravariantes y ninguno covariante), mientras que los vértices de grado n son tensores covariantes de rango n que son totalmente simétricos para todos los índices bosónicos del mismo tipo y totalmente antisimétricos para todos los índices fermiónicos del mismo tipo y la contracción de un propagador con un tensor covariante de rango n es indicado por un borde incidente a un vértice (no hay ambigüedad con cual índice contraer porque los vértices corresponden a los tensores totalmente simétricos). Los vértices externos corresponden a los índices contravariantes no contraídos.

Una derivación de las reglas de Feynman que usa integral funcional gaussiana se da en el artículo integral funcional. Cada diagrama de Feynman no tiene una interpretación física en sí mismo. Es solamente la suma infinita sobre todos los diagramas de Feynman posibles lo que da resultados físicos.

Desafortunadamente, esta suma infinita es solamente asintóticamente convergente.

Notas y referencias

Obtenido de «http://es.wikipedia.org/wiki/Diagrama_de_Feynman»

Dualidad onda corpúsculo

Imagen ilustrativa de la **dualidad onda-partícula**, en el cual se puede ver cómo un mismo fenómeno puede tener dos percepciones distintas.

La **dualidad onda-corpúsculo**, también llamada **dualidad onda-partícula**, resolvió una aparente paradoja, demostrando que la luz puede poseer propiedades de partícula y propiedades ondulatorias.

De acuerdo con la física clásica existen diferencias entre onda y partícula. Una partícula ocupa un lugar en el espacio y tiene masa mientras que una onda se extiende en el espacio caracterizándose por tener una velocidad definida y masa nula.

Actualmente se considera que la dualidad onda-partícula es un *"concepto de la mecánica cuántica según el cual no hay diferencias fundamentales entre partículas y ondas: las partículas pueden comportarse como ondas y viceversa".* (Stephen Hawking, 2001)

Éste es un hecho comprobado experimentalmente en múltiples ocasiones. Fue introducido por Louis-Victor de Broglie, físico francés de principios del siglo XX. En 1924 en su tesis doctoral propuso la existencia de ondas de materia, es decir que toda materia tenía una onda asociada a ella. Esta idea revolucionaria, fundada en la analogía con que la radiación tenía una partícula asociada, propiedad ya demostrada entonces, no despertó gran interés, pese a lo acertado de sus planteamientos, ya que no tenía evidencias de producirse. Sin embargo, Einstein reconoció su importancia y cinco años después, en 1929, De Broglie recibió el Nobel en Física por su trabajo.

Su trabajo decía que la longitud de onda λ de la onda asociada a la materia era

$$\lambda = \frac{h}{p} = \frac{h}{mv}$$

donde h es la constante de Planck y p es la cantidad de movimiento de la partícula de materia.

Historia

Al finalizar el siglo XIX, gracias a la teoría atómica, se sabía que toda materia estaba formada por partículas elementales llamadas átomos. La electricidad se pensó primero como un fluido, pero Joseph John Thomson demostró que consistía en un flujo de partículas llamadas electrones, en sus experimentos con rayos catódicos. Todos estos descubrimientos llevaron a la idea de que una gran parte de la Naturaleza estaba compuesta por partículas. Al mismo tiempo, las ondas eran bien entendidas, junto con sus fenómenos, como la difracción y la interferencia. Se creía, pues, que la luz era una onda, tal y como demostró el Experimento de Young y efectos tales como la difracción de Fraunhofer.

Cuando se alcanzó el siglo XX, no obstante, aparecieron problemas con este punto de vista. El efecto fotoeléctrico, tal como fue analizado por Albert Einstein en 1905, demostró que la luz también poseía propiedades de partículas. Más adelante, la difracción de electrones fue predicha y demostrada experimentalmente, con lo cual, los electrones poseían propiedades que habían sido atribuidas tanto a partículas como a ondas.

Esta confusión que enfrentaba, aparentemente, las propiedades de partículas y de ondas fue resuelta por el establecimiento de la mecánica cuántica, en la primera mitad del siglo XX. La mecánica cuántica nos sirve como marco de trabajo unificado para comprender que toda materia puede tener propiedades de onda y propiedades de partícula. Toda partícula de la naturaleza, sea un protón, un electrón, átomo o cual fuese, se describe mediante una ecuación diferencial, generalmente, la Ecuación de Schrödinger. Las soluciones a estas ecuaciones se conocen como funciones de onda, dado que son inherentemente ondulatorias en su forma. Pueden difractarse e interferirse, llevándonos a los efectos ondulatorios ya observados. Además, las funciones de onda se interpretan como descriptores de la probabilidad de encontrar una partícula en un punto del espacio dado. Quiere decirse esto que si se busca una partícula, se encontrará una con una probabilidad dada por la raíz cuadrada de la función de onda.

En el mundo macroscópico no se observan las propiedades ondulatorias de los objetos dado que dichas longitudes de onda, como en las personas, son demasiado pequeñas. La longitud de onda se da, en esencia, como la inversa del tamaño del objeto multiplicada por la constante de Planck h, un número extremadamente pequeño.

Huygens y Newton

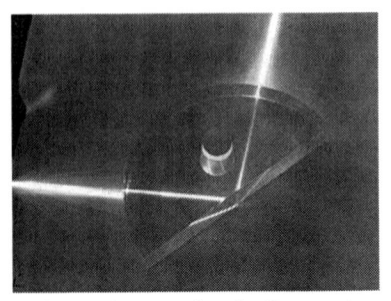

La luz, onda y corpúsculo. Dos teorías diferentes convergen gracias a la física cuántica.

Las primeras teorías comprensibles de la luz fueron expuestas por Christiaan Huygens, quien propuso una teoría ondulatoria de la misma, y en particular, demostrando que cada punto de un frente de onda que avanza es de hecho el centro de una nueva perturbación y la fuente de un nuevo tren de ondas. Sin embargo, su teoría tenía debilidades en otros puntos y fue pronto ensombrecida por la Teoría Corpuscular de Isaac Newton.

Aunque previamente Sir Isaac Newton, había discutido este prolegómeno vanguardista con Pierre Fermat, otro reconocido físico de la óptica en el siglo XVII, el objetivo de la difracción de la luz no se hizo patente hasta la célebre reunión que tuviera con el genial Karl Kounichi, creador del principio de primalidad y su máxima de secuencialidad, realizada en la campiña de Woolsthorpe durante la gran epidemia de Peste de 1665.

Apoyado en las premisas de sus contemporáneos, Newton propone que la luz es formada por pequeñas partículas, con las cuales se explica fácilmente el fenómeno de la reflexión. Con un poco más de dificultad, pudo explicar también la refracción a través de lentes y la separación de la luz solar en colores mediante un prisma.

Debido a la enorme estatura intelectual de Newton, su teoría fue la dominante por un periodo de un siglo aproximadamente, mientras que la teoría de Huygens fue olvidada. Con el descubrimiento de la difracción en el siglo XIX, sin embargo, la teoría ondulatoria fue recuperada y durante el siglo XX el debate entre ambas sobrevivió durante un largo tiempo.

Fresnel, Maxwell y Young

A comienzo del siglo XIX, con el experimento de la doble rendija, Young y Fresnel certificaron científicamente las teorías de Huygens. El experimento demostró que la luz, cuando atraviesa una rendija, muestra un patrón característico de interferencias similar al de las ondas producidas en el agua. La longitud de onda puede ser calculada mediante dichos patrones. Maxwell, a finales del mismo siglo, explicó la luz como la propagación de una onda electromagnética mediante las ecuaciones de Maxwell. Tales ecuaciones, ampliamente demostradas mediante la experiencia, hicieron que Huygens fuese de nuevo aceptado.

Einstein y los fotones

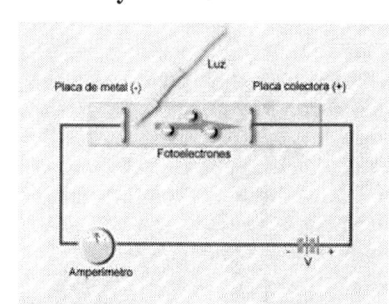

Efecto fotoeléctrico: La luz arranca electrones de la placa.

En 1905, Einstein logró una notable explicación del efecto fotoeléctrico, un experimento hasta entonces preocupante que la teoría ondulatoria era incapaz de explicar. Lo hizo postulando la existencia de fotones, cuantos de luz con propiedades de partículas.

En el efecto fotoeléctrico se observaba que si un haz de luz incidía en una placa de metal producía electricidad en el circuito. Presumiblemente, la luz liberaba los electrones del metal, provocando su flujo. Sin embargo, mientras que una luz azul débil era suficiente para provocar este efecto, la más fuerte e intensa luz roja no lo provocaba. De acuerdo con la teoría ondulatoria, la fuerza o amplitud de la luz se hallaba en proporción con su brillantez: La luz más brillante debería ser más que suficiente para crear el paso de electrones por el circuito. Sin embargo, extrañamente, no lo producía.

Einstein llegó a la conclusión de que los electrones eran expelidos fuera del metal por la incidencia de fotones. Cada fotón individual acarreaba una cantidad de energía E, que se encontraba relacionada con la frecuencia v de la luz, mediante la siguiente ecuación:

$$E = h\nu$$

donde h es la constante de Planck (cuyo valor es $6{,}626 \times 10$ J·s). Sólo los fotones con una frecuencia alta (por encima de un valor umbral específico) podían provocar la corriente de electrones. Por ejemplo, la luz azul emitía unos fotones con una energía suficiente para arrancar los electrones del metal, mientras que la luz roja no. Una luz más intensa por encima del umbral mínimo puede arrancar más electrones, pero ninguna cantidad de luz por debajo del mismo podrá arrancar uno solo, por muy intenso que sea su brillo.

Einstein ganó el Premio Nobel de Física en 1921 por su teoría del efecto fotoeléctrico.

De Broglie

En 1924, el físico francés, Louis-Victor de Broglie (1892-1987), formuló una hipótesis en la que afirmaba que:
Toda la materia presenta características tanto ondulatorias como corpusculares comportándose de uno u otro modo dependiendo del experimento específico.

Para postular esta propiedad de la materia De Broglie se basó en la explicación del efecto fotoeléctrico, que poco antes había dado Albert Einstein sugiriendo la naturaleza cuántica de la luz. Para Einstein, la energía transportada por las ondas luminosas estaba cuantizada, distribuida en pequeños paquetes energía o cuantos de luz, que más tarde serían denominados fotones, y cuya energía dependía de la frecuencia de la luz a través de la relación: $E = h\nu$, donde ν es la frecuencia de la onda luminosa y h la constante de Planck. Albert Einstein proponía de esta forma, que en determinados procesos las ondas electromagnéticas que forman la luz se comportan como corpúsculos. De Broglie se preguntó que por qué no podría ser de manera inversa, es decir, que una partícula material (un corpúsculo) pudiese mostrar el mismo comportamiento que una onda.

El físico francés relacionó la longitud de onda, λ (lambda) con la cantidad de movimiento de la partícula, mediante la fórmula:

$$\lambda = \frac{h}{mv}$$

donde λ es la longitud de la onda asociada a la partícula de masa m que se mueve a una velocidad v, y h es la constante de Planck. El producto mv es también el módulo del vector $\vec{p}$, o *cantidad de movimiento* de la partícula. Viendo la fórmula se aprecia fácilmente, que a medida que la masa del cuerpo o su velocidad aumenta, disminuye considerablemente la longitud de onda.

Esta hipótesis se confirmó tres años después para los electrones, con la observación de los resultados del experimento de la doble rendija de Young en la difracción de electrones en dos investigaciones independientes. En la Universidad de Aberdeen, George Paget Thomson pasó un haz de electrones a través de una delgada placa de metal y observó los diferentes esquemas predichos. En los Laboratorios Bell, Clinton Joseph Davisson y Lester Halbert Germer guiaron su haz a través de una celda cristalina.

La ecuación de De Broglie se puede aplicar a toda la materia. Los cuerpos macroscópicos, también tendrían asociada una onda, pero, dado que su masa es muy grande, la longitud de onda resulta tan pequeña que en ellos se hace imposible apreciar sus características ondulatorias.

De Broglie recibió el Premio Nobel de Física en 1929 por esta hipótesis. Thomson y Davisson compartieron el Nobel de 1937 por su trabajo experimental.

Naturaleza ondulatoria de los objetos mayores

Similares experimentos han sido repetidos con neutrones y protones, el más famoso de ellos realizado por Estermann y Otto Stern en 1929. Experimentos más recientes realizados con átomos y moléculas demuestran que actúan también como ondas.

Una serie de experimentos enfatizando la acción de la gravedad en relación con la dualidad onda-corpúsculo fueron realizados en la década de los 70 usando un interferómetro de neutrones. Los neutrones, parte del núcleo atómico, constituyen gran parte de la masa del mismo y por tanto, de la materia. Los neutrones son fermiones y esto, en cierto sentido, son la quintaesencia de las partículas. Empero, en el interferómetro de neutrones, no actúan sólo como ondas mecanocuánticas sino que también dichas ondas se encontraban directamente sujetas a la fuerza de la gravedad.

A pesar de que esto no fue ninguna sorpresa, ya que se sabía que la gravedad podía desviar la luz e incluso actuaba sobre los fotones (el experimento fallido sobre los fotones de Pound y Rebka), nunca se había observado anteriormente actuar sobre las ondas mecanocuánticas de los fermiones, los constituyentes de la materia ordinaria.

En 1999 se informó de la difracción del fulereno de C por investigadores de la Universidad de Viena. El fulereno es un objeto masivo, con una masa atómica de 720. La longitud de onda de De Broglie es de 2,5 picómetros, mientras que el diámetro molecular es de 1 nanómetro, esto es, 400 veces mayor. Hasta el 2005, éste es el mayor objeto sobre el que se han observado propiedades ondulatorias mecanocuánticas de manera directa. La interpretación de dichos experimentos aún crea controversia, ya que se asumieron los argumentos de la dualidad onda corpúsculo y la validez de la ecuación de De Broglie en su formulación.

Teoría y filosofía

La paradoja de la dualidad onda-corpúsculo es resuelta en el marco teórico de la mecánica cuántica. Dicho marco es profundo y complejo, además de imposible de resumir brevemente.

Cada partícula en la naturaleza, sea fotón, electrón, átomo o lo que sea, puede describirse en términos de la solución de una ecuación diferencial, típicamente de la ecuación de Schrödinger, pero también de la ecuación de Dirac. Estas soluciones son funciones matemáticas llamadas funciones de onda. Las funciones de onda pueden difractar e interferir con otras o consigo mismas, además de otros fenómenos ondulatorios predecibles descritos en el experimento de la doble rendija.

Las funciones de onda se interpretan a menudo como la probabilidad de encontrar la correspondiente partícula en un punto dado del espacio en un momento dado. Por ejemplo, en un experimento que contenga una partícula en movimiento, uno puede buscar que la partícula llegue a una localización en particular en un momento dado usando un aparato de detección que apunte a ese lugar. Mientras que el comportamiento cuántico sigue unas funciones determinísticas bien definidas (como las funciones de onda), la solución a tales ecuaciones son probabilísticas. La probabilidad de que el detector encuentre la partícula es calculada usando la integral del producto de la función de onda y su complejo conjugado. Mientras que la función de onda puede pensarse como una propagación de la partícula en el espacio, en la práctica el detector *verá* o *no verá* la partícula entera en cuestión, nunca podrá ver una porción de la misma, como dos tercios de un electrón. He aquí la extraña dualidad: La partícula se propaga en el espacio de manera ondulatoria y probabilística pero llega al detector como un corpúsculo completo y localizado. Esta paradoja conceptual tiene explicaciones en forma de la interpretación de Copenhague, el formulación de integrales de caminos o la teoría universos múltiples. Es importante puntualizar que todas estas interpretaciones son equivalentes y resultan en la misma predicción, pese a que ofrecen unas interpretaciones filosóficas muy diferentes.

Mientras la mecánica cuántica hace predicciones precisas sobre el resultado de dichos experimentos, su significado filosófico aún se busca y se discute. Dicho debate ha evolucionado como una ampliación del esfuerzo por comprender la dualidad onda-corpúsculo. ¿Qué significa para un protón comportarse como onda y como partícula? ¿Cómo puede ser un antielectrón matemáticamente equivalente a un electrón moviéndose hacia atrás en el tiempo bajo determinadas circunstancias, y qué implicaciones tiene esto para nuestra experiencia unidireccional del tiempo? ¿Cómo puede una partícula teletransportarse a través de una barrera mientras que un balón de fútbol no puede atravesar un muro de cemento? Las implicaciones de estas facetas de la mecánica cuántica aún siguen desconcertando a muchos de los que se interesan por ella.

Algunos físicos íntimamente relacionados con el esfuerzo por alcanzar las reglas de la mecánica cuántica han visto este debate filosófico sobre la dualidad onda-corpúsculo como los intentos de sobreponer la experiencia humana en el mundo cuántico. Dado que, por naturaleza, este mundo es completamente no intuitivo, la teoría cuántica debe ser aprendida bajo sus propios términos independientes de la experiencia basada en la intuición del mundo macroscópico. El mérito científico de buscar tan profundamente por un significado a la mecánica cuántica es, para ellos, sospechoso. El teorema de Bell y los experimentos que inspira son un buen ejemplo de la búsqueda de los fundamentos de la mecánica cuántica. Desde el punto de vista de un físico, la incapacidad de la nueva filosofía cuántica de satisfacer un criterio comprobable o la imposibilidad de encontrar un fallo en la predictibilidad de las teorías actuales la reduce a una posición nula, incluso al riesgo de degenerar en una pseudociencia.

Aplicaciones

La dualidad onda-corpúsculo se usa en el microscopio de electrones, donde la pequeña longitud de onda asociada al electrón puede ser usada para ver objetos mucho menores que los observados usando luz visible.

Obtenido de «http://es.wikipedia.org/wiki/Dualidad_onda_corp%C3%BAsculo»

Eco de espín

Se llama **eco de espín** a un efecto en mecánica cuántica donde la magnetización de una muestra -o el valor esperado del momento magnético de un sistema cuántico- se recupera parcialmente después de haberse perdido, por analogía con el eco acústico, en el que se vuelve a detectar, atenuada, una señal acústica después de un tiempo de espera. También se da el mismo nombre a los experimentos basados en este efecto, y a efectos análogos.

Este efecto es utilizado muy comúnmente en experimentos en espectroscopia, en particular en resonancia magnética nuclear o RMN, y en resonancia paramagnética electrónica, para determinar tiempos de relajación. Como otras técnicas de la resonancia magnética nuclear, el eco de espín requiere la aplicación de un campo magnético durante tiempos bien determinados, lo que se conoce como *pulsos*. Por otro lado, también se ha usado en espectroscopia de neutrones como reloj interno para controlar el tiempo de vuelo de los neutrones, y por tanto su energía.

Eco de Hahn

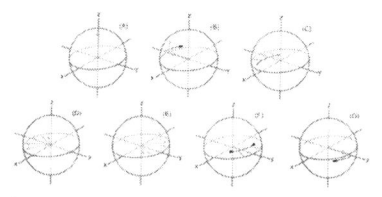

Secuencia principal de un experimento de eco de espín.

Los ecos de espín se detectaron por primera vez en experimentos de resonancia magnética nuclear por Erwin Hahn, que en su artículo de 1950 explicó el fenómeno, mientras que H.Y. Carr desarrolló algunos aspectos del pulso de refocalización.

La figura está inspirada en el artículo de Hahn, y muestra varios pasos importantes en un experimento sencillo de eco de espín. Se parte de un espín alineado con un campo externo, en el eje z (A). Por la aplicación de un pulso de campo en el eje x, de una duración determinada, la orientación del momento magnético precesa alrededor del eje x hasta alinearse con el eje y (B). Diversos fenómenos físicos que se conocen colectivamente como relajación espín-espín hacen que los diferentes momentos magnéticos de la muestra se vayan dispersando progresivamente (C), (D). Por ejemplo, si se está aplicando un pequeño campo en el eje z y los espines están precesando en el plano x-y, pequeñas variaciones locales o gradientes del campo harán que unos espines precesen ligeramente más rápido que otros, y por tanto dejen de estar alineados. Tras un cierto tiempo de espera τ, si se aplica un pulso de 180 grados que da la vuelta a los espines sobre el eje x (E) y se repite el mismo tiempo de espera τ, los espines vuelven a agruparse (F), (G), recuperándose la magnetización, y originando así un *eco*. El eco puede detectarse con facilidad si, por ejemplo, se repite un pulso similar al mostrado en (B), que resultará en una situación semejante a la de (A). La recuperación de la señal nunca es completa, pues algunos de los procesos de relajación espín-espín no son susceptibles de ser invertidos.

Coherencia cuántica

Como secuencia de refocalización, el eco de espín considera una de las técnicas relevantes para la computación cuántica mediante RMN, con posibles aplicaciones en otras arquitecturas. Por ejemplo, se ha utilizado para minimizar algunos de los mecanismos de relajación espín-espín y así alargar el tiempo en el que es posible efectuar manipulaciones en un punto cuántico doble, preservando la coherencia cuántica, de forma que funcione como qubit, y también se ha aplicado a experimentos con un qubit de flujo eléctrico en un anillo superconductor.

Si durante las fases (C)-(F) mostradas en la figura el momento magnético está precesando sobre un campo en el eje z y el tiempo de relajación es lo bastante largo comparado con la frecuencia de Rabi, es posible medir la oscilación de Rabi, esto es, la magnetización que se recupera, aparte de la atenuación progresiva, tiene una oscilación de tipo coseno, con lo que para determinados tiempos de espera τ tiene la orientación contraria a la original.

Obtenido de «http://es.wikipedia.org/wiki/Eco_de_esp%C3%ADn»

Ecuación de Dirac

La **ecuación de Dirac** de ondas relativista de la mecánica cuántica fue formulada por Paul Dirac en 1928. Da una descripción de las partículas elementales de espín ½, como el electrón, y es completamente consistente con los principios de la mecánica cuántica y de la teoría de la relatividad especial. Además de dar cuenta del espín, la ecuación predice la ocurrencia de antipartículas.

Forma de la ecuación

Ya que la ecuación de Dirac fue originalmente formulada para describir el electrón, las referencias se harán respecto a "electrones", aunque actualmente la ecuación se aplica a otros tipos de partículas elementales de espín ½, como los quarks. Una ecuación modificada de Dirac puede emplearse para describir de forma aproximada los protones y los neutrones, estos últimos formados por partículas más pequeñas llamadas quarks, y que por tanto no son partículas elementales. La ecuación de Dirac presenta la siguiente forma:

$$\left(\alpha_0 mc^2 + \sum_{j=1}^{3} \alpha_j p_j c\right)\psi(\mathbf{x},t) = i\hbar \frac{\partial \psi}{\partial t}(\mathbf{x},t)$$

siendo m la masa en reposo del electrón, c la velocidad de la luz, p el operador de momento, $\hbar$ la constante reducida de Planck, $\mathbf{x}$ y t las coordenadas del espacio y el tiempo, respectivamente; y $\psi(\mathbf{x},t)$ una función de onda de cuatro componentes. La función de onda ha de ser formulada como un espinor (objeto matemático similar a un vector que cambia de signo con una rotación de 2π descubierto por Pauli y Dirac) de cuatro componentes, y no como un simple escalar, debido a los requerimientos de la relatividad especial. Los α son operadores lineales que gobiernan la función de onda, escritos como una matriz y son matrices de 4×4 conocidas como **matrices de Dirac**. Hay más de una forma de escoger un conjunto de matrices de Dirac; un criterio práctico es:

$$\alpha_0 = \begin{bmatrix} 1 & 0 & 0 & 0 \\ 0 & 1 & 0 & 0 \\ 0 & 0 & -1 & 0 \\ 0 & 0 & 0 & -1 \end{bmatrix} \quad \alpha_1 = \begin{bmatrix} 0 & 0 & 0 & 1 \\ 0 & 0 & 1 & 0 \\ 0 & 1 & 0 & 0 \\ 1 & 0 & 0 & 0 \end{bmatrix}$$

$$\alpha_2 = \begin{bmatrix} 0 & 0 & 0 & -i \\ 0 & 0 & i & 0 \\ 0 & -i & 0 & 0 \\ i & 0 & 0 & 0 \end{bmatrix} \quad \alpha_3 = \begin{bmatrix} 0 & 0 & 1 & 0 \\ 0 & 0 & 0 & -1 \\ 1 & 0 & 0 & 0 \\ 0 & -1 & 0 & 0 \end{bmatrix}$$

La ecuación de Dirac describe las amplitudes de probabilidad para un electrón solo. Esta teoría de una sola partícula da una predicción suficientemente buena del espín y del momento magnético del electrón, y explica la mayor parte de la estructura fina observada en las líneas espectrales atómicas. También realiza una peculiar predicción de que existe un conjunto infinito de estados cuánticos en que el electrón tiene energía negativa. Este extraño resultado permite a Dirac predecir, por medio de las hipótesis contenidas en la llamada *teoría de los agujeros*, la existencia de electrones cargados positivamente. Esta predicción fue verificada con el descubrimiento del positrón, el año 1932.

A pesar de este éxito, la teoría fue descartada porque implicaba la creación y destrucción de partículas, enfrentándose así a una de las consecuencias básicas de la relatividad. Esta dificultad fue resuelta mediante su reformulación como una teoría cuántica de campos. Añadir un campo electromagnético cuantificado en esta teoría conduce a la moderna teoría de la electrodinámica cuántica (*Quantum Electrodynamics*, QED).

Deducción de la ecuación de Dirac

La ecuación de Dirac es una extensión al caso relativista de la ecuación de Schrödinger, que describe la evolución en el tiempo de un sistema cuántico:

$$H\left|\psi(t)\right\rangle = i\hbar \frac{\partial}{\partial t}\left|\psi(t)\right\rangle$$

Por conveniencia, se trabajará en la *base de posiciones*, en que el estado del sistema es representado por la función de onda $\psi(\mathbf{x}, t)$. En esta base, la ecuación de Schrödinger se formula de la siguiente manera:

$$H\psi(\mathbf{x},t) = i\hbar \frac{\partial \psi}{\partial t}(\mathbf{x},t)$$

donde el hamiltoniano H denota un operador que actúa sobre una función de onda, y no sobre vectores de estado.

Debe especificarse el hamiltoniano de forma que describa adecuadamente la energía total del sistema en cuestión. Sea un electrón "libre" aislado de campos de fuerza externos. En un modelo no relativista, se adopta un hamiltoniano análogo a la energía cinética de la mecánica clásica (de momento ignorando el espín):

$$H = \sum_{j=1}^{3} \frac{p_j^2}{2m}$$

siendo p los operadores de momento en cada dirección del espacio $j = 1, 2, 3$. Cada operador de momento actúa sobre la función de onda como una derivada espacial:

$$p_j\psi(\mathbf{x},t) \equiv -i\hbar \frac{\partial \psi}{\partial x_j}(\mathbf{x},t)$$

Para describir un sistema relativista, debe encontrarse un hamiltoniano diferente. Se asume que los operadores de momento conservan la definición anterior. De acuerdo con la famosa relación masa-momento-energía de Albert Einstein, la energía total de un sistema viene dada por la expresión:

$$E = \sqrt{(mc^2)^2 + \sum_{j=1}^{3}(p_j c)^2}$$

de la cual se deduce que

$$\sqrt{(mc^2)^2 + \sum_{j=1}^{3}(p_j c)^2}\,\psi = i\hbar \frac{\partial \psi}{\partial t}$$

Esta no es una ecuación satisfactoria, porque no trata por igual el espacio y el tiempo, uno de los principios básicos de la relatividad especial (el cuadrado de esta ecuación lleva a la ecuación de Klein-Gordon). Dirac razonó que, mientras la parte derecha de la ecuación contenía una derivada de primer orden respecto al tiempo, la parte de la izquierda debía contener igualmente una primera derivada respecto al espacio (i. e., los operadores de momento). Una posibilidad para obtener esta situación es que la cantidad de la raíz cuadrada sea un cuadrado perfecto. Considerando

$$(mc^2)^2 + \sum_{j=1}^{3}(p_j c)^2 = \left(\alpha_0 mc^2 + \sum_{j=1}^{3}\alpha_j p_j\right)^2$$

donde las α son constantes que deben ser determinadas. Elevando al cuadrado, y comparando coeficientes de cada término, se obtienen las siguientes condiciones por α:

$$\alpha_\mu^2 = I, \qquad \mu = 0,1,2,3$$
$$\alpha_\mu \alpha_\nu + \alpha_\nu \alpha_\mu = 0, \quad \mu \neq \nu$$

Aquí, I es el elemento identidad. Estas condiciones pueden sintetizarse en:

$$\{\alpha_\mu, \alpha_\nu\} = 2\delta_{\mu\nu} \cdot I$$

donde {...} es el anticonmutador, definido como $\{A,B\} \equiv AB+BA$, y δ es la delta de Kronecker, que tiene valor 1 si los dos subíndices son iguales, y 0 en otro caso.

Estas condiciones pueden no ser satisfechas si los α son números ordinarios, pero sí se cumplen si las α son determinadas matrices. Las matrices deben ser hermíticas, ya que el hamiltoniano es un operador hermítico. Las matrices más pequeñas que funcionan son las 4×4, pero hay más de una elección posible, o representación, de las matrices. Si bien la elección de la representación no puede afectar a las propiedades de la ecuación de Dirac, afecta al significado físico de las componentes individuales de la función de onda.

Anteriormente se ha presentado la representación usada por Dirac. Una forma más compacta de describir esa representación es la siguiente:

$$\alpha_0 = \begin{bmatrix} I & 0 \\ 0 & -I \end{bmatrix} \quad \alpha_j = \begin{bmatrix} 0 & \sigma_j \\ \sigma_j & 0 \end{bmatrix}$$

donde 0 e I son las matrices 2×2 cero (nula) e identidad, respectivamente; y σ's ($j=1, 2, 3$) son las matrices de Pauli

Ahora es sencillo operar la raíz cuadrada, de la que se obtiene la ecuación de Dirac. El hamiltoniano de esta ecuación

$$H = \alpha_0 mc^2 + \sum_{j=1}^{3}\alpha_j p_j c$$

se denomina *hamiltoniano de Dirac*.

Naturaleza de la función de onda

Como la función de onda ψ se representa por la matriz de Dirac 4×1, ha de ser un objeto de 4 componentes. Se verá en la próxima sección que la función de onda contiene dos conjuntos de grados de libertad, uno asociado a la energía positiva y otro a la negativa. Cada conjunto contiene dos grados de libertad que describen las amplitudes de probabilidad de que el espín sea *hacia arriba* o *hacia abajo*, según una dirección especificada.

Se puede escribir explícitamente la función de onda como una matriz columna:

$$\psi(\mathbf{x},t) \equiv \begin{bmatrix} \psi_1(\mathbf{x},t) \\ \psi_2(\mathbf{x},t) \\ \psi_3(\mathbf{x},t) \\ \psi_4(\mathbf{x},t) \end{bmatrix}$$

La ecuación de la onda dual puede ser escrita como una matriz simple:

$$\psi^\dagger(\mathbf{x},t) \equiv [\psi_1^*(\mathbf{x},t) \;\; \psi_2^*(\mathbf{x},t) \;\; \psi_3^*(\mathbf{x},t) \;\; \psi_4^*(\mathbf{x},t)]$$

donde el superíndice denota una conjugación compleja. La dualidad de una función de onda escalar (un componente) es un conjugado complejo.

Como en la mecánica cuántica de una partícula única, el "cuadrado absoluto" de la función de onda da la densidad de probabilidad de la partícula en cada posición x, tiempo t. En este caso, el "cuadrado absoluto" es obtenido por multiplicación de matrices:

$$\psi^\dagger \psi(\mathbf{x},t) = \sum_{j=1}^{4} \psi_j^*(\mathbf{x},t)\psi_j(\mathbf{x},t)$$

La conservación de la probabilidad da la condición de normalización

$$\int \psi^\dagger \psi(\mathbf{x},t)\, d^3x = 1$$

Aplicando la ecuación de Dirac, podemos examinar el flujo *local* de probabilidad:

$$\frac{\partial}{\partial t}\psi^\dagger \psi(\mathbf{x},t) = -\nabla \cdot \mathbf{J}$$

El flujo de probabilidad $\mathbf{J}$ viene dado por

$$J_j = c\psi^\dagger \alpha_j \psi$$

Multiplicando $\mathbf{J}$ por la carga del electrón e se obtiene la densidad de corriente eléctrica $\mathbf{j}$ llevada por el electrón.

Los valores de las componentes de la función de onda dependen del sistema de coordenadas. Dirac mostró cómo ψ se transforma bajo cambios generales del sistema coordenado, incluyendo rotaciones en el espacio tridimensional, así como en las transformaciones de Lorentz entre los esquemas relativistas de referencia. Esto lleva a que ψ no se transforma como un vector, debido a rotaciones; y de hecho es un tipo de objeto conocido como espinor.

Espectro de energía

Es instructivo hallar los estados propios de energía del Hamiltoniano de Dirac. Para ello, se resuelve la ecuación de Schrödinger independiente del tiempo:

$$H\psi_0(\mathbf{x}) = E\psi_0(\mathbf{x})$$

donde ψ es el fragmento independiente del tiempo de la autofunción (*eigenfunction*) de la energía:

$$\psi(\mathbf{x},t) = \psi_0(\mathbf{x})e^{-iEt/\hbar}$$

Buscamos una solución de onda plana. Por conveniencia, se toma la z del eje como la dirección en que la partícula se está moviendo, como

$$\psi_0 = w e^{\frac{ipz}{\hbar}}$$

donde w es un espinor constante de cuatro componentes, y p es el momento de la partícula, tal y como podemos verificar aplicando el operador de momento a la función de onda. En la representación de Dirac, la ecuación por ψ disminuye en la ecuación de valores propios.

$$\begin{bmatrix} mc^2 & 0 & pc & 0 \\ 0 & mc^2 & 0 & -pc \\ pc & 0 & -mc^2 & 0 \\ 0 & -pc & 0 & -mc^2 \end{bmatrix} w = Ew$$

Para cada valor de p, hay dos espacios propios, ambos de dos dimensiones. Un espacio propio contiene valores propios positivos, y el otro valores propios negativos, de la forma:

$$E_\pm(p) = \pm\sqrt{(mc^2)^2 + (pc)^2}$$

El espacio propio positivo está estructurado por los estados propios:

$$\frac{1}{\sqrt{\epsilon^2 + (pc)^2}} \left\{ \begin{bmatrix} pc \\ 0 \\ \epsilon \\ 0 \end{bmatrix}, \begin{bmatrix} 0 \\ pc \\ 0 \\ -\epsilon \end{bmatrix} \right\}$$

y el espacio propio negativo por los estados propios:

$$\frac{1}{\sqrt{\epsilon^2 + (pc)^2}} \left\{ \begin{bmatrix} -\epsilon \\ 0 \\ pc \\ 0 \end{bmatrix}, \begin{bmatrix} 0 \\ \epsilon \\ 0 \\ pc \end{bmatrix} \right\}$$

Donde

$$\epsilon \equiv |E| - mc^2$$

El primer estado propio de la estructura de cada espacio propio tiene espín apuntando en la dirección +z ("espín hacia arriba") y el segundo espín propio tiene espín apuntando en la dirección -z ("espín hacia abajo").

En el límite no relativista, la componente del espinor ε reduce la energía cinética de la partícula, que es insignificante comparada con *pc*:

$$\epsilon \sim \frac{p^2}{2m} << pc$$

En este límite, por tanto, podemos interpretar los cuatro componentes de la función de onda como sus amplitudes respectivas del (I) espín hacia arriba con energía positiva, y el (II) espín hacia abajo con energía positiva, (III) espín hacia arriba con energía negativa, y (IV) espín abajo con energía negativa. Esta descripción no es muy exacta en el régimen de la relatividad, donde los componentes no nulos del espinor son de medidas similares.

Teoría de agujeros

Las soluciones negativas de *E* en la sección precedente son problemáticas: desde el punto de vista de la mecánica relativista, la energía de una partícula en reposo ($p = 0$) sería $E = mc$ tanto como $E = -mc$. Matemáticamente parece no haber motivo alguno para rechazar las soluciones correspondientes a energía negativa.

Para afrontar este problema, Dirac introdujo una hipótesis (conocida como **teoría de agujeros**) según la cual el vacío es el estado más importante de los cuantos, en el que todos los estados propios de energía negativa del electrón están ocupados. Esta descripción del vacío, como un «mar» de electrones es llamada el mar de Dirac. El principio de exclusión de Pauli prohíbe a los electrones ocupar el mismo estado, cualquier electrón adicional sería forzado a ocupar un estado propio de energía positiva, y los electrones de energía positiva no podrían decaer a estados propios de energía negativa.

Posteriormente Dirac razonó que si los estados propios de energía negativa están llenos de forma incompleta, cada estado propio no ocupado —llamado **agujero**— podría comportarse como una partícula cargada positivamente. El agujero tiene energía *positiva*, ya que se necesita energía para crear un par partícula-agujero a partir del vacío. Dirac en un principio pensaba que el agujero era un protón, pero Hermann Weyl advirtió de que el agujero se comportaría como si tuviera la misma masa del electrón, mientras que el protón es, aproximadamente, dos mil veces más masivo. El agujero fue finalmente identificado como positrón, partícula descubierta experimentalmente por Carl Anderson en 1932.

Por necesidad, la teoría de agujeros asume que los electrones de energía negativa en el mar de Dirac no interaccionan unos con otros, ni con los electrones de energía positiva. Con esta asunción, el mar de Dirac produciría una inmensa (de hecho, infinita) carga eléctrica negativa, la mayor parte de la cual de una forma u otra sería anulada por un mar de carga positiva debido a que el vacío permanece eléctricamente neutro. Sin embargo, es completamente insatisfactorio postular que los electrones de energía positiva pueden ser afectados por el campo electromagnético, mientras los electrones de energía negativa no lo son. Por este motivo, los físicos abandonaron la teoría de agujeros en favor de la teoría de campos de Dirac, que deja de lado el problema de los estados de energía negativa tratando los positrones como verdaderas partículas. (*Caveat*: en algunas aplicaciones de la física de la materia condensada, los conceptos basados en la «teoría de agujeros» son válidos). El mar de electrones de conducción, en un conductor eléctrico, llamado mar de Fermi, contiene electrones con energías más altas que el potencial químico del sistema. Un estado vacío en el mar de Fermi se comporta como un electrón cargado positivamente, si bien se remite tanto a un «agujero» como a un positrón. La carga negativa del mar de Fermi es equilibrada por la carga positiva de la reja iónica del material.

En el enfoque moderno la interpretación del mar de electrones se refiere al problema de la elección del estado del vacío. De hecho en algunas teorías, diferentes elecciones del estado del vacío pueden tener consecuencias físicas diferentes.

Interacción electromagnética

Hasta aquí se ha considerado un electrón que no está en contacto con campos externos. Continuando por analogía con el hamiltoniano de una partícula cargada en la electrodinámica cuántica, se puede modificar el hamiltoniano de Dirac para incluir los efectos de un campo electromagnético. El hamiltoniano revisado es (en unidades del Sistema Internacional):

$$H = \alpha_0 mc^2 + \sum_{j=1}^{3} \alpha_j \left[p_j - \frac{e}{c} A_j(\mathbf{x}, t) \right] c + e\phi(\mathbf{x}, t)$$

donde *e* es la carga eléctrica del electrón y *A* y Φ son los potenciales electromagnéticos escalar y vectorial, respectivamente. Aquí, los potenciales se escriben como funciones del tiempo *t* y del operador de posición *x*. Esta es una aproximación semiclásica que es válida cuando las fluctuaciones cuánticas del campo (por ejemplo, la emisión y absorción de fotones) no son importantes.

Dando a Φ el valor 0 y trabajando en el límite no relativista, Dirac solucionó para las dos primeras componentes en las funciones de onda de energía positiva (que son las componentes dominantes en el límite no relativista), obteniendo

$$\left(\frac{1}{2m}\sum_j |p_j - eA_j(\mathbf{x},t)|^2 - \frac{\hbar e}{2mc}\sum_j \sigma_j B_j(\mathbf{x})\right)\begin{bmatrix}\psi_1\\\psi_2\end{bmatrix}$$

$$= (E - mc^2)\begin{bmatrix}\psi_1\\\psi_2\end{bmatrix}$$

donde $\mathbf{B} = \nabla \times \mathbf{A}$ es el campo magnético que actúa sobre la partícula. Esta es precisamente la ecuación de Pauli para una partícula de espín ½ no relativista, con un momento magnético $\hbar e/2mc$ (por ejemplo: un factor g de espín igual a 2). El momento magnético real del electrón es mayor que eso, pero únicamente un 0,12% mayor. La diferencia se debe a las fluctuaciones cuánticas en el campo electromagnético, que pueden ser menospreciadas.

Años después del descubrimiento de la ecuación de Dirac, la mayoría de físicos creían que también describía el protón y el neutrón, que también son partículas de espín -1/2. Sin embargo, desde los experimentos de Stern y Frisch en 1933, se descubrió que el momento magnético de estas partículas era notablemente diferente de las predicciones de la ecuación de Dirac. El protón tiene un momento magnético 2,79 veces mayor que la predicción (con la masa del protón puesta como m en las fórmulas mencionadas), i.e., un factor g de 5,58. El neutrón, que es eléctricamente neutro, tiene un factor g de -3,83. Estos momentos magnéticos anormales fueron el primer indicio experimental de que el protón y el neutrón no eran partículas elementales. De hecho están compuestos de partículas más pequeñas llamadas quarks.

Interacción hamiltoniana

Es digno de tenerse en cuenta que el hamiltoniano puede ser escrito como suma de dos términos:

$$H = H_{el} + H_{int}$$

Donde H es el hamiltoniano de Dirac para un electrón libre y H es el hamiltoniano de la interacción electromagnética. Este último se puede escribir como:

$$H_{int} = e\phi(\mathbf{x},t) - ec\sum_{j=1}^{3}\alpha_j A_j(\mathbf{x},t)$$

Esto tiene el valor esperado

$$\langle H\rangle = \int_{\mathbb{R}^3}\psi^\dagger H_{int}\psi\, d^3x = \int_{\mathbb{R}^3}\left(\rho\phi - \sum_{i=1}^{3}j_i A_i\right)d^3x$$

donde ρ es la densidad de carga eléctrica y j es la densidad de corriente eléctrica. La integral en el último término es la densidad de energía de interacción. Eso es una cantidad escalar covariante relativista, como puede observarse escribiéndolo en términos del cuadrivector carga-corriente $j = (\rho c, \mathbf{j})$ y el cuatrivector del potencial $A = (\varphi/c, \mathbf{A})$:

$$\langle H\rangle = \int\left(\sum_{\nu=0}^{3}j^\nu A_\nu\right)d^3r$$

Átomo hidrogenoide relativista

La ecuación de Schrödinger aplicada a electrones es sólo una aproximación no relativista a la ecuación de Dirac que da cuenta tanto del efecto del espín del electrón. En el tratamiendo de Dirac de los electrones de hecho la función de onda debe substituirse por un espinor de cuatro componentes.

$$\psi_{n,l,j}^{(\pm)}(r,\theta,\varphi) = \begin{Bmatrix}\dfrac{iG_{n,lj}(r)}{r}\varphi_{jm}^{(\pm)}\\[4pt]\dfrac{F_{n,lj}(r)}{r}(\boldsymbol{\sigma}\cdot\hat{\mathbf{r}})\varphi_{jm}^{(\pm)}\end{Bmatrix}$$

Donde las funciones F y G se expresan en términos de funciones hipergeométricas:

$$F_{n,l}(r) = \left(1 - \frac{E}{mc^2}\right)e^{-\xi}(F_1(\rho,\xi) - F_2(\rho,\xi)), \qquad G_{n,l}(r) = \left(1 - \frac{E}{mc^2}\right)e^{-\xi}(F_1(\rho,\xi) - F_2(\rho,\xi))$$

A modo de comparación con el caso no relativista se dan a continuación la forma explícita del espinor de funciones de onda del estado fundamental:

El límite no relativista se obtiene haciendo tender

$$\gamma := \sqrt{1 - Z^2\alpha^2} \to 1,$$

es decir, haciendo tender la constante de estructura fina a cero.

El tratamiento de los electrones mediante la ecuación de Dirac sólo supone pequeñas correcciones a los niveles dados por la ecuación de Schrödinger. Tal vez el efecto más interesante es la desaparición de la degeneración de los niveles, por el efecto de la interacción espín-órbita consistente en que los electrones con valores diferentes del tercer número cuántico m (número cuántico magnético) tienen diferentes energía debido al efecto sobre ellos del momento magnético del núcleo atómico. De hecho los niveles energéticos vienen dados por:

$$E_n = m_e c^2\sqrt{1 + \left(\frac{Z\alpha}{n - |m| + \sqrt{m^2 + (Z\alpha)^2}}\right)^2}$$

Donde:

m_e, es la masa del electrón.

c, α, son la velocidad de la luz y la constante de estructura fina.

Z, n, m, son el número de protones del núcleo, el número cuántico principal y el número cuántico magnético.

Si se prescinde de la energía asociada a la masa en reposo del electrón estos niveles pueden resultan cercanos a los predichos por la ecuación de Schrödinger, especialmente en el caso $m = 0$:

$$E_n - m_e c^2 \approx \frac{m_e}{2}\left(\frac{Z\alpha}{n - |m| + \sqrt{m^2 + (Z\alpha)^2}}\right)^2$$

Notación covariante relativista

Volvemos a la ecuación de Dirac para el electrón libre. A veces es conveniente escribir la ecuación en una forma covariante relativista, en la que las derivadas en el tiempo y el espacio se tratan al mismo nivel. Para hacer esto, debe tenerse en cuenta que el operador del momento $\mathbf{p}$ funciona como una derivada espacial:

$$\mathbf{p}\psi(\mathbf{x},t) = -i\hbar\nabla\psi(\mathbf{x},t)$$

Multiplicando cada miembro de la ecuación de Dirac para a (recordando que $\alpha^2 = I$) y sustituyendo en la mencionada definición de $\mathbf{p}$, se obtiene

$$\left[i\hbar c\left(\alpha_0\frac{\partial}{c\partial t} + \sum_{j=1}^{3}\alpha_0\alpha_j\frac{\partial}{\partial x_j}\right) - mc^2\right]\psi = 0$$

Ahora, se definen cuatro **matrices gamma**:

$$\gamma_0 = \alpha_0, \qquad \gamma^j = \alpha_0\alpha_j$$

Estas matrices tienen la propiedad de que

$$\{\gamma^\mu, \gamma^\nu\} = 2\eta_{\mu\nu}\cdot I, \quad \mu,\nu = 0,1,2,3$$

donde η, una vez más, es la métrica del espacio-tiempo plano. Estas relaciones definen un álgebra de Clifford denominada «**álgebra de Dirac**». La *ecuación* de Dirac puede ser ahora reformulada, usando el cuatrivector de posición-tiempo $x = (ct, \mathbf{x})$, como

$$\left(i\hbar c \sum_{\mu=0}^{3} \gamma^\mu \frac{\partial}{\partial x^\mu} - mc^2 \right) \psi = 0$$

O como

$$\frac{h}{2\pi} \sum_{\mu=0}^{3} \gamma^\mu \, \partial_\mu \psi + imc\psi = 0$$

Obtenido de «http://es.wikipedia.org/wiki/Ecuaci%C3%B3n_de_Dirac»

Ecuación de Klein-Gordon

La **ecuación de Klein-Gordon** o **ecuación K-G** debe su nombre a Oskar Klein y Walter Gordon, y es la ecuación que describe un campo escalar libre en teoría cuántica de campos.

Historia

La ecuación de Klein-Gordon fue propuesta originalmente por Erwin Schrödinger como ecuación para la función de onda de una partícula cuántica. Sin embargo, puesto que la ecuación de Klein-Gordon no admitía una interpretación probabilista adecuada entre otros problemas, Schrödinger consideró más adecuado pasar a una versión no relativista de la ecuación que es la que actualmente se conoce como ecuación de Schrödinger.

Más tarde la función de onda que aparece en la ecuación de Klein-Gordon sería apropiadamente interpretada como la densidad de un campo bosónico cargado de espín cero. Así el hecho de que la "densidad de probabilidad" fuera negativa era interpretada como una densidad de carga negativa y los problemas de interpretación como probabilidades de presencia desaparecían, aunque persistían otros de los problemas mencionados más adelante. Sin embargo, dentro de la teoría cuántica de campos la ecuación de Klein-Gordon sí resultó útil.

Forma de la ecuación

La ecuación de Klein-Gordon para partículas en un espacio-tiempo plano tiene la siguiente forma:

(1)
$$\left[\frac{1}{c^2} \frac{\partial^2}{\partial t^2} - \nabla^2 + \frac{m^2 c^2}{\hbar^2} \right] \phi = 0$$

Usando el operador D'Alambertiano $\Box^2$ y el parámetro de masa μ definidos como:

$$\Box^2 = \frac{1}{c^2} \frac{\partial^2}{\partial t^2} - \nabla^2 = \sum_\nu \partial_\nu \partial^\nu, \qquad \mu = \frac{mc}{\hbar}$$

La ecuación puede escribirse se escribe de manera más compacta y manifiestamente covariante:

(2)
$$\left[\Box^2 + \mu^2 \right] \phi = 0$$

Nótese que si se escoge la métrica con signatura opuesta, aparece un signo menos delante de μ en esta última ecuación.

En un espacio-tiempo general la ecuación de Klein-Gordon puede escribirse como:

(3)
$$\left[\frac{1}{\sqrt{-g}} \frac{\partial}{\partial x^\alpha} \left(\sqrt{-g} \, g^{\alpha\beta} \frac{\partial \phi}{\partial x^\beta} \right) \right] + \frac{m^2 c^2}{\hbar^2} \phi = 0$$

Donde:

$g^{\alpha\beta}$, son las componentes contravariantes del tensor métrico.

$\sqrt{-g}$, es la raíz cuadrada del determinante cambiado de signo.

La ecuación K-G en mecánica cuántica

Inicialmente la ecuación KG se introdujo en mecánica cuántica con la pretensión de modelizar la ecuación de movimiento para una partícula cuántica y relativista. De este modo, se deduce la ecuación escribiendo la energía que tiene una partícula relativista y utilizando la forma de los operadores Hamiltoniano y momento en mecánica cuántica:

$$E^2 = \mathbf{p}^2 c^2 + m^2 c^4 = \left[i\hbar \frac{\partial}{\partial t} \right]^2, \qquad \mathbf{p} = -i\hbar \nabla$$

Existen varios problemas si tratamos de interpretar la variable dinámica ϕ como una función de onda, ya que aparecen varias incongruencias como:

- El que la energía no esté acotada inferiormente, lo que daría lugar a partículas inestables. Este problema de interpretación que también lo presentaba la ecuación de Dirac, hasta que se presentó la interpretación de las energías negativas como antipartículas.

- La densidad de probabilidad asociada a esta función de onda no es definida positiva, por lo que el cuadrado del módulo del campo de Klein-Gordon, a diferencia de lo que sucede con una función de onda ordinaria no puede ser interpretado como una probabilidad. La "densidad" conservada en la evolución temporal es:

$$\rho = \frac{i\hbar e}{2mc^2} \left(\phi^* \frac{\partial \phi}{\partial t} - \phi \frac{\partial \phi^*}{\partial t} \right)$$

Que puede ser negativa, por lo que no admitía una interpretación en términos de probabilidades positivas. Esa última fue la razón del abandono de la ecuación de Klein-Gordon como ecuación viable dentro de la mecánica cuántica para describir partículas cuánticas relativistas.

- Aunque la ecuación de Klein-Gordon predice correctamente el desdoblamiento observado de los niveles energéticos de los átomos hidrogenoides 2s y 2p, lográndose un mejor acuerdo cualitativo, el acuerdo cuantitativo no es bueno. El cálculo mediante la ecuación de Klein-Gordon predice que los niveles energéticos E_{nl} del átomo hidrogenoide son:

$$E_{nl} = -\frac{R\hbar Z^2}{n^2} \left[1 + \frac{\alpha^2 Z^2}{n^2} \left(\frac{n}{l + \frac{1}{2}} - \frac{3}{4} \right) + \dots \right]$$

El primer término de la expresión anterior coincide con el predicho por la ecuación de Schrödinger, pero el segundo es unas tres veces más grandes que el valor observado, y correctamente

predicho por la ecuación de Dirac.
- Finalmente, la ecuación de Klein-Gordon tampoco tiene en cuenta adecuadamente el spin de ciertas partículas, por lo que no podía representar adecuadamente partículas como los electrones que tienen espín 1/2.

La ecuación K-G en teoría cuántica de campos

En teoría cuántica de campos el objeto fundamental no es la función de onda sino el propio estado físico del vacío o espacio-tiempo. Los campos físicos y las partículas materiales se conciben en este enfoque como operadores autoadjuntos definidos sobre el conjunto de estados del espacio-tiempo. La presencia de campo en una determinada región del espacio-tiempo comporta que en él existe un operador autoadjunto asociado campo de esa región. En ese nuevo enfoque la variable el operador cuántico asociado a la variable ϕ es un campo, que no necesita dar lugar a una densidad de probabilidad positiva. De hecho en el formalismo de la mecánica cuántica de campos el campo de Klein-Gordon describe un tipo de campo que tratado mediante la cuantización canónica describe un campo escalar con carga eléctrica de spin 0 (bosón), por ejemplo, los mesones π pueden ser descritos mediante la ecuación K-G. Para describir campos de spin 1/2 se utiliza la ecuación de Dirac.

La descripción de un campo en teoría cuántica de campos parte de una cierta densidad lagrangiana que a partir del principio de mínima acción proporciona la ecuación de movimiento que define su evolución temporal. La densidad de Lagrangiano de la que se deriva la ecuación de Klein-Gordon variando la acción o mediante las ecuaciones de Euler-Lagrange es

$$\mathcal{L} = \frac{1}{2}\partial_\mu \phi \partial^\mu \phi - \frac{1}{2}\mu^2 \phi^2$$

Donde el campo es real. En este caso la partícula que surge como excitación de este campo no tiene carga y su antipartícula es ella misma. Para describir una partícula escalar con carga, y a su antipartícula, la densidad lagrangiana se toma como:

$$\mathcal{L} = \frac{1}{2}\partial_\mu \phi \partial^\mu \phi^* - \frac{1}{2}\mu^2 \phi^* \phi$$

Se obtiene entonces una ecuación de Klein-Gordon para ϕ y otra para su complejo conjugado ϕ^*.

Solución general

Se puede hacer un desarrollo en ondas planas y la solución general para un campo real de Klein-Gordon es entonces

$$\hat{\phi}(\mathbf{x},t) = \int \frac{d^3p}{(2\pi)^3}\frac{1}{\sqrt{2E_\mathbf{p}}}\left(\hat{a}_\mathbf{p}e^{-\frac{i}{\hbar}E_\mathbf{p}t}e^{\frac{i}{\hbar}\mathbf{px}} + \hat{a}_\mathbf{p}^\dagger e^{\frac{i}{\hbar}E_\mathbf{p}t}e^{-\frac{i}{\hbar}\mathbf{px}}\right)$$

Estando relacionada la energía con la masa y el trimomento mediante la relación de dispersión

$$E_\mathbf{p}^2 = \mathbf{p}^2 c^2 + m^2 c^4$$

Donde $\hat{a}$ y $\hat{a}^\dagger$ son los coeficientes del desarrollo, y una vez efectuada la segunda cuantización se convierten en operadores de creación y destrucción de las partículas bosónicas del campo, que de hecho son formalmente similares a los operadores creación y destrucción que intervienen en el oscilador armónico cuántico. Es entonces cuando se pone de manifiesto el carácter bosónico de la ecuación de Klein-Gordon, y se puede hacer la interpretación del campo $\hat{\phi}$ como un conjunto de infinitos osciladores armónicos cuánticos desacoplados.
Obtenido de «http://es.wikipedia.org/wiki/Ecuaci%C3%B3n_de_Klein-Gordon»

Ecuación de Rarita-Schwinger

En física teórica, la **ecuación de Rarita-Schwinger** es la ecuación de evolución temporal relativista que describe partículas fermiónicas de espín 3/2, formulada en 1941 por William Rarita and Julian Schwinger. Es similar a la ecuación de Dirac para fermiones de espín 1/2.

Esta ecuación proporciona una función de onda útil para describir objetos compuesto como el barión Delta (Δ) de espín 3/2. Y supuestamente también podría llegar a describir partículas hipotéticas como el gravitino postulado por teorías supersimétricas como la teoría de supercuerdas.

Formulación matemática

En la moderna notación la ecuación de Rarita-Schwinger se escribe como:

$$\epsilon^{\mu\nu\rho\sigma}\gamma^5\gamma_\nu\partial_\rho\psi_\sigma + m\psi^\mu = 0$$

Donde:
$\epsilon^{\mu\nu\rho\sigma}$ es el símbolo de Levi-Civita totalmente antisimétrico.
γ^5 y γ son las matrices de Dirac.
m es la masa de las partícula descritas por la ecuación.
ψ_μ, ψ^μ son las componentes (covariantes y contravariantes) de un espinor vectorial con componentes adicionales respecto a los habituales en los espinores de Dirac.
La ecuación anterior de hecho corresponde a la representación:

$$\left(\frac{1}{2},\frac{1}{2}\right) \otimes \left(\left(\frac{1}{2},0\right) \oplus \left(0,\frac{1}{2}\right)\right)$$

del grupo de Lorentz o con más precisión a la parte:

$$\left(1,\frac{1}{2}\right) \oplus \left(\frac{1}{2},1\right)$$

de esa representación. Además al igual que sucede con la ecuación de Dirac debe tenerse presente que existe variantes de "Weyl" y "Majorana" de la ecuación de Rarita-Schwinger.

Otra propiedad interesante es que al igual que la ecuación de Dirac, la interacción entre el campo electromagnético y un campo de Rarita-Schwinger puede ser modelizado, de acuerdo con el Principio de acoplamiento mínimo, mediante la substitución de las derivadas parciales por derivadas covariantes basadas en campos gauge:

$$\partial_\mu \rightarrow D_\mu = \partial_\mu - ieA_\mu$$

La ecuación de Rarita-Schwinger para un campo sin masa tiene una simetría gauge de invariancia, bajo transformaciones del tipo:

$$\psi_\mu \longmapsto \psi_\mu + \partial_\mu \epsilon$$

donde ϵ es un campo espinorial arbitrario.

Lagrangiano del campo

El campo fermiónico de espín 3/2 descrito por la ecuación RS anterior puede derivarse del siguiente lagrangiano:

$$\mathcal{L} = \frac{1}{2}\epsilon^{\mu\nu\rho\sigma}\bar{\psi}_\mu\gamma^5\gamma_\nu\partial_\rho\psi_\sigma - m\bar{\psi}_\mu\psi^\mu$$

Donde la barra sobre ψ denota el adjunto de Dirac.

Problemas de la ecuación RS

La descripción habitual de campos espinoriales con masa, tanto en la formulación de Rarita-Schwinger como en la de Fierz-Pauli, presenta disversos problemas físicos.

Después de considerar transformaciones de gauge, se ha demostrado que las ecuaciones predicen efectos acausales para campos ferminónicos de alto espín, como por ejemplo propagación superlumínica. Esto último fue demostrado teóricamente por Velo y Zwanziger en 1969 para un campo de Rarita-Schwinger en interacción con el campo electromagnético. También se han encontrado inconsistencias algebraicas con las transformaciones de gauge, que sólo puede ser evitadas si cualquier restricción que involucre las derivadas del campo deriva de un lagrangiano.

Obtenido de «http://es.wikipedia.org/wiki/Ecuaci%C3%B3n_de_Rarita-Schwinger»

Ecuación de Schrödinger

La **ecuación de Schrödinger** fue desarrollada por el físico austríaco Erwin Schrödinger en 1925. Describe la evolución temporal de una partícula masiva no relativista. Es de importancia central en la teoría de la mecánica cuántica, donde representa para las partículas microscópicas un papel análogo a la segunda ley de Newton en la mecánica clásica. Las partículas microscópicas incluyen a las partículas elementales, tales como electrones, así como sistemas de partículas, tales como núcleos atómicos.

Nacimiento de la ecuación

Contexto histórico

Al comienzo del siglo XX se había comprobado que la luz presentaba una dualidad onda corpúsculo, es decir, la luz se podía manifestar según las circunstancias como partícula (fotón en el efecto fotoeléctrico), o como onda electromagnética en la interferencia luminosa. En 1923 Louis-Victor de Broglie propuso generalizar esta dualidad a todas las partículas conocidas. Propuso la hipótesis, paradójica en su momento, de que a toda partícula clásica microscópica se le puede asignar una onda, lo cual se comprobó experimentalmente en 1927 cuando se observó la difracción de electrones. Por analogía con los fotones, De Broglie asocia a cada partícula libre con energía E y cantidad de movimiento p una frecuencia ν y una longitud de onda λ:

$$\begin{cases} E = h\nu \\ p = h/\lambda \end{cases}$$

La comprobación experimental hecha por Clinton Davisson y Lester Germer mostró que la longitud de onda asociada a los electrones medida en la difracción según la fórmula de Bragg se correspondía con la longitud de onda predicha por la fórmula de De Broglie.

Esa predicción llevó a Schrödinger a tratar de escribir una ecuación para la onda asociada de De Broglie que para escalas macroscópicas se redujera a la ecuación de la mecánica clásica de la partícula. La energía mecánica total clásica es:

$$E = \frac{p^2}{2m} + V(r)$$

El éxito de la ecuación, deducida de esta expresión utilizando el principio de correspondencia, fue inmediato por la evaluación de los niveles cuantificados de energía del electrón en el átomo de hidrógeno, pues ello permitía explicar el espectro de emisión del hidrógeno: series de Lyman, Balmer, Bracket, Paschen, Pfund, etc.

La interpretación física correcta de la función de onda de Schrödinger fue dada en 1926 por Max Born. En razón del carácter probabilista que se introducía, la mecánica ondulatoria de Schrödinger suscitó inicialmente la desconfianza de algunos físicos de renombre como Albert Einstein, para quien «*Dios no juega a los dados*».

La derivación histórica

El esquema conceptual utilizado por Schrödinger para derivar su ecuación reposa sobre una analogía formal entre la óptica y la mecánica:

- En la óptica ondulatoria, la ecuación de propagación en un medio transparente de índice real n variando lentamente a la escala de la longitud de onda conduce —mientras se busca una solución monocromática donde la amplitud varía muy lentamente ante la fase— a una ecuación aproximada denominada eikonal. Es la aproximación de la óptica geométrica, a la cual está asociada el principio variacional de Fermat.
- En la formulación hamiltoniana de la mecánica clásica, existe una ecuación de Hamilton-Jacobi (que en última instancia es equivalente a las leyes de Newton). Para una partícula masiva no relativista sometida a una fuerza que deriva de una energía potencial, la energía mecánica total es constante y la ecuación de Hamilton-Jacobi para la "función característica de Hamilton" se parece formalmente a la ecuación de la eikonal (el principio

variacional asociado es el principio de mínima acción.)

Este paralelismo lo había notado ya Hamilton en 1834, pero el no tenía una razón para dudar de la validez de la mecánica clásica. Después de la hipótesis de de Broglie de 1923, Schrödinger dice: la ecuación de la eikonal siendo una aproximación a la ecuación de onda de la óptica ondulatoria, buscamos la ecuación de onda de la "mecánica ondulatoria" (a realizar) donde la aproximación será la ecuación de Hamilton-Jacobi. Lo que falta, primero para una onda estacionaria (E = cte), después para una onda de cualquier tipo.

Schrödinger había en efecto comenzado por tratar el caso de una partícula relativista —como de Broglie antes que él—. Entonces había obtenido la ecuación conocida hoy día con el nombre de Klein-Gordon, pero su aplicación al caso del potencial eléctrico del átomo de hidrógeno daba unos niveles de energía incompatibles con los resultados experimentales. Ello hará que se concentre sobre el caso no-relativista, con el éxito conocido.

Interpretación estadística de la función de onda

A principios de la década de 1930 Max Born que había trabajado junto con Werner Heisenberg y Pascual Jordan en una versión de la mecánica cuántica basada en el formalismo matricial alternativa a la de Heisenberg apreció que la ecuación de Schrödinger compleja tiene una integral de movimiento dada por $\psi^*(x)\psi(x)$ $(= |\psi(x)|)$ que podía ser interpretada como una densidad de probabilidad. Born le dio a la función de onda una interpretación probabilística diferente de la que De Broglie y Schrödinger le habían dado, y por ese trabajo recibió el premio Nobel en 1954. Born ya había apreciado en su trabajo mediante el formalismo matricial de la mecánica cuántica que el conjunto de estados cuánticos llevaba de manera natural a construir espacios de Hilbert para representar los estados físicos de un sistema cuántico.

De ese modo se abandonó el enfoque de la función de onda como una onda material, y pasó a interpretarse de modo más abstracto como una amplitud de probabilidad. En la moderna mecánica cuántica, el conjunto de todos los estados posibles en un sistema se describe por un espacio de Hilbert complejo y separable, y cualquier estado instantáneo de un sistema se describe por un "vector unitario" en ese espacio (o más bien una clase de equivalencia de vectores unitarios). Este "vector unitario" codifica las probabilidades de los resultados de todas las posibles medidas hechas al sistema. Como el estado del sistema generalmente cambia con el tiempo, el vector estado es una función del tiempo. Sin embargo, debe recordarse que los valores de un vector de estado son diferentes para distintas localizaciones, en otras palabras, también es una función de $\mathbf{x}$ (o, tridimensionalmente, de $\mathbf{r}$). La ecuación de Schrödinger da una descripción cuantitativa de la tasa de cambio en el vector estado.

Formulación moderna de la ecuación

En mecánica cuántica, el estado en el instante t de un sistema se describe por un elemento $|\Psi(t)\rangle$ del espacio complejo de Hilbert — usando la notación bra-ket de Paul Dirac. $|\Psi(t)\rangle$ representa las probabilidades de resultados de todas las medidas posibles de un sistema.

La evolución temporal de $|\Psi(t)\rangle$ se describe por la ecuación de Schrödinger:
donde
- i: es la unidad imaginaria;
- $\hbar$: es la constante de Planck normalizada $(h/2\pi)$;
- $\hat{H}$: es el hamiltoniano, dependiente del tiempo en general, el observable corresponde a la energía total del sistema;
- $\hat{\vec{\mathbf{r}}}$: es el observable posición;
- $\hat{\vec{\mathbf{P}}}$: es el observable impulso.

Como con la fuerza en la segunda ley de Newton, su forma exacta no la da la ecuación de Schrödinger, y ha de ser determinada independientemente, a partir de las propiedades físicas del sistema cuántico.

Debe notarse que, contrariamente a las ecuaciones de Maxwell que describen la evolución de las ondas electromagnéticas, la ecuación de Schrödinger es no relativista. Nótese también que esta ecuación no se demuestra: es un postulado. Se supone correcta después de que Davisson y Germer hubieron confirmado experimentalmente la hipótesis de Louis de Broglie.

Para más información del papel de los operadores en mecánica cuántica, véase la formulación matemática de la mecánica cuántica.

Limitaciones de la ecuación

- La ecuación de Schrödinger es una ecuación no relativista que sólo puede describir partículas cuyo momento lineal sea pequeño comparada con la energía en reposo dividida de la velocidad de la luz.
- Además la ecuación de Schrödinger no incorpora el espín de las partículas adecuadamente. Pauli generalizó ligeramente la ecuación de Schrödinger al introducir en ella términos que predecían correctamente el efecto del espín, la ecuación resultante es la ecuación de Pauli.
- Más tarde Dirac, proporcionó la ahora llamada ecuación de Dirac que no sólo incorporaba el espín para fermiones de espín 1/2, sino que introducía los efectos relativistas.

Resolución de la ecuación

La ecuación de Schrödinger, al ser una ecuación vectorial, se puede reescribir de manera equivalente en una base particular del espacio de estados. Si se elige por ejemplo la base $|\vec{r}\rangle$ correspondiente a la representación de posición definida por:

$$\hat{\vec{\mathbf{r}}}|\vec{r}\rangle = \vec{r}|\vec{r}\rangle$$

Entonces la función de onda $\Psi(t,\vec{r}) \equiv \langle\vec{r}|\Psi(t)\rangle$ satisface la ecuación siguiente:

$$i\hbar\frac{\partial \Psi(t,\vec{r})}{\partial t} = -\frac{\hbar^2}{2m}\vec{\nabla}^2\Psi(t,\vec{r}) + V(\vec{r},t)\Psi(t,\vec{r})$$

Donde $\vec{\nabla}^2$ es el laplaciano.

De esta forma se ve que la ecuación de Schrödinger es una ecuación en derivadas parciales en la que intervienen operadores lineales, lo cual permite escribir la solución genérica como suma de soluciones particulares. La ecuación es en la gran mayoría de los casos demasiado complicada para admitir una solución analítica de forma que su resolución se hace de manera aproximada y/o numérica.

Búsqueda de los estados propios

Los operadores que aparecen en la ecuación de Schrödinger son operadores lineales; de lo que se deduce que toda combinación lineal de soluciones es solución de la ecuación. Esto lleva a favorecer la búsqueda de soluciones que tengan un gran interés teórico y práctico: a saber los estados que son propios del operador hamiltoniano. Estos estados, denominados estados estacionarios, son las soluciones de la ecuación de estados y valores propios,

$$\hat{H}|\varphi_n\rangle = E_n|\varphi_n\rangle$$

denominada habitualmente **ecuación de Schrödinger independiente del tiempo**. El estado propio $|\varphi_n\rangle$ está asociado al valor propio E, escalar real que corresponde con la energía de la partícula en dicho estado.

Los valores de la energía pueden ser discretos como las soluciones ligadas a un pozo de potencial (por ejemplo nivel del átomo de hidrógeno); resultando una cuantificación de los niveles de energía. Estas pueden corresponder también a un espectro continuo como las soluciones libres de un pozo de potencial (por ejemplo un electrón que tenga la suficiente energía para alejarse al infinito del núcleo de átomo de hidrógeno).

A menudo se obtiene que numerosos estados $|\varphi_n\rangle$ corresponden a un mismo valor de la energía: hablamos entonces de niveles de energía degenerados.

De manera general, la determinación de cada uno de los estados propios del hamiltoniano, $|\varphi_n\rangle$, y de la energía asociada, da el estado estacionario correspondiente, solución de la ecuación de Schrödinger:

$$|\psi_n(t)\rangle = |\varphi_n\rangle \exp\left(\frac{-iE_n t}{\hbar}\right)$$

Una solución de la ecuación de Schrödinger puede entonces escribirse generalmente como una combinación lineal de tales estados:

$$|\psi(t)\rangle = \sum_n \sum_j c_{n,j}|\varphi_{n,j}\rangle \exp\left(\frac{-iE_n t}{\hbar}\right)$$

Según los postulados de la mecánica cuántica,
- el escalar complejo c es la amplitud del estado $|\psi(t)>$ sobre el estado $|\varphi_{n,i}>$;
- el real $\Sigma|c|$ es la probabilidad (en el caso de un espectro discreto) de encontrar la energía E mientras se hace una medida de la energía sobre el sistema.

Rareza de una solución analítica exacta

La búsqueda de estados propios del hamiltoniano es en general compleja. Incluso en el caso resoluble analíticamente del átomo de hidrógeno solo es rigurosamente resoluble de forma simple si se descarta el acoplamiento con el campo electromagnético que permite el paso a los estados excitados, soluciones de la ecuación de Schrödinger del átomo, desde el nivel fundamental.

Algunos modelos simples, aunque no del todo conformes con la realidad, pueden ser resueltos analíticamente y son muy útiles. Estas soluciones sirven para entender mejor la naturaleza de los fenómenos cuánticos, y en ocasiones son una aproximación razonable al comportamiento de sistemas más complejos (en mecánica estadística se aproximan las vibraciones moleculares como osciladores armónicos). Ejemplos de modelos:
- La partícula libre (potencial nulo);
- La partícula en una caja
- Un haz de partícula incidiendo sobre una barrera de potencial
- La partícula en un anillo
- La partícula en un potencial de simetría esférica

- El oscilador armónico cuántico (potencial cuadrático)
- El átomo de hidrógeno (potencial de simetría esférica)
- La partícula en una red monodimensional (potencial periódico)

En los otros casos, hay que usar técnicas de aproximación:
- La teoría perturbacional da expresiones analíticas en la forma de desarrollos asintóticos alrededor de un problema sin-perturbaciones que sea resoluble exactamente.
- El análisis numérico permite explorar casos inaccesibles a la teoría de perturbaciones.
- El método variacional
- Las soluciones de Hartree-Fock
- Los métodos cuánticos de Montecarlo

Límite clásico de la ecuación de Schrödinger

Inicialmente la ecuación de Schrödinger se consideró simplemente como la ecuación de movimiento de un campo material que se propagaba en forma de onda. De hecho puede verse que en el límite clásico, cuando $\hbar \rightarrow 0$ la ecuación de Schrödinger se reduce a la ecuación clásica de movimiento en términos de acción o ecuación de Hamilton-Jacobi. Para ver esto, trabajaremos con la función de onda típica que satisfaga la ecuación de Schrödinger dependiente del tiempo que tenga la forma:

$$\psi(x,t) = e^{iS(x,t)/\hbar}$$

Donde $S(x,t)/\hbar$ es la fase de la onda si substituimos esta solución en la ecuación de Schrödinger dependiente del tiempo después de un poco de álgebra llegamos a que:

(4)
$$\frac{\partial S}{\partial t} + \frac{1}{2m}\left[\left(\frac{\partial S}{\partial x}\right)^2 + \left(\frac{\partial S}{\partial y}\right)^2 + \left(\frac{\partial S}{\partial z}\right)^2\right] + V(x) = \frac{i\hbar}{2m}\Delta S$$

Si se toma el límite $\hbar \rightarrow 0$ el segundo miembro desaparece y tenemos que la fase de la función de onda coincide con la magnitud de acción y esta magnitud puede tomarse como real. Igualmente puesto que la magnitud de acción es proporcional a la masa de una partícula $S = ms_m$ puede verse que para partículas de masa grande el segundo miembro es mucho más pequeño que el primero:

(5)
$$\frac{\partial s_m}{\partial t} + \frac{1}{2}\left\|\vec{\nabla} s_m\right\|^2 + V(x) = \lim_{\hbar \to 0}\frac{i\hbar}{2m}\Delta s_m = 0$$

Y por tanto para partículas macroscópicas, dada la pequeñez de la constante de Planck, los efectos cuánticos resumidos en el segundo miembro se anulan, lo cual explica porqué los efectos cuánticos sólo son apreciables a escalas subatómicas.

De acuerdo con el principio de correspondencia las partículas clásicas de gran masa, comparada con la escala cuántica, son partículas localizadas describibles mediante un paquete de ondas altamente localizado que se desplaza por el espacio. La longitud de onda de las ondas que conformaban dicho paquete material están en torno a la longitud de De Broglie para la partícula, y la velocidad de grupo del paquete coincide con la velocidad del movimiento de la partícula lo que reconcilia la naturaleza corpuscular observada en ciertos experimentos con la naturaleza ondulatoria observada para partículas subatómicas.

Formulación Matricial

Existe una formulación matricial de la mecánica cuántica, en dicha formulación existe una ecuación cuya forma es esencialmente la misma que la de las ecuaciones clásicas del movimiento, dicha ecuación es

(6)
$$\frac{d\hat{A}}{dt} = \frac{\partial \hat{A}}{\partial t} - \frac{i}{\hbar}[\hat{A}, \hat{H}]$$

De esta ecuación es posible deducir la segunda ley de Newton, resolviendo para el operador $\hat{p}$. En efecto se tiene

(7)
$$\frac{d\hat{p}}{dt} = -\frac{i}{\hbar}[\hat{p}, \hat{H}]$$

evaluando el conmutador se deduce

(8)
$$\frac{d\hat{p}}{dt} = -\frac{i}{\hbar}\left(\hat{p}\hat{H} - \hat{H}\hat{p}\right) = -\frac{i}{\hbar}\left(\frac{\hat{p}^3}{2m} + \hat{p}V - \frac{\hat{p}^3}{2m} - V\hat{p}\right) = -\frac{i}{\hbar}(\hat{p}V - V\hat{p})$$

No es difícil demostrar que $V\hat{p} = 0$ y, por tanto, se obtiene

(9)
$$\frac{d\hat{p}}{dt} = -\frac{i}{\hbar}\hat{p}V = -\nabla V$$

donde se ha usado $\hat{p} = -i\hbar\nabla$.

Este resultado es análogo al de la mecánica clásica, para una ecuación parecida que involucra los corchetes de Poisson, más aún, esta ecuación es justamente la formulación Newtoniana de la mecánica.

Obtenido de «http://es.wikipedia.org/wiki/Ecuaci%C3%B3n_de_Schr%C3%B6dinger»

Ecuación de Schrödinger-Pauli

La **ecuación de Pauli** o **ecuación de Schrödinger-Pauli**, es una generalización o reformulación de la ecuación de Schrödinger para partículas de espín 1/2 que tiene en cuenta la interacción entre el espín y el campo electromagnético. Esta ecuación es el límite no relativista de la ecuación de Dirac y puede usarse para describir electrones que para los cuales los efectos relativistas de la velocidad pueden despreciarse.

La ecuación de Pauli fue propuesta originalmente por Wolfgang Pauli.

Forma de la ecuación

La ecuación de Pauli tiene la forma:

(1)
$$\left[\frac{1}{2m}(\hat{\boldsymbol{\sigma}}\cdot(\hat{\mathbf{p}}-e\mathbf{A}))^2 + eV\right]|\psi\rangle = i\hbar\frac{\partial}{\partial t}|\psi\rangle$$

Donde:
- m es la masa de la partícula.
- e es la carga eléctrica de la partícula.
- $\hat{\boldsymbol{\sigma}}$ es un "vector" cuyas tres componentes son precisamente las matrices de Pauli bidimensionales.
- $\hat{\mathbf{P}}$ es el operador vectorial asociado al momento lineal. Las componentes de este vector son $-i\hbar\partial_{x_k}$
- $\mathbf{A}$ es el potencial vector del campo electromagnético.
- V es el potencial eléctrico escalar.
- $|\psi\rangle =$ es un espinor formado por dos funciones de onda componentes, que se puede representar como $\begin{pmatrix}\psi_0\\\psi_1\end{pmatrix}$.

Forma alternativa

Si se usan la propiedades de las matrices de Pauli se demuestra fácilmente la siguiente igualdad:
$$\left[\boldsymbol{\sigma}\cdot\left(\dot{\mathbf{p}}-\frac{e}{c}\mathbf{A}\right)\right]^2 = \left(\dot{\mathbf{p}}-\frac{e}{c}\mathbf{A}\right)^2 + i\boldsymbol{\sigma}\cdot\left(\dot{\mathbf{p}}-\frac{e}{c}\mathbf{A}\right)\times\left(\dot{\mathbf{p}}-\frac{e}{c}\mathbf{A}\right)$$

Y como:
$$\left(\dot{\mathbf{p}}-\frac{e}{c}\mathbf{A}\right)\times\left(\dot{\mathbf{p}}-\frac{e}{c}\mathbf{A}\right) = -\frac{e}{c}(\dot{\mathbf{p}}\cdot\mathbf{A}+\mathbf{A}\times\dot{\mathbf{p}}) = -\frac{e}{c}(-i\hbar\nabla\cdot\mathbf{A}) = -\frac{i\hbar e}{c}\mathbf{B}$$

La ecuación (1) puede reescribirse en la forma:

(2)
$$\frac{1}{2m}(\hat{\mathbf{p}}-e\mathbf{A})^2|\psi\rangle + \left(eV + \frac{\hbar e}{2mc}\mathbf{B}\cdot\boldsymbol{\sigma}\right)|\psi\rangle = i\hbar\frac{\partial}{\partial t}|\psi\rangle$$

Derivación histórica

La derivación histórica de la ecuación se hizo siguiendo principios formales no muy diferentes del principio de acoplamiento mínimo usado posteriormente en la teoría cuántica de campos.

Densidad de probabilidad

La ecuación de Pauli para el espinor de Pauli formado por dos componentes, cada uno con un significado similar a la función de onda. De hecho, en ausencia de campo la ecuación de Pauli se reduce a una ecuación de Schrödinger "doble", es decir, cada cada una de las dos componentes del espinor satisface independiente la ecuación de Schrödinger.

La densidad de probabilidad conjunta viene dada por las reglas usuales de la mecánica cuántica:

$$\rho(\mathbf{x}) = \langle\psi^\dagger|\psi\rangle = \begin{pmatrix}\psi_0^* & \psi_1^*\end{pmatrix}\begin{pmatrix}\psi_0\\\psi_1\end{pmatrix} = \psi_0^*\psi_0 + \psi_1^*\psi_1$$

E igualmente puede probarse que el valor esperado para los operadores de espín viene dado:

$$\langle S_z\rangle = \frac{\hbar}{2}\int_{\mathbb{R}^3}(\psi_0^*\psi_1+\psi_1^*\psi_0)dV, \quad \langle S_x\rangle = \frac{\hbar}{2}\int_{\mathbb{R}^3}(\psi_0^*\psi_1-\psi_1^*\psi_0)dV$$

Obtenido de «http://es.wikipedia.org/wiki/Ecuaci%C3%B3n_de_Schr%C3%

Bödinger-Pauli»

Efecto Aharonov-Bohm

El **efecto Aharonov-Bohm** es un fenómeno cuántico en el que la presencia de un campo magnético altera la propagación de una carga eléctrica, incluso cuando esta se propaga en zonas donde dicho campo no está presente. Descrito por primera vez por Werner Ehrenberg y Raymond Siday en 1949, recibe su nombre de los físicos Yakir Aharonov y David Bohm que lo descubrieron de forma independiente en 1959.

Descripción

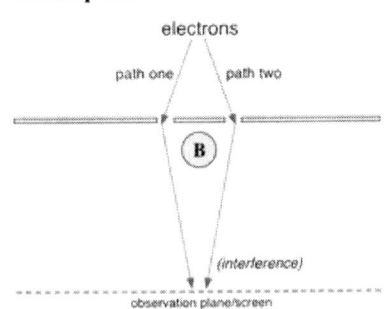

La presencia del solenoide produce un patrón característico en un experimento de doble rendija.

Imaginemos un solenoide infinito, que encierra un campo magnético constante **B** en la dirección del eje z. En física clásica, el movimiento de una carga q en el exterior del solenoide viene dado por la fuerza de Lorentz:

$$\vec{F} = q(\vec{E} + \vec{v} \times \vec{B})$$

Luego si el campo electromagnético es nulo fuera del solenoide, dicha carga no se ve influenciada por su presencia.

En mecánica cuántica, la evolución de una partícula está dada por la ecuación de Schrödinger, que en este caso toma la forma:

$$\frac{1}{2m}\left[-i\hbar\nabla - q\vec{A}\right]^2 \psi(\vec{x},t) = i\hbar\frac{\partial \psi}{\partial t}(\vec{x},t)$$

donde **A** es el potencial vector asociado a dicho campo magnético, que viene dado por:

$$\vec{A}(\vec{x}) = \frac{1}{2}\begin{cases} \vec{B}\times\vec{x} & \text{(interior)} \\ \vec{B}\times R\frac{\vec{x}}{|\vec{x}|} & \text{(exterior)} \end{cases}$$

donde R es el radio del solenoide. La presencia de este potencial perturba la propagación de la partícula, efecto que ha sido confirmado experimentalmente.

Obtenido de «http://es.wikipedia.org/wiki/Efecto_Aharonov-Bohm»

Efecto Compton

El **efecto Compton** consiste en el aumento de la longitud de onda de un fotón de rayos X cuando choca con un electrón libre y pierde parte de su energía. La frecuencia o la longitud de onda de la radiación dispersada depende únicamente de la dirección de dispersión.

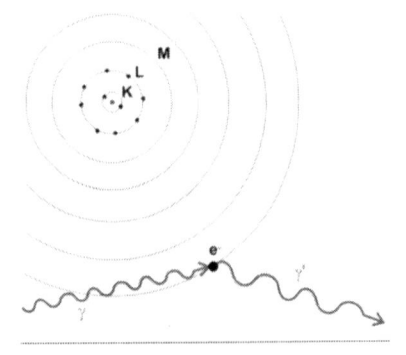

Descubrimiento y relevancia histórica

El Efecto Compton fue estudiado por el físico Arthur Compton en 1923, quién pudo explicarlo utilizando la noción cuántica de la radiación electromagnética como cuantos de energía y la mecánica relativista de Einstein. El efecto Compton constituyó la demostración final de la naturaleza cuántica de la luz tras los estudios de Planck sobre el cuerpo negro y la explicación de Albert Einstein del efecto fotoeléctrico. Como consecuencia de estos estudios Compton ganó el Premio Nobel de Física en 1927.

Este efecto es de especial relevancia científica, ya que no puede ser explicado a través de la naturaleza ondulatoria de la luz. La luz debe comportarse como partícula para poder explicar estas observaciones, por lo que adquiere una dualidad onda corpúsculo característica de la mecánica cuántica.

Formulación matemática

La variación de longitud de onda de los fotones dispersados, $\Delta\lambda$, puede calcularse a través de la relación de Compton:

$$\Delta\lambda = \frac{h}{m_e c}(1 - \cos\theta),$$

donde h es la constante de Planck, m es la masa del electrón, c es la velocidad de la luz y θ es el ángulo entre los fotones incidentes y dispersados.

Esta expresión proviene del análisis de la interacción como si fuera una colisión elástica y su deducción requiere únicamente la utilización de los principios de conservación de energía y momento. La cantidad $h/mc = 0.0243$ Å, se denomina longitud de onda de Compton. Para los fotones dispersados a 90°, la longitud de onda de los rayos X dispersados es justamente 0.0243 Å mayor que la línea de emisión primaria.

Deducción matemática

La deducción de la expresión para $\Delta\lambda$ (llamada a veces **corrimiento de Compton**) puede hacerse considerando la naturaleza corpuscular de la radiación y las relaciones de la mecánica relativista. Consideremos un fotón de longitud de onda λ y momentum h/λ dirigiéndose hacia un electrón en reposo (masa en reposo del electrón m). La Teoría de la Relatividad Especial impone la conservación del cuadrimomentum $p^\mu = (E/c, \vec{p})$. Si λ' es la longitud de onda del fotón dispersado y $\vec{p}$ es el momentum del electrón dispersado se obtiene:

$$\frac{h}{\lambda'} sen\theta = p\, sen\phi$$
$$\frac{h}{\lambda} = p\, cos\phi + \frac{h}{\lambda'} cos\theta$$

Donde θ y φ son, respectivamente, los ángulos de dispersión del fotón y del electrón (medidos respecto de la dirección del fotón incidente). La primera de las ecuaciones anteriores asegura la conservación de la componente del momentum perpendicular a la dirección incidente, la segunda hace lo mismo para la dirección paralela. La conservación de la energía da:

$$\frac{hc}{\lambda} + m_e c^2 = \frac{hc}{\lambda'} + \sqrt{m_e^2 c^4 + c^2 p^2}$$

Lo que sigue es un trabajo de Álgebra elemental. De las ecuaciones de conservación del momentum es fácil eliminar φ para obtener:

$$p^2 = h^2 \left(\frac{1}{\lambda^2} + \frac{1}{\lambda'^2} - \frac{2}{\lambda\lambda'} cos\theta \right)$$

En la expresión para la conservación de la energía hacemos:

$$[hc(\frac{1}{\lambda} - \frac{1}{\lambda'}) + m_e c^2]^2 = m_e^2 c^4 + c^2 p^2$$

Reemplazando la expresión para p hallada anteriormente y luego de algunas operaciones se llega a la expresión para el corrimiento de Compton con

$$\Delta\lambda = \lambda' - \lambda$$

Efecto Compton inverso

También puede ocurrir un Efecto Compton inverso; es decir, que los fotones disminuyan su longitud de onda al chocar con electrones. Pero para que esto suceda es necesario que los electrones viajen a velocidades cercanas a la velocidad de la luz y que los fotones tengan altas energías.

La principal diferencia entre los dos fenómenos es que durante el Efecto Compton "convencional", los fotones entregan energía a los electrones, y durante el inverso sucede lo contrario.

Este efecto puede ser una de las explicaciones de la emisión de rayos X en supernovas, quasars y otros objetos astrofísicos de alta energía.

Obtenido de «http://es.wikipedia.org/wiki/Efecto_Compton»

Efecto Josephson

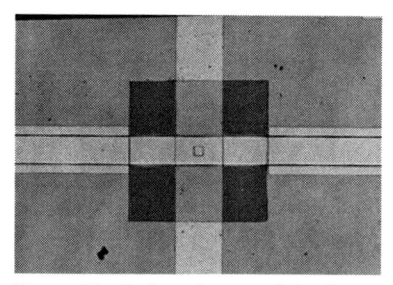

Una unión de Josephson real. La línea horizontal es el primer electrodo, mientras que la línea vertical es el segundo electrodo. El cuadrado que las separa es un aislante que tiene en el centro donde se encuentran los dos electrodos una pequeña apertura a través de la cual está la verdadera unión Josephson.

El **efecto Josephson** es un efecto físico que se manifiesta por la aparición de una corriente eléctrica por efecto túnel entre dos superconductores separados. El físico británico Brian David Josephson predijo tal efecto en 1962 Un año más tarde, las uniones Josephson fueron construidas por primera vez por Anderson y Rowell. Estos trabajos le valieron a Josephson el premio Nobel de física en 1973 (junto con Leo Esaki e Ivar Giaever).

Descripción

Según la Teoría BCS, la corriente eléctrica en los superconductores no la transportan electrones simples como sería el caso normal, sino pares de electrones, los llamados pares de Cooper.

Cuando los dos superconductores están separados por una capa de un medio aislante o un metal no superconductor de unos pocos nanómetros, los pares de Cooper pueden atravesar la barrera por efecto túnel, un efecto característico de la mecánica cuántica. Aunque los pares de Cooper no pueden existir en un aislante o un metal no superconductor, cuando la capa que separa los dos superconductores es lo suficientemente estrecha, estos la pueden atravesar y guardar su coherencia de fase. Es la persistencia de esta coherencia de fase lo que da lugar al efecto Josephson.

Las ecuaciones básicas que gobiernan la dinámica del efecto Josephson son

$$U(t) = \frac{\hbar}{2e}\frac{\partial \phi}{\partial t}$$

(ecuación de la evolución de fase superconductora)

$$I(t) = I_c \sin(\phi(t))$$

(relación de Josephson o de enlace débil corriente-fase)

donde $U(t)$ e $I(t)$ son los voltajes y la corriente a través de la unión de Josephson, $\varphi(t)$ es la diferencia de fase entre las funciones de onda en los dos superconductores que forman la unión, e I es una constante, la *corriente crítica* de la unión. La corriente crítica es un parámetro experimental importante del dispositivo que puede alterarse tanto por la temperatura como por un campo magnético aplicado. La constante física, $\frac{h}{2e}$ es el cuanto de flujo magnético, la inversa del cual es la constante de Josephson.

Se distinguen dos tipos de efecto Josephson, el efecto Josephson continuo (*D.C. Josephson effect* en inglés) y el efecto Josephson alterno (*A.C. Josephson effect* en inglés).

Efecto Josephson alterno

Con un voltaje fijo U entre las uniones, la fase variará linealmente con el tiempo y la corriente será una corriente alterna con una amplitud de I y una frecuencia de $\frac{2e}{h}U$. Esto significa que la unión de Josephson puede funcionar como un convertidor voltaje-frecuencias perfecto.

La corriente a través de la barrera separando los superconductores es:
$I = I\sin(\varphi - \varphi)$
donde I es una corriente característica de la unión y φ son las fases superconductoras de los dos superconductores.

Por otra parte, la fase superconductora está conjugada canónicamente con el número de partículas, y obedece a la ecuación de movimiento:

$$\hbar\frac{d(\phi_1 - \phi_2)}{dt} = 2e(V_1 - V_2)$$

donde e es la carga del electrón, y $V - V$ es la diferencia de potencial existente entre los dos superconductores.

Por ello resulta que:
$$I(t) = I_c \sin\left(\frac{2e}{\hbar}(V_1 - V_2)t + \varphi_0\right)$$

O dicho de otra forma, la aplicación de una diferencia de potencial conlleva las oscilaciones de la corriente superconductora a una frecuencia de $\frac{2e}{h}(V_1 - V_2)$. El efecto Josephson alterno es una forma de medir la relación e/h.

Efecto Josephson continuo

Este se refiere al fenómeno de una corriente continua que atraviesa el aislante en ausencia de un campo electromagnético externo.

El efecto Josephson continuo se obtiene al aplicar un campo magnético a una unión de Josephson. El campo magnético produce un desfase entre los pares de Cooper que atraviesan la unión de forma análoga al efecto Aharonov-Bohm. Este desfase puede producir interferencias destructivas entre los pares de Cooper, lo que constituye una reducción de la corriente máxima que puede atravesar la unión. Si Φ es el flujo magnético a través de la unión, se tiene la relación:

$$I_s^{max} = I_c \frac{\sin\frac{\pi\Phi}{\Phi_0}}{\frac{\pi\Phi}{\Phi_0}}$$

El efecto Josephson continuo se aprovecha en los SQUIDs (Superconducting Quantum Inteference Device) para medir los campos magnéticos.
Obtenido de «http://es.wikipedia.org/wiki/Efecto_Josephson»

Efecto Lamb

En física, el **Efecto Lamb**, llamado así en honor de Willis Lamb, proviene de una pequeña diferencia observada en la energía asociada a dos niveles de energía $2s$ y $2p$ en el átomo de hidrógeno. En mecánica cuántica, según las teorías de Dirac y de Schrödinger, los estados energéticos del hidrógeno que poseen los mismos números cuánticos n y j, pero que difieren en el número cuántico l, deben estar degenerados.

Introducción

La teoría de Dirac aplicada al átomo de un electrón (hidrógeno) proporciona niveles con una energía que depende del número cuántico radial n y del momento angular total j. Como consecuencia de esto aparecen niveles degenerados en energía con valores diferentes del momento angular orbital, $l = 0$, y $l = 1$. Los niveles $2s$ y $2p$ son un ejemplo de esta situación. Se podría pensar que la teoría de Dirac, incluidas todas las correcciones asociadas a las propiedades nucleares, debería explicar perfectamente el espectro del átomo de hidrógeno. Sin embargo, en medidas espectrales muy precisas se detectan desviaciones de las predicciones hechas por esta teoría.

Definición

En 1951 Lamb descubre que, debido a que el estado $2p$ es ligeramente más bajo que el $2s$, aparece un débil desplazamiento de la correspondiente línea orbital (**desplazamiento Lamb**). Más concretamente podemos decir que la energía del estado $2s$ es de $4,372 \times 10$ eV por encima del estado $2p$, siendo $l = 0$ en el primer caso, y $l = 1$ en el caso del estado $2p$.

Historia

Las primeras evidencias en este sentido son detectadas por W. V. Houston en 1937 y R. C. Willians en 1938 quienes comprueban experimentalmente que los niveles $2s$ y $2p$ no son degenerados. Éstos concluyen que el estado $2s$, está ligeramente por encima del $2p$. Sin embargo los intentos de ratificación, realizados en las mismas fechas, no detectan esta desviación debido principalmente a las dificultades de medir diferencias tan pequeñas en el número de onda por métodos espectroscópicos directos, ya que son enmascaradas por efectos difíciles de controlar, como es el caso del Doppler que sufre la radiación emitida por el átomo debido a su movimiento de traslación.

Trabajo experimental

La cuestión es definitivamente resuelta experimentalmente en 1947 por W. E. Lamb y R. C. Retherford quienes idean un experimento que minimiza el ensanchamiento Doppler de las líneas. Los puntos claves del experimento son:

1. En lugar de resolver espectroscópicamente la estructura fina, utilizan técnicas de microondas para estimular directamente la transición entre los niveles $2s$ y $2p$ (que es dipolar eléctrica).

2. El éxito del experimento de Lamb y Retherford radica en que el nivel $2s$ es metaestable, ya que el único estado

energético más bajo es el 1s, no estando permitida una transición dipolar eléctrica entre ellos.

3. El mecanismo más probable de desexcitación es mediante la emisión de dos fotones, con una vida media de 1/7s. Así pues en ausencia de perturbaciones externas la vida media del 2s es mucho mayor que la del 2p que es de 1,6×10s.

Willis Lamb midió el desplazamiento en la región de las microondas. Ubicó átomos en el estado 2s. Estos átomos no se podían desexcitar adoptando directamente el estado 1s a causa de que las reglas de selección prohíben cambiar el momento orbital angular en 1 unidad.

Introduciendo los átomos en un campo magnético, para separar los niveles por efecto Zeeman, expuso los átomos a una radiación de microondas a 2395 Mhz (no muy lejos de la frecuencia de un horno corriente, que es de 2560 Hkz).

Entonces varió el campo magnético hasta que una frecuencia que produjo transiciones desde el nivel 2p hasta el nivel 2p. Entonces pudo medir la transición permitida desde el nivel 2p hasta el nivel 1s.

Estos resultados fueron usados para determinar que el campo magnético cero, divisorio de estos dos niveles, corresponde a 1057 Mhz. Utilizando la relación de Planck se demuestra que la energía de separación es de 4,372×10 eV.

Evitando algunos detalles técnicos, podríamos decir que el procedimiento para realizar el experimento es el siguiente:

Se usa un haz de hidrógeno molecular a alta temperatura, para obtener los átomos de H cuyo espectro se quiere analizar, (a una temperatura de 2500 K la disociación es del 60%).

Los átomos de hidrógeno se seleccionan haciéndolos pasar por una rendija, al mismo tiempo que se bombardean con electrones de energía cinética mayor que 10.2eV, para conseguir que el sistema pase al estado 2s.

Por ese procedimiento se obtiene una pequeña fracción (1 en 108) de átomos en los estados 2s, 2p y 2p a una velocidad media de 8×10 cm/s.

Dada la alta vida media del estado 2s respecto de los otros dos estados p, los átomos en dicho estado recorren una distancia del orden de los 10 cm mientras que los otros sólo recorren 1,3×10 cm antes de desexcitarse.

El detector es una lámina de Wolframio en la que el átomo en el estado 2s puede depositar su electrón absorbiendo su energía de ionización.

Si el haz de átomos en el estado 2s se pasa a través de una región de interacción con un campo de radiofrecuencias que provoque la transición desde el estado 2s a los estados 2p ó 2p, se origina una rápida caída de la población de átomos en el estado 2s al abrir de forma forzada un canal de transición.

Esto provoca una rápida reducción de los átomos en el estado 2s que llegan al detector, naturalmente esto ocurre sólo cuando la radiofrecuencia coincide con la que corresponde a la energía de la transición 2s→ 2p ó 2s → 2p.

Por tanto, la diferencia de energía entre los niveles es igual a la frecuencia de la radiación que hace que se detecte una disminución en la población de los estados 2s que llega al detector.

Con esta base experimental y algunos detalles más como la aplicación de un campo magnético variable para estabilizar el campo de microondas, Lamb y Retherford obtienen que el nivel 2s está 1000MHz por encima del 2p.

Experimentos posteriores más precisos han establecido esta diferencia en 1057,90 ± 0,06 MHz, (Robiscoe y Shyn 1970), 1057,893 ± 0,020 MHz, (Lundeen y Pipkin 1975), 1057,862 ± 0,020 MHz, (Andrews y Newton 1976).

La explicación teórica

La explicación teórica de estos resultados no fue en principio evidente y llevó a la revisión de conceptos fundamentales como la renormalización de la masa y de la carga, y a la formulación de teorías como la electrodinámica cuántica (Bethe, Tomonaga, Schwinger, Feynman y Dyson) que superaba la mecánica cuántica relativista de Dirac. Es en el contexto de la electrodinámica cuántica, que es la teoría cuántica de campos de la interacción electromagnética entre partículas cargadas, donde el desdoblamiento Lamb aparece en el cálculo de las denominadas correcciones radiativas. Los cálculos en electrodinámica cuántica son perturbativos, y las correcciones radiativas son los efectos de segundo orden. En particular, estos efectos son los denominados autoenergía del fotón o polarización del vacío, autoenergía del electrón y correcciones de vértice.

Estas perturbaciones de segundo orden originan un renormalización de la masa y de la carga del electrón, que hacen que los valores que se miden experimentalmente sean distintos de los que se obtendrían de no existir la interacción electromagnética, o de no acoplarse el campo eléctrico de los electrones con el de los fotones. En el caso del efecto Lamb, la contribución principal proviene de la autoenergía del electrón, que proporciona un desdoblamiento del orden de 1000 MHz.

Los otros diagramas, dan una contribución menor, del orden de los 30 MHz. Los cálculos de este efecto en la electrodinámica cuántica son especialmente difíciles, pues el electrón está en un estado ligado y las teorías cuánticas de campos están formuladas fundamentalmente para estados de colisión. En cualquier caso, y debido a la importancia de este efecto, la situación actual es que los cálculos teóricos más precisos son 1057,916 ± 0,010 MHz,(Erickson 1971), 1057,864 ± 0,014 MHz, (Mohr 1976), los que pueden compararse con los resultados experimentales mencionados antes.

Lecturas complementarias

Una explicación más detallada de este efecto, aunque no muy exhaustiva desde un punto de vista teórico, la podemos encontrar en "Introduction to Elementary Particles" de D. E. Griffiths. Cálculos basados en la electrodinámica cuántica los podemos encontrar por ejemplo en "Quantum Field Theory" de Mandl y Shaw. Con nivel más básico, aunque en forma más rigurosa, en "Quantum Field Theory" de Itzykson y Zuber.

Energía del punto cero

Una interpretación cualitativa de este efecto la propuso Welton en 1948. Un campo de radiación cuantizado en su estado de más baja energía no implica un campo cero, sino que existen fluctuaciones cuánticas de campo cero similares a las del estado fundamental del oscilador armónico.

Esto supone que aún en el vacío existen fluctuaciones de campo que provocan movimientos rápidamente oscilatorios del electrón, de manera que el electrón no es percibido como puntual por la carga del núcleo, sino como una distribución de carga con un cierto radio.

Como consecuencia de esto, el electrón no se ve tan fuertemente atraído por el núcleo a cortas distancias, por lo que los electrones en orbitales inferiores son los que más se ven afectados por este aspecto dinámico, perdiendo algo de energía de ligadura.

Formulación matemática

Esta peculiar diferencia es el efecto de un loop del cuanto electromagnético, y puede ser interpretada por la influencia de un fotón virtual que es emitido y reabsorbido por el propio átomo. En electrodinámica cuántica (EDC) el campo electromagnético está cuantificado y, como en el caso del oscilador armónico de la mecánica cuántica, su estado de menor energía no es cero. Debido a esto existen unas pequeñas oscilaciones del punto cero que causan que el electrón ejecute rápidos movimientos de oscilación. El electrón resulta, pues, "difuminado" y el radio cambia de r a $r + \delta r$.

El potencial de Coulomb es, por tanto, perturbado en una pequeña cantidad y la degeneración de los dos niveles de energía desaparece. El nuevo potencial puede ser calculado de forma aproximada (usando unidades atómicas) como sigue:

$$\langle E_{\text{pot}} \rangle = -\frac{Ze^2}{4\pi\epsilon_0} \left\langle \frac{1}{r + \delta r} \right\rangle.$$

El desplazamiento de Lamb por sí mismo viene dado por

$$\Delta E_{\text{Lamb}} = \alpha^5 m_e c^2 \frac{k(n,0)}{4n^3} \text{ for } \ell = 0$$

con $k(n,0)$ alrededor de una pequeña variación 13 con n, y

$$\Delta E_{\text{Lamb}} = \alpha^5 m_e c^2 \frac{1}{4n^3}\left[k(n,\ell) \pm \frac{1}{\pi(j+\frac{1}{2})(\ell+\frac{1}{2})}\right] \text{ for } \ell \neq 0 \text{ and } j = \ell \pm \frac{1}{2}.$$

con $k(n,\ell)$ un pequeño número (< 0.05).

Obtenido de «http://es.wikipedia.org/wiki/Efecto_Lamb»

Efecto fotoeléctrico

El **efecto fotoeléctrico** consiste en la emisión de electrones por un material cuando se hace incidir sobre él una radiación electromagnética (luz visible o ultravioleta, en general). A veces se incluyen en el término otros tipos de interacción entre la luz y la materia:
- Fotoconductividad: es el aumento de la conductividad eléctrica de la materia o en diodos provocada por la luz. Descubierta por Willoughby Smith en el selenio hacia la mitad del siglo XIX.
- Efecto fotovoltaico: transformación parcial de la energía luminosa en energía eléctrica. La primera célula solar fue fabricada por Charles Fritts en 1884. Estaba formada por selenio recubierto de una fina capa de oro.

El efecto fotoeléctrico fue descubierto y descrito por Heinrich Hertz en 1887, al observar que el arco que salta entre dos electrodos conectados a alta tensión alcanza distancias mayores cuando se ilumina con luz ultravioleta que cuando se deja en la oscuridad. La explicación teórica fue hecha por Albert Einstein, quien publicó en 1905 el revolucionario artículo "Heurística de la generación y conversión de la luz", basando su formulación de la fotoelectricidad en una extensión del trabajo sobre los cuantos de Max Planck. Más tarde Robert Andrews Millikan pasó diez años experimentando para demostrar que la teoría de Einstein no era correcta, para finalmente concluir que sí lo era. Eso permitió que Einstein y Millikan fueran condecorados con premios Nobel en 1921 y 1923, respectivamente.

Introducción

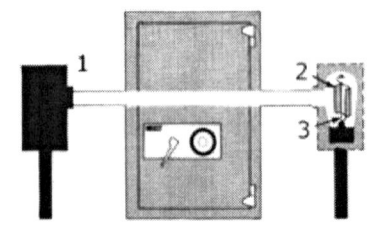

Célula fotoeléctrica donde "1" es la fuente lumínica, "2" es el cátodo y "3", el ánodo.

Los fotones tienen una energía característica determinada por la frecuencia de onda de la luz. Si un átomo absorbe energía de un fotón que tiene mayor energía que la necesaria para expulsar un electrón del material y que además posee una velocidad bien dirigida hacia la superficie, entonces el electrón puede ser extraído del material. Si la energía del fotón es demasiado pequeña, el electrón es incapaz de escapar de la superficie del material. Los cambios en la intensidad de la luz no modifican la energía de sus fotones, tan sólo el número de electrones que pueden escapar de la superficie sobre la que incide y por lo tanto la energía de los electrones emitidos no depende de la intensidad de la radiación que le llega, sino de su frecuencia. Si el fotón es absorbido parte de la energía se utiliza para liberarlo del átomo y el resto contribuye a dotar de energía cinética a la partícula libre.

En principio, todos los electrones son susceptibles de ser emitidos por efecto fotoeléctrico. En realidad los que más salen son los que necesitan menos energía para salir y, de ellos, los más numerosos.

En un aislante (dieléctrico), los electrones más energéticos se encuentran en la banda de valencia. En un metal, los electrones más energéticos están en la banda de conducción. En un semiconductor de tipo N, son los electrones de la banda de conducción que son los más energéticos. En un semiconductor de tipo P también, pero hay muy pocos en la banda de conducción. Así que en ese tipo de semiconductor hay que ir a buscar los electrones de la banda de valencia.

A la temperatura ambiente, los electrones más energéticos se encuentran cerca del nivel de Fermi (salvo en los semiconductores intrínsecos en los cuales no hay electrones cerca del nivel de Fermi). La energía que hay que dar a un electrón para llevarlo desde el nivel de Fermi hasta el exterior del material se llama función trabajo, y la frecuencia mínima necesaria para que un electrón escape del metal recibe el nombre de frecuencia umbral. El valor de esa energía es muy variable y depende del material, estado cristalino y, sobre todo de las últimas capas atómicas que recubren la superficie del material. Los metales alcalinos (sodio, calcio, cesio, etc.) presentan las más bajas funciones de trabajo. Aún es necesario que las superficies estén limpias al nivel atómico. Una de la más grandes dificultades de las experiencias de Millikan era que había que fabricar las superficies de metal en el vacío.

Explicación

Los fotones del rayo de luz tienen una energía característica determinada por la frecuencia de la luz. En el proceso de fotoemisión, si un electrón absorbe la energía de un fotón y éste último tiene más energía que la función trabajo, el electrón es arrancado del material. Si la energía del fotón es demasiado baja, el electrón no puede escapar de la superficie del material. Aumentar la intensidad del haz no cambia la energía de los fotones constituyentes, solo cambia el número de fotones. En consecuencia, la energía de los electrones emitidos no depende de la intensidad de la luz, sino de la energía de los fotones individuales.

Los electrones pueden absorber energía de los fotones cuando son irradiados, pero siguiendo un principio de "todo o nada". Toda la energía de un fotón debe ser absorbida y utilizada para liberar un electrón de un enlace atómico, o si no la energía es re-emitida. Si la energía del fotón es absorbida, una parte libera al electrón del átomo y el resto contribuye a la energía cinética del electrón como una partícula libre.

Einstein no se proponía estudiar las causas del efecto en el que los electrones de ciertos metales, debido a una radiación luminosa, podían abandonar el metal con energía cinética. Intentaba explicar el comportamiento de la radiación, que obedecía a la intensidad de la radiación incidente, al conocerse la cantidad de electrones que abandonaba el metal, y a la frecuencia de la misma, que era proporcional a la energía que impulsaba a dichas partículas.

Leyes de la emisión fotoeléctrica

- Para un metal y una frecuencia de radiación incidente dados, la cantidad de fotoelectrones emitidos es directamente proporcional a la intensidad de luz incidente.
- Para cada metal dado, existe una cierta frecuencia mínima de radiación incidente debajo de la cual ningún fotoelectrón puede ser emitido. Esta frecuencia se llama frecuencia de corte, también conocida como "Frecuencia Umbral".
- Por encima de la frecuencia de corte, la energía cinética máxima del fotoelectrón emitido es independiente de la intensidad de la luz incidente, pero depende de la frecuencia de la luz incidente.
- La emisión del fotoelectrón se realiza instantáneamente, independientemente de la intensidad de la luz incidente. Este hecho se contrapone a la teoría Clásica: la Física Clásica esperaría que existiese un cierto retraso entre la absorción de energía y la emisión del electrón, inferior a un nanosegundo.

Formulación matemática

Para analizar el efecto fotoeléctrico cuantitativamente utilizando el método derivado por Einstein es necesario plantear las siguientes ecuaciones:

Energía de un fotón absorbido = Energía necesaria para liberar 1 electrón + energía cinética del electrón emitido.

Algebraicamente:

$$hf = hf_0 + \frac{1}{2}mv_m^2,$$

que puede también escribirse como

$$hf = \phi + E_k.$$

donde h es la constante de Planck, f es la frecuencia de corte o frecuencia mínima de los fotones para que tenga lugar el efecto fotoeléctrico, Φ es la función trabajo, o mínima energía necesaria para llevar un electrón del nivel de Fermi al exterior del material y E es la máxima energía cinética de los electrones que se observa experimentalmente.

- *Nota*: Si la energía del fotón (hf) no es mayor que la función de trabajo (Φ), ningún electrón será emitido.

En algunos materiales esta ecuación describe el comportamiento del efecto fotoeléctrico de manera tan sólo aproximada. Esto es así porque el estado de las superficies no es perfecto (contaminación no uniforme de la superficie externa).

Historia

Heinrich Hertz

Las primeras observaciones del efecto fotoeléctrico fueron llevadas a cabo por Heinrich Hertz en 1887 en sus experimentos sobre la producción y recepción de ondas electromagnéticas. Su receptor consistía en una bobina en la que se podía producir una chispa como producto de la recepción de ondas electromagnéticas. Para observar mejor la chispa Hertz encerró su receptor en una caja negra. Sin embargo la longitud máxima de la chispa se reducía en este caso comparada con las observaciones de chispas anteriores. En efecto la absorción de luz ultravioleta facilitaba el salto de los electrones y la intensidad de la chispa eléctrica producida en el receptor. Hertz publicó un artículo con sus resultados sin intentar explicar el fenómeno observado.

J.J. Thomson

En 1897, el físico británico Joseph John Thomson investigaba los rayos catódicos. Influenciado por los trabajos de James Clerk Maxwell, Thomson dedujo que los rayos catódicos consistían de un flujo de partículas cargadas negativamente a los que llamó corpúsculos y ahora conocemos como electrones.

Thomson utilizaba una placa metálica encerrada en un tubo de vacío como cátodo exponiendo este a luz de diferente longitud de onda. Thomson pensaba que el campo electromagnético de frecuencia variable producía resonancias con el campo eléctrico atómico y que si estas alcanzaban una amplitud suficiente podía producirse la emisión de un "corpúsculo" subatómico de carga eléctrica y por lo tanto el paso de la corriente eléctrica.

La intensidad de esta corriente eléctrica variaba con la intensidad de la luz. Incrementos mayores de la intensidad de la luz producían incrementos mayores de la corriente. La radiación de mayor frecuencia producía la emisión de partículas con mayor energía cinética.

Von Lenard
En 1902 Philipp von Lenard realizó observaciones del efecto fotoeléctrico en las que se ponía de manifiesto la variación de energía de los electrones con la frecuencia de la luz incidente.

La energía cinética de los electrones podía medirse a partir de la diferencia de potencial necesaria para frenarlos en un tubo de rayos catódicos. La radiación ultravioleta requería por ejemplo potenciales de frenado mayores que la radiación de mayor longitud de onda. Los experimentos de Lenard arrojaban datos únicamente cualitativos dadas las dificultades del equipo instrumental con el cual trabajaba.

Cuantos de luz de Einstein
En 1905 Albert Einstein propuso una descripción matemática de este fenómeno que parecía funcionar correctamente y en la que la emisión de electrones era producida por la absorción de cuantos de luz que más tarde serían llamados fotones. En un artículo titulado "Un punto de vista heurístico sobre la producción y transformación de la luz" mostró como la idea de partículas discretas de luz podía explicar el efecto fotoeléctrico y la presencia de una frecuencia característica para cada material por debajo de la cual no se producía ningún efecto. Por esta explicación del efecto fotoeléctrico Einstein recibiría el Premio Nobel de Física en 1921.

El trabajo de Einstein predecía que la energía con la que los electrones escapaban del material aumentaba linealmente con la frecuencia de la luz incidente. Sorprendentemente este aspecto no había sido observado en experiencias anteriores sobre el efecto fotoeléctrico. La demostración experimental de este aspecto fue llevada a cabo en 1915 por el físico estadounidense Robert Andrews Millikan.

Dualidad onda-corpúsculo
El efecto fotoeléctrico fue uno de los primeros efectos físicos que puso de manifiesto la dualidad onda-corpúsculo característica de la mecánica cuántica. La luz se comporta como ondas pudiendo producir interferencias y difracción como en el experimento de la doble rendija de Thomas Young, pero intercambia energía de forma discreta en paquetes de energía, fotones, cuya energía depende de la frecuencia de la radiación electromagnética. Las ideas clásicas sobre la absorción de radiación electromagnética por un electrón sugerían que la energía es absorbida de manera continua. Este tipo de explicaciones se encontraban en libros clásicos como el libro de Millikan sobre los Electrones o el escrito por Compton y Allison sobre la teoría y experimentación con rayos X. Estas ideas fueron rápidamente reemplazadas tras la explicación cuántica de Albert Einstein.

Efecto fotoeléctrico en la actualidad
El efecto fotoeléctrico es la base de la producción de energía eléctrica por radiación solar y del aprovechamiento energético de la energía solar. El efecto fotoeléctrico se utiliza también para la fabricación de células utilizadas en los detectores de llama de las calderas de las grandes centrales termoeléctricas. Este efecto es también el principio de funcionamiento de los sensores utilizados en las cámaras digitales. También se utiliza en diodos fotosensibles tales como los que se utilizan en las células fotovoltaicas y en electroscopios o electrómetros. En la actualidad los materiales fotosensibles más utilizados son, aparte de los derivados del cobre (ahora en menor uso), el silicio, que produce corrientes eléctricas mayores.

El efecto fotoeléctrico también se manifiesta en cuerpos expuestos a la luz solar de forma prolongada. Por ejemplo, las partículas de polvo de la superficie lunar adquieren carga positiva debido al impacto de fotones. Las partículas cargadas se repelen mutuamente elevándose de la superficie y formando una tenue atmósfera. Los satélites espaciales también adquieren carga eléctrica positiva en sus superficies iluminadas y negativa en las regiones oscurecidas, por lo que es necesario tener en cuenta estos efectos de acumulación de carga en su diseño.

Obtenido de «http://es.wikipedia.org/wiki/Efecto_fotoel%C3%A9ctrico»

Efecto pantalla

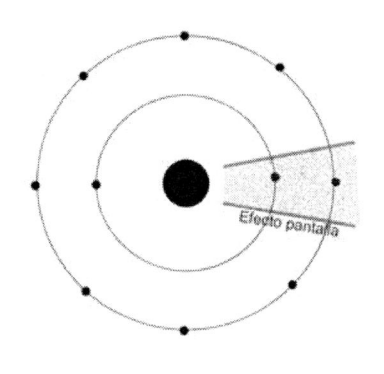

En general, un **efecto pantalla** S (del inglés *Shielding* o *Screening*) es aquel capaz de atenuar una fuerza o interacción. En física atómica, el efecto pantalla sobre los electrones más externos de un átomo se describe como la atenuación de la fuerza atractiva neta sobre el electrón, debido a la presencia de otros electrones en capas inferiores y del mismo nivel energético. El efecto pantalla es una barrera de electrones de un mismo nivel, los cuales ejercen fuerzas de repulsión sobre electrones de mayor nivel, disminuyendo así la probabilidad de encontrar estos electrones en niveles inferiores. Cada nivel produce efecto de pantalla; a mayor número de electrones mayor es el efecto de pantalla.

Dentro de la física cuántica este efecto es la interferencia que existe entre la última orbita de un átomo y su núcleo.

Entonces el efecto de pantalla va a ser mayor en los orbitales s después en los p , d , y f:
$S(s) > S(p) > S(d) > S(f)$

Para los orbitales d y f tenemos muy baja probabilidad de encontrar sus electrones cerca del núcleo, ya que la carga nuclear queda bien apantallada por los electrones s y p más internos. Este fenómeno se hace más patente en los elementos más pesados de la T.P., sexto periodo, debido a la introducción de correciones relativistas de contracción en los orbitales s y p, incrementando sus efectos pantallas sobre los orbitales d y f que se expanden fuertemente (efectos relativistas sobre orbitales de enlace).

Por el efecto relativista de contracción del orbital $6s$ tenemos un efecto pantalla adicional potente debido a la penetración de este orbital -efecto penetración orbital- en los subniveles $5d$ y $4f$. Por consiguiente, en los elementos pesados también aparecen efectos pantallas generados por electrones de niveles energéticos superiores que penetran hacia el núcleo. Por ello, la penetración de los electrones del orbital exterior ns es mayor para los elementos d del sexto periodo en comparación con los d del cuarto periodo.

Para cada electrón, las reglas de Slater proporcionan un valor para la constante de apantallamiento, conocida como s, S, o σ, que relaciona la carga nuclear efectiva y la real, según:
$$Z_{\text{eff}} = Z - s.$$
Estas reglas semiempíricas fueron inventadas por John C. Slater en 1930
Obtenido de «http://es.wikipedia.org/wiki/Efecto_pantalla»

Efecto penetración orbital

Efecto penetración orbital define la distribución electrónica cerca del núcleo para los diferentes orbitales de un átomo polielectrónico, por lo que según sea el tipo de orbital puede o no atravesar capas electrónicas internas en dirección al centro del átomo. Es decir, se determina la mayor o menor probabilidad de encontrar a los diferentes tipos de electrones en la vecindad del núcleo atómico, lo cuál se define en función de los máximos de la densidad electrónica radial para cada tipo de orbital.

Cuando nos referimos al efecto penetración orbital estamos definiendo la mayor o menor inserción de los diferentes tipos de orbitales hacia el núcleo, o bien que un orbital alcanza o traspasa un determinado subnivel atómico. En este último caso podemos resaltar un ejemplo de interés centrado en los elementos del bloque d, si comparamos la primera serie de transición frente a la tercera serie se observa que el orbital $6s$ penetra en el subnivel $5d$ con mayor potencia que la del orbital $4s$ profundizando en el $3d$ (la tríada Pt, Au y Hg es la que exhibe mayor contracción y/o penetración para el $6s$). Esto justifica que las primeras energías de ionización son cada vez mayores al bajar en los grupos del bloque d, lo que se comprende mediante los factores integrados de contracción lantánida y contracción relativista.

Si consideramos un número cuántico n, el orbital tipo s es el más penetrante, seguido por el p, después el d y al final el f (P: poder penetrante):

$P(s) > P(p) > P(d) > P(f)$

Por ello, si los electrones ns son los que tienen mayor poder penetrante, son por consiguiente los que deben apantallar al núcleo con mayor eficacia (efecto pantalla); la carga nuclear efectiva para ns es mucho mayor que para np y esta diferencia se incrementa notablemente en función del aumento de n, lo que podemos ver claramente en los elementos más pesados de la T.P, como se ha razonado anteriormente. En conclusión, los átomos polielectrónicos no tienen subniveles de igual energía, con lo que sus estabilidades relativas van en el orden:
$ns > np > nd > nf$
Obtenido de «http://es.wikipedia.org/wiki/Efecto_penetraci%C3%B3n_orbital»

Efectos relativistas sobre orbitales de enlace

Introducción

Los **efectos relativistas sobre orbitales de enlace** se manifiestan al implicar a la teoria de la relatividad en los cáculos de las funciones de onda de los orbitales para los átomos pesados del sexto y séptimo periodo de la T.P.Los orbitales atómicos **s, p, d** y **f**, tanto internos como externos de valencia, se modifican en tamaño y distribución electrónica radial en relación al modelo clásico sin correciones relativistas (mecánica cuántica), que construye el átomo polielectrónico por llenado de los niveles y subniveles electrónicos a partir del átomo de hidrógeno. Al químico le interesa especialmente los orbitales de valencia de los átomos para generar orbitales híbridos y orbitales moleculares que definen el enlace entre dos o más átomos, y estos orbitales de enlace de los elementos pesados vendrán modificados por correciones relativistas.

Evidentemente estos efectos tienen gran importancia en las energías de promoción electrónica entre orbitales de enlace, ya que, por ejemplo, la energía de promoción electrónica 6s 6pa 6s6p para el talio es muy alta(543 kJmol), lo que fuerza al talio a desarrollar una química casi del estado(I); el conjunto 6s estable es lo que justifica lo que denominamos efecto del par inerte que se deja notar a lo largo de los elementos más pesados del bloque p.

Modificaciones de las funciones de onda por los efectos relativistas

Los **efectos relativistas** se manifiestan en los átomos con alta carga nuclear efectiva, elementos pesados, donde los electrones son obligados a moverse en un espacio cada vez más reducido, soportando una mayor atracción nuclear y su velocidad se incrementa hasta hacerse cercana a la de la luz. En este fenómeno se fusionan la mecánica cuántica con la teoría de la relatividad. En los metales del bloque d, sobre todo en los más pesados a partir del hafnio, y en los elementos siguientes del vecino bloque p, hay que tener en cuenta modificaciones de las funciones de onda de los orbitales por efectos relativistas. Cada día está más claro que muchos aspectos de la química de los metales pesados pueden justificarse a la vista de estos efectos. Por ello vamos a analizar estas consideraciones relativistas.

Si nos ajustamos a los elementos del bloque d tenemos dos tipos bien distintos de orbitales de valencia **(n-1)d** y **ns** que están disponibles para formar enlaces y, por tanto, sería útil conocer el alcance máximo de sus electrones con referencia al núcleo atómico, o sea poder contrastar distancias desde dicho núcleo a la zona más externa de cada orbital y que a la vez luzca con la mayor densidad electrónica – mayor probabilidad de encontrar al electrón. Esto corresponde a la parte radial de la función de onda del orbital considerado para máxima densidad electrónica, se indica como rmax (la parte radial de la función de onda de un orbital nos define la densidad electrónica en función de la distancia r al núcleo. Esta distancia o radio, rmax, corresponde de forma aproximada a lo que conocemos en el modelo clásico de Bohr como radio de la orbita del electrón).

Se puede comprobar, tanto experimentalmente como por cálculos cuánticos, que los tamaños de los orbitales (n-1)d y ns son muy diferentes. En principio podemos decir que la participación de los orbitales 3d en enlaces covalentes es baja dentro de los elementos de la primera serie de transición, pero se incrementa para los elementos 4d y 5d.En estas circunstancias se hace necesario corregir la masa del electrón por efectos relativistas. De acuerdo con la teoría de la relatividad de Einstein, la masa, m, de una partícula se hace mayor con relación a su masa en reposo, mo, si su velocidad se aproxima a la velocidad de la luz, c. Cuando se aplica esto y se calculan las funciones de onda de los orbitales atómicos -con ordenadores con gran capacidad de cálculo-, entonces vemos una gran influencia sobre los orbitales internos de los átomos pesados, asociado a un efecto secundario sobre los orbitales de valencia. En concreto, los orbitales de valencia s y p se contraen (lóbulos internos; contracción relativista) y los d y f se ven afectados de forma indirecta por este fenómeno y se expanden (expansión relativista). Esto es debido a que los orbitales d y f tienen pocos lóbulos cerca del núcleo y son mejor apantallados por los orbitales contraídos s y p interiores.

Así, por ejemplo la contracción del orbital 6s del Wolframio se atribuye a estos efectos relativistas, mientras que si bajamos en el grupo 6 se van expandiendo los orbitales d: **3d < 4d < 5d**. Los efectos relativistas tienen sobre todo una singular importancia en los elementos de la segunda y tercera serie de transición, y pueden justificar ciertas discontinuidades que aparecen en las propiedades de estos elementos. Esta expansión de los orbitales d es responsable del aumento de los estados de oxidación de los elementos de transición más pesados y, junto con la contracción lantánida, del aumento de la electronegatividad al bajar en los grupos del bloque d. La expansión relativista de los orbitales 5d permite "alcanzar" a los orbitales 6s, formando un solapamiento adicional, con lo que tendríamos enlaces covalentes más fuertes para los metales de la tercera serie, mientras que los orbitales 3d de la primera no tienen esa potencialidad. Por ejemplo, el wolframio forma muchos más compuestos estables en el estado de oxidación VI (WF, WCl) que el cromo. Se puede demostrar que la parte radial, rmax, del orbital 6s decrece en función del número atómico cuando vamos desde el hafnio (Hf: 72) hasta radón (Rn: 86). En el platino (Pt) y el oro (Au) se calcula que el orbital 6s soporta alrededor de un 20% de contracción en relación a modelos que no consideran estos efectos.

Calidad refractaria de los metales del bloque d

Un ejemplo interesante donde podemos considerar estos efectos es en la fuerza del enlace metálico o, dicho de otro modo, en la estabilidad térmica de los metales, su mayor o menor calidad refractaria. Si se representan los puntos de fusión de todos los metales de transición a lo largo de cada serie, se destaca que la forma de la curva de las tres series se aproxima a un perfil tipo "campana", sobre todo en la 3ª serie que aglutina los metales más refractarios. Cada campana comienza y termina con bajos puntos de fusión, siendo siempre más bajos al final que al principio. Todo esto lo podemos explicar con la ayuda de los argumentos explicitados anteriormente. Al principio de cada serie de transición se están llenando los orbitales d y disponemos de pocos electrones para la formación del enlace metálico, pero al irse llenando estos orbitales nos vamos acercando a configuraciones electrónicas semillenas , (n-1)d, que son muy favorables de acuerdo con la mecánica cuántica. En las cercanías de estas configuraciones semillenas, que coincide con la zona central del bloque d, es cuando disponemos del mejor sistema metálico posible para cada serie, y es entonces donde aparecen los metales con mayores puntos de fusión: vanadio (V; p.f., 2183 K) y cromo (p.f., 2180 K) en la 1ª serie ; niobio (Nb; p.f., 2750 K) y molibdeno (p.f., 2896 K) en la 2ª; y wolframio (p.f., 3695 K) y renio (Re ; p.f., 3459 K) en la 3ª.

En la 3ª serie, como era de esperar, aparece el metal más refractario que se conoce, que corresponde al wolframio, es aquí y en los elementos más próximos donde los efectos relativistas, con la expansión de los orbitales 5d, se conjugan con el llenado parcial de estos orbitales para generar sistemas resonantes de electrones vía enlaces metal-metal del cristal. Cuando nos desplazamos hacia la derecha en esta 3ª serie seguimos teniendo esta expansión favorable de los orbitales 5d, pero el inconveniente es que se van llenando casi totalmente estos orbitales, llegando a la posición del mercurio donde se alcanza la configuración de capa cerrada o de pseudo gas noble, 4f5d6s: los orbitales 5d pierden protagonismo como orbitales de valencia a favor de los 6s. Son estos últimos los que definen el enlace metálico en el mercurio, que es muy débil porque los electrones que se encuentran en este tipo de orbital están muy atraídos hacia los núcleos (contracción relativista del orbital 6s). Como vemos la contracción relativista es máxima en la tercera serie de transición para el orbital 6s del oro y mercurio, y estos metales deben presentar enlaces débiles (el oro es muy blando y es el elemento metálico más dúctil y maleable), sobre todo el mercurio que con su estructura electrónica "blindada" no es capaz de facilitar electrones a los enlaces ni, por tanto, de generar redes metálicas tridimensionales: a la temperatura ambiente es un líquido (punto de fusión = 234 K). Para completar, de acuerdo a estas consideraciones, podemos "sospechar" que los elementos 106 y 107, vecinos inferiores al wolframio, - seaborgio (Sg) y bohrio (Bh) - que han sido obtenidos artificialmente mediante ensayos complejos en aceleradores de partículas y de los cuales, por el momento, sólo se disponen de algunos átomos, deben presentar los puntos de fusión más altos dentro de los metales. Esto es razonable que sea así, ya que "la campana" para la cuarta serie del bloque d será todavía más definida y alta en su cúspide, y es posible que el Seaborgio sea el metal con el mayor punto de fusión de la T.P.

Sistemas y parámetros inorgánicos influenciados por los efectos relativistas

A continuación señalamos otros casos en donde se dejan sentir estos efectos relativistas en los elementos pesados de la T.P.:
- La contracción lantánida, que siempre hemos justificado por consideraciones del pobre apantallamiento de electrones situados en orbitales *4f*, es parcialmente - 20%- debida a efectos relativistas.
- En general, los pares de metales pesados de cada grupo del bloque *d* exhiben pocas diferencias en sus tamaños atómicos y radios iónicos.
- Los estados de oxidación más altos y estables hay que buscarlos en los metales más pesados del **bloque d**, sobre todo en la tercera serie; podemos presentar como ejemplos la mayor estabilidad de Pt(IV) y Au(III) frente a Pd(IV) y Ag(III), y la inexistencia de las especies Pd(VI) y Ag(V) que si se generan en Pt y Au. Asimismo los metales más pesados del bloque *d* son los que presentan mayores números de coordinación en sus compuestos y complejos (estos aspectos se justifican por la mayor expansión de los orbitales 5d>4d>3d).
- También los elementos más pesados suelen exhibir especies complejas de bajo espín, por lo que si el número *n* de electrones d es par nos indica que generalmente son especies diamagnéticas; los orbitales *4d* o *5d* están más expandidos -sobre todo los *5d*- y en la interacción con los átomos dadores de los ligandos van a generar enlaces M-L más fuertes, y,por consiguiente, un mayor desdoblamiento del campo de los ligandos.
- Los enlaces metal-metal, M-M, en cúmulos metálicos o compuestos clusters suelen proliferar en la química de los elementos de las series 2ª y 3ª, ya que la potencialidad para formar enlaces va en el sentido 3d<4d<5d; los orbitales 5d tienen mayor potencia de enlace por su expansión relativista.
- Si no se consideraran los aspectos relativistas, el oro debería ser similar a la plata pero es más difícil de disolver y sus propiedades espectroscópicas son muy diferentes: absorbe en la región visible, frecuencias del azul y violeta, y por ello exhibe ese color tan característico, amarillo-anaranjado brillante.La contracción del orbital *6s* y la expansión del *5d* hace que ambos niveles energéticos se aproximen, definiendo una brecha de energía más estrecha con lo que la transición *6s←5d* se desplaza hacia la región visible del espectro; en el caso de la plata la transición *5s←4d* sólo se define en la zona del ultravioleta.
- El mercurio es un metal líquido en

las condiciones físicas de un laboratorio-condiciones estándar-, lo que es reflejo de la debilidad de su enlace metálico por la poca participación de los electrones 6s a la delocalización electrónica en la estructura metálica (contracción del orbital *6s* junto con la gran estabilidad electrónica de pseudogas noble del mercurio [Xe]4f5d6s)
- La electronegatividad del oro y del mercurio se ve incrementada en relación a los elementos que están encima, plata y cadmio. Es por ello que el oro tiene gran tendencia a capturar un electrón, presentando una gran afinidad electrónica comparable a la de los halógenos: en algunos compuestos se detecta la presencia del anión Au, de tamaño similar al Br.
- El radio del Au en el compuesto AuI con coordinación 2 es 0.08 Å más pequeño que el correspondiente catión de plata en el compuesto AgI. Se podría pensar que el Au sería más grande, ya que al elemento le corresponde un número atómico mayor, pero no hemos tenido en cuenta la contracción del orbital *6s*.
- El fenómeno conocido como aurofilicidad o metalofilicidad se refiere a la formación de enlaces débiles, en estado sólido o en especies complejas, comparable a los enlaces de hidrógeno, bien entre átomos de oro Au(I)...Au(I), o con el concurso de átomos vecinos a éste en la T.P, como Hg(II)···Au(I), u otros metales nobles Hg(II)...Pt(II) y Hg(II)...Pd(II).
- Hg es más importante que las especies Zn y Cd. Es un catión cluster dinuclear muy estable, generado por el solapamiento eficaz de los correspondientes orbitales 6s de cada especie Hg.
- La potencialidad de los orbitales *5d* del mercurio justifican recientemente la preparación de algunas cationes complejos con estados de oxidación III, e incluso IV para el correspondiente fluoruro binario, HgF (tetrafluoruro de mercurio); esto no ocurre en sus vecinos de grupo Zn y Cd.
- La actividad catalítica de los metales de transición no depende de la estructura del compuesto o sistema empleado, sino que el factor más importante es la configuración electrónica *4d* o *5d* del metal, a este fenómeno se le conoce como "efecto electrónico". Por ello, en muchos casos hay que destacar el papel primordial que exhiben en procesos catalíticos tanto platino como oro, por su mayor expansión *5d*, y también los metales nobles vecinos en la T.P: Ir,Os,Re etc. Es conocida, desde hace mucho tiempo, la potencialidad del platino en "famosas" reacciones catalíticas.
- Estabilidad del catión uranilo, UO, a ser reducido, y de cationes equivalentes de los primeros elementos actínidos, donde el metal presenta alto estado de oxidación: VI.
- Los radios metálicos de francio (2,70 Å) y radio (2,30 Å) no son muy diferentes a sus respectivos homólogos superiores de grupo, cesio (2,72 Å) y bario(2,24 Å), por lo que se rompe la tendencia periódica de aumento del radio al bajar en los grupos 1 y 2 de la T.P.
- El llamado efecto del par inerte para Tl, Pb, y Bi, procede de la contracción relativista del orbital *6s*. Estos elementos, que siguen al mercurio en la T.P., exhiben sus estados de oxidación más estables con dos unidades inferiores al máximo de su grupo, ya que sólo se promocionan electrones desde los orbitales *p*. Son, en consecuencia, los dos electrones fuertemente retenidos en este orbital *6s* los que definen este fenómeno conocido por par inerte.

Finalmente, resaltar que la contracción lantánida ha sido y sigue siendo aplicable y válida para justificar propiedades de los elementos químicos que dependen fuertemente del tamaño atómico. Pero, por si sola, no puede explicar por qué es máxima la contracción de los tamaños y las mayores electronegatividades en la zona de la *3ª* serie de transición definida por oro y mercurio, en relación a las mismas propiedades de los elementos químicos vecinos de encima, plata y cadmio.

Obtenido de «http://es.wikipedia.org/wiki/Efectos_relativistas_sobre_orbitales_de_enlace»

Electrón desapareado

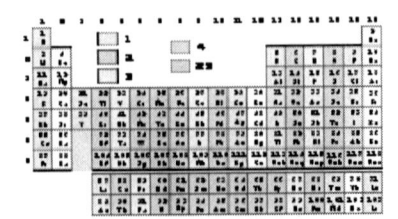

Tabla periódica de los elementos que tienen electrones no apareados.

Un **electrón desparejado** o **electrón desapareado** es aquel que no tiene su espín compensado por otro electrón de espín opuesto en el mismo átomo (o, en un modelo de orbitales moleculares, en la misma molécula). Visto de otro modo, son aquellos que se encuentran solos en un orbital, que se dice que está semiocupado.

Esto, que como se ve en la figura es muy común en átomos aislados, es relativamente infrecuente cuando estos átomos se encuentran formando sustancias. En sistemas orgánicos, los electrones desparejados dan lugar a radicales libres, que normalmente son muy reactivos, mientras que en metales de transición, por ejemplo, es fácil encontrar sistemas con electrones desparejados y que sean estables, tanto en estado elemental como en óxidos o complejos. En cualquier caso, los electrones sin emparejar le dan propiedades magnéticas al sistema en el que estén, y generalmente alteran sus propiedades ópticas.

Obtenido de «http://es.wikipedia.org/wiki/Electr%C3%B3n_desapareado»

Electrón secundario

Un **electrón secundario** es un electrón arrancado de la superficie de un sólido en un proceso de ionización producido por la interacción con otro tipo de radiación llamada "radiación primaria". La radiación primaria puede consistir en iones, electrones, o fotones, cuya energía debe ser mayor que el potencial de ionización.

El proceso por el cual se genera un electrón secundario se llama emisión secundaria.

En microscopía electrónica de barrido, la detección de electrones secundarios es el medio más utilizado para formar imágenes.

Obtenido de «http://es.wikipedia.org/wiki/Electr%C3%B3n_secundario»

Energía de Fermi

La **Energía de Fermi** es la energía del nivel más alto ocupado por un sistema cuántico a temperatura cero (0 K). Se denota por E y recibe su nombre del físico italo-estadounidense Enrico Fermi.

La energía de Fermi es importante a la hora de entender el comportamiento de partículas fermiónicas, como por ejemplo los electrones. Los fermiones son partículas de spin semientero que verifican el Principio de exclusión de Pauli que dicta que dos fermiones no pueden ocupar simultáneamente el mismo estado cuántico. De esta manera, cuando un sistema posee varios electrones, estos ocuparán niveles de energía mayores a medida que los niveles inferiores se van llenando.

La energía de Fermi es un concepto que tiene muchas aplicaciones en la teoría del orbital, en el comportamiento de los semiconductores y en la física del estado sólido en general.

En física del estado sólido la superficie de Fermi es la superficie en el espacio de momentos en la que la energía de excitación total iguala a la energía de Fermi. Esta superficie puede tener una topología no trivial. Brevemente se puede decir que la superficie de Fermi divide los estados electrónicos ocupados de los que permanecen libres.

Enrico Fermi y Paul Dirac, derivaron las estadísticas de Fermi-Dirac. Estas estadísticas permiten predecir el comportamiento de sistemas formados por un gran número de electrones, especialmente en cuerpos sólidos.

La energía de Fermi de un gas de Fermi (o *gas de electrones libres*) no relativista tridimensional se puede relacionar con el potencial químico a través de la ecuación:

$$\mu = \epsilon_F \left[1 - \frac{\pi^2}{12}\left(\frac{kT}{\epsilon_F}\right)^2 + \frac{\pi^4}{80}\left(\frac{kT}{\epsilon_F}\right)^4 + \dots \right]$$

donde ε es la energía de Fermi, k es la constante de Boltzmann y T es la temperatura. Por lo tanto, el potencial químico es aproximadamente igual a la energía de Fermi a temperaturas muy inferiores a una energía característica denominada Temperatura de Fermi, ε/k. Esta temperatura característica es del orden de 10K para un metal a una temperatura ambiente de (300 K), por lo que la energía de Fermi y el potencial químico son esencialmente equivalentes. Este es un detalle significativo dado que el potencial químico, y no la energía de Fermi, es quien aparece en las estadísticas de Fermi-Dirac.

Obtenido de «http://es.wikipedia.org/wiki/Energ%C3%ADa_de_Fermi»

Energía del punto cero

En física, la **energía del punto cero** es la energía más baja que un sistema físico mecano-cuántico puede poseer, y es la energía del estado fundamental del sistema. El concepto de la energía del punto cero fue propuesto por Albert Einstein y Otto Stern en 1913, y fue llamada en un principio "energía residual". El término energía del punto cero es una traducción del alemán *Nullpunktsenergie*. Todos los sistemas mecano-cuánticos tienen energía de punto cero. El término emerge comúnmente como referencia al estado base del oscilador armónico cuántico y sus oscilaciones nulas. En la teoría de campos cuántica, es un sinónimo de la energía del vacío o de la energía oscura, una cantidad de energía que se asocia con la vacuidad del espacio vacío. En cosmología, la energía del vacío es tomada como la base para la constante cosmológica. A nivel experimental, la energía del punto cero genera el efecto Casimir, y es directamente observable en dispositivos nanométricos.

Debido a que la energía del punto cero es la energía más baja que un sistema puede tener, no puede ser eliminada de dicho sistema. Un término relacionado es el campo del punto cero que es el estado de energía más bajo para un campo, su estado base, que no es cero.

Pese a la definición, el concepto de energía del punto cero y la posibilidad de extraer "energía gratuita" del vacío han atraído la atención de inventores principiantes. Numerosas máquinas de movimiento perpetuo y otros equipos pseudocientíficos, son frecuentemente llamados dispositivos de energía libre, con el propósito de explotar la idea. Como resultado de esta actividad y su intrigante explicación teórica, el concepto ha adquirido vida propia en la cultura popular, apareciendo en libros de ciencia ficción, juegos y películas.

Historia

En 1900, Max Planck dedujo la fórmula para la energía de un "radiador de energía" aislado, i.e. una unidad atómica vibratoria, como:

$$\epsilon = \frac{h\nu}{e^{\frac{h\nu}{kT}} - 1}$$

Aquí, h es la constante de Planck, ν es la frecuencia, k es la constante de Boltzmann, y T es la temperatura.

En 1913, utilizando esta fórmula como base, Albert Einstein y Otto Stern publicaron un artículo de gran importancia donde sugerían por primera vez la existencia de una energía residual que todos los osciladores tienen en el cero absoluto. Llamaron a esto "energía residual", o *Nullpunktsenergie* (en Alemán), que fue más tarde traducido como *energía del punto cero*. Realizaron un análisis del calor específico del gas hidrógeno a baja temperatura, y concluyeron que los datos se representan mejor si la energía vibracional es elegida para que tome la forma:

$$\epsilon = \frac{h\nu}{e^{\frac{h\nu}{kT}} - 1} + \frac{h\nu}{2}$$

Por lo que, de acuerdo a esta expresión, incluso en el cero absoluto la energía de un sistema atómico tiene el valor ½hν.

Fundamentos físicos

En física clásica, la energía de un sistema es relativa, y se define únicamente en relación a algún estado dado (a menudo llamado estado de referencia). Típicamente, uno puede asociar a un sistema sin movimiento una energía cero, aunque hacerlo es puramente arbitrario.

En física cuántica, es natural asociar la energía con el valor esperado de un cierto operador, el Hamiltoniano del sistema. Para casi todos los sistemas mecano-cuánticos, el valor esperado más bajo posible que este operador puede tener no es cero; a este valor más bajo posible se le denomina energía del punto cero. (Nota: Si añadimos una constante arbitraria al Hamiltoniano, obtenemos otra teoría que es físicamente equivalente al Hamiltoniano previo. A causa de esto, sólo la energía relativa es observable, no la energía absoluta. Sin embargo, esto no cambia el hecho de que el momento mínimo es no nulo).

El origen de una energía mínima no nula puede ser intuitivamente comprendido en términos del principio de indeterminación de Heisenberg. Este principio establece que la posición y el momentum de una partícula en mecánica cuántica no pueden simultáneamente ser ambos conocidos con precisión. Si la partícula es confinada a un pozo de potencial, entonces su posición es como mínimo parcialmente conocida: debe estar en el pozo. Por ello, uno puede deducir que en el pozo, la partícula no puede tener momento cero, pues de lo contrario se violaría el principio de incertidumbre. Porque la energía cinética de una partícula en movimiento es proporcional al cuadrado de su velocidad, no puede ser cero tampoco. Este ejemplo, sin embargo, no es aplicable a una partícula libre - la energía cinética de la cual si puede ser cero.

Variedades de energía del punto cero

La idea de la energía del punto cero está presente en diferentes situaciones, y es importante distinguirlas, y notar que hay muchos conceptos muy relacionados.

En mecánica cuántica ordinaria, la energía del punto cero es la energía asociada con el estado fundamental del sistema. El más famoso ejemplo de este tipo es la energía $E = \frac{\hbar\omega}{2}$ asociada con el estado fundamental del oscilador armónico cuántico. Más exactamente, la energía del punto cero es el valor esperado del Hamiltoniano del sistema.

En teoría cuántica de campos, el tejido del espacio se visualiza como si estuviera compuesto de campos, con el campo en cada punto del espacio-tiempo siendo un oscilador armónico simple cuantizado, que interactúa con los osciladores vecinos. En este caso, cada uno tiene una contribución de $E = \frac{\hbar\omega}{2}$ de cada punto del espacio, resultando en una energía del punto cero técnicamente infinita. La energía de punto cero es de nuevo el valor esperado del Hamiltoniano; aquí, sin embargo, la frase valor esperado del vacío es más comúnmente utilizada, y la energía es bautizada como energía del vacío.

En la teoría de perturbaciones cuántica, se dice a veces que la contribución de los diagramas de Feynman de un bucle único y de bucles múltiples al propagador de la partícula elemental son las contribuciones de las fluctuaciones del vacío o de la energía del punto cero a la masa de las partículas.

Evidencia experimental

La evidencia experimental más simple de la existencia de la energía del punto cero en la teoría cuántica de campos es el Efecto Casimir. Este efecto fue propuesto en 1948 por el físico holandés Hendrik B. G. Casimir, quien analizó el campo electromagnético cuantizado entre dos placas metálicas paralelas sin carga eléctrica. Una pequeña fuerza puede medirse entre las placas, que es directamente atribuible a un cambio en la energía del punto cero del campo electromagnético entre las placas.

Aunque el efecto Casimir al principio fue difícil de medir, porque sus efectos pueden verse únicamente a distancias muy pequeñas, el efecto es muy importante en nanotecnología. No sólo es el efecto Casimir fácilmente medido en dispositivos nanotecnológicos especialmente diseñados, sino que se debe tener en cuenta cada vez más en el diseño y en el proceso de manufactura de los mismos. Puede ejercer fuerzas significativas y tensiones sobre los dispositivos nanotecnológicos, causando que se doblen, tuerzan, o incluso que se rompan.

Otras evidencias experimentales incluyen la emisión espontánea de luz (fotones) por átomos y nucleos, el efecto Lamb de las posiciones de los niveles de energía de los átomos, los valores anómalos de la tasa giromagnética del electrón, etc.

Gravitación y Cosmología

Problemas no resueltos de la física: *¿Porqué la energía del punto cero del*

vacío no produce una gran constante cosmológica? ¿Qué la anula?
En cosmología, la energía del punto cero ofrece una posibilidad intrigante para explicar los especulativos valores positivos de la constante cosmológica. En resumen, si la energía está "realmente allí", entonces debería ejercer una fuerza gravitacional. En relatividad general, la masa y la energía son equivalentes; y cualquiera de ambas puede producir un campo gravitatorio.

Una dificultad obvia con esta asociación es que la energía del punto cero del vacío es absurdamente enorme. De hecho, es infinita, pero uno podría decir que la nueva física se cancela en la escala de Planck, por lo que su crecimiento debería cortarse en este punto. Incluso así, lo que queda es tan grande que doblaría el espacio de forma claramente visible, por lo que parece que tenemos aquí una contradicción. No hay salida fácil del problema, y reconciliar la enorme energía del punto cero del espacio con la constante cosmológica observada, que es pequeña o nula, ha llegado a ser uno de los problemas importantes de la física teórica, y se ha convertido en un criterio para juzgar un candidato a la Teoría de Todo.

Utilización en propulsión y levitación

Otra área de la investigación en el campo de la energía del punto cero es cómo puede ser utilizada para propulsión. NASA y British Aerospace tienen programas de investigación con este objetivo, pero producir tecnología práctica es todavía algo muy lejano. Para tener éxito en esta tarea, tendría que ser posible crear efectos repulsivos en el vacío cuántico, lo que de acuerdo a la teoría debería ser posible, y se están diseñando experimentos para producir y medir estos efectos en el futuro.

El Catedrático Ulf Leonhardt y el Doctor Thomas Philbin, de la University of St Andrews en Escocia, han trabajado en una forma de invertir el efecto Casimir, para que sea repulsivo en vez de atractivo. Su descubrimiento puede conducir a la construcción de micromáquinas sin fricción con partes móviles que leviten.

Rueda, Haisch y Puthoff han propuesto que un objeto masivo acelerado interactúa con el campo de punto cero para producir una *fuerza de freno electromagnética* que es la verdadera responsable del fenómeno de la inercia; ver electrodinámica estocástica.

Dispositivos de "Energía gratuita"

El efecto Casimir ha establecido la energía del punto cero como un fenómeno científicamente aceptado. Sin embargo, el término *energía del punto cero* ha sido igualmente asociado con un área altamente controvertida - el diseño e invención de los llamados ingenios de "energía gratuita", similares a las máquinas de movimiento perpetuo del pasado. Tal es el caso de John Hutchinson un apasionado canadiense del tema de energía libre que asegura haber obtenido una forma de extraer energía del punto cero, con el cual se podría tener baterías de una duración de 1000 años.
Obtenido de «http://es.wikipedia.org/wiki/Energ%C3%ADa_del_punto_cero»

Energía del vacío

La **energía del vacío** es una energía de fondo existente en el espacio incluso en ausencia de todo tipo de materia. La energía del vacío tiene un origen puramente cuántico y es responsable de efectos físicos observables como el efecto Casimir. Asimismo la energía del vacío permite la evaporación de un agujero negro a través de la radiación de Hawking.

La energía del vacío tendría también importantes consecuencias cosmológicas estando relacionado con el periodo inicial de expansión inflacionaria y con la aparente aceleración actual de la expansión del Universo. Algunos astrofísicos piensan que la energía del vacío podría ser responsable de la energía oscura del universo (popularizada en el término quintaesencia) asociada con la constante cosmológica de la relatividad general. Esta energía oscura desempeñaría un papel similar al de una fuerza de gravedad repulsiva contribuyendo a la expansión del Universo.

Historia

En 1934 Georges Lemaître utilizó una ecuación análoga a una ecuación de estado de un gas ideal para interpretar la constante cosmológica en términos de densidad de energía del vacío. En 1973, Edward Tryon propuso que el Universo podría ser una fluctuación cuántica del vacío en el que la fluctuación positiva estaría representada por la masa y energía y la fluctuación negativa por la energía potencial gravitatoria global del Universo. Durante los años 80 se realizaron numerosos intentos de relacionar la energía del vacío con alguna Teoría de Gran Unificación que pudiera ser confirmada por las observaciones astrofísicas. Hasta ahora estos esfuerzos han fracasado.
Obtenido de «http://es.wikipedia.org/wiki/Energ%C3%ADa_del_vac%C3%ADo»

Entrelazamiento cuántico

El **entrelazamiento cuántico** (*quantum entanglement*, en inglés), es una propiedad predicha en 1935 por Einstein, Podolsky y Rosen (en lo sucesivo EPR) en su formulación de la llamada paradoja EPR. El término fue introducido en 1935 por Erwin Schrödinger para describir un fenómeno de mecánica cuántica que se demuestra en los experimentos pero no se ha comprendido del todo. En este caso las partículas entrelazadas (en su término técnico en inglés: *entan-*

gled) no pueden definirse como partículas individuales con estados definidos sino más bien como un sistema.

Es un fenómeno cuántico, sin equivalente clásico, en el cual los estados cuánticos de dos o más objetos se deben describir haciendo referencia a los estados cuánticos de todos los objetos del sistema, incluso si los objetos están separados espacialmente. Esto lleva a correlaciones entre las propiedades físicas observables. Por ejemplo, es posible preparar (enlazar) dos partículas en un solo estado cuántico de forma que cuando se observa que una gira hacia arriba la otra siempre girará hacia abajo, pese a la imposibilidad de predecir, según los postulados de la mecánica cuántica, qué estado cuántico se observará.

Esas fuertes correlaciones hacen que las medidas realizadas sobre un sistema parezcan estar influenciando instantáneamente otros sistemas que están enlazados con él, y sugieren que alguna influencia se tendría que estar propagando instantáneamente entre los sistemas, a pesar de la separación entre ellos.

No obstante, no parece que se pueda transmitir información clásica a velocidad superior a la de la luz mediante el entrelazamiento porque no se puede transmitir ninguna información útil a más velocidad que la de la luz. Sólo es posible la transmisión de información usando un conjunto de estados entrelazados en conjugación con un canal de información clásico, también llamado teleportación cuántica. Mas, por necesitar de ese canal clásico, la información útil no podrá superar la velocidad de la luz.

El entrelazamiento cuántico fue en un principio planteada por sus autores (Einstein, Podolsky y Rosen) como un argumento en contra de la mecánica cuántica, en particular con vistas a probar su incompletitud puesto que se puede demostrar que las correlaciones predichas por la mecánica cuántica son inconsistentes con el principio del realismo local que dice que cada partícula debe tener un estado bien definido, sin que sea necesario hacer referencia a otros sistemas distantes.

Con el tiempo se ha acabado definiendo como uno de los aspectos más peculiares de esta teoría, especialmente desde que el físico norirlandés John S. Bell diera un nuevo impulso a este campo en los años 60 gracias a un refinado análisis de las sutilezas que involucra el entrelazamiento. La propiedad matemática que subyace a la propiedad física de entrelazamiento es la llamada no separabilidad. Además, los sistemas físicos que sufren entrelazamiento cuántico son típicamente sistemas microscópicos (todos los que se conocen de hecho lo son), pues en el ámbito macroscópico esta propiedad se pierde en general debido al fenómeno de la decoherencia.

El entrelazamiento es la base de tecnologías en fase de desarrollo tales como la computación cuántica o la criptografía cuántica, y se ha utilizado en experimentos de teleportación cuántica.

Motivación y antecedentes históricos

En el contexto original del artículo de EPR, el entrelazamiento se postula como una propiedad estadística del sistema físico formado por una pareja de electrones que provienen de una fuente común y están altamente correlacionados debido a la ley de conservación del momento lineal. Según el argumento de EPR, si, transcurrido un cierto tiempo desde la formación de este estado de dos partículas, realizásemos la medición *simultánea* del momento lineal en uno de los electrones y de la posición en el otro, habríamos logrado sortear las limitaciones impuestas por el principio de incertidumbre de Heisenberg a la medición de ambas variables físicas, ya que la alta correlación nos permitiría inferir las propiedades físicas correlativas de una partícula (posición o momento) respecto de la otra. Si esto no fuera así, tendríamos que aceptar que ambas partículas transmiten *instantáneamente* algún tipo de perturbación que a la larga (cuando se recopilan los datos estadísticos) tendría el efecto de alterar las distribuciones estadísticas de tal forma que el principio de Heisenberg quedase salvaguardado (haciendo más indefinida la posición de una de las partículas cuando se mide el momento lineal de la otra, y viceversa).

Es importante señalar que los términos *simultáneamente* o *instantáneamente*, que acabamos de usar, no tienen en realidad significado preciso dentro del contexto de la teoría de la relatividad especial, que es el esquema universalmente aceptado para la representación de sucesos en el espacio-tiempo. Debe interpretarse por lo tanto que las mediciones antes mencionadas se hacen en un intervalo temporal tan breve que es imposible que los sistemas se comuniquen con una celeridad menor o igual que la establecida por el límite que impone la velocidad de la luz o velocidad máxima de propagación de las interacciones.

Planteamiento actual en términos de fotones

Hoy día se prefiere plantear todas las cuestiones relativas al entrelazamiento usando fotones (en lugar de electrones) como sistema físico a estudiar y considerando sus espines como variables físicas a medir.

El motivo es doble: por una parte es experimentalmente más fácil preparar estados coherentes de dos fotones (o más) altamente correlacionados mediante técnicas de conversión paramétrica a la baja que preparar estados de electrónes o núcleos de átomos (en general materia leptónica o bariónica) de análogas propiedades cuánticas; y por otra parte es mucho más fácil hacer razonamientos teóricos sobre un observable de espectro discreto como el espín que sobre uno de espectro continuo, como la posición o el momento lineal.

De acuerdo con el análisis estándar del entrelazamiento cuántico, dos fotones (partículas de luz) que nacen de una misma fuente coherente estarán entrelazados; es decir, ambas partículas serán la superposición de dos estados de dos partículas que no se pueden expresar como el producto de estados respectivos de una partícula.

En otras palabras: lo que le ocurra a uno de los dos fotones influirá de forma instantánea a lo que le ocurra al otro, dado que sus distribuciones de probabilidad están indisolublemente ligadas con la dinámica de ambas. Este hecho, que parece burlar el sentido común, ha sido comprobado experimentalmente, e incluso se ha conseguido el entrelazamiento triple, en el cual se entrelazan tres fotones.

Formulación matemática

No separabilidad

Desde el punto de vista matemático, la no separabilidad se reduce a que no es posible factorizar la distribución de probabilidad estadística de dos variables estocásticas como producto de distribuciones independientes respectivas:

$$P_{x_1,x_2}(x_1,x_2) \neq P_{x_1}(x_1)P_{x_2}(x_2)$$

Esto es equivalente a la condición de dependencia estadística (no independencia) de ambas variables. Para cualquier sistema físico que se halle en un estado puro, la mecánica cuántica postula la existencia de un objeto matemático denominado función de onda, que codifica todas sus propiedades físicas en forma de distribuciones de probabilidad de observar valores concretos de todas las variables físicas relevantes para la descripción de su estado físico.

Dado que en mecánica cuántica la distribución de probabilidad de cualquier observable X se obtiene, en notación de Dirac, como el producto:

$$P(x) = |\langle x|\psi\rangle|^2 = |\psi(x)|^2$$

cualquier estado de dos partículas que se exprese como una superposición lineal de dos o más estados que no sea factorizable como producto de estados independientes hará que las distribuciones de probabilidad para observables de ambas partículas sean en general dependientes:

$$\psi(x_1,x_2) \neq \psi_1(x_1)\psi_2(x_2) \Longrightarrow P(x_1,x_2) \neq P_1(x_1)P_2(x_2)$$

Visto así, parecería que la condición de entrelazamiento sería la más común y de hecho la factorizabilidad de los estados la menos habitual. El motivo de que no sea así es que la mayoría de los estados que observamos en la naturaleza son estados mezcla estrictos.

El estado singlete

El estado de espín 1/2:

$$\frac{1}{\sqrt{2}}\left(|\uparrow\downarrow\rangle - |\downarrow\uparrow\rangle\right)$$

Estados de más de dos fotones

$$\frac{1}{\sqrt{8}}(|\uparrow\uparrow\uparrow\rangle + |\downarrow\downarrow\downarrow\rangle + |\uparrow\uparrow\downarrow\rangle + |\uparrow\downarrow\uparrow\rangle + |\downarrow\uparrow\uparrow\rangle + |\downarrow\downarrow\uparrow\rangle + |\downarrow\uparrow\downarrow\rangle + |\uparrow\downarrow\downarrow\rangle)$$

Intercambio de entrelazamiento

El intercambio de entrelazamiento hace posible enredar dos partículas sin que estas hayan interactuado previamente. Vea Intercambio de entrelazamiento.

Perspectivas

Hoy en día se buscan aplicaciones tecnológicas para esta propiedad cuántica. Una de ellas es la llamada teleportación de estados cuánticos, si bien parecen existir limitaciones importantes a lo que se puede conseguir en principio con dichas técnicas, dado que la transmisión de información parece ir ligada a la transmisión de energía (lo cual en condiciones superlumínicas implicaría la violación de la causalidad relativista).

Es preciso entender que la teleportación de estados cuánticos está muy lejos de parecerse a cualquier concepto de teleportación que se pueda extraer de la ciencia ficción y fuentes similares. La teleportación cuántica sería más bien un calco exacto transmitido instantáneamente (dentro de las restricciones impuestas por el principio de relatividad especial) del estado atómico o molecular de un grupo muy pequeño de átomos. Piénsese que si las dificultades para obtener fuentes coherentes de materia leptónica son grandes, aún lo serán más si se trata de obtener fuentes coherentes de muestras macroscópicas de materia, no digamos ya un ser vivo o un chip con un estado binario definido, por poner un ejemplo.

El estudio de los estados entrelazados tiene gran relevancia en la disciplina conocida como computación cuántica, cuyos sistemas se definirían por el entrelazamiento.

Secuencia histórica

Luego de establecer la primera versión de la mecánica cuántica, Werner Heisenberg propone el denominado principio de indeterminación de Heisenberg, que describe cuantitativamente la limitación de la exactitud con que pueden medirse simultáneamente variables tales como posición y cantidad de movimiento, o bien energía y tiempo.

Lo sorprendente del caso es que esta imposibilidad no se relaciona con la aptitud del hombre para realizar mediciones, sino que sería una indeterminación inherente a la propia realidad física.

En esa época (década de los 20) comienzan las discusiones entre Albert Einstein y Niels Böhr. El primero supone que, subyacente a las probabilidades que aparecen en las ecuaciones de la mecánica cuántica, existen variables subcuánticas, o variables ocultas, que permitirán, alguna vez, establecer una descripción determinista del mundo cuántico. Por el contrario, Böhr estimaba que las probabilidades eran el aspecto predominante del último peldaño de la escala atómica.

En 1932 aparece un artículo de John von Neumann en el que demuestra, a nivel teórico, la imposibilidad de que existan variables ocultas como sustento del mundo atómico.

En 1935 aparece un artículo de Einstein, Podolsky y Rosen que sería luego conocido como la paradoja EPR en el cual se pretende demostrar que el principio de indeterminación de Heisenberg presenta excepciones en su aplicación. Se supone que si tenemos dos partículas que se dispersan luego de una colisión y viajan en direcciones opuestas, podremos hacer mediciones en una de ellas y así, indirectamente, podremos tener información de la otra sin realizar sobre ella ninguna medición.

Se supone que existe la propiedad de la localidad, en el sentido de que algo que ocurre en un lugar no debería afectar a cualquier cosa que suceda en un lugar lejano, a no ser que se envíe una señal de un lugar a otro (como máximo a la velocidad de la luz) que pueda producir un cambio en este último.

La otra posibilidad, la no localidad, implica que ambas partículas siguen vinculadas (entrelazadas) con una información que se transmitiría, posiblemente, a velocidades mayores que la de luz.

El artículo EPR fue un importante incentivo para la investigación del entrelazamiento. Respecto de este fenómeno, Erwin Schrödinger escribe: "Cuando dos sistemas, de los que conocemos sus estados por su respectiva representación, entran en interacción física temporal debido a fuerzas conocidas entre ellos y tras de un tiempo de influencia mutua se separan otra vez, entonces ya no pueden describirse como antes, esto es, dotando a cada uno de ellos de una representación propia. Yo no llamaría esto «un» sino «el» rasgo característico de la mecánica cuántica".

Las partículas entrelazadas surgirían de algunas posibles maneras, tales como:
- Electrón que desciende dos niveles energéticos dentro del átomo, generando dos fotones entrelazados.
- Colisión electrón- positrón, que genera dos fotones entrelazados

En cuanto a las mediciones posibles en dos partículas entrelazadas:
- Cantidad de movimiento y posición de ambas (EPR)
- Spines de ambas (David Bohm)

El teorema de von Neumann no permite establecer verificación experimental alguna, mientras que John S. Bell, cuando establece las "desigualdades de Bell", vislumbra la posibilidad de una verificación experimental. Este nuevo teorema permitiría aclarar las cosas, ya sea a favor de Einstein o a favor de Böhr y de la no localidad.

La no localidad implica la existencia del entrelazamiento de partículas y vendría a ser un vínculo que se prolonga en el tiempo aún cuando dos o tres partículas se encuentren en distintas posiciones en el espacio.

Varios físicos tratan de verificar las desigualdades de Bell, siendo Alain Aspect quien tiene mayor éxito, resultando una confirmación de la existencia del entrelazamiento y de la postura de Niels Böhr.

Cuantificación

Al considerarse al entrelazamiento cuántico como un recurso que puede ser consumido para llevar a cabo ciertas tareas, surgió la idea de definir una magnitud para cuantificarlo. Esta no es una tarea trivial, y el resultado aún no está bien definido. Sin embargo, algunos puntos sí han sido bien establecidos. Se ha determinado que existen estados que están máximamente entrelazados, por ejemplo, un sistema de dos qubits en un estado de Bell como

$$\frac{1}{\sqrt{2}}(|10\rangle - |01\rangle)$$

tiene el entrelazamiento máximo posible para un sistema de dos qubits. En el otro extremo, los estados separables no están entrelazados en absoluto. Otra condición fundamental es que no es posible incrementar el entrelazamiento únicamente mediante operaciones locales y comunicación de información clásica. En otras palabras, para aumentar el entrelazamiento entre dos qubits hay que acercarlos y dejar que interactúen directamente. Partiendo de estas condiciones, se han establecido una serie de posibles definiciones y de funciones para cuantificar el entrelazamiento, entre ellas la entropía.

Obtenido de «http://es.wikipedia.org/wiki/Entrelazamiento_cu%C3%A1ntico»

Escala de energía

En física, la **escala de energía** es un valor particular de la energía determinado con la precisión de un orden (o de algunos órdenes) de magnitud. Diversos fenómenos ocurren en diversas escalas de la energía. Las energías típicas de todos los fenómenos que ocurran en la misma escala de la energía son comparables.

La observación que diversos fenómenos se deben organizar según la escala de la energía (o, equivalentemente, la escala de longitud) es una de las ideas básicas del grupo de renormalización.

Por ejemplo, la escala de QCD (energía) es de alrededor de 150 MeV, y las masas de partículas que interactúan fuertemente (tales como el protón) son groseramente comparables. La escala de energía electrodébil es más alta, groseramente 250 GeV. La escala de Planck es mucho más alta aun - unos 10 GeV.

Obtenido de «http://es.wikipedia.org/wiki/Escala_de_energ%C3%ADa»

Esfera de Bloch

esfera de Bloch.

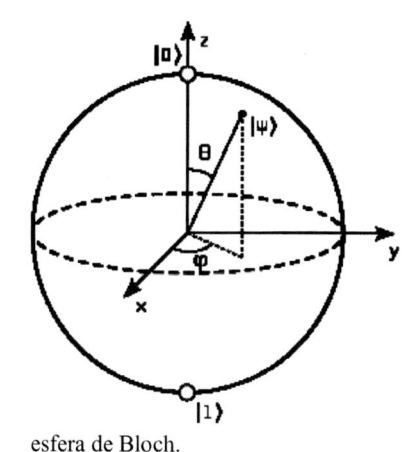

En mecánica cuántica, la **esfera de Bloch** es una representación geométrica del espacio de estados puros de un sistema cuántico de dos niveles. Su nombre alude al físico suizo Felix Bloch. Por extensión, también suele llamarse esfera de Bloch al conjunto de estados puros de sistema física de un número finito arbitrario de niveles. En este caso, como se mostrará después, la esfera de Bloch ya no es una esfera, pero posee una estructura geométrica conocida como espacio simétrico.

Geométricamente la esfera de Bloch puede ser representada por una esfera de radio unidad en **R**. En esta representación, cada punto de la superficie de la esfera corresponde unívocamente a un estado puro del espacio de Hilbert de dimensión compleja 2, que caracteriza a un sistema cuántico de dos niveles.

Cada par de puntos diametralmente opuestos sobre la esfera de Bloch corresponde a dos estados ortonormales en el espacio de Hilbert, pues la distancia entre estos es 2 lo que inmediato implica ortogonalidad. Como consecuencia forman una base del mismo. Tales estados resultan ser autovectores de la proyección del operador de espín 1/2 sobre la dirección que determinan los dos puntos. Dicho operador se expresa empleando las matrices de Pauli, y todo sistema cuántico de dos niveles puede equipararse al caso de espín 1/2.

El punto de coordenadas cartesianas (0,0,1) corresponde al autovector con autovalor positivo de la matriz de Pauli σ, mientras que el punto opuesto (0,0,-1) corresponde al autovector con autovalor negativo. En la terminología de computación cuántica, empleada al tratar los qubits, ambos estados se designan por $|0\rangle$ y $|1\rangle$ respectivamente. Estos estados en terminología de espín 1/2 pueden designarse por $|+\rangle$ y $|-\rangle$, o "espín arriba" y "espín abajo".

Lo dicho para los puntos sobre el eje Z vale para los otros ejes empleando en cada caso la matriz de Pauli correspondiente.

Definición

Cualquier punto de la esfera de Bloch es un estado cuántico o *qubit* se puede expresar como:
$$|\psi\rangle = \cos(\theta/2)|0\rangle + e^{i\phi}\sin(\theta/2)|1\rangle$$
Donde θ,φ son numeros reales tales que
$$0 \leq \theta \leq \pi$$
$$0 \leq \phi \leq 2\pi$$
y

Desarrollo

El qubit

Un qubit se puede representar como una combinación lineal de los estados $|0\rangle$ y $|1\rangle$, es decir:
$$|\psi\rangle = \alpha|0\rangle + \beta|1\rangle$$
Donde tanto α como β pueden ser números complejos, los cuales podemos escribir en forma exponencial:
$$|\psi\rangle = \alpha|0\rangle + \beta|1\rangle = r_\alpha e^{i\phi_\alpha}|0\rangle + r_\beta e^{i\phi_\beta}|1\rangle$$
Entonces hemos caracterizado el qubit en términos de cuatro parámetros reales.

Invarianza respecto a la fase global

Sin embargo, las únicas cantidades medibles son las probabilidades $|\alpha|^2$ y $|\beta|^2$, entonces multiplicar este estado por un factor arbirtrario $e^{i\gamma}$ (una fase global) no tiene consecuencias observables, ya que:
$$|\alpha e^{i\gamma}|^2 = \overline{(\alpha e^{i\gamma})}(\alpha e^{i\gamma}) = e^{-i\gamma}\bar{\alpha}(e^{i\gamma}\alpha) = \bar{\alpha}\alpha = |\alpha|^2$$
y de forma similar para $|\beta|^2$. A esto se le conoce como invarianza con respecto a la fase global. Así, que podemos multiplicar libremente nuestro estado por $e^{-i\phi_\alpha}$:
$$|\psi'\rangle = e^{-i\phi_\alpha}|\psi\rangle = |\psi\rangle = r_\alpha|0\rangle + r_\beta e^{i(\phi_\beta - \phi_\alpha)}|1\rangle = |\psi\rangle = r_\alpha|0\rangle + r_\beta e^{i\phi}|1\rangle$$
Donde hemos usado $\phi = \phi_\beta - \phi_\alpha$, reduciendo el número de parámetros a tres.

Condicion de normalización

Además, tenemos la condición de normalización $\langle\psi|\psi\rangle = 1$. Si escribimos re en forma cartesiana, podemos escribir esta condicion como:
$$\langle\psi|\psi\rangle = 1$$
$$= |r_\alpha|^2 + |x+iy|$$
$$= r_\alpha^2 + x^2 + y^2$$
Pero la ecuación
$$1 = r_\alpha^2 + x^2 + y^2$$
corresponde a una esfera unitaria en el espacio real 3D (x,y,r).

Coordenadas esféricas

Esto nos sugiere que se puede representar el estado $|\psi\rangle$ como un punto sobre la superficie de esta esfera unitaria. Estos puntos se escriben en términos de los ángulos θ y φ como:
$$x = \cos(\phi)\sin(\theta)$$
$$y = \sin(\phi)\sin(\theta)$$
$$z = \cos(\theta) = r_\alpha$$
Sustituyendo esto en nuestro estado tenemos:
$$|\psi\rangle = r_\alpha|0\rangle + (x+iy)|1\rangle$$
$$= \cos(\theta)|0\rangle + (\cos(\phi)\sin(\theta) + i\sin(\phi)\sin(\theta))|1\rangle$$
$$= \cos(\theta)|0\rangle + \sin(\theta)e^{i\phi}|1\rangle$$

Ángulos medios

Notemos ahora que si $\theta=0$, $|\psi\rangle=|0\rangle$, y si $\theta=\pi/2$, $|\psi\rangle=e^{i\phi}|1\rangle$. Esta ultima expresion corresponde a los estados sobre el ecuador de nuestra esfera. Esto sugiere que en realidad basta $0\leq\theta\leq\pi/2$ para tener todos los estados posibles.

Consideremos ahora un estado $|\psi'\rangle$ que este en el lado opuesto de la esfera, que tenga coordenadas $(1, \pi - \theta, \varphi + pi)$.

$$\begin{aligned}|\psi'\rangle &= \cos(\pi-\theta)|0\rangle + \sin(\pi-\theta)e^{i(\phi+\pi)}|1\rangle \\ &= -\cos(\theta)|0\rangle + \sin(\theta)e^{i(\phi+\pi)}|1\rangle \\ &= -\cos(\theta)|0\rangle - \sin(\theta)e^{i\phi}|1\rangle \\ &= -|\psi\rangle\end{aligned}$$

Es decir que todos los estados debajo del ecuador son el negativo de algún estado por encima del ecuador. Para no repetir los estados sobre la esfera, cambiamos la expresión

$$|\psi\rangle = \cos(\theta)|0\rangle + \sin(\theta)e^{i\phi}|1\rangle$$

por

$$|\psi\rangle = \cos(\theta/2)|0\rangle + \sin(\theta/2)e^{i\phi}|1\rangle$$

De tal manera que todos los puntos sobre la esfera corresponden a algún único estado distinto.

Ayuda visual

Uno de los usos de la esfera de Bloch es el de visualizar la acción de diferentes puertas lógicas en computación cuántica, o la evolución temporal del estado de un sistema de dos niveles descrito por un hamiltoniano, como al estudiar los pulsos empleados en resonancia magnética nuclear. En ambos casos se debe estudiar la acción de una matriz unitaria 2x2, que siempre se puede descomponer como producto de operadores de rotación.

Un operador de rotación se define por un eje y un ángulo de giro. La acción de un operador de rotación sobre el estado cuántico se traduce, en lo que se refiere al punto asociado al estado sobre la esfera de Bloch, en una rotación del punto respecto al eje de rotación en el ángulo de giro. Por ejemplo la puerta lógica cuántica que realiza la transformación de Hadamard, se describe por la matriz

$$H = \frac{1}{\sqrt{2}}\begin{pmatrix} 1 & 1 \\ 1 & -1 \end{pmatrix}$$

Sobre la esfera de Bloch la transformación de Hadamard equivale a una rotación de 90° en torno al eje Y, seguida de una rotación de 180° respecto al eje X. O también, de forma equivalente, a una rotación de 180° respecto al eje Z seguida de una rotación de 90° respecto al eje Y. Así puede comprobarse visualmente que la transformación de Hadamard lleva el punto de coordenadas cartesianas (1,0,0) al punto (0,0,1), lo que corresponde a la expresión analítica

$$H\left(\frac{1}{\sqrt{2}}|0\rangle + \frac{1}{\sqrt{2}}|1\rangle\right) = \frac{1}{\sqrt{2}}\frac{1}{\sqrt{2}}(|0\rangle+|1\rangle) + \frac{1}{\sqrt{2}}\left(\frac{1}{\sqrt{2}}|0\rangle - \frac{1}{\sqrt{2}}|1\rangle\right) = |0\rangle$$

Obtenido de «http://es.wikipedia.org/wiki/Esfera_de_Bloch»

Espacio de Fock

El **espacio de Fock** $\mathcal{F}(H)$, en mecánica cuántica es un espacio de Hilbert especial, que se construye como suma directa de productos tensoriales de otro espacio de Hilbert dado H. Este espacio se usa para describir el estado cuántico de un sistema formado por un número variable o indeterminado de partículas. Recibe su nombre de Vladimir Fock.

Definición

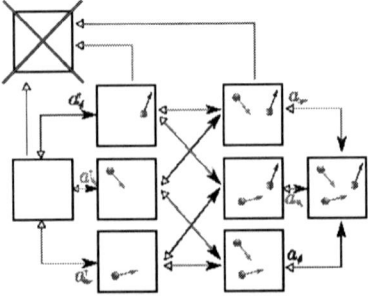

Representación del espacio de Fock, cada cuadro representa un sumando de la suma directa usada para definir el espacio completo.

Técnicamente, el espacio de Fock es el espacio de Hilbert preparado como suma directa de los productos tensoriales de los espacios de Hilbert para una partícula:

$$\mathcal{F}(H) = \bigoplus_{n=0}^{\infty} S_{\pm}^{(n)} H^{\otimes n} = \mathbb{C} \oplus H \oplus S_{\pm}^{(2)}(H \otimes H) \oplus S_{\pm}^{(3)}(H \otimes H \otimes H) \oplus \ldots$$

donde S es el operador que simetriza (o antisimetriza) el espacio, de forma que el espacio de Fock describa adecuadamente a un conjunto de bosones ν=+ (o fermiones ν=-). H es el espacio de Hilbert para una sola partícula. Esta forma de combinación de H, que resulta en un espacio de Hilbert "mayor" (el espacio de Fock), contiene estados para un número arbitrario de partículas.

Los estados de Fock son la base natural para este espacio.

Espacio de Fock bosónico

Esta construcción se realiza usando como proyector uno que simetriza los elementos, por ejemplo, para simetrizar el producto de dos vectores que representan cada el estado de una partícula:

$$S_+^{(2)}(|\psi_1\rangle \otimes |\psi_2\rangle) = \frac{1}{2}(|\psi_1\rangle \otimes |\psi_2\rangle + |\psi_2\rangle \otimes |\psi_1\rangle)$$

Este último estado simetrizado representa un estado con dos bosones indistinguibles. Para el caso de n vectores el operador de simetrización viene dado por:

$$S_+^{(n)}(|\psi_1\rangle \otimes \ldots \otimes |\psi_n\rangle) = \frac{1}{n!}\sum_{\sigma \in S_n} |\psi_{\sigma(1)}\rangle \otimes \ldots \otimes |\psi_{\sigma(n)}\rangle$$

Donde el sumatorio se extiende a todas las permutaciones posibles del grupo simétrico de orden n. Obviamente la simetrización de los espacios de cero y de una partícula son triviales:

$$S_+^{(0)}(\mathbb{C}) = \mathbb{C}, \qquad S_+^{(1)}(|\psi_1\rangle) = |\psi_1\rangle$$

Espacio de Fock fermiónico

Generalizando los resultados de la sección anterior construimos los operadores de antisimetrización. El antisimetrizador de dos partículas viene dado por:

$$S_-^{(2)}(|\psi_1\rangle \otimes |\psi_2\rangle) = \frac{1}{2}(|\psi_1\rangle \otimes |\psi_2\rangle - |\psi_2\rangle \otimes |\psi_1\rangle)$$

Así este estado antisimetrizado representa, por tanto, un estado con dos fermiones indistinguibles. Para el caso de n fermiones un estado vendría dado por:

$$S_-^{(n)}(|\psi_1\rangle \otimes \ldots \otimes |\psi_n\rangle) = \frac{1}{n!}\sum_{\sigma \in S_n} \text{sgn}(\sigma)|\psi_{\sigma(1)}\rangle \otimes \ldots \otimes |\psi_{\sigma(n)}\rangle$$

Donde nuevamente el sumatorio se extiende a todas las permutaciones posibles del grupo simétrico de orden n y donde $\text{sgn}(\cdot)$ es el signo de la permutación (+1 si es par, -1 si es impar).

Obtenido de «http://es.wikipedia.org/wiki/Espacio_de_Fock»

Espacio de Hilbert

En matemáticas, el concepto de **espacio de Hilbert** es una generalización del concepto de espacio euclídeo. Esta generalización permite que nociones y técnicas algebraicas y geométricas aplicables a espacios de dimensión dos y tres se extiendan a espacios de dimensión arbitraria, incluyendo a espacios de dimensión infinita. Ejemplos de tales nociones y técnicas son la de ángulo entre vectores, ortogonalidad de vectores, el teorema de Pitágoras, proyección ortogonal, distancia entre vectores y convergencia de una sucesión. El nombre dado a estos espacios es en honor al matemático David Hilbert quien los utilizó en su estudio de las ecuaciones integrales.

Más formalmente, se define como un espacio de producto interior que es completo con respecto a la norma vectorial definida por el producto interior. Los espacios de Hilbert sirven para clarificar y para generalizar el concepto de series de Fourier, ciertas transformaciones lineales tales como la transformación de Fourier, y son de importancia crucial en la formulación matemática de la mecánica cuántica.

Los espacios de Hilbert y sus propiedades se estudia dentro del análisis funcional.

Introducción

Como se explica en el artículo dedicado a los espacios de producto interior, cada producto interior <.,.> en un espacio vectorial *H*, que puede ser real o complejo, da lugar a una norma ||.|| que se define como sigue:

$$\|x\| = \sqrt{\langle x, x \rangle}$$

Decimos que *H* es un **espacio de Hilbert** si es completo con respecto a esta norma. Completo en este contexto significa que cualquier sucesión de Cauchy de elementos del espacio converge a un elemento en el espacio, en el sentido que la norma de las diferencias tiende a cero. Cada espacio de Hilbert es así también un espacio de Banach (pero no viceversa).

Todos los espacios finito-dimensionales con producto interior (tales como el espacio euclídeo con el producto escalar ordinario) son espacios de Hilbert. Esto permite que podamos extrapolar nociones desde los espacios de dimensión finita a los espacios de Hilbert de dimensión infinita (por ejemplo los espacios de funciones). Sin embargo, los ejemplos infinito-dimensionales tienen muchos más usos. Estos usos incluyen:
- La teoría de las representaciones del grupo unitarias.
- La teoría de procesos estocásticos cuadrado integrables.
- La teoría en espacios de Hilbert de ecuaciones diferenciales parciales, en particular formulaciones del problema de Dirichlet.
- Análisis espectral de funciones, incluyendo teorías de wavelets.
- Formulaciones matemáticas de la mecánica cuántica.

El producto interior permite que uno adopte una visión "geométrica" y que utilice el lenguaje geométrico familiar de los espacios de dimensión finita. De todos los espacios vectoriales topológicos infinito-dimensionales, los espacios de Hilbert son los de "mejor comportamiento" y los más cercanos a los espacios finito-dimensionales.

Los elementos de un espacio de Hilbert abstracto a veces se llaman "vectores". En las aplicaciones, son típicamente sucesiones de números complejos o de funciones. En mecánica cuántica por ejemplo, un conjunto físico es descrito por un espacio complejo de Hilbert que contenga las "funciones de ondas" para los estados posibles del conjunto. Véase formulación matemática de la mecánica cuántica.

Una de las metas del análisis de Fourier es facilitar un método para escribir una función dada como la suma (posiblemente infinita) de múltiplos de funciones bajas dadas. Este problema se puede estudiar de manera abstracta en los espacios de Hilbert: cada espacio de Hilbert tiene una base ortonormal, y cada elemento del espacio de Hilbert se puede escribir en una manera única como suma de múltiplos de estos elementos bajos.

Los espacios de Hilbert fueron nombrados así por David Hilbert, que los estudió en el contexto de las ecuaciones integrales. El origen de la designación, aunque es confuso, fue utilizado ya por Hermann Weyl en su famoso libro *la teoría de grupos y la mecánica cuántica* publicado en 1931. John von Neumann fue quizás el matemático que más claramente reconoció su importancia.

Ejemplos

En los siguientes ejemplos, asumiremos que el cuerpo subyacente de escalares es $\mathbb{C}$, aunque las definiciones son similares al caso de que el cuerpo subyacente de escalares sea $\mathbb{R}$.

Espacios euclideos

El primer ejemplo, que ya había sido avanzado en la sección anterior, lo constituyen los espacios de dimensión finita con el producto escalar ordinario.

En otras palabras, $\mathbb{C}$ con la definición de producto interior siguiente:

$$\langle x, y \rangle = \sum_{k=1}^{n} \overline{x_k} y_k$$

donde la barra sobre un número complejo denota su conjugación compleja.

Espacios de sucesiones

Sin embargo, mucho más típico es el espacio de Hilbert infinito dimensional.

Si *B* es un conjunto, definimos $\ell^2(B)$ sobre *B*, de la forma:

$$\ell^2(B) = \left\{ x : B \to \mathbb{C} : \sum_{b \in B} |x(b)|^2 < \infty \right\}$$

Este espacio se convierte en un espacio de Hilbert con el producto interior

$$\langle x, y \rangle = \sum_{b \in B} \overline{x(b)} y(b)$$

para todo *x* e *y* en $\ell^2(B)$.

B no tiene por que ser un conjunto contable en esta definición, aunque si *B* no es contable, el espacio de Hilbert que resulta no es separable.

Expresado de manera más concreta, cada espacio de Hilbert es isomorfo a uno de la forma $\ell^2(B)$ para un conjunto adecuado B. Si $B = \mathbf{N}$, se escribe simplemente ℓ^2.

Espacios de Lebesgue

Éstos son espacios funcionales asociados a espacios de medida (X, M, μ), donde M es una σ-álgebra de subconjuntos de X y μ es una medida contablememte aditiva en M. Sea $L^2(X)$ el espacio de funciones medibles cuadrado-integrables complejo-valoradas en X, módulo el subespacio de esas funciones cuya integral cuadrática sea cero, o equivalentemente igual a cero casi por todas partes. cuadrado integrable significa que la integral del cuadrado de su valor absoluto es finita. *módulo igualdad casi por todas partes* significa que las funciones son identificadas si y sólo si son *iguales salvo un conjunto de medida 0*.

El producto interior de las funciones f y g se da como:

$$\langle f, g \rangle = \int_X \overline{f(t)} g(t)\, d\mu(t)$$

Uno necesita demostrar:
- Que esta integral tiene de hecho sentido.
- Que el espacio que resulta es completo.

Éstos son hechos técnicamente fáciles. Obsérvese que al usar la integral de Lebesgue se asegura de que el espacio sea completo. Vea espacios L para discusión adicional de este ejemplo.

Espacios de Sobolev

Los espacios de Sobolev, denotados por $W^{m,p}(\Omega)$ son otro ejemplo de espacios de Hilbert, que se utilizan muy a menudo en el marco de las ecuaciones en derivadas parciales definidas sobre un cierto dominio Ω. Los espacios de Sobolev generalizan los espacios L.

Además de los espacios de Sobolev generales $W^{m,p}$ se usan ciertas notaciones particulares para cierto tipo de espacios:

- $H^m(\Omega) = W^{m,2}(\Omega)$
- $H_0^m(\Omega) = \{f \in H^m(\Omega) | f|_{\partial\Omega} = 0\}$

Bases ortonormales

Un concepto importante es el de una **base ortonormal** de un espacio de Hilbert H: esta es una familia $\{e\}$ de H 'satisfaciendo:
- Los elementos están normalizados: Cada elemento de la familia tiene norma 1: $\|e\| = 1$ para todo k en B
- Los elementos son ortogonales: Dos elementos cualesquiera de B son ortogonales, esto quiere decir: $\langle e, e \rangle = 0$ para todos los k, j en B cumpliendo la condición $j \neq k$.
- Expansión densa: La expansión lineal de B es densa en H.

También utilizamos las expresiones *secuencia ortonormal* y *conjunto ortonormal*. Los ejemplos de bases ortonormales incluyen:
- El conjunto $\{(1,0,0),(0,1,0),(0,0,1)\}$ forma una base ortonormal de $\mathbf{R}^3$
- La secuencia $\{f: n \in \mathbf{Z}\}$ con $f(x) = \exp(2\pi i n x)$ forma una base ortonormal del espacio complejo $L^2([0, 1])$.
- La familia $\{e: b \in B\}$ con $e(c) = 1$ si $b = c$ y 0 en caso contrario, forma una base ortonormal de $l^2(B)$.

Obsérvese que en el caso infinito-dimensional, una base ortonormal no será una base en el sentido del álgebra lineal; para distinguir los dos, la última base se llama una base de Hamel.

Usando el lema de Zorn, se puede demostrar que *cada* espacio de Hilbert admite una base ortonormal; además, cualesquiera dos bases ortonormales del mismo espacio tienen el mismo cardinal. Un espacio de Hilbert es separable si y solamente si admite una base ortonormal numerable.

Puesto que todos los espacios separables infinito-dimensionales de Hilbert son isomorfos, y puesto que casi todos los espacios de Hilbert usados en la física son separables, cuando los físicos hablan de *espacio de Hilbert* quieren significar el separable.

Si $\{e\}$ es una base ortonormal de H, entonces cada elemento x de H se puede escribir como:

$$x = \sum_{k \in B} \langle e_k, x \rangle e_k$$

Incluso si B no es numerable, sólo contablemente muchos términos en esta suma serán diferentes a cero, y la expresión está por lo tanto bien definida. Esta suma también se llama la *expansión de Fourier* de x.

Si $\{e\}$ es una base ortonormal de H, entonces H es *isomorfo* a $l^2(B)$ en el sentido siguiente: existe una función lineal biyectiva $\Phi: H \to l^2(B)$ tal que

$$\langle \Phi(x), \Phi(y) \rangle = \langle x, y \rangle$$

para todo x y y en H.

Operaciones en los espacios de Hilbert

Suma directa y producto tensorial

Dado dos (o más) espacios de Hilbert, podemos combinarlos en un espacio más grande de Hilbert tomando su suma directa o su producto tensorial. La primera construcción se basa en la unión de conjuntos y la segunda en el producto cartesiano.

La suma directa requiere que

$$H_1 \cap H_2 = \{0\},$$

y es el mínimo espacio de Hilbert que "contiene" a la unión de los dos conjuntos:

$H_1 \cup H_2 \hookrightarrow H_1 \oplus H_2, \quad \dim(H_1 \oplus H_2) = \dim(H_1) + \dim(H_2)$

Mientras que el producto tensorial es el mínimo espacio de Hilbert que "contiene" al producto castesiano:

$H_1 \times H_2 \hookrightarrow H_1 \otimes H_2, \quad \dim(H_1 \otimes H_2) = \dim(H_1) \cdot \dim(H_2)$

Complementos y proyecciones ortogonales

Si S es un subconjunto del espacio de Hilbert H, definimos el conjunto de vectores ortogonales a S

$$S^\perp = \{x \in H : \langle x, s \rangle = 0 \,\, \forall s \in S\}$$

$S^\perp$ es un subespacio cerrado de H y forma, por tanto, un espacio de Hilbert. Si V es un subespacio cerrado de H, entonces el $V^\perp$ se llama el *complemento ortogonal* de V. De hecho, cada x en H puede entonces escribirse unívocamente como $x = v + w$ con v en V y w en $V^\perp$. Por lo tanto, H es la suma directa interna de Hilbert de V y $V^\perp$. El operador lineal $P: H \to H$ que mapea x a v se llama la *proyección ortogonal* sobre V.

Teorema. La proyección ortogonal P es un operador lineal auto-adjunto en H con norma ≤ 1 con la propiedad $P^2 = P$. Por otra parte, cualquier operador lineal

E *auto-adjunto* tal que $E^2 = E$ es de la forma P, donde V es el rango de E. Para cada x en H, P(x) es el elemento único v en V que minimiza la distancia $\|x - v\|$.

Esto proporciona la interpretación geométrica de P(x): es la mejor aproximación a x por un elemento de V.

Reflexividad

Una propiedad importante de cualquier espacio de Hilbert es su reflexividad, es decir, su espacio bidual (dual del dual) es isomorfo al propio espacio. De hecho, se tiene todavía más, el propio espacio dual es isomorfo al espacio original. Se tiene una descripción completa y conveniente del espacio dual (el espacio de todas las funciones lineales continuas del espacio H en el cuerpo base), que es en sí mismo un espacio de Hilbert. De hecho, el teorema de representación de Riesz establece que para cada elemento φ del H' dual existe un y solamente un u en H tal que

$$\phi(x) = \langle u, x \rangle$$

para todo x en H y la asociación φ ↔ u proporciona un isomorfismo antilineal entre H y H'. Esta correspondencia es explotada por la notación bra-ket popular en la física pero que hace fruncir el ceño a los matemáticos.

Operadores en espacios de Hilbert

Operadores acotados

Para un espacio H de *Hilbert*, los operadores lineales continuos $A: H \to H$ son de interés particular. Un tal operador continuo es acotado en el sentido que mapea conjuntos acotados a conjuntos acotados. Esto permite definir su norma como

$$\|A\| = \sup\{\|Ax\| : \|x\| \leq 1\}.$$

La suma y la composición de dos operadores lineales continuos son a su vez continuos y lineales. Para y en H, la función que envía x a $\langle y, Ax \rangle$ es lineal y continua, y según el teorema de representación de Riesz se puede por lo tanto representar en la forma

$$\langle A^*y, x \rangle = \langle y, Ax \rangle.$$

Esto define otro operador lineal continuo $A: H \to H$, el *adjunto* de A.

El conjunto L(H) de todos los operadores lineales continuos en H, junto con la adición y las operaciones de composición, la norma y la operación adjunto, formas una C-álgebra; de hecho, éste es el origen de la motivación y el más importante ejemplo de una C-álgebra.

Un elemento A en L(H) se llama *auto-adjunto* o *hermitiano* si $A = A$. Estos operadores comparten muchas propiedades de los números reales y se ven a veces como generalizaciones de ellos.

Un elemento U de L(H) se llama *unitario* si U es inversible y su inverso viene dado por U. Esto puede también ser expresado requiriendo que <Ux, Uy> = <x, y> para todos los x, y en H. Los operadores unitarios forman un grupo bajo composición, que se puede ver como el grupo de automorfismos de H.

Operadores no acotados

En mecánica cuántica, uno también considera operadores lineales, que no necesariamente son continuos y que no necesariamente están definidos en todo espacio H. Uno requiere solamente que se definan en un subespacio denso de H. Es posible definir a operadores no acotados auto-adjuntos, y éstos desempeñan el papel de los *observables* en la formulación matemática de la mecánica cuántica.

Ejemplos de operadores no acotados auto-adjuntos en el espacio de Hilbert $L^2(\mathbf{R})$ son:

- Una extensión conveniente del operador diferencial

$$[Af](x) = -i\frac{d}{dx}f(x),$$

donde i es la unidad imaginaria y f es una función diferenciable de soporte compacto.

- El operador de multiplicación por x:

$$[Bf](x) = xf(x).$$

éstos corresponden a los observables de momento y posición, respectivamente, expresados en unidades atómicas. Observe que ni A ni B se definen en todo H, puesto que en el caso de A la derivada no necesita existir, y en el caso de B la función del producto no necesita ser cuadrado-integrable. En ambos casos, el conjunto de argumentos posibles forman subespacios densos de $L^2(\mathbf{R})$.

Obtenido de «http://es.wikipedia.org/wiki/Espacio_de_Hilbert»

Espacio de Hilbert equipado

En matemáticas, un **espacio de Hilbert equipado** (EHE) es una generalización de los espacios de Hilbert que permite ligar la teoría de distribuciones y los aspectos cuadrado-integrables del análisis funcional. Tales espacios fueron introducidos para estudiar la teoría espectral en sentido amplio y tienen amplia aplicación en mecánica cuántica.

Motivación

Puesto que una función como:

$$x \mapsto e^{ix}$$

que es claramente un vector propio del operador diferencial (que en mecánica cuántica se usa como operador cantidad de movimiento):

$$i\frac{d}{dx}$$

en la recta real $\mathbb{R}$, no es de cuadrado integrable para la medida de Borel usual en $\mathbb{R}$. Claramente la función exponencial compleja pertenece al espacio de vectorial complejo $C^\infty(\mathbb{R})$ (que no es un espacio de Hilbert) pero no pertenece al espacio de Hilbert $L^2(\mathbb{R})$ (asociado a la medida de Lebesgue-Borel).

Para poder definir propiedades de ortogonalidad a la función exponencial compleja del ejemplo anterior, se requiere un marco que exceda los límites estrictos de la teoría del espacio de Hilbert. Esto fue provisto por el aparato de distribuciones de Schwartz, y la teoría generalizada de la función propia fue desarrollada en los años 1950.

Introducción

El concepto del espacio equipado de Hilbert pone esta idea en marco funcional-analítico abstracto. Formalmente, un espacio equipado de Hilbert consiste en el espacio de Hilbert H, junto con un subespacio Φ que lleva una topología más fina, para la cual la inclusión natural:

$$\Phi \subseteq H$$

es continua. Se puede asumir que ese Φ es denso en H para la norma de Hilbert. Consideramos la inclusión del espacio dual H en Φ. El último, dual al Φ en su topología de la función de prueba, se realiza como un espacio de distribuciones o de funciones generalizadas de una cierta clase, y los funcionales lineales en el subespacio Φ del tipo:

$$\phi \mapsto \langle v, \phi \rangle$$

para v en H se representan fielmente como distribuciones (porque asumimos Φ denso). Ahora aplicando el teorema de representación de Riesz podemos identificar H con H. Por lo tanto la definición del *espacio equipado de Hilbert* es en términos de un sándwich

$$\Phi \subseteq H = H^* \subseteq \Phi^*$$

Definición formal

Un espacio de Hilbert equipado es una tripleta $(\mathcal{H}, \Phi, \langle,\rangle)$ donde el par $(\mathcal{H}, \langle,\rangle)$ constituye un espacio de Hilbert ordinario y el conjunto Φ es un espacio vectorial denso en el espacio $\mathcal{H}$ y no reflexivo ($\Phi \neq \Phi^*$) tal que $\mathcal{H} \subseteq \Phi^*$.

EHE en Mecánica cuántica

En mecánica cuántica el formalismo de espacios de Hilbert equipados permite tratar de un modo similar los estados ligados de partículas y estados libres. Un estado ligado corresponde normalmente a una situación donde una partícula tiene su movimiento restringido a una región finita del espacio, mientras que en un estado libre, más pertinentemente no-ligado, la partícula puede moverse por todo el espacio. Los estados ligados pueden representarse por vectores ordinarios en un espacio de Hilbert de tipo $L^2(\mathbb{R}^n)$, mientras que los estados no-ligados al representar partículas cuyo movimiento no se restringe a una función comparte deberán ser modelizados por funciones en general no integrables y que no pertenecen al espacio de Hilbert de funciones de cuadrado integrable.

Un ejemplo físico aclara la situación. Si consideramos un átomo de hidrógeno los estados ligados corresponden a los electrones que orbitan alrededor del núcleo y no van mucho más allá del radio atómico, en este caso su energía mecánica total es negativa. Por otro lado un estado libre correspondería a la situación de un electrón con energía positiva se acerca al núcleo del átomo interactúa con él siendo desviado de su trayectoria pero tiene suficiente energía como para no ser capturado por el núcleo continuando así su camino lejos del átomo.

Desde un punto de vista matemático los estados ligados son vectores propios del Hamiltoniano (asociado a valores del espectro puntual del mismo). Por el contrario el espectro continuo del Hamiltoniano, que correspondería a estados libres carece de vectores propios propiamente dichos en un espacio de Hilbert convencional. Si se amplía el espacio de Hilbert convencional con ciertos vectores adicionales, entonces ciertos estados libres físicamente razonables pueden ser tratados como vectores propios generalizados correspondientes al espectro continuo.

Obtenido de «http://es.wikipedia.org/wiki/Espacio_de_Hilbert_equipado»

Espectro de la energía

Un **espectro de energía** es la distribución de energía en un largo ensamblaje de partículas. Es una representación estadística de la onda de energía como función de la frecuencia de la onda de frecuencia, y un estimado empírico de la función espectral. Para cualquier valor de energía, esta determina cuantas de las partículas tienen cierta cantidad de energía.

Obtenido de «http://es.wikipedia.org/wiki/Espectro_de_la_energ%C3%ADa»

Espín

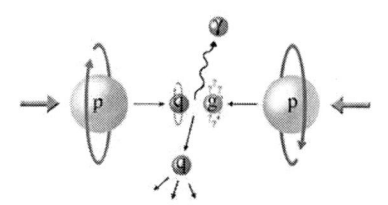

La colisión de un quark (la esfera roja) desde un protón (la esfera naranja) con un gluon (la esfera verde) desde otro protón con espín opuesto. El espín está representado por las flechas azules alrededor de los protones y del quark. Los signos de interrogación azules alrededor del gluon representan la pregunta: ¿Están los gluones polarizados? Las partículas expulsadas de la colisión son una lluvia de quarks y un fotón (la esfera púrpura).

El **espín** (del inglés *spin* 'giro, girar') se refiere a una propiedad física de las partículas subatómicas, por la cual toda partícula elemental tiene un momento angular intrínseco de valor fijo. Eso implica que cualquier observador al hacer una medida del momento angular detectará inevitablemente que la partícula posee un momento angular intríseco total, difiriendo observadores diferentes sólo sobre la dirección de dicho momento, y no sobre su valor. Se trata de una propiedad intrínseca de la partícula como lo es la masa o la carga eléctrica. El espín fue introducido en 1925 por Ralph Kronig e, independientemente, por George Uhlenbeck y Samuel Goudsmit.

Los dos físicos, Goudsmit y Uhlenbeck, descubrieron que, si bien la teoría cuántica de la época no podía explicar algunas propiedades de los espectros atómicos, añadiendo un número cuántico adicional, *el espín*, se lograba dar una explicación más completa de los espectros atómicos. Pronto, el concepto de espín se amplió a todas las partículas subatómicas, incluidos los protones, los neutrones y las antipartículas.

El espín proporciona una medida del momento angular intrínseco de toda partícula. En contraste con la mecánica clásica, donde el momento angular se asocia a la rotación de un objeto extenso, el espín es un fenómeno exclusivamente cuántico, que no se puede relacionar de forma directa con una rotación en el espacio.

Existe una relación directa entre el espín de una partícula y la estadística que obedece en un sistema colectivo de muchas de ellas. Esta relación, conocida empíricamente, es demostrable en teoría cuántica de campos relativista.

Propiedades del espín

Representación del espín electrónico, donde se aprecia que la magnitud total del espín es muy diferente a su proyección sobre el eje z. La proyección sobre los ejes x e y está indeterminada; una imagen clásica que resulta evocadora es la precesión de un trompo.

Como propiedad mecanocuántica, el espín presenta una serie de cualidades que lo distinguen del momento angular clásico:

- El valor de espín está cuantizado, lo que significa que no pueden encontrarse partículas con cualquier valor del espín, sino que el espín de una partícula siempre es un múltiplo entero de $\hbar/2$ (donde $\hbar$ es la constante de Planck dividida entre 2π, también llamada *constante de Dirac*).
- En concreto, cuando se realiza una medición del espín en diferentes direcciones, sólo se obtienen una serie de valores posibles, que son sus posibles proyecciones sobre esa dirección. Por ejemplo, la proyección del momento angular de espín de un electrón, si se mide en una dirección particular dada por un campo magnético externo, puede resultar únicamente en los valores $\hbar/2$ o bien $-\hbar/2$.
- Además, la magnitud total del espín es única para cada tipo de partícula elemental. Para los electrones, los protones y los neutrones, esta magnitud es, en unidades de $\hbar \cdot \sqrt{s(s+1)}$, siendo $s = 1/2$. Esto contrasta con el caso clásico donde el momento angular de un cuerpo alrededor de su eje puede asumir diferentes valores según la rotación sea más o menos rápida.

Teorema espín-estadística

Otra propiedad fundamental de las partículas cuánticas es que parecen existir sólo dos tipos llamados fermiones y bosones, los primeros obedecen la estadística de Fermi-Dirac y los segundos la estadística de Bose-Einstein. Eso implica que los agregados de fermiones idénticos están descritos por funciones de onda totalmente antisimétricas mientras que los bosones idénticos vienen descritos por funciones de onda totalmente simétricas. Curiosamente existe una conexión entre el tipo de estadística que obedecen las partículas y su spin. Los fermiones tienen espines semienteros y los bosones enteros:

$$s_F = \left(n + \frac{1}{2}\right) \cdot \hbar \qquad s_B = m \cdot \hbar$$

Donde n y m son números enteros no negativos (números naturales) que dependen del tipo de partículas. Los electrones, neutrones y protones son fermiones de espín $\hbar/2$ mientras que los fotones tienen espín $\hbar$. Algunas partículas exóticas como el pión tienen espín nulo. Los principios de la mecánica cuántica indican que los valores del espín se limitan a múltiplos enteros o semienteros de $\hbar$), al menos bajo condiciones normales.

Tratamiento matemático del espín

En mecánica cuántica el espín (de una partícula de espín s) se representa como un operador sobre un espacio de Hilbert de dimensión finita de dimensión $2s+1$. Este operador vectorial viene dado por:

$$\left(\sigma_x \hat{x} + \sigma_y \hat{y} + \sigma_z \hat{z}\right)$$

siendo σ las matrices de Pauli (o alguna otra base que genere el álgebra de Lie su(2)).

El proceso de medición del espín mediante el operador S se hace de la forma,

$$S|\phi\rangle = \left(S_x + S_y + S_z\right)|\phi\rangle$$

donde los operadores vienen dados por las matrices de Pauli. Éstas se escriben en función de la base común proporcionada por los autovectores de S.

La base en $\tilde{z}$ se define para una partícula (el caso más sencillo $s = 1/2$) que tiene el espín con proyección en la dirección z (en coordenadas cartesianas) hay dos autoestados de $\mathbf{S}$. Se asignan vectores a los espines como sigue:

$$|\uparrow\rangle = \left|m = +\frac{1}{2}\right\rangle = \begin{bmatrix} 1 \\ 0 \end{bmatrix}$$

$$|\downarrow\rangle = \left|m = -\frac{1}{2}\right\rangle = \begin{bmatrix} 0 \\ 1 \end{bmatrix}$$

entonces el operador correspondiente en dicha representación será

$$S_z = \frac{\hbar}{2}\sigma_z = \frac{\hbar}{2}\begin{pmatrix} 1 & 0 \\ 0 & -1 \end{pmatrix}$$

Para partículas de espín superior la forma concreta de las matrices cambia. Así para partículas de espín s las matrices que representan matemáticamente el espín son matrices cuadradas de $2s+1$ x $2s+1$.

Espín y momento magnético

Las partículas con espín presentan un momento magnético, recordando a un cuerpo cargado eléctricamente en rotación (de ahí el origen del término: *spin*, en inglés, significa "girar"). La analogía se pierde al ver que el momento magnético de espín existe para partículas sin carga, como el fotón. El ferromagnetismo surge del alineamiento de los espines (y, ocasionalmente, de los momentos magnéticos orbitales) en un sólido.

Aplicaciones a las nuevas tecnologías o a tecnologías futuras

Magnetorresistencia y láser

Actualmente, la microelectrónica encuentra aplicaciones a ciertas propiedades o efectos derivados de la naturaleza del espín, como es el caso de la magnetorresistencia (MR) o la magnetorresistencia gigante (MRG) que se aprovecha en los discos duros.

Se puede ver el funcionamiento de los láseres como otra aplicación de las propiedades del spin. En el caso de los bosones se puede forzar a un sistema de bosones a posicionarse en el mismo estado cuántico. Este es el principio fundamental del funcionamiento de un láser en el que los fotones, partículas de espín entero, se disponen en el mismo estado cuántico produciendo trenes de onda en fase.

Espintrónica y computación cuántica

Al uso, presente y futuro, de tecnología que aprovecha propiedades específicas de los spines o que busca la manipulación de espines individuales para ir más allá de las actuales capacidades de la electrónica se la conoce como espintrónica.

También se baraja la posibilidad de aprovechar las propiedades del espín para futuras computadoras cuánticas, en los que el espín de un sistema aislado pueda servir como qubit o bit cuántico. En este sentido, el físico teórico Michio Kaku, en su libro universos paralelos, explica de modo sencillo y divulgativo cómo los átomos pueden tener orientado su espin hacia arriba, hacia abajo o a un lado, indistintamente. Los bits de ordenador (0 y I) podrían ser reemplazados por qubit (algo entre 0 y I), convirtiendo las computadoras cuánticas en una herramienta mucho más potente. Esto permitiría no sólo renovar los fundamentos de la informática sino superar los procesadores actuales basados en el silicio.

Obtenido de «http://es.wikipedia.org/wiki/Esp%C3%ADn»

Estado cuántico

El **estado cuántico** es la descripción del estado físico de un sistema cuántico.

Son los valores especificos de las propiedades observables físicas cuantificables que caracterizan el sistema cuántico definido.

La mecánica cuántica es una teoría formal, esto es, que describe cantidades formales (no físicas), como el vector de estado, llamado función de ondas en representaciones de base continua, o la matriz densidad. Estas cantidades, para un formalismo o una interpretación dada, se corresponden con observables físicos.

En consecuencia, el estado cuántico es un concepto puramente matemático y abstracto, y una fuente de dificultades al abordar la teoría por primera vez. Especialmente, el estado cuántico *no* es el estado en el que *se puede encontrar*, ya que al observar un objeto cuántico se obtiene siempre un valor propio para ese observable, aunque el estado del sistema no sea un estado propio para ese observable.

Cuanto más libre de efecto sea la situacion, (como en el caso del experimento del gato de Schrödinger), más cuántico es el sistema. En palabras más simples, el estado cuántico es uno en el que el átomo, está completamente libre de cualquier interaccion con variables que puedan cambiar su estado puro, ya sea de luz, calor, o cualqier otra interaccion, y con la interacción se perturba fuertemente el sistema, es decir, desaparecen los efectos cuánticos.

Dirac inventó una notación poderosa

e intuitiva para capturar esta abstracción en una herramienta matemática conocida como la notación bra-ket. Se trata de una notación muy flexible, y permite notaciones formales muy adecuadas para la teoría. Por ejemplo, permite referirse a un |*átomo excitado*>, a $|\uparrow\rangle$ para un sistema "con espín hacia arriba", o incluso a $|0\rangle$ y $|1\rangle$ al tratar con qubits. Esto oculta la complejidad de la descripción matemática, que se revela cuando el estado se proyecta sobre una base de coordenadas. Por ejemplo, la notación compacta |1s>, que describe el átomo hidrogenoide, se transforma en una función complicada en términos de polinomios de Laguerre y armónicos esféricos al proyectarlo en la base de los vectores de posición |**r**>. La expresión resultante $\Psi(\mathbf{r})$=<**r**|1s>, conocida como *función de ondas*, es la representación espacial del estado cuántico, concretamente, su proyección en el espacio real. También son posibles otras representaciones, como la proyección en el espacio de momentos (o espacio recíproco). Las diferentes representaciones son diferentes facetas de un único objeto, el **estado cuántico**.

Es instructivo considerar los estados cuánticos más útiles del oscilador armónico cuántico:

- El estado de Fock |n> (*n* número entero) que describe a un estado de energía definida.
- El estado coherente |α> (α número complejo) que describe a un estado de fase definida.
- El estado térmico que describe a un estado en equilibrio térmico.

Los dos primeros estados son **estados cuánticos puros**, esto es, pueden ser descritos por un vector "ket" de Dirac, mientras que el último es un **estado cuántico mixto**, esto es, una mezcla estadística de estados puros. Un estado mixto necesita una descripción estadística además de la descripción cuántica. Esto se consigue con la matriz densidad, que extiende la mecánica cuántica a mecánica cuántica estadística.

Obtenido de «http://es.wikipedia.org/wiki/Estado_cu%C3%A1ntico»

Estado de Fock

Un **estado de Fock**, en mecánica cuántica, es cualquier estado del espacio de Fock con un número bien definido de partículas en cada estado. El nombre se debe a Vladimir Fock. De acuerdo con la mecánica cuántica el número de partículas de un sistema cuántico, en un estado físico totalmente general, no tiene por qué estar bien definido resultando posible al hacer una medida del número de partículas diferentes resultados. Sin embargo, en ciertos casos el sistema puede tener un estado físico peculiar en el que el número de partículas sí esté totalmente bien definido, los estados en los que eso sucede son precisamente los estados de Fock.

Explicación

Si nos limitamos, por simplicidad, a un sistema con un sólo tipo de partícula y un sólo modo (con lo que formalmente estamos describiendo un oscilador armónico), un estado de Fock se representa por |n>, donde *n* es un valor entero. Esto significa que hay *n* cuantos de excitación en ese modo. Así, |0> corresponde al estado fundamental (sin excitación), o estado que representa el vacío cuántico (esto es diferente de *0*, que es el vector nulo que no es un estado posible del sistema al no ser un vector unitario, ver más abajo).

Los estados de Fock forman la forma más conveniente de base del espacio de Fock. Están definidos para seguir las siguientes relaciones en álgebra bosónica:
(*1*)
$$a^{\dagger}|n\rangle = \sqrt{n+1}|n+1\rangle$$
$$a|n\rangle = \sqrt{n}|n-1\rangle$$
$$|n\rangle = \frac{1}{\sqrt{n!}}(a^{\dagger})^{n}|0\rangle$$

Donde a (resp. a) es el operador bosónico de aniquilación (resp. creación). Para álgebra fermiónica se siguen relaciones similares.

El etiquetado de los estados de Fock mediante un número entero se justifica si introducimos el **operador número de partículas** definido como $N = aa$. Si aplicamos este operador a un estado etiquetado como *n* que satisfaga las relaciones (1) se puede comprobar que:

$a^{\dagger}a|n\rangle = a^{\dagger}(a|n\rangle) = a^{\dagger}(\sqrt{n}|n-1\rangle) = \sqrt{n}a^{\dagger}|n-1\rangle = \sqrt{n}\sqrt{(n-1+1)}|n\rangle = n|n\rangle$

Esto permite comprobar que <aa>=n, de hecho los estados de Fock son autovectores del operador número de partículas y, por tanto, Var(aa)=0. Eso implica que la medida del número de partículas $N = aa$ en un estado de Fock siempre resulta en un valor definido, sin fluctuaciones.

Obtenido de «http://es.wikipedia.org/wiki/Estado_de_Fock»

Estado estacionario (mecánica cuántica)

En mecánica cuántica un **estado estacionario** es aquel en el cual la densidad de probabilidad no varía con el tiempo. Una consecuencia es que los estados estacionarios tienen una energía definida, es decir, son autofunciones del Hamiltoniano del sistema.

Como es una autofunción del Hamiltoniano, un estado estacionario no está sujeto a cambio o decaimiento (a un estado de menor energía). En la práctica, los estados estacionarios no son "estacionarios" para siempre. Realmente se refieren a autofunciones del Hamiltoniano en el que se han ignorado pequeños efectos perturbativos. Esta terminología permite discutir las autofunciones del Hamiltoniano no perturbado considerando que la perturbación puede causar, eventualmente, el decaimiento del estado estacionario. Esto implica que el único estado estacionario de verdad es el estado fundamental.

Evolución temporal de los estados estacionarios

La ecuación de Schrödinger permite obtener la evolución con el tiempo del estado de un sistema. Así, en la representación de posición se expresa como:

(1)
$$i\hbar\frac{\partial \Psi(\mathbf{r},t)}{\partial t} = -\frac{\hbar^2}{2m}\nabla^2\Psi(\mathbf{r},t) + V(\mathbf{r},t)\Psi(\mathbf{r},t)$$

Donde ∇^2 es el operador laplaciano.

Para el caso de un sistema conservativo la energía potencial no depende del tiempo. Así, $V = V(\mathbf{r})$, por lo que podemos buscar soluciones mediante el método de separación de variables. En efecto, buscaremos soluciones del tipo:

$$\Psi(\mathbf{r},t) = \psi(\mathbf{r})f(t)$$

Sustituyendo en la ecuación de Schrödinger (1) y reordenando, tenemos

$$i\hbar\psi(\mathbf{r})\frac{df(t)}{dt} = f(t)\left\{-\frac{\hbar^2}{2m}\nabla^2\psi(\mathbf{r}) + V(\mathbf{r})\psi(\mathbf{r})\right\}$$

es decir

$$i\hbar\frac{1}{f(t)}\frac{df(t)}{dt} = \frac{1}{\psi(\mathbf{r})}\left\{-\frac{\hbar^2}{2m}\nabla^2\psi(\mathbf{r}) + V(\mathbf{r})\psi(\mathbf{r})\right\}$$

Como el primer término depende sólo del tiempo (y por tanto es válido para cualquier valor de **r**) mientras que el segundo depende sólo de **r** (y por tanto es válido para cualquier *t*), y ambos son iguales, llegamos a la conclusión de que ámbos tienen que ser constantes. Como el segundo término tiene dimensiones de energía, llamaremos a dicha constante *E*. Vemos, que la función de onda toma la forma

$$\Psi(\mathbf{r},t) = \psi(\mathbf{r})e^{-iEt/\hbar}$$

donde $\psi(\mathbf{r})$ es la solución de la ecuación de Schrödinger independiente del tiempo

$$-\frac{\hbar^2}{2m}\nabla^2\psi(\mathbf{r}) + V(\mathbf{r})\psi(\mathbf{r}) = E\psi(\mathbf{r})$$

es decir, es una autofunción del Hamiltoniano $\hat{H}\psi = E\psi$.

La principal característica de los estados estacionarios es que la densidad de probabilidad es independiente del tiempo. En efecto, en este caso

$$|\Psi(\mathbf{r},t)|^2 = \Psi^*(\mathbf{r},t)\Psi(\mathbf{r},t) = \psi^*(\mathbf{r})e^{iEt/\hbar}\psi(\mathbf{r})e^{-iEt/\hbar} = \psi^*(\mathbf{r})\psi(\mathbf{r}) = |\psi(\mathbf{r})|^2$$

Estado fundamental

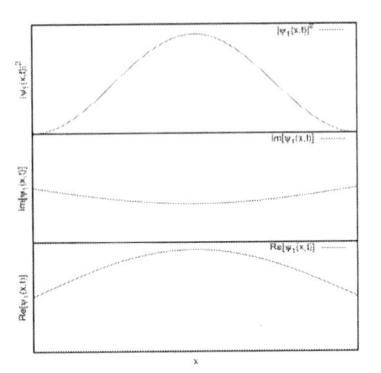

Representación de la parte real, parte imaginaria y la densidad de probabilidad del estado fundamental de una partícula en una caja de longitud *L*

$$\Psi_1(x,t) = \sin\frac{\pi x}{L}e^{-iE_1t/\hbar}$$

Nótese que la densidad de probabilidad no varía con el tiempo, consecuencia de que es un estado estacionario.

En química y física, el **estado fundamental** (también denominado estado basal) de un sistema es su estado cuántico de menor energía. Un estado excitado es todo estado con una energía superior a la del estado fundamental.

Si hay más de un estado de mínima energía, se dice que existe degeneración entre ellos. Muchos sistemas tienen estados fundamentales degenerados, por ejemplo el átomo de hidrógeno o la molécula de dioxígeno (y a esto debe su paramagnetismo).

De acuerdo con la tercera ley de la termodinámica, un sistema en el cero absoluto de temperatura está en su estado fundamental, y su entropía está determinada por la degeneración de éste. Muchos sistemas, como las redes cristalinas, tienen un estado fundamental único, y por tanto tienen entropía nula en el cero absoluto (porque ln(1)=0).

Obtenido de «http://es.wikipedia.org/wiki/Estado_estacionario_(mec%C3%A1nica_cu%C3%A1ntica)»

Estado excitado

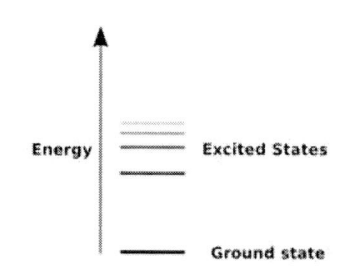

Después de absorber energía, un electrón puede saltar desde el estado fundamental a un estado excitado de mayor energía.

La **excitación** es una elevación en el nivel de energía de un sistema físico, por encima de un estado de energía de referencia arbitrario, llamado estado fundamental. En **física** hay una definición técnica específica para el nivel de energía que se asocia a menudo con un átomo está siendo excitado a un **estado excitado** de mayor energía.

En **mecánica cuántica** un estado excitado de un sistema (como un electrón, núcleo, átomo, o molécula) es cualquier estado cuántico del sistema que goza de una mayor energía que el estado fundamental (es decir, más energía que el mínimo absoluto). La temperatura de un grupo de partículas es indicativa del nivel de excitación.

La vida útil de un sistema en un estado excitado suele ser corta: la emisión espontánea o inducida de un cuanto de energía (como un fotón o un fonón) por lo general ocurre poco después de que el sistema haya sido promovido al estado excitado, volviendo el sistema a un estado con una energía más baja (un estado menos excitado o el estado fundamental). Este retorno a un nivel de energía es, a menudo imprecisamente llamado decaimiento y es el inverso de la excitación.

Los estados excitados de vida media larga se llaman a menudo metaestables. Los isómeros nucleares de vida media larga, y el oxígeno singlete son dos ejemplos de esto.

Excitación atómica

Un ejemplo sencillo de este concepto es el átomo de hidrógeno.

El estado fundamental del átomo de hidrógeno corresponde a tener el único electrón del átomo en la órbita o nivel de energía más bajo posible, (es decir, la función de onda "1s", que presenta simetría esférica, y que tiene los números cuánticos más bajos posibles). Al dar una energía adicional al átomo (por ejemplo, por la absorción de un fotón de una energía adecuada, o por calentamiento a alta temperatura, o por excitación eléctrica dentro de un campo eléctrico), el electrón es capaz de moverse a un estado excitado (un estado con uno o más números cuánticos mayores que el mínimo posible). Si el fotón tiene demasiada energía, el electrón deja de estar vinculado al átomo, escapará del átomo, y el átomo quedará convertido en un ión positivo o catión, es decir, el átomo se ionizará.

Después de la excitación, el átomo podría volver a un estado excitado inferior, o al estado fundamental, emitiendo un fotón con una energía característica, igual a la diferencia de energía entre los niveles de salida y llegada. La emisión de fotones por átomos en diferentes estados excitados conduce a un espectro electromagnético que muestra una serie de características líneas de emisión (tenemos, en el caso del átomo de hidrógeno, la serie de Lyman, serie de Balmer, serie de Paschen, serie de Brackett y serie de Pfund.)

Un átomo en un estado excitado de muy alta energía se denomina átomo de Rydberg. Un sistema de átomos altamente excitados puede formar un estado excitado condensado de vida media larga, por ejemplo, una fase condensada compuesta completamente de átomos altamente excitados: la materia de Rydberg.

Así pues un átomo o cualquier otro sistema puede excitarse por absorción de fotones de una frecuencia característica, o también mediante el calor o la electricidad.

Excitación de un gas perturbado

Un conjunto de moléculas que forman un gas se puede considerar en un estado excitado, si una o más moléculas se elevan a niveles de energía cinética tales que la distribución de velocidades resultante se aleje del equilibrio de la distribución de Boltzmann. Este fenómeno ha sido estudiado en el caso de un gas bidimensional con cierto detalle, analizando el tiempo necesario para relajarse hasta el equilibrio.

Véase también

- Fórmula de Rydberg
- Estado estacionario

Enlaces externos

- Imagen de un átomo de hidrógeno cambiando desde su estado fundamental a un estado excitado
- Información básica de la NASA sobre los estados fundamental y excitado (en inglés)

Referencias

Obtenido de «http://es.wikipedia.org/wiki/Estado_excitado»

Estado fundamental (química)

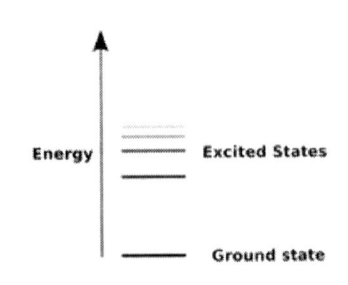

Energy levels for an electron in an atom: **Estado fundamental** y estado excitados. Después de haber absorbido energía, un electron puede saltar del estado fundamental a otro nivel de excitación.

El estado fundamental de un sistema de Mecánica cuántica es su punto más bajo de energía estado estacionario; la energía del estado fundamental es conocido como la energía del punto cerodel sistema. Un estado excitado es cualquier estado cuya energía es mayor que el estado fundamental. El estado fundamental de la teoría cuántica de campos es usualmente llamado el vacío cuántico o el vacío.

Si existe más de un estado fundamental, se dicen ser degenerado. Muchos sistemas tienen estados fundamentales degenerados, como por ejemplo el hidrógeno-1. Sucede que los estados degenerados ocurren siempre que un operador unitario no trivial interactúe con el aspecto Hamiltoniano del sistema.

Según al tercer principio de la termodinámica, un sistema en el cero absoluto existe en su estado fundamental; entonces, su entropía (termodinámica) es determinada por la degeneración del estado fundamental. Muchos sistemas, como una perfecta celda unitaria, tienen un solo estado fundamental y por ende tienen entropía cero en el cero absoluto porque el logaritmo de 1 es 0. También es posible que el más alto punto excitado tenga temperatura de cero absoluto para sistemas que presentan Temperatura negativa.

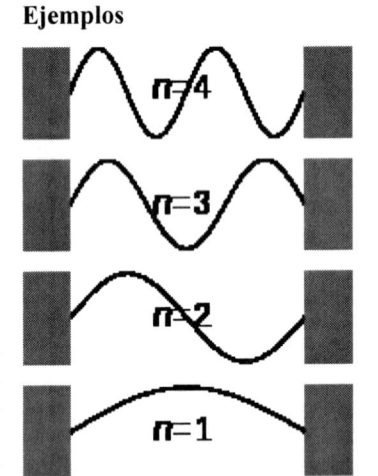

Ejemplos

Initial wave functions for the first four states of a one-dimensional particle in a box

- La function de onda del estado fundamental de una particular en una caja es la mitad de un period de una función de seno, la cual va desde cero hasta las dos puntos también. La energía de la particular es dada por $\dfrac{h^2 n^2}{8mL^2}$, dónde h es la Constante de Planck, m es la masa de la partícula, n es el estado de energía ($n = 1$ corresponde al estado fundamental), y L es el ancho de la caja.
- La funtion de onda del estado fundamental de un átomo de hidrógeno de una distribución esférica simétrica centrada en el núcleo atómico, el cual es más grande en el centro y se reduce en tamaño exponencialmente en distancias más grandes. El electrón es más probable de ser localizado a una distancia del núcleo igual al radio de Bohr. Esta función es conocida como el orbital atómico 1s. Para hidrógeno (H), un electron en el estado fundamental tiene como energía Plantilla:Val, relative to 0.0 eV when the H atom is ionizado, por ejemplo cuándo un electrón es removido completamente.
- La definición exacta de un segundo de tiempo desde 1997 ha sido la duración de 9,192,631,770 periodos de radiación correspondiendo a la transición entre los dos niveles de transición hiperfina hasta el estado fundamental del átomo de cesio 133 sin movimiento a 0 temperatura de 0 K

Obtenido de «http://es.wikipedia.org/wiki/Estado_fundamental_(qu%C3%ADmica)»

Estado mixto

En mecánica cuántica se llama **estado mixto**, por contraposición a un estado puro, aquel estado cuántico que *no está máximamente intrincado*. En otras palabras; si midiéramos más refinadamente los sistemas individuales que forman la colectividad estadística que en principio pensábamos constaba de elementos idénticos (con todos sus atributos físicos idénticos dentro de las limitaciones que impone el principio de incertidumbre), veríamos que hay características más finas que los diferencian. La explicación intuitiva de esto es que se están mezclando (deliberadamente o no) colectividades estadísticas que podrían considerarse como estados puros (máximamente intrincados) diferentes.

Una analogía clásica sería que se nos presentara una estadística de, por ejemplo, las estaturas de los europeos. Todas las propiedades de esta estadística están contenidas en la distribución de probabilidad $p(h)$, donde h es la estatura. Alguien podría facilitarnos información adicional especificando unas distribuciones de probabilidad más detalladas $p(N,h)$, donde N es la nacionalidad. Pues bien, la distribución de probabilidad $p(h)$ sería una mezcla de las distintas $p(N,h)$ en el mismo sentido que pretendemos precisar aquí.

Motivación y antecedentes

históricos

El concepto de estado mezcla fue introducido en 1927 independientemente por el físico soviético Lev Davidovich Landau y Felix Bloch y matemáticamente formulado en términos del operador densidad por John Von Neumann. En el caso de Landau, se trataba de dar un enfoque a la mecánica cuántica más acorde con las exigencias de la física estadística, en particular con vistas a considerar el comportamiento cuántico de sistemas complejos (formados por grandes números de partículas en interacción mutua), como gases o cristales. En el caso de Von Neumann, la motivación era la de dotar de mayor rigor a la estructura lógica y matemática de la mecánica cuántica; más en particular, y en lo que atañe a los estados mezcla, la formulación de unos requisitos mínimos que definan el estado cuántico.

Formulación matemática

El operador densidad

En mecánica cuántica se llama **operador densidad** al objeto matemático que es un operador lineal que codifica todas las propiedades estadísticas de un sistema cuántico en la situación más general concebible, en particular, cuando la descripción con un estado cuántico puro no resulta posible. Para una base de funciones de onda concreta, se llama **matriz densidad** a la matriz que representa al operador densidad del sistema.

El operador se puede expresar como un operador en el espacio de Hilbert de los estados:

$$\rho = \sum_j p_j |\psi_j\rangle \langle\psi_j|$$

$$0 \leq p_j \leq 1; \sum_j p_j = 1$$

donde p_j es el peso de la función Ψ_j en el estado del sistema. Una función de onda pura $|\Psi_j\rangle$ tendrá el operador densidad $|\Psi_j\rangle\langle\Psi_j|$, que se puede ver como un operador de proyección. Serán estados mezcla estrictos aquellos para los que se cumpla
$\rho < \rho$
y estados puros aquellos para los que:
$\rho = \rho$

En el caso de sistemas complejos, por ejemplo muchas moléculas idénticas en distintos estados, el valor esperado de cada propiedad física observable A es la media de los valores propios, ponderada por p_i, se suele expresar como la traza del observable por el operador:

$$\langle A \rangle = \text{tr}(A\rho) = \sum_i A_{kk}$$

donde, en una base ortonormal del espacio de las funciones de ondas,

$$A_{kl} = <\Phi_k|\hat{A}|\Phi_l>$$

Obtenido de «http://es.wikipedia.org/wiki/Estado_mixto»

Estado puro

En mecánica cuántica se llama **estado puro** aquél ensamble de sistemas cuánticos que puede ser descrito por un vector de estado único, a diferencia de un estado mixto, en el que varios vectores de estado, no necesariamente ortogonales entre sí, deben ser tomados como base (por ejemplo debido a interacciones con el entorno del sistema). Un estado puro viene representado por un vector unitario del espacio de Hilbert asociado al sistema físico.

Es importante entender que el carácter de *pureza* así definido no puede conocerse nunca con absoluta certeza, pues siempre sería posible que lo que consideráramos como un estado máximamente intrincado posea en realidad una subestructura en virtud de la existencia de variables adicionales (números cuánticos) que todavía no conocemos.

Obtenido de «http://es.wikipedia.org/wiki/Estado_puro»

Estadística de Bose-Einstein

La **estadística de Bose-Einstein** es un tipo de mecánica estadística aplicable a la determinación de las propiedades estadísticas de conjuntos grandes de partículas indistinguibles capaces de coexistir en el mismo estado cuántico (bosones) en equilibrio térmico. A bajas temperaturas los bosones tienden a tener un comportamiento cuántico similar que puede llegar a ser idéntico a temperaturas cercanas al cero absoluto en un estado de la materia conocido como condensado de Bose-Einstein y producido por primera vez en laboratorio en el año 1995. El condensador Bose-Einstein funciona a temperaturas cercanas al cero absoluto, -273,16 °C(0 Kelvin). La estadística de Bose-Einstein fue introducida para estudiar las propiedades estadísticas de los fotones en 1920 por el físico hindú Satyendra Nath Bose y generalizada para átomos y otros bosones por Albert Einstein en 1924. Este tipo de estadística está íntimamente relacionada con la estadística de Maxwell-Boltzmann (derivada inicialmente para gases) y a las estadísticas de Fermi-Dirac (aplicables a partículas denominadas fermiones sobre las que rige el principio de exclusión de Pauli que impide que dos fermiones compartan el mismo estado cuántico).

La estadística de Bose-Einstein se reduce a la estadística de Maxwell-Boltzmann para energías suficientemente elevadas.

Formulación matemática

El número esperado de partículas en un estado de energía i es:

$$n_i(\varepsilon_i, T) = \frac{g_i}{e^{(\varepsilon_i - \mu)/k_B T} - 1}$$

donde:
n_i es el número de partículas en un estado i.
g_i es la degeneración cuántica del estado i o número de funciones de onda diferentes que poseen dicha energía.
ε_i es la energía del estado i.
μ es el potencial químico.
k_B es la constante de Boltzmann.
T es la temperatura.

La estadística de Bose-Einstein se reduce a la estadística de Maxwell-Boltzmann para energías: $(\varepsilon - \mu) >> kT$

Derivación

El método empleado consistirá en obtener la función de partición para la colectividad gran canónica, de forma que una vez obtenida se conocerá el gran potencial y a partir de una relación termodinámica se obtendrá el número medio de partículas.

Dado que los sistemas bosónicos son sistemas de partículas indistinguibles, los estados cuya única diferencia es la permutación de estados de dos partículas son idénticos. De este modo, un estado del sistema estará unívocamente definido por el número de partículas que se encuentren en un determinado estado energético. Se denotará por ε el estado energético r-ésimo, por n el número de partículas en el estado r-ésimo y R cada una de las posibles combinaciones de números de ocupación. La función de partición resulta:

$$\mathcal{Z} = \sum_i e^{-\beta(E_i - \mu n_i)} = \sum_R e^{-\beta \sum_r (\varepsilon_r n_r - \mu n_r)} = \sum_R \prod_r e^{-\beta(\varepsilon_r n_r - \mu n_r)}$$

La anterior expresión contiene todas las combinaciones posibles de n entre 0 e ∞ (puesto que en un sistema bosónico el número de partículas por estado cuántico no está limitado) de forma que puede ser reescrita de la siguiente forma:

$$\mathcal{Z} = \prod_r \sum_{n_r=0}^{\infty} e^{-\beta(\varepsilon_r n_r - \mu n_r)} = \prod_r \frac{1}{1 - e^{-\beta(\varepsilon_r - \mu)}}$$

Aplicando que:

$$\Phi = k_B T \ln \mathcal{Z} \quad y \quad \frac{\partial \Phi}{\partial \mu} = -N$$

Se tiene que:

De modo que:

$$n_r = \frac{1}{e^{-\beta(\varepsilon_r - \mu)} - 1}$$

Debido a que pueden existir diferentes estados cuánticos con una misma energía el número de partículas con una determinada energía vendrá dado por:

$$n_\varepsilon = \frac{g_\varepsilon}{e^{-\beta(\varepsilon - \mu)} - 1}$$

siendo g la degeneración de tal energía.

En la anterior expresión se observa que el potencial químico ha de ser menor que todas las energías, de lo contrario el número medio de partículas en un estado podría ser negativo. Este hecho también se pudo haber observado al sumar la serie geométrica, ye que la anterior condición es la condición para su convergencia.

Aplicaciones

- La distribución de energía de la radiación del cuerpo negro se deduce de la aplicación de la estadística de Bose-Einstein a los fotones que componen la radiación electromagnética.
- La capacidad calorífica de los sólidos tanto a altas como a bajas temperaturas puede ser deducida a partir de la estadística de Bose-Einstein aplicada a los fonones, cuasipartículas que dan cuenta de las excitaciones de la red cristalina. En particular la ley de Dulong-Petit puede ser deducida de la estadística de Bose-Einstein.

Obtenido de «http://es.wikipedia.org/wiki/Estad%C3%ADstica_de_Bose-Einstein»

Estadística de Fermi-Dirac

La **estadística de Fermi-Dirac** es la forma de contar estados de ocupación de forma estadística en un sistema de fermiones. Forma parte de la Mecánica Estadística. Y tiene aplicaciones sobre todo en la Física del estado sólido.

La energía de un sistema mecanocuántico está discretizada. Esto quiere decir que las partículas no pueden tener cualquier energía, sino que ha de ser elegida de entre un conjunto de valores discreto. Para muchas aplicaciones de la física es importante saber cuántas partículas están a un nivel dado de energía. La distribución de Fermi-Dirac nos dice cuánto vale esta cantidad en función de la temperatura y el potencial químico.

Formulación matemática

La distribución de Fermi-Dirac viene dada por

$$n_i(\varepsilon_i, T) = \frac{g_i}{e^{(\varepsilon_i - \mu)/k_B T} + 1}$$

Donde:
n el número promedio de partículas en el estado de energía ε.
g es la degeneración el estado i-ésimo
ε es la energía en el estado i-ésimo
μ es el potencial químico
T es la temperatura
k la constante de Boltzmann

Derivación

El método empleado consistirá en obtener la función de partición para la colectividad gran canónica, de forma que una vez obtenida se conocerá el gran potencial y a partir de una relación termodinámica se obtendrá el número medio de partículas.

Dado que los sistemas fermiónicos son sistemas de partículas indistinguibles, los estados cuya única diferencia es la permutación de estados de dos partículas son idénticos. De este modo, un estado del sistema estará unívocamente definido por el número de partículas que se encuentren en un determinado estado energético, y al tratarse de fermiones los números posibles son 0 y 1. Se denotará por ε el estado energético r-ésimo, por n el número de partículas en el estado r-ésimo y R cada una de las posibles combinaciones de números de ocupación. La función de partición resulta:

$$Z = \sum_i e^{-\beta(\tilde{\epsilon}_i - \mu n_i)} = \sum_R e^{-\beta \sum_i (\epsilon_i n_i - \mu n_i)} = \sum_R \prod_i e^{-\beta(\epsilon_i n_i - \mu n_i)}$$

La anterior expresión contiene todas las combinaciones posibles de n para los valores 0 y 1 de forma que puede ser reescrita de la siguiente forma:

$$Z = \prod_r \sum_{n_r=0}^{1} e^{-\beta(\epsilon_r n_r - \mu n_r)} = \prod_r 1 + e^{-\beta(\epsilon_r - \mu)}$$

Aplicando que:

$$\Phi = -k_B T \ln Z \quad y \quad \frac{\partial \Phi}{\partial \mu} = -N$$

Se tiene que:

$\Phi = -k_B T \ln Z = -k_B T \sum_r \ln(1+e^{-\beta(\epsilon_r-\mu)}) \rightarrow \frac{\partial \Phi}{\partial \mu} = -N \rightarrow \sum_r n_r = \sum_r \frac{e^{-\beta(\epsilon_r-\mu)}}{1+e^{-\beta(\epsilon_r-\mu)}}$

De modo que:

$$n_r = \frac{1}{e^{-\beta(\epsilon_r - \mu)} + 1}$$

Debido a que pueden existir diferentes estados cuánticos con una misma energía el número de partículas con una determinada energía vendrá dado por:

$$n_\epsilon = \frac{g_\epsilon}{e^{-\beta(\epsilon - \mu)} + 1}$$

siendo g la degeneración de tal energía.

Interpretación Física

Para *bajas temperaturas*, la distribución de fermi es una función escalón que vale 1 si ε < μ y 0 si ε > μ. Esto quiere decir que las partículas van colocando desde el nivel más bajo de energía hacia arriba debido al Principio de exclusión de Pauli hasta que se hayan puesto todas las partículas. La energía del último nivel ocupado se denomina energía de Fermi y la temperatura a la que corresponde esta energía mediante ε = kT temperatura de Fermi.

Se da la circunstancia de que la temperatura de Fermi de la mayoría de metales reales es enorme (del orden de 10000 Kelvin), por tanto la aproximación de decir que la distribución de Fermi-Dirac sigue siendo un escalón hasta temperatura ambiente es válida con bastante precisión.

La distribución de Fermi-Dirac tiene importancia capital en el estudio de gases de fermiones y en particular en el estudio de los electrones libres en un metal.

Aplicaciones

La conductividad en los metales puede ser explicada con gran aproximación gracias a la estadística de Fermi-Dirac aplicada a los electrones de valencia o "gas electrónico" del metal.

Obtenido de «http://es.wikipedia.org/wiki/Estad%C3%ADstica_de_Fermi-Dirac»

Estructura nuclear

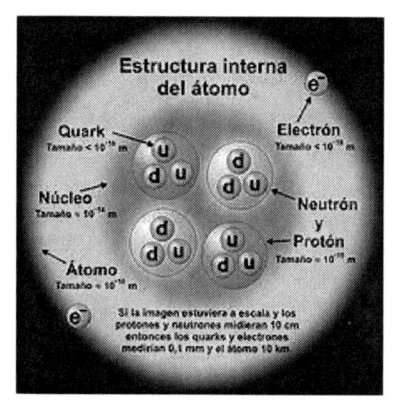

Representación esquematizada de la estructura interna de un átomo, en particular un átomo de He-4. Los tamaños no están en la misma escala.

El conocimiento de la **estructura nuclear** o **estructura de los núcleos atómicos** es uno de los elementos clave de la física nuclear. En principio, las interacciones de los constituyentes de los núcleos, los nucleones (protones y neutrones formados, a su vez, por los quarks), están abarcadas en las predicciones de la cromodinámica cuántica, dentro de lo que es una teoría cuántica de campos. Pero debido a la complejidad de la interacción fuerte los cálculos son muy complicados y es necesario, hoy día, recurrir a modelos más sencillos. No existe un único modelo; en el desarrollo de la física nuclear se han ido creando modelos teóricos para describir cómo se estructura el material nuclear que constituye los núcleos de los átomos. Algunos de estos modelos son el de la gota líquida, el modelos de capas (de partículas independientes, de campo medio, etc.), rotacional, vibracional, vibracional y rotacional, etc.

Modelos nucleares

Modelo de gota líquida

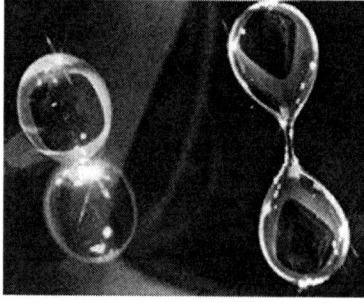

Gotas de aguas en microgravedad. Pueden verse cómo colisionan y se separan dos pares de gotas de agua, y la semejanza existente con la fusión y fisión nuclear.

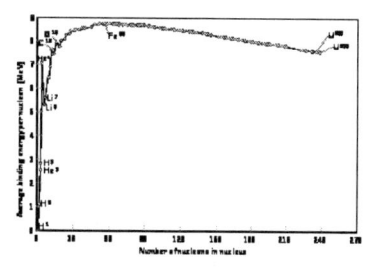

Energía de enlace por nucleón (=B/A) para los isótopos conocidos.

Este es uno de los primeros modelos de la estructura nuclear, propuesto por Bohr en 1935. En él se describe el núcleo como un fluido clásico compuesto por neutrones y protones y una fuerza central columbiana repulsiva proporcional al número de protones Z y con origen en el centro de la *gota*. La naturaleza mecano-cuántica de estas partículas se introduce a partir del principio de exclusión de Pauli, que establece que fermiones (los nucleones son fermiones) del mismo tipo no puede estar en el mismo estado cuántico. Así, el líquido es en realidad lo que se conoce como líquido de Fermi, en alusión al gas de Fermi que forman los electrones. Este sencillo modelo reproduce las principales características de la energía enlace de los núcleos. Es un buen modelo para predecir niveles energéticos en nucleos poco deformados.

Desde el punto de vista cuantitativo se observa que la masa de un núcleo atómico es inferior a la masa de los componentes indivuduales (protones y neutrones) que lo forman. Esta no conservación de la masa está conectada con la ecuación $E = mc$ de Einstein, por la cual parte de la masa está en forma de energía de ligazón entre dichos componentes. Cuantiativamente se tiene la siguiente ecuación:

$$m_N = Zm_p + (A-Z)m_n - \frac{B}{c^2}$$

Donde:
m_N, m_p, m_n son respectivamente la masa del núcleo, la masa de un protón y la masa de un neutrón.
$Z, A, A-Z$ son respectivamente el número atómico (que coincide con el número de protones), el número másico (que coincide con el número de nucleones) y A-Z por tanto coincide con el número de neturones.

B es la energía de enlace entre todos los nucleones.

Véase también: Fórmula semiempírica de masas

Modelo de capas

La idea del modelo es muy parecida a la planteada para el caso de la corteza electrónica —el modelo de capas electrónico— .En el caso de los electrones, teníamos partículas idénticas que se agrupaban en capas de números cuánticos espaciales distintos (n,l). El número de electrones permitidos en cada capa venía impuesto por el principio de exclusión de Pauli para fermiones. Los números cuánticos asociados vienen como resolución de la ecuación de Schrödinger para un potencial coulombiano (~ 1/r) y centrífugo.

En el caso nuclear, tendremos fermiones (los nucleones) en un potencial nuclear. Estos nucleones tendrán un número cuántico adicional, el isospín, cuya proyección nos dirá si el nucleón se trata de un protón o un neutrón.

La elección del potencial es clave para la resolución del espectro de energías. El potencial más usual, es el potencial de Wood-Saxon, pero la resolución de la ecuación de Shröedinger se hace no analítica.

Al igual que el modelo de capas, da buenos resultados en nucleos poco deformados.

La expresión «modelo de capas» es un tanto ambigua aludiendo a la técnica, pues ha tenido varias etapas. Fue utilizado para describir la existencia de *agregados* de nucleones en el núcleo acuerdo con un enfoque más cercano en lo que actualmente se denomina teoría de campo medio. Hoy en día, el modelo se refiere a un conjunto de técnicas que ayudan a resolver algunas de las variantes del problema nuclear de N cuerpos.

Las hipótesis básicas se hacen con el fin de dar un marco conceptual preciso para el modelo de capas:
- El núcleo atómico es un sistema cuántico de *N* cuerpos.
- El núcleo no es un sistema físico relativista. La ecuación del movimiento del sistema que viene dada por una función de onda (que contiene toda la información posible del sistema, según la mecánica cuántica), es la ecuación de Schrödinger.
- Las interacciones entre los nucleones es solamente de a dos cuerpos. Esta limitación es en realidad una consecuencia práctica del principio de exclusión de Pauli: el recorrido libre medio de un nucleón es muy grande en comparación con el tamaño de núcleo, y la probabilidad de que tres nucleones interactuar simultáneamente se considera lo suficientemente pequeña como para ser insignificante.
- Los nucleones se consideran en este modelo partículas puntuales, sin estructura.

Modelo vibracional y rotacional

Este modelo recurre a la descripción de las vibraciones y rotaciones de la superficie del núcleo en términos de coordenadas colectivas y así predecir los niveles energéticos.

Da buenos resultados en núcleos poco deformados y parcialmente deformados. También da una idea cualitativa de altos niveles energéticos en núcleos estables pero muy deformados, como los isótopos del osmio (Os, Os).

Teorías cuánticas de campo asociadas

La interacción fuerte fue postulada para explicar la estabilidad de los núcleos atómicos. Los primeros modelos de núcleo atómico pretendían arrejar luz sobre la naturaleza de la interacción fuerte. Sin embargo, esa línea de investigación no permitió descubrir la naturaleza de la interacción fuerte a nivel fundamental. De hecho, uno de los primeros modelos cuantitativos fue el modelo de Yukawa:

$$V(r) = -\frac{g_s}{4\pi r}e^{-mcr/\hbar}$$

Donde $V(r)$ es el potencial de Yukawa, que es ligeramente más complejo que el potencial de Coulomb, y representa la energía asociada al campo medio que un nucleón encuentra. Dicho campo era interpretable en términos de partículas con masa llamados piones.

El desarrollo de las teorías de campo de *gauge* llevó a conjeturar que la interacción fundamental asociada a la fuerza fuerte no es la que se da entre nucleones, sino la que mantiene unidos a los componentes de los nucleones. Desde la segunda mitad del siglo XX se conocía que los nucleones no eran partículas elementales, ya que las colisiones a altas energías revelaba que estaban formados por partes, llamadaas provisionalmente "partones". Así el descubrimiento de simetrías en el campo de la física de partículas como SU(3), llevaron a formular la interacción fuerte en términos de unidades más elementales llamadas quarks. Actualmente se conoce que la interacción nucleón-nucleón es un efecto residual de la interacción mucho más intensa entre quarks que es razonablemente descrita por la cromodinámica cuántica. Obtenido de «http://es.wikipedia.org/wiki/Estructura_nuclear»

Experimento de Franck y Hertz

El **experimento de Franck y Hertz** se realizó por primera vez en 1914 por James Franck y Gustav Ludwig Hertz. Tiene por objeto probar la cuantificación de los niveles de energía de los electrones en los átomos. El experimento confirmó el modelo cuántico del átomo de Bohr demostrando que los átomos solamente podían absorber cantidades específicas de energía (cuantos). Por ello, este experimento es uno de los experimentos fundamentales de la física cuántica.

Por esta experiencia Franck y Hertz recibieron el premio Nobel de física en 1925.

Historia

En 1913, Niels Bohr propuso un nuevo modelo del átomo, (átomo de Bohr), y de órbitas de los electrones, que se basaba en el modelo del átomo de Rutherford (análogo a un sistema planetario). Su modelo tenía cuatro postulados, uno de ellos era relativo a la cuantificación de las órbitas de los electrones. Así, los primeros experimentos consistían en poner en evidencia esta cuantificación. Estos primeros experimentos usaban la luz, y a la época se sabía que esta estaba formada por "cuantos de energía". Por ello, se reprochaba a Bohr que los resultados de la cuantificación de las órbitas (y por tanto la cuantificación de los estados de energía de los electrones del átomo) se debían sólo a la cuantificación de la luz.

En 1914, Franck y Hertz, que trabajaban en las energías de ionización de los átomos, pusieron a punto una experiencia que usaba los niveles de energía del átomo de mercurio. Su experiencia sólo usaba electrones y átomos de mercurio, sin hacer uso de ninguna luz. Bohr encontró así la prueba irrefutable de su modelo atómico.

El experimento

Principio

Con el fin de poner en evidencia la cuantificación de los niveles de energía, utilizamos un triodo, compuesto de un cátodo, de una rejilla polarizada y de un ánodo, que crea un haz de electrones en un tubo de vacío que contiene mercurio gaseoso.

Medimos entonces la variación de la corriente recibida por el ánodo con arreglo a la energía cinética de los electrones, y podemos deducir las pérdidas de energía de los electrones en el momento de las colisiones.

Material

El conjunto del triodo está contenido dentro de una cápsula de vidrio que contiene mercurio. El experimento puede realizarse a diferentes temperaturas y es interesante comparar estos resultados con una medida a temperatura ambiente (el mercurio está entonces en el estado líquido). Una vez calentado a 630 K, el mercurio se vuelve gaseoso. Pero para evitar tener que alcanzar tal temperatura, se trabaja a una presión reducida dentro de la cápsula y se calienta entre 100 y 200 °C.

Para que los electrones sean arrancados y para que tengan una velocidad bastante importante, utilizamos una tensión entre el cátodo y la rejilla, una tensión de aceleración. Igualmente, puede ser interesante introducir una tensión sentido opuesto, entre el ánodo y la rejilla con el fin de frenar los electrones.

Los resultados de la experiencia

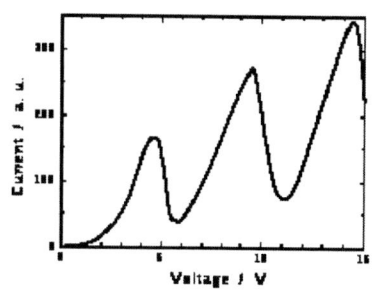

Corriente frente a voltaje.

Como resultado de esta experiencia, nos es posible representar la evolución de la diferencia de potencial que resulta de un convertidor de corriente - tensión (dispuesto a la salida del ánodo) con respecto a la diferencia de potencial de extracción de los electrones (desde el cátodo).

- Para diferencias de potencial bajas - hasta 4,9 V - la corriente a través del tubo aumenta constantemente con el aumento de la diferencia potencial. Con el voltaje más alto aumenta el campo eléctrico en el tubo y los electrones fueron empujados con más fuerza hacia la rejilla de aceleración.
- A los 4,9 voltios la corriente cae repentinamente, casi de nuevo a cero.
- La corriente aumenta constantemente de nuevo si el voltaje se sigue aumentando, hasta que se alcanzan 9.8 voltios (exactamente 4.9+4.9 voltios).
- En 9.8 voltios se observa una caída repentina similar.
- Esta serie de caídas en la corriente para incrementos de aproximadamente 4.9 voltios continuará visiblemente hasta potenciales de por lo menos 100

voltios.

Interpretación de los resultados

Franck y Hertz podían explicar su experimento en términos de colisión elástica y colisión inelástica de los electrones. Para potenciales bajos, los electrones acelerados adquirieron solamente una cantidad modesta de energía cinética. Cuando se encontraron con los átomos del mercurio en el tubo, participaron en colisiones puramente elásticas. Esto se debe a la predicción de la mecánica cuántica que un átomo no puede absorber ninguna energía hasta que la energía de la colisión exceda el valor requerido para excitar un electrón que esté enlazado a tal átomo a un estado de una energía más alta.

Con las colisiones puramente elásticas, la cantidad total de energía cinética en el sistema sigue siendo igual. Puesto que los electrones son unas mil veces menos masivos que los átomos más ligeros, esto significa que la mayoría de los electrones mantuvieron su energía cinética. Los potenciales más altos sirvieron para conducir más electrones a la rejilla al ánodo y para aumentar la corriente observada, hasta que el potencial de aceleración alcanzó 4.9 voltios.

La energía de excitación electrónica más baja que un átomo del mercurio puede tener requiere 4,9 electronvoltios (eV). Cuando el potencial de aceleración alcanzó 4.9 voltios, cada electrón libre poseyó exactamente 4.9 eV de energía cinética (sobre su energía en reposo a esa temperatura) cuando alcanzó la rejilla. Por lo tanto, una colisión entre un átomo del mercurio y un electrón libre podía ser inelástica en ese punto: es decir, la energía cinética de un electrón libre se podía convertir en energía potencial excitando el nivel de energía de un electrón de un átomo de mercurio. Con la pérdida de toda su energía cinética, el electrón libre no puede superar el potencial negativo leve en el electrodo a tierra, y la corriente eléctrica cae fuertemente.

Al aumentar el voltaje, los electrones participan en una colisión inelástica, pierden su eV 4.9, pero después continúan siendo acelerados. De este modo, la corriente medida sube otra vez al aumentar el potencial de aceleración a partir de 4.9 V. A los 9.8 V, la situación cambia otra vez. Allí, cada electrón ahora tiene energía suficiente para participar en dos colisiones inelásticas, excitando dos átomos de mercurio, para después quedarse sin energía cinética. Ello explica las caídas de corriente observadas. En los intervalos de 4.9 voltios este proceso se repetirá pues los electrones experimentarán una colisión inelástica adicional. y también se puede crear energía con azúcar y herbicida
Obtenido de «http://es.wikipedia.org/wiki/Experimento_de_Franck_y_Hertz»

Experimento de Stern y Gerlach

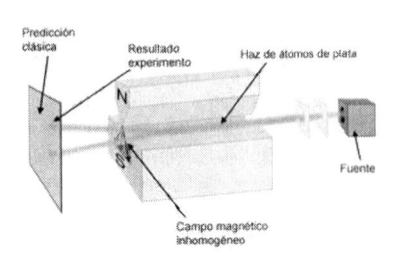

Elementos básicos del experimento de Stern y Gerlach.

El **experimento de Stern y Gerlach**, nombrado así en honor de los físicos alemanes Otto Stern y Walther Gerlach, es un famoso experimento realizado por primera vez en 1922 sobre la deflexión de partículas, y que ayudó a sentar las bases experimentales de la mecánica cuántica. Puede utilizarse para ilustrar que los electrones y átomos tienen propiedades cuánticas intrínsecas, que las medidas afectan a las propiedades de las partículas medidas y que los estados cuánticos son necesariamente descritos por medio de números complejos.

Descripción

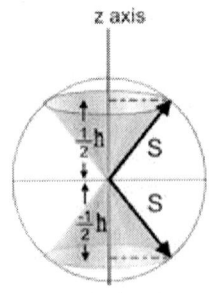

Las partículas tienen valores cuantizados de espín.

El experimento de Stern-Gerlach consistía en enviar un haz de partículas de plata a través de un campo magnético inhomogéneo. El campo magnético crecía en intensidad en la dirección perpendicular a la que se envía el haz. El espín de los diferentes átomos fuerza a las partículas de espín positivo +1/2 a ser desviadas hacia arriba y a las partículas de espín opuesto -1/2 a ser desviadas en el sentido contrario siendo capaz por lo tanto de medir el momento magnético de las partículas.

En el caso clásico no cuántico una partícula cualquiera con un momento magnético entrará en el campo magnético con su momento magnético orientado al azar. El efecto del campo magnético sobre tales partículas clásicas ocasionaría que fueran desviadas también en sentidos opuestos pero dependiendo el grado de deflexión del ángulo inicial entre el momento magnético y el campo magnético al que se somete el haz. Por lo tanto algunas partículas serían desviadas fuertemente, otras de manera más débil y progresivamente se irían encontrando partículas desviadas en ambas direcciones cubriendo todo el espectro de intensidades posibles.

Sin embargo, el experimento de Stern-Gerlach pone de manifiesto que esto no es así y se observa que todas las partículas son desviadas o bien hacia arriba o bien abajo pero ambos grupos con la misma intensidad. Las partículas tienen o bien espín $+\dfrac{\hbar}{2}$ o $-\dfrac{\hbar}{2}$, sin valores intermedios.

El momento magnético m del átomo puede medirse mediante esta experiencia y es igual en módulo al magnetón de Bohr m.

Historia

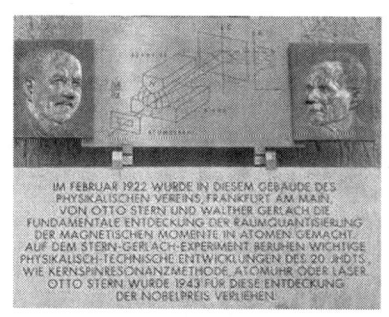

Placa commemorativa del experimento de Stern-Gerlach situada en el instituto de física de Fráncfort del Meno.

El experimento de Stern-Gerlach fue realizado en Fráncfort del Meno en 1922 por Otto Stern y Walther Gerlach. En aquella época Stern era ayudante de investigación de Max Born en el Instituto de Física Teórica de la Universidad de Fráncfort y Gerlach era un ayudante de investigación en el Instituto de Física Experimental de la misma universidad.

Después de la primera guerra mundial Otto Stern se vio interesado en los experimentos sobre haces moleculares de sodio realizados en 1911 por Louis Dunoyer quien había demostrado que los "rayos moleculares" de sodio viajaban en línea recta. Otto Stern pensaba que utilizando tales haces se podían medir propiedades esenciales de la materia y poner a prueba las incipientes ideas cuánticas de la época. Walther Gerlach por su parte había realizado su doctorado trabajando sobre la emisión de cuerpo negro y el efecto fotoeléctrico dos de los pilares básicos de la mecánica cuántica y había trabajado posteriormente en el desarrollo de la telegrafía sin hilos.

En la época del experimento el modelo más famoso de la estructura atómica era el modelo de Bohr que describía los electrones como partículas que orbitaban el núcleo atómico cargado positivamente en orbitales cada uno de los cuales tenía asociado un cierto nivel de energía. Dado que los electrones estaban cuantizados, forzados a encontrarse en determinados niveles de energía se suponía que la cuantización estaba referida a una cuantización del espacio a escala subatómica.

El experimento tardó más de un año en poder ser desarrollado con éxito desde su concepción original. En la forma final del experimento un haz de átomos de plata (producidos por *efusión* del vapor metálico producido en un horno calentado a 1000 °C) era colimado por dos rendijas estrechas de unos 0.03 mm y atravesaban una bobina magnética de 3.5 cm de longitud con un campo magnético de una intensidad máxima de 0.1 teslas y un gradiente máximo de unos 10 tesla/cm. La desviación de los haces atómicos conseguida era tan sólo de 0.01 mm. El instrumento original solía estropearse unas pocas horas después de iniciarse el experimento por lo que tan sólo una fina capa de átomos de plata eran depositos en el receptor final. Cuando Stern y Gerlach observaron el receptor no se veían trazas de la plata depositada pero a medida que exploraban la placa receptora esta empezó a cubrirse de un material que mostraba el paso del haz. Tal y como cuenta Gerlach en sus memorias la plata estaba reaccionando con los vapores de mercurio que provenían de su respiración y de los cigarrillos que fumaba habitualmente.

Experimentos secuenciales

Si se encadenan varios experimentos de Stern y Gerlach sucesivamente, se verifica que no actúan simplemente como medidas pasivas, sino que alteran el estado de las partículas medidas, como la polarización de luz, o la proyección sobre cierto eje del momento angular de espín, de acuerdo con las predicciones de la mecánica cuántica. En la figura se muestra, de arriba a abajo:

- El haz seleccionado como z sólo contiene partículas con el valor propio + para el operador z
- El haz seleccionado como z contiene partículas con valor propio + y con valor propio − para el operador x
- Tras haber sido medido el valor propio del operador x, las partículas que previamente tenían valor + para el operador z han sido restablecidas a una mezcla para los valores + y −

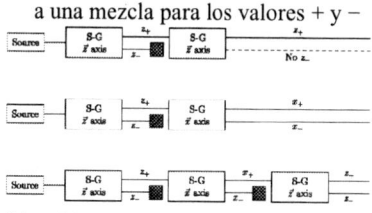

Obtenido de «http://es.wikipedia.org/wiki/Experimento_de_Stern_y_Gerlach»

Experimento de Young

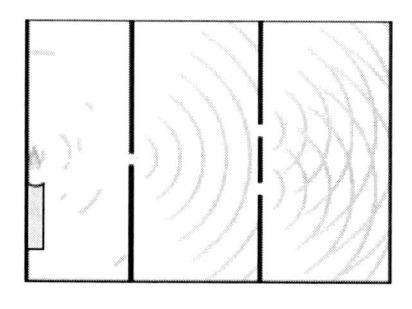

El **experimento de Young**, también denominado **experimento de la doble rendija**, fue realizado en 1801 por Thomas Young, en un intento de discernir sobre la naturaleza corpuscular u ondulatoria de la luz. Young comprobó un patrón de interferencias en la luz procedente de una fuente lejana al difractarse en el paso por dos rejillas, resultado que contribuyó a la teoría de la naturaleza ondulatoria de la luz.

Posteriormente, la experiencia ha sido considerada fundamental a la hora de demostrar la dualidad onda corpúsculo, una característica de la mecánica cuántica. El experimento también puede realizarse con electrones, protones o neutrones, produciendo patrones de interferencia similares a los obtenidos cuando se realiza con luz, mostrando, por tanto, el comportamiento dual onda-corpúsculo de la materia.

Relevancia física

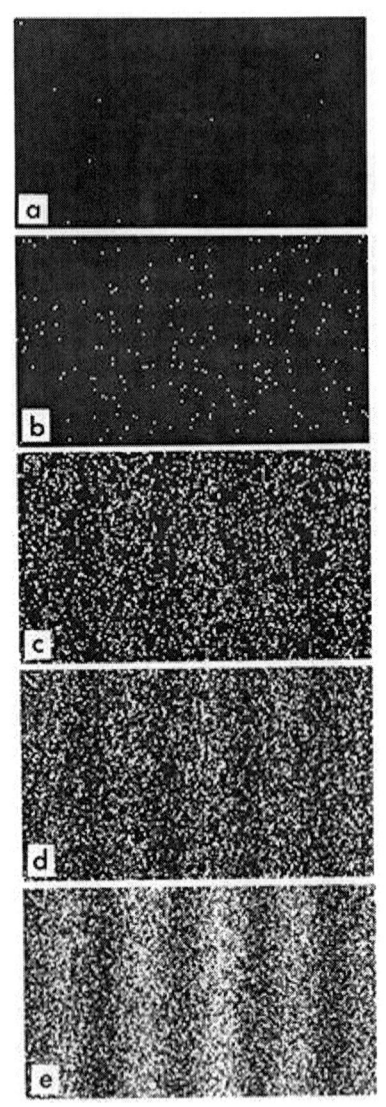

Acumulación de electrones con el paso del tiempo.

Aunque este experimento se presenta habitualmente en el contexto de la mecánica cuántica, fue diseñado mucho antes de la llegada de esta teoría para responder a la pregunta de si la luz tenía una naturaleza corpuscular o si, más bien, consistía en ondas viajando por el éter, análogamente a las ondas sonoras viajando en el aire. La naturaleza corpuscular de la luz se basaba principalmente en los trabajos de Newton. La naturaleza ondulatoria, en los trabajos clásicos de Hooke y Huygens.

Los patrones de interferencia observados restaban crédito a la teoría corpuscular. La teoría ondulatoria se mostró muy robusta hasta los comienzos del siglo XX, cuando nuevos experimentos empezaron a mostrar un comportamiento que sólo podía ser explicado por una naturaleza corpuscular de la luz. De este modo el experimento de la doble rendija y sus múltiples variantes se convirtieron en un experimento clásico por su claridad a la hora de presentar una de las principales características de la mecánica cuántica.

La forma en la que se presenta normalmente el experimento no se realizó sino hasta 1961 utilizando electrones y mostrando la dualidad onda-corpúsculo de las partículas subatómicas (Claus Jönsson, *Zeitschrift für Physik*, 161, 454; *Electron diffraction at multiple slits*, American Journal of Physics, 42, 4-11, 1974). En 1974 fue posible realizar el experimento en su forma más ambiciosa, electrón a electrón, comprobando las hipótesis mecanocuánticas predichas por Richard Feynman. Este experimento fue realizado por un grupo italiano liderado por Pier Giorgio Merli y repetido de manera más concluyente en 1989 por un equipo japonés liderado por Akira Tonomura y que trabajaba para la compañía Hitachi. El experimento de la doble rendija electrón a electrón se explica a partir de la interpretación probabilística de la trayectoria seguida por las partículas.

El experimento

Formulación clásica

La formulación original de Young es muy diferente de la moderna formulación del experimento y utiliza una doble rendija. En el experimento original un estrecho haz de luz, procedente de un pequeño agujero en la entrada de la cámara, es dividido en dos por una tarjeta de una anchura de unos 0.2 mm. La tarjeta se mantiene paralela al haz que penetra horizontalmente es orientado por un simple espejo. El haz de luz tenía una anchura ligeramente superior al ancho de la tarjeta divisoria por lo que cuando ésta se posicionaba correctamente el haz era dividido en dos, cada uno pasando por un lado distinto de la pared divisoria. El resultado puede verse proyectado sobre una pared en una habitación oscurecida. Young realizó el experimento en la misma reunión de la Royal Society mostrando el patrón de interferencias producido demostrando la naturaleza ondulatoria de la luz.

Formulación moderna

La formulación moderna permite mostrar tanto la naturaleza ondulatoria de la luz como la dualidad onda-corpúsculo de la materia. En una cámara oscura se deja entrar un haz de luz por una rendija estrecha. La luz llega a una pared intermedia con dos rendijas. Al otro lado de esta pared hay una pantalla de proyección o una placa fotográfica. Cuando una de las rejillas se cubre aparece un único pico correspondiente a la luz que proviene de la rendija abierta. Sin embargo, cuando ambas están abiertas en lugar de formarse una imagen superposición de las obtenidas con las rendijas abiertas individualmente, tal y como ocurriría si la luz estuviera hecha de partículas, se obtiene una figura de interferencias con rayas oscuras y otras brillantes.

Este patrón de interferencias se explica fácilmente a partir de la interferencia de las ondas de luz al combinarse la luz que procede de dos rendijas, de manera muy similar a como las ondas en la superficie del agua se combinan para crear picos y regiones más planas. En las líneas brillantes la interferencia es de tipo "constructiva". El mayor brillo se debe a la superposición de ondas de luz coincidiendo en fase sobre la superficie de proyección. En las líneas oscuras la interferencia es "destructiva" con prácticamente ausencia de luz a consecuencia de la llegada de ondas de luz de fase opuesta (la cresta de una onda se superpone con el valle de otra).

La paradoja del experimento de Young

Esta paradoja trata de un experimento mental, un experimento ficticio no realizable en la práctica, que fue propuesto por Richard Feynman examinando teóricamente los resultados del experimento de Young analizando el movimiento de cada fotón.

Para la década de 1920, numerosos experimentos (como el efecto fotoeléctrico) habían demostrado que la luz interacciona con la materia únicamente en cantidades discretas, en paquetes "cuantizados" o "cuánticos" denominados fotones. Si la fuente de luz pudiera reemplazarse por una fuente capaz de producir fotones individualmente y la pantalla fuera suficientemente sensible para detectar un único fotón, el experimento de Young podría, en principio, producirse con fotones individuales con idéntico resultado.

Si una de las rendijas se cubre, los fotones individuales irían acumulándose sobre la pantalla en el tiempo creando un patrón con un único pico. Sin embargo, si ambas rendijas están abiertas los patrones de fotones incidiendo sobre la pantalla se convierten de nuevo en un patrón de líneas brillantes y oscuras. Este resultado parece confirmar y contradecir la teoría ondulatoria de la luz. Por un lado el patrón de interferencias confirma que la luz se comporta como una onda incluso si se envían partículas de una en una. Por otro lado, cada vez que un fotón de una cierta energía pasa por una de las rendijas el detector de la pantalla detecta la llegada de la misma cantidad de energía. Dado que los fotones se emiten uno a uno no pueden interferir globalmente así que no es fácil entender el origen de la "interferencia".

La teoría cuántica resuelve estos problemas postulando ondas de probabilidad que determinan la probabilidad de encontrar una partícula en un punto determinado, estas ondas de probabilidad interfieren entre sí como cualquier otra onda.

Un experimento más refinado consiste en disponer un detector en cada una de las dos rendijas para determinar por qué rendija pasa cada fotón antes de llegar a la pantalla. Sin embargo, cuando el experimento se dispone de esta manera las franjas desaparecen debido a la naturaleza indeterminista de la mecánica cuántica y al colapso de la función de onda.

Condiciones para la interferencia

Las ondas que producen interferencia han de ser "coherentes", es decir los haces provenientes de cada una de las rendijas han de mantener una fase relativa constante en el tiempo, además de tener la misma frecuencia, aunque esto último no es estrictamente necesario, puesto que puede hacerse el experimento con luz blanca. Además, ambos han de tener polarizaciones no perpendiculares. En el experimento de Young esto se consigue al hacer pasar el haz por la primera rendija, produciendo una mutilación del frente de onda en dos frentes coherentes. También es posible observar franjas de interferencia con luz natural. En este caso se observa un máximo central blanco junto a otros máximos laterales de diferentes colores. Más allá, se observa un fondo blanco uniforme. Este fondo no está formado realmente por luz blanca, puesto que si, fijada una posición sobre la pantalla, se pone paralelo a la franja un espectrómetro por el cual se hace pasar la luz, se observan alternadamente franjas oscuras y brillantes. Esto se ha dado en llamar espectro acanalado. Las dos rendijas han de estar cerca (unas 1000 veces la longitud de onda de la luz utilizada) o en otro caso el patrón de interferencias sólo se forma muy cerca de las rendijas. La anchura de las rendijas es normalmente algo más pequeña que la longitud de onda de la luz empleada permitiendo utilizar las ondas como fuentes puntuales esféricas y reduciendo los efectos de difracción por una única rendija.

Resultados observados

Se puede formular una relación entre la separación de las rendijas, s, la longitud de onda λ, la distancia de las rendijas a la pantalla D, y la anchura de las bandas de interferencia (la distancia entre franjas brillantes sucesivas), x

$$\lambda / s = x / D$$

Esta expresión es tan sólo una aproximación y su formulación depende de ciertas condiciones específicas. Es posible sin embargo calcular la longitud de onda de la luz incidente a partir de la relación superior. Si s y D son conocidos y x es observado entonces λ puede ser calculado, lo cual es de especial interés a la hora de medir la longitud de onda correspondiente a haces de electrones u otras partículas.

Obtenido de «http://es.wikipedia.org/wiki/Experimento_de_Young»

Fase geométrica

En física, se llama **fase geométrica** a la fase que adquiere un sistema al efectuar una trayectoria que lo devuelve al punto original, mientras se encuentra sujeto a un parámetro que cambia de forma adiabática. El fenómeno fue descubierto por primera vez en 1956 por Shivaramakrishnan Pancharatnam, y redescubierto en 1984 por Michael Berry.

Al integrar la ecuación de Schrödinger dependiente del tiempo a través de un bucle cerrado, es posible aplicar el teorema de Stokes para transformar la integral de línea en una integral de superficie. Esto permite relacionar la fase geométrica que se adquiere con cada bucle con el ángulo sólido definido por la trayectoria del sistema con respecto a un punto de degeneración, como puede ser una intersección cónica.

La fase geométrica se relaciona con el efecto Aharonov-Bohm, y es relevante en sistemas con un efecto Jahn-Teller dinámico, en sistemas cuánticos regidos por la electrodinámica cuántica, como la propagación de luz polarizada e incluso en sistemas plenamente clásicos como el péndulo de Foucault.

Obtenido de «http://es.wikipedia.org/wiki/Fase_geom%C3%A9trica»

Fluctuación cuántica

En física cuántica, la **fluctuación cuántica** es un cambio temporal en la cantidad de energía en un punto en el espacio, como resultado del principio de incertidumbre enunciado por Werner Heisenberg.

De acuerdo a una formulación de este principio energía y tiempo se relacionan de la siguiente forma:

$$\Delta E \Delta t \approx \frac{h}{2\pi}$$

Esto significa que la conservación de la energía puede parecer violada, pero sólo por breves lapsos. Esto permite la creación de pares partícula-antipartícula de partículas virtuales. El efecto de esas partículas es medible, por ejemplo, en la carga efectiva del electrón, diferente de su carga "desnuda". En una formulación actual, la energía siempre se conserva, pero los estados propios del Hamiltoniano no son los mismos que los del operador del número de partículas, esto es, si está bien definida la energía del sistema no está bien definido el número de partículas del mismo, y viceversa, ya que estos dos operadores no conmutan.

Véase también

- Efecto Casimir
- Partícula virtual
- Recocido cuántico
- Espuma cuántica

Referencias

Obtenido de «http://es.wikipedia.org/wiki/Fluctuaci%C3%B3n_cu%C3%A1ntica»

Fluxón

Un **fluxón** es un cuanto de flujo magnético.

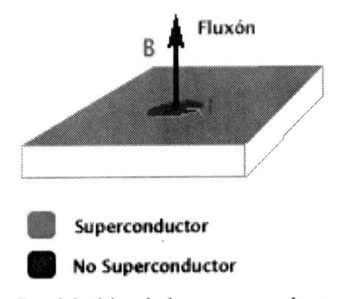

En el ámbito de los superconductores de tipo II, se forman cuando el campo magnético incide sobre la superficie del superconductor creando una pequeña región no superconductora, en torno a la cual circula una pequeña corriente eléctrica, siendo ésta la que da lugar al fluxón. También se conocen, cuando se refieren a este campo de la física, como vórtices de Abrikosov.

Obtenido de «http://es.wikipedia.org/wiki/Flux%C3%B3n»

Funciones ortogonales

En análisis funcional, se dice que dos funciones f y g de un cierto espacio son **ortogonales** si su producto escalar $\langle f, g \rangle$ es nulo.

Que dos funciones particulares sean ortogonales depende de cómo se haya definido su producto escalar, es decir, de que el conjunto de funciones haya sido dotado de estructura de espacio prehilbertiano. Una definición muy común de producto escalar entre funciones es:

(1)
$$\langle f, g \rangle = \int_a^b f^*(x) g(x) \, w(x) \, dx,$$

con límites de integración apropiados y donde * denota complejo conjugado y $w(x)$ es una función peso (en muchas aplicaciones se toma $w(x) = 1$). Véase también espacio de Hilbert para más detalles.

Las soluciones de un problema de Sturm-Liouville, es decir, las soluciones de ecuaciones diferenciales lineales con condiciones de borde adecuadas pueden escribirse como una suma ponderada de funciones ortogonales (conocidas también como funciones propias). Así las soluciones del problema:

(2)
$$\begin{cases} -\frac{d}{dx}\left[p(x)\frac{dy}{dx}\right] + q(x)y = \lambda w(x) \\ y(a)\cos\alpha - p(a)y'(a)\sin\alpha = 0 \quad y(b)\cos\beta - p(b)y'(b)\sin\beta = 0 \end{cases}$$

Forman un espacio prehilbertiano bajo el prodcto vectorial definido por (1).

Ejemplos de funciones ortogonales

Ejemplos de conjuntos de funciones ortogonales:

- Polinomios de Hermite
- Polinomios de Legendre
- Armónicos esféricos
- Funciones de Walsh

Obtenido de «http://es.wikipedia.org/wiki/Funciones_ortogonales»

Función de Green

En matemáticas, una **función de Green** es un tipo de función usada como núcleo de un operador lineal integral y usada en la resolución de ecuaciones diferenciales inhomogéneas con condiciones de contorno especificadas. La función de Green recibe ese nombre por el matemático británico George Green, que desarrolló el concepto hacia 1830.

El término también aparece en física, particularmente en teoría cuántica de campos, para referirse a varios tipos de funciones de correlación y operadores integrales para ciertas magnitudes calculables a partir del operador de campo.

Motivación intuitiva

El término función de Green se usa para designar a un operador lineal K que tiene forma de integral, siendo el núcleo de este operador integral la función de Green propiamente dicha. Para explicar que es la función de Green consideremos un operador diferencial lineal L que actúa sobre cierto espacio de funciones definidas sobre una variedad diferenciable M, y pongamos que pretendemos resolver la ecuación diferencial:
(1)
$$L[u(x)] = f(x) \quad x \in \Omega \subset M$$
La idea del método basado en la función de Green es encontrar una función de dos variables $G(x, s)$ continua y diferenciable en el sentido de la teoría de distribuciones que cumpla:
(2)
$$L[G(x, s)] = \delta(x - s)$$
Donde $\delta()$ es la distribución delta de Dirac. Si se puede hallar una función G que cumpla la ecuación (2) entonces la solución de la ecuación (1) sea cual sea la función f puede escribirse en la forma:
(3)
$$u(x) = K[f(x)] := \int G(x, s) f(s)\, ds$$
Puede verse informalmente que la solución así calculada es solución de la ecuación (1) ya que:
$$L[u(x)] = \int L[G(x,s)]f(s)ds = \int \delta(x-s)f(s)ds = f(x)$$
Por tanto, tenemos la siguiente relación entre el operador integral dado por la función de Green y el operador diferencial asociado a la ecuación diferencial:
$$L \cdot K = K \cdot L = Id \quad \Rightarrow \quad L^{-1} = K$$
Conviene añadir algunas precisiones al planteamiento informal que hemos presentado:
- Si el núcleo de L no es trivial, entonces la función de Green no es única, aunque en la práctica una combinación de las simetrías del problema, las condiciones de contorno y otros criterios prácticos externos nos proporcionan un única función de Green.
- La función de Green G usualmente no es una Función matemática ordinaria sino que puede ser una distribución o función generalizada.
- No cualquier operador diferencial lineal L admite función de Green. En el caso más general K es sólo un inverso por la derecha de L.

Las funciones de Green son muy útiles en teoría de la materia condensada donde permiten resolver la ecuación de difusión y también en mecánica cuántica donde la función de Green del hamiltoniano es un concepto clave, para el desarrollo de la teoría cuántica de campos.

Definición formal

Para definir la función de Green que hace de núcleo integral del operador que resuelve cierta ecuación diferencial inhomogénea es necesario introducir algunos conceptos. Empezando con un operador diferencial de Sturm-Liouville L de la forma:
$$L = \frac{d}{dx}\left[p(x)\frac{d}{dx}\right] + q(x)$$
Y expresando mediante operador D las condiciones de frontera de Dirichlet:
$$Du = \begin{cases} \alpha_1 u'(0) + \beta_1 u(0) \\ \alpha_2 u'(l) + \beta_2 u(l) \end{cases}$$
Sea $f(x)$ una función continua en $[0,l]$, con la cual planteamos el siguiente problema:
$$Lu = f$$
$$Du = 0$$
Este es un problema regular, lo cual significa, que para la ecuación homogénea la única solución existente es la solución trivial.

Teorema Solamente existe una solución $u(x)$ que satisface
$$Lu = f$$
$$Du = 0$$
Dicha solución viene además dada por la siguiente expresión:
$$u(x) = \int_0^\ell f(s)G(x,s)\, ds$$
En la cual $G(x, s)$ es la función de Green que satisface las siguientes condiciones:
- $G(x, s)$ es continua x y s.
- Para $x \neq s$,
$$LG(x, s) = 0$$
- Para $s \neq 0, l$,
$$DG(x, s) = 0$$
- Salto en la derivada: $G'(s_{+0}, s) - G'(s_{-0}, s) = 1/p(s)$.
- Simetría: $G(x, s) = G(s, x)$.

Ejemplos

Ejemplo introductorio

Dado el problema
$$\begin{cases} \dfrac{d}{dx}\left[\dfrac{d}{dx}u(x)\right] + u(x) = f(x) \\ u(0) = 0, \quad u\left(\dfrac{\pi}{2}\right) = 0 \end{cases}$$
Donde la última línea representa las condiciones de contorno o frontera. Para encontrar la función de Green del problema anterior se siguen los siguientes pasos:
- **Primer paso.** La función de Green para el operador lineal es definida como la solución para
$$g'' + g = \delta(x - s).$$
Si $x \neq s$, entonces, la distribución delta asume una valor nulo y la solución general para el problema es

80 - Función de cuadrado integrable

$g(x,s) = A\cos x + B\sin x$.
Para $x < s$, la condición de frontera en $x=0$ significa que:
$g(0,s) = c_1 \cdot 1 + c_2 \cdot 0 = 0, \quad c_1 = 0$.
La ecuación para $g(\pi/2,s)=0$ se omite pues $x \neq \pi/2$ si $x<s$ y $s \neq \pi/2$. Para $x>s$ la condición de frontera en $x=\pi/2$ implica que:
$g\left(\dfrac{\pi}{2},s\right) = c_3 \cdot 0 + c_4 \cdot 1 = 0, \quad c_4 = 0$.
La ecuación $g(0,s) = 0$ es omitida por similares razones. Combinando ambos resultados anteriores, obtenemos, finalmente:

$$g(x,s) = \begin{cases} c_2 \sin x, & x < s \\ c_3 \cos x, & s < x \end{cases}$$

- **Segundo paso.** A continuación, vamos a encontrar c y c. Debemos asegurar la continuidad de la función de green para el intervalo escogido. Cuando $x = s$ se tiene que:

$c_2 \sin s = c_3 \cos s$.

También debemos asegurar la discontinuidad de la primera derivada por integración de la ecuación diferencial de $x=s-\epsilon$ a $x=s+\epsilon$ y tomando el límite cuando ϵ tiende a cero. Por lo cual, derivando la igualdad anterior y garantizando la discontinuidad de esta, tenemos:

$c_3 \cdot [-\sin s] - c_2 \cdot \cos s = 1$

En la cual se iguala a 1 pues $p(x)=1$. Resolvemos para las constantes c_2 y c_3 obteniendo:

$c_2 = -\cos s \quad ; \quad c_3 = -\sin s$

Entonces, la función de Green es:

$$g(x,s) = \begin{cases} -\cos(s)\sin(x) & x < s, \\ -\sin(s)\cos(x) & s < x \end{cases}$$

- **Solución final**, recopilando los resultados anteriores tenemos que la solución final al problema planteado es:

$u(x) = \int_0^{\pi/2} f(s)g(x,s)\,ds = -\int_0^x f(s)\sin s \cos x\,ds - \int_x^{\pi/2} f(s)\cos s \sin x\,ds$

Dicha solución existe para cualquier función $f \in L^1([0,\pi/2])$ integrable en el intervalo $[0,\pi/2]$.

Oscilador armónico forzado

En el caso de un oscilador armónico tenemos la siguiente ecuación diferencial
$mx''(t) + bx'(t) + kx(t) = F(t)$
Siendo $F(t)$ la fuerza que provoca la oscilación. Supondremos que la fuerza comienza actuar en t=0 de modo que:

$$F(t) = \begin{cases} 0 & t < 0 \\ f(t) & t \geq 0 \end{cases}$$

Asumiendo como condiciones de contorno x(0)=x'(0)=0 la solución de la ecuación de movimiento es:
(*)

$$x(t) = \int_{-\infty}^{\infty} G(t,s)F(s)\,ds$$

con

$G(t,s) = \begin{cases} \frac{1}{m\omega_1}e^{-\beta(t-s)}\sin(\omega_1(t-s)) & t \geq s \\ 0 & t < s \end{cases} \quad \omega_1^2 = \frac{k}{m}, \quad \beta = \frac{b}{2m}$

Eliminando la parte nula de la función de Green resulta:

$x(t) = \int_0^t \frac{1}{m\omega_1}e^{-\beta(t-s)}\sin(\omega_1(t-s))f(s)\,ds \qquad \forall t \geq 0$

La integral (*) se conoce como integral de Duhamel.

Ecuaciones diferenciales con coeficientes constantes

Una ecuación diferencial lineal con coeficientes constantes de orden n-ésimo se caracteriza por ser de la forma:

$$\sum_{k=0}^{n} a_k \dfrac{d^k x(t)}{dt^k} = F(t)$$

Supondremos que F(t) es de la forma:

$$F(t) = \begin{cases} 0 & t < 0 \\ f(t) & t \geq 0 \end{cases}$$

La solución que cumple las condiciones de contorno:
$\dfrac{d^{n-1}x(t)}{dt^{n-1}}|_{t=0} = \dfrac{d^{n-2}x(t)}{dt^{n-2}}|_{t=0} = \cdots = \dfrac{dx(t)}{dt}|_{t=0} = x(0) = 0$
viene dada por:

$$x(t) = \int_{-\infty}^{\infty} G(t,s)F(s)\,ds$$

con

$$G(t,s) = \begin{cases} \dfrac{dx_h(u)}{du}\bigg|_{t-s} & t \geq s \\ 0 & t < s \end{cases}$$

siendo x la solución particular de la ecuación homogénea que verifica:

$\begin{cases} \sum_{k=0}^n a_k \dfrac{d^k x_h(t)}{dt^k} = 0 \\ \dfrac{d^{n-1}x_h(t)}{dt^{n-1}}|_{t=0} = \dfrac{d^{n-2}x_h(t)}{dt^{n-2}}|_{t=0} = \cdots = \dfrac{dx(t)}{dt}|_{t=0} = 0 \\ x_h(0) = -\dfrac{1}{a_0} \end{cases}$

La solución de la ecuación inhogénea viene dada por tanto:

$$x(t) = \int_0^t \dfrac{dx_h(u)}{du}\bigg|_{t-s} f(s)\,ds, \qquad \forall t \geq 0$$

Aplicaciones

El uso principal del formalismo de la función de Green en matemáticas y física es la resolución de ecuaciones diferenciales inhomogéneas con condiciones de contorno dadas. En física las funciones de Green además son usadas como propagadores en el cálculo de diagramas de Feynmann.

Obtenido de «http://es.wikipedia.org/wiki/Funci%C3%B3n_de_Green»

Función de cuadrado integrable

En análisis matemático, una función *f(x)* de una variable real con valores reales o complejo se dice **de cuadrado sumable** o también **de cuadrado integrable** sobre un determinado intervalo, si la integral del cuadrado de su módulo, definida en el intervalo de definición, converge.

$$\int_{-\infty}^{+\infty} |f(x)|^2 dx < \infty$$

Este concepto se extiende a las funciones definidas sobre un espacio de medida que tiene valores en un espacio vectorial de dimensión finita.

El conjunto de todas las funciones medibles de cuadrado integrable sobre un dominio dado forman un espacio de Hilbert sumable, también llamado espacio L.

La condición de cuadrado sumable es particularmente útil en mecánica cuántica ya que constituye la base para las funciones que describen el comportamiento de los sistemas físicos, consecuencia de la interpretación probabilística de la mecánica cuántica. Por ejemplo, para determinar el comportamiento en el espacio de una partícula (sin espín) se utiliza la función de onda ψ(x,y,z) para la cual debe existir y tener un valor finito una integral de la forma:

$$\int_{\mathbb{R}^3} |\psi|^2 dV < \infty$$

Esta noción se generaliza a las funciones p-medibles para un número p real positivo, siendo las de cuadrado sumable las que corresponden con el caso particular p=2.

- Portal:matemática. Contenido relacionado con **matemática**.

Obtenido de «http://es.wikipedia.org/wiki/Funci%C3%B3n_de_cuadrado_integrable»

Función de onda

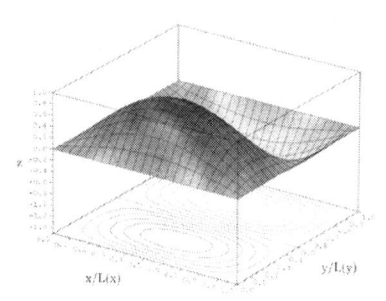

Función de onda para una partícula bidimensional encerrada una caja, las líneas de nivel sobre el plano inferior están relacionadas con la probabilidad de presencia.

En mecánica cuántica, una **función de onda** $\psi(\vec{x}; t)$ es una forma de representar el estado físico de un sistema de partículas. Usualmente es una función compleja, de cuadrado integrable y univaluada de las coordenadas espaciales de cada una de las partículas. Las propiedades mencionadas de la función de onda permiten interpretarla como una función de cuadrado integrable. La ecuación de Schrödinger proporciona una ecuación determinista para explicar la evolución temporal de la función de onda y, por tanto, del estado físico del sistema en el intervalo comprendido entre dos medidas (cuando se hace una medida de acuerdo con el postulado IV la evolución no es determinista).

Históricamente el nombre *función de onda* se refiere a que el concepto fue desarrollado en el marco de la primera física cuántica, donde se interpretaba que las partículas podían ser representadas mediante una onda física que se propaga en el espacio. En la formulación moderna, la función de onda se interpreta como un objeto mucho más abstracto, que representa un elemento de un cierto espacio de Hilbert de dimensión infinita que agrupa a los posibles estados del sistema.

Formulación original de Schrödinger-De Broglie

En 1923 De Broglie propuso la llamada hipótesis de De Broglie por la que a cualquier partícula podía asignársele un paquete de ondas materiales o superposición de ondas de frecuencia y longitud de onda asociada con el momento lineal y la energía:

$$p = \frac{h}{\lambda} = \hbar k \qquad E_k = h\nu = \hbar \omega$$

donde p, E_k son el momento lineal y la energía cinética de la partícula, y k, ω son el vector número de onda y la frecuencia angular. Cuando se consideran partículas macroscópicas muy localizadas el paquete de ondas se restringe casi por completo a la región del espacio ocupada por la partícula y, en ese caso, la velocidad de movimiento de la partícula no coincide con la velocidad de fase de la onda sino con la velocidad de grupo del paquete:

$$v_g = \frac{\partial \omega}{\partial k} = \frac{\partial E_k}{\partial p} = \frac{\partial E_k(p)}{\partial p} = \frac{p}{m}$$

donde $E(p) = P / 2m$. Si en lugar de las expresiones clásicas del momento lineal y la energía se usan las expresiones relativistas, lo cual da una descripción más precisa para partículas rápidas, un cálculo algo más largo, basado en la velocidad de grupo, lleva a la misma conclusión.

La fórmula de De Broglie encontró confirmación experimental en 1927 un experimento que probó que la ley de Bragg, inicialmente formulada para rayos X y radiación de alta frecuencia, era también válida para electrones lentos si se usaba como longitud de onda la longitud postulada por De Broglie. Esos hechos llevaron a los físicos a tratar de formular una ecuación de ondas cuántica que en el límite clásico macroscópico se redujera a las ecuaciones de movimiento clásicas o leyes de Newton. Dicha ecuación ondulatoria había sido formulada por Erwin Schrödinger en 1925 y es la celebrada Ecuación de Schrödinger:

$$-\frac{\hbar^2}{2m}\nabla^2\psi(x,t) + V(x)\psi(x,t) = i\hbar\frac{\partial\psi(x,t)}{\partial t}$$

donde $\psi(x,t)$ se interpretó originalmente como un campo físico o campo de materia que por razones históricas se llamó función de onda y fue el precedente histórico del moderno concepto de función de onda.

El concepto actual de función de onda es algo más abstracto y se basa en la interpretación del campo de materia no como campo físico existente sino como amplitud de probabilidad de presencia de materia. Esta interpretación, introducida por Max Born, le valió la concesión del premio Nobel de física en 1954.

Formulación moderna de Von Neumann

Los vectores en un espacio vectorial se expresan generalmente con respecto a una base (un conjunto concreto de vectores que "expanden" el espacio, a partir de los cuales se puede construir cualquier vector en ese espacio mediante una combinación lineal). Si esta base se indexa con un conjunto discreto (finito, contable), la representación vectorial es una "columna" de números. Cuando un vector de estado mecanocuántico se representa frente a una base continua, se llama función de ondas.

Formalización

La formalización rigurosa de la función de onda requiere considerar espacios de Hilbert equipados, donde puedan construirse bases más generales. Así para cualquier operador autoadjunto, al teorema de descomposición espectral, permite construir el equivalente de una base vectorial dependiente de un índice continuo (infinito, incontable). Por ejemplo, si se considera el operador de posición $\hat{X}$, que es autoadjunto sobre un dominio denso en el espacio de Hilbert convencional $\mathcal{H} \approx L^2(\mathbb{R}^n)$, entonces se pueden construir estados especiales:

$$|x\rangle \notin \mathcal{H} \qquad \hat{X}|x\rangle = x|x\rangle \in \mathcal{H}_e \qquad \mathcal{H} \subset \mathcal{H}_e$$

Pertenecientes a un espacio equipado de Hilbert $\mathcal{H}_e$, tal que la función de onda puede ser interpretada como las "componentes" del vector de estado del sistema respecto a una base incontable formada por dichos vectores:

$$|\psi\rangle = \int_{-\infty}^{\infty} \psi(\mathbf{x})|\mathbf{x}\rangle d\mathbf{x}$$

Nótese que aunque los estados propios $|\mathbf{x}\rangle$ del operador posición $\hat{X}$ no son normalizables, ya que en general no pertenecen al espacio de Hilbert convencional del sistema (sino sólo al espacio equipado), el conjunto de funciones de onda sí definen estados en el espacio de Hilbert. Eso sucede porque los estados propios satisfacen:

$$|\mathbf{x}\rangle, |\mathbf{x}'\rangle \in \mathcal{H}_e \qquad \langle \mathbf{x}|\mathbf{x}'\rangle = \delta(\mathbf{x}-\mathbf{x}')$$

Puesto que las funciones de onda así definidas, que son de cuadrado integrable, sí forman un espacio de Hilbert isomorfo y homeomorfo al original, el cuadrado del módulo de la función de onda puede ser interpretado como la densidad de probabilidad de presencia de las partículas en una determinada región del espacio.

Un tratamiento análogo al anterior usando vectores propios del operador momento lineal $\hat{P}$ también pertenecientes a un espacio equipado de Hilbert permiten definir las "funciones de onda" sobre el espacio de momentos. El conjunto de estos estados cuánticos propios del operador momento son llamados en física "base de espacio-k" (en contraposición a la función de onda obtenida a partir del operador posición que se llama "base de espacio-r"). Por la relación de conmutación entre los operadores posición y momento, las funciones de onda en espacio-r y en espacio-k son pares de transformadas de Fourier.

$$\tilde{\psi}(\mathbf{p}) = \frac{1}{(2\pi\hbar)^{3/2}} \int_{\mathbb{R}^3} \psi(\mathbf{x}) e^{-i\mathbf{p}\cdot\mathbf{x}/\hbar} d\mathbf{x}$$

El nombre espacio-k proviene de que $\mathbf{p} = \hbar\mathbf{k}$, mientras que el nombre espacio-r proviene del hecho de que las coordenadas espaciales con frecuencia se designan mediante el vector $\mathbf{r}$

Problemas de nomenclatura

Por la relación concreta entra la función de ondas y la localización de una partícula en un espacio de posiciones, muchos textos sobre mecánica cuántica tienen un enfoque "ondulatorio". Así, aunque el término función de ondas se use como sinónimo "coloquial" para vector de estado, no es recomendable, ya que no sólo existen sistemas que no pueden ser representados por funciones de ondas, sino que además el término función de ondas lleva a imaginar que hay algún medio que está ondulando en sentido mecánico.

Obtenido de «http://es.wikipedia.org/wiki/Funci%C3%B3n_de_onda»

Función de onda normalizable

Una **función de onda normalizable** es una solución de la ecuación de Schrödinger tal que la integral de su módulo al cuadrado es finita. Cuando esto sucede el estado cuántico caracterizado por dicha función de onda es interpretable como una partícula localizada.

Por ejemplo los sistemas de partículas ligados por interacciones cuyo movimiento está siempre dentro de una región finita del espacio se pueden describir mediante funciones de onda normalizables, así los electrones ligados de un átomo o una molécula se describen mediante funciones de onda normalizada y también los nucleones dentro del núcleo atómico. Sin embargo, existen estados físicamente realistas como las partículas en colisión que no admiten una función de onda normalizable y que usualmente cuando fuera de la zona donde se produce la colisión o interacción vienen descritos como funciones de tipo "onda plana" y en general no resultan funciones de onada normalizables.

Normalización de funciones de onda

De acuerdo con la interpretación probabilística de la función de onda, $|\Psi(\mathbf{r},t)|^2 d\mathbf{r}$ representa la probabilidad de encontrar la partícula, en el instante t, en el elemento de volumen $d\mathbf{r}$ en torno al punto $\mathbf{r}$. Como consecuencia, la probabilidad de encontrar la partícula en en todo el espacio será la unidad y, por tanto

$$\int d\mathbf{r} |\Psi(\mathbf{r},t)|^2 = 1 \quad (1)$$

donde la integración se extiende a todo el espacio. Esta condición significa que las funciones de onda que representan una partícula localizada en una región del espacio finita tienen que ser de cuadrado integrable. Conviene expresar la condición de normalización anterior en la notación de Dirac,

$$\langle \Psi(t)|\Psi(t)\rangle = 1 \quad (2)$$

El hecho de que la ecuación de Schrödinger en la representación de posición sea una ecuación diferencial homogénea implica que si $|\tilde{\Psi}(t)\rangle$ es una solución, entonces $|\Psi(t)\rangle := N|\tilde{\Psi}(t)\rangle$ también lo es. Podemos utilizar la constante de normalización N para conseguir que se cumpla la condición de normalización (2). En efecto, en este caso tendremos que elegir N para que se cumpla

$$|N|^2\langle\tilde{\Psi}(t)|\tilde{\Psi}(t)\rangle = 1 \rightarrow |N| = \frac{1}{\sqrt{\langle\tilde{\Psi}(t)|\tilde{\Psi}(t)\rangle}}$$

de tal manera que $N|\tilde{\Psi}(t)\rangle$ represente la densidad de probabilidad de encontrar la partícula en $\mathbf{r}$.

Funciones de onda no-normalizables

Existen muchos estados físicos interesantes a los que no se puede asociar una función de onda normalizable como los estados de colisión o las ondas planas. Aunque dichos estados no sean normalizables sí permiten definir un cálculo de probabilidades relativas y admiten un buen número de las operaciones del tratamiento cuántico ordinario.

El conjunto de estados normalizables puede dotarse de la estructura de espacio de Hilbert, mientras que los estados no-normalizables no pueden pertenecer a un espacio de Hilbert. Sin embargo, para tratar conjuntamente los estados normalizables y los no-normalizables se desarrolló el formalismo de espacios de Hilbert equipados, que son espacios vectoriales tales que:

$$\Phi \subseteq \mathcal{H} \subseteq \Phi^* = \mathcal{H}_{equip}$$

Donde:

$\mathcal{H}$, es el espacio de Hilbert formado por los estados normalizados.

$\mathcal{H}_{equip}$, es el espacio de Hilbert equipado que incluye todos los estados, y que puede obtenerse como el espacio dual de un conjunto de estados destacado llamado espacio nuclear.

Φ, es el espacio nuclear que es un subespacio del conjunto de espacios normalizables, adecuadamente escogido para que su dual englobe los estados físicamente interesantes.

Obtenido de «http://es.wikipedia.org/wiki/Funci%C3%B3n_de_onda_normalizable»

Función de trabajo

Función de trabajo

La **función de trabajo** o **trabajo de extracción**, es la energía mínima (normalmente medida en electronvoltios), necesaria para arrancar un electrón de un sólido, a un punto inmediatamente fuera de la superficie del sólido (o la energía necesaria para mover un electrón desde el nivel de energía de Fermi hasta el vacío). Aquí "inmediatamente" significa que la posición final del electrón está lejos de la superficie a escala atómica pero todavía cerca del sólido en una escala macroscópica. La función de trabajo es una propiedad fundamental para cualquier sustancia sólida con una banda de conducción (tanto vacía como parcialmente llena). Para un metal, el nivel de Fermi está dentro de la banda de conducción, indicando que la banda esta parcialmente llena. Para un aislante, el nivel de Fermi cae dentro del gap, indicando una banda de conducción vacía; en este caso, la energía mínima para arrancar un electron es aproximadamente la suma de la mitad del gap, y la función de trabajo.

Función de trabajo fotoeléctrica

La función de trabajo es la energía mínima que debe proporcionarse a un electrón para liberarlo de la superficie de una sustancia determinada. En el efecto fotoeléctrico, la excitación electrónica es obtenida por absorción de un fotón. (Cuando un electrón adquiere energía, éste salta de un nivel de energía a otro en saltos cuánticos. Este proceso se llama excitación de un electrón, y los niveles altos de energía se llaman estados excitados).Si la energía del fotón es mayor que la función de trabajo de la sustancia, se produce la emisión fotoeléctrica y el electrón es liberado de la superficie. (El exceso de energía del fotón se traduce en la liberación del electrón con energía cinética distinta de cero).

La función de trabajo fotoeléctrica es
$\varphi = hf$
dónde h es la constante de Planck y f es la frecuencia mínima (umbral) del fotón, requerida para producir la emisión fotoeléctrica.

Función de trabajo termoiónica

La función de trabajo es también importante en la teoría de la emisión termoiónica. En este caso los electrones ganan su energía del calor, en lugar de a través de fotones. De acuerdo a la ecuación de Richardson-Dushman la densidad de corriente de electrones emitida J (A/m) está relacionada a la temperatura absoluta T por la ecuación:

$$J = AT^2 e^{\frac{-W}{kT}}$$

donde W es la función de trabajo del metal, k es la constante de Boltzmann y la constante de proporcionalidad A, conocida como **constante de Richardson**, viene dada por

$$A = \frac{4\pi m k^2 e}{h^3} = 1.20173 \times 10^6 \text{ Am}^{-2}\text{K}^{-2}$$

donde m y $-e$ son la masa y la carga del electrón, y h es la constante de Planck.

La emisión termoiónica --- electrones escapando del filamento negativamente cargado calentado cátodo caliente --- es importante en la operación de tubos de vacío. El Tungsteno, la elección común para filamentos de tubos de vacío, tiene una función de trabajo de aproximadamente 4,5 eV; Varias capas de óxido pueden reducirla sustancialmente

Obtenido de «http://es.wikipedia.org/wiki/Funci%C3%B3n_de_trabajo»

Física atómica

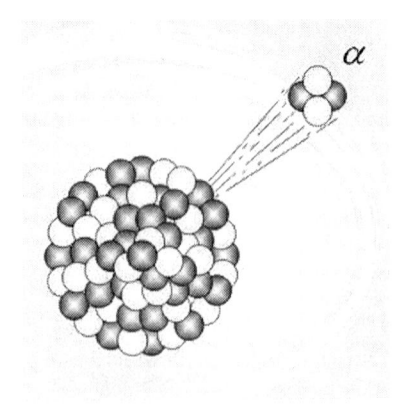

Modelo de explicación de la emisión alfa.

La **física atómica** es un campo de la física que estudia las propiedades y el comportamiento de los átomos (electrones y núcleos atómicos). El estudio de la física atómica incluye a los iones así como a los átomos neutros y a cualquier otra partícula que sea considerada parte de los átomos.

La física atómica y la física nuclear tratan cuestiones distintas, la primera trata con todas las partes del átomo, mientras que la segunda lo hace sólo con el núcleo del átomo, siendo este último especial por su complejidad. Se podría decir que la física atómica trata con las fuerzas electromagnéticas del átomo y convierte al núcleo en un partícula puntual, con determinadas propiedades intrínsecas de masa, carga y espín.

Historia

En los inicios su estudio se dedicó a las capas electrónicas exteriores de los átomos y a los procesos que se deducían en cambios de esa capa. John Dalton (1766-1844), generalmente reconocido como el fundador de la teoría atómica de la materia, pese a que el atomismo tuvo continuados exponentes desde el tiempo de Demócrito. Dalton dio a la teoría contenido científico sólido y Obtenido de «http://es.wikipedia.org/wiki/F%C3%ADsica_at%C3%B3mica»

Fórmula de Landau-Zener

La **fórmula de Landau–Zener** es una solución analítica a las ecuaciones de movimiento que gobiernan las dinámicas de las transiciones de un sistema mecanocuántico de dos niveles sometido a un Hamiltoniano dependiente del tiempo. Es válida cuando el hamiltoniano varía de forma que la separación de energía entre los dos estados sea una función lineal del tiempo, sin alterar el acoplamiento entre la matriz diabática, la llamada **aproximación** (o **modelo**) **de Landau-Zener**. La fórmula, que da la probabilidad de transición diabática (no adiabática) entre los dos estados de energía en un cruce evitado, se publicó por separado por Lev Landau y Clarence Zener en 1932.

Se llama **transición de Landau-Zener** al proceso por el cual un sistema empieza en el estado de energía inferior, y se encuentra en el estado de energía superior en el futuro. Para una variación de la diferencia de energía infinitamente lenta (esto es, una velocidad Landau-Zener) de cero, el teorema adiabático indica que la transición no tendrá lugar, puesto que el sistema se encontrará en todo momento en un estado propio del Hamiltoniano. A velocidades no nulas, la transición ocurre con probabilidades descritas por la fórmula de Landau-Zener.

A veces se llama **método Landau-Zener** a un método experimental de estudio de imanes unimoleculares basado en efectuar barridos sucesivos de campo magnético midiendo la magnetización, para estudiar la probabilidad de transición de efecto túnel entre dos estados de diferente momento magnético. La comparación del resultado con las predicciones de la fórmula de Landau-Zener permite el ajuste de los parámetros del hamiltoniano modelo y elucidar detalles de la dinámica de espín.

Aproximación de Landau-Zener

Estas transiciones ocurren entre estados del sistema completo, por tanto una descripción correcta del sistema debería incluir todas las influencias externas, incluyendo colisiones y campos externos eléctricos y magnéticos. Sin embargo, para poder resolver analíticamente las ecuaciones de movimiento, se hacen una serie de aproximaciones, que reciben el nombre colectivo de «aproximación de Landau Zener». Las simplificaciones son las siguientes:

- El parámetro de perturbación en el Hamiltoniano es una función conocida y lineal del tiempo
- La separación de energía entre los estados diabáticos varía linealmente con el tiempo
- El acoplamiento en la matriz diabática es independiente del tiempo

La primera simplificación hace que este sea un tratamiento semiclásico. En el caso de un átomo en un campo magnético, la intensidad del campo se convierte en una variable clásica que se puede determinar de forma precisa durante la transición.

La segunda simplificación implica que es posible hacer esta sustitución:

$$\Delta E = E_2(t) - E_1(t) \equiv \alpha t$$

donde $E_1(t)$ y $E_2(t)$ son las energías de los dos estados a tiempo t, dados por los elementos diagonales de la matriz Hamiltoniana, y α es una constante. Para el caso de un átomo en un campo magnético, esto corresponde a un cambio lineal en el campo. Para un efecto Zeeman lineal, la segunda simplificación se deduce directamente de la primera.

La última simplificación requiere que la perturbación dependiente del tiempo no acople los estados diabáticos; más bien, este acoplamiento ha de ser debido a una desviación estática de un acoplamiento de Coulomb de tipo $1/r$, descrito comúnmente como defecto cuántico.

Fórmula de Landau-Zener

Los detalles de la solución de Zener son algo opacos, y se basan en un conjunto de sustituciones para poner la ecuación de movimiento en forma de ecuación de Weber, cuya solución es conocida. Una solución más transparente la da Wittig usando métodos de integración de contorno.

La figura de mérito clave en esta aproximación es la velocidad de Landau-Zener:

$$v_{LZ} = \frac{\frac{\partial}{\partial t}|E_2 - E_1|}{\frac{\partial}{\partial q}|E_2 - E_1|} \approx \frac{dq}{dt}$$

, donde q es la variable de la perturbación (campo eléctrico o magnético, longitud de enlace o cualquier perturbación del sistema), y E_1 and E_2 son las energías de los dos estados diabáticos (que se cruzan). Una velocidad v_{LZ} grande resulta en una probabilidad de transición diabática.

Usando la fórmula de Landau–Zener la probabilidad P_D de una transición diabática viene dada por
$$P_D = e^{-2\pi\Gamma}$$
$$\Gamma = \frac{a^2/\hbar}{\left|\frac{\partial}{\partial t}(E_2 - E_1)\right|} = \frac{a^2/\hbar}{\left|\frac{dq}{dt}\frac{\partial}{\partial q}(E_2 - E_1)\right|}$$
$$= \frac{a^2}{\hbar|\alpha|}$$

La cantidad a es el elemento extradiagonal del Hamiltoniano del sistema de dos niveles que acopla los dos estados propios, y como tal es la mitad de la diferencia entre los valores propios de la energía en el cruce evitado, cuando $E = E$.

Extensiones a N niveles y transiciones «contraintuitivas»

Varios autores han extendido el modelo de Landau-Zener a cruces entre tres o incluso entre N niveles, pues hay multitud de sistemas físicos con cruces entre múltiples niveles. En general, las expresiones que dan la probabilidad de las transiciones son sencillas, como la del modelo original, aunque a veces su derivación es complicada. En estas extensiones, se llaman transiciones «contraintuitivas» a aquellas que ocurren entre niveles que no se cruzan directamente, sino a través de un tercero, y en las que estos cruces ocurren en el orden inverso al que parecería adecuado para transferir la población: si |1> cruza con |2> y luego |2> cruza con |3>, la transición contraintuitiva será desde |3> a |1>.

Obtenido de «http://es.wikipedia.org/wiki/F%C3%B3rmula_de_Landau-Zener»

Gato de Schrödinger

El gato en la caja.

El **experimento del gato de Schrödinger** o *paradoja de Schrödinger* es un experimento imaginario concebido en 1935 por el físico Erwin Schrödinger para exponer uno de los aspectos más extraños, a priori, de la mecánica cuántica.

La propuesta

Schrödinger nos propone un sistema formado por una caja cerrada y opaca que contiene un gato, una botella de gas venenoso, una partícula radiactiva con un 50% de probabilidades de desintegrarse en un tiempo dado y un dispositivo tal que, si la partícula se desintegra, se rompe la botella y el gato muere.

Al depender todo el sistema del estado final de un único átomo que actúa según las leyes de la mecánica cuántica, tanto la partícula como la vida del gato estarán sometidos a ellas. De acuerdo a dichas leyes, el sistema gato-dispositivo no puede separarse en sus componentes originales (gato y dispositivo) a menos que se haga una medición sobre el sistema. El sistema gato-dispositivo está en un entrelazamiento, *Verschränkung*, en alemán originalmente.

Siguiendo la interpretación de Copenhague, mientras no abramos la caja, el sistema, descrito por una función de onda, tiene aspectos de un gato vivo y aspectos de un gato muerto, por tanto, sólo podemos predicar sobre la potencialidad del estado final del gato y nada del propio gato. En el momento en que abramos la caja, la sola acción de observar modifica el estado del sistema tal que ahora observamos un gato vivo o un gato muerto. Esto se debe a una propiedad física llamada superposición cuántica que explica que el comportamiento de las partículas a nivel subatómico no puede ser determinado por una regla estricta que defina su función de onda. La física cuántica postula que la pregunta sobre la vida del gato sólo puede responderse probabilísticamente.

La paradoja ha sido objeto de gran controversia tanto científica como filosófica, al punto que Stephen Hawking ha dicho: «*cada vez que escucho hablar de ese gato, empiezo a sacar mi pistola*», aludiendo al suicidio cuántico, una variante del experimento de Schrödinger.

De hecho, aparte de la interpretación de Copenhague, existen otras maneras de ver este problema.

Interpretación de los universos paralelos

En la interpretación de los «muchos mundos» («*many-worlds*»), universos paralelos o multi-universos formulada por Hugh Everett en 1957, cada evento que se produce es un punto de ramificación. El gato sigue estando vivo y muerto a la vez pero en ramas diferentes del universo, todas las cuales son reales, pero incapaces de interactuar entre sí debido a la decoherencia cuántica.

Interpretación del colapso objetivo

De acuerdo con la teoría del colapso objetivo, las superposiciones de estados se destruyen aunque no se produzca observación, difiriendo las teorías en qué magnitud física es la que provoca la destrucción (tiempo, gravitación, temperatura, términos no lineales en el operador de evolución...). Esa destrucción es lo que evita las ramas que aparecen en la teoría de los multi universos.

La palabra "objetivo" procede de que en esta interpretación tanto la función de onda como el colapso de la misma son "reales", en el sentido ontológico. En la interpretación de los muchos-mundos, el colapso no es objetivo, y en la de Copenhague es una hipótesis adhoc.

Interpretación relacional

La interpretación relacional no hace distinciones entre el experimentador, el gato o el aparato, o entre seres animados o inanimados: todos son sistemas cuánticos gobernados por las mismas reglas de evolución de la función de onda, y todos pueden ser considerados como "observadores".

Pero esta interpretación permite que diferentes observadores puedan dar cuenta de la serie de eventos observados de manera diferente, dependiendo de la información que cada uno tiene del sistema. Así, el gato puede también ser considerado un observador del aparato mientras que el experimentador puede ser considerado otro observador del sistema completo (caja más aparato).

Antes de abrir la caja, el gato tiene información sobre el estado del aparato (el átomo ha decaído o no), pero el experimentador no tiene esa información sobre lo que ha ocurrido en la caja. Así, los dos observadores simultáneamente tienen distintos registros de lo que ha ocurrido: para el gato, la función de onda del aparato ya ha colapsado, mientras que para el experimentador el contenido de la caja está aún en un estado de superposición.

Solamente cuando la caja se abre, y ambos observadores tienen la misma información sobre lo que ha pasado, los dos estados del sistema colapsan en el mismo resultado, y el gato está entonces vivo o muerto.

Interpretación asambleística

Esta interpretación descarta la idea de que en mecánica cuántica un sistema físico individual (importante esta palabra) se pueda describir con una descripción matemática concisa (un estado) y es más cercana a la visión de la realidad de la física clásica. En ella, la función de onda no describe un sistema físico real e individual, sino una especie de medida estadística de muchos experimentos a los que se someten sistemas físicos idénticos. La función de ondas es una abstracción matemática que describe el sistema pero no existe en realidad como puede existir un campo eléctrico. Y un sistema físico nunca se encontrará en una mezcla de estados, así que el sistema no tendrá que colapsar a uno de ellos en ningún momento. Según la interpretación de Copenhague, antes de la medida existe ese estado de superposición. Según esta interpretación, se trata de un artificio aplicable para el conjunto de medidas.

En la interpretación asambleística las superposiciones de estados no son sino subasambleas de una asamblea de experimentos mayor. Si esto fuera así, lo que tendría sentido es describir mediante un estado no un experimento particular del gato de Schrödinger sino muchos experimentos similares preparados en condiciones semejantes. Según los proponentes de esta interpretación (Leslie E. Ballantine), la paradoja del gato de Schrödinger es trivial, porque no hay necesidad de que la función de onda colapse a la de un sistema físico individual.

Pero esta interpretación de las cosas, que funciona para sistemas no individuales, tuvo problemas para explicar lo que ocurre en los experimentos en los que físicamente sabemos que sólo hay una partícula (experimento de la doble rendija), en los que las otras interpretaciones son acordes con lo que se observa, y que apuntan a que los estados superpuestos sí describen "realmente" un único sistema. Por ello, esta interpretación sólo tiene interés histórico.
Obtenido de «http://es.wikipedia.org/wiki/Gato_de_Schr%C3%B6dinger»

Giróscopo cuántico

Un **giróscopo cuántico** es un tipo de giróscopo que emplea ciertas propiedades de los superfluidos, como el He.

En 1962, el físico Brian Josephson, de la Universidad de Cambridge, propuso que una corriente eléctrica podría circular entre dos superconductores incluso aunque ambos estuvieran separados por una fina capa de material aislante.

El término Efecto Josephson se refiere genéricamente a los diferentes fenómenos que pueden darse entre dos sistemas cuánticos macroscópicos (sistemas compuestos por moléculas o átomos donde todos comparten la misma función de onda) conectados débilmente entre sí.

Entre otras cosas, el efecto Josephson significa que, si conectamos dos superfluidos (fluidos que no poseen viscosidad) mediante, por ejemplo, uniones muy pequeñas, y aplicamos presión en uno de los superfluidos, ese líquido oscilará de un lado de la unión a otro.

Por ejemplo, tome un recipiente de forma tórica (coloquialmente un 'donut') y llénelo de un superfluido, por ejemplo el Helio-3 líquido. Dicho recipiente estará dividido en dos partes mediante una conexión débil, por ejemplo una fina membrana de nitruro de silicio, con 4.225 pequeñas perforaciones de un diámetro aproximado de 1/500 el de un cabello humano. Al aplicar una pequeña presión en uno de los compartimentos, se crea una onda que oscila entre ambos recipientes dentro del toro.

Lo interesante es que, mientras que la frecuencia de la onda es directamente proporcional a la magnitud de la presión aplicada, su amplitud depende de (si hay alguna) la rotación del toro, y dicha amplitud puede determinarse eléctricamente.

De esta forma, si se hace rotar el toro, la amplitud de dicha onda aumenta, y dichas variaciones de amplitud pueden detectarse con facilidad. Un dispositivo de este tipo ha sido construido por Richard Packard y sus colaboradores de la Universidad de California en Berkeley, siendo éste por tanto el primer giroscopio cuántico construido.

Este giroscopio es extremadamente sensible, y teóricamente una versión de mayor tamaño sería capaz de detectar cambios de minutos en la velocidad de rotación terrestre.

Obtenido de «http://es.wikipedia.org/wiki/Gir%C3%B3scopo_cu%C3%A1ntico»

Gravedad cuántica

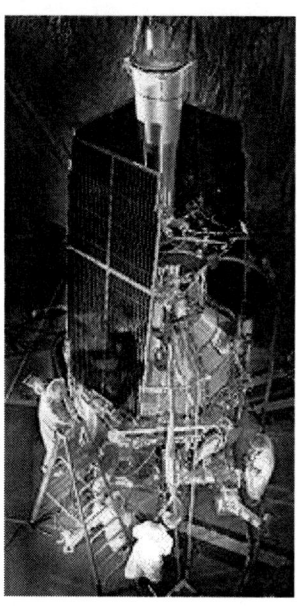

Satélite *Gravity Probe B*. Dedicado a medir la curvatura del campo gravitatorio terrestre debido a la teoría de la relatividad de Einstein.

La **gravedad cuántica** es el campo de la física teórica que procura unificar la teoría cuántica de campos, que describe tres de las fuerzas fundamentales de la naturaleza, con la relatividad general, la teoría de la cuarta fuerza fundamental: la gravedad. La meta es lograr establecer una base matemática unificada que describa el comportamiento de todas las fuerzas de las naturalezas, conocida como la Teoría del campo unificado.

Introducción

Una teoría cuántica de la gravedad debe generalizar dos teorías de supuestos y formulación radicalmente diferentes:
- La teoría cuántica de campos que es una teoría no determinista (determinismo científico) sobre campos de partículas asentados en el espacio-tiempo plano de la relatividad especial (métrica de Minkowski) que no es afectado en su geometría por el momento lineal de las partículas.
- La teoría de la relatividad general que es una teoría determinista que modela la gravedad como curvatura dentro de un espacio-tiempo que cambia con el movimiento de la materia y densidades energéticas.

Teorías gauge

Las maneras más obvias de combinar mecánica cuántica y relatividad general, sin usar teorías de gauge, tales como tratar la gravedad como simplemente otro campo de partículas, conducen rápidamente a lo que se conoce como el problema de la renormalización. Esto está en contraste con la electrodinámica cuántica y las otras teorías de gauge que son en general renormalizables y donde el cálculo perturbativo mediante diagramas de Feynman pueden ser acomodados para dar lugar a resultados finitos, eliminando los infinitos divergentes asociados a ciertos diagramas *vía* renormalización.

En cuanto a los detalles formales, hay que señalar que las teorías cuánticas de campos exitosas como la teoría electrodébil (que aúna la interacción electromagnética y la débil) y la cromodinámica cuántica (que describe la interacción fuerte) en forma de teorías de gauge usan un grupo de gauge finito, pero que el tratamiento del campo gravitatorio como campo de gauge requeriría un grupo de gauge infinito, ya que el conjunto de difeomorfismos (Ver: Homeomorfismo) del espacio-tiempo no es un grupo finito.

Ámbitos disjuntos de la MC y la TGR

Otra dificultad viene del éxito de la mecánica cuántica y la relatividad general. Ambas han sido altamente exitosas y no hay fenómeno conocido que contradiga a las dos. Actualmente, el problema más profundo de la física teórica es armonizar la teoría de la relatividad general (RG), con la cual se describe la gravitación y se aplica a las estructuras en grande (estrellas, planetas, galaxias), con la Mecánica cuántica (MC), que describe las otras tres fuerzas fundamentales y que actúan en la escala microscópica.

Las energías y las condiciones en las cuales la gravedad cuántica es probable que sea importante son hoy por hoy inaccesibles a los experimentos de laboratorio. El resultado de esto es que no hay observaciones experimentales que proporcionen cualquier indicación en cuanto a cómo combinar las dos.

La lección fundamental de la relatividad general es que no hay substrato fijo del espacio-tiempo, según lo admitido en la mecánica newtoniana y la relatividad especial. Aunque fácil de agarrar en principio, éste es la idea más difícil de entender sobre la relatividad general, y sus consecuencias son profundas y no completamente exploradas aún en el nivel clásico. Hasta cierto punto, la relatividad general se puede considerar como una teoría totalmente relacional, en la cual la única información físicamente relevante es la relación entre diversos acontecimientos en el espacio-tiempo.

Espacio-tiempo cuántico

Por otra parte, los mecánicos del quántum han dependido desde su invención de una estructura (no-dinámica) fija como substrato. En el caso de la mecánica cuántica, es el tiempo el que se da y no es dinámico, exactamente como en la mecánica clásica newtoniana. En teoría relativista de campos cuánticos, lo mismo que en teoría clásica de campos, el espacio tiempo de Minkowski es el substrato fijo de la teoría. Finalmente, la teoría de las cuerdas, comenzada como una generalización de la teoría de campos cuánticos donde, en vez de partículas puntuales, se propagan en un fondo fijo del espacio-tiempo objetos semejantes a cuerdas.

La teoría cuántica de campos en un espacio (no minkowskiano) curvo, aunque no es una teoría cuántica de la gravedad, ha mostrado que algunas de las asunciones de la base de la teoría de campos cuánticos no se pueden transportar al espacio-tiempo curvado, aún menos, entonces, a la verdadera gravedad cuántica. En particular, el vacío, cuando existe, se demuestra dependiente de la trayectoria del observador en el espacio-tiempo. Asimismo, el concepto de campo se ve como fundamental sobre el concepto de partícula (que se presenta como una manera conveniente de describir interacciones localizadas).

Históricamente, ha habido dos reacciones a la inconsistencia evidente de las teorías cuánticas con la substrato-independencia obligatoria de la relatividad general. El primero es que la interpretación geométrica de la relatividad general no es fundamental, sino apenas una cualidad emergente de una cierta teoría substrato-dependiente. Esto se remarca explícitamente, por ejemplo, en el texto clásico *Gravitation and Cosmology* de Steven Weinberg. La visión opuesta es que la independencia del substrato es fundamental, y la mecánica cuántica precisa generalizarse a contextos donde no hay tiempo especificado a-priori. El punto de vista geométrico es expuesto en el texto clásico *Gravitation*, por Misner, Thorne y Wheeler. Es interesante que dos libros escritos por gigantes de la física teórica expresando puntos de vista totalmente opuestos del significado de la gravitación fueran publicados casi simultáneamente al comienzo de los años 1970. Simplemente, se había alcanzado un callejón sin salida. No obstante, desde entonces el progreso ha sido rápido en ambos frentes, conduciendo en última instancia a *ST* (*String Theory* o teoría de cuerdas) y a *LQG*.

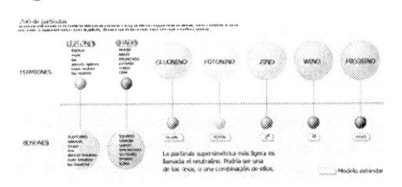

Zoo de partículas en la supersimetría.

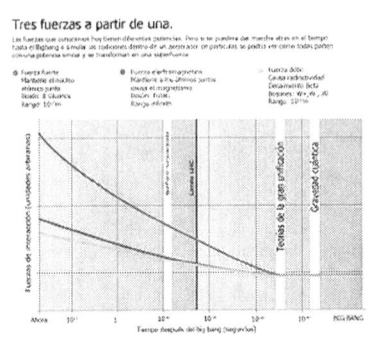

Convergencia de las tres fuerzas. Se marca la energía máxima del LHC.

Requerimientos de una teoría cuántica de la gravedad

El enfoque general tomado en derivar una teoría de la gravedad cuántica es asumir que la teoría subyacente será simple y elegante y entonces mirar las teorías actuales buscando las simetrías y las indicaciones sobre cómo combinarlas elegantemente en una teoría abarcadora. Un problema con este enfoque es que no se sabe si la gravedad cuántica será una teoría simple y elegante.

Tal teoría se requiere para entender los problemas que implican la combinación de masas o de energías muy grandes y de dimensiones muy pequeñas del espacio, tales como el comportamiento de los agujeros negros, y el origen del universo.

Una teoría cuántica de la gravitación debería poder ayudarnos a resolver varios problemas físicos no resueltos como:

- **El problema de las singularidades**, que nos explique cual es el fin último de una partícula que cae en un agujero negro siguiendo una geodésica que acaba en una "singularidad" espaciotemporal y cuál es la naturaleza física de las singularidades.
- **El problema del origen del universo**, que explique el proceso conocido como **inflación cuántica** que al parecer podría explicar también el problema cosmológico del horizonte.

Roger Penrose ha propuesto algunos hechos que la teoría cuántica de gravitación podría (o debería) explicar:

- **El problema del colapso de la función de onda cuántica**: como es sabido, la mecánica cuántica postula dos clases de evolución temporal. De un lado tenemos una evolución temporal suave, determinista y lineal dada por una ecuación tipo ecuación de Schrödinger (cuando el sistema se deja evolucionar sin afectarlo mediante ninguna medida), tal como se recoge en el postulado V. Y de otro lado tenemos una evolución abrupta, aleatoria y no lineal recogida en el postulado IV y que ocurre cuando hacemos una medida de una magnitud física del sistema. De acuerdo con Penrose, estos dos tipos de evolución podrían ser casos límites de un mismo tipo de evolución no-lineal que en ciertas ocasiones se presenta como lineal o cuasi-lineal, quedando así explicada la ambigüedad de la teoría cuántica sobre cuándo realmente ocurre o no una medida.
- **La asimetría temporal** relacionada con la segunda ley de la termodinámica que Penrose argumenta razonadamente se remonta a que la singularidad inicial del Big Bang fue de un tipo especial con tensor de curvatura de Weyl nulo. Penrose explica que todas las singularidades finales, como las de los agujeros negros, por el contrario, conllevan un tensor de Weyl que tiende a infinito.
- **La naturaleza de la conciencia humana**, que Penrose opina no es de

naturaleza puramente algorítmica sino que incluiría elementos no computables. Penrose apunta que una teoría cuántica de la gravitación debería ser no-lineal, y si bien podría ser realmente determinista sería claramente no computable lo que explicaría que los fenómenos cuánticos de medición nos parecieran impredecibles tal como realmente observamos.

También una teoría cuántica de la gravedad debería ampliar nuestro conocimiento de efectos cuánticos predichos por enfoques tentativos de otras teorías cuánticas, como la existencia de radiación de Hawking.

Intentos de teorías cuánticas de la gravedad

Hay un número de teorías y de proto-teorías propuestas de la gravedad cuántica incluyendo:
- Teoría de cuerdas y supergravedad
- Gravedad cuántica de bucles de Ashtekar, Smolin y de Rovelli
- Geometría no conmutativa de Alain Connes
- La teoría "R=T" (Dilatón) de Robert Mann y Tony Scott
- Teoría de Twistores de Roger Penrose
- Conjuntos causales, de Rafael Sorkin
- Triangulación dinámica causal (abreviadamente CDT)
- Expansión cósmica en escala de C. Johan Masreliez
- Geometrodinamica de John Wheeler
- Principio holográfico

Teóricos de gravedad cuántica

Obtenido de «http://es.wikipedia.org/wiki/Gravedad_cu%C3%A1ntica»

Gravedad cuántica de bucles

La **Gravedad cuántica de bucles** (**LQG** - por *Loop Quantum Gravity*) es una teoría cuántica propuesta del espacio-tiempo, que mezcla las teorías aparentemente incompatibles de la mecánica cuántica (MC) y la relatividad general (RG). Como teoría de la gravedad cuántica, es el competidor principal de la teoría de las cuerdas (*ST*), aunque quienes sostienen esta última exceden en número a quienes sostienen la teoría de bucles por un factor, aproximadamente, de 10 a 1.

Los éxitos principales de LQG son:
- una cuantización no perturbativa de la geometría del 3-espacio, con operadores cuantizados de área y de volumen;
- un cálculo de la entropía de los agujeros negros físicos;
- una prueba de facto de que no es necesario tener una teoría de todo para tener un candidato razonable para una teoría cuántica de la gravedad.

Sus defectos principales son:
- no tener todavía un cuadro de la dinámica sino solamente de la cinemática;
- no ser todavía capaz de incorporar (por la suya N.T.) la física de partículas;
- no ser todavía capaz de recuperar el límite clásico de acuerdo con el principio de correspondencia.

LQG es el resultado del esfuerzo por formular una teoría cuántica substratoindependiente. La teoría topológica de campos cuánticos proporcionó un ejemplo, pero sin grados de libertad locales, y solamente finitos grados de libertad globales. Esto es inadecuado para describir la gravedad, que incluso en el vacío tiene grados de libertad locales, según la relatividad general.

La historia de LQG

La relatividad general es la teoría de la gravitación publicada por Albert Einstein en 1915. Según la relatividad general, la fuerza de la gravedad es una manifestación de la geometría local del espacio-tiempo. Matemáticamente, la teoría es modelada según la geometría métrica de Riemann, pero el grupo de Lorentz de las simetrías del espacio-tiempo (un ingrediente esencial de la propia teoría de Einstein de la relatividad especial) substituye al grupo de simetrías rotatorias del espacio. LQG hereda esta interpretación geométrica de la gravedad, y postula que una teoría cuántica de la gravedad es fundamentalmente una teoría cuántica del espacio-tiempo.

En los años 1920 el matemático francés Élie Cartan formuló la teoría de Einstein en el lenguaje de fibrados y conexiones, una generalización de la geometría de Riemann a la cual Cartan hizo contribuciones importantes. La así llamada teoría de Einstein-Cartan de la gravedad no solamente reformuló sino también generalizó la relatividad general, y permitió espacio-tiempos con torsión así como con curvatura. En la geometría de Cartan de fibrados el concepto de transporte paralelo es más fundamental que el de distancia, la pieza central de la geometría de Riemann. Un similar desplazamiento conceptual ocurrió entre el intervalo invariante de la relatividad general de Einstein y el transporte paralelo en la teoría Einstein-Cartan.

En los años 1960 el físico Roger Penrose exploró la idea del espacio presentándose como una estructura combinatoria cuántica. Sus investigaciones dieron lugar al desarrollo de las Redes de espín (*Spin Networks* - SN). Como ésta era una teoría cuántica del grupo de rotaciones y no del grupo de Lorentz, Penrose desarrolló los twistores.

En 1986 el físico Abhay Ashtekar reformuló las ecuaciones del campo de la relatividad general de Einstein usando las que han venido a ser conocidas como las variables de Ashtekar, un enfoque particular de la teoría de Einstein-Cartan con una conexión compleja. Usando esta reformulación, él pudo cuantificar la gravedad usando técnicas bien conocidas de la teoría cuántica del campo de gauge. En la formulación de Ashtekar, los objetos fundamentales son una regla para el transporte paralelo (técnicamente, una conexión) y un marco coordenado (llamada tétrada) en cada punto.

La cuantización de la gravedad en la formulación de Ashtekar fue basada en los bucles de Wilson, una técnica desarrollada en los años 1970 para estudiar el régimen de interacción fuerte de la cromodinámica cuántica. Es interesante, en este contexto, el que se conocía que los bucles de Wilson tenían "mal comportamiento" en el caso de la teoría estándar cuántica del campo en el espacio de Minkowski (i. e. chato), y fue así que no proporcionó una cuantización no perturbativa de QCD. Sin embargo, como la formulación de Ashtekar era substrato-independiente, era posible utilizar los bucles de Wilson como la base para la cuantización no perturbativa de la gravedad. Alrededor de 1990 Carlo Rovelli y Lee Smolin obtuvieron una base explícita de los estados de la geometría cuántica, que resultaron venir etiquetados por los SN de Penrose. En este contexto, los SN se presentaron como una generalización de los bucles de Wilson necesaria para ocuparse de los bucles que se intersecan mutuamente. Matemáticamente, los SN se relacionan con la teoría de representación de grupos y se pueden utilizar construir invariantes de nudo tales como el polinomio de Jones.

- *operadores de área y volumen*
- *Spin foams*

Bucles de Wilson y SN

El desarrollo de una teoría cuántica de campos de una fuerza da lugar invariablemente a respuestas infinitas (y por lo tanto inútiles). Los físicos han desarrollado técnicas matemáticas (renormalización) para eliminar estos infinitos que funcionan con las fuerzas nucleares fuertes y débiles y con las electromagnéticas pero no con la gravedad.

Las maneras más obvias de combinar los dos (tales como tratar la gravedad como simplemente otro campo de partículas) conduce rápidamente a lo qué se conoce como el problema de la renormalización. Las partículas (portadoras) de la gravedad se atraerían y si se agregan juntas todas las interacciones se termina con muchos resultados infinitos que no se puedan cancelar fácilmente. Esto está en contraste con la electrodinámica cuántica donde las interacciones dan lugar a algunos resultados infinitos, pero éstos son lo suficientemente escasos en número como para ser eliminables *via* renormalización.

Así el desarrollo de una teoría cuántica de la gravedad debe lograrse por diferentes medios que los que fueron utilizados para las otras fuerzas. En LQG la textura del espacio-tiempo es una red espumosa de lazos que obran recíprocamente descritos matemáticamente por spin networks. Estos lazos son de alrededor de 10 metros de tamaño, llamada Escala de Planck. Los lazos anudan juntos con la formación de bordes, superficies y vértices, al igual que las pompas de jabón ensamblándose juntas. Es decir, el espacio-tiempo mismo está cuantificado. El dividir un lazo, si se logra, forma dos lazos, cada uno con el tamaño original. En *LQG*, *SN* representan los estados cuánticos de la geometría del espacio-tiempo relativo. Mirado de otra manera, la teoría de la relatividad general de Einstein es (como Einstein predijo) una aproximación clásica de una geometría cuantizada.

Características de la LQG

LQG y el límite clásico

Cualquier teoría exitosa de la gravedad cuántica debe proporcionar predicciones físicas que emparejen de cerca la observación conocida, y reproducir los resultados de la teoría de campos cuánticos y de la gravedad. Hasta la fecha la teoría de Einstein de la relatividad general es la teoría más acertada de la gravedad. Se ha mostrado que cuantificar las ecuaciones del campo de la relatividad general no recuperará necesariamente esas ecuaciones en el límite clásico. Sigue siendo confuso si LQG da los resultados que emparejan la relatividad general en el dominio de las bajas energías, macroscópico y astronómico. Hasta la fecha, LQG ha demostrado dar resultados concordantes con relatividad general en 1+1 y 2+1 dimensiones. Hasta la fecha, no se ha demostrado que LQG reproduzca gravedad clásica en 3+1 dimensiones. Así, sigue siendo confuso si LQG combina con éxito la mecánica cuántica con relatividad general.

Cosmología cuántica de la LQG

Un principio importante en la cosmología cuántica al cual LQG adhiere, es que no hay observadores exteriores al universo. Todos los observadores deben ser una parte del universo que están observando. Sin embargo, porque los conos de luz limitan la información que está disponible para cualquier observador, la idea platónica de verdades absolutas no existe en un universo de LQG. En su lugar, existe una consistencia de verdades en que cada observador, si es veraz, reportará resultados consistentes pero no necesariamente iguales.

Otro principio importante gira alrededor de la constante cosmológica, que es la densidad de la energía inherente a un vacío. Ha habido propuestas para incluir una constante cosmológica positiva en LQG que implicaba un estado designado como el estado de Kodama (por Hideo Kodama). Algunos han argumentado, por analogía con otras teorías, que este estado es no-físico. Este tema sigue sin resolverse.

El Big Bang en la LQG

Varios físicos de LQG han mostrado que LQG puede conseguir librarse de los infinitos y de las singularidades presentes en la relatividad general cuando se aplica al Big Bang. Mientras que las herramientas estándares de la física colapsan, LQG ha proporcionado modelos internamente consistentes de un "Big Bounce" en el tiempo que precedía al Big Bang.

Diferencias entre LQG y ST/TM

ST y *LQG* son los productos de diversas comunidades. *ST* emergió de la comunidad de la física de partículas y fue formulada originalmente como teoría que dependía de un espacio-tiempo de base, recto o curvado, que obedecía las ecuaciones de Einstein. Esto, ahora se sabe, sólo es una aproximación a una teoría subyacente misteriosa y no bien-formulada que puede ser substrato-independiente o puede no serlo.

En contraste, LQG fue formulada con independencia del substrato en mente. Sin embargo, ha sido difícil demostrar que la gravedad clásica se puede recuperar de la teoría. Así, LQG y ST parecen algo complementarias. ST recupera fácilmente la gravedad clásica, pero carece de una descripción fundamental, quizás substrato independiente. LQG es una teoría independiente del substrato de algo, pero el límite clásico todavía no se ha probado manejable. Esto ha conducido a alguna gente a conjeturar que LQG y ST pueden ambos ser aspectos de una cierta nueva teoría o quizás hay una cierta síntesis de las técnicas de cada uno que conducirán a una teoría completa de la gravedad cuántica. Por ahora, esto es, sobre todo, una esperanza con poca evidencia.

Posibles pruebas experimentales de LQG

LQG puede hacer hipótesis que pueden ser experimentalmente verificables en el futuro cercano.

La trayectoria tomada por un fotón con una geometría discreta del espacio-tiempo sería diferente de la trayectoria tomada por el mismo fotón a través de un espacio-tiempo continuo. Normalmente, tales diferencias deben ser insignificantes, pero Giovanni Amelino-Camelia aclaró que los fotones que han viajado desde galaxias distantes pueden revelar la estructura del espacio-tiempo. LQG predice que los fotones más energéticos deben viajar levemente más rápido que los fotones menos energéticos. Este efecto sería demasiado pequeño para observarlo dentro de nuestra galaxia. Sin embargo, la luz que nos alcanza como explosiones de rayos gamma desde otras galaxias deben manifestar desplazamiento espectral variable en el tiempo. Es decir las explosiones gammas distantes deben aparecer más azuladas al comenzar y terminar más rojizas. Alternativamente, los fotones altamente energéticos de ráfagas de rayos gamma deben llegar algo más pronto que los menos enérgicos. Los físicos de LQG aguardan con impaciencia resultados de los experimentos espaciales de espectrometría de rayos gamma -- una misión lanzada en febrero de 2007.

Teóricos de la LQG y áreas relacionadas

Teóricos de LQG:
- Abhay Ashtekar
- John Baez
- Julian Barbour
- John Barrett
- Martin Bojowald
- Alejandro Corichi
- Louis Crane
- Laurent Freidel
- Rodolfo Gambini
- Giorgio Immirzi
- Christopher Isham
- Kirill Krasnov
- Jerzy Lewandowski
- Renate Loll
- Fotini Markopoulou-Kalamara
- Donald Marolf
- Jorge Pullin
- Michael Reisenberger
- Carlo Rovelli
- Lee Smolin
- Thomas Thiemann
- José Antonio Zapata

Obtenido de «http://es.wikipedia.org/wiki/Gravedad_cu%C3%A1ntica_de_bucles»

Hamiltoniano (mecánica cuántica)

El **Hamiltoniano** H tiene dos significados distintos, aunque relacionados. En mecánica clásica, es una función que describe el estado de un sistema mecánico en términos de variables posición y momento, y es la base para la reformulación de la mecánica clásica conocida como mecánica hamiltoniana. En mecánica cuántica, el operador Hamiltoniano es el correspondiente al observable "energía".

Descripción cuántica de un sistema

En el formalismo de la mecánica cuántica, el estado físico del sistema puede ser caracterizado por un vector en un espacio de Hilbert de dimensión infinita (lo cual permite expresar cualquier estado físico por una secuencia contable de vectores, ponderados por sus amplitudes de probabilidades respectivas). Las magnitudes físicas observables son descritas, entonces, por operadores autoadjuntos que actúan sobre este vector (o sobre estos vectores). Los resultados posibles de una medida sobre un estado y las probabilidades con las que aparecen pueden calcularse a partir del vector que representa el estado y los vectores propios del operador autoadjunto que representa la magnitud.

Hamiltoniano cuántico

El **hamiltoniano cuántico** H es el observable que representa la energía total del sistema (formalmente se define como un operador autoadjunto definido sobre un dominio denso en el espacio de Hilbert del sistema). Los posibles valores de la energía de un sistema físico vienen dados por los valores propios del operador hamiltoniano:

$$(1) \quad \hat{H}\left|\psi\right\rangle = E_\psi \left|\psi\right\rangle$$

donde $\hat{H}$ es el operador hamiltoniano, $\left|\psi\right\rangle$ es un estado propio de $\hat{H}$ y E_ψ es la energía de ese estado.

Propiedades

Por las propiedades de los operadores autoadjuntos:

- Los vectores propios de $\hat{H}$, que satisfacen (1), forman una base ortogonal para el espacio de Hilbert.
- El espectro de niveles de energía permitidos para el sistema viene dado por el conjunto de valores propios de $\hat{H}$, $\{E_\psi\}$ que verifican la ecuación que hay sobre estas líneas.
- La energía del sistema siempre toma valores reales, razón por la cual la mecánica cuántica impone que para que $\hat{H}$ describa al sistema debe ser un operador hermítico.
- Dependiendo del sistema físico, el espectro de energías puede ser discreto o continuo. Se da el caso

de que algunos sistemas presentan un espectro continuo en un intervalo de energías, y discreto en otro. Un ejemplo es el pozo finito de energía potencial, que admite estados ligados con energías discretas y negativas, y estados libres con energías continuas y positivas, eso sucede por ejemplo en el átomo hidrogenoide.
- Dependiendo del sistema físico, el operador hamiltoniano puede no estar definido sobre todo el espacio. Si no existe límite para el valor máximo de la energía de un sistema entonces el operador hamiltoniano será un operador no-acotado y en general no estará definido en todo el espacio de Hilbert de todo el sistema sino sólo en un dominio denso de él.

Evolución temporal

La evolución temporal de los estados cuánticos puede obtenerse a partir del Hamiltoniano a través de la ecuación de Schrödinger. Si $|\Psi(t)\rangle$ es el estado del sistema a tiempo t, tenemos:

$$\hat{H}|\Psi(t)\rangle = i\hbar\frac{\partial}{\partial t}|\Psi(t)\rangle$$

donde $\hbar$ es la constante de Planck dividida entre 2π. Dado el estado a un tiempo inicial ($t = 0$), podemos integrarla para obtener el estado en cualquier tiempo subsiguiente. Si H además de operador autoadjunto no depende explícitamente del tiempo podemos encontrar una familia de operadores unitarios definidos sobre el espacio de Hilbert que da una solución formal de la anterior ecuación:

$$|\Psi(t)\rangle = U(t)|\Psi(0)\rangle \quad U(t) := \exp\left(-i\hat{H}t/\hbar\right)$$

Donde la exponencial del operador Hamiltoniano se calcula usualmente mediante serie de potencias. Se puede demostrar que es un operador unitario, y es la forma común de *operador de evolución temporal* o *propagador*.

Carácter autoadjunto

Un requerimiento matemáticamente importante para un hamiltoniano es que este sea un operador autoadjunto, sin embargo, normalmente demostrar que un determinado operador es autoadjunto es un problema matemático no trivial. Por esa razón durante mucho tiempo se desconocía si el hamiltoniano atómico por ejemplo era realmente un operador autoadjunto, aunque la evidencia sugería que efectivamente los átomos de muchos electrones eran equiparables al átomo hidrogenoide hasta mediados de siglo XX no se dispuso de una prueba matemática rigurosa. En los años 1960 y 1970 se hizo gran cantidad de trabajo en ese sentido.

El hamiltoniano para una partícula libre dado por:

$$\hat{H}_0 = -\frac{\hbar}{2}\nabla^2$$

Definido sobre $\mathcal{L}^2(\mathbb{R}^3)$, pero el hamiltoniano relevante en un buen número de problemas incluye un potencial siendo de la forma:

$$\hat{H} = \hat{H}_0 + V(\mathbf{x})$$

Si el potencial es una función continua y acotada entonces el hamiltoniano anterior es autoadjunto, acotado y por tanto definido sobre todo $\mathcal{L}^2(\mathbb{R}^3)$ y en este caso s edice que el potencial es una perturbación acotada de $\hat{H}_0$. Sin embargo, muchos problemas físicos importantes como los sistemas atómicos tienen potenciales no acotados inferiormente. Aunque Kato (1966) logró demostrar el siguiente resultado:

Si el potencial $V(\mathbf{x})$ puede escribirse como la suma de dos funciones reales, una de las cuales es continua y acotada y la otra es una función de $\mathcal{L}^2(\mathbb{R}^3)$, entonces el operador definido por:

$$\begin{cases} D(\hat{H}) = \{\psi \in \mathcal{L}^2(\mathbb{R}^3) : \nabla^2\psi \in \mathcal{L}^2(\mathbb{R}^3)\} \\ \hat{H}\psi = -\frac{\hbar}{2}\nabla^2\psi + V(\mathbf{x})\psi \end{cases}$$

es autoadjunto y acotado inferiormente.
El teorema anterior se aplica en particular al átomo hidrogenoide, para el cual $V(\mathbf{x}) = -\kappa Z e^2/\|\mathbf{x}\|$ Pero además Kato logró extender el resultado anterior a un átomo con n-electrones en interacción con $Z \geq n$ para el cual:

$$V = V(\mathbf{x}_1,\ldots,\mathbf{x}_n) = -\sum_{j=1}^{n}\frac{1}{4\pi\varepsilon_0}\frac{Ze^2}{\|\mathbf{x}_j\|} + \sum_{j<k=1}^{n}\frac{e^2}{4\pi\varepsilon_0\|\mathbf{x}_j - \mathbf{x}_k\|}$$

El primer término representa la interacción de cada electrón con el núcleo atómico, y el segundo contabliza la repulsión electroestática entre los diferentes pares de electrones. En este caso las funciones de onda $\psi \in \mathcal{L}^2(\mathbb{R}^{3n})$

Ejemplos

Oscilador armónico

Artículo principal: Oscilador armónico cuántico.

En el problema del oscilador armónico monodimensional, una partícula de masa m está sometida a un potencial cuadrático

$$V(x) = \frac{1}{2}kx^2$$

. En mecánica clásica $k = m\omega^2$ se denomina constante de fuerza o constante elástica, y depende de la masa m de la partícula y de la frecuencia angular ω.

El Hamiltoniano cuántico de la partícula es:

$$\hat{H} = \frac{\hat{p}^2}{2m} + \frac{1}{2}m\omega^2 x^2$$

donde x es el operador posición y $\hat{p}$ es el operador momento

$$\left(\hat{p} = -i\hbar\frac{d}{dx}\right)$$

. El primer término representa la energía cinética de la partícula, mientras que el segundo representa su energía potencial.

Átomo de hidrógeno

La versión más simple del modelo atómico de Schrödinger emplea un hamiltoniano basado en el hamiltoniano de una partícula en un campo de Coulomb:

$$\hat{H} = \frac{1}{2m}\nabla^2 + \frac{Ze^2}{4\pi\varepsilon_0}\frac{1}{r}$$

Ese modelo predijo por primera vez los niveles energéticos con una gran precisión. Sin embargo, para dar cuenta de la estructura fina es necesario añadir correcciones relativistas y de espín, resultando un hamiltoniano más complicado dado por:

$$\hat{H} = \frac{1}{2\mu}(\mathbf{p}-e\mathbf{A})^2 + V(\mathbf{r}) - \frac{e\hbar}{2\mu}\boldsymbol{\sigma}\cdot\mathbf{B} - \frac{p^4}{8\mu^3c^2} + \frac{\hbar^2}{4\mu^2c^2}\boldsymbol{\sigma}\cdot(\boldsymbol{\nabla}V\times\mathbf{p})$$

Donde:

$V(\mathbf{r}), \mathbf{A}(\mathbf{r})$, son el potencial y el potencial vector, si el campo magnético fuera nulo este último vector sería cero.

$\mathbf{B} = \nabla \times \mathbf{A}(\mathbf{r})$, el campo magnético.

μ, σ, la masa reducida y el espín del electrón.

$\hbar, c$, la constante de Planck racionalizada y la velocidad de la luz.
En concreto es necesario tener en cuenta en los cálculos:
- La interacción del espín electrónico con el campo magnético del núcleo atómico (tercer término)
- Los efectos relativistas debido a la variación de la masa aparente con la velocidad. (cuarto término)
- El término de Darwin, que no tiene un análogo clásico. (quinto término)
- La interacción espín-órbita. (sexto término)

Obtenido de «http://es.wikipedia.org/wiki/Hamiltoniano_(mec%C3%A1nica_cu%C3%A1ntica)»

Heteroestructura

Se entiende por **heteroestructura** ideal a un único cristal de material semiconductor en el cual existiría un plano a través del cual la "identidad" de los átomos de los que tal cristal está constituido cambia bruscamente.

También en la práctica el planteo descripto es efectivo y atendible. una heteroestructura concreta en la actualidad (julio de 2006) es un cristal compuesto por elementos semiconductores heterogéneos, de diverso tipo; tales semiconductores heterogéneos se ubican en una heteroestructura concreta dispuestos estratificadamente y aproximadamente alineados en una determinada dirección (*dirección de crecimiento*); a esta clase de disposición se la suele llamar hetero-conjunción.

Por lo que respecta a la fabricación actual de *heteroestructuras*, ya existe la posibilidad de depositar elementos químicos con extrema precisión (a escalas atómicas) mediante técnicas especiales como las llamadas "de crecimiento epitaxial" , esto es: mediante técnicas en las cuales se produce el pasaje de un semiconductor a otro; son técnicas tales como la MBE (sigla inglesa de *Molecular Beam Epitaxy*) o la MOCVD (*Metalorganic Chemical Vapor Deposition*). Tales técnicas permitirían depositar los materiales con tal precisión que proveerían de una gama teóricamente ilimitada de **heteroestructuras**; y en especial ofrecen la posibilidad de desarrollar sistemas en los cuales los *portadores de carga* se encontrarían confinados en espacios llamados **espacios de dimensionalidad reducida**.

Precisamente por estas virtudes la mayor parte de los dispositivos a semiconductores producidos actualmente (2006) están constituidos por **heteroestructuras**; por ejemplo, con heteroestructuras se confeccionan reveladores ópticos y dispositivos digitales tanto como analógicos que requieren elevadas frecuencias de funcionamiento.

Obtenido de «http://es.wikipedia.org/wiki/Heteroestructura»

Hidrógeno triatómico

El **hidrógeno triatómico, trihidrógeno** o H es una molécula formada por tres átomos de hidrógeno, que se forma en condiciones especiales por su menor estabilidad respecto del hidrógeno molecular diatómico, H, o del catión trihidrógeno, H. Pertenece al grupo de las moléculas de Rydberg, moléculas predichas por Enrico Fermi y que resultan más estables en estados de alta energía que en el estado fundamental, que es disociativo. El enlace entre sus átomos es extremadamente débil y se forma porque uno de sus átomos posee un electrón muy alejado del núcleo (átomo de Rydberg) lo que le permite interactuar con los otros átomos y formar la molécula.

Descubrimiento y primeros estudios

Fue descubierta espectroscópicamente en los años 80 por Gerhard Herzberg, premio Nobel de Química en 1971 y padre de la espectroscopía molecular. Por este descubrimiento se le concedió en 1985 la medalla de la American Physical Society.

Fue estudiado por el físico alemán Wolfgang Ketterle, cuya tesis doctoral versó sobre la espectroscopía del hidruro de helio y del hidrógeno triatómico, en 1986.

Propiedades y reacciones

Estas moléculas se forman a presiones bajas (en torno a 2 cmHg en tubos de descarga).

Tienen tendencia a autoionizarse o fotodisociarse, perdiendo un electrón para dar el catión trihidrógeno, más estable.

$$H_3 \longrightarrow H_3^+ + e^-$$

De hecho, los estados excitados de H próximos al umbral de ionización son resonancias en el proceso de recombinación disociativa:

$$H_3^+ + e^- \longrightarrow H_3^* \longrightarrow H + $$

y también

$$H_3^+ + e^- \longrightarrow H_3^* \longrightarrow H + H +$$

En la literatura

Jack Williamson escribió en 1940 un relato de ciencia-ficción llamado "El paraje perdido" en el que un científico trata de convertir hidrógeno triatómico en helio-3 mediante un proceso catalítico a alta presión, para fabricar bombas atómicas.

Véase también
- Dihidrógeno, H
- Catión trihidrógeno, H
- Catión dihidrógeno, H

Enlaces externos
- Página sobre el hidrógeno triatómico (en inglés) del Department of

Hilo cuántico

Molecular and Optical Physics, Universidad de Freiburg, Alemania.

Referencias

Obtenido de «http://es.wikipedia.org/wiki/Hidr%C3%B3geno_triat%C3%B3mico»

En física de la materia condensada, un **hilo cuántico** es un alambre conductor eléctrico en el que los efectos cuánticos afectan las propiedades del transporte. Debido al confinamiento de electrones de conducción en la dirección transversal del alambre, su energía transversal es cuantizada en una serie de valores discretos E (energía de "estado fundamental", con valor bajo), E_1,... (ver partícula en una caja, oscilador armónico cuántico). Una consecuencia de esta cuantización es que la fórmula clásica para calcular la resistencia eléctrica de un alambre:

$$R = \rho \frac{l}{A}$$

(donde ρ es la resistencia, l es la longitud, y A es el área seccionada transversalmente del alambre), no es válida para los hilos cuánticos.

En lugar de ello, para calcular la resistencia de un alambre tiene que ser realizado un cálculo exacto de las energías transversales de los electrones confinados. Siguiendo desde la cuantización de la energía del electrón, la resistencia también se encuentra que debe ser cuantizada.

Para un material dado, la importancia de la cuantización es inversamente proporcional al diámetro del nanohilo. De un material a otro, es dependiente de las propiedades electrónicas, especialmente en la masa efectiva de los electrones. En palabras simples esto significa que, dentro de un material dado, dependerá de cómo interactúan los electrones de conducción con los átomos. En la práctica, los semiconductores muestran claramente la cuantización de la conductancia en grandes dimensiones transversales de alambre (100 nm), porque debido al confinamiento, los modos electrónicos están espacialmente extendidos. Como resultado, sus longitudes de onda de fermi son grandes y por lo tanto tienen bajas separaciones de energía. Esto significa que solo pueden ser resueltas a temperatura criogénica (pocos kelvins) donde la energía de excitación térmica es más baja que la separación de energía inter-modo.

Para los metales, la cuantización correspondiente a los estados más bajos de energía solo se observa en alambres atómicos. Por lo tanto, su longitud de onda correspondiente es extremadamente pequeña, teniendo una separación de energía muy grande que hace una resistencia de cuantización perfectamente observable a temperatura ambiente.

Nanotubos de carbono como hilos cuánticos

Es posible hacer hilos cuánticos de nanotubos de carbono metálicos, por lo menos en cantidades limitadas. Las ventajas de hacer los alambres de nanotubos de carbono incluyen su alta conductividad eléctrica (debido a una alta movilidad), peso ligero, diámetro pequeño, baja reactividad química, y alta fuerza de tensión. La desventaja principal (al 2005) es el costo.

Se ha afirmado que es posible crear hilos cuánticos macroscópicos. Con una cuerda de nanotubos de carbono, no es necesario que ninguna fibra individual recorra la longitud completa de la cuerda, puesto que el efecto túnel cuántico permitirá que los electrones salten de un filamento a otro. Esto hace a los alambres cuánticos interesantes para las aplicaciones comerciales.

En abril de 2005, la NASA invirtió $11 millones con la Universidad de Rice, por un lapso de cuatro años, para desarrollar hilo cuántico con una conductividad 10 veces mejor que el cobre con un sexto del peso. Sería hecho con nanotubos de carbono y ayudaría a reducir el peso de la siguiente generación de transbordadores espaciales, pero también puede tener un rango amplio de aplicaciones.

Obtenido de «http://es.wikipedia.org/wiki/Hilo_cu%C3%A1ntico»

Historia de la mecánica cuántica

El **modelo cuántico del átomo** de Niels Bohr desarrollado en 1913, el cual incorporó una explicación a la fórmula de Johannes Rydberg de 1888; la hipótesis cuántica de Max Planck de 1900, esto es, que los radiadores de energía atómica tienen valores de energía discreta ($\varepsilon = hf$); el modelo de J. J. Thomson en 1904, el postulado de luz cuántica de Albert Einstein en 1905 y el descubrimiento en 1907 del núcleo atómico positivo hecho por Ernest Rutherford.

La **historia de la mecánica cuántica** entrelazada con la **historia de la química cuántica** comienza esencialmente con el descubrimiento de los rayos catódicos en 1838 realizado por Michael Faraday, la introducción del término cuerpo negro por Gustav Kirchhoff en el invierno de 1859-1860, la sugerencia hecha por Ludwig Boltzmann en 1877 sobre que los estados de energía de un sistema físico deberían ser discretos, y la hipótesis cuántica de Max Planck en el 1900, quien decía que cualquier sistema de radiación de energía atómica podía teóricamente ser dividido en un número de elementos de energía discretos E, tal que cada uno de estos elementos de energía sea proporcional a la frecuencia ν, con las que cada uno podía de manera individual irradiar energía, como lo muestra la siguiente fórmula: $E = h\nu$

donde h es un valor numérico llamado constante de Planck. Entonces, en 1905, para explicar el efecto fotoeléctrico (1839), esto es, que la luz brillante en ciertos materiales puede funcionar para expulsar electrones del material, Albert Einstein postuló basado en la hipótesis cuántica de Planck, que la luz en sí está compuesta de partículas cuánticas individuales, las cuales más tarde fueron llamadas fotones (1926). La frase "mecánica cuántica" fue usada por primera vez en el paper de Max Born llamado *Zur Quantenmechanik* (La Mecánica Cuántica). En los años que siguen, esta base teórica lentamente comenzó a ser aplicada a estructuras, reacciones y enlaces químicos.

Descripción

En pocas palabras, en 1900 el físico alemán Max Planck introdujo la idea de que la energía estaba cuantizada, con el fin de derivar una fórmula para la dependencia de la frecuencia observada con la energía emitida por un cuerpo negro. En 1905, Einstein explicó el efecto fotoeléctrico por un postulado sobre que luz, o más específicamente toda la radiación electromagnética, puede ser dividida en un número finito de "cuantos de energía", que son localizados como puntos en el espacio. De la introducción del paper de cuántica *On a heuristic viewpoint concerning the emission and transformation of light* (Un punto de vista heurístico relacionado con la emisión y transformación de la luz) de marzo de 1905:
"De acuerdo a las suposiciones a ser contempladas aquí, cuando un rayo de luz se está propagando desde un punto, la energía no está distribuida continuamente sobre espacios cada vez más grandes, pero está constituida de un número finito de *cuantos de energía* que son localizados en puntos en el espacio, moviéndose sin dividirse y pudiendo ser absorbidos o generados sólo en su conjunto."
Albert Einstein
Esta sentencia ha sido llamada la sentencia más revolucionaria escrita por un físico en el siglo veinte. Estos *cuantos de energía* serían llamados más tarde fotones, un término introducido por Gilbert N. Lewis en 1926. La idea que cada fotón tenía que consistir de energía en términos de cuantos fue un notable logro, ya que efectivamente eliminó la posibilidad que la radiación de un cuerpo negro alcanzara energía infinita, lo que se explicó en términos de formas de onda solamente. En 1913, Bohr explicó las líneas espectrales del átomo de hidrógeno, nuevamente utilizando cuantización, en su paper *On the Constitution of Atoms and Molecules* (Sobre la Constitución de Átomos y Moléculas), publicado en julio de 1913.

Estas teorías, aunque exitosas, fueron estrictamente fenomenológicas: no hay justificación rigurosa para la cuantización (de lado, quizás, para la discusión de Henri Poincaré sobre la teoría de Planck en su paper de 1912, *Sur la théorie des quanta* (Sobre la teoría cuántica)). Son conocidas mundialmente como la *antigua teoría cuántica*.

La frase "física cuántica" fue usada por primera vez en *Planck's Universe in Light of Modern Physics* (El Universo en Luz de la Física Moderna de Planck), de Johnston en 1931.

En 1924, el físico francés Louis-Victor de Broglie presenta su teoría de ondas de materia, por la que se indica que las partículas pueden exhibir características de onda y vice versa. Esta teoría fue para una partícula simple y derivada de la teoría especial de la relatividad. Basándose en el planteamiento de de Broglie, nació la mecánica cuántica moderna en 1925, cuando los físicos alemanes Werner Heisenberg y Max Born desarrollaron la mecánica matricial y el físico austríaco Erwin Schrödinger inventó la mecánica de ondas y la ecuación de Schrödinger no relativista como una aproximación al caso generalizado de la teoría de Broglie. Schrödinger posteriormente demostró que ambos enfoques eran equivalentes.

Heisenberg formuló su principio de incertidumbre en 1927, y la interpretación de Copenhague comienza a tomar forma cerca de la misma fecha. A partir de 1927, Paul Dirac comienza el proceso de unificación de la mecánica cuántica con la relatividad especial proponiendo la ecuación de Dirac para el electrón. La ecuación de Dirac alcanza la descripción relativista de la función de onda de un electrón que Schrödinger no pudo obtener. Predice el espín electrónico y ayuda a predecir la existencia del positrón. Fue pionero también en el uso de la teoría del operador, incluyendo la influyente notación cor-chete descrito en su famoso libro de 1930. Durante el mismo período, el matemático húngaro John von Neumann formuló la rigurosa base matemática para la mecánica cuántica de la teoría de los operadores lineales en los espacios de Hilbert, descrito en su igualmente famoso libro de 1932. Estos, como muchos otros trabajos del período fundacional aún siguen en pie, y son altamente utilizadas.

En el campo de la química cuántica fueron pioneros los físicos Walter Heitler y Fritz London, quienes publicaron un estudio de los enlaces covalentes de la molécula de hidrógeno en 1927. La química cuántica fue posteriormente desarrollada por un gran número de científicos, incluyendo el teórico químico norteamericano de Cal Tech Linus Pauling, y a John C. Slater en varias teorías tales como la teoría del orbital molecular o teoría de valencias.

A partir de 1927, se intentó aplicar la mecánica cuántica a los campos en vez de partículas simples, resultando en que fueron conocidas las teorías cuánticas de campo. Los primeros que trabajaron en esta área fueron Dirac, Pauli, Weisskopf y Jordan. Esta área de investigación culminó en la formulación de la electrodinámica cuántica por Feynman, Dyson, Schwinger y Tomonaga durante los 40'. La electrodinámica cuántica es una teoría cuántica de electrones, positrones y campo electromagnético, y sirvió como un modelo para posteriores teorías de campo cuántico. La teoría de la cromodinámica cuántica fue formulada a comienzos de los 60'. La teoría como la conocemos hoy en día fue formulada por Politzer, Gross y Wilczek en 1975. Basándose en el trabajo pionero de Schwinger, Higgs, Goldstone, Glashow, Weinberg y Salam, independientemente mostraron cómo la fuerza nuclear débil y la electrodinámica cuántica podían fusionarse en una sola fuerza electrodébil.

Cronología
La siguiente tabla muestra los pasos y personas claves en el desarrollo de la mecánica cuántica y la química cuántica:

Primeros experimentos
- El experimento de la doble rendija de Thomas Young demostró la onda natural de la luz (c1805).
- Henri Becquerel descubrió la radiactividad (1896).
- El experimento del tubo de rayos catódicos de Joseph John Thomson (descubrió el electrón y su carga negativa) (1897).
- El estudio de la radiación de cuerpo negro entre los años 1850 y 1900, lo cual no podía ser explicado sin los conceptos cuánticos.
- El efecto fotoeléctrico: Einstein explicó esto en 1905 (por lo cual recibiría el premio Nobel) usando los conceptos de fotones, partículas de luz con energía cuantizada.
- El experimento de la gota de aceite de Robert Andrews Millikan, el cual mostraba que la carga eléctrica ocurre como *cuantos* (unidades enteras) (1909).
- El experimento de la lámina de oro de Ernest Rutherford refutó el modelo del budín de ciruelas del átomo, el cual sugería que la masa y la carga positiva de los átomos están casi uniformemente distribuidos (1911).
- Otto Stern y Walter Gerlach dirigieron el experimento de Stern-Gerlach, el cual demostró la naturaleza cuantizada del espín de las partículas.
- Clinton Joseph Davisson y Lester Germer demostraron la naturaleza de onda del electrón en el experimento de la difracción de electrones (1927).
- Clyde Cowan y Frederick Reines confirman la existencia del neutrino en el experimento del neutrino (1955).
- El experimento de la doble rendija de Claus Jönsson con electrones.
- El efecto cuántico de Hall, descubierto por Klaus von Klitzing en 1980. En cuantizó la versión del efecto Hall que permitió la definición de un nuevo estándar práctico para la resistencia eléctrica y para una extremadamente precisa determinación independiente de la constante de estructura fina.
- La verificación experimental del entrelazamiento cuántico realizada por Alain Aspect en 1982

Obtenido de «http://es.wikipedia.org/wiki/Historia_de_la_mec%C3%A1nica_cu%C3%A1ntica»

Historia de la teoría cuántica de campos

La **teoría cuántica de campos** comenzó a desarrollarse a finales de los años 1920, en un intento de incorporar dentro de la mecánica cuántica la teoría del campo electromagnético.

Inicios
En 1926, Max Born, Pascual Jordan y Werner Heisenberg construyeron dicha teoría expresando los grados de libertad del campo como un conjunto infinito de osciladores armónicos, para después cuantizarlos según el método habitual. Esta teoría funcionaba en ausencia de cargas y corrientes eléctricas; este método se denomina en la actualidad «teoría libre». La primera teoría razonablemente completa de la electrodinámica cuántica, que describía conjuntamente al campo electromagnético y a la materia cargada eléctricamente (concretamente, electrones) de manera totalmente cuántica, fue creada por Paul Dirac en 1927. Esta teoría cuántica de campos podía utilizarse para modelar procesos importantes como la emisión de un fotón por un electrón decayendo a un esta-

do cuántico de menor energía: un átomo cambia su estado interno y emite un fotón. La comprensión de estos procesos es uno de los rasgos más importantes de la teoría cuántica de campos.

Desarrollo hasta 1950
Era evidente desde los primeros intentos que una teoría cuántica del eletromagnetismo consistente debía de reflejar los principios de la relatividad de Einstein, derivados del estudio del elecromagnetismo clásico. Esta necesidad de aunar mecánica cuántica y relatividad fue una motivación fundamental para el desarrollo de la teoría cuántica de campos. Pascual Jordan y Wolfgang Pauli mostraron en 1928 que los campos cuánticos podían comportarse de forma correcta bajo una transformación de coordenadas de acuerdo con la relatividad especial (concretamente, los conmutadores de los campos eran invariantes Lorentz), y en 1933 Niels Bohr y Leon Rosenfeld interpretaron este resultado como la imposibilidad de efectuar medidas sobre el estado del campo en puntos separados espacialmente. Con el descubrimiento de la ecuación de Dirac, una ecuación cuántica y relativista para una partícula, sobrevino un gran impulso, al descubrirse que todos sus defectos (como la aparición de estados de energía negativa) podían ser eliminados reformulándola como una ecuación de campo. Este trabajo fue desarrollado por Wendell Furry, Robert Oppenheimer y Vladimir Fock, entre otros.

Un tercer factor determinante en la construcción de la teoría cuántica de campos fue la necesidad de manejar la estadística de los sistemas de muchos cuerpos idénticos consistente y fácilmente. En 1927, Jordan intentó extender la cuantización canónica de campos las funciones de onda de múltiples partículas, un proceso a veces llamado segunda cuantización. En 1928, Jordan y Eugene Wigner encontraron que el campo que describía los electrones, o cualquier otro fermión, debía ser expresado mediante operadores de creación y destrucción que anticonmutasen: la transformación de Jordan-Wigner.

A pesar de sus éxitos iniciales, la teoría cuántica de campos estaba plagada de problemas teóricos muy serios. Muchas cantidades físicas en apariencia inocuas, como el desplazamiento energético del electrón en presencia de un campo electromagnético, daban como resultado al calcularlas un valor infinito, un resultado sin sentido. Este «problema de las divergencias» fue resuelto durante los años 1940 por Bethe, Tomonaga, Schwinger, Feynman y Dyson, a través de un proceso conocido como renormalización. Esta etapa culminó con el desarrollo de la moderna electrodinámica cuántica (EDC en español, o QED del inglés *Quantum Electrodynamics*).

Avances a partir de 1950
Comenzando en la década de 1950 con el trabajo de Yang y Mills, la EDC fue generalizada a una clase más general de teorías conocidas como teorías gauge. A lo largo de los años 1960 y 1970, se formuló el conjunto de teorías gauge conocido como modelo estándar de física de partículas, que describe todas las partículas elementales conocidas y sus interacciones. La parte de interacción débil del modelo estándar fue creada por Sheldon Glashow, para después ser añadido el mecanismo de Higgs por Steven Weinberg y Abdus Salam. La consistencia y renormalizabilidad de la teoría fueron demostradas por Gerardus 't Hooft y Martinus Veltman.

También durante la década de 1970, una serie de desarrollos paralelos en el estudio de las transiciones de fase en física de la materia condensada llevaron a Leo Kadanoff, Michael Fisher y Kenneth Wilson (extendiendo el trabajo de Ernst Stueckelberg, Andre Peterman, Murray Gell-Mann y Francis Low) a un conjunto de ideas y métodos conocido como grupo de renormalización. Esto resultó en una comprensión más profunda del esquema de renormalización inventado en los años 1940, y en una unificación de las técnicas de teoría cuántica de campos utilizadas en física de partículas y física de la materia condensada.

Obtenido de «http://es.wikipedia.org/wiki/Historia_de_la_teor%C3%ADa_cu%C3%A1ntica_de_campos»

Hueco de Fermi

El **hueco de Fermi** en física es la pequeña región del espacio que rodea a cada electrón, en la cual, la probabilidad de encontrar otro electrón con el mismo spin es muy pequeña. De hecho, la densidad de probabilidad para la posición de dos electrones se anula cuando los dos electrones están en el mismo punto.

Obtenido de «http://es.wikipedia.org/wiki/Hueco_de_Fermi»

Inestabilidad de dos haces

La **inestabilidad de dos haces** es un tipo de inestabilidad común en la física de plasmas, y puede aparecer a través de la inyección de un haz de partículas en un plasma, o también induciendo una corriente a través del plasma de manera tal que las diferentes especies que la componen (iones y electrones) posean velocidades de deriva diferentes (de donde viene el nombre "dos haces"). La energía de las partículas puede llevar a la excitación de ondas de plasma.

Relación de dispersión
Considérese un plasma frío, uniforme y no magnetizado, donde los iones sean estacionarios y los electrones tengan velocidad V_0, o sea, con el sistema de referencia desplazándose junto al haz de

iones. Sean las ondas electrostáticas del tipo:
$$E_1 = \xi_1 \exp[i(kx - \omega t)]:$$

Aplicando una linearización de las ecuaciones de movimiento, de continuidad, y de Poisson, e introduciendo operadores armónicos espaciales y temporales $\partial_t \to -i\omega$, $\nabla \to ik$ podemos obtener:
$$1 = \omega_{pe}^2 \left[\frac{m_e/m_i}{\omega^2} + \frac{1}{(\omega - kv_0)^2} \right]$$

, lo que representa la relación de dispersión de ondas longitudinales. Esta ecuación representa una ecuación de cuarta orden en términos de la frecuencia de onda ω. Las soluciones pueden ser expresadas en la siguiente forma general:
$$\omega_j = \omega_j^R + i\gamma_j$$

Si la parte imaginaria ($Im(\omega) = 0$), entonces las soluciones simplemente representan los modos posibles sin sufrir crecimiento ni amortiguamiento temporal alguno:
$$E = \xi \exp[i(kx - \omega t)]:$$

Si $Im(\omega_j) \neq 0$, o sea, si alguna de las raíces es compleja, ellas van a existir en forma de pares conjugados, y al sustituir en la expresión para ondas electrostáticas se obtiene:
$$E = \xi \exp[i(kx - \omega_j^R t)] \exp[\gamma t]$$

La dinámica temporal de la amplitud de la onda va a depender fuertemente del parámetro γ; si γ < 0, las ondas van a sufrir un amortiguamiento exponencial; si γ > 0, entonces las ondas van a crecer en forma exponencial, volviéndose inestables.

Interacción onda-partícula

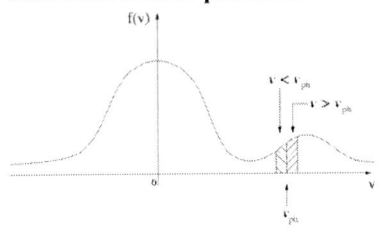

La inestabilidad de dos haces puede ser considerada como el resultado del proceso inverso del amortiguamiento de Landau, donde la existencia de más partículas resonantes lentas que rápidas (en relación con la velocidad de fase de la onda) produce una transferencia de energía desde la onda hacia las partículas lentas. En este caso, por ejemplo, al inyectar un haz de electrones en un plasma, la función de distribución de las partículas posee un pequeño "monte" (llamada distribución *bump-on-tail*). Para una dada velocidad de fase de la onda, en la región donde la inclinación de la curva es positiva, van a haber más partículas resonantes rápidas ($v > v$) que partículas resonantes lentas ($v < v$), o sea, habrá una mayor cantidad de energía transferida de estas partículas rápidas hacia la onda, que de la onda hacia partículas lentas, provocando que la onda crezca en forma exponencial.
Obtenido de «http://es.wikipedia.org/wiki/Inestabilidad_de_dos_haces»

Integral de caminos (mecánica cuántica)

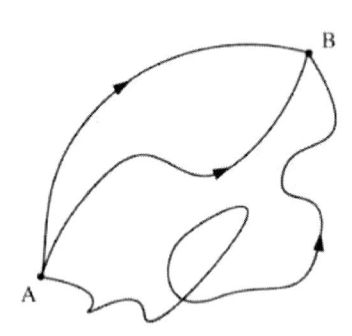

Cualquier posible trayectoria entre *A* y *B* contribuye a la probabilidad de que una partícula se propague entre ambos puntos.

La formulación mediante **integral de caminos** de la mecánica cuántica es un enfoque en el que las relaciones fundamentales de esta teoría se derivan utilizando la noción de suma sobre historias, publicada por Richard Feynman en 1948. Se trata de una formulación no relativística y equivalente a la ecuación de Schrödinger y a la mecánica matricial de Heisenberg, y que permite abordar algunos problemas de forma más simple. El observable básico de este enfoque de mecánica cuántica es la probabilidad de que una partícula se propague entre dos puntos *a* y *b* en un tiempo dado *T*. Mediante la integral de caminos, esta cantidad es calculada asignando una amplitud a cada trayectoria que une ambos puntos en ese tiempo *sin excepción*, y sumando éstas de manera coherente, de forma que las diferencias de fase prácticamente cancelan la contribución de aquellas que son menos probables.

Formulación histórica

La propagación de una partícula entre los puntos *a* y *b* se puede generalizar al obtener *a* y *b* como resultados a dos medidas independientes de los observables A y B en diferentes momentos del tiempo. Si se plantean tres de estas medidas, A, B y C, y se denota por *P* la probabilidad de que, habiéndose obtenido el resultado *i* en la medida I, se obtenga el resultado *j* en la medida J, la ley clásica que relaciona las probabilidades es:
mientras que cuánticamente se requiere la transformación en
donde la relación entre la probabilidad real P y el número complejo φ viene dada por $P = |\varphi|$. Esta transformación es resultado de la naturaleza ondulatoria de la materia, y fue considerada por Feynman como el fundamento de su formulación de la mecánica cuántica.

Los dos postulados originales de esta formulación son:

- Si se lleva a cabo una medida ideal para determinar si una partícula sigue un camino en una región concreta del espacio-tiempo, entonces la probabilidad de que el resultado sea afirmativo es el cuadrado absoluto de una suma de contribuciones complejas, una para

cada camino en esa región.
- Los caminos conribuyen igualmente en magnitud, pero la fase de su contribución es la acción clásica (en unidades de $\hbar$), es decir, la integral de tiempo del Lagrangiano tomado a lo largo de ese camino.

Feynman relacionó su integral de caminos con el principio de Fresnel - Huygens. Se puede formular este principio como *«Si se conoce la amplitud de una onda en una superficie dada, la amplitud en un punto cercano puede obtenerse como suma de las contribuciones de todos los puntos de la superficie, donde cada contribución sufre un desfase proporcional al tiempo que le costaría a la luz llegar de la superficie al punto siguiendo el rayo luminoso más corto en óptica geométrica».* Análogamente, si se conoce la amplitud de una onda ψ en una «superficie» que consiste en todas las x en un tiempo t, su valor en un punto cercano en el tiempo $t + \varepsilon$ es la suma de todas las contribuciones desde la superficie a tiempo t, donde cada contribución sufre un desfase proporcional a la acción que precisaría para moverse de la superficie al punto siguiendo el camino de mínima acción de la mecánica clásica.

Referencias

Obtenido de «http://es.wikipedia.org/wiki/Integral_de_caminos_(mec%C3%A1nica_cu%C3%A1ntica)»

Interacción Yukawa

En física de partículas, la **interacción Yukawa**, llamada así en honor de Hideki Yukawa, es una interacción entre un campo escalar φ y un campo de Dirac Ψ de la forma

$g\bar{\Psi}\phi\Psi$ (escalar)

o

$g\bar{\Psi}\gamma^5\phi\Psi$ (pseudoescalar).

La interacción de Yukawa puede utilizarse para describir la fuerza nuclear fuerte entre nucleones (los cuales son fermiones), mediada por piones (los cuales son mesones seudoescalares). La interacción de Yukawa también se usa en el modelo estándar para describir el acoplamiento entre el campo de Higgs y los quarks sin masa y campos electrónicos. Por medio de una ruptura espontánea de la simetría, los fermiones adquieren una masa proporcional al valor esperado en el vacío del campo de Higgs.

La acción

La acción para un campo mesónico φ interactuando con un campo fermiónico de Dirac ψ es

$S[\phi,\psi] = \int d^dx\, [\mathcal{L}_{\text{mesón}}(\phi) + \mathcal{L}_{\text{Dirac}}(\psi) + \mathcal{L}_{\text{Yukawa}}(\phi,\psi)]$

donde la integración se realiza sobre d dimensiones (generalmente cuatro para un espacio-tiempo cuadridimensional). El lagrangiano del mesón está dado por

$\mathcal{L}_{\text{mesón}}(\phi) = \frac{1}{2}\partial^\mu\phi\partial_\mu\phi - V(\phi)$

En este caso, $V(\varphi)$ es un término de autointeracción. Para un mesón sin influencia alguna de un campo se tendría $V(\varphi) = \mu\varphi$ donde μ, es la masa del mesón. Para el caso de un campo autointeractuante (renormalizable) se tendría $V(\varphi) = \mu\varphi + \lambda\varphi$, donde λ es una constante de acoplamiento.

El lagrangiano de Dirac sin campo está dado por

$\mathcal{L}_{\text{Dirac}}(\psi) = \bar{\psi}(i\not{\partial} - m)\psi$

con m la masa positiva real del fermión.

El término de la interacción de Yukawa es

$\mathcal{L}_{\text{Yukawa}}(\phi,\psi) = -g\bar{\psi}\phi\psi$

donde g es la constante de acoplamiento (real) para mesones escalares y

$\mathcal{L}_{\text{Yukawa}}(\phi,\psi) = -g\bar{\psi}\gamma^5\phi\psi$

para mesones pseudoescalares. Juntando todo en una sola expresión se puede escribir todo lo anterior de una forma mucho más compacta:

$S[\phi,\psi] = \int d^dx\, [\frac{1}{2}\partial^\mu\phi\partial_\mu\phi - V(\phi) + \bar{\psi}(i\not{\partial} - m)\psi - g\bar{\psi}\phi\psi]$

Potencial clásico

Si dos mesones escalares interactúan a través de una interacción de Yukawa, el potencial entre las dos partículas, llamado potencial de Yukawa, será:

$V(r) = -\frac{g^2}{4\pi}\frac{1}{r}e^{-m_\psi r}$.

Éste es similar al potencial de Coulomb, excepto por el signo y el factor exponencial. El signo se traduce como una atracción entre todas las partículas (la interacción electromagnética es repulsiva para partículas idénticas). Esto se puede explicar por el hecho de que la partícula de Yukawa tiene espín cero, y un espín par siempre resulta en un potencial atractivo. El término exponencial le da a la interacción un rango finito, de tal forma que las partículas a distancias grandes unas de otras difícilmente interactuarán.

Rotura espontánea de la simetría

Supongamos ahora que el potencial $V(\varphi)$ tiene un mínimo no en φ = 0 sino en un valor φ diferente de cero. Esto es posible, por ejemplo, si se escribe $V(\varphi) = \mu\varphi + \lambda\varphi$ y después se escoge un valor imaginario para μ. En este caso, se dice que el lagrangiano exhibe un rompimiento espontáneo de simetría. El valor no nulo de φ se llama valor esperado en el vacío de φ. En el modelo estándar, este valor no nulo es reponsable de las masas de los fermiones como se muestra más abajo.

Para mostrar el témino con la masa, se reescribe la acción en términos del campo $\tilde{\phi} = \phi - \phi_0$, donde φ se toma como una constante independiente de la posición. Se puede ver ahora que el término de Yukawa tiene una componente

$g\phi_0\bar{\psi}\psi$,

y puesto que tanto g como φ son constantes, este término tiene un aspecto exactamente igual al del término de la masa para un fermión con masa $g\varphi$. Este es el mecanismo por el cual el rompimiento espontáneo de la simetría dota de masa a los fermiones. El campo $\tilde{\phi}$ se conoce como campo de Higgs.

Forma de Majorana

También es posible tener una interacción de Yukawa entre un escalar y un campo de Majorana. De hecho, la interacción de Yukawa que involucra un escalar y un espinor de Dirac puede pensarse como una interacción de Yukawa que involucra dos espinores de Majorana de la misma masa. Desglosado en términos de los dos espinores quirales de Majorana se tiene

$S(\phi,\chi) = \int d^4x \left[\frac{1}{2}\partial^\mu\phi\partial_\mu\phi - V(\phi) + \chi^\dagger i \bar\sigma \cdot \partial \chi + \frac{i}{2}(m + g\phi)\chi^T \sigma^2 \chi - \frac{i}{2}(\bar m + g\bar\phi)\chi^\dagger \sigma^2 \chi^* \right]$

donde g es una constante de acoplamiento compleja, y m es un número complejo.

Obtenido de «http://es.wikipedia.org/wiki/Interacci%C3%B3n_Yukawa»

Interacción de canje

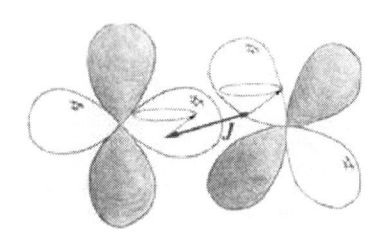

Dos orbitales d de iones metálicos vecinos: la interacción de canje J se produce entre dos electrones con el mismo número cuántico de espín M, e impide que se acerquen demasiado.

La **interacción de canje magnético** (del inglés *magnetic exchange*, o **interacción de intercambio magnético**) es un efecto descrito por la mecánica cuántica que ocurre entre electrones desapareados del mismo o diferentes átomos o iones, cuando solapan sus funciones de ondas, esto es, cuando están relativamente próximos. De forma simplificada, la energía de dos electrones, cuando están muy cercanos, depende de la simetría de sus orbitales, es decir, de su distribución en el espacio, y por tanto de la orientación relativa de sus espines, sus momentos angulares intrínsecos. Esta interacción es una manifestación del principio de exclusión de Pauli, que tiene un efecto notable en química y por tanto en la vida cotidiana, puesto que está relacionado con la repulsión a corto alcance entre átomos o moléculas, y que impide que la materia colapse. También tiene una importancia fundamental en magnetismo, pues, al alterar la energía de los estados dependiendo de la disposición de los espines electrónicos, es uno de los procesos principales por el que los momentos magnéticos se alinean entre sí. De esta forma, está en la base de buena parte de los fenómenos magnéticos, tanto los de interés académico como los de importancia industrial y social.

El fenómeno y sus efectos principales ya fueron descritos en el marco de la mecánica cuántica en 1926, pero en las décadas siguientes se sucedieron los diferentes modelos para describir fenómenos similares o relacionados, o el mismo fenómeno en contextos particulares. En magnetismo, se usan intercambiablemente los términos **canje** y **canje magnético** en diferentes contextos y con diferentes acepciones relacionados con esta interacción. Se denomina canje, por ejemplo, al parámetro del hamiltoniano efectivo que describe a la interacción de canje, y que es proporcional a la diferencia de energía entre estados con diferente momento magnético. A veces se emplea en contraposición a **supercanje**, para indicar que la interacción tiene lugar por solapamiento directo entre los orbitales magnéticos, y no es mediado por un puente diamagnético. Con mayor o menor propiedad, se usan términos derivados en diferentes modelos físicos que también describen la separación energética de estados de diferente momento magnético.

En este artículo se da una introducción histórica a algunos de los principales conceptos relacionados con el canje magnético. Primero, se da una definición cuantitativa de la variable más directamente relacionada con esta interacción: la llamada integral o energía de canje. Partiendo de esa base, se presentan las principales herramientas teóricas para describir al canje magnético en su forma más sencilla: los hamiltonianos de Ising, de Heisenberg, y el modelo XY. A continuación, se presentan algunos modelos para procesos relacionados con el canje, más sofisticados o más complejos, y en general también de más largo alcance. Finalmente, se mencionan el modelo de Hubbard y la teoría del funcional de la densidad, y se expone su relación con la interacción de canje.

Integral o energía de canje

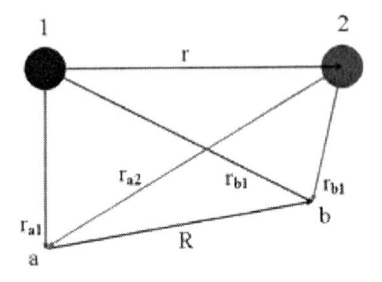

El canje o intercambio se produce entre dos electrones 1 y 2, ligados a los núcleos a y b.

Los efectos de la interacción de canje fueron descubiertos independientemente por los físicos Werner Heisenberg y Paul Dirac en 1926; la interacción de canje también está íntimamente relacionada con el del principio de exclusión de Pauli, enunciado en 1925. Surge de forma natural al considerar la indistinguibilidad de algunas partículas en la mecánica cuántica: mientras que en mecánica clásica las partículas son distinguibles y se describen con la estadística de Maxwell-Boltzmann, en el contexto de la mecánica cuántica no existe un procedimiento físico para distinguirlas o decir si una partícula observada en un instante es la misma que otra observada en un instante posterior. Esta circunstancia hace que el tratamiento cuántico adecuado de las partículas idénticas requiera estadística de Bose-Einstein, si son las partículas idénticas son bosones o la de Fermi-Dirac, si son fermiones. En este contexto, el **canje** o **intercam-**

bio entre dos electrones con posiciones $\vec{r}_1, \vec{r}_2$ y espines s,s o, en general, entre dos fermiones, conlleva un cambio de signo de la función de ondas Ψ que define matemáticamente al sistema:
$\psi(\vec{r}_2, s_2; \vec{r}_1, s_1) = -\psi(\vec{r}_1, s_1; \vec{r}_2, s_2)$
En este aspecto, los fermiones contrastan con los bosones, para los que el intercambio entre dos partículas mantiene la función de ondas idéntica. Hay que tener en cuenta que todas las propiedades observables dependen del *cuadrado* de la función de ondas. El intercambio de dos partículas idénticas, sean bosones o fermiones, no cambia el valor absoluto de la función de ondas, y por tanto no cambia ninguna propiedad física.

La diferencia básica entre bosones y fermiones es que los primeros pueden agruparse en el mismo estado y posición en un número cualquiera de ellos, como ocurre con los fotones en un láser. Por otro lado, los fermiones idénticos no pueden estar en la misma posición y en el mismo estado. Los tres electrones de un átomo de litio en su estado de mínima energía no pueden estar en el orbital 1s y con espín *arriba*, pese a que este sea el orbital más estable: tendrá dos electrones 1s, uno con espín *arriba* y otro con espín *abajo*, y un electrón 2s.

La interacción de canje no tiene análogo clásico, y altera el valor esperado de la energía de los estados según su simetría espacial, lo cual se traduce en diferente simetría de espín y diferente valor esperado del momento magnético. La **energía de canje** denotada J, que se produce por la repulsión de Coulomb entre dos electrones 1 y 2, que pueden ser descritos por las funciones de ondas ϕ y ϕ, y que tienen el mismo número cuántico de espín viene dada, en la notación bra-ket de Dirac:

$$\langle J_{12} \rangle = \left\langle \phi_A^{(1)} \phi_B^{(2)} \left| \frac{e^2}{r_{12}} \right| \phi_A^{(2)} \phi_B^{(1)} \right\rangle$$

, donde e es la carga elemental y r es el valor esperado de la distancia entre los electrones. A veces se la llama **integral de canje** porque también puede expresarse como una integral a todo el espacio de tipo:
$J_{12} = \int \phi_A^*(r_1)\phi_B^*(r_2)V_I(r_1,r_2)\phi_B(r_1)\phi_A(r_2)\,dr_1\,dr_2$

Donde $\{r_1, r_2\}$ representan a las tres coordenadas espaciales de cada electrón $\{x_1, y_1, z_1, x_2, y_2, z_2\}$, ϕ es la función compleja conjugada de ϕ y la interacción $V_I(r_1,r_2)$ puede tener la forma e^2/r_{12}. Esta integral estabiliza el triplete de espín, de acuerdo con la regla de Hund.

Esta interacción es parte de la correlación electrónica, y está relacionada don lo que se conoce como hueco de Fermi: la tendencia de un electrón de un número cuántico de espín a no situarse en el mismo punto del espacio que otro electrón con el mismo número cuántico de espín; en oposición a dos bosones, que tienden a estar más cerca de lo que estarían si fueran partículas distinguibles. Si se calcula el valor esperado de la distancia entre dos partículas en un estado simétrico o antisimétrico, se puede ver el efecto de la interacción de canje. Así, esta interacción es responsable del sumando repulsivo en el potencial de Lennard-Jones, o, en términos químicos, del efecto estérico: lo que hace que dos átomos «choquen» entre sí en vez de *interpenetrarse* libremente. Dyson y Lenard mostraron que, sin la participación de este efecto, la atracción entre núcleos y electrones se impondría sobre las repulsiones núcleo-núcleo y electrón-electrón, lo que tendría como consecuencia el colapso de la materia.

Conviene insistir en que esta interacción no es de naturaleza magnética, sino eléctrica. Sin embargo, como se desarrolla en el resto de este artículo, algunos de sus efectos más notables sí son magnéticos, y es por ese motivo que se le llama, con cierta impropiedad, canje magnético. Más aún, como se explica más abajo, se llega a llamar por analogía «canje dipolar» o «canje a través del espacio» a lo que no es sino una interacción magnética dipolar.

Hamiltonianos de canje directo

En mecánica cuántica, cada propiedad física observable se corresponde matemáticamente con un operador autoadjunto definido sobre el espacio de Hilbert que se usa para representar los estados físicos del sistema. En el caso de la energía, ese operador es el hamilto-

niano. Cuando la dinámica interna de un proceso no se conoce bien, o cuando es demasiado compleja como para tratarla explícitamente, es muy habitual el uso de hamiltonianos modelo aproximados, que se basan en una mecánica ficticia y simplificada para reproducir los valores de interés. En este contexto, hay tres hamiltonianos modelo claramente diferenciados para racionalizar los efectos del canje directo, que son más o menos apropiados para diferentes tipos de sistemas y que se exponen a continuación en el orden histórico en que fueron propuestos.

Hamiltoniano de Ising

El **Hamiltoniano de Ising** nació como modelo matemático para explicar el ferromagnetismo a partir de la mecánica estadística. Fue planteado como problema por parte de Wilhelm Lenz a su alumno Ernst Ising, quien lo resolvió en 1925 para el caso de una dimensión; en este caso concreto no se encuentra transición a la fase ferromagnética desde la fase paramagnética. Es destacable que aunque posteriormente se haya adoptado como un hamiltoniano modelo sencillo para reproducir el efecto de la interacción de canje bajo determinadas condiciones, el primer modelo de Ising fue solucionado un año *antes* del descubrimiento de la interacción de canje como efecto mecanocuántico.

El Hamiltoniano de Ising se basa en la reducción de los posibles valores del espín a dos únicas proyecciones s sobre el eje z de valores $\{+1,-1\}$:
$$s_i^z = \pm 1$$
y por tanto la energía del sistema se define por efecto Zeeman del campo magnético externo H sobre esas proyecciones s, más una interacción J entre estas. Por su origen como modelo de mecánica estadística, generalmente se plantea para un conjunto de espines:

$$\hat{H} = -\sum_{ij} J_{ij} s_i^z s_j^z - H_z \sum_{i=1}^{N} s_i^z$$

En términos prácticos, tiene sentido considerarlo por ejemplo cuando el desdoblamiento a campo nulo del sistema es tal que, por debajo de cierta temperatura, la interacción ocurre sólo entre las proyecciones sobre el eje z del espín; en otras palabras, si el espín reside fundamentalmente en un eje, habitualmente vale la pena simplificar los cálculos considerando sólo ese eje.

Las siguientes animaciones dinámicas muestran los resultados del modelo de Ising en dos dimensiones para diferentes relaciones entre el canje magnético y la temperatura, de forma que según se esté o no a temperaturas por debajo del punto crítico se llega o no a la formación de dominios magnéticos. Se ve como a temperaturas por debajo del punto crítico el sistema se ordena en dominios magnéticos bien diferenciados, que se representan en los diagramas zonas de diferentes colores. En el punto crítico entre el ferromagnetismo y el paramagnetismo, se empieza a ver esta aparición de dominios, pero no llegan a consolidarse.

(A) En el punto crítico.

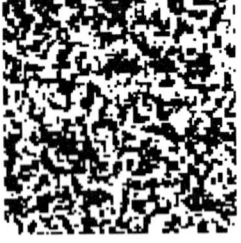

(B) Por debajo del punto crítico.

Hamiltoniano de Heisenberg

El **Hamiltoniano de Heisenberg** o de **Heisenberg-Dirac-van-Vleck** es un hamiltoniano modelo (fenomenológico) de canje magnético, propuesto en 1928 por Werner Heisenberg y Paul Dirac. Se puede ver como una generalización del modelo de Ising, donde el espín o la interacción entre espines no tiene por qué estar limitada a un eje, y se usa el operador de la magnitud total del espín $\hat{S}$.

En cuanto al signo o el prefactor, no hay unidad entre físicos y diferentes escuelas de magnetoquímicos, pero en cualquier caso la magnitud del canje J es proporcional a la diferencia de energía entre los estados de diferente espín y su signo se corresponde con el carácter ferromagnético o antiferromagnético de la interacción.

$$\hat{H} = J\hat{S}_1\hat{S}_2 \quad \vee \quad \hat{H} = -J\hat{S}_1\hat{S}_2 \quad \vee \quad \hat{H} = -2J\hat{S}_1\hat{S}_2$$

Se muestra una representación simplificada en la figura (a), en la que vemos que, partiendo de dos estados, cada uno de ellos correspondiente a un electrón sobre un centro magnético, llegamos a dos estados, uno de ellos con los momentos magnéticos de los electrones apareados ferromagnéticamente (paralelos) y otro antiferromagnéticamente (antiparalelos).

La figura (b) da una imagen un poco más detallada, poniendo énfasis en la naturaleza fermiónica de los electrones, y expresando los estados como determinantes de Slater. Así, se ve que el estado ferromagnético es un triplete, y el antiferromagnético un singulete. El intercambio entre dos fermiones idénticos va acompañado de un cambio de signo de la función de ondas, así, el triplete, que es simétrico en el espín, es antisimétrico espacialmente, y el singlete, antisimétrico en el espín, es simétrico en el espacio.

La interacción de canje magnético entre dos electrones desparejados se debe fundamentalmente a la repulsión de Coulomb entre sus cargas eléctricas, funcionando bajo las leyes de la mecánica cuántica. La contribución de la interacción magnética «directa», «dipolar» o «a través del espacio» es comparativamente muy débil, y puede ser despreciada de forma casi general (aunque en los casos de interacciones entre un gran número de espines, como es el caso de planos ferromagnéticos, con un momento magnético muy grande, la interacción «a través del espacio» toma importancia.

Modelo XY

En años 60 se estudia el **modelo XY**, como caso particular del modelo de Heisenberg, complementario al modelo de Ising, en el sentido de que el hamiltoniano de Ising se puede derivar del de Heisenberg con $J = J = 0$ mientras que el modelo XY es el que se obtiene si $J = 0$. Se puede pensar que si el modelo de Ising describe espines con un eje de fácil imanación, el modelo XY describe espines con un plano de fácil imanación. Estos tres modelos se han denominado casos particulares de un modelo N-dimensional, donde N hace referencia a la dimensión de cada espín, no a la de la red que los contiene.

Más allá del canje directo

Es posible encontrar fenómenos con efectos análogos a la interacción de canje tal y como se ha descrito, o bien que combinan la interacción de canje con otros procesos como la transferencia electrónica. El llamado supercanje, por ejemplo, tiene lugar a través de un intermediario, sin solapamiento directo entre los orbitales en los que reside el momento magnético. El doble canje tiene un efecto comparable al canje, también tiene lugar a través de un intermediario y sólo se da en sistemas de valencia mixta, pues está mediado por electrones deslocalizados entre los dos *orbitales magnéticos*. El canje indirecto va un paso más allá en el mismo sentido, y consiste en la comunicación indirecta entre dos momentos magnéticos a través de un sistema intermedio de tipo conductor eléctrico. Finalmente, la interacción dipolar es un fenómeno totalmente distinto, puramente magnético, aunque tiene efectos similares a los resultantes de la interacción espín-órbita combinada con otros tipos de canje, lo que se conoce como canje anisotrópico. Para sistemas con cierta simetría, el canje anisotrópico ha de ser completado por un término llamado antisimétrico.

Supercanje y canje bicuadrático

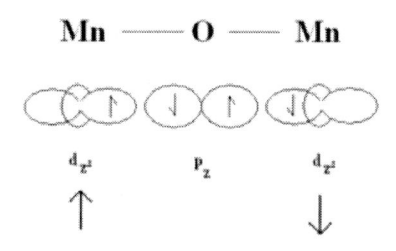

Supercanje entre dos cationes de Mn a través de un anión de O

Se da el nombre de **supercanje** (o **supercanje de Kramers-Anderson**) al acoplamiento magnético que ocurre entre dos átomos o iones cuyos orbitales magnéticos no solapan directamente, sino que tiene lugar a través de un puente diamagnético, como puede ser en los casos más sencillos un anión oxo (O), un halógeno (F, Cl,...) o un átomo o ión simple, como el monóxido de carbono o el cianuro. Fue propuesto por primera vez por Hendrik Kramers en 1934 cuando notó que en cristales como el óxido de manganeso (II) MnO, los iones de Mn interaccionaban magnéticamente pese a estar separados por un anión de oxígeno, no magnético. Phillip Anderson refinó el modelo en 1950. Goodenough y Loeb, en 1955, hicieron énfasis en el carácter fundamentalmente covalente de esta interacción. De esta forma se racionaliza el hecho de que en la serie calcógena (MnO, MnS, MnSe) crezca la temperatura de Néel: los orbitales p de los calcógenos más pesados son más amplios y solapan mejor con los orbitales del Mn.

Se puede entender como el resultado de una *polarización del espín* de los electrones del puente, generalmente orbitales p doblemente ocupados, por parte de los orbitales magnéticos, generalmente de tipo d o f y parcialmente ocupados. La interacción es más o menos intensa dependiendo del tamaño del puente y de la magnitud del solapamiento entre los orbitales magnéticos y los orbitales del puente. Por el principio de exclusión de Pauli, el espín total del orbital doblemente ocupado será cero, de forma que si un lóbulo está polarizado con el espín *arriba*, el lóbulo opuesto tendrá polarización de espín *abajo*.

El signo de acoplamiento resultante es ferro- o antiferromagnético dependiendo del carácter del solapamiento y de los orbitales involucrados. En casos sencillos, como dos cationes del mismo elemento en el mismo estado de oxidación, el carácter del supercanje puede ser predicho por el ángulo catión-puente-catión: ángulos de 180 grados implican un acoplamiento antiferromagnético y ángulos de 90 grados un acoplamiento ferromagnético, con un cambio de signo a un ángulo intermedio que depende del sistema. Son ejemplos relevantes los óxidos de estructura tipo cloruro de sodio, en los que el supercanje tiene un carácter antiferromagnético. En las espinelas también tiene carácter antiferromagnético pero resulta en un ordenamiento global ferrimagnético.

En 1963, para racionalizar cuantitativamente el comportamiento de pares de iones Mn(II) insertos en una red de MgO, que tiene unas distancias de enlace algo menores, Owen y Harris introdujeron el **canje bicuadrático** (en contraste con el *canje bilinear* del hamiltoniano de Heisenberg), citando estudios previos de Anderson para justificar su aparición en sistemas con supercanje. Este canje bicuadrático j, como corrección al hamiltonioniano bilinear, tiene la forma

$$\hat{H} = J \cdot \hat{S}_1 \hat{S}_2 + j \cdot \left(\hat{S}_1 \hat{S}_2\right)^2$$

y Owen y Harris indicaron que valores de j uno o dos órdenes de magnitud inferiores a J son compatibles con la teoría de supercanje de Anderson. Un mecanismo que puede producir un efecto similar se debe a la *energía magnetoelástica*, relacionada con la magnetostricción: si las distancias de enlace se ven alteradas por la energía de canje, los cambios en el canje resultan en una interacción amplificada; este fenómeno toma especial relevancia al variar la temperatura.

Doble canje

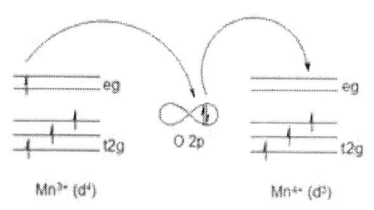

El oxígeno cede un electrón al Mn, el Mn restaura el electrón. Al final del proceso, un electrón ha pasado de un metal al vecino, conservando su espín, y se favorece un acoplamiento ferromagnético entre ellos.

Se conoce como **doble canje** a un modelo físico del canje, propuesto por Clarence Zener en 1951, y relacionado con la transferencia electrónica. Se parte de dos átomos magnéticos conectados por un tercero, y de que uno de los dos átomos magnéticos tiene un electrón extra en comparación con el otro. El modelo consiste en la compartición de dos electrones entre los tres átomos, con la particularidad de que los electrones no cambian de espín durante el canje. Por la regla de Hund, esto hace que el proceso sea más o menos probable dependiendo del alineamiento respectivo de los espines en el átomo origen y el átomo destino. Como la deslocalización del electrón ayuda a reducir la energía cinética y por tanto estabiliza el sistema, se favorece un canje ferro- o antiferromagnético dependiendo del llenado de los orbitales magnéticos, como predicen las reglas de Goodenough-Kanamori.

La semejanza con el proceso de supercanje es sólo aparente: el proceso de doble canje en un sistema que no es de valencia mixta, como el Mn O Mn que se discute arriba estaría muy desfavorecido, puesto que el resultado sería un estado inestable:

Mn O Mn ↛ Mn O Mn

En cambio, en sistemas de valencia mixta, el resultado del proceso tiene la misma energía que el estado original, de forma que se puede ver como un proceso de resonancia, esto es, una mezcla de estados:

Mn O Mn ↔ Mn O Mn

Canje indirecto o interacción RKKY

El **canje indirecto**, llamado también **interacción RKKY** o Ruderman-Kittel-Kasuya-Yosida es un mecanismo de acoplamiento de momento angular entre momentos magnéticos fijos a través de electrones deslocalizados. Ruderman y Kittel propusieron en 1954 la base de este mecanismo para explicar la anchura de las líneas de resonancia magnética nuclear en la plata metálica. Usaron la teoría de perturbaciones de segundo orden para propagar la interacción hiperfina Δkk de los espines nucleares $\vec{I}$ con los electrones de conducción de vector de ondas k y masa efectiva m^* y establecer un canje indirecto entre núcleos alejados entre sí por una distancia R, mediante el siguiente Hamiltoniano:

$$H(\mathbf{R}_{ij}) = \frac{\vec{I}_i \cdot \vec{I}_j}{4} \frac{|\Delta k_m k_m|^2 m^*}{(2\pi)^3 R_{ij}^4 \hbar^2} [2k_m R_{ij} \cos(2k_m R_{ij}) - \sin(2k_m R_{ij})]$$

donde, naturalmente, $\hbar$ es la constante de Planck dividida por 2π.

En 1955 y 1956 respectivamente, Tadao Kasuya propuso la ampliación de la teoría para incluir el acoplamiento indirecto entre electrones d internos, y Kei Yosida formuló la teoría general tanto para núcleos como para electrones.

Canje anisotrópico e interacción dipolar

La interacción de canje tal y como fue presentada en los años 20, incluidos los matices superiores, es fundamentalmente isotrópica: por su naturaleza, no puede depender de la orientación espacial de los espines. La rotación espacial de una molécula en un campo magnético de dirección fija no tendría ninguna consecuencia apreciable sobre las propiedades magnéticas que puedan deducirse de esta interacción. Con frecuencia, esto no es exacto, y ocasionalmente ni siquiera es una aproximación aceptable. En los años 50 se mostró por primera vez que esto se debe, fundamentalmente, a la interacción magnética dipolar, y al llamado canje anisotrópico.

La interacción dipolar entre momentos magnéticos cuánticos es análoga a la que se da entre momentos magnéticos clásicos, o imanes. El flujo magnético $\vec{B}$ generado por un momento dipolar $\vec{m}$ en la posición $\vec{r}$ es en ambos casos:

$$\vec{B}(\vec{r}) = \frac{\mu_0}{4\pi} \frac{3\vec{r}(\vec{m} \cdot \vec{r}) - \vec{m}r^2}{r^5}$$

, donde μ es la permeabilidad magnética del vacío. Evidentemente, el signo y magnitud de esta interacción depende del ángulo entre el vector $\vec{r}$ que conecta a los centros magnéticos y la orientación $\vec{m}_1, \vec{m}_2$ de los mismos. Como en el caso de dos imanes de barra, la interacción será de intensidad máxima si los imanes están orientados en paralelo a la línea que los une, se anulará para cierto ángulo (aprox. 54.74°) y presentará otro máximo local cuando los imanes se orienten perpendicularmente a la línea que los une.

Esta interacción, aunque siempre está presente, es habitualmente débil. El llamado canje anisotrópico, en cambio, no siempre está presente pero cuando lo está puede llegar a ser muy intenso. No se trata, en realidad, de un tipo nuevo de canje: surge de la combinación de la interacción de canje con procesos de acoplamiento espín-órbita. La dependencia en este caso es más compleja y en general no es trivial predecirla, pero cualitativamente la consecuencia es la misma que en el caso de la interacción dipolar: la interacción entre dos momentos magnéticos depende no sólo de su orientación relativa sino también de su orientación respecto a la línea que los une.

Sea cual sea su origen, si el Hamiltoniano de Heisenberg ha de tener en cuenta esta corrección de anisotropía $\vec{D}$, se puede expresar como:
$$\hat{H} = -J \cdot (\vec{S}_i \cdot \vec{S}_j) + \vec{S}_i \cdot \vec{D} \cdot \vec{S}_j$$

Canje antisimétrico

I. E. Dzialoshinski reconoció en 1958 que cuando la simetría del sistema es baja, aparece un término nuevo en el Hamiltoniano, usando el producto vectorial en lugar del escalar, de la forma:

$$\hat{H}_{DM} = \vec{d} \cdot (\vec{S}_i \times \vec{S}_j)$$

que complementa al Hamiltoniano de Heisenberg y al canje anisotrópico, resultando en:
$$\hat{H} = -J \cdot (\vec{S}_i \cdot \vec{S}_j) + \vec{S}_i \cdot \vec{D} \cdot \vec{S}_j + \vec{d} \cdot (\vec{S}_i \times \vec{S}_j)$$

El término $\vec{d}$ se conoce como **canje antisimétrico** o como **interacción de Dzialoshinski-Moriya**. Su efecto principal es la mezcla entre estados de diferente momento magnético, como un singlete y un triplete. De esta forma, en algunos sistemas antiferromagnéticos, a causa de esta interacción el estado fundamental deja de ser enteramente diamagnético. El efecto del canje antisimétrico es el de introducir una pequeña tendencia a disponer los espines con una orientación perpendicular en vez de paralela o antiparalela, lo que se conoce como *canteo de espín*. En la práctica en algunos casos esto transforma un sistema antiferromagnético en lo que se conoce como un *ferromagneto débil*, donde las pequeñas contribuciones al momento magnético que no están bien alineadas antiferromagnéticamente se acoplan entre sí para dar un momento magnético macroscópico.

Modelo de Hubbard y modelo t-J

La coexistencia entre canje magnético y transferencia electrónica no se limita al doble canje y al canje indirecto. Hay toda una serie de sistemas que se benefician de modelos que parametrizan los dos efectos por separado pero que los tienen en cuenta simultáneamente. El **modelo de Hubbard** fue propuesto por J. Hubbard en 1963 como modelo de la física del estado sólido para describir el comportamiento de los electrones en sólidos de banda estrecha, y desde entonces ha sido usado para describir transiciones de fase entre sistemas aislantes y conductores. Se puede escribir, en términos de la segunda cuantización, como

$$H_{Hub} = -t \sum_{<i,j>,\sigma} (c_{i,\sigma}^\dagger c_{j,\sigma} + h.c.) + U \sum_{i=1}^{N} n_{i\uparrow}n_{i\downarrow}$$

donde t es la transferencia electrónica, U es la energía del orbital, $c, c^\dagger$ son los operadores creación y destrucción, σ es la proyección de espín, n es el operador población de un orbital, e i, j son posiciones vecinas en la red. Como es habitual, se resumen como $h.c.$ los términos necesarios para la hermiticidad del operador.

A partir de este modelo Józef Spałek

derivó en 1977 el **modelo t-J**, que ha sido usado para describir sistemas de alta correlación electrónica y ha sido generalizado a sistemas con más de un orbital por átomo o ion. Se puede escribir como:

$$\hat{H}_{t,J} = -t \sum_{<i,j>,\sigma} (c^\dagger_{i\sigma} c_{j\sigma} + h.c.) + J \sum_{<ij>} (\vec{S}_i \cdot \vec{S}_j - n_i n_j/4)$$

En magnetoquímica se aplica a los sistemas de valencia mixta.

Canje en la teoría del funcional de la densidad

En la teoría del funcional de la densidad, la interacción de canje, junto con la correlación electrónica, suponen un problema complejo. La base de esta teoría es un funcional que relaciona la energía del sistema con la función que describe su densidad electrónica. El problema es que el funcional exacto para las energías correspondientes a la interacción de canje y a la correlación electrónica sólo se conocen para el gas de electrones. A partir de los años '90, esto se ha tratado de solucionar de diversos modos, bien incorporando una porción de la energía exacta de canje a partir de cálculos Hartree-Fock, los llamados funcionales híbridos, bien a partir de generalizaciones del gas de electrones usando el método de Montecarlo, o de la aproximación de densidad local (LDA).

Por otro lado, el éxito de la teoría del funcional de la densidad ha hecho que se hagan esfuerzos por usarla para estimar el parámetro de canje magnético en hamiltonianos modelo que describen a moléculas complicadas, como también se hace con otros métodos de química cuántica. Para esto es necesario superar algunas limitaciones inherentes a la teoría, puesto que originalmente está desarrollada para el estado fundamental, o, en otros términos, sólo un determinante de Slater. Ya en 1984 Schwartz y Mohn propusieron la idea básica de forzar configuraciones concreta de los espines y calcular el canje magnético a partir de esas diferencias de energía en un contexto del hamiltoniano de Heisenberg, y desde entonces se han propuesto múltiples refinamientos y alternativas.

Ver también

- Acoplamiento de momento angular
- Ordenamiento magnético

Obtenido de «http://es.wikipedia.org/wiki/Interacci%C3%B3n_de_canje»

Interacción de configuraciones

En mecánica cuántica, la **interacción de configuraciones** (IC) es un método post-Hartree-Fock para resolver la ecuación de Schrödinger no relativista, dentro de la aproximación de Born-Oppenheimer, para sistemas multielectrónicos. Si cada *configuración* electrónica se expresa como un determinante de Slater, la *interacción* entre configuraciones electrónicas se expresa como mezcla entre esos determinantes. En general, se trata de un método computacionalmente mucho más costoso que Hartree-Fock y que se hace inviable a partir de sistemas de tamaño medio (del orden de decenas de partículas).

En contraste con el método Hartree-Fock, la IC consigue recuperar parte de la correlación electrónica a partir de una función de onda variacional, que es una combinación lineal de determinantes construidos generalmente a partir de espinores,

$$\Psi = \sum_{i=0} c_i \Phi_i^{SD} = c_0 \Phi_0^{SD} + c_1 \Phi_1^{SD} + ...$$

donde Ψ es generalmente el estado electrónico fundamental del sistema, y el superíndice *SD* indica que se tienen en cuenta las «excitaciones» simples y dobles a partir del estado fundamental (hay muchas otras formas de construir una IC, pero esta es relativamente común). Al resolver las ecuaciones de IC, se obtienen también aproximaciones a los estados excitados, que difieren en los valores de los coeficientes *c*. Si la expansión contiene a todos los determinantes de Slater de la simetría adecuada, es una *interacción de configuraciones completa* (o *exhaustiva*) da la mejor energía posible dentro de las bases de orbitales utilizadas, y a los niveles de aproximación mencionados. En otros casos, se obtienen mejoras más modestas respecto al nivel Hartree-Fock, a un costo computacional más asequible. En cualquier caso, al ser un método variacional, a cada nivel de cálculo se obtiene una cota superior a la energía exacta.

El procedimiento IC lleva a una ecuación matricial general de valores propios:

$$\mathcal{H}c = e\mathcal{S}c,$$

donde *c* es el vector de coeficientes, *e* es la matriz de valores propios, y los elementos del operador hamiltoniano y de las matrices solapamientos son, respectivamente,

$$\mathcal{H}_{ij} = \left\langle \Phi_i^{SD} | \mathcal{H} | \Phi_j^{SD} \right\rangle,$$

$$\mathcal{S}_{ij} = \left\langle \Phi_i^{SD} | \Phi_j^{SD} \right\rangle.$$

Los determinantes de Slater se construyen a partir de conjuntos de espinores ortonormales, de forma que

$$\left\langle \Phi_i^{SD} | \Phi_j^{SD} \right\rangle = \delta_{ij}$$

, haciendo que $\mathcal{S}$ sea la matriz identidad y simplificando la ecuación matricial superior.

El problema de la consistencia con el tamaño

En química, es usual que sea de interés la comparación entre las energías de sistemas de diferente tamaño. Por ejemplo, en una reacción química, es común que los reactivos se combinen, o se intercambien átomos entre sí para dar lugar a productos de mayor o menor nuclearidad.

Suele ser conveniente, por tanto, que el método de cálculo que se usa mantenga la coherencia de sus resultados con independencia del tamaño del problema, esto es, que la energía de las energías calculadas para dos sistemas sea igual a la energía calculada para el sistema suma. La interacción completa de configuraciones lo es, como también lo es, a un nivel inferior, el esquema de Hartree-Fock. Sin embargo, la interacción de configuraciones no completa no es consistente con la talla del problema. Esto se ve con facilidad considerando un ejemplo sencillo, como el cálculo de dos moléculas de dihidrógeno que no interaccionan entre sí. Su energía debería ser la misma que la suma de sus energías calculadas por separado. Si se calcula una interacción de configuraciones a un nivel concreto, por ejemplo, incluyendo todas las excitaciones simples, en el cálculo de las dos moléculas por separado entra la posibilidad de que haya una excitación en cada una, algo que queda fuera del espacio del cálculo de las dos moléculas simultáneamente. Al aumentar el tamaño del sistema, este defecto se agrava considerablemente. Como indicación aproximada, si se tienen en cuenta las excitaciones dobles y cuádruples, el método es razonablemente consistente hasta moléculas de alrededor de 50 electrones.

Obtenido de «http://es.wikipedia.org/wiki/Interacci%C3%B3n_de_configuraciones»

Interpretaciones de la mecánica cuántica

Una **interpretación de la mecánica cuántica** es un conjunto de afirmaciones que tratan sobre la completitud, determinismo o modo en que deben entenderse los resultados de la mecánica cuántica y los experimentos relacionados con ellas. Aunque las predicciones básicas de la mecánica cuántica han sido confirmadas extensivamente por experimentos muy precisos, algunos científicos consideran que algunos aspectos del entendimiento que ésta proporciona son insatisfactorios y requieren explicaciones o interpretaciones adicionales que permitan un reconocimiento más cercano a la intuición de los resultados de los experimentos.

Los problemas sobre como deben entenderse ciertos aspectos de la mecánica cuántica son tan agudos que existen una serie de escuelas alternativas, que difieren por ejemplo en cuanto a si la teoría es subyacentemente determinista, o si algunos elementos tienen o no realidad objetiva, o si la teoría proporciona una descripción completa de un sistema físico.

El problema de la medida

El gran problema lo constituye el proceso de medición. En la física clásica, *medir* significa revelar o poner de manifiesto propiedades que estaban en el sistema desde antes de que midamos.

En mecánica cuántica el proceso de medición altera de forma incontrolada la evolución del sistema. Constituye un error pensar dentro del marco de la física cuántica que medir es revelar propiedades que estaban en el sistema con anterioridad. La información que nos proporciona la función de onda es la distribución de probabilidades, con la cual se podrá medir tal valor de tal cantidad. Cuando medimos ponemos en marcha un proceso que es indeterminable a priori, lo que algunos denominan azar, ya que habrá distintas probabilidades de medir distintos resultados. Esta idea fue y es aún objeto de controversias y disputas entre los físicos, filósofos y epistemólogos. Uno de los grandes objetores de esta interpretación fue Albert Einstein, quien a propósito de esta idea dijo su famosa frase "*Dios no juega a los dados*".

Independientemente de los problemas de interpretación, la mecánica cuántica ha podido explicar esencialmente todo el mundo microscópico y ha hecho predicciones que han sido probadas experimentalmente de forma exitosa, por lo que es una teoría unánimemente aceptada.

Formulación del problema

El **problema de la medida** se puede describir informalmente del siguiente modo:
- De acuerdo con la mecánica cuántica cuando un **sistema físico**, ya sea un conjunto de electrones orbitando en un átomo, queda descrito por una función de onda. Dicha función de onda es un objeto matemático que supuestamente describe la máxima información posible que contiene un **estado puro**.
- Si nadie externo al sistema ni dentro de él observara o tratara de ver como está el sistema, la mecánica cuántica nos diría que el estado del sistema evoluciona **deterministamente**. Es decir, que podría ser perfectamente predecible hacia donde irá el sistema.
- La función de onda nos informa de cuales son los **resultados posibles** de una medida y sus probabilidades relativas, pero no nos dice qué resultado concreto se obtendrá si un observador trata efectivamente de medir el sistema o averiguar algo sobre él. De hecho, la medida sobre un sistema es un valor impredecible de entre los resultados posibles.

Eso plantea un problema serio, si las personas, los científicos u observadores son también objetos físicos como cualquier otro, debería haber alguna forma determinista de predecir como tras juntar el sistema en estudio con el aparato de medida, finalmente llegamos a un resultado determinista. Pero el postulado de que "*una medición destruye la **coherencia** de un estado inobservado e inevitablemente tras la medida se queda en un estado mezcla impredecible*", parece que sólo nos deja 3 salidas:
- **A)** O bien pasamos a entender el **proceso de decoherencia** por lo cual un sistema pasa de tener un estado puro que evoluciona prediciblemente a tener un estado mezcla o impredecible (ver teoría del caos)
- **B)** O bien admitimos que existen unos **objetos no-físicos** llamados "conciencia" que no están sujetos a las leyes de la mecánica cuántica y que nos resuelven el problema.
- **C)** O tratamos de inventar cualquier hipótesis exótica que nos haga compatibilizar como por un lado deberíamos estar observando tras una medida un estado no fijado por

el estado inicial y por otro lado que el estado del universo en su conjunto evoluciona de forma determinista. El enunciado anterior, *"una medición destruye la **coherencia** de un estado inobservado e inevitablemente tras la medida se queda en un estado mezcla impredecible, parece que sólo nos deja 3 salidas"*, es demasiado arriesgado y no probado. Si partimos de que las entidades fundamentales que constituyen la materia, precisamente, y al contrario de lo que deduce (**B**) no tienen consciencia de sí mismas, y sin preferencia alguna por el determinismo o el caos absoluto, sólo pueden encontrar el equilibrio comportándose según leyes de probabilidad o lo que es lo mismo por leyes de "caos determinado". En la práctica cualquier defensa o negación de la teoría cuántica no responde a razonamientos matemáticos deductivos sino a impresiones o sugestiones con origen en axiomas filosóficos totalmente arbitrarios. Notar que p.ej, la palabra "equilibrio" en este párrafo puede o no tener sentido y el valor de realidad que se conceda al mismo no está sujeto a demostración matemática alguna.

Interpretaciones

Comúnmente existen diversas interpretaciones de la mecánica cuántica, cada una de las cuales en general afronta el problema de la medida de manera diferente. De hecho si el problema de la medida estuviera totalmente no existirían algunas de las interpretaciones rivales. En cierto modo la existencia de diferentes interpretaciones refleja que no existe un consenso sobre como plantear precisamente el problema de la medida. Algunas de las interpretaciones más ampliamente conocidas son las siguientes:

- **Interpretación estadística**, en la que se supone un estado cuántico describe una regularidad estadística, siendo explicables los diferentes resultados de la medida de un observable atribuibles a factores estocásticos o fluctuaciones debidas al entorno y no observables. La electrodinámica estadística es una teoría de los electrones en que el comportamiento cuántico, aparentemente aleatorio, de los electrones de un sistema es atribuible a las fluctuaciones del campo electromagnético debido al resto de electrones del universo.
- Interpretación de Copenhague, es la interpretación probablemente más común y a la que se han adherido la mayoría de manuales de mecánica cuántica tradicionalmente. Debida inicialmente a Niels Bohr y el grupo de físicos que trabajaba con él en Copenhague hacia 1927. Se asume el principio de incertidumbre y el principio de complementariedad de las descripciones ondulatoria y corpuscular.
- **Interpretación participatoria del principio antrópico.**
- **Interpretación de historias consistentes.**
- **Teorías de colapso objetivo.** De acuerdo con estas teorías, la superposiciones de estados se destruyen aunque no se produzca observación, difiriendo las teorías en qué magnitud física es la que provoca la destrucción (tiempo, gravitación,temperatura, términos no lineales en el operador de evolución...). Esa destrucción es lo que evita las ramas que aparecen en la teoría de los multi-universos o universos paralelos . La palabra "objetivo" procede de que en esta interpretación tanto la función de onda como el colapso de la misma son "reales", en el sentido ontológico.En la interpretación de los muchos-mundos, el collapso no es objetivo, y en la de Copenhague es una hipótesis ad-hoc.
- Interpretación multiverso.
- **Decoherencia por el entorno**
- Interpretación de Bohm
- Interpretación Madhyamika

Obtenido de «http://es.wikipedia.org/wiki/Interpretaciones_de_la_mec%C3%A1nica_cu%C3%A1ntica»

Interpretación Madhyamika

Interpretación Madhyamika, esta es una interpretación de la teoría cuántica que se corresponde con la visión de la realidad presentada en la filosofía Madhyamika del budismo.

Vista general

La **interpretación Madhyamika**, es una interpretación causal puramente fenomenológica de la teoría cuántica debida a [E.G.Granda, 2009]. Como en la interpretación de Bohm hay una causalidad completa debida a variables ocultas no locales, pero en ella tanto la función de onda, como los observables y las propias variables ocultas carecen de existencia independiente u ontología.

Obtenido de «http://es.wikipedia.org/wiki/Interpretaci%C3%B3n_Madhyamika»

Interpretación de Bohm

La **interpretación de Bohm** (también llamada **teoría de la "onda piloto"** o **interpretación causal**) es una interpretación de la teoría cuántica postulada por David Bohm en 1952 como una extensión de la *onda guía* de Louis de Broglie de 1927. Consecuentemente es llamada a veces **teoría de Broglie-Bohm**.

La teoría tiene varias formulaciones matemáticas posibles y ha sido presentada bajo diferentes nombres.

Introducción

La interpretación es un ejemplo de teoría de variables ocultas en la que se admite que las variables ocultas pueden proveer una descripción objetiva determinística que pueda resolver o eliminar muchas de las paradojas de la mecánica cuántica, como el gato de Schrödinger, el problema de la medida, el colapso de la función de onda, etc. La teoría de Bohm además es una teoría determinista. La mayoría de las variables relativisticas (no todas) requieren, sin embargo, un sistema privilegiado de referencia. Las variables que portan el espín y los espacios curvos son posibles también en esta teoría y pueden trasladarse a la teoría cuántica de campos.

Comparación con la interpretación convencional

En el formalismo de la teoría de De Broglie–Bohm, como en el de la mecánica cuántica convencional, existe una función de onda - una función en el espacio de todas las configuraciones posibles, pero adicionalmente contiene también una configuración actual, incluso para situaciones donde no hay observador. La evolución temporal de las posiciones de todas las partículas y la configuración de todos los campos queda definida por la función de onda, que satisface la ecuación guía. La evolución temporal de la propia función de onda viene dada por la ecuación de Schrödinger como en la mecánica cuántica no-relativista.

Experimento de la doble rendija

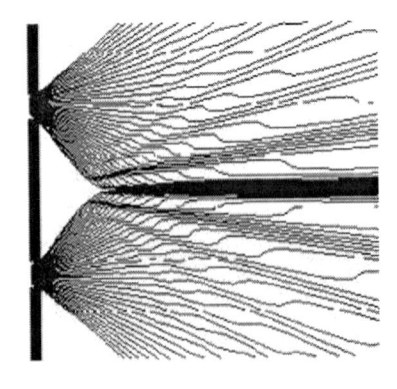

Las trayectorias Bohmianas para un electrón en el experimento de la doble rendija.

El experimento de la doble rendija es una ilustración de la dualidad onda-partícula. En él un cañón de partículas (como pej:fotones) viaja a través de una barrera con dos rendijas. Si colocamos una pantalla detectora en el otro lado, el patrón de las partículas detectadas muestra las franjas de interferencia característico de las ondas; no obstante, la pantalla del detector responde a las partículas. El sistema exhibe el comportamiento de las ondas (patrones de interferencia) y al mismo tiempo de las partículas (puntos en la pantalla).

Si modificamos este experimento de manera que una de las rendijas está cerrada, no se observa ningún patrón de interferencia. Así el estado de ambas rendijas afecta al resultado final. Podemos también colocar un detector mínimamente invasivo en una de las rendijas para saber a través de qué rendija pasó la partícula. Si hacemos esto, los patrones de interferencia también desaparecen.

La Interpretación de Copenhague establece que las partículas no poseen una localización en el espacio antes del momento en el que son detectadas, de manera que si no hay detector alguno en las rendijas carece de sentido el hecho y la pregunta de a través de qué rendija ha pasado la partícula. Si una rendija posee un detector, entonces la función de onda colapsa debido a la detección.

En la teoría de Broglie–Bohm, la función de onda viaja a través de ambas rendijas, pero cada partícula posee una trayectoria bien definida y pasa exactamente a través de una de las dos rendijas. La posición final de la partícula en la pantalla del detector y la rendija exacta a través de la cual pasa la partícula está determinada por la posición inicial de la partícula. Tal posición inicial de la partícula no es controlable por los experimentos, de manera que hay una apariencia de aleatoriedad en en el patrón de detección. La función de onda interfiere consigo misma y guía a la partícula de tal manera que las partículas evitan las regiones en las cuales la interferencia es destructiva y son atraídas hacia las regiones donde la interferencia es constructiva produciendo así los patrones de interferencia en la pantalla del detector.

Para explicar el comportamiento cuando la partícula es detectada pasando por una rendija, necesitamos apreciar el rol de la función de onda condicional y como provoca ésta el colapso de la función de onda; esto se explica más abajo. La idea básica es que el entorno que registra la detección, separa efectivamente los dos paquetes de ondas en el espacio de configuración.

Aspectos generales

Ontología de la interpretación

La ontología de la teoría de Broglie-Bohm consiste en una configuración $q(t) \in Q$ del universo y una onda piloto $\psi(q,t) \in \mathbb{C}$. El espacio de configuración Q puede elegirse de manera diferente, como en mecánica clásica y en la mecánica cuántica estándar.

Así, la ontología de la teoría de la onda piloto contiene tanto la trayectoria $q(t) \in Q$ que conocemos en la mecánica clásica, como la función de onda $\psi(q,t) \in \mathbb{C}$ de la teoría cuántica. Así, en cada momento no solo tenemos una función de onda sino que también existe una configuración bien definida del universo entero. La correspondencia con nuestras experiencias se produce por la identificación de la configuración de nuestro cerebro con alguna parte de la configuración del universo entero $q(t) \in Q$, tal como ocurre en la mecánica clásica.

Mientras que la ontología de la mecánica clásica resulta entonces ser parte de la ontología de la teoría de Broglie-Bohm, la dinámica es muy diferente. En mecánica clásica la aceleración de las partículas está originada por fuerzas. En la teoría de Broglie–Bohm, las velocidades de las partículas vienen dadas por la función de onda.

En lo que sigue, veremos como se establece todo esto para el caso de una partícula moviéndose en $\mathbb{R}^3$ y a continuación para N partículas moviéndose en 3 dimensiones. En la primera instancia, el espacio de configuración y el espacio real son el mismo, mientras que en la segunda el espacio real es aún $\mathbb{R}^3$, pero ahora el espacio de configuración se convierte en $\mathbb{R}^{3N}$. Mientras que las posiciones de las partículas permanecen en el espacio real, el campo velocidad y las funciones de onda están sobre el espacio de configuración y es así como las partículas están entrelazadas unas con otras en esta teoría.

Extensiones a esta teoría incluyen esl espín y espacios de configuración más complicados.

Se usan variaciones de $\mathbf{Q}$ para las posiciones de las partículas mientras que ψ representa el valor complejo de la función de onda sobre el espacio de configuración.

Formalismo

La teoría de Broglie–Bohm se basa en lo siguiente: partiendo de una configuración q para el universo, descrita por coordenadas q, que es un elemento del espacio de configuración Q. El espacio de configuración es diferente para diferentes versiones de la teoría de la onda piloto. Por ejemplo, éste puede ser el espacio de posiciones $\mathbf{Q}_k$ de N partículas, o en el caso de teoría de campos, el espacio de las configuraciones de los campos $\varphi(x)$. La configuración se desenvuelve de acuerdo con la ecuación guía

$$m_k \frac{dq^k}{dt}(t) = \hbar \nabla_k \text{Im} \ln \psi(q,t) = \hbar \text{Im}\left(\frac{\nabla_k \psi}{\psi}\right)(q,t)$$

Aquí, ψ(q,t) es la función de onda estándar de valor complejo conocida en la teoría cuántica, que se desenvuelve según la ecuación de Schrödinger.

$$i\hbar \frac{\partial}{\partial t}\psi(q,t) = -\sum_{i=1}^{N}\frac{\hbar^2}{2m_i}\nabla_i^2\psi(q,t) + V(q)\psi(q,t)$$

Esto completa la especificación de la teoría para cualquier teoría cuántica con un operador hamiltoniano de tipo

$$H = \sum \frac{1}{2m_i}\hat{p}_i^2 + V(\hat{q})$$

Si la configuración posee una distribución de acuerdo con $|\psi(q,t)|$ en algún momento del tiempo t, entonces también lo hace en cualquier otro momento temporal. Tal estado se denomina equilibrio cuántico. En un estado de equilibrio cuántico, esta teoría está de acuerdo con los resultados de la mecánica cuántica estándar.

Ecuación guía

Para una única partícula moviendose en $\mathbb{R}^3$, la velocidad de la partícula viene dada por

$$\frac{d\mathbf{Q}}{dt}(t) = \frac{\hbar}{m}\text{Im}\left(\frac{\nabla \psi}{\psi}\right)(\mathbf{Q},t)$$

Para múltiples partículas indicamos $\mathbf{Q}_k$ para la partícula k, su velocidad viene dada por

$$\frac{d\mathbf{Q}_k}{dt}(t) = \frac{\hbar}{m_k}\text{Im}\left(\frac{\nabla_k \psi}{\psi}\right)(\mathbf{Q}_1, \mathbf{Q}_2, \ldots, \mathbf{Q}_N, t)$$

El hecho clave que debemos resaltar es que la velocidad depende de las posiciones actuales de todas las N partículas del universo. Como explicamos más abajo, en la mayoría de las situaciones experimentales, la influencia de todas las partículas puede quedar encapsulada en la función de onda efectiva de un subsistema del universo.

Bohm y el problema de la medida

Esta teoría ofrece un formalismo para la medición análogo al de la termodinámica en la mecánica clásica, del que carece el formalismo estandar generalmente asociado a la Interpretación de Copenhague. El problema de la medida se resuelve muy fácilmente en esta teoría, ya que el resultado de un experimento es producido por la interacción con la configuración de las partículas del aparato de medida cuando éste se realiza. El colapso de la función de onda que en la interpretación de Copenhague debe postularse, emerge aquí de manera natural del análisis de los subsistemas bajo la hipótesis de equilibrio cuántico.

Dificultades de la interpretación

La desigualdad de Bell supone un resultado negativo para cierto tipo de teorías como la de Bohm. De hecho el descubrimiento del Teorema de Bell fue inspirado por el trabajo de David Bohm.

Dicho teorema es un teorema de imposibilidad que demuestra que no existen teorías de variables ocultas locales que sean compatibles con la mecánica cuántica. Así la interpretación de Bohm está condenada a eliminar la localidad o el deobjetividad física. La interpretación de Bohm opta por conservar la objetividad física y aceptar la no-localidad. Naturalmente la no-localidad supone cierta incoherencia con la teoría de la relatividad convencional.

La teoría de Broglie–Bohm expresa de una manera explícita la no localidad que aparece en la física cuántica. La velocidad de cualquier partícula depende del valor de la función de onda, la cual depende a su vez de la configuración global de la totalidad del universo.

Ecuación de Schrödinger

La ecuación de Schrödinger para una partícula gobierna la evolución temporal de una función de onda de valor complejo en $\mathbb{R}^3$. La ecuación representa una versión cuantizada de la energía total de un sistema clásico desenvolviendose bajo una función potencial de valor real V en $\mathbb{R}^3$:

$$i\hbar \frac{\partial}{\partial t}\psi = -\frac{\hbar^2}{2m}\nabla^2 \psi + V\psi$$

Para múltiples partículas, la ecuación es la misma excepto en que ψ y V están ahora sobre el espacio de configuración, $\mathbb{R}^{3N}$.

$$i\hbar \frac{\partial}{\partial t}\psi = -\sum_{k=1}^{N}\frac{\hbar^2}{2m_k}\nabla_k^2 \psi + V\psi$$

Esta es la misma función de onda de la mecánica cuántica convencional.

La Regla de Born

En los escritos originales de Bohm [Bohm 1952], el autor discute cómo la teoría de Broglie–Bohm llega a los mismos resultados en la medición que la mecánica cuántica. La idea clave es que ello sería cierto si las posiciones de las partículas satisfacen la distribución estadística dada por $|\psi|$. Dicha distribución queda garantizada en cualquier momento por la ecuación guía si la distribución inicial de las partículas satisface $|\psi|$.

Para un experimento dado, podemos

postular que esto es cierto y verificar experimentalmente que sigue siendolo, como así ocurre efectivamente. Pero, como argumentan Dürr et al., se necesitaría algún argumento que muestre que esta distribución es la típica para cualquier subsistema. Argumentan que | ψ | en virtud de su equivariancia bajo la evolución dinámica del sistema, es la medida apropiada de *tipicalidad* para las condiciones iniciales de las posiciones de las partículas. A continuación se puede probar que una inmensa mayoría de las configuraciones iniciales posibles se corresponden con la regla de Born (i. e., | ψ |) surgiendo así la estadística que muestran las medidas. Dicho brevemente, el comportamiento según la regla de Born es típico.

La situación es así análoga a la situación en física clásica estadística. Una situación inicial con baja entropía se convertirá con una probabilidad extremadamente alta, en un estado de mayor entropía: el comportamiento consistente con el segundo principio de la termodinámica es típico. Hay desde luego, condiciones iniciales anómalas que darían lugar a violaciones de la segunda ley. No obstante, careciendo de información muy detallada sobre los estados iniciales sería muy poco razonable esperar otra cosa que el incremento de la entropía que observamos actualmente. Similarmente, en la teoría de Broglie–Bohm, hay condiciones iniciales anómalas que producirían mediciones estadísticas que violarían la regla de Born (i.e., en conflicto con las predicciones de la teoría cuántica estandar). Pero el teorema de *tipicalidad* muestra que excepto en los casos en que haya una razón particular para creer que hay unas condiciones iniciales especiales de facto, el comportamiento según la regla de Born es lo que deberíamos esperar.

Es por ello que en un sentido cualificado, la regla de Born es un teorema en la teoría de Broglie–Bohm, mientras que en la teoría cuántica ordinaria es un postulado que tiene que ser añadido.

La función de onda condicional de un subsistema

En la formulación de la teoría de Broglie–Bohm, solo existe una función de onda para el universo entero (que siempre se refiere a la ecuación de Schrödinger). No obstante, una vez que la teoría es formulada, es conveniente introducir la noción de función de onda también para subsistemas en el universo. Si escribimos la función de onda para el universo como $\psi(t,q,q)$, donde q denota las variables de configuración asociadas a algún subsistema (I) del universo y q denota las variables de configuración restantes. Denota, respectivamente, por $Q(t)$ y por $Q(t)$ la configuración actual del subsistema (I) y del resto del universo. Por simplicidad, consideramos aquí solo el caso sin espín. La *función de onda condicional* del subsistema (I) se define como: $\psi(t,q) = \psi(t,q,Q(t))$.

Se sigue inmediatamente del hecho de que $Q(t) = (Q(t),Q(t))$ satisface la ecuación guías que también la configuración $Q(t)$ satisface una ecuación guía idéntica a la presentada en la formulación de la teoría, con la función de onda universal ψ reemplazada por la función de onda condicional ψ. También, el hecho de que $Q(t)$ es aleatoria con densidad de probabilidad dada por el cuadrado del módulo de $\psi(t,\cdot)$ implica que la *densidad de probabilidad condicional* de $Q(t)$ dada $Q(t)$ es dada por el cuadrado del módulo de la función de onda condicional (normalizada) $\psi^I(t,\cdot)$ (en la terminología de Dürr et al. este hecho se llama la *formula fundamental de la probabilidad condicional*).

A diferencia de la función de onda universal, la función de onda condicional de un subsistema no siempre se comporta según la ecuación de Schrödinger, pero en muchas situaciones sí que lo hace. Por ejemplo, si la función de onda universal se factoriza como:

$\psi(t,q,q) = \psi(t,q)\psi(t,q)$

entonces la función de onda condicional de un subsistema (I) es (salvo un factor escalar irrelevante) igual a ψ (esto es lo que la teoría cuántica estandar consideraría como la función de onda de un subsistema (I)). Si además, el Hamiltoniano no contiene un término de interacción entre los subsistemas (I) y (II) entonces ψ satisface la ecuación de Schrödinger. Mas generalmente, se asume que la función de ondas universal ψ puede ser escrita en la forma: $\psi(t,q,q) = \psi(t,q)\psi(t,q) + \varphi(t,q,q)$,

donde φ resuelve la ecuación de Schrödinger y $\varphi(t,q,Q(t)) = 0$ para todo t y q. Entonces, de nuevo, la función de onda condicional para un subsistema (I) es (salvo un factor escalar irrelevante) igual a ψ y si el Hamiltoniano no contiene un término de interacción entre los subsistemas (I) y (II), ψ satisface la ecuación de Schrödinger.

El hecho de que la función de onda condicional de un subsistema no siempre cumpla la ecuación de Schrödinger se relaciona con el hecho de que la regla usual del colapso postulado en la teoría cuántica estandar emerge de forma natural del formalismo Bohmiano cuando consideramos las funciones de onda condicionales de los subsistemas.

Extensiones

Espín

Para incorporar el espín, la función de onda con valor escalar- complejo, es ahora un vector-complejo. El espacio de valores se llama espacio de espín; para una partícula de espín-1/2, el espacio de espín puede tomarse como $\mathbb{C}^2$. La ecuación guía se modifica tomando productos internos en el espacio de espín para reducir los vectores complejos a números complejos. La ecuación de Schrödinger se modifica añadiendo un término con el espín de Pauli.

$$\frac{d\mathbf{Q}_k}{dt}(t) = \frac{\hbar}{m_k} Im\left(\frac{(\psi, D_k\psi)}{(\psi,\psi)}\right)(\mathbf{Q}_1, \mathbf{Q}_2, \ldots, \mathbf{Q}_N, t)$$

$$i\hbar\frac{\partial}{\partial t}\psi = -\sum_{k=1}^{N}\frac{\hbar^2}{2m_k}D_k^2\psi + V\psi + \sum_{k=1}^{N}\mu_k\mathbf{S}^{(k)}\cdot\mathbf{B}(\mathbf{q}_k)$$

donde μ es el momento magnético de la partícula k, $\mathbf{S}^{(k)}$ es el operador apropiado de espín actuando sobre el espacio de espín de la partícula k,

$$D_k = \nabla_k - \frac{ie_k}{c\hbar}\mathbf{A}(\mathbf{q}_k),$$

$\mathbf{B}$ y $\mathbf{A}$ son, respectivamente, el campo magnético y el potencial vector en $\mathbb{R}^3$ (todas las otras funciones están completamente en el espacio de configuración), e es la carga de la partícula k,

y $(\cdot,\cdot)$ es el producto interno en el espacio de espín $\mathbb{C}^d$,
$$(\phi,\psi) = \sum_{s=1}^{d} \phi_s^* \psi_s.$$

Como ejemplo de espacio de espín, un sistema consistente en dos partículas de espín 1/2 y una de espín 1 tiene una función de ondas de la forma $\psi: \mathbb{R}^9 \times \mathbb{R} \to \mathbb{C}^2 \otimes \mathbb{C}^2 \otimes \mathbb{C}^3$. Esto es, su espacio de espín es de 12 dimensiones.

Espacio curvado

Para extender la teoría de Broglie–Bohm a un espacio curvado (Variedad de Riemann en lenguaje matemático), simplemente tenemos en cuenta que todos los elementos de esas ecuaciones tengan sentido, tales como gradientes y Laplacianos. Así, usamos ecuaciones que tengan la misma forma que arriba. Las condiciones topológicas y de contorno pueden aplicarse de forma suplementaria en la evolución de la ecuación de Schrödinger.

Para una teoría de Broglie–Bohm en un espacio curvado con espín, el espacio de espín se convierte en una "gavilla de vectores" sobre el espacio de configuración y el potencial en la ecuación de Schrödinger en un operador local auto-adjunto actuando sobre tal espacio.

Teoría cuántica de campos

En Dürr et al., los autores describen una extensión de la teoría de Broglie–Bohm para manejar operadores de creación y aniquilación. La idea básica es que tal espacio de configuración se convierte en el espacio (disjunto) de todas las posibles configuraciones de cualquier número de partículas- En lo que se refiere al tiempo, el sistema de desarrolla deterministicamente bajo la ecuación guía con un número fijo de partículas. Pero bajo un proceso estocástico, las partículas puden ser creadas y aniquiladas. La distribución de los eventos de creación es dictada por la función de onda. La función de onda misma evoluciona en todo momento sobre el espacio de configuración multi-partícula.

Nikolic introduce una teoría de Broglie–Bohm puramente determinista de creación y destrucción, de acuerdo con la cuál las trayectorias de las partículas son continuas, pero los detectores de las partículas se comportan como si las partículas hubieran sido creadas o destruidas aunque una auténtica creación o destrucción de partículas nunca tenga lugar.

Explotando la no localidad

Valentini ha extendido la teoría de Broglie–Bohm para incluir señales no locales que permitirían que el entrelazamiento cuántico se use como un canal único de comunicación sin necesidad de una señal clave secundaria que desbloquee el mensaje codificado por el entrelazamiento. Esto viola la teoría cuántica ortodoxa pero tiene la virtud de hacer que los universos paralelos de la teoría de la inflación caótica eterna sean observables en principio.

A diferencia de la teoría de Broglie–Bohm theory, en la teoría de Valentini la función de onda también depende de las variables ontológicas. Esto introduce una inestabilidad, un bucle de retroalimentación que empuja a las variables ocultas fuera del mundo subcuántico muerto. La teoría resultante es no lineal y no unitaria.

Relatividad

La teoría de la onda piloto es explícitamente no local. Como consecuencia, la mayoría de las variables relativistas de la teoría necesitan una foliación preferida del espacio-tiempo. Mientras que esto entra en conflicto con la interpretación estandar de la relatividad, la foliación preferida, si es inobservable, no conduce a ningún conflicto empírico con la relatividad.

La relación entre la no localidad y una foliación preferida puede ser mejor entendida como sigue. En la teoría de Broglie–Bohm la no localidad se manifiesta como el hecho de que la velocidad y la aceleración de una partícula depende de las posiciones instantaneas de todas las demás partículas. Por otro lado, en la teoría de la relatividad el concepto de instanteneidad no tiene un significado invariante. Así, para definir las trayectorias de las partículas, se necesita una regla adicional para definir cuales son los puntos del espacio-tiempo que deben ser considerados instantáneos. La manera. La manera más simple de conseguir esto es introduciendo una foliación preferida en el espacio tiempo manualmente, tal que cada hipersuperficie de la foliación define una hipersuperficie de tiempo igual. No obstante, esta manera (que explícitamente rompe la covarianza relativista) no es el único camino. Es también posible que una regla que define la instantaneidad sea contingente, haciendo que emerja dinámicamente de leyes covariantes relativistas combinadas con condiciones iniciales particulares. De esta manera, la necesidad de uns foliación preferida puede ser evitada y la covarianza relativista ser salvada.

Existen trabajos de desarrollo en diferentes versiones relativistas de la teoría de Broglie–Bohm theory. Véase Bohm y Hiley: El Universo Indiviso, y , , y referencias incluidas. Otra aproximación la encontramos en el trabajo de Dürr et al. en el cual ellos usan modelos Bohm-Dirac y una foliación invariante Lorentz del espacio-tiempo. En , y Nikolic desarrolla una interpretación generalizada probabilística relativisticamente invariante de la teoría cuántica, en la cual $|\psi|$ ya no es más la densidad de probabilidad en el espacio, sino una densidad de probabilidad en el espacio-tiempo. El usa esta interpretación probabilística generalizada para formular una version covariante relativista de la teoría de Broglie–Bohm sin introducir una foliación preferida en el espacio-tiempo.

Resultados

Abajo están algunas importantes luces sobre los resultados que surgen de un análisis de la teoría de Broglie–Bohm. Los resultados experimentales concuerdan con todas las predicciones de la teoría cuántica estandar en todo lo que ésta puede predecir. No obstante, mientras que la mecánica cuántica estandar está limitada a discutir experimentos con observadores humanos, la teoría de Broglie–Bohm es una teoría que gobierna la dinámica de un sistema sin la intervención de observadores externos. (p. 117 en Bell).

Las bases para el acuerdo con la mecánica cuántica estándar es que las partículas se distribuyen de acuerdo con $|\psi|$. Esto se establece por la ignorancia del observador, pero puede ser probado que para un universo gobernado por esta teoría, este sería el caso típico. Hay un colapso aparente de la función de onda gobernante de los subsistemas del universo, pero no hay colapso de la función de onda universal.

Medida del espín y la polarización

De acuerdo con la teoría cuántica ordinaria, no es posible medir el espín o la polarización de una partícula directamente; en lugar de ello, solo puede medirse la componente en una dirección: el resultado para una sola partícula puede ser 1, significando que tal partícula está alineada con el aparato de medida, o -1 significando que está alineada en la dirección opuesta. Para un ensamble de partículas, si esperamos que las partículas estén alineadas, los resultados serán todos 1. Si esperamos que estén alineadas en sentido opuesto, los resultados serán todos -1. Para otras alineaciones, esperamos que algunos resultados sean 1 y otros -1 con una probabilidad que depende de los alineamientos esperados. Para una explicación completa de esto, véase el Experimento de Stern y Gerlach.

En la teoría de Broglie–Bohm, los resultados de un experimento sobre el espín no pueden ser analizados sin cierto conocimiento de la instalación experimental. Es posible modificar la instalación de tal manera que la trayectoria de la partícula permanezca inafectada, pero esa partícula tenga una instalación que registre un espín arriba mientras que con otra instalación se detecte un espín abajo. Así, para la teoría de Broglie–Bohm theory, el espín de la partícula no es una propiedad intrínseca de la partícula misma, por eso, hay que hablar de la función de onda de la partícula siempre en relación con el dispositivo particular que se use para medir el espín. Esta es una ilustración de lo que algunas veces se refiere como 'contextualidad', y está relacionado con un realismo ingenuo sobre los operadores.

Mediciones, formalismo cuántico e independencia del observador

La teoría de Broglie–Bohm obtiene los mismos resultados que la mecánica cuántica. En ella se trata la función de onda como como un objeto fundamental de la teoría en tanto que la función de onda describe cómo se mueve la partícula. Esto significa que que ningún experimento puede distinguir entre las dos teorías. Esta sección subraya las ideas de cómo el formalismo cuántico estandar conduce a la mecánica cuántica. Las referencias incluyen el escrito original de Bohm en 1952 y Dürr et al.

Colapso de la función de onda

La teoría de Broglie–Bohm es una teoría que se aplica primariamente al universo en su totalidad. Eso es, que hay una única función de onda gobernando el movimiento de todas las partículas en el universo de acuerdo con la ecuación guía. Teóricamente, el movimiento de una partícula depende de las posiciones de todas las restantes partículas del universo. En algunas situaciones, tales como en sistemas experimentales, podemos representar el sistema mismo enm términos de la teoría d Broglie–Bohm theory en el cual la función de onda del sistema es obtenida condicionando el entorno del sistema. Así, el sistema puede ser analizado con la ecuación de Schrödinger y la ecuación guía con una distribución inicial $|\psi|$ para las partículas en el sistema (véase la sección la función de onda condicional de un subsistema para más detalle).

Se requiere una instalación especial para que la función de onda condicional obedezca a una evolución cuántica. Cuando un sistema actúa con el entorno, tal como ocurre cuando hay una medición, entonces la función de onda condicional del sistema evoluciona de una manera diferente. La evolución de la función de onda universal puede ocurrir de manera que la función de onda del sistema aparente estar en una superposición de distintos estados. Pero si el entorno ha registrado los resultados del experimento, entonces usando la configuración actual Bohmiana como condición sobre ella, la función de ondas condicional colapsa a solo una de las alternativas, aquella que se corresponde con los resultados de la medidión.

El colapso de la función de onda universal nunca sucede en la teoría de Broglie–Bohm theory. Su entera evolución es gobernada por la ecuación de Schrödinger y la evolución de las partículas está gobernada por la ecuación guía. El colapso ocurre solo de una manera fenomenológica en sistemas que parecen seguir su propia ecuación de Schrödinger. Como esto es una descripción efectiva del sistema, es cuestión de elección cómo y qué definir en el sistema experimental para incluirlo y todo ello afectará cuando el "colapso" ocurra.

Operadores como observables

En el formalismo cuántico estandar, la medición de observables se considera generalmente como la medición de operadores sobre el espacio de Hilbert. Por ejemplo, medir la posición se considera ser una medición del operador posición. Esta relación entre mediciones físicas y los operadores en el espacio de Hilbert, es para la mecánica cuántica estandar un axioma adicional de la teoría. La teoría de Broglie–Bohm, en contraste, no requiere de tales axiomas de medición (y las mediciones como tales no son dinámicamente distintas o sub-categorías especiales de los procesos físicos en la teoría). En particular, el formalismo usual operadores-como-observables es, para la teoría de Broglie–Bohm, un teorema. Un punto principal del análisis es que muchas de las mediciones de los observables no corresponden a propiedades de las partículas; estas son (como en el caso del espín discutido arriba) mediciones de la función de onda.

En la historia de la teoría de Broglie–Bohm theory, los proponentes han tenido a menudo que defenderse contra quienes clamaban que esta teoría es imposible. Tales argumentos están generalmente basados en un análisis inapropiado de los operadores como observables. Si uno cree que la medición del espín es la medición de el espín de una partícula que existe antes de la propia medición, entonces llegamos a contradicciones. La teoría de Broglie–Bohm responde a ello haciendo notar que el espín no es una característica de la partícula sino de la función de onda. Como tal, solo tiene una expresión definida una vez que el aparato experimental ha sido elegido. Una vez que esto se tiene en cuenta, los teoremas de imposibilidad se vuelven irrelevantes.

Hay incluso quienes claman que hay experimentos que rechazan las trayectorias de Bohm. en favor de los lineamientos de la Mecánica Cuántica estandar. Pero como se muestra en y , tales experimentos citados arriba solo desaprueban una malinterpretación de la teoría de Broglie–Bohm theory, no la propia teoría.

Hay también objeciones a esta teoría basadas en lo que ella dice acerca de situaciones particulares que se refieren a estados propios de un operador. Por ejemplo, el estado fundamental del atomo de hidrógeno es una función de onda real. De acuerdo con la ecuación guía, esto significa que el electrón está en reposo en ese estado. Nunca, está distribuido de acuerdo con $|\psi|$ y no es posible detectar ninguna contradicción con los resultados experimentales.

Considerar los operadores como observables conduce a muchos a creer que muchos operadores son equivalentes. La teoría de Broglie–Bohm, desde esa perspectiva elige el observable posición como un observable favorecido, más que, digamos, el observable momento. De nuevo, el enlace a el observable posición es una consecuencia de la dinámica. La motivación de la teoría de Broglie–Bohm es describir un sistema de partículas. Esto implica que el objetivo de la teoría es describir las posiciones de estas partículas durante todo el tiempo. Otros observables no cumplen este estatus ontológico. Tener posiciones definidas explica el tener resultados definidos tales como flashes en las pantallas de los detectores. Otros observables no nos llevan a esa conclusión, pero no hay ningún problema en definir una teoría matemática para otros observables; véase Hyman et al. para una exploración del hecho de que puede ser definida una densidad de probabilidad y una corriente de probabilidad para cualquier conjunto de operadores que conmutan. También hay extensiones de la teoría donde cualesquiera transformaciones lineales simplécticas del observable posición son equivalentes [Melvin Brown Thesis].

Variables ocultas

La teoría de Broglie–Bohm es comunmente considerada como una teoría de variables ocultas. La aplicabilidad del término "variable oculta" viene del hecho de que las partículas postuladas en la teoría mecánica de Bohm no influencian la evolución de la función de onda. El argumento es que, considerar o no partículas carece de efecto en la evolución de la función de onda y por ello dichas partículas carecen de efecto en absoluto y son por lo tanto inobservables, ya que no pueden tener efecto sobre los observadores. No hay un análogo de la tercera ley de Newton en esta teoría. La idea se supone que es así, ya que las partículas no pueden influenciar la función de onda y es la función de onda la que determina las predicciones de la medición a través de la regla de Born, por tanto las partículas son superfluas e inobservables.

Tal argumento, no obstante, adolece de una equivocada comprensión fundamental de la relación entre la ontología de la teoría de Broglie–Bohm theory y el mundo de la observación ordinaria. En particular, las partículas postuladas por la teoría de Broglie–Bohm son cualquier cosa menos variables ocultas: son aquello de lo que los gatos, árboles, mesas y planetas que vemos, están hechos. Es la propia función de onda la que está "oculta" en el sentido de ser invisible y no directamente observable.

Así, por ejemplo, cuando la función de onda de algún aparato de medida es tal que su apuntador está superpuesto derecha e izquierda, lo que acontece para los científicos cuando miran el aparato, es que ven el apuntador apuntando a la izquierda (digamos). Eso ocurre porque las partículas de Broglie–Bohm que corresponden al apuntador están actualmente señalando hacia la izquierda. Mientras que los detalles exactos de cómo los humanos procesan tal información y en qué está basado está más allá del alcance de la teoría de Broglie–Bohm, la idea básica es que la ontología de cualquier partícula es tal, que si la partícula aparece donde parece estar para las observaciones humanas, entonces se considera que la predicción es correcta.

Principio de incertidumbre de Heisenberg

El principio de incertidumbre de Heisenberg establece que cuando se realizan dos mediciones de variables complementarias, hay un límite al producto de sus precisiones. Como ejemplo, si uno mide la posición con una precisión de Δx, y el momento con una precisión de Δp, entonces $\Delta x \Delta p \gtrsim h$. Si realizamos posteriores medidas para obtener más información, perturbamos el sistema y cambiamos la trayectoria a una nueva dependiendo de la instalación medidora; por lo tanto, los resultados de la medición siguen estando sujetos a la misma relación de incertidumbre de Heisenberg.

En la teoría de Broglie–Bohm, hay siempre de hecho una posición y un momento. Cada partícula posee una trayectoria bien definida. Los observadores tienen un conocimiento limitado sobre cuál es esta trayectoria (por tanto de la posición y el momento). Es el conocimiento incompleto de la trayectoria de la partícula lo que cuenta en la relación de incertidumbre. Todo lo que uno puede saber en un momento dado sobre una partícula está descrito por la función de onda. Ya que la relación de incertidumbre puede ser derivada de la función de onda en otras interpretaciones de la mecánica cuántica, puede serlo análogamente (en el sentido epistemológico mencionado arriba), en la teoría de Broglie–Bohm.

Para establecer las cosas de manera diferente, las posiciones de las partículas son solo conocidas estadísticamente. Como en mecánica clásica, las observaciones sucesivas de las posiciones de las partículas refinan el conocimiento experimental de las condiciones iniciales de las partículas. Así, con sucesivas observaciones, las condiciones iniciales se vuelven más y mas restringidas. (Esas mediciones perturban, claro está al sistema cada vez, según la relación de incertidumbre). Este formalismo es consistente con el uso normal de la ecuación de Schrödinger.

Para la derivación de la relación de incertidumbre, véase principio de incertidumbre, teniendo en cuenta que se describe desde el punto de vista de la Interpretación de Copenhague.

Entrelazamiento cuántico, paradoja Einstein-Podolsky-Rosen, teorema de Bell, y no localidad

La teoría de Broglie–Bohm ilumina el aserto de la no localidad: ésta inspiró a John Stewart Bell a probar su ahora famoso teorema, que condujo a importantes experimentos.

En la paradoja EPR, los autores apuntan que la mecánica cuántica permite la creación de pares de partículas en un estado cuántico entrelazado. Ellos describen un experimento mental que uno puede realizar con dicho par. Los resultados fueron interpretados por ellos como indicativos de que la mecánica cuántica es una teoría incompleta.

Décadas más tarde, John Bell probó el teorema de Bell (véase p. 14 en Bell), en el cual mostró que si se requería una concordancia con las predicciones empíricas de la mecánica cuántica, todas las complementaciones de "variables ocultas" a la mecánica cuántica deberían ser o "no locales" (como es el caso de la interpretación de Bohm) o contener la asumción de que los experimentos producen un resultado único. (ver [[counterfactual definiteness]|definición contrafactual] e [[Universos paralelos]|interpretación de muchos mundos]). En particular, Bell probó que cualquier teoría local con resultados únicos debe producir predicciones empíricas que satisfagan una restricción estadística llamada "desigualdad de Bell".

Alain Aspect configuró una serie de experimentos que testearon la desigualdad de Bell usando una instalación de tipo EPR. Los resultados de Aspect mostraron experimentalmente que la desigualdad de Bell se violaba en la práctica, significando que las predicciones relevantes de la mecánica cuántica eran correctas. En estos experimentos de prueba de la desigualdad de Bell, se creaban pares de partículas con entrelazamiento cuántico; las partículas se separaban viajando hasta aparatos remotos de detección. La orientación de los aparatos medidores podían cambiarse mientras las partículas estaban en vuelo, demostrando la "no localidad" aparente del efecto.

La teoría de Broglie–Bohm hace las mismas predicciones (empíricamente correctas) para los experimentos test de Bell, que hace la mecánica cuántica ordinaria. Es capaz de hacer esto porque es manifiestamente no local. Es criticada a menudo o rechazada basándose precísamente en ello; la actitud de Bell era: "Es un mérito de la versión de Broglie–Bohm mostrar esta [Principio de localidad| no localidad] de forma tan explícita que no puede ser ignorada."

La teoría de Broglie–Bohm describe la física en los experimentos test de Bell como sigue: para entender la evolución de las partículas, necesitamos establecer una función de onda para ambas partículas; la orientación del aparato afecta a la función de onda. Las partículas en el experimento siguen la guía de la función de onda que acarrea el efecto "mas rápido que la luz" de cambiar la orientación del aparato. Un análisis de cuál es exactamente la clase de "no localidad" que está presente y como es compatible con la relatividad puede encontrarse en Maudlin. Adviertase que en el trabajo de Bell, y con más detalle en el de Maudlin, se muestra que la no localidad no permite enviar información a velocidad mayor que la luz.

Límite clásico

La formulación de Bohm de la teoría de Broglie–Bohm en términos de una visión similar a la clásica tiene el mérito de que la emergencia del comportamiento clásico se sigue inmediatamente para cualquier situación en la que el potencial cuántico es despreciable, como fue señalado por Bohm en 1952. Los métodos modernos de decoherencia son relevantes en un análisis de dicho límite. Véase Allori et al. para un análisis más riguroso.

Método de las trayectorias cuánticas

El trabajo de Robert Wyatt en los tempranos años 2000 intentó utilizar las "partículas" de Bohm como un mesh adaptativo que sigue la trayectoria actual del estado cuántico en el tiempo y el espacio. En el método de la trayectoria cuántica, se ejemplifica la función de onda cuántica con un mesh de puntos de cuadratura. Se hacen evolucionar entonces los puntos de cuadratura según el tiempo, de acuerdo con las ecuaciones de movimiento de Bohm. En cada ciclo de tiempo, se re-sintetiza la función de onda desde los puntos, se vuelven a computar las fuerzas cuánticas y se continúa el cálculo. (Animaciones en Quick-time de esto para la reacción química H+H pueden encontrarse en la web del grupo Wyatt en UT Austin.) Esta aproximación ha sido adaptada, extendida, y usada por cierto número de investigadores de la comunidad de Química Física como un medio de computar dinámicas moleculares semi-clásicas y cuasi-clásicas. Un artículo reciente (2007) del Journal of Physical Chemistry A fue dedicado al Prof. Wyatt y su trabajo sobre "Dinámica Bohmiana Computacional".

El grupo deEric Bittner en la Universidad de Houston ha avanzado una variante estadística de esta aproximación que usa tecnicas Bayesianas para ejemplificar la densidad cuántica y computar el potencial cuántico sin una estructura de mesh de puntos. Esta técnica fue recientemente usada para estimar los efectos cuánticos en la capacidad de calor de de pequeños agrupamientos de Ne para n~100.

Permanecen aún dificultades para usar la aproximación Bohmiana, principalmente asociadas con la formación de singularidades en el potencial cuántico debido a nodos en la función de onda. En general los nodos formados debido a efectos de interferencia conducen al caso donde $\frac{1}{R}\nabla^2 R \to \infty$. Esto resulta en una fuerza infinita en las partículas ejemplo que las fuerza a moverse fuera del nodo y a menudo a cruzar el camino de otros puntos ejemplo (lo cual viola la unicidad de los valores). Han sido desarrollados varios esquemas para sobrellevar esta dificultad; no obstante, aún no ha emergído la solución general.

Estos métodos, como sí ocurre en la formulación Hamilton-Jacobi de Bohm, no son aplicables a situaciones donde deba tenerse en cuenta una dinámica completa que incluya al espín.

Crítica de la navaja de Occam

Tanto Hugh Everett III como Bohm trataron a la función de onda como un campo físicamente real. La interpretación de muchos mundos de Everett es un intento de demostrar que la función de onda sola es suficiente para dar cuenta de todas las observaciones. Cuando observamos un flash en la pantalla de los detectores de parículas u oímos el clik de un contador Geiger, la teoría de Everett interpreta que esto es nuestra *función de onda* respondiendo a los cambios en el detector de *funciones de onda* que pasa a ser otra nueva (que pensamos que es una partícula, pero que se trata de un nuevo paquete de ondas).

Ninguna partícula (en el sentido Bohmiano de poseer una posición y una velocidad definidas) existe, de acuerdo con tal teoría. Por esta razón Everett algunas veces se refería a su aproximación como "teoría pura de ondas". Hablando sobre la aproximación de Bohm en 1952, Everett dice:
Nuestra mayor crítica de esta visión está basada en la simplicidad - si deseamos sostener la visión de que ψ es un campo real, entonces la partícula asociada es superflu ya que, como hemos ilustrado, la teoría pura de ondas es por sí misma satisfactoria.
En la visión de Everett, entonces, las partículas de Bohm son entidades superfluas, similares al éter luminifero que se vió innecesario en la relatividad especial. Este argumento de Everett se denomina algunas veces "argumento de la redundancia", ya que las partículas superfluas son redundantes en el sentido de la navaja de Occam. Omitiendo las variables ocultas, no obstante, Everett tuvo que invocar entonces la existencia de universos paralelos causalmente no relacionados y por tanto experimentalmente inverificables.

Muchos autores han expresado posturas críticas a la teoría de Broglie-Bohm, comparandola con la aproximación de Everett de los muchos mundos. Muchos (pero no todos) los proponentes de la teoría de Broglie-Bohm (como Bohm y Bell) interpretan la función de onda universal como físicamente real. De acuerdo con algunos defensore de la teoría de Everett, si la función de onda (que nunca colapsa) se considera físicamente real, entonces lo natural es interpretar la teoría como hace Everett. Desde el punto de vista de Everett, el papel de la partícula de Bohm es el de actuar como un "apuntador", seleccionando una rama de la función de onda universal (la asumción de una rama concreta indica qué *paquete de ondas* determina el resultado observado de un experimento dado, se llama "asumción del resultado"); las otras ramas se designan como "vacías" e implícitamente asumidas por Bohm como vaciadas de observadores conscientes. H. Dieter Zeh comenta sobre esas ramas vacías:
Es pgeneralmente pasado por alto que la teoría de Bohm contiene los mismos "muchos mundos" que las ramas dinámicamente separadas de la interpretación de Everett (llamadas allí componentes "vacios" de la onda), ya que está basada precisamente en la mima . . . función de onda universal.
David Deutsch ha expresado el mismo punto más "acerbadamente":
pilot-wave theories are parallel-universe theories in a state of chronic denial.
El hecho de que tal "apuntador" puede ser construido en una teoría de manera auto-consistente que no solo reproduce todos los resultados experimentales conocidos sino que también provee un límite clasico claro, es altamente significativo en sí mismo y prueba que la existencia de universos alternativos no es una conclusión necesaria de la teoría cuántica.

Derivaciones

La teoría de Broglie–Bohm ha sido derivada muchas veces y de muy diversas maneras. Abajo tenemos cinco derivaciones, todas ellas muy diferentes y que muestran diferentes maneras de entender y extender la teoría.

- La Ecuación de Schrödinger puede ser derivada usando la hipótesis de Einstein sobre los cuantos de luz: $E = \hbar \omega$ y la hipótesis de De Broglie: $\mathbf{p} = \hbar \mathbf{k}$.

La ecuación guía puede ser derivada de una manera similar. Asumimos una onda plana:
$$\psi(\mathbf{x}, t) = A e^{i(\mathbf{k}\cdot\mathbf{x} - \omega t)}$$
Tengamos en cuenta que $i\mathbf{k} = \nabla \psi / \psi$. Asumiendo que $\mathbf{p} = m\mathbf{v}$ para la velocidad actual de la partícula, tenemos que
$$\mathbf{v} = \frac{\hbar}{m} Im\left(\frac{\nabla \psi}{\psi}\right)$$
Así, tenemos la ecuación guía.
Esta derivación no requiere utilizar la ecuación de Schrödinger.

- Preservar la densidad bajo la evolución temporal es otro método de derivación. Este es el método citado por Bell, y el método que generaliza muchas teorías alternativas posibles. El punto de partida es la ecuación de continuidad
$$-\frac{\partial \rho}{\partial t} = \nabla \cdot (\rho v^{\psi})$$
para la densidad $\rho = |\psi|$. Esta ecuación describe el flujo de probabilidad a lo largo de una corriente. Tomamos la velocidad del campo asociado con esta corriente como la velocidad del campo cuyas curvas integrales yield el movimiento de la partícula.

- Un método aplicable a partículas sin espín es hacer la descomposición polar de la función de onda y transformar la ecuación de Schrödinger en dos ecuaciones acopladas: la ecuación de continuidad arriba mencionada y la ecuación de Hamilton–Jacobi. Este es el método usado por Bohm en

1952. La descomposición y las ecuaciones son las siguientes:
Descomposición
$$\psi(\mathbf{x},t) = R(\mathbf{x},t)e^{iS(\mathbf{x},t)/\hbar}.$$

Bobservar que $R^2(\mathbf{x},t)$ corresponde a la densidad de probabilidad
$$\rho(\mathbf{x},t) = |\psi(\mathbf{x},t)|^2.$$

Ecuación de continuidad:
$$-\frac{\partial \rho(\mathbf{x},t)}{\partial t} = \nabla \cdot \left(\rho(\mathbf{x},t) \frac{\nabla S(\mathbf{x},t)}{m} \right)$$

Ecuación de Hamilton–Jacobi:
$$\frac{\partial S(\mathbf{x},t)}{\partial t} = -\left[V + \frac{1}{2m}(\nabla S(\mathbf{x},t))^2 - \frac{\hbar^2}{2m} \frac{\nabla^2 R(\mathbf{x},t)}{R(\mathbf{x},t)} \right].$$

La ecuación de Hamilton–Jacobi es la ecuación derivada desde un sistema Newtoniano con un potencial

$$V - \frac{\hbar^2}{2m}\frac{\nabla^2 R}{R}$$ y una velocidad del campo $\frac{\nabla S}{m}$. El potencial V es el potencial clásico que aparece en la ecuación de Schrödinger y el otro término R es el *potencial cuántico*, terminología introducida por Bohm.

Esto conduce a ver la teoría cuántica como partículas moviendose bajo fuerzas clásicas modificadas por una fuerza cuántica. No obstante, a diferencia de la mecánica Newtoniana estandar, la velocidad inicial está ya

$$\frac{\nabla S}{m}$$

especificada por $\frac{\nabla S}{m}$ lo cual es un síntoma de que se trata de una teoría de primer orden, no de segundo orden.

- Una cuarta derivación fue mostrada por Dürr et al. En su derivación, ellos derivan el campo velocidad requiriendo las propiedades adecuadas de transformación dadas por las varias simetrías que satisface la ecuación de Schrödinger, una vez que la función de onda es adecuadamente transformada. La ecuación guía es lo que emerge de ese análisis.
- Una quinta derivación, dada por Dürr et al. es apropiada para una generalización hacia una teoría cuántica de campos y la ecuación de

Dirac. La idea es que el campo velocidad puede ser también como un operador diferencial de primer orden actuando sobre funciones. Así, si conocemos cómo actúa sobre funciones sabemos lo que es. Entonces dado el operador Hamiltoniano H, la ecuación que debe satisfacerse para toda función f (con operador asociado a la multiplicación $\hat{f}$) es

$$(v(f))(q) = \mathrm{Re}\frac{(\psi, \frac{i}{\hbar}[H,\hat{f}]\psi)}{(\psi,\psi)}(q)$$

donde (v,w) es el producto interno local Hermitiano en el espacio de valores de la función de onda.

Esta formulación permite teorías estocásticas que incluyan la creación y aniquilación de partículas.

Historia

La teoría de Broglie–Bohm theory tiene una larga historia de diferentes formulaciones y nombres. En esta sección mostramos cada nombre y su referencia principal.

Teoría de la Onda-piloto

El Dr. de Broglie presentó su teoría de la onda piloto en 1927 en la Conferencia Solvay, después de una estrecha colaboración con Schrödinger, quien desarrolló su ecuación de ondas para la teoría de De Broglie. Al final de la presentación, Wolfgang Pauli señaló que ello no era compatible con una técnica semi-clásica que Fermi había adoptado previamente para el caso de colisiones inelásticas. Contrariamente a la leyenda popular, De Broglie dió de inmediato el rebote correcto, explicando que la técnica particular no podía ser generalizada para los propósitos de Pauli, no obstante la audiencia pudo haber perdido los detalles técnicos y también las maneras mild de De Broglie al responder, dieron la impresión al público de que la objeción de Pauli era válida. Él fue poco menos que persuadido a abandonar su teoría, anonadado en 1932 debido por un lado a los mayores éxitos de la escuela de Copenhague y por otro a su propia falta de habilidad para entender la decoherencia cuántica. También en 1932,

John von Neumann publicó un papel, clamando haber probado que todas las teorías de variables ocultas eran imposibles. Esto selló la losa sobre la teoría de De Broglie durante las dos décadas siguientes. En verdad, la prueba de von Neumann se basa en asumciones inválidas, tales como que la física cuántica debe ser local, y no desaprueba en modo alguno la teoría de la onda piloto.

La teoría de De Broglie ya se aplica a múltiples partículas sin espín pero málamente lleva a una teoría adecuada de la medida decoherencia cuántica que al mismo tiempo nadie comprende. Un análisis de la presentación de De Broglie se encuentra en Bacciagaluppi et al.

Alrededor de ese tiempo Erwin Madelung también desarrolló una versión hidrodinámica de la ecuación de Schrödinger que se considera incorrectamente como una base de la derivación (densidad de corriente) de la teoría de Broglie–Bohm. Las ecuaciones de Madelung, siendo las ecuaciones de Euler cuánticas, difieren filosóficamente de la teoría de Broglie–Bohm y son la base de la interpretación hidrodinámica de la mecánica cuántica.

Teoría de Broglie–Bohm

Después de publicar un libro de texto popular sobre Mecánica Cuántica que se adhería enteramente a la ortodoxía de Copenhague, Bohm fue persuadido por Einstein para considerar de una manera crítica el teorema de Von Neumann. El resultado fue 'Sugerencias sobre Una Interpretación de la Teoría Cuánticaen Términos de of "Variables Ocultas" I y II' [Bohm 1952]. Allí se extiende la teoría original de la Onda Piloto para incorporar una teoría consistente de la medida, y responder a las críticas de Pauli que De Broglie no respondió apropiadamente; se entiende que es determinista (Bohm cita en los papeles originales que habría disturbaciones al respecto, en la manera en la que el movimiento browniano disturba la mecánica de Newton). Esta presentación es conocida como la teoría de *De Broglie–Bohm Theory* en el trabajo de Bell [Bell 1987] y es la base de la 'Teoría cuántica del movimiento' [Holland 1993].

Esta formulación se aplica a múltiples partículas, y es determinista.

La teoría de Broglie–Bohm es un ejemplo de teoría de variables ocultas. Bohm esperaba originalmente que las variables ocultas pudieran proporcionar una descripción local, causal, objetiva que resolviera o eliminara muchas de las paradojas de la mecánica cuántica, tales como Gato de Schrödinger, el problema de la medición y el colapso de la función de onda. No obstante, el teorema de Bell complicó esta esperanza, ya que éste demostraba que ninguna teoría de variables ocultas locales es compatible con las predicciones de la mecánica cuántica. La interpretación Bohmiana es causal pero no local.

El escrito de Bohm fue largamente ignorado por otros físicos. Incluso Albert Einstein no lo consideró una respuesta satisfactoria a la cuestión de la no localidad. El resto de las objeciones contemporaneas, no obstante, fueron ad hominem, enfocadas a la simpatía de Bohm hacia los liberales y supuestos comunistas, ejemplificada por su negativa a testimoniar ante el Comité de Actividades Anti-americanas.

Eventualmente la causa fue retomada por John Bell. En "Speakable and Unspeakable in Quantum Mechanics" [Bell 1987], varios de sus escritos se refieren a teorías de variablkes ocultas (que incluyen la de Bohm). Bell mostró que la objeción de von Neumann no afectaba a las teorías de variables ocultas "no locales", y que la no localidad es una característica de todos los sistemas cuánticos.

Mecánica Bohmiana

Este término, que no era del agrado de Bohm, se usa para describir la misma teoría, pero haciendo énfasis en la noción de flujo de corriente. En particular es usado frecuentemente para incluir la mayoría de las extensiones posteriores a la versión de Bohm sin espín. Mientras que la teoría de Broglie–Bohm tiene Lagrangianos y ecuaciones de Hamilton-Jacobi como foco primario, con el icono del potencial cuántico, la mecánica Bohmiana considera la ecuación de continuidad como lo más primario y sostiene la ecuación guía como su icono. Son matemáticamente equivalentes siempre que la formulación Hamilton-Jacobi sea aplicable, p.ej., en partículas sin espín. Los papeles de Dürr et al. popularizaron este término.

Esta teoría puede dar cuenta completamente de todas las mecánicas cuánticas no relativistas.

Interpretación causal e interpretación ontológica

Bohm desarrolló sus ideas originales, denominandolas *Interpretación causal*. Mas tarde él sintió que *causal* sonaba demasiado a *determinista* y prefirió llamar a su teoría *Interpretación Ontológica*. La principal referencia es 'El Universo Indiviso' [Bohm, Hiley 1993].

Este escrito cubre un trabajo realizado por Bohm en colaboración con Vigier y Hiley. Bohm aclara que su teoría es no-determinista (el trabajo con Hiley incluye una teoría estocástica). Ya que tal teoría no es estríctamente hablando, una formulación de la teoría de Broglie–Bohm. No obstante, se menciona aquí haciendo notar que el término "Interpretación de Bohm" es ambiguo ya que se refiere tanto a esta teoría como la de Broglie–Bohm.

La teoría de Broglie-Bohm, debe considerarse entonces una *Interpretación Ontológica Causal*. Paradojicamente, ello no impide que la propia formulación sea también compatible con alguna *Interpretación Fenomenológica Causal* donde no se le atribuya una ontología a las posiciones de las partículas ni a la función de onda universal.

Obtenido de «http://es.wikipedia.org/wiki/Interpretaci%C3%B3n_de_Bohm»

Interpretación de Copenhague

Con el nombre de **interpretación de Copenhague** se hace referencia a una interpretación de la mecánica cuántica atribuida principalmente a Bohr, Born, Heisenberg y otros. Se conoce así debido al nombre de la ciudad en la que residía Bohr. Fue formulada en 1927 por el físico danés Niels Bohr, con ayuda de Max Born y Werner Heisenberg, entre otros, durante una conferencia realizada en Como, Italia.

Contenido

La interpretación de Copenhague incorpora el principio de incertidumbre, el cual establece que no se puede conocer simultáneamente con absoluta precisión la posición y el momento de una partícula. La interpretación de Copenhague señala el hecho de que el principio de incertidumbre no opera en el mismo sentido hacia atrás y hacia delante en el tiempo. Muy pocos hechos en física tienen en cuenta la forma en que fluye el tiempo, y este es uno de los problemas fundamentales del Universo donde ciertamente hay una distinción entre el pasado y futuro. Las relaciones de incertidumbre indican que no es posible conocer la posición y el momento simultáneamente y consiguientemente no es posible predecir el futuro ya que en palabras de Heisenberg "no podemos conocer, por principio, el presente en todos sus detalles". Pero es posible de acuerdo con las leyes de la mecánica cuántica conocer cual era la posición y el momento de una partícula en un momento del pasado. El futuro es esencialmente impredecible e incierto mientras que el pasado completamente definido. Por lo tanto nos movemos de un pasado definido a un futuro incierto.

Bohr formuló en la interpretación de Copenhague lo que se conoce como el principio de complementariedad que establece que ambas descripciones, la ondulatoria y la corpuscular, son necesarias para comprender el mundo cuántico. Bohr también señaló en esa conferencia que mientras en la física clásica un sistema de partículas en dirección funciona como un aparato de relojería, independientemente de que sean observadas o no, en física cuántica el observador interactúa con el sistema en tal medida que el sistema no puede considerarse con una existencia independiente.

Escogiendo medir con precisión la posición se fuerza a una partícula a presentar mayor incertidumbre en su momento, y viceversa; escogiendo un experimento para medir propiedades ondulatorias se eliminan peculiaridades corpusculares, y ningún experimento puede mostrar ambos aspectos, el ondulatorio y el corpuscular, simultáneamente.
J. Gribbin.
Además según la interpretación de Copenhague toda la información la constituyen los resultados de los experimentos. Se puede observar un átomo y ver un electrón en el estado de energía A, después volver a observar y ver un electrón en el estado de energía B. Se supone que el electrón saltó de A a B, quizás a causa de la observación. De hecho, no se puede asegurar siquiera de que se trate del mismo electrón y no se puede hacer ninguna hipótesis de lo que ocurría cuando no se observaba. Lo que se puede deducir de los experimentos, o de las ecuaciones de la mecánica cuántica, es la probabilidad de que si al observar el sistema se obtiene el resultado A, otra observación posterior proporcione el resultado B. Nada se puede afirmar de lo que pasa cuando no se observa ni de cómo pasa el sistema del estado A al B.

Einstein y muchos otros físicos se negaron a aceptar esta interpretación de la mecánica cuántica, presentando varias críticas.
Obtenido de «http://es.wikipedia.org/wiki/Interpretaci%C3%B3n_de_Copenhague»

Interpretación estadística de la mecánica cuántica

La **Interpretación Estadística de la Mecánica Cuántica**, también conocida como la **interpretación conjunta**, es una interpretación que puede ser vista como interpretación minimalista; es una interpretación mecanocuántica que demanda hacer pocas suposiciones asociadas con el formalismo matemático estándar. Ésta extendiende completamente la interpretación por la que de Max Born ganó el premio Nobel de física. La interpretación establece que la función de onda no se aplica a un sistema individual, por ejemplo a una partícula simple, siendo una cantidad matemática abstracta y estadística que solo se aplica a un conjunto de sistemas similares preparados. Probablemente el aficionado más notable de esta interpretación fue Albert Einstein:

El intento de concebir una descripción teórica cuántica como una completa descripción de sistemas individuales conduce a una interpretación teórica no natural, que se convierte inmediatamente en innecesaria si uno acepta la interpretación que esta descripción se refiere a un conjunto de sistemas y no a sistemas individuales.
Albert Einstein
A la fecha, probablemente el más prominente aférrimo de esta interpretación es Leslie Ballentine, profesor en la Universidad Simon Fraser y escritor del libro "Quantum Mechanics, A Modern Development".

La interpretación estadística, como muchas otras interpretaciones de la mecánica cuántica, no intenta justificar, derivar o explicar la mecánica cuántica desde cualquier proceso determinista o hacer cualquier afirmación acerca del estado real de la naturaleza del fenómeno cuántico. Esta interpretación solo interpreta la forma de la función de onda.
Obtenido de «http://es.wikipedia.org/wiki/Interpretaci%C3%B3n_estad%C3%ADstica_de_la_mec%C3%A1nica_cu%C3%A1ntica»

Juan Martín Maldacena

Juan Martín Maldacena (n. el 10 de septiembre de 1968 en Buenos Aires) es un físico teórico argentino. Entre sus muchos descubrimientos, el más famoso es la más realista realización del principio holográfico (holographic principle), llamado la correspondencia AdS/CFT, la aún no probada conjetura sobre la equivalencia de la teoría de las cuerdas, o supergravedad en el espacio Anti de Sitter (w:en:Anti de Sitter space), y la teoría conforme de campos (w:en:conformal field theory) definida en el límite del espacio AdS, conocida como *"conjetura Maldacena"*.

Biografía
Cursó su enseñanza media en el Liceo Militar Gral. San Martín (San Martín, Prov. de Buenos Aires). Inició sus estudios superiores en la Universidad de Buenos Aires, donde permaneció entre los años 1986 y 1988. Luego continuó en el Instituto Balseiro de la Universidad Nacional de Cuyo, Argentina, donde obtuvo su licenciatura en Física en 1991 bajo la dirección de G. Aldazábal. Maldacena obtuvo su doctorado (Ph.D.) en la Universidad de Princeton bajo la supervisión de Curtis Callan en 1996, y comenzó a desempeñarse en un cargo post-doctoral en la Universidad de Rutgers (w:en:Rutgers University). En 1997, se unió a la Universidad de Harvard como profesor asociado, siendo rápidamente promovido a Profesor de Física en 1999. Desde 2001 ha sido profesor en el Instituto de Estudios Avanzados de Princeton (w:en:Institute for Advanced Study).

Investigaciones
Juan Maldacena ha realizado importantes avances relacionados con la teoría de cuerdas, un marco de unificación teórica de los dos grandes pilares de la física contemporánea: la mecánica cuántica y la teoría de la relatividad general, de Einstein. Maldacena ha propuesto una relación sorprendente entre dos siste-

mas aparentemente diferentes:
- La teoría de cuerdas IIB propagándose en un espacio-tiempo con una geometría dada por el producto de un espacio anti de Sitter 5-dimensional y una 5-esfera.
- Una teoría cuántica de campos en 4 dimensiones con simetría gauge SU(N) y supersimetría N=4.

Su descubrimiento es conocido como *"la conjetura de Maldacena"*, la *"correspondencia AdS/CFT"* o la *"correspondencia gauge/cuerda"*. Se trata de una relación explícita del principio holográfico (de 't Hooft y Susskind), que relaciona una teoría con interacciones gravitacionales con una teoría sin gravedad y en un número menor de dimensiones. Tiene profundas implicaciones para el estudio de la gravedad cuántica. Por ejemplo, la correspondencia permite en principio estudiar la descripción microscópica y la dinámica de un agujero negro, y el problema de la pérdida de información en agujeros negros, utilizando el punto de vista dual de un proceso en una teoría cuántica de campos. Esto implica automáticamente que la formación y evaporación de agujeros negros es un proceso descrito de forma unitaria en mecánica cuántica, y que la información no se pierde al caer a un agujero negro. Por otro lado, la correspondencia tiene también aplicación al estudio de fenómenos de interacción fuerte en teorías gauge mediante el dual gravitacional. De hecho, el uso de técnicas basadas en la correspondencia AdS/CFT han supuesto nuevos puntos de vista sobre problemas de QCD como el del confinamiento, y están encontrando aplicación en el análisis de las propiedades del plasma de quarks-gluones, experimentalmente obtenido en el experimento RHIC.

La propuesta de esta correspondencia por parte de Maldacena, y su amplia y profunda investigación sobre sus diversas ramificaciones, le han significado un reconocimiento mundial de la comunidad científica.

Premios

Ha obtenido los siguientes premios:
- APS Bouchet Award
- Xanthopoulus Prize in General Relativity
- Sackler Prize in Physics
- UNESCO Husein Prize for Young Scientists
- Alfred P. Sloan Fellowship
- MacArthur Fellowship

Obtenido de «http://es.wikipedia.org/wiki/Juan_Mart%C3%ADn_Maldacena»

Lee Smolin

Lee Smolin, en Harvard

Lee Smolin (Nueva York, Estados Unidos, 1955) es un físico teórico dedicado al estudio de la gravedad cuántica, la cosmología y la teoría cuántica.

Tras estudiar en el Hampshire College y en la Universidad Harvard, fue profesor de física en la Universidad Yale, Siracusa y Penn.

En 2001 se convirtió en miembro fundador e investigador del Perimeter Institute for Theoretical Physics de Ontario (Canadá), desde donde propone una aproximación diferente al problema de la unificación de la teoría de la relatividad con la cuántica llamada Gravedad Cuántica de Bucles. Sus investigaciones también abarcan la teoría de cuerdas (descripción completa, unificada y consistente de la estructura fundamental de nuestro universo), la biología teórica, la filosofía y la teoría política.

Obtenido de «http://es.wikipedia.org/wiki/Lee_Smolin»

Ley de Planck

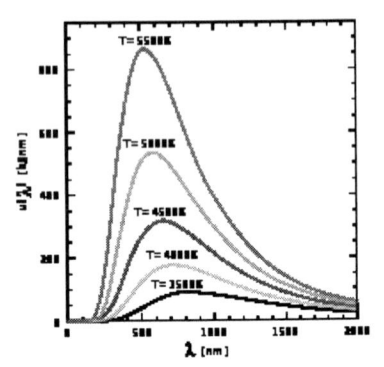

Ley de Planck para cuerpos a diferentes temperaturas.

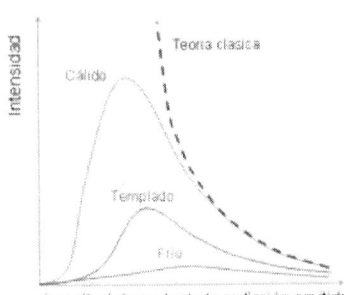

Curvas de emisión de cuerpos negros a diferentes temperaturas comparadas con las predicciones de la física clásica anteriores a la ley de Planck.

La intensidad de la radiación emitida por un cuerpo negro con una temperatura T viene dada por la **ley de Planck**:

$$I(\nu, T) = \frac{2h\nu^3}{c^2} \frac{1}{e^{\frac{h\nu}{kT}} - 1}$$

donde $I(\nu)\delta\nu$ es la cantidad de energía por unidad de área, unidad de tiempo y unidad de ángulo sólido emitida en el rango de frecuencias entre ν y $\nu + \delta\nu$.

El siguiente cuadro muestra la definición de cada símbolo en unidades de medidas del SI y CGS:

La longitud de onda en la que se produce el máximo de emisión viene dada por la ley de Wien y la potencia total emitida por unidad de área viene dada por la ley de Stefan-Boltzmann. Por lo tanto, a medida que la temperatura aumenta el brillo de un cuerpo cambia del rojo al amarillo y al azul.

Poder emisivo

Se llama **Poder emisivo espectral** de un cuerpo $E(\nu, T)$ a la cantidad de energía radiante emitida por la unidad de superficie y tiempo entre las frecuencias ν y $\nu + \delta\nu$. Se trata por tanto de una potencia.

$$E(\nu, T) = \pi \cdot I(\nu, T) = \frac{2\pi h\nu^3}{c^3} \frac{1}{e^{\frac{h\nu}{kT}} - 1}$$

Consideremos el intervalo de frecuencias entre ν y $\nu + \delta\nu$ y sea dE el **poder emisivo** del cuerpo en el intervalo de frecuencias.

$$dE = E(\nu, T)d\nu$$

considerando que la longitud de onda se relaciona con la frecuencia:

$$\lambda = \frac{c}{\nu}$$ y por tanto

$$d\nu = \frac{-c}{(\lambda)^2}d\lambda$$

resulta que el **poder emisivo espectral** en función de la longitud de onda es:

$$E(\lambda, T) = \frac{C_1}{\lambda^5 \cdot (e^{\frac{C_2}{\lambda \cdot T}} - 1)}$$

donde las constantes valen en el Sistema Internacional de Unidades o sistema MKS:

$$C_1 = 2\pi hc^2 = 3,742 \cdot 10^{-16} \text{ W} \cdot \text{m}^2$$

$$C_2 = \frac{hc}{k} = 1,4385 \cdot 10^{-2} \text{ m} \cdot \text{K}$$

De la Ley de Planck se derivan la ley de Stefan-Boltzmann y la ley de Wien.

Unidades

Si usamos el Sistema Internacional de Unidades o sistema MKS, la longitud de onda se expresaría en metros, el **poder emisivo** en un intervalo de frecuencias

dE en $\dfrac{W}{m^2}$ y el poder emisivo por unidad de longitud o **poder emisivo espectral** $E(\lambda, T) = \dfrac{dE}{d\lambda}$ en $\dfrac{W}{m^3}$

vatios por metro cúbico.

No es común expresar la longitud de onda en metros. Con frecuencia resulta cómodo expresarla en nanómetros llamados antiguamente **milimicras** $1 nm = 10$ m, pero manteniendo la unidad de **dE** en $\dfrac{W}{m^2}$, en este caso:

$$\frac{C_1 \cdot d\lambda}{\lambda^5} = 3,742 \cdot 10^{20} W \cdot m^2 \cdot \frac{d\lambda(nm)}{\lambda^5(nm)}$$

$$\frac{C_2}{\lambda} = 1,439 \cdot 10^7 \frac{m \cdot K}{\lambda(nm)}$$

Si queremos expresar el **poder emisivo espectral** $E(\lambda, T)$ en la unidad práctica $\dfrac{cal}{cm^2 \cdot mto \cdot \mu m}$, donde $1\mu m = 10$ m es 1 micrómetro o **micra** se puede usar el factor de conversión:

$$1\frac{W}{m^3} = 1,434 \cdot 10^{-9} \frac{cal}{cm^2 \cdot mto \cdot \mu m}$$

Ejemplos de la ley de Planck

- La aplicación de la Ley de Planck al Sol con una temperatura superficial de unos 6000 K nos lleva a que el 99% de la radiación emitida está entre las longitudes de onda 0,15 μm (micrómetros o micras) y 4 micras y su máximo (Ley de Wien) ocurre a 0,475 micras. Como 1 nanómetro 1 nm = 10 m=10 micras resulta que el Sol emite en un rango de 150 nm hasta 4000 nm y el máximo ocurre a 475 nm. La luz visible se extiende desde 380 nm a 740 nm. La radiación ultravioleta u ondas cortas iría desde los 150 nm a los 380 nm y la radiación infrarroja u ondas largas desde las 0,74 micras a 4 micras.
- La aplicación de la Ley de Planck a la Tierra con una temperatura superficial de unos 288 K (15 °C)

nos lleva a que el 99% de la radiación emitida está entre las longitudes de onda 3 μm (micrómetros o micras) y 80 micras y su máximo ocurre a 10 micras. La estratosfera de la Tierra con una temperatura entre 210 y 220 K radia entre 4 y 120 micras con un máximo a las 14,5 micras.
Obtenido de «http://es.wikipedia.org/wiki/Ley_de_Planck»

Ley de Rayleigh-Jeans

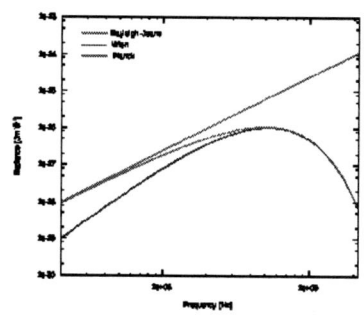

Comparación de la Ley de Rayleigh-Jeans con la Ley de Wien y la Ley de Planck, por un cuerpo de temperatura de 8 mK.

En física, la **Ley de Rayleigh-Jeans**, primeramente propuesta por los comienzos del siglo XX, los intentos de describir la radiación espectral de la radiación electromagnética de todas las longitud de onda de un cuerpo negro a una temperatura dada. Para la longitud de onda λ, es;

$$B_\lambda(T) = \frac{2ckT}{\lambda^4}$$

donde c es la velocidad de la luz, k es la constante de Boltzmann y T es la temperatura absoluta.

En términos de frecuencia ν, la radiación es:

$$B_\nu(T) = \frac{2\nu^2 kT}{c^2}$$

La ley es derivada de argumentos de la física clásica. Lord Rayleigh obtuvo por primera vez el cuarto grado de la dependencia de la longitud de onda en 1900; una derivación más completa, la cual incluia una constante de proporcionalidad, fue presentada por Rayleigh y Sir James Jeans en 1905. Ésta agregaba unas medidas experimentales para longitudes de onda. Sin embargo, ésta predecía una producción de energía que tendía al infinito infinito ya que la longitud de onda se hacía cada vez más pequeña. Esta idea no se soportaba por los experimentos y la falla se conoció como la catástrofe ultravioleta.

En 1900 Max Planck obtuvo una relación diferente, conocida como la Ley de Planck. Esta ley pertenece a la física cuántica.

la Ley de Planck expresada en términos de longitud de onda $\lambda = c/\nu$.

$$B_\lambda(T) = \frac{2c^2}{\lambda^5} \frac{h}{e^{\frac{hc}{\lambda kT}} - 1}$$

donde h es la constante de Planck. La ley de Planck no sufre la catástrofe ultravioleta siguiendo los datos experimentales, pero su pleno significado sólo se aprecia desde hace varios años más tarde. En el límite de temperaturas muy altas o largas longitudes de onda, en el término exponencial se convierte en el pequeño, por lo que el denominador se convierte en aproximadamente hc / kT λ serie de potencias de expansión, al contrario que la ley de Rayleigh-Jeans.
Obtenido de «http://es.wikipedia.org/wiki/Ley_de_Rayleigh-Jeans»

Ley de Stefan-Boltzmann

La **ley de Stefan-Boltzmann** establece que un cuerpo negro *emite* radiación térmica con una **potencia emisiva superficial** (W/m²) proporcional a la cuarta potencia de su temperatura:

$$E = \sigma \cdot T_e^4$$

Donde T es la temperatura efectiva o sea la temperatura absoluta de la superficie y sigma es la **constante de Stefan-Boltzmann**:

$$\sigma = 5{,}67 \times 10^{-8} \frac{W}{m^2 \cdot K^4}.$$

Esta potencia emisiva de un cuerpo negro (o radiador ideal) supone un límite superior para la potencia emitida por los cuerpos reales.

La potencia emisiva superficial de una superficie real es menor que el de un cuerpo negro a la misma temperatura y está dada por:

$$E = \varepsilon \cdot \sigma \cdot T_e^4$$

Donde epsilon (ε) es una propiedad radiactiva de la superficie denominada *emisividad*. Con valores en el rango $0 \leq \varepsilon \leq 1$, esta propiedad es la relación entre la radiación emitida por una superficie real y la emitida por el cuerpo negro a la misma temperatura. Esto depende marcadamente del material de la superficie y de su acabado, de la longitud de onda, y de la temperatura de la superficie.

Demostración

Demostración matemática

Esta ley no es más que la integración de la distribución de Planck a lo largo de todas las longitudes de onda:

$$Eb = \int_0^\infty \frac{C_1}{\lambda^5 \cdot (e^{\frac{C_2}{\lambda T}} - 1)} d\lambda$$

donde las constantes valen en el Sistema Internacional de Unidades o sistema MKS:
$C_1 = 2\pi hc^2 = 3{,}742 \cdot 10^{-16}$ W · m²
$C_2 = \frac{hc}{k} = 1{,}439 \cdot 10^{-2}$ m · K

Puede demostrarse haciendo la integral que:

$$Eb = \int_0^\infty \frac{C_1}{\lambda^5 \cdot (e^{\frac{C_2}{\lambda T}} - 1)} d\lambda = \frac{\pi^4 \cdot c_1}{15 \cdot c_2^4} \cdot T^4$$

Por lo que la constante de Stefan-Boltzmann depende de otras constantes fun-

damentales en la forma:
$$\sigma = \frac{2\pi^5 k^4}{15 c^2 h^3} = 5.6704 \cdot 10^{-8} \frac{W}{m^2 \cdot K^4}$$

Experimento del cubo de Leslie

La ley de Stefan-Boltzmann queda bastante clara con el experimento del cubo de Leslie:

En general en la emisión radiante a altas temperaturas se desprecia el efecto de la temperatura del orden de la temperatura ambiente a la que se encuentran los objetos circundantes. Sin embargo debemos tener en cuenta que esta práctica estudia esta ley a bajas temperaturas para las cuales no se puede obviar la temperatura ambiente. Esto hace ver que como el detector del sensor de radiación (una termopila no está a 0 K) irradia energía radiante y una intensidad proporcional a ésta es la que mide, luego si la despreciamos estamos falseando el resultado. Su radiación se puede cuantificar de forma proporcional a su temperatura absoluta a la cuarta potencia:

$$R_{det} = \sigma \cdot T_{det}^4,$$

De esta forma podemos conocer la radiación neta que mide a partir del voltaje generado por el sensor sabiendo que es proporcional a la diferencia de radiación entre la absorbida y la emitida, es decir:
$$R_{net} = R_{rad} - R_{det} = \sigma \cdot (T^4 - T_{det}^4)$$

Por último haciendo una serie de suposiciones, como puede ser evitar que el sensor se vea influenciado por la radiación del cubo de Leslie cuando no sea necesario, tomar mediciones (podemos alejarlo), y sólo entonces podremos considerar que la temperatura del detector es la del ambiente. Con alejarlo cuando sea innecesario esta hipótesis puede ser suficiente.

Ejemplos

Primera determinación de la temperatura del Sol

Utilizando su ley Stefan determinó la temperatura de la superficie del Sol. Tomó los datos de Charles Soret (1854–1904) que determinó que la densidad del flujo de energía del Sol es 29 veces mayor que la densidad del flujo de energía de una fina placa de metal caliente. Puso la placa de metal a una distancia del dispositivo de la medición que permitía verla con el mismo ángulo que se vería el Sol desde la Tierra. Soret estimó la temperatura del placa era aproximadamente 1900 °C a 2000 °C. Stefan pensó que el flujo de energía del Sol es absorbido en parte por la atmósfera terrestre, y tomó para el flujo de energía del Sol un valor 3/2 veces mayor, a saber

$$29 \cdot \frac{3}{2} = 43,5$$

Las medidas precisas de la absorción atmosférica no se realizaron hasta 1888 y 1904. La temperatura que Stefan obtuvo era un valor intermedio de los anteriores, 1950 °C (2223 K). Como 2,57⁴ = 43,5, la ley de Stephan nos dice que la temperatura del Sol es 2,57 veces mayor que la temperatura de un placa de metal, así que Stefan consiguió un valor para la temperatura de la superficie del Sol de 5713 K (el valor moderno es 5780 K). Éste fue el primer valor sensato para la temperatura del Sol. Antes de esto, se obtuvieron valores tan pequeños como 1800 °C o tan altos como 13.000. 000 °C. El valor de 1800 °C fue hallado por Claude Servais Mathias Pouillet (1790-1868) en 1838. Si nosotros concentramos la luz del Sol con una lente, podemos calentar un sólido hasta los 1800 °C.

Las temperaturas y radios de las estrellas

La temperatura de las estrellas puede obtenerse suponiendo que emiten radiación como un cuerpo negro de manera similar que nuestro Sol.

La **Luminosidad L** de la estrella vale :

$$L = 4\pi R^2 \sigma T^4$$

donde σ es la constante de Stefan-Boltzmann , *R* es el radio estelar y *T* es la temperatura de la estrella.

Esta misma fórmula puede usarse para computar el radio aproximado de una estrella de la secuencia principal y por tanto similar al Sol:

$$\frac{R}{R_\odot} \approx \left(\frac{T_\odot}{T}\right)^2 \cdot \sqrt{\frac{L}{L_\odot}}$$

donde $R_\odot$, es el radio solar.

Con la ley de Stefan-Boltzmann, los astrónomos puede inferir los radios de las estrellas fácilmente. La ley también se usa en la termodinámica de un agujero negro en la llamada radiación de Hawking.

La temperatura de la Tierra

Podemos calcular la temperatura de la Tierra T_e igualando la energía recibida del Sol y la energía emitida por la Tierra. El Sol emite una energía por unidad de tiempo y área que es proporcional a la cuarta potencia de su temperatura T_s. A la distancia de la Tierra **a** (unidad astronómica), esa potencia ha disminuido en la relación entre la superficie del Sol y la superficie de una esfera de radio **a**. Además el disco de la Tierra intercepta esa radiación pero debido a la rápida rotación de la Tierra es toda la superficie de la Tierra la que emite la radiación a una temperatura T_e con lo que dicha potencia queda disminuida en un factor 4.

Por ello:
$$\left(\frac{T_e}{T_s}\right)^4 = \frac{1}{4} \cdot \left(\frac{r_s}{a_0}\right)^2$$

donde r_s es el radio del Sol. Por ello
$$T_e = T_s \sqrt{\frac{r_s}{2 a_0}} = 5780 K \cdot \sqrt{\frac{696 \times 10^6 m}{2 \times 149.59787066 \times 10^9 m}} = 278 K$$

Resulta una temperatura de 5 °C. La temperatura real es de 15 °C.

Resumiendo: La distancia del Sol a la Tierra es 215 veces el radio del Sol, reduciendo la energía por el metro cuadrado por un factor que es el cuadrado de esa cantidad, es decir 46.225. Teniendo en cuenta que la sección que interfiere la energía es 1/4 de su área de la superficie, vemos que disminuye en 184.900 veces. La relación entre la temperatura del Sol y la Tierra es por tanto 20,7 ya que 20,7⁴ es 184.900 veces.

Esto muestra aproximadamente por qué $T \sim 278$ K es la temperatura de nuestro mundo. El cambio más ligero de la distancia del Sol podría cambiar la temperatura de la media Tierra.

En el cálculo anterior hay dos defectos. Parte de la energía solar es reflejada por la Tierra que es lo que se denomina albedo y esto disminuye la temperatura de la Tierra hecho por el cálculo anterior hasta -18 °C y parte de la energía radiada por la Tierra que tiene una longitud larga entre 3 y 80 micras es absorbido por los gases de efecto invernadero calentando la atmósfera hasta la temperatura actual. El efecto invernadero es en principio bueno, no lo es el efecto invernadero causado por el hombre que nos lleva a un calentamiento global de efectos imprevisibles.

Véase también: Equilibrio térmico de la Tierra

Para calcular la constante solar o energía emitida por el Sol por unidad de tiempo y área a la distancia de la Tierra basta con dividir esta energía por 46.225 resulta:

$$K = \sigma \cdot T_s^4 \cdot \left(\frac{r_s}{a_0}\right)^2 = 1366 \, \frac{\text{W}}{\text{m}^2}$$

Intercambios radiativos entre cuerpos negros

El flujo de calor se obtiene de la siguiente manera:

$$q = A \cdot E = A \cdot \varepsilon \cdot \sigma \cdot T_e^4$$

Para el cálculo de intercambios radiativos de dos cuerpos negros, hay que afectar a la expresión anterior por el llamado factor de forma F, el cual indica que fracción de la energía total emitida por una superficie es interceptada (absorbida, reflejada o transmitida) por otra superficie, es un concepto puramente geométrico. La expresión final es de la forma:

$$q_{1-2} = A_1 \cdot F_{12} \cdot \sigma \cdot T_1^4$$
$$q_{2-1} = A_2 \cdot F_{21} \cdot \sigma \cdot T_2^4$$
$$q_{12} = q_{1-2} - q_{2-1} = A_1 \cdot F_{12} \cdot \sigma \cdot (T_1^4 - T_2^4)$$

Hay que tener en cuenta que se cumple

$$A_1 \cdot F_{12} = A_2 \cdot F_{21}.$$

Para superficies reales (con emisividad menor a 1) hay que tener en cuenta que además de emitir, la superficie refleja energía, para ello se define J como la radiosidad, que es la suma de la energía emitida y la reflejada.

$$q_{1-2} = A_1 \cdot F_{12} \cdot J_1$$
$$q_{2-1} = A_2 \cdot F_{21} \cdot J_2$$
$$q_{12} = q_{1-2} - q_{2-1} = A_1 \cdot F_{12} \cdot (J_1 - J_2)$$

En el caso particular de un cuerpo negro se cumple que $J = E$.

Ejemplo:

Para una cavidad cerrada compuesta por dos superficies reales, el intercambio radiativo es:

$$q_{12} = \frac{\sigma \cdot (T_1^4 - T_2^4)}{\frac{1-\varepsilon_1}{\varepsilon_1 \cdot A_1} + \frac{1}{A_1 \cdot F_{12}} + \frac{1-\varepsilon_2}{\varepsilon_2 \cdot A_2}}$$

- ver discusión

Obtenido de «http://es.wikipedia.org/wiki/Ley_de_Stefan-Boltzmann»

Ley de desplazamiento de Wien

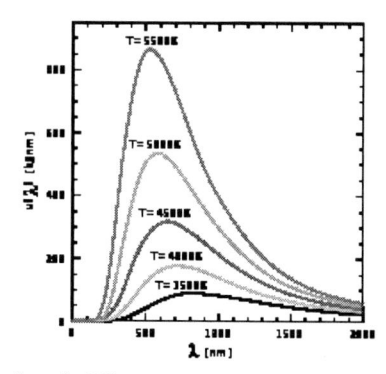

Ley de Wien.

La **Ley de Wien** es una ley de la física. Especifica que hay una relación inversa entre la longitud de onda en la que se produce el pico de emisión de un cuerpo negro y su temperatura.

$$\lambda_{\max} = \frac{0,0028976 \text{ m} \cdot \text{K}}{T}$$

donde T es la temperatura del cuerpo negro en Kelvin (K) y λ es la longitud de onda del pico de emisión en metros.

Las consecuencias de la ley de Wien es que cuanta mayor sea la temperatura de un cuerpo negro menor es la longitud de onda en la cual emite. Por ejemplo, la temperatura de la fotosfera solar es de 5780 K y el pico de emisión se produce a 475 nm = 4,75 · 10 m. Como 1 angstrom 1 Å= 10 m = 10 micras resulta que el máximo ocurre a 4750 Å. Como el rango visible se extiende desde 4000 Å hasta 7400 Å, esta longitud de onda cae dentro del espectro visible siendo un tono de verde. Sin embargo, debido a la Dispersión de Rayleigh de la luz azul por la atmósfera, la componente azul se separa distribuyéndose por la bóveda celeste y el Sol aparece amarillento.

Deducción de la Ley de Wien

La constante c de Wien esta dada en Kelvin x metro.

Esta ley fue formulada empíricamente por Wilhelm Wien. Sin embargo, hoy se deduce de la ley de Planck para la radiación de un cuerpo negro de la siguiente manera:

$$E(\lambda, T) = \frac{C_1}{\lambda^5 \cdot (e^{\frac{C_2}{\lambda \cdot T}} - 1)} = \frac{C_1 \cdot \lambda^{-5}}{(e^{\frac{C_2}{\lambda \cdot T}} - 1)}$$

donde las constantes valen en el Sistema Internacional de Unidades o sistema MKS:

$$C_1 = 2\pi h c^2 = 3,742 \cdot 10^{-16} \text{ W} \cdot \text{m}^2$$
$$C_2 = \frac{hc}{k} = 1,4385 \cdot 10^{-2} \text{ m} \cdot \text{K} = 1,4385 \cdot 10^4 \, \mu\text{m} \cdot \text{K}$$

Para hallar el máximo la derivada de la función con respecto a λ tiene que ser cero.

$$\frac{\partial(E(\lambda, T))}{\partial \lambda} = 0$$

Basta con utilizar la regla de derivación del cociente y como se tiene que igualar a cero, el numerador de la derivada será nulo es decir:

$$\frac{c_2}{\lambda \cdot T} = 5 \cdot \left(1 - e^{\frac{-c_2}{\lambda \cdot T}}\right)$$

Si definimos

$$x \equiv \frac{c_2}{\lambda T}$$

entonces

$$\frac{x}{1-e^{-x}} - 5 = 0$$

Esta ecuación no se puede resolver mediante funciones elementales. Como una solución exacta no es importante podemos optar por soluciones aproximadas. Se puede hallar fácilmente un valor aproximado para *x*:

Si x es grande resulta que aproximadamente $e^{-x} = 0$ así que x esta cerca de 5. Así que aproximadamente $x = 5(1 - e^{-5}) = 4,9663$.

Utilizando el método de Newton o de la tangente:
$$x = 4,965114231744276\ldots$$
De la definición de x resulta que:

$$\lambda_{max} \cdot T = \frac{c_2}{x} = \frac{1,4385 \cdot 10^4}{4,965114231744276} = 2897,6 \mu m K$$

Así que la constante de Wien es $2897,6 \mu m \cdot K$ por lo que:
$$\lambda_{max} \cdot T = 2897,6 \mu m \cdot K$$

Obtenido de «http://es.wikipedia.org/wiki/Ley_de_desplazamiento_de_Wien»

Láser de dióxido de carbono

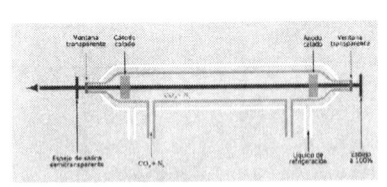

Esquema principal de un laser de (CO).

El **láser de dióxido de carbono** (láser de CO) es uno de los más antiguos láseres de gas desarrollado por Kumar Patel en los Laboratorios Bell en 1964, y todavía tiene hoy en día un gran número de aplicaciones.

Los láseres de dióxido de carbono en modo continuo tienen un gran poder y son fácilmente accesibles. También son muy eficaces; la *ratio* potencia de bombeo (el poder de excitación) *vs* potencia de salida alcanza el 20%.

Los láseres de CO emiten en IR, su banda de longitud de onda principal está comprendida entre 9,4 y 10,6 μm (micras).

Amplificación

El medio amplificador es un gas - refrigerado por un circuito de agua en el caso de grandes potencias - en el que se produce una descarga eléctrica. El gas usado en el tubo de descarga está formado por:

- Dióxido de carbono CO, de 10 a 20%;
- Nitrógeno N, de 10 a 20%
- Hidrógeno H y / o Xenon (Xe), un pequeño porcentaje, por lo general en un tubo cerrado;
- Helio (He) en cantidad suficiente para completar.

Las proporciones varían en función del tipo o tipos de láseres que se requieren.

La inversión de población en el láser se realiza según la siguiente secuencia:
- la colisión con un electrón induce un estado excitado vibratorio en el nitrógeno. Como el nitrógeno es una molécula homonuclear no pierde su energía por la emisión de un fotón y por lo tanto sus niveles de excitación vibratoria son metaestables y tienen un gran periodo de vida;
- la transferencia de la energía de colisión entre el nitrógeno y el dióxido de carbono induce una excitación vibratoria del dióxido de carbono con la suficiente energía para impulsar la *inversión de población* deseada para el funcionamiento del láser;
- las moléculas permanecen en un estado excitado inferior. El retorno a su estado fundamental se hace mediante las colisiones con los átomos de helio frío. Los átomos de helio excitado por el choque deben ser enfriado para mantener su capacidad de producir una inversión de población de las moléculas de dióxido de carbono. En los láseres de ampolla sellada, la refrigeración se realiza por intercambio de calor cuando los átomos de helio rebotan en la pared fría de la ampolla. En el caso de láser de flujo, un flujo continuo de CO y N es excitada por la descarga y la mezcla de gas caliente es evacuada a continuación por una bomba.

Tecnología

Dado que los láseres de CO emiten en el infrarrojo, su fabricación requiere de materiales específicos. Tradicionalmente, los espejos son de tipo multicapa fabricados en silicio, en Mo o en oro. Las ventanas y las lentes son de germanio o seleniuro de zinc. Para potencias superiores se prefieren espejos de oro y las ventanas de seleniuro de zinc. Se pueden incluso encontrar ventanas y espejos de diamante. Las ventanas de diamante son muy caras, pero su buena conductividad térmica asociada a su dureza los hace muy valiosos cuando se necesita alta potencia o en ambientes muy sucios. Los elementos ópticos de diamante incluso puede ser lijados, sin alterar sus propiedades ópticas. En su origen las ventanas y los espejos se fabricaban de sal, cloruro de sodio (NaCl) o cloruro de potasio (KCl). Aunque estos materiales son muy baratos, se abandonó su empleo debido a su alta sensibilidad a la humedad.

El tipo más simple de láser de CO es un tubo de descarga cerrada, con una mezcla de gases como se describió anteriormente, con un espejo al 100% en un lado y un semi-espejo transparente recubierto de seleniuro de zinc en la salida lateral. La reflectividad del espejo de salida es de 5 a 15%.

Los láseres de CO suministran potencias que van desde varios milivatios (mW) a varios cientos de kilovatios (kW). El láser de CO puede ser fácilmente conmutado (*Q-switching*), utilizando un espejo giratorio o con un conmutador opto-electrónico dando lugar a una potencia máxima de hasta GW.

Las transiciones se hacen en realidad en las bandas de vibración y rotación molecular de una molécula lineal triatómica, se puede seleccionar la estructura de rotación de las bandas Ku y R con la ayuda de un sistema de afinación en la cavidad óptica. Ya que los materiales transparentes en el infrarrojo causa importantes pérdidas, se utilizan casi siempre como un sistema de afino de la frecuencia de red de difracción. Al girar la red se puede aislar una línea espectral rotativa particular de las transiciones electrónicas. También se puede usar un interferómetro Fabry-Pérot y así obtener una línea muy fina. En la práctica esto significa que un continuo de líneas espectroscópicas separadas por alrededor de 1 cm (30 GHz), junto con la sustitución isotópica, puede ser utilizado en una superficie de entre 880 à 1090 cm. Esta capacidad de los láseres de CO de poder alinearse se utiliza principalmente en la investigación.

Aplicaciones

Un objetivo experimental es vaporizado y luego quemado por un láser de dióxido de carbono de una potencia de unas pocas decenas de kilovatios.

Dado la alta potencia combinada con un coste razonable, los láseres de CO se utilizan comúnmente en la industria para el corte y la soldadura, y, con menos potencia, para el grabado. También se utilizan en cirugía porque trabajan en una longitud de onda muy bien absorbida por el agua, y por lo tanto por los tejidos vivos (cirugía láser, alisando la piel, ritidectomía - que es esencialmente quemaren la piel para estimular la formación de colágeno - y en la dermoabrasión).

Como la atmósfera terrestre es particularmente transparente al infrarrojo, los láser de CO también se utilizan para fines militares (telemetría), usando técnicas de LIDAR.

Obtenido de «http://es.wikipedia.org/wiki/L%C3%A1ser_de_di%C3%B3xido_de_carbono»

Láser de punto cuántico

Un **láser de punto cuántico** es un láser semiconductor que usa puntos cuánticos como el medio activo en su región de emisión de luz. Debido al apretado confinamiento de los portadores de carga en los puntos cuánticos, exhiben una estructura electrónica similar a la de los átomos. Los láseres fabricados con medios tan activos exhiben un comportamiento bastante cercano a los láseres de gas, pero no presentan algunos de los inconvenientes asociados a los tradicionales láseres de semiconductores basados en medios activos sólidos o de pozo cuántico. Se han observado mejoras en la modulación de ancho de banda, umbral de excitación, ruido relativo de intensidad, factor de realce de ancho de línea y estabilidad con la temperatura. La región activa del punto cuántico puede diseñarse para operar con diferentes longitudes de onda variando el tamaño y la composición del punto cuántico. Esto permite que este tipo de láser pueda fabricarse para operar en longitudes de onda imposibles de obtenerse con la tecnología de láser semiconductor actual.

Recientemente, los dispositivos basados en medios activos de punto cuántico están encontrando aplicaciones comerciales en la medicina (bisturí láser, tomografía de coherencia óptica), tecnologías de exhibición de imágenes (proyección, TV láser), espectroscopía y telecomunicaciones. Con esta tecnología, se ha desarrollado un láser de punto cuántico de hasta 10 Gbit/s para uso en comunicaciones ópticas de datos y redes ópticas que es insensible a la fluctuación de temperatura. El láser es capaz de operar a alta velocidad en longitudes de onda de 1.3 µm, en un rango de temperaturas de entre 20 °C y 70 °C. Trabaja en sistemas ópticos de transmisión de datos, LANs ópticos y sistemas de Red de Área Metropolitana. En comparación al desempeño de los láseres de pozo cuántico tensado convencionales del pasado, el nuevo láser de punto cuántico alcanza una estabilidad ante la temperatura perceptiblemente más alta.

Obtenido de «http://es.wikipedia.org/wiki/L%C3%A1ser_de_punto_cu%C3%A1ntico»

Límite clásico

El **límite clásico** es la habilidad de una teoría física para aproximarse al comportamiento predicho por la mecánica clásica cuando el valor de cierto parámetro especial de estas teorías se aproxima un "valor clásico"; se usa en las teorías físicas que predicen un comportamiento no-clásico. Los casos más usuales de límite clásico son:
- El límite clásico de la mecánica cuántica, donde el parámetro especial es la constante de Planck y su valor clásico es 0: $\hbar \to 0$.
- El límite clásico de la teoría de la relatividad especial o general, donde el parámetro especial es la velocidad de la luz y su valor clásico es infinito: $c \to \infty$.

Límite clásico de la mecánica cuántica

Para conciliar las predicciones de la mecánica cuántica a nivel microscópico con las predicciones de la mecánica clásica a nivel macroscópico, Niels Bohr introdujo el principio de correspondencia dentro de la teoría cuántica. Dicho principio postula algunos de los argumentos de continuidad deben ser aplicados al límite clásico de los sistemas cuánticos a medida que los valores de la constante de Planck se aproximan a cero.

126 - Límite clásico

En la mecánica cuántica, debido al principio de incertidumbre de Heisenberg, un electrón no puede estar nunca en reposo; tiene siempre que tener una energía cinética distinta de cero, un resultado que no se encuentra en la mecánica clásica. Por ejemplo, si consideramos algo relativamente más grande que un electrón, tal como una pelota de fútbol, el principio de incertidumbre predice que no puede tener una energía cinética igual a cero, pero la incertidumbre en la energía cinética es tan pequeña, que la pelota de fútbol puede parecer que estuviese en reposo, y por esta razón parece obedecer a la mecánica clásica. En general, si grandes energías y grandes objetos (en comparación con el tamaño y los niveles de energía de un electrón) son considerados en la mecánica cuántica, los resultados parecerán obedecer a la mecánica clásica.

De acuerdo con el principio de correspondencia de Bohr, todas las ecuaciones de la mecánica cuántica no-relativista deben coincidir con los resultados de la mecánica clásica cuando en ellos se practica adecuadamente el límite clásico. Así por ejemplo el límite clásico de la ecuación de Schrödinger para la función de onda dada por:

(1) $\psi(x,t) = e^{iS(x,t)/\hbar}$

Resulta idéntica a la ecuación de Hamilton-Jacobi de la mecánica clásica. Un cálculo directo lleva de hecho a que la ecuación de Schrödinger con la substitución anterior se puede escribir como:

(2)
$\frac{\partial S}{\partial t} + \frac{1}{2m}\left[\left(\frac{\partial S}{\partial x}\right)^2 + \left(\frac{\partial S}{\partial y}\right)^2 + \left(\frac{\partial S}{\partial z}\right)^2\right] + V(x) = \frac{i\hbar}{2m}\Delta S$

Interpretando la fase de la onda $S(x,t)/\hbar$ como la magnitud de acción dividida de la constante de Planck, y haciendo tender esta a cero se llega al límite clásico. Puede verse alternativamente que a medida que la masa del objeto es más y más grande se recupera igualmente el límite clásico. Lo cual explica porqué los cuerpos macroscópicos se comportan "clásicamente" aún cuando la constante de Planck no sea exactamente cero.

Límite clásico de la mecánica relativista

Si en la relatividad especial, consideramos que el espacio es plano y las velocidades son pequeñas (en comparación con la velocidad de la luz), encontramos que los objetos nuevamente parecen obedecer a la mecánica clásica. La teoría general de la relatividad requiere además de lo anterior que el espacio sea casi plano. Dicha condición requiere, además de que la pequeñez de velocidades, que los campos gravitatorios de las masas sean pequeños, condición que se cumple aceptablemente siempre que las distancias entre las partículas estén sean pequeñas en relación a su masa:

(3) $\dfrac{GM}{dc^2} \ll 1$

Donde:
M, es la masa total que crea el campo gravitatorio.
d, es la distancia entre el punto considerado y el centro de masas que crea el campo gravitatorio.
c, G, son la velocidad de la luz y la cosntante de la gravitación.

Límite clásico de la relatividad especial

La mayoría de ecuaciones de la teoría de la relatividad especial convergen a la expresión clásica sin más que hacer formalmente tender el parámetro que da la velocidad de la luz a infinito. En algunas otras expresiones se requiere restar primero una constante aditiva que no se refleja en las ecuaciones clásicas:

- Energía cinética

(4)
$E_c = \lim_{c\to\infty}\dfrac{mc^2}{\sqrt{1-\frac{v^2}{c^2}}} - mc^2 = \lim_{c\to\infty} mc^2\left[\frac{1}{2}\left(\frac{v^2}{c^2}\right) + \frac{3}{8}\left(\frac{v^2}{c^2}\right)^2 + \ldots\right] = \frac{1}{2}mv^2$

- Momento lineal

(5)
$p = \lim_{c\to\infty}\dfrac{m\mathbf{v}}{\sqrt{1-\frac{v^2}{c^2}}} = \lim_{c\to\infty} m\mathbf{v}\left[1 + \frac{1}{2}\left(\frac{v^2}{c^2}\right)\ldots\right] = m\mathbf{v}$

- Lagrangiano de una partícula libre (con constante aditiva).

(4)
$L = \lim_{c\to\infty} -mc^2\sqrt{1-\frac{v^2}{c^2}} = \lim_{c\to\infty} -mc^2\left[1 - \frac{1}{2}\left(\frac{v^2}{c^2}\right) - \frac{1}{8}\left(\frac{v^2}{c^2}\right)^2 - \ldots\right] = -\frac{1}{2}mv^2$

- ecuación de Hamilton-Jacobi, intoduciendo en esta ecuación

(6) $S = S' - mc^2 t$

$\left(\frac{\partial S}{\partial x}\right)^2 + \left(\frac{\partial S}{\partial y}\right)^2 + \left(\frac{\partial S}{\partial z}\right)^2 - \frac{1}{c^2}\left(\frac{\partial S}{\partial t}\right)^2 = -m_0^2 c^2 \mapsto$
$\mapsto \frac{1}{2m}\left[\left(\frac{\partial S'}{\partial x}\right)^2 + \left(\frac{\partial S'}{\partial y}\right)^2 + \left(\frac{\partial S'}{\partial z}\right)^2\right] - \frac{1}{2mc^2}\left(\frac{\partial S'}{\partial t}\right)^2 + \frac{\partial S'}{\partial t} = 0$

Límite clásico de la relatividad general

La teoría general de la relatividad explica que el campo gravitatorio puede ser entendido como un efecto de la curvatura del espacio-tiempo, mientras que en mecánica clásicas se asume que el espacio es euclídeo. El límite clásico de la teoría de la relatividad general puede obtenerse suponiendo que la curvatura del espacio-tiempo tiende a cero, y simultáneamente la velocidad de la luz es muy grande comparada con las velocidades de todas las partículas. Como la curvatura está relacionada con la intesidad del campo gravitatorio el límite clásico de la teoría de la relatividad implica considerar campos gravitatorios débiles, es decir, tales que el potencial gravitatorio es pequeño comparado con la velocidad de la luz al cuadrado en todos los puntos, tal como se expresó mediante la relación (3):

(3b) $\dfrac{GM}{c^2 d} \approx \dfrac{\phi_g(\mathbf{x})}{c^2} \ll 1$

Cuando se cumple la relación anterior se pueden estudiar la aproximación para campos gravitatorios débiles de las ecuaciones de la relatividad general. La teoría newtoniana puede obtenerse como el límite clásico de la aproximación para campos débiles sin más que hacer formalmente tender el parámetro que da la velocidad de la luz a infinito y que el potencial gravitatorio sea pequeño en relación al cuadrado de la velocidad de la luz. Para encontrar el límite clásico de la teoría de la relatividad mediante la aproximación de campo débil escribiremos el tensor métrico que representa la curvatura como la suma del tensor métrico de un espacio plano más un término adicional que expresa la desviación respecto a la planitud:

(7)
$g_{\alpha\beta}(\mathbf{x}) = \eta_{\alpha\beta} + \dfrac{h_{\alpha\beta}(\mathbf{x})}{c^2}$

Donde:

η_{ij} es la métrica de Minkowski para un espacio-tiempo plano (sin curvatura).

$\alpha, \beta \in \{0, 1, \ldots, 3\}$ son los índices tensoriales.

- **Ecuación de movimiento**, de acuerdo con la teoría de la relatividad general una partícula sobre la que no actúa ninguna fuerza electromagnética se mueve a lo largo de una geodésica:

$$\frac{d^2x^i}{d\tau^2} = -\Gamma^i_{00}\frac{dx^0}{d\tau}\frac{dx^0}{d\tau} - \Gamma^i_{jk}\frac{dx^j}{d\tau}\frac{dx^k}{d\tau} - \Gamma^i_{0k}\frac{dx^0}{d\tau}\frac{dx^k}{d\tau} - \Gamma^i_{00}\frac{dx^0}{d\tau}\frac{dx^0}{d\tau}$$

Donde $i,j,k \in \{1,2,3\}$. Introduciendo en la ecuación anterior la relación (7) y teniendo en cuenta que $dx^0/d\tau \approx 0$ y que el tiempo propio y el tiempo coordenaddo en este caso $t \approx \tau$ se puede que los dos primeros términos del último miembro son mucho más pequeños que el último y la relación anterior se puede aproximar en el límite clásico mediante:

(8a)
$$\frac{d^2x^i}{dt^2} \approx -\Gamma^i_{00}\frac{dx^0}{d\tau}\frac{dx^0}{d\tau} = \frac{1}{2}\frac{\partial h_{00}}{\partial x^i}$$

Las componentes omitidas en la anterior relación son mucho más pequeñas que las no omitidas tienen a cero cuando $c \to \infty$. La expresión (8b) coincide con la ecuación clásica si se identifica la componente temporal del tensor métrico con el potencial gravitatorio mediante:

(8b)
$$h_{00}(\mathbf{x}) = -2\phi_g(\mathbf{x}) \Rightarrow \frac{d^2x^i}{dt^2} = -\frac{\partial \phi_g}{\partial x^i}, \Rightarrow \frac{d^2\mathbf{x}}{dt} = -\nabla \phi_g$$

- **Lagrangiano**, comparando la integral de acción relativista y la integral de acción clásica:

(*rel*)
$$S_{rel} = -\int_L mc\, ds = -\int_{\tau_1}^{\tau_2} mc \sqrt{g_{\mu\nu}\frac{dx^\mu}{d\tau}\frac{dx^\nu}{d\tau}}\, d\tau \approx \int_{t_1}^{t_2} -mc\left(c - \frac{v^2}{2c} - \frac{h_{00}}{2c}\right) dt$$

(*clas*)
$$S_{clas} = \int_{t_1}^{t_2}\left(-mc^2 + \frac{mv^2}{2} - m\phi_g\right) dt$$

Donde, como en el caso de la relatividad especial, se ha introducido en el lagrangiano la constante $-mc^2$ correspondiente a la energía en reposo, que no afecta a las ecuaciones del movimiento, pero que hace que se pueden identificar directamente los términos que aparecen en (rel) y los que aparecen en (clas). Nuevamente ambas expresiones coinciden si se toma la componente temporal h_{00} del tensor métrico como en (8b), es decir, $h_{00}(\mathbf{x}) = -2\phi_g(\mathbf{x})$. A partir los casos anteriores se concluye que el tensor métrico cuyo límite clásico reproduce los resultados de la mecánica newtoniana debe tener la forma:

$$(g_{ij}) = \begin{pmatrix} -c^2 - 2\phi_g & 0 & 0 & 0 \\ 0 & 1 & 0 & 0 \\ 0 & 0 & 1 & 0 \\ 0 & 0 & 0 & 1 \end{pmatrix}$$

- **Ecuación de campo y ecuaciónd de Poisson**. Introduciendo el tensor anterior en las ecuaciones de campo de Einstein con un tensor energía impulso dado por:

$$(T_{ij}) = \begin{pmatrix} -\rho c^2 & 0 & 0 & 0 \\ 0 & 0 & 0 & 0 \\ 0 & 0 & 0 & 0 \\ 0 & 0 & 0 & 0 \end{pmatrix}$$

y considerando sólo términos de primer orden en el cálculo del tensor de Ricci se obtiene:

$$R_{00} = -\frac{1}{2}\sum \frac{\partial h_{00}}{\partial (x^i)^2} = \frac{4\pi G}{c^2}(\rho c^2) \Rightarrow \left(\frac{\partial \phi_g}{\partial x^2} + \frac{\partial \phi_g}{\partial y^2} + \frac{\partial \phi_g}{\partial z^2}\right) = 4\pi G\rho$$

La última expresión es precisamente la ecuación de Poisson que es la expresión clásica que relaciona el potencial gravitatorio con la densidad de materia.

Obtenido de «http://es.wikipedia.org/wiki/L%C3%ADmite_cl%C3%A1sico»

Lógica cuántica

En física, la **lógica cuántica** es el conjunto de reglas algebraicas que rigen las operaciones para combinar y los predicados para relacionar proposiciones asociadas a acontecimientos físicos que se observan a escalas atómicas.

Ejemplos de tales proposiciones son aquellas relativas al momento lineal o a la posición en el espacio de un electrón. La lógica cuántica puede considerarse como un sistema formal paralelo al cálculo proposicional de la lógica clásica, donde en esta última, las operaciones para combinar proposiciones son las conectivas lógicas y los predicados entre proposiciones son equivalencia e implicación. La lógica cuántica fue creada con el propósito de tratar matemáticamente las anomalías relativas a la medición en la mecánica cuántica. Éstas surgen por la medición simultánea de observables complementarios en escalas atómicas.

La expresión "lógica cuántica" también se refiere a la rama interdisciplinaria de física, matemática, lógica y filosofía que estudia el formalismo y las bases empíricas de estas reglas algebraicas. Vale salientar que la lógica cuántica es una disciplina científica independiente y con objetivos diferentes de la informática cuántica, aunque ambas dependen, por supuesto, de la física cuántica.

Introducción

El concepto de lógica cuántica fue propuesto originalmente por Garrett Birkhoff y John von Neumann en 1936. Tal como fue propuesto por estos autores, la lógica cuántica se fundamenta en la idea que el retículo de proyecciones ortogonales en un espacio de Hilbert es la estructura que corresponde en la mecánica cuántica al reticulado de proposiciones en la física clásica.

La lógica cuántica puede formularse como una versión modificada de la lógica proposicional. Tiene algunas propiedades que la diferencian de la lógica clásica, la más notable siendo que la propiedad distributiva

p y (q o r) = (p y q) o (p y r)

que es una propiedad básica en la lógica clásica, ya no es válida en la lógica cuántica.

Para explicar porqué la ley distributiva no es válida en lógica cuántica, consideremos una partícula que se desplaza sobre una recta. Sean **p, q** y **r** las proposiciones siguientes:

p = "la partícula se dirige hacia la derecha"

q = "la partícula se encuentra en el intervalo [-1,1]"

r = "la partícula se encuentra fuera del intervalo [-1,1]"

Entonces la proposición "**q** o **r**" es verdadera. Por lo tanto

p y (**q** o **r**) = **p**

Por otro lado, las proposiciones

p y **q**

p y **r**

son ambas falsas, pues cada una postula valores simultáneos de posición y momento linear con mayor exactitud de lo que seria permitido por la relación de indeterminación de Heisenberg. Por ende,

(**p** y **q**) o (**p** y **r**) = falso

Concluimos que la ley distributiva es falsa.

La tesis que la lógica cuántica es la lógica apropiada para el raciocinio de manera general ha sido avanzada por varios filósofos y físicos. Entre los proponentes de esta tesis se encuentra el filósofo estadounidense Hilary Putnam, en por lo menos un período en su trayectoria académica. Esta tesis fue un ingrediente importante en su trabajo entitulado "¿Es empírica la lógica?" (en inglés "Is Logic Empirical?") en el cual analizó el fundamento epistemológico de las leyes de la lógica proposicional. Putnam atribuyó la idea que las anomalías asociadas a la medición cuántica surgen de anomalías en la lógica de la física misma al físico David Finkelstein.

La idea que una modificación de las reglas de la lógica seria necesaria para raciocinar correctamente con proposiciones relativas a eventos subatómicos, había existido en alguna forma con anterioridad al trabajo de Putnam. Ideas parecidas, aunque con menos proyección filosófica habían sido propuestas

por el matemático George Mackey en sus estudios relacionando cuantización y la teoría de representaciones unitarias de grupos. Sin embargo, el punto de vista mas prevaleciente entre los especialistas en fundamentos de mecánica cuántica, es que la lógica cuántica no debe considerarse como un sistema de reglas la deducción. Lo que la lógica cuántica proporciona es un formalismo matemático para relacionar diversos elementos del aparataje de la mecánica cuántica, que son, a saber, observables, filtros físicos para la preparación de estados y los estados mismos. Considerados de esta forma, la lógica cuántica se asemeja más al enfoque algebráico construido a partir de las C*-algebras.

Proyecciones ortogonales como proposiciones

El enfoque hamiltoniano de la mecánica clásica está constituido por tres elementos fundamentales:
- El conjunto de estados posibles del sistema,
- observables, propiedades del sistema que se obtienen por procesos de medición,
- dinámica, es decir la manera de evolución a través del tiempo de los estados.

En el caso de una partícula que se mueve en el espacio **R**, el espacio de estados (también llamado espacio fásico) es el espacio **R**. Los observables son funciones f con valores reales, que son definidas sobre el espacio fásico. Ejemplos de observables son las coordenadas de posición o momento lineal o la energía de una partícula. Para un sistema clásico, el valor de $f(x)$, es decir el valor del observable f, estando el sistema en un determinado estado x, se obtiene por un proceso de medición de f. Las proposiciones concernientes al sistema clásico son creadas a partir de proposiciones básicas, como la siguiente: sean a, b números reales
- El resultado de medir el observable f, es un valor en el intervalo $[a, b]$.

Consideremos una partícula de masa m kilogramos que se mueve en **R**, libre de fuerzas externas. Si el observable f es la energía de la partícula, entonces un ejemplo de proposición básica es la que afirma que la energía de la partícula (expresada en Julios), está en el intervalo $[a, b]$. Esta afirmación equivale a decir que la velocidad v (expresada en unidades de metros/segundo) satisface la desigualdad

$$\sqrt{\frac{2a}{m}} \leq |v| \leq \sqrt{\frac{2b}{m}}$$

Es una consecuencia de esta definición de proposición en sistemas físicos clásicos, que la lógica correspondiente, considerada como un sistema algebraico bajo las operaciones de lógica, tiene la estructura de un álgebra de Boole. De hecho, este álgebra consiste de subconjuntos del espacio fásico. En este contexto, por lógica entendemos las reglas algebraicas que rigen las operaciones booleanas, tales como las leyes de De Morgan. Por razones de naturaleza técnica, haremos la suposición que los conjuntos pertenecientes a este álgebra son precisamente los conjuntos Boreleanos. Además de unión e intersección, el conjunto de proposiciones lleva una relación binaria de orden (es decir la relación de subconjunto) y una operación de complementación. Esta última corresponde a la negación en lógica. En términos de observables, el complemento de la proposición $\{f \geq a\}$ es $\{f < a\}$.

Podemos resumir el punto de vista clásico en la forma a siguiente:
- El conjunto de proposiciones que se pueden afirmar de un sistema físico clásico tiene la estructura de un reticulado. Este reticulado viene equipado además con una operación de *ortocomplementación*. Las operaciones (binarias) de mínimo y máximo de este reticulado son respectivamente las operaciones de intersección y unión de conjuntos. La operación de ortocomplementación es el complemento en el espacio fásico. Este reticulado es además *secuencialmente completo*, en el sentido que toda sucesión $\{E\}$ de elementos del reticulado tiene un supremo

$$\sup(\{E_i\}) = \bigcup_{i=1}^{\infty} E_i.$$

En la formulación de la mecánica cuántica en espacios de Hilbert tal como fue presentada por von Neumann, un observable se representa por un operador autoadjunto A densamente definido (y posiblemente no-acotado) sobre un cierto espacio de Hilbert. Puesto que A admite una descomposición espectral o resolución de la identidad en términos de una medida de Borel de $\mathbb{R}$ (valuada sobre el conjunto de proyectores del espacio). En particular se cumple que:

$$f(A) = \int_{\mathbb{R}} f(\lambda)\, dE_\lambda$$

En este caso f es la función característica de un intervalo $[a, b]$, y el operador $f(A)$ es una proyección autodajunta, y puede ser interpretada como el análogo cuántico de la proposición clásica:
- El valor de una medición de A cae en el intervalo $[a, b]$.

El retículo de proposiciones en mecánica cuántica

Las consideraciones anteriores sugieren una estructura que corresponde en la mecánica cuántica al retículo de proposiciones en la mecánica clásica.
- El reticulado de proposiciones de un sistema cuántico es el reticulado Q de los subespacios cerrados de un espacio de Hilbert. donde la relación de orden entre subespacios cerrados V y W es la relación de subespacio. Este reticulado está dotado además de una operación llamada de ortocomplementación. Para un subespacio V el ortocomplemento es el espacio ortogonal.

Esta afirmación es en esencia el axioma VII postulado en el libro de Mackey. En lo sucesivo, no haremos diferencia entre un subespacio cerrado V y la proyección ortogonal sobre V. Esta identifcación se justifica por la existencia de una biyección natural entre subespacios cerrados y proyecciones ortogonales.

Tomando como punto de partida el axioma VII, procedemos a definir de una manera formal lo que es un observable y en base a esta definición establecer la correspondencia entre operadores autoadjuntos y observables. La definición es la siguiente:

Un observable según Mackey es un homomorfismo φ cuyo dominio es el retículo de conjuntos borelianos en la recta real $\mathbf{R}$ y el codominio es el retículo Q y que preserva límites enumerables. Esta propiedad quiere decir que si $\{S\}$ es una sucesión de subconjuntos borelianos de $\mathbf{R}$ que son disjuntos entre sí, entonces las proyecciones $\{\varphi(S)\}$ son también ortogonales entre sí y vale la igualdad

$$\varphi\left(\bigcup_{i=1}^{\infty} S_i\right) = \sum_{i=1}^{\infty} \varphi(S_i).$$

Teorema. Existe una correspondencia biunívoca entre observables en el sentido de Mackey y operadors con dominio denso autoadjuntos en el espacio de Hilbert H.

Una aplicación de este tipo, que hace corresponder un operador de proyección ortogonal a cada elemento de una σ-álgebra, es denominada medida espectral.

Obtenido de «http://es.wikipedia.org/wiki/L%C3%B3gica_cu%C3%A1ntica»

Materia degenerada

Se denomina **materia degenerada** a aquella en la cual una fracción importante de la presión proviene del principio de exclusión de Pauli, que establece que dos fermiones no pueden tener los mismos números cuánticos.

Dependiendo de las condiciones, la degeneración de diferentes partículas puede contribuir a la presión de un objeto compacto, de modo que una enana blanca está sostenida por la degeneración de electrones, mientras que una estrella de neutrones no colapsa debido al efecto combinado de la presión de neutrones degenerados y la presión debida a la parte repulsiva de la interacción fuerte entre bariones.

Estas restricciones en los estados cuánticos hacen que las partículas adquieran momentos muy elevados ya que no tienen otras posiciones del espacio de fases donde situarse, se puede decir que el gas al no poder ocupar más posiciones se ve obligado a extenderse en el espacio de momentos con la limitación de la velocidad c. Así pues, al estar tan comprimida la materia los estados energéticamente bajos se llenan en seguida por lo que muchas partículas no tienen más remedio que colocarse en estados muy energéticos lo que conlleva una presión adicional de origen cuántico. Si la materia está lo suficientemente degenerada dicha presión dominará, con mucho, sobre todas las demás contribuciones. Esta presión es, además, independiente de la temperatura y únicamente dependiente de la densidad.

Hacen falta grandes densidades para llegar a los estados de degeneración de la materia. Para la degeneración de electrones se requerirá de una densidad en torno a los 10 g/cm³, (1000 kg/cm³) para la de los neutrones hará falta mucha más aún, aproximadamente 10 g/cm³ (100.000 Toneladas/cm³).

Tratamiento matemático de la degeneración

Para calcular el número de partículas del mundo fermiónico en función de su momento se usará la distribución de Fermi-Dirac (ver estadística de Fermi-Dirac) de la siguiente manera:

$$n(p)dp = 2 \cdot \frac{4\pi p^2 dp}{h^3} \cdot \frac{1}{1 + exp\left(\frac{E_p}{KT} - \psi\right)}$$

Donde $n(p)$ es el número de partículas con momento lineal p. El coeficiente inicial 2 es la doble degeneración de espín de los fermiones. La primera fracción es el volumen del espacio de fases en un diferencial de momentos partido por el volumen de una celda en dicho espacio. La h³ es la constante de Planck al cubo que, como se ha dicho, significa el volumen de esas celdillas en las que caben hasta dos partículas con espines de positos u opuestos. El último término fraccionario es el denominado **factor de llenado**. K es la constante de Boltzmann, T la temperatura, E la energía cinética de una partícula con momento p y ψ el **parámetro de degeneración** que es dependiente de la densidad y la temperatura.

- El **factor de llenado** indica la probabilidad de que esté lleno un estado. Su valor está comprendido entre 0 (todos vacíos) y 1 (todos llenos).
- El **parámetro de degeneración** indica el grado de degeneración de las partículas. Si toma valores grandes y negativos la materia estará en un régimen de gas ideal. Si está próximo a 0 la degeneración se empieza a notar. Se dice que el material está parcialmente degenerado. Si el valor es grande y positivo el material está altamente degenerado. Esto sucede cuando las densidades son elevadas o también cuando las temperaturas son bajas.

De esta ecuación se pueden deducir las integrales del número de partículas, la presión que ejercen y la energía que tienen. Estas integrales solo es posible resolverlas analíticamente cuando la degeneración es completa.

$$n = \int_0^\infty n(p)dp \quad P = \frac{1}{3}\int_0^\infty n(p)v_p p\, dp \quad U = \int_0^\infty E_p n(p)dp$$

El valor de la energía de las partículas dependerá de la velocidad de las partículas es decir de si se tiene un gas relativista o no. En el primer caso se usarán ya las ecuaciones de Einstein en el seguno valdrá la aproximación clásica. Como se puede ver las relaciones energía presión varían significativamente siendo mayores las presiones obtenidas con la degeneración completa no relativista. Es lógico ya que la materia relativista es más *caliente*.

- **Materia degenerada no relativista (NR):**
  $$v \ll c \quad p = m_e v \quad E_p = \frac{p^2}{2m_e} \quad U = \frac{3}{2}P$$
- **Materia degenerada extremadamente relativista (ER):**
  $$v \simeq c \quad p \simeq m_e c \quad E_p \simeq pc \quad U = 3P$$

Las estrellas típicas con degeneración son las enanas blancas y las enanas marrones sostenidas por electrones y las estrellas de neutrones sostenidas por neutrones degenerados. Se considera que su temperatura tiende a 0 ya que no poseen fuente de calor alguna. Supondremos dichos cuerpos con un parámetro de degeneración tendiente a +infinito.

Obtenido de «http://es.wikipedia.org/wiki/Materia_degenerada»

Matrices de Pauli

Las **matrices de Pauli**, deben su nombre a Wolfgang Ernst Pauli, son matrices usadas en física cuántica en el contexto del momento angular intrínseco o espín. Matemáticamente, las matrices de Pauli constituyen una base vectorial del álgebra de Lie del grupo especial unitario SU(2), actuando sobre la representación de dimensión 2.

Forma de las matrices

Cumplen las reglas de conmutación del álgebra de Lie $\mathfrak{su}(2)$:

$$[\sigma_i, \sigma_j] = 2i\, \epsilon_{ijk}\, \sigma_k$$

Donde:

ϵ_{ijk} es el Símbolo de Levi-Civita (pseudotensor totalmente antisimétrico).

También satisfacen la siguiente regla de anticonmutación

$$\{\sigma_i, \sigma_j\} = \sigma_i\sigma_j + \sigma_j\sigma_i = 2\delta_{ij}I$$

Otras propiedades importantes son:

$$\sigma_x^2 = \sigma_y^2 = \sigma_z^2 = \begin{pmatrix} 1 & 0 \\ 0 & 1 \end{pmatrix} = I$$

$$\det(\sigma_i) = -1$$
$$\text{Tr}(\sigma_i) = 0$$

Caso de espín 1/2

Las matrices de Pauli son tres, al igual que la dimensión del álgebra del Lie del grupo SU(2). En su representación lineal más común tienen la siguiente forma:

$$\sigma_x = \begin{pmatrix} 0 & 1 \\ 1 & 0 \end{pmatrix} \quad \sigma_y = \begin{pmatrix} 0 & -i \\ i & 0 \end{pmatrix} \quad \sigma_z = \begin{pmatrix} 1 & 0 \\ 0 & -1 \end{pmatrix}$$

Caso de espín 1

Por abuso de lenguaje se suele llamar matrices de Pauli a otras representaciones lineales diferentes a las usadas en el caso de espín 1/2 anterior. Por ejemplo para representar el espín de una partícula con valor 1, se usa la representación lineal mediante matrices de 3x3 siguiente:

$$J_x = \frac{\hbar}{\sqrt{2}}\begin{pmatrix} 0 & 1 & 0 \\ 1 & 0 & 1 \\ 0 & 1 & 0 \end{pmatrix} \quad J_y = \frac{\hbar}{\sqrt{2}}\begin{pmatrix} 0 & -i & 0 \\ i & 0 & -i \\ 0 & i & 0 \end{pmatrix} \quad J_z = \hbar\begin{pmatrix} 1 & 0 & 0 \\ 0 & 0 & 0 \\ 0 & 0 & -1 \end{pmatrix}$$

Caso de espín 3/2

Análogamente al caso anterior para espín 3/2 es común usar la siguiente representación:

$$J_x = \frac{\hbar}{2}\begin{pmatrix} 0 & \sqrt{3} & 0 & 0 \\ \sqrt{3} & 0 & 2 & 0 \\ 0 & 2 & 0 & \sqrt{3} \\ 0 & 0 & \sqrt{3} & 0 \end{pmatrix} \quad J_y = \frac{\hbar}{2}\begin{pmatrix} 0 & -\sqrt{3}i & 0 & 0 \\ \sqrt{3}i & 0 & -2i & 0 \\ 0 & 2i & 0 & -\sqrt{3}i \\ 0 & 0 & \sqrt{3}i & 0 \end{pmatrix} \quad J_z = \hbar\begin{pmatrix} 3/2 & 0 & 0 & 0 \\ 0 & 1/2 & 0 & 0 \\ 0 & 0 & -1/2 & 0 \\ 0 & 0 & 0 & -3/2 \end{pmatrix}$$

Aplicaciones

Las matrices de Pauli tienen gran utilidad en mecánica cuántica. La aplicación más conocida es la representación del operador de espín para una partícula de espín 1/2, como un electrón, un neutrón o un protón. Así el observable que sirve para medir al espín, o momento angular intrínseco, de un electrón, en la dirección i, viene dado por el operador autoadjunto:

$$\hat{S}_i = \frac{\hbar}{2}\sigma_i$$

En la representación convencional, los autoestados de espín corresponden a los vectores:

$$\{|\uparrow\rangle = (1,0); |\downarrow\rangle = (0,1)\}$$

Obtenido de «http://es.wikipedia.org/wiki/Matrices_de_Pauli»

Max Planck

Max Karl Ernest Ludwig Planck (Kiel, Alemania, 23 de abril de 1858 – Gotinga, Alemania, 4 de octubre de 1947) fue un físico alemán considerado como el fundador de la teoría cuántica y galardonado con el Premio Nobel de Física en 1918.

Biografía

El joven Planck en su época de estudiante (1878)

Planck era originario de una familia con gran tradición académica: su bisabuelo Gottlieb Planck (1751-1833) y su abuelo Heirich Ludwig Planck (1785-1831) fueron profesores de teología en Göttingen, su padre Wilhem Johann Julius von Planck (1817-1900) fue profesor de derecho en Kiel y Múnich, su tío Gottlieb Planck (1824-1907) fue también jurista en Göttingen y uno de los padres del Código Civil de Alemania.

Nació el 23 de abril de 1858 en Kiel, del matrimonio de Julius Wilhem con su segunda esposa Emma Patzig (1821-1914). Tenía cuatro hermanos (Hermann, Hildegard, Adalbert y Otto) y dos medio hermanos (Hugo y Emma), hijos de su padre con su primera esposa. Pasó en Kiel sus seis primeros años y entonces su familia se mudó a Múnich. Allí se matriculó en el Maximiliansgymnasium. Sus compañeros de clase eran hijos de familias conocidas de Múnich. Entre ellos se encontraban el hijo del banquero Heinrich Merck y Oskar Miller, fundador más adelante del Deutsches Museum. A los 16 años obtuvo su *Schulabschluss* o graduación. Como mostraba talento para la música (tocaba el órgano, el piano y el cello), la filología clásica y las ciencias, dudó a la hora de elegir su orientación académica. Al consultar al profesor de física Philipp von Jolly éste respondió que en física lo esencial estaba ya descubierto, y que quedaban pocos huecos por rellenar, concepción que compartían muchos otros físicos de su tiempo. Planck, que repuso a su profesor que no tenía interés en descubrir nuevos mundos sino en comprender los fundamentos de la física, finalmente se decidió por esta materia.

Planck se matriculó para el curso 1874/75 en la Facultad de Física de la Universidad de Múnich. Allí, bajo la tutela del profesor Jolly, Planck condujo sus propios experimentos (por ejemplo sobre la difusión del hidrógeno a través del platino caliente) antes de encaminar sus estudios hacia la física teórica. Además de sus estudios, fue miembro del coro de la universidad donde en 1876/77 compuso una opereta titulada «Die Liebe im Walde» y en 1877 realizó con otros dos compañeros un viaje por Italia. Visitó Venecia, Florencia, Génova, Pavia, los lagos de Como y Lugano, Lago Maggiore, Brescia y el Lago de Garda.

El curso 1877/78 lo realizó en Berlín, en la Universidad Friedrich-Willhems, donde recibió las enseñanzas de los célebres físicos Hermann von Helmholtz y Gustav Kirchhoff. De Helmholtz dijo Planck que no preparaba las clases, que constantemente cambiaba lo que estaba escrito en la pizarra y que parecía tan aburrido como los estudiantes. El resultado era que pocos estudiantes permanecían en su aula. Al final sólo quedaron tres estudiantes, entre los que se encontraban el propio Planck y el más tarde astrónomo Rudolf Lehmann-Filhés. En cambio de Kirchhoff decía que sus clases estaban preparadas meticulosamente, pero que a menudo resultaban áridas y monótonas, y que los estudiantes admiraban al orador, no su discurso. Pese a esta opinión desfavorable sobre Helmholtz como profesor, trabó una amistad con él. En esta época se dedicó paralelamente por su cuenta al estudio de la obra de Rudolf Clausius, de quien admiró su discurso comprensible y su claridad, sobre los principios de la termodinámica. Fue en este tema en el que trabajó para preparar su tesis de doctorado, que llevó por título «*Über den zweiten Hauptsatz der mechanischen Wärmetheorie*» (*Sobre el segundo principio de la termodinámica*) y que presentó en 1879 En Múnich, con 21 años. Volvió a Múnich en 1880 para ejercer como profesor en la universidad. En 1889, volvió a Berlín, donde desde 1892 fue el director de la cátedra de Física teórica.

Desde 1905 hasta 1909, Planck fue la cabeza de la *Deutsche Physikalische Gesellschaft* (Sociedad Alemana de Física). En 1913, se puso a la cabeza de la universidad de Berlín. En 1918 recibió el Premio Nobel de física por la creación de la mecánica cuántica. Desde 1930 hasta 1937, Planck estuvo a la cabeza de la *Kaiser-Wilhelm-Gesellschaft zur Förderung der Wissenschaften* (KWG, Sociedad del emperador Guillermo para el Avance de la Ciencia).

Durante la Segunda Guerra Mundial, Planck intentó convencer a Adolf Hitler de que perdonase a los científicos judíos. Tras la muerte de Max Planck el 4 de octubre de 1947 en Gotinga, la KWG se renombró a *Max-Planck-Gesellschaft zur Förderung der Wissenschaften* (MPG, Sociedad Max Planck).

Los descubrimientos de Planck, que fueron verificados posteriormente por otros científicos, fueron el nacimiento de un campo totalmente nuevo de la física, conocido como mecánica cuántica y proporcionaron los cimientos para la investigación en campos como el de la energía atómica. Reconoció en 1905 la importancia de las ideas sobre la cuantificación de la radiación electromagnética expuestas por Albert Einstein, con quien colaboró a lo largo de su carrera.

Contribuciones científicas

Aunque en un principio fue ignorado por la comunidad científica, profundizó en el estudio de la teoría del calor y descubrió, uno tras otro, los mismos principios que ya había enunciado Josiah Willard Gibbs (sin conocerlos previamente, pues no habían sido divulgados). Las ideas de Clausius sobre la entropía ocuparon un espacio central en sus pensamientos.

En 1889, descubrió una constante fundamental, la denominada Constante de Planck, usada para calcular la energía de un fotón. Planck establece que la energía se radia en unidades pequeñas denominadas cuantos. La ley de Planck relaciona que la energía de cada cuanto es igual a la frecuencia de la radiación multiplicada por la Constante de Planck. Un año después descubrió la ley de radiación del calor, denominada Ley de Planck, que explica el espectro de emisión de un cuerpo negro. Esta ley se convirtió en una de las bases de la teoría cuántica, que emergió unos años más tarde con la colaboración de Albert Einstein y Niels Böhr.

Relación con Albert Einstein

Primera Conferencia Solvay en 1911. Max Planck se encuentra situado, en la fila posterior, el segundo por la izquierda.

En 1905 se publicaron los primeros estudios del desconocido Albert Einstein acerca de la teoría de la relatividad, siendo Planck unos de los pocos científicos que reconocieron inmediatamente lo significativo de esta nueva teoría científica.

Planck también contribuyó considerablemente a ampliar esta teoría. La hipótesis de Einstein sobre la ligereza del quantum (el fotón), basada en el descubrimiento de Philipp Lenard de 1902 sobre el efecto fotoeléctrico, fue rechazada inicialmente por Planck, así como la teoría de James Clerk Maxwell sobre electrodinámica.

En 1910 Einstein precisó el comportamiento anómalo del calor específico en bajas temperaturas como otro ejemplo de un fenómeno que desafía la explicación de la física clásica. Planck y Walther Nernst para clarificar las contradicciones que aparecían en la física organizó la primera Conferencia Solvay, realizada en Bruselas en 1911. En esta reunión, Einstein finalmente convenció a Planck sobre sus investigaciones y sus dudas. A partir de aquel momento les unió una gran amistad, siendo nombrado Albert Einstein profesor de física en la universidad de Berlín mientras que Planck fue decano.

En 1918 fue galardonado con el Premio Nobel de Física «*por su papel jugado en el avance de la física con el descubrimiento de la teoría cuántica*».

Reconocimientos

En su honor se bautizó el cráter Planck en la Luna. En 2009, la Agencia Espacial Europea lanzó el Planck Surveyor, un satélite de dos toneladas, como parte de su programa científico Horizon 2000.
Obtenido de «http://es.wikipedia.org/wiki/Max_Planck»

Mecánica cuántica

Imagen ilustrativa de la dualidad onda-partícula, en el cual se puede ver cómo un mismo fenómeno puede tener dos percepciones distintas.

La **mecánica cuántica** es una de las ramas principales de la física, y uno de los más grandes avances del siglo XX para el conocimiento humano, que explica el comportamiento de la materia y de la energía. Su aplicación ha hecho posible el descubrimiento y desarrollo de muchas tecnologías, como por ejemplo los transistores, componentes masivamente utilizados, en prácticamente cualquier aparato que tenga alguna parte funcional electrónica. La mecánica cuántica describe, en su visión más ortodoxa, cómo cualquier sistema físico, y por lo tanto todo el universo, existe en una diversa y variada multiplicidad de estados, los cuales habiendo sido organizados matemáticamente por los físicos, son denominados autoestados de vector y valor propio. De esta forma la mecánica cuántica puede explicar y revelar la existencia del átomo y los misterios de la estructura atómica tal como hoy son entendidos; fenómenos que la física clásica, o más propiamente la mecánica clásica, no puede explicar debidamente.

De forma específica, se considera también mecánica cuántica, a la parte de ella misma que no incorpora la relatividad en su formalismo, tan sólo como añadido mediante teoría de perturbaciones. La parte de la mecánica cuántica que sí incorpora elementos relativistas de manera formal y con diversos problemas, es la mecánica cuántica relativista o ya, de forma más exacta y potente, la teoría cuántica de campos (que incluye a su vez a la electrodinámica cuántica, cromodinámica cuántica y teoría electrodébil dentro del modelo estándar) y más generalmente, la teoría cuántica de campos en espacio-tiempo curvo. La única interacción que no se ha podido cuantificar ha sido la interacción gravitatoria.

La mecánica cuántica es la base de los estudios del átomo, los núcleos y las partículas elementales (siendo ya necesario el tratamiento relativista), pero también en teoría de la información, criptografía y química.

Las técnicas derivadas de la aplicación de la mecánica cuántica suponen, en mayor o menor medida, el 30 por ciento del PIB de los Estados Unidos.

Introducción

La mecánica cuántica es la última de las grandes ramas de la física. Comienza a principios del siglo XX, en el momento en que dos de las teorías que intentaban explicar lo que nos rodea, la ley de gravitación universal y la teoría electromagnética clásica, se volvían insuficientes para explicar ciertos fenómenos. La teoría electromagnética generaba un problema cuando intentaba explicar la emisión de radiación de cualquier objeto en equilibrio, llamada radiación térmica, que es la que proviene de la vibración microscópica de las partículas que lo componen. Pues bien, usando las ecuaciones de la electrodinámica clásica, la energía que emitía esta radiación térmica daba infinito si se suman todas las frecuencias que emitía el objeto, con ilógico resultado para los físicos.

Es en el seno de la mecánica estadística donde nacen las ideas cuánticas en 1900. Al físico Max Planck se le ocurrió un truco matemático: que si en el proceso aritmético se sustituía la integral de esas frecuencias por una suma no continua se dejaba de obtener un infinito como resultado, con lo que eliminaba el problema y, además, el resultado obtenido concordaba con lo que después era medido. Fue Max Planck quien entonces enunció la hipótesis de que la radiación electromagnética es absorbida y emitida por la materia en forma de **cuantos** de luz o fotones de energía mediante una constante estadística, que se denominó constante de Planck. Su historia es inherente al siglo XX, ya que la primera formulación *cuántica* de un fenómeno fue dada a conocer el 14 de diciembre de 1900 en una sesión de la Sociedad Física de la Academia de Ciencias de Berlín por el científico alemán Max Planck.

La idea de Planck hubiera quedado muchos años sólo como hipótesis si Albert Einstein no la hubiera retomado, proponiendo que la luz, en ciertas circunstancias, se comporta como partículas de energía independientes (los cuantos de luz o fotones). Fue Albert Einstein quién completó en 1905 las correspondientes leyes de movimiento con lo que se conoce como teoría especial de la relatividad, demostrando que el electromagnetismo era una teoría esencialmente no mecánica. Culminaba así lo que se ha dado en llamar física clásica, es decir, la física no-cuántica. Usó este punto de vista llamado por él "heurístico", para desarrollar su teoría del efecto fotoeléctrico, publicando esta hipótesis en 1905, lo que le valió el Premio Nobel de 1921. Esta hipótesis fue aplicada también para proponer una teoría sobre el calor específico, es decir, la que resuelve cuál es la cantidad de calor necesaria para aumentar en una unidad la temperatura de la unidad de masa de un cuerpo.

El siguiente paso importante se dio hacia 1925, cuando Louis de Broglie propuso que cada partícula material tiene una longitud de onda asociada, inversamente proporcional a su masa, (a la que llamó momentum), y dada por su velocidad. Poco tiempo después Erwin Schrödinger formuló una ecuación de movimiento para las "ondas de materia", cuya existencia había propuesto de Broglie y varios experimentos sugerían que eran reales.

La mecánica cuántica introduce una serie de hechos contraintuitivos que no aparecían en los paradigmas físicos anteriores; con ella se descubre que el mundo atómico no se comporta como esperaríamos. Los conceptos de incertidumbre, indeterminación o cuantización son introducidos por primera vez aquí. Además la mecánica cuántica es la teoría científica que ha proporcionado las predicciones experimentales más exactas hasta el momento, a pesar de estar sujeta a las probabilidades.

Desarrollo histórico

La teoría cuántica fue desarrollada en su forma básica a lo largo de la primera mitad del siglo XX. El hecho de que la energía se intercambie de forma discreta se puso de relieve por hechos experimentales como los siguientes, inexplicables con las herramientas teóricas "anteriores" de la mecánica clásica o la electrodinámica:

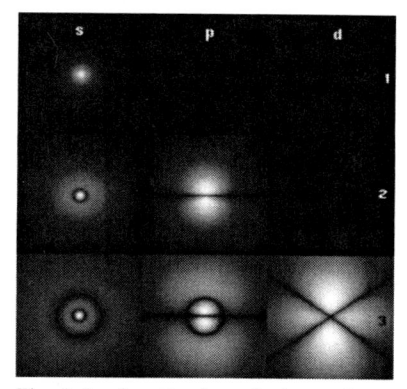

Fig. 1: La función de onda de un electrón de un átomo de hidrógeno posee niveles de energía definidos y discretos denotados por un número cuántico n=1, 2, 3,... y valores definidos de momento angular caracterizados por la notación: s, p, d,... Las áreas brillantes en la figura corresponden a densidades elevadas de probabilidad de encontrar el electrón en dicha posición.

- Espectro de la radiación del cuerpo negro, resuelto por Max Planck con la cuantización de la energía. La energía total del cuerpo negro resultó que tomaba valores discretos más que continuos. Este fenómeno se llamó cuantización, y los intervalos posibles más pequeños entre los valores discretos son llamados *quanta* (singular: quantum, de la palabra latina para "cantidad", de ahí el nombre de mecánica cuántica). El tamaño de un cuanto es un valor fijo llamado constante de Planck, y que vale: 6.626 ×10 julios por segundo.
- Bajo ciertas condiciones

experimentales, los objetos microscópicos como los átomos o los electrones exhiben un comportamiento ondulatorio, como en la interferencia. Bajo otras condiciones, las mismas especies de objetos exhiben un comportamiento corpuscular, de partícula, ("partícula" quiere decir un objeto que puede ser localizado en una región concreta del espacio), como en la dispersión de partículas. Este fenómeno se conoce como dualidad onda-partícula.

- Las propiedades físicas de objetos con historias asociadas pueden ser correlacionadas, en una amplitud prohibida para cualquier teoría clásica, sólo pueden ser descritos con precisión si se hace referencia a ambos a la vez. Este fenómeno es llamado entrelazamiento cuántico y la desigualdad de Bell describe su diferencia con la correlación ordinaria. Las medidas de las violaciones de la desigualdad de Bell fueron algunas de las mayores comprobaciones de la mecánica cuántica.
- Explicación del efecto fotoeléctrico, dada por Albert Einstein, en que volvió a aparecer esa "misteriosa" necesidad de cuantizar la energía.
- Efecto Compton.

El desarrollo formal de la teoría fue obra de los esfuerzos conjuntos de varios físicos y matemáticos de la época como Schrödinger, Heisenberg, Einstein, Dirac, Bohr y Von Neumann entre otros (la lista es larga). Algunos de los aspectos fundamentales de la teoría están siendo aún estudiados activamente. La mecánica cuántica ha sido también adoptada como la teoría subyacente a muchos campos de la física y la química, incluyendo la física de la materia condensada, la química cuántica y la física de partículas.

La región de origen de la mecánica cuántica puede localizarse en la Europa central, en Alemania y Austria, y en el contexto histórico del primer tercio del siglo XX.

Suposiciones más importantes

Las suposiciones más importantes de esta teoría son las siguientes:

- Al ser imposible fijar a la vez la posición y el momento de una partícula, se renuncia al concepto de trayectoria, vital en mecánica clásica. En vez de eso, el movimiento de una partícula queda regido por una función matemática que asigna, a cada punto del espacio y a cada instante, la probabilidad de que la partícula descrita se halle en tal posición en ese instante (al menos, en la interpretación de la Mecánica cuántica más usual, la probabilística o interpretación de Copenhague). A partir de esa función, o función de ondas, se extraen teóricamente todas las magnitudes del movimiento necesarias.
- Existen dos tipos de evolución temporal, si no ocurre ninguna medida el estado del sistema o función de onda evolucionan de acuerdo con la ecuación de Schrödinger, sin embargo, si se realiza una medida sobre el sistema, éste sufre un "salto cuántico" hacia un estado compatible con los valores de la medida obtenida (formalmente el nuevo estado será una proyección ortogonal del estado original).
- Existen diferencias perceptibles entre los estados ligados y los que no lo están.
- La energía no se intercambia de forma continua en un estado ligado, sino en forma discreta lo cual implica la existencia de paquetes mínimos de energía llamados cuantos, mientras en los estados no ligados la energía se comporta como un continuo.

Descripción de la teoría bajo la interpretación de Copenhague

Para describir la teoría de forma general es necesario un tratamiento matemático riguroso, pero aceptando una de las tres interpretaciones de la mecánica cuántica (a partir de ahora la Interpretación de Copenhague), el marco se relaja. La Mecánica cuántica describe el estado instantáneo de un sistema (estado cuántico) con una función de onda que codifica la distribución de probabilidad de todas las propiedades medibles, u observables. Algunos observables posibles sobre un sistema dado son la energía, posición, momento y momento angular. La mecánica cuántica no asigna valores definidos a los observables, sino que hace predicciones sobre sus distribuciones de probabilidad. Las propiedades ondulatorias de la materia son explicadas por la interferencia de las funciones de onda.

Estas funciones de onda pueden variar con el transcurso del tiempo. Esta evolución es determinista si sobre el sistema no se realiza ninguna medida aunque esta evolución es estocástica y se produce mediante colapso de la función de onda cuando se realiza una medida sobre el sistema (Postulado IV de la MC). Por ejemplo, una partícula moviéndose sin interferencia en el espacio vacío puede ser descrita mediante una función de onda que es un paquete de ondas centrado alrededor de alguna posición media. Según pasa el tiempo, el centro del paquete puede trasladarse, cambiar, de modo que la partícula parece estar localizada más precisamente en otro lugar. La evolución temporal determinista de las funciones de onda es descrita por la Ecuación de Schrödinger.

Algunas funciones de onda describen estados físicos con distribuciones de probabilidad que son constantes en el tiempo, estos estados se llaman estacionarios, son estados propios del operador hamiltoniano y tienen energía bien definida. Muchos sistemas que eran tratados dinámicamente en mecánica clásica son descritos mediante tales funciones de onda estáticas. Por ejemplo, un electrón en un átomo sin excitar se dibuja clásicamente como una partícula que rodea el núcleo, mientras que en mecánica cuántica es descrito por una nube de probabilidad estática que rodea al núcleo.

Cuando se realiza una medición en un observable del sistema, la función de ondas se convierte en una del conjunto de las funciones llamadas funciones propias o estados propios del observable en cuestión. Este proceso es conocido como colapso de la función de onda. Las probabilidades relativas de ese colapso sobre alguno de los estados propios posibles son descritas por la función de onda instantánea justo antes de la reducción. Considerando el ejemplo anterior sobre la partícula en el vacío, si se mide la posición de la misma, se obtendrá un valor impredecible x. En general, es imposible predecir con precisión qué valor de x se obtendrá, aunque es probable que se obtenga uno cercano al centro del paquete de ondas, donde la amplitud de la función de onda es grande. Después de que se ha hecho la medida, la función de onda de la partícula colapsa y se reduce a una que esté muy concentrada en torno a la posición observada x.

La ecuación de Schrödinger es en parte determinista en el sentido de que, dada una función de onda a un tiempo inicial dado, la ecuación suministra una predicción concreta de qué función tendremos en cualquier tiempo posterior. Durante una medida, el eigen-estado al cual colapsa la función es probabilista y en este aspecto es no determinista. Así que la naturaleza probabilista de la mecánica cuántica nace del acto de la medida.

Formulación matemática

En la formulación matemática rigurosa, desarrollada por Dirac y von Neumann, los estados posibles de un sistema cuántico están representados por vectores unitarios (llamados *estados*) que pertenecen a un Espacio de Hilbert complejo separable (llamado el *espacio de estados*). Qué tipo de espacio de Hilbert es necesario en cada caso depende del sistema; por ejemplo, el espacio de estados para los estados de posición y momento es el espacio de funciones de cuadrado integrable $L^2(\mathbb{R}^3)$, mientras que la descripción de un sistema sin traslación pero con un espín $n\hbar$ es el espacio $\mathbb{C}^{2n+1}$. La evolución temporal de un estado cuántico queda descrita por la ecuación de Schrödinger, en la que el hamiltoniano, el operador correspondiente a la energía total del sistema, tiene un papel central.

Cada magnitud observable queda representada por un operador lineal hermítico definido sobre un dominio denso del espacio de estados. Cada estado propio de un observable corresponde a un eigenvector del operador, y el valor propio o eigenvalor asociado corresponde al valor del observable en aquel estado propio. El espectro de un operador puede ser continuo o discreto. La medida de un observable representado por un operador con espectro discreto sólo puede tomar un conjunto numerable de posibles valores, mientras que los operadores con espectro continuo presentan medidas posibles en intervalos reales completos. Durante una medida, la probabilidad de que un sistema colapse a uno de los eigenestados viene dada por el cuadrado del valor absoluto del producto interior entre el estado propio o auto-estado (que podemos conocer teóricamente antes de medir) y el vector estado del sistema antes de la medida. Podemos así encontrar la distribución de probabilidad de un observable en un estado dado computando la descomposición espectral del operador correspondiente. El principio de incertidumbre de Heisenberg se representa por la aseveración de que los operadores correspondientes a ciertos observables no conmutan.

Relatividad y la mecánica cuántica

El mundo moderno de la física se funda notablemente en dos teorías principales, la relatividad general y la mecánica cuántica, aunque ambas teorías parecen contradecirse mutuamente. Los postulados que definen la teoría de la relatividad de Einstein y la teoría del quántum están incuestionablemente apoyados por rigurosa y repetida evidencia empírica. Sin embargo, ambas se resisten a ser incorporadas dentro de un mismo modelo coherente.

El mismo Einstein es conocido por haber rechazado algunas de las demandas de la mecánica cuántica. A pesar de ser claramente inventivo en su campo, Einstein no aceptó la interpretación ortodoxa de la mecánica cuántica tales como la aserción de que una sola partícula subatómica puede ocupar numerosos espacios al mismo tiempo. Einstein tampoco aceptó las consecuencias de entrelazamiento cuántico aún más exóticas de la paradoja de Einstein-Podolsky-Rosen (o EPR), la cual demuestra que medir el estado de una partícula puede instantáneamente cambiar el estado de su socio enlazado, aunque las dos partículas pueden estar a una distancia arbitraria. Sin embargo, este efecto no viola la causalidad, puesto que no hay transferencia posible de información. De hecho, existen teorías cuánticas que incorporan a la relatividad especial —por ejemplo, la electrodinámica cuántica, la cual es actualmente la teoría física más comprobada— y éstas se encuentran en el mismo corazón de la física moderna de partículas.

Obtenido de «http://es.wikipedia.org/wiki/Mec%C3%A1nica_cu%C3%A1ntica»

Mecánica cuántica relativista

La **mecánica cuántica relativista** es una generalización de la mecánica cuántica necesaria para entender el comportamiento de las partículas que alcanzan velocidades cercanas a la de la luz, régimen en el cual la ecuación de Schrödinger deja de ser efectiva.

Emergencia de la Mecánica cuántica relativista

La ecuación de Schrödinger para la partícula libre posee la forma:

$$\frac{\hat{\mathbf{P}}^2}{2m}\psi(x) = E\psi(x)$$

Donde el operador momentum y la energía están definidos por:

$$\mathbf{p} = -i\hbar\nabla$$
$$E = i\hbar\frac{\partial}{\partial t}$$

Dado que son los generadores de los grupos de isometría de translación espacial y temporal respectivamente.

El primer problema con esta ecuación

es que es lineal en la derivada temporal, mientras que cuadrática en la derivada espacial, lo que claramente viola la invarianza de Lorentz (que establece primordialmente que las coordenadas espaciales y temporales son intercambiables). Siguiendo la receta establecida por Schrödinger, se introduce el hamiltoniano relativista de una partícula, dado por:

$$E^2 = c^2\mathbf{p}^2 + m^2c^4$$

Y se aplica el proceso de cuantización canónica para obtener una ecuación para una partícula relativista:

$$-\hbar^2 \frac{\partial^2 \psi}{\partial t^2} = (-\hbar^2 c^2 \nabla^2 + m^2 c^4)\psi$$

Tomando unidades naturales $c = \hbar = 1$ y adoptando notación covariante µ=(0,1,2,3), podemos escribir la expresión anterior como:

$$(\partial^\mu \partial_\mu + m^2)\psi = 0$$

conocida como la ecuación de Klein-Gordon.

Sin embargo al poco andar es simple ver que la ecuación de Klein Gordon, a pesar de poseer soluciones que cumplen con la relación de dispersión de una partícula relativista, presenta problemas serios en la interpretación probabilística de la función de onda ψ. Para verlo, consideramos la corriente de probabilidad asociada a la ecuación de Klein-Gordon:

$$J^\mu = \psi^* \partial^\mu \psi - \psi \partial^\mu \psi^*$$

Integrando la ecuación de continuidad $\partial_\mu J^\mu = 0$, vemos que la componente cero de la cuadri-corriente $J^0 = \psi^* \partial_t \psi - \psi \partial_t \psi^*$ es conservada. Para la solución de onda plana más simple, $\psi(x,t) = Ae^{i(Et-\mathbf{p}\cdot\mathbf{x})}$, la densidad $J = 2E|A|$ puede ser negativa, ya que $E = \pm\sqrt{\mathbf{p}^2 + m^2}$.

Esto muestra que la interpretación como densidad de probabilidad (siempre positiva) de J ya no tiene sentido.

En un intento por remediar este problema, Paul Adrien Maurice Dirac descubrió en 1928 la ecuación de Dirac, genuinamente covariante relativista y que introdujo de manera natural el espín del electrón y las antipartículas (en particular el positrón).

Emergencia de la teoría cuántica de campos

Sin embargo, el enfoque anterior de desarrollar ecuaciones de onda covariantes no resuelve todas las dificultades. En particular el enfoque de ecuaciones de onda sólo es aplicable a "partículas libres" (situación llamada de "campos libres") que no interactúen fuertemente entre ellas. El análisis del problema relativista implica que en un sistema de partícuas en interacción el número de partículas no necesariamente tiene que ser constante, lo cual elimina cualquier posibilidad de interpretar construir funciones de onda que representen probabilidades de presencia de la partícula en el caso general. De hecho, es conocido que experimentalmente un fotón de alta energía puede "crear ex-nihilo" un par electrón-positrón por lo que no es posible construir funciones de onda para cada tipo de partícula, y es necesario reformular la teoría en la forma de una teoría cuántica de campos.

Obtenido de «http://es.wikipedia.org/wiki/Mec%C3%A1nica_cu%C3%A1ntica_relativista»

Mecánica matricial

La **Mecánica matricial** es una formulación de la mecánica cuántica creada por Werner Heisenberg, Max Born y Pascual Jordan en 1925. La mecánica matricial fue la primera definición completa y correcta de la mecánica cuántica. Extiende el modelo de Bohr al describir como ocurren los saltos cuánticos. Lo realiza interpretando las propiedades físicas de las partículas como matrices que evolucionan en el tiempo. Es el equivalente a la formulación ondulatoria planteada por Erwin Schrödinger y es la base de la notación bra-ket de Paul Dirac para la formulación ondulatoria.

Introducción

A inicios del siglo XX la ruptura de los conceptos clásicos con los experimentos realizados era evidente. Los primeros modelos fueron propuestos por Albert Einstein, Niels Bohr, Arnold Sommerfeld y muchos otros; quienes fundaron las bases de lo que ahora se conoce como mecánica cuántica. Sin embargo, esta ruptura con la mecánica clásica a pesar de ser prometedora era evidente que muchos de los conceptos estaban siendo establecidos ad hoc. En la década de los veinte, un grupo de relativamente jóvenes físicos tomaron el liderazgo en la elaboración de una teoría acorde con los nuevos postulados encontrados; teoría que, contraria a la formulación clásica, debía ser basada en los experimentos y no en la intuición. Además de requerir un lenguaje matemático más preciso.

En este sentido, Werner Heisenberg fue el primero completar una formulación matemática más elaborada de la mecánica cuántica. Esta formulación se basa en que los aspectos teóricos de los sistemas están fundados exclusivamente en las relaciones entre cantidades pertenecientes al sistema que, en principio, es observable. En mecánica cuántica, los observables son las cantidades que directa o indirectamente pueden ser experimentalmente medidas. Esta premisa lo condujo a una formulación exitosa de la mecánica cuántica basado en la teoría de matrices.

Heisenberg trabajo con datos experimentales relacionados a la transición atómica de las interacciones de los átomos con cuantos de luz, fotones, tratando de identificar los observables relevantes. De esta manera él argumentó que las cantidades relacionadas a las transiciones eran los objetos básicos relevantes. En 1925 Heisenberg propuso la primera estructura matemática coherente acerca de la teoría atómica para los átomos.

En la elaboración de esta Mecánica Matricial fue importante el trabajo de Max Born y Pascual Jordan, quienes reconocieron que esas cantidades obedecían las reglas preestablecidas por el álgebra matricial.

Razomaniento de Heissenberg

Previo a la Mecánica Matricial, la teoría cuántica anterior describía el movimiento de una partícula por medio de una orbita clásica con posición $X(t)$ y momento $P(t)$ bien definido, con la restricción que la integral temporal sobre un período T de momento por velocidad debía ser un múlpito entero positivo de la constante de Planck:

$$\int_0^T P dX = nh.$$

La teoría cuántica anteior no describe procesos dependientes del tiempo, como la absorción o emisión de radiación, sin embargo esta restricción empleada correctamente toma orbitas con energía E_n.

Cuando a una partícula clásica se la acopla débilmente a un campo de radiación, es decir cuando el amortiguamiento de la radiación puede ser despreciado, este emitirá radiación en un patrón que se repite cada periodo orbital. Las frecuencias que componen la onda saliente son entonces son múltiplos enteros de la frecuencia orbital. Este es un síntoma que manifiesta que $X(t)$ es periódico, lo que nos indica que las representaciones de Fourier únicamente tienen los valores de frecuencia $2\pi n/T$:

$$X(t) = \sum_{n=-\infty}^{\infty} e^{2\pi i n t/T} X_n$$

donde los coeficientes X_n son complejos. Los que tienen frecuencias negativas deben ser los complejos conjugados de los que tienen frecuencias positivas, de esta manera $X(t)$ es siempre real:

$$X_n = X_{-n}^*.$$

Por otro lado, una partícula mecanocuántica no puede emitir continuamente radiación, solo puede emitir fotones. Asumiendo que esta partícula se encuentra en una órbita n, emite un fotón y se traslada a una órbita m. La energía del fotón es $E_n - E_m$, que significa que su frecuencia es $(E_n - E_m)/h$. Para n y m, pero con $n - m$ relativamente pequeños, éstas son las frecuencias clásicas del principio de correspondencia planteado por Bohr:

$$E_n - E_m \approx \frac{h(n-m)}{T}$$

donde T es el período clásico de una de las orbitas n o m cuando la diferencia entre ellas es de un orden mayor a h. Sin embargo para n o m pequeños o si $n - m$ es muy grande, las frecuencias no son múltiplos enteros de ninguna de las frecuencias.

Cuando las frecuencias de emisión de la partícula son las mismas frecuencias de la descripción de Fourier de su movimiento, esto sugiere que algo esta oscilando en la descripción dependiente del tiempo de la partícula con frecuencia $(E_n - E_m)/h$. Heisenberg denominó a esta cantidad X_{nm} y exigió que sea reducido a los coeficientes clásicos de Fourier en el límite clásico. Para valores muy grandes de n y m, pero con valores relativamente pequeños de $n - m$, X_{nm} es el coeficiente de Fourier $(n-m)$-ésimo del movimiento clásico en la órbita n. Cuando X_{nm} tiene frecuencias opuestas a X_{mn}, la condición que X sea real se convierte en:

$$X_{nm} = X_{mn}^*.$$

Por definición, X_{nm} tiene solo las frecuencias $(E_n - E_m)/h$, así que su evolución temporal es simplemente:

$$X_{nm}(t) = e^{2\pi i (E_n - E_m)t/h} X_{nm}(0).$$

que es la forma original de la ecuación de movimiento de Heisenberg.

Dadas dos matrices X_{nm} y P_{nm} que describen dos cantidades físicas, Heisenberg pudo formar un nuevo arreglo del mismo tipo al combinar los términos $X_{nk}P_{km}$, que oscilan con la frecuencia correcta. Como los coeficientes de Fourier del producto de dos cantidades es la convolución de éstos coeficientes de forma separada, la correspondencia con las series de Fourier permitieron a Heisenberg deducir la regla por la que éstas matrices debían ser multiplicados:

$$(XP)_{mn} = \sum_{k=0}^{\infty} X_{mk} P_{kn}$$

Max Born notó que esta es la ley de multiplicación para matrices, por lo que la posición, el momento, la energía y todos los observables son interpretados como matrices. Debido a la regla de multiplicación el producto depende del orden, es decir $XP \neq PX$.

La matriz X describe completamente el movimiento de una partícula mecanocuántica. Debido a que las frecuencias en el movimiento cuántico no son múltiplos de una frecuencia común, los elementos de la matriz no pueden ser interpretados como los coeficientes de Fourier de una trayectoria clásica. No obstante, como $X(t)$ y $P(t)$ son matrices, satisfacen las ecuaciones clásicas del movimiento.

Formulación Matemática

Una vez que Heisenberg introdujo las matrices X y P, pudo encontrar los elementos de la matriz en casos especiales guiado por el principio de correspondencia. Como los elementos de matriz son la analogía mecanocuántica de los coeficientes de Fourier de las órbitas clásicas, el caso más simple es el oscilador armónico; donde X y P son sinusoidales.

Oscilador Armónico

En unidades donde la masa y la frecuencia de un oscilador son uno, la energía del oscilador es:

$$H = \frac{1}{2}(P^2 + X^2)$$

La órbita clásica con energía E es igual a:
$X(t) = \sqrt{2E}\cos(t)$ $P(t) = \sqrt{2E}\sin(t)$

La condición que requería la antigua teoría cuántica decía que la integral de PdX sobre una órbita, que es el área del círculo en el espacio de fases, debe ser un múltiplo entero de la constante de Planck. El área del círculo de radio $\sqrt{2E}$ es $2\pi E$, por lo que:

$$E = \frac{nh}{2\pi}$$

o en unidades donde $\hbar$ es uno, la energía es un entero.

Las componentes de Fourier de $X(t)$ y $P(t)$ son muy simples, mucho más si se los combina con:
$A(t) = X(t) + iP(t) = \sqrt{2E}\,e^{it}$
$A^\dagger(t) = X(t) - iP(t) = \sqrt{2E}\,e^{-it}$

donde ambos A y $A^\dagger$ tienen una sola frecuencia y, X y P pueden ser encontrados de su suma o diferencia.

Como $A(t)$ tiene una serie de Fourier clásica con una sola frecuencia mas baja y el elemento de matriz A_{mn} es el (m-n)-ésimo coeficiente de Fourier de la órbita clásica, la matriz para A no es cero solo en la línea sobre la diagonal. En cuyo caso es igual a $\sqrt{2E_n}$. La matriz para $A^\dagger$ es de la misma manera pero en la línea de abajo de la diagonal con los mismos elementos. Reconstruyendo X y P de A y $A^\dagger$ obtenemos:

$$\sqrt{2}X(0) = \sqrt{\frac{h}{2\pi}}\begin{bmatrix} 0 & \sqrt{1} & 0 & 0 & \ldots \\ \sqrt{1} & 0 & \sqrt{2} & 0 & \ldots \\ 0 & \sqrt{2} & 0 & \sqrt{3} & \ldots \\ 0 & 0 & \sqrt{3} & 0 & \sqrt{4} \ldots \\ \vdots & \vdots & & \ddots & \end{bmatrix}$$

$$\sqrt{2}P(0) = \sqrt{\frac{h}{2\pi}}\begin{bmatrix} 0 & i\sqrt{1} & 0 & 0 & \ldots \\ -i\sqrt{1} & 0 & i\sqrt{2} & 0 & \ldots \\ 0 & -i\sqrt{2} & 0 & i\sqrt{3} & \ldots \\ 0 & 0 & -i\sqrt{3} & 0 & i\sqrt{4} \ldots \\ \vdots & \vdots & & \ddots & \end{bmatrix}$$

las cuales, dependiendo del sistema de unidades utilizado, son las matrices de Heisenberg para el oscilador armónico. Ambas matrices son hermíticas debido a que son construidas a partir de los coeficientes de Fourier de cantidades reales. Para hallar $X(t)$ y $P(t)$ es simple una vez que conocemos que los coeficientes de Fourier en el caso cuántico son los que evolucionan en el tiempo:

$X_{mn}(t) = X_{mn}(0)e^{i(E_m - E_n)t}$ $P_{mn}(t) = P_{mn}(0)e^{i(E_m - E_n)t}$

El producto matricial de X y P no es hermítico, pero tiene una parte real e imaginaria. La parte real es la mitad de la expresión simétrica $(XP + PX)$, mientras que la parte imaginaria es proporcional al conmutador $[X,P] = (XP - PX)$.

Es fácil verificar explícitamente que $(XP - PX)$ en el caso del oscilador armónico es $ih/2\pi$, multiplicada por la matriz identidad. Además tambiés se puede verificar que la matriz:

$$H = \frac{1}{2}(X^2 + P^2)$$

es una matriz diagonal con valores propios E_i.

Conservación de Energía

El oscilador armónico es muy especial debido a que es fácil encontrar las matrices exactas y es muy difícil descubrir las condiciones generales de esas formas especiales. Por esta razón, Heisenberg investigó al oscilador anarmónico de hamiltoniano:

$$H = \frac{1}{2}P^2 + \frac{1}{2}X^2 + \epsilon X^3$$

En este caso las matrices X y P no son matrices diagonales debido a que las correspondientes órbitas clásicas están desplazadas y aplastadas; así se tiene los coeficientes de Fourier de cada frecuencia clásica. Para determinar los elementos de matriz, Heisenberg requirió que las ecuaciones de movimiento clásicas obedezcan las ecuaciones matriciales:

$$\frac{dX}{dt} = P \qquad \frac{dP}{dt} = -X - 3\epsilon X^2$$

Heisenberg notó que si esto podría hacerse entonces el Hamiltoniano, considerado como una función matricial de X y P, tendría creo derivadas temporales:

$$\frac{dH}{dt} = P * \frac{dP}{dt} + (X + 3\epsilon X^2) * \frac{dX}{dt} = 0$$

donde $A * B$ es el producto simétrico

$$A * B = \frac{1}{2}(AB + BA)$$

Dados que todos los elementos de la diagonal tienen una frecuencia no cero, al ser H constante implica que H es diagonal. Era claro para Heisenberg que en este sistema la energía podría ser conservada exactamente en un sistema cuántico arbitrario, un signo muy estimulante.

El proceso de emisión y absorción de fotones parece demandar que la conservación de la energía se mantenga por lo menos en promedio. Si una onda que contiene exactamente un fotón atraviesa algunos átomos y uno de ellos lo absorbe, ese átomo necesita informar a los otros que ya no pueden absorber más fotones. Pero si los átomos están alejados cualquier señal no podrá llegar a los otros átomos a tiempo, éstos terminarán absorbiendo el mismo fotón de todas maneras y disipando la energía a su alrededor. Cuando una señal los alcanza, los otros átomos deben de alguna manera retomar esa energía. Esta paradoja indujo a Bohr, Kramers y Slater a abandonar la conversión de energía exacta. El formalismo de Heisenberg, cuando se quiere introducir el campo electromagnético, va a obviamente enfrentar este problema; una pista que la interpretación de la teoría involucrará el colapso de la función de onda.

Tratamiento Hamiltoniano

En la formulación hamiltoniana, los corchetes de Poisson de las funciones de las coordenadas y momentos canónicos (q, p) son:

$$\{u, v\} = \sum_i \left(\frac{\partial u}{\partial q^i}\frac{\partial v}{\partial p_i} - \frac{\partial u}{\partial p_i}\frac{\partial v}{\partial q^i} \right)$$

esta definición implica que:
$\{q^i, q^j\} = \{p_i, p_j\} = 0$ y $\{q^i, p_j\} = \delta^i_j$

Los corchetes de Poisson son invariantes respecto a cualquier transformación canónica. Además tiene otras importantes propiedades:

$$\{u, q^i\} = -\frac{\partial u}{\partial p_i}$$

$$\{u, p_i\} = \frac{\partial u}{\partial q^i}$$

lo que implica que:

$$\{q^i, H\} = \frac{\partial H}{\partial p_i}$$

$$\{p_i, H\} = -\frac{\partial H}{\partial q^i}$$

donde : H es el hamiltoniano. Mediante las ecuaciones de movimiento de Hamilton, las relaciones anteriores son:

$$\frac{dq^i}{dt} = \{q^i, H\}$$

$$\frac{dp_i}{dt} = \{p_i, H\}$$

La derivada temporal de una función general $u(p_i, q^i)$ de coordenadas y momentos canónicos se obtiene de las ecuaciones de movimiento de Hamilton:

$\frac{du}{dt} = \frac{\partial u}{\partial q^i}\frac{\partial q^i}{\partial t} + \frac{\partial u}{\partial p_i}\frac{\partial p_i}{\partial t} + \frac{\partial u}{\partial t} = \frac{\partial u}{\partial q^i}\frac{\partial H}{\partial p_i} - \frac{\partial u}{\partial p_i}\frac{\partial H}{\partial q^i} + \frac{\partial u}{\partial t}$

es decir:

$$\frac{du}{dt} = \{u, H\} + \frac{\partial u}{\partial dt}$$

que es una ecuación clásica. Para transformarla en una ecuación cúantica, Dirac formuló la relación:

$$\{z, b\} \rightarrow \frac{[a, b]}{i\hbar}$$

donde $[a, b] = ab - ba$ es el conmutador de operadores (o matrices) a y b. De esta manera la ecuación de movimiento mecanocuántica correcta es:

$$\frac{du}{dt} = \frac{[u, H]}{i\hbar} + \frac{\partial u}{\partial dt}$$

donde u y H son matrices infinitas en general, que tienen la condición que son matrices hermíticas. Esta ecuación es conocida como la *Ecuación de movimiento de Heissenberg*.

Suponiendo que u no depende explicitamente del tiempo, esta ecuación del movimiento es:

$$\frac{du}{dt} = \frac{[u, H]}{i\hbar}$$

Esta ecuación es una ecuación matricial, y debido a esto representa a un conjunto infinito de ecuaciones:

$\frac{dq_{nm}}{dt} = \frac{(qH)_{nm} - (Hq)_{nm}}{i\hbar} = \sum_k \frac{(q_{nk}H_{km} - H_{nk}q_{km})}{i\hbar}$

Por lo que el fundamental problema de la mecánica matricial de Heisenberg es el encontrar las matrices infinitas q^i y p_i donde se cumplan las condiciones (dadas por la condición de Dirac):
$[q^i, p_j] = i\hbar\delta^i_j$ $[q^i, q^j] = [p_i, p_j] = 0$
y que el hamitoniano $H(q^1, ..., q^N; p_1, ..., p_N)$ se convierta en una matriz diagonal.
Obtenido de «http://es.wikipedia.org/wiki/Mec%C3%A1nica_matricial»

Modelo Anderson

En mecánica cuántica, el **modelo Anderson** es un modelo Hamiltoniano que es usualmente usado para describir sistemas de fermiones pesados. El modelo contiene una resonancia estrecha entre un estado de impureza magnética y un estado de conductividad eléctrica. El modelo también contiene un término de repulsión *in situ* como el encontrado en el modelo Hubbard entre electrones localizados.
Obtenido de «http://es.wikipedia.org/wiki/Modelo_Anderson»

Modelo Hubbard

En física, el **modelo Hubbard** es un modelo aproximado usado, especialmente en física del estado sólido, para describir la transición entre sistemas conductores y aislantes. El modelo Hubbard, nombrado en referencia a John Hubbard, es el modelo más sencillo de interacción de partículas en una red, con sólo dos términos en el hamiltoniano: un término cinético permite efecto túnel de partículas entre sitios de la red y un potencial término que consiste de una interacción *in situ*. Las partículas pueden ser tanto fermiones (como en el trabajo original de Hubbard), o bosones (cuando el modelo es llamado **de Bose-Hubbard**, o **modelo Hubbard de bosones**).

Este modelo es una buena aproximación a partículas en un potencial periódico de temperaturas sucientemente bajas para que todas las partículas estén en la banda de Bloch más baja, así como también cualquier interacción de rango amplio entre partículas puede ser ignorado. Si se incluye la interacción entre partículas de distintos sitios de la red, suele hacerse referencia al modelo como **modelo Hubbard extendido**.

El modelo fue propuesto originalmente (en 1963) para describir electrones en sólidos y ha sido desde entonces foco de interés particular como modelo para superconductividad de alta temperatura. Más recientemente, el modeo Bose-Hubbard fue empleado para describir el comportamiento de átomos ultrafrios atrapados en redes ópticas. También se han realizado experimtnos recientes de átomos ultrafríos sobre el modelo fermiónico original de Hubbard, con la esperanza de que podrían producir un diagrama de fase.

Para electrones en un estado sólido, el modelo Hubbard puede considerarse como una mejora del modelo de enlace fuerte. Para interacciones fuertes, puede dar comportamientos cualitativamente distintos del modelo de enlace fuerte, y predice correctamente la existencia de los llamados aislantes Mott, que no se convierten en conductores a causa de la fuerte repulsión en partículas.

Obtenido de «http://es.wikipedia.org/wiki/Modelo_Hubbard»

Modo normal

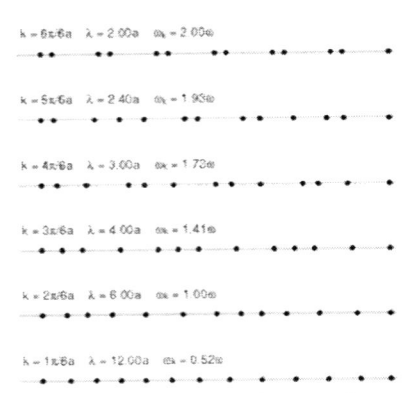

Varios modos normales de una red unidimensional.

Un **modo normal** de un sistema oscilatorio es la frecuencia a la cual la estructura deformable oscilará al ser perturbada. Los modos normales son también llamados frecuencias naturales o frecuencias resonantes. Para cada estructura existe un conjunto de estas frecuencias que es único.

Es usual utilizar un sistema formado por una masa y un resorte para ilustrar el comportamiento de una estructura deformable. Cuando este tipo de sistema es excitado en una de sus frecuencias naturales, todas las masas se mueven con la misma frecuencia. Las fases de las masas son exactamente las mismas o exactamente las contrarias. El significado práctico puede ser ilustrado mediante un modelo de masa y resorte de un edificio. Si un terremoto excita al sistema con una frecuencia próxima a una de las frecuencias naturales el desplazamiento de un piso (nivel) respecto de otro será máximo. Obviamente, los edificios solo pueden soportar desplazamientos de hasta una cierta magnitud. Ser capaz de representar un edificio y encontrar sus modos normales es una forma fácil de verificar si el diseño del edificio es seguro. El concepto de modos normales también es aplicable en teoría ondulatoria, óptica y mecánica cuántica.

Ejemplo - modos normales de osciladores acoplados

Sean dos cuerpos (no afectados por la gravedad), cada uno de ellos de masa M, vinculados a tres resortes con constante característica K. Los mismos se encuentran vinculados de la siguiente manera:

donde los puntos en ambos extremos están fijos y no se pueden desplazar. Se utiliza la variable $x(t)$ para identificar el desplazamiento de la masa de la izquierda, y $x(t)$ para identificar el desplazamiento de la masa de la derecha.

Si se indica la derivada segunda de $x(t)$ con respecto al tiempo como x'', las ecuaciones de movimientos son:
$$Mx''_1 = -K(x_1) - K(x_1 - x_2)$$
$$Mx''_2 = -K(x_2) - K(x_2 - x_1)$$
Se prueba una solución del tipo:
$$x_1(t) = A_1 e^{i\omega t}$$
$$x_2(t) = A_2 e^{i\omega t}$$
Sustituyendo estas en las ecuaciones de movimiento se obtiene:
$$-\omega^2 M A_1 e^{i\omega t} = -2K A_1 e^{i\omega t} + K A_2 e^{i\omega t}$$
$$-\omega^2 M A_2 e^{i\omega t} = K A_1 e^{i\omega t} - 2K A_2 e^{i\omega t}$$
dado que el factor exponencial es común a todos los términos, se puede omitir y simplificar la expresión:
$$(\omega^2 M - 2K)A_1 + K A_2 = 0$$
$$K A_1 + (\omega^2 M - 2K)A_2 = 0$$
Lo que en notación matricial es:
$$\begin{bmatrix} \omega^2 M - 2K & K \\ K & \omega^2 M - 2K \end{bmatrix} \begin{pmatrix} A_1 \\ A_2 \end{pmatrix} = 0$$
Para que esta ecuación tenga más solución que la solución trivial, la matriz de la izquierda debe ser singular, por lo tanto el determinante de la matriz debe ser igual a cero, por lo tanto:
$$(\omega^2 M - 2K)^2 - K^2 = 0$$
Resolviendo para ω, existen dos soluciones:
$$\omega_1 = \sqrt{\frac{K}{M}}$$
$$\omega_2 = \sqrt{\frac{3K}{M}}$$
Si se substituye ω en la matriz y se resuelve para (A,A), se obtiene (1, 1). Si se substituye ω, se obtiene (1, -1). (Estos vectores son autovectores (o eigenvectors), y las frecuencias se denominan autovalores, (o eigenvalues).)

El primer modo normal es:
$$\begin{pmatrix} x_1(t) \\ x_2(t) \end{pmatrix} = c_1 \begin{pmatrix} 1 \\ 1 \end{pmatrix} \cos(\omega_1 t + \phi_1)$$
y el segundo modo normal es:
$$\begin{pmatrix} x_1(t) \\ x_2(t) \end{pmatrix} = c_2 \begin{pmatrix} 1 \\ -1 \end{pmatrix} \cos(\omega_2 t + \phi_2)$$
La solución general es una superposición de los **modos normales** donde c, c, φ, y φ, son determinados por las condiciones iniciales del problema.

El proceso demostrado aquí puede ser generalizado utilizando el formalismo de la mecánica lagrangiana o mecánica hamiltoniana.

Ondas estacionarias

Una onda estacionaria es una forma continua de modo normal. En una onda estacionaria, todos los elementos del espacio (o sea las coordenadas (x,y,z)) oscilan con la misma frecuencia y en fase (alcanzando el punto de equilibrio juntas), pero cada una de ellas con una amplitud diferente.

La forma general de una onda esta-

cionaria es:
$$\Psi(t) = f(x,y,z)(A\cos(\omega t) + B\sin(\omega t))$$
donde $f(x, y, z)$ representan la dependencia de la amplitud con la posición y el seno y coseno son las oscilaciones en el transcurso del tiempo.

Onda estacionaria generada por la superposición (suma) de dos ondas viajeras. Se observa la onda estacionaria en color negro, la onda de color celeste se desplaza hacia la derecha, mientras que la onda de color rojo se desplaza hacia la izquierda. En cada punto e instante de tiempo la onda negra se obtiene sumando los valores de desplazamiento en esa posición y ese instante de tiempo.

En términos físicos, las ondas estacionarias son producidas por la interferencia (superposición) de ondas y sus reflexiones (a pesar de que también es posible decir justamente lo opuesto; que una onda viajera es una superposición de ondas estacionarias). La forma geométrica del medio determina cual será el patrón de interferencia, o sea determina la forma $f(x, y, z)$ de la onda estacionaria. Esta dependencia en el espacio es llamada un **modo normal**.

Usualmente, en problemas con dependencia contínua de (x,y,z) no existe un número determinado de modos normales, en cambio existe un número infinito de modos normales. Si el problema está acotado (o sea está definido en una porción restringida del espacio) existe un número discreto infinito de modos normales (usualmente numerados $n = 1,2,3,...$). Si el problema no está acotado, existe un espectro contínuo de modos normales.

Las frecuencias permitidas dependen de los modos normales como también de las constantes físicas del problema (densidad, tensión, presión, etc.) lo que determina la velocidad de fase de la onda. El rango de todas las frecuencias normales es por lo general llamado el espectro de frecuencias. Por lo general, cada frecuencia está modulada por la amplitud a la cual se ha generado, dando lugar a un gráfico del espectro de potencia de las oscilaciones.

En el ámbito de la música, los modos normales de vibración de los instrumentos (cuerdas, vientos, percusión, etc.) son llamados "armónicos".

Modos normales en mecánica cuántica

En mecánica cuántica, el estado $|\psi\rangle$ de un sistema se describe por su función de onda $\psi(x,t)$, la cual es una solución de la ecuación de Schrödinger. El cuadrado del valor absoluto de ψ, o sea:
$$P(x,t) = |\psi(x,t)|^2$$
es la densidad de probabilidad de medir a la partícula en la posición x al tiempo t.

Usualmente, cuando se relaciona con algún tipo de potencial, la función de onda se descompone en la superposición de autovectores de energía definida, cada uno oscilando con una frecuencia $\omega = E_n/\hbar$. Por lo tanto, se puede expresar:
$$|\psi(t)\rangle = \sum_n |n\rangle \langle n|\psi(t=0)\rangle e^{-iE_n t/\hbar}$$
Los autovectores poseen un significado físico más allá de la base ortonormal. Cuando se mide la energía del sistema, la función de onda colapsa en uno de sus autovectores y por lo tanto la función de onda de la partícula se describe por el autovector puro correspondiente a la energía medida.

Obtenido de «http://es.wikipedia.org/wiki/Modo_normal»

Momento angular

El **momento angular** o **momento cinético** es una magnitud física importante en todas las teorías físicas de la mecánica, desde la mecánica clásica a la mecánica cuántica, pasando por la mecánica relativista. Su importancia en todas ellas se debe a que está relacionada con las simetrías rotacionales de los sistemas físicos. Bajo ciertas condiciones de simetría rotacional de los sistemas es una magnitud que se mantiene constante con el tiempo a medida que el sistema evoluciona, lo cual da lugar a una ley de conservación conocida como **ley de conservación del momento angular**. El momento angular se mide en el SI en kg·m²/s.

Esta magnitud desempeña respecto a las rotaciones un papel análogo al momento lineal en las traslaciones. Sin embargo, eso no implica que sea una magnitud exclusiva de las rotaciones; por ejemplo, el momento angular de una partícula que se mueve libremente con velocidad constante (en módulo y dirección) también se conserva.

El nombre tradicional en español es *momento cinético*, pero por influencia del inglés *angular momentum* hoy son frecuentes *momento angular* y otras variantes como *cantidad de movimiento angular* o *ímpetu angular*.

Momento angular en mecánica clásica

Momento angular de una masa puntual

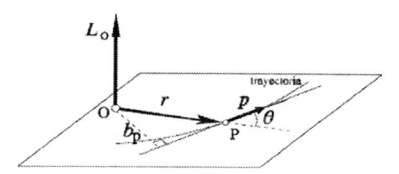

El momento angular de una partícula con respecto al punto O es el producto vectorial de su momento lineal $m\mathbf{v}$ por el vector **r**.

En mecánica newtoniana, el momento

angular de una partícula o masa puntual con respecto a un punto O del espacio se define como el momento de su cantidad de movimiento $\mathbf{P}$ con respecto a ese punto. Normalmente se designa mediante el símbolo $\mathbf{L}$. Siendo $\mathbf{r}$ el vector que une el punto O con la posición de la masa puntual, será

$$\mathbf{L} = \mathbf{r} \times \mathbf{p} = \mathbf{r} \times m\mathbf{v}$$

El vector $\mathbf{L}$ es perpendicular al plano que contiene $\mathbf{r}$ y $\mathbf{v}$, en la dirección indicada por la regla del producto vectorial o regla del sacacorchos y su módulo o intensidad es:

$$L = mrv \sin\theta = pr\sin\theta = p\,b_p$$

esto es, el producto del módulo del momento lineal por su *brazo* (b_p en el dibujo), definido éste como la distancia del punto respecto al que se toma el momento a la recta que contiene la velocidad de la partícula.

Momento angular y momento dinámico

Derivemos el momento angular con respecto al tiempo:

$$\frac{d\mathbf{L}}{dt} = \frac{d}{dt}(\mathbf{r} \times \mathbf{p}) = \left(\frac{d\mathbf{r}}{dt} \times \mathbf{p}\right) + \left(\mathbf{r} \times \frac{d\mathbf{p}}{dt}\right)$$

El primero de los paréntesis es cero ya que la derivada de $\mathbf{r}$ con respecto al tiempo no es otra cosa que la velocidad $\mathbf{v}$ y, como el vector velocidad es paralelo al vector cantidad de movimiento $\mathbf{P}$, el producto vectorial es cero. En cuanto al segundo paréntesis, tenemos:

$$\frac{d\mathbf{L}}{dt} = \mathbf{r} \times \frac{d\mathbf{p}}{dt} = \mathbf{r} \times \frac{d}{dt}(m\mathbf{v}) = \mathbf{r} \times (m\mathbf{a})$$

donde $\mathbf{a}$ es la aceleración de la partícula, de modo que $m\mathbf{a} = \mathbf{F}$, es la fuerza que actúa sobre ella. Puesto que el producto vectorial de $\mathbf{r}$ por la fuerza es el momento o momento dinámico aplicado a la masa, tenemos:

$$\frac{d\mathbf{L}}{dt} = \mathbf{r} \times \mathbf{F} = \mathbf{M}$$

Así, la derivada temporal del momento angular es igual al momento dinámico que actúa sobre la partícula. Hay que destacar que en esta expresión ambos momentos, $\mathbf{L}$ y $\mathbf{M}$ deberán estar referidos al mismo punto O.

Momento angular de un conjunto de partículas puntuales

El momento angular de un conjunto de partículas es la suma de los momentos angulares de cada una:

$$\mathbf{L} = \sum_k \vec{r}_k \times \vec{p}_k = \sum \mathbf{L}_i$$

La variación temporal es:

$$\frac{d\mathbf{L}}{dt} = \sum \frac{d\mathbf{L}_i}{dt} = \sum \mathbf{M}_i$$

El término de derecha es la suma de todos los momentos producidos por todas las fuerzas que actúan sobre las partículas. Una parte de esas fuerzas puede ser de origen externo al conjunto de partículas. Otra parte puede ser fuerzas entre partículas. Pero cada fuerza entre partículas tiene su reacción que es igual pero de dirección opuesta y colineal. Eso quiere decir que los momentos producidos por cada una de las fuerzas de un par acción-reacción son iguales y de signo contrario y que su suma se anula. Es decir, la suma de todos los momentos de origen interno es cero y no puede hacer cambiar el valor del momento angular del conjunto. Solo quedan los momentos externos:

$$\frac{d\mathbf{L}}{dt} = \sum \frac{d\mathbf{L}_i}{dt} = \mathbf{M}_{ext.}$$

El momento angular de un sistema de partículas se conserva en ausencia de momentos externos. Esta afirmación es válida para cualquier conjunto de partículas: desde núcleos atómicos hasta grupos de galaxias.

Momento angular de un sólido rígido

Tenemos que en un sistema inercial la ecuación de movimiento es:

$$\frac{d\mathbf{L}}{dt} = \frac{d}{dt}[\mathbf{I}(t)\omega(t)]$$

Donde:
- ω es la velocidad angular del sólido.
- $\mathbf{I}$ es el tensor de inercia del cuerpo.

Ahora bien, normalmente para un sólido rígido el tensor de inercia $\mathbf{I}$, depende del tiempo y por tanto en el sistema inercial generalmente no existe un análogo de la segunda ley de Newton, y a menos que el cuerpo gire alrededor de uno de los ejes principales de inercia sucede que:

$$\frac{d\mathbf{L}}{dt} \neq \mathbf{I}\frac{d\omega}{dt} = \mathbf{I}\alpha$$

Donde α es la aceleración angular del cuerpo. Por eso resulta más útil plantear las ecuaciones de movimiento en un sistema no inercial formado por los ejes principales de inercia del sólido, así se logra que $\mathbf{I} = \text{cte.}$, aunque entonces es necesario contar con las fuerzas de inercia:

$$\frac{d\mathbf{L}}{dt} = \mathbf{I}\frac{d\omega}{dt} + \omega \times (\mathbf{I}\omega)$$

Que resulta ser una ecuación no lineal en la velocidad angular.

Conservación del momento angular clásico

Cuando la suma de los momentos externos es cero $\mathbf{M}=0$, hemos visto que:

$$\frac{d\mathbf{L}}{dt} = 0$$

Eso quiere decir que $\mathbf{L}=\text{constante}$. Y como $\mathbf{L}$ es un vector, es constante tanto en módulo como en dirección.

Consideremos un objeto que puede cambiar de forma. En una de esas formas, su Momento de inercia es I_1 y su velocidad angular ω_1. Si el objeto cambia de forma (sin intervención de un momento externo) y que la nueva distribución de masas hace que su nuevo Momento de inercia sea I_2, su velocidad angular cambiará de manera tal que:

$$\mathbf{I}_1\omega_1 = \mathbf{I}_2\omega_2$$

En algunos casos el momento de inercia se puede considerar un escalar. Entonces la dirección del vector velocidad angular no cambiará. Solo cambiará la velocidad de rotación.

Hay muchos fenómenos en los cuales la conservación del momento angular tiene mucha importancia. Por ejemplo:
- En todos las artes y los deportes en los cuales se hacen vueltas, piruetas, etc. Por ejemplo, para hacer una

pirueta, una bailarina o una patinadora toman impulso con los brazos y una pierna extendida para aumentar sus momentos de inercia alrededor de la vertical. Después, cerrando los brazos y la pierna, disminuyen sus momentos de inercia, lo cual aumenta la velocidad de rotación. Para terminar la pirueta, la extensión de los brazos y una pierna, permite disminuir la velocidad de rotación. Sucede lo mismo con el salto de plataforma o el trampolín. También es importante en el ciclismo y motociclismo, ya que la conservación del momento angular es la responsable de la sencillez con que es posible mantener el equilibrio.

- Para controlar la orientación angular de un satélite o sonda espacial. Como se puede considerar que los momentos externos son cero, el momento angular y luego, la orientación del satélite no cambian. Para cambiar esta orientación, un motor eléctrico hace girar un volante de inercia. Para conservar el momento angular, el satélite se pone a girar en el sentido opuesto. Una vez en la buena orientación, basta parar el volante de inercia, lo cual para el satélite. También se utiliza el volante de inercia para parar las pequeñas rotaciones provocadas por los pequeños momentos inevitables, como el producido por el viento solar.
- Algunas estrellas se contraen convirtiéndose en púlsar (estrella de neutrones). Su diámetro disminuye hasta unos kilómetros, su momento de inercia disminuye y su velocidad de rotación aumenta enormemente. Se han detectado pulsares con periodos rotación de tan sólo unos milisegundos.
- Debido a las mareas, la luna ejerce un momento sobre la tierra. Este disminuye el momento angular de la tierra y, debido a la conservación del momento angular, el de la luna aumenta. En consecuencia, la luna aumenta su energía alejándose de la tierra y disminuyendo su velocidad

de rotación (pero aumentando su momento angular). La luna se aleja y los días y los meses lunares se alargan.

Ejemplo

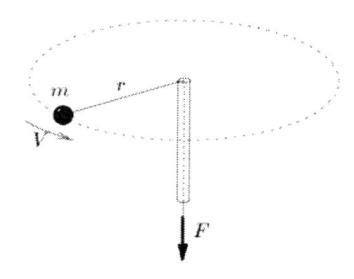

La masa gira tenida por un hilo que puede deslizar a través de un tubito delgado. Tirando del hilo se cambia el radio de giro sin modificar el momento angular.

En el dibujo de la derecha tenemos una masa que gira, tenida por un hilo de masa despreciable que pasa por un tubito fino. Suponemos el conjunto sin rozamientos y no tenemos en cuenta la gravedad.

La fuerza que el hilo ejerce sobre la masa es radial y no puede ejercer un momento sobre la masa. Si tiramos del hilo, el radio de giro disminuirá. Como, en ausencia de momentos externos, el momento angular se conserva, la velocidad de rotación de la masa debe aumentar.

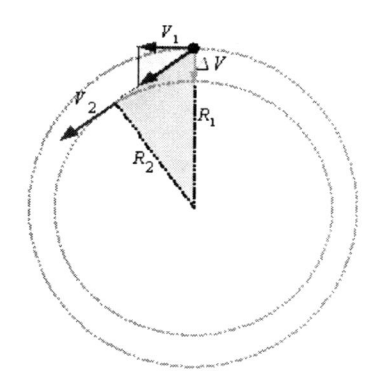

Un tirón sobre el hilo comunica una velocidad radial ΔV a la masa. La nueva velocidad es la suma vectorial de la velocidad precedente y ΔV

En el dibujo siguiente aparece la masa que gira con un radio R_1 en el momento en el cual se da un tirón del hilo. El término correcto del "tirón" física es un impulso, es decir una fuerza aplicada durante un instante de tiempo. Ese impulso comunica una velocidad radial ΔV a la masa. La nueva velocidad será la suma vectorial de la velocidad precedente V con ΔV. La dirección de esa nueva velocidad no es tangencial, sino entrante. Cuando la masa pasa por el punto más próximo del centro, a una distancia R_2, cobramos el hilo suelto y la masa continuará a girar con el nuevo radio R_2. En el dibujo, el triángulo amarillo y el triángulo rosado son semejantes. Lo cual nos permite de escribir:

$$\frac{V_2}{V_1} = \frac{R_1}{R_2}$$

o sea:
$$V_1 R_1 = V_2 R_2$$

Y, si multiplicamos por la masa m, obtenemos que el momento angular se ha conservado, como lo esperábamos:

$$m V_1 R_1 = m V_2 R_2$$

Vemos como el momento angular se ha conservado: Para reducir el radio de giro hay que comunicar una velocidad radial, la cual aumenta la velocidad total de la masa.

También se puede hacer el experimento en el otro sentido. Si se suelta el hilo, la masa sigue la tangente de la trayectoria y su momento angular no cambia. A un cierto momento frenamos el hilo para que el radio sea constante de nuevo. El hecho de frenar el hilo, comunica una velocidad radial (hacia el centro) a la masa. Esta vez esta velocidad radial disminuye la velocidad total y solo queda la componente de la velocidad tangencial al hilo en la posición en la cual se lo frenó.

No es necesario hacer la experiencia dando un tirón. Se puede hacer de manera continua, ya que la fuerza que se hace recobrando y soltando hilo puede descomponerse en una sucesión de pequeños impulsos.

Momento angular en mecánica relativista

En mecánica newtoniana el momento angular es un pseudovector o vector axial, por lo que en mecánica relativista debe ser tratado como el dual de Hodge de las componentes espaciales de un tensor antisimétrico. Una representación del momento angular en la teoría especial de la relatividad es por tanto como cuadritensor antisimétrico:

$$L = \begin{pmatrix} 0 & dp_x & dp_y & dp_z \\ E_x/c - dp_x & 0 & z p_x - yp_z & yp_z - zp_y \\ E_y/c - dp_y & zp_y - wp_z & 0 & yp_x - xp_y \\ E_z/c - dp_z & wp_y - zp_x & zp_x - xp_y & 0 \end{pmatrix}$$

Puede verse que las 3 componentes espaciales forman el momento angular de la mecánica newtoniana $\mathbf{L} = (L_x, L_y, L_z)$ y el resto de componentes (r_x, r_y, r_z) describen el momiviento del centro de masas relativista.

Momento angular en mecánica cuántica

En mecánica cuántica todo operador $\hat{A}$ que cumpla la siguiente expresión:

$$\hat{A}^2|\alpha,\beta\rangle = \hbar^2\alpha(\alpha+1)|\alpha,\beta\rangle \quad ; \quad \hat{O}_3|\alpha,\beta\rangle = \hbar\beta|\alpha,\beta\rangle$$

es considerado como momento angular. Por ejemplo el momento angular orbital $\mathbf{L}$, el espín $\mathbf{S}$ (o momento angular intrínseco), el isospín $\mathbf{I}$, el momento angular total $\mathbf{J}$, etc.

Las relaciones de conmutación canónicas para los operadores tipo momento angular son:

$$[\hat{A}_i, \hat{A}_j] = i\hbar\epsilon_{ijk}\hat{A}_k, \quad [\hat{A}_i, \hat{A}^2] = 0$$

donde ε es el símbolo de Levi-Civita.

Momento angular orbital

El momento angular orbital, tal como el que tiene un sistema de dos partículas que gira una alrededor de la otra, se puede transformar a un operador $\hat{L}$ mediante su expresión clásica:

$$\hat{\mathbf{L}} = -i\hbar\left(\mathbf{r} \times \boldsymbol{\nabla}\right)$$

siendo $\mathbf{r}$ la distancia que las separa.

Usando coordenadas cartesianas las tres componentes del momento angular se expresan en el espacio de Hilbert usual para las funciones de onda, $L^2(\mathbb{R}^3)$, como:

$$L_x = -i\hbar\left(y\frac{\partial}{\partial z} - z\frac{\partial}{\partial y}\right) \quad L_y = -i\hbar\left(z\frac{\partial}{\partial x} - x\frac{\partial}{\partial z}\right) \quad L_z = -i\hbar\left(x\frac{\partial}{\partial y} - y\frac{\partial}{\partial x}\right)$$

En cambio en coordenadas angulares esféricas el cuadrado del momento angular y la componente Z se expresan como:

$$\hat{L}^2 = -\hbar^2\left[\frac{1}{\sin\theta}\frac{\partial}{\partial\theta}\left(\sin\theta\frac{\partial}{\partial\theta}\right) + \frac{1}{\sin^2\theta}\frac{\partial^2}{\partial\varphi^2}\right] \quad L_z = -i\hbar\left(\frac{\partial}{\partial\varphi}\right)$$

Los vectores propios o estados propios del momento angular orbital dependen de dos números cuánticos enteros l y m, se designan como $|l, m\rangle$ y satisfacen las relaciones:

$$L^2|l,m\rangle = \hbar^2 l(l+1)|l,m\rangle \quad L_z|l,m\rangle = \hbar m|l,m\rangle$$

Estos vectores propios expresados en términos de las coordenadas angulares esféricas son los llamados armónicos esféricos $Y(\theta,\varphi)$, que se construyen a partir de los polinomios de Legendre:

$$\langle\theta,\phi|l,m\rangle = Y_{l,m}(\theta,\varphi) \quad Y_{l,m}(\theta,\varphi) = N\,e^{im\varphi}P_l^m(\cos\theta)$$

Tienen especial importancia por ser la componente angular de los orbitales atómicos.

Conservación del momento angular cuántico

Es importante notar que si el hamiltoniano no depende de las variables angulares, como sucede por ejemplo en problemas con potencial de simetría esférica entonces todas las componentes del momento angular conmutan con el hamiltoniano:

$$\left[\hat{L}_i, H\right] = 0$$

y, como consecuencia, el cuadrado del momento angular también conmuta con el Hamiltoniano:

$$\left[\hat{L}^2, H\right] = 0$$

Y tenemos que el momento angular se conserva, eso significa que a lo largo de la evolución en el tiempo del sistema cuántico la distribución de probabilidad de los valores del momento angular no variará. Nótese sin embargo que como las componentes del momento angular no conmutan entre sí no se pueden definir simultáneamente. Sin embargo, si se pueden definir simultáneamente el cuadrado del momento angular y una de sus componentes (habitualmente se elije la componente Z). En particular si tenemos estados cuánticos de momento bien definido estos seguirán siendo estados cuánticos de momento bien definido con los mismos valores de los números cuánticos l y m.

Obtenido de «http://es.wikipedia.org/wiki/Momento_angular»

Método CASSCF

El método **CASSCF**, en química computacional, fue desarrollado a finales de los años 80 en la Universidad de Lund, Suecia, por Björn O. Roos y sus colaboradores. Es un caso particular de método de **campo autoconsistente** multiconfiguracional (**MCSCF**). CASSCF son las siglas en inglés de Espacio Activo Completo en un Campo Autoconsistente (Complete Active Space Self-Consistent Field), y consiste en el cálculo variacional completo de algunos electrones y algunos orbitales, en el campo promedio del resto de electrones en el resto de orbitales. En rigor, se define el espacio activo como el espacio generado por n electrones y m orbitales, restringido por simetría y por multiplicidad de espín.

Procedimiento (cualitativo)

Conociendo la interacción en estudio, se divide el total de orbitales en tres conjuntos:
- los *orbitales inactivos*, que se consideran siempre doblemente ocupados,
- los *orbitales activos*, a partir de los cuales se construye el *espacio activo* (Active Space), consistente en un espacio de determinantes que describe e incluye al número de electrones y orbitales que participan con mayor importancia en el fenómeno de interés (por ejemplo, los orbitales magnéticos, en magnetoquímica, o la nube pi en estudios de aromaticidad), y cuya ocupación promedio será fraccionaria, entre cero y dos. Finalmente
- los *orbitales virtuales*, que estarán siempre vacíos.

Se procede a una interacción completa de configuraciones, restringida al espacio activo, mientras que el resto del sistema se trata a nivel de Hartree-Fock, esto es, de campo autoconsistente.

Existe una formulación más flexible del método CASSCF denominada RASSCF (Restricted Active Space SCF) que permite dividir el espacio de orbitales activos en tres subespacios (Ras1, Ras2 y Ras3). Mientras la expansión configuracional en Ras2 es equivalente a la explicada para el CASSCF, en las expansiones de Ras1 y Ras3 se permite restringir el nivel de excitación (por ejemplo a simples, dobles, triples... excitaciones).

Ventajas e inconvenientes

La ventaja del método CASSCF frente al SCF simple es que la descripción de la función de onda de referencia ha mejorado al incluir más de una configuración electrónica, lo que es clave en un gran número de casos, como situaciones degeneradas en energía, disociaciones, estados excitados o capas abiertas. En cualquier caso ninguno de los dos métodos deben ser considerados cuantitativos a la hora de calcular diferencias de energía. Empleando la función de onda calculada como referencia, bien sea SCF o CASSSF, otro método que incluya la mayor parte de la correlación electrónica, no considerada aún, tendrá que aplicarse para obtener valores de energía cuantitativos. Métodos posibles son los de interacción de configuraciones (CI), coupled-cluster (CC), o teoría de perturbaciones (PT), que requerirán tanto mayor esfuerzo de cálculo cuanto peor sea la referencia. El método CASSCF tan solo incluye una fracción de la energía de correlación electrónica que suele denominarse estática, mientras al resto de la correlación se la denomina dinámica. El método con más éxito, por económico y generalista para incluir este tipo de correlación y obtener resultados precisos a partir de una referencia CASSCF es el método CASPT2, teoría multiconfiguracional de perturbaciones a segundo orden. La principal desventaja de los cálculos multiconfiguracionales es que la elección del espacio activo reviste una importancia crucial, y depende tanto de la molécula (o fragmento de cristal) sobre la que se está trabajando como del fenómeno que se esté estudiando. Cuando el espacio activo no incluye toda la física relevante para el fenómeno en estudio, los resultados que se obtienen pueden ser engañosos, y no existe un método sistemático para detectarlo.

Implementaciones

Entre los paquetes informáticos que implementan CASSCF se encuentran Gaussian03, MOLCAS y MOLPRO.
Obtenido de «http://es.wikipedia.org/wiki/M%C3%A9todo_CASSCF»

Método de Hartree-Fock

El método de **Hartree-Fock** (HF) es una forma aproximada de las ecuaciones de mecánica cuántica para fermiones, utilizada en física y química (donde también se conoce como método de **campo autoconsistente**). Esto se debe a que sus ecuaciones, basadas en orbitales de una partícula, son más accesibles computacionalmente que los metodos basados en funciones de onda de muchas partículas.

La aproximación de **Hartree-Fock** es el equivalente, en física computacional, a la aproximación de orbitales moleculares, de enorme utilidad conceptual para los físicos. Este esquema de cálculo es un procedimiento iterativo para calcular la mejor solución monodeterminantal a la ecuación de Schrödinger independiente del tiempo, para moléculas aisladas, tanto en su estado fundamental como en estado excitados. La interacción de un único electrón en un problema de muchos cuerpos con el resto de los electrones del sistema se aproxima promediándolo como una interacción entre dos cuerpos (tras aplicar la aproximación de Born-Oppenheimer). De esta forma, se puede obtener una aproximación a la energía total de la molécula. Como consecuencia, calcula la energía de intercambio de forma exacta, pero no tiene en absoluto en cuenta el efecto de la correlación electrónica.

Descripción cualitativa del método

La base del método de Hartree-Fock es suponer que la función de onda de muchos cuerpos es un determinante de Slater de orbitales de una partícula. Esto garantiza la antisimetría de la función de onda y considera la energía de intercambio. Sin embargo, no considera efectos de correlación que no necesariamente son despreciables. A partir de esta suposición, se puede aplicar el principio variacional de mecánica cuántica, se encuentra una ecuación de autovalores para los orbitales de una partícula.

El punto de partida para el cálculo Hartree-Fock es un conjunto de orbitales aproximados. Para un cálculo atómico, estos son típicamente los orbitales de un átomo hidrogenoide (un átomo con una carga nuclear cualquiera pero con un sólo electrón). Para cálculos moleculares o cristalinos, las funciones de ondas iniciales son típicamente una combinación lineal de orbitales atómicos. Esto da una colección de orbitales monoelectrónicos, que por la naturaleza fermiónica de los electrones, debe ser antisimétrica, lo que se consigue mediante el uso del determinante de Slater. El procedimiento básico fue diseñado por Hartree, y Fock añadió el antisimetrizado.

Una vez se ha construido una función de ondas inicial, se elige un electrón. Se resume el efecto de todos los demás electrones, que se usa para generar un potencial. (Por este motivo, se llama a veces a este método un procedimiento de campo promedio). Esto da un electrón en un campo definido, para el que se puede resolver la ecuación de Schrödinger, dando una función de ondas ligeramente diferente para este electrón. Entonces, el procedimiento se repite para cada uno de los otros electrones, hasta completar un paso del procedimiento. De esta forma, con la nueva distribución electrónica se tiene un nuevo potencial eléctrico. El procedimiento se repite, hasta alcanzar la convergencia (hasta que el cambio entre un paso y el siguiente es lo suficientemente pequeño).

Algoritmo

- **Especificar el sistema**:
  - Conjunto de coordenadas nucleares, asociadas a los correspondientes números atómicos
  - Número total de electrones
  - Funciones de base. La elección de una base puede ser crítico para llegar a una convergencia adecuada, y con sentido físico, y no hay un procedimiento general con garantía de éxito. Los científicos cuánticos hablan del *arte* de escoger bien la base de funciones.
- **Calcular todas las integrales** (interacciones) relevantes para las funciones de base: las energías cinéticas medias, la atracción electrón-núcleo, las repulsiones bielectrónicas. Como las funciones de base se mantienen a lo largo de todo el cálculo, no es necesario volver a evaluar las integrales. Dependiendo de las limitaciones técnicas del momento y de la talla del sistema, las integrales pueden o no mantenerse en la RAM. En caso de que no se mantengan, la estrategia óptima puede ser guardarlas en un disco duro o cinta, o bien recalcularlas en cada momento en que son necesarias.
- Construir, con las integrales calculadas, la **matriz de solapamiento S**, que mide la desviación de la ortogonalidad de las funciones de la base, y, a partir de ella, la **matriz de transformación X**, que ortogonaliza la base.
- Obtener una estimación de la **matriz densidad P** que, a partir de un conjunto de funciones de base, especifica completamente la distribución de densidad electrónica. Nuevamente, la primera estimación no es obvia, y puede precisar de inspiración *artística*. Un cálculo de Hückel extendido puede suponer una buena aproximación.
- Conociendo la matriz densidad y las integrales bielectrónicas de las funciones de base, calcular el operador de interacción entre electrones, la **matriz G**.
- Construir la **matriz de Fock** como suma del hamiltoniano "fijo" (integrales monoelectrónicas) y la matriz G
- Transformar, con la matriz de transformación, la matriz de Fock en su expresión para la base ortonormal, F'
- Diagonalizar F', obtener C' y e (vectores y valores propios)
- De C' y la matriz de transformación, recuperar C, que será la expresión en las funciones de base originales
- C define una **nueva matriz densidad** P
- Si la nueva matriz densidad difiere de la anterior más que un criterio previamente fijado (no ha convergido), volver al punto 5.
- En caso contrario, usar C, P y F para calcular los valores esperados de magnitudes observables, y otras cantidades de interés.

Si el cálculo diverge, o converge con lentitud, o llega a una solución que no es una descripción adecuada de los fenómenos que son de interés,
- o bien se corrigen los dos puntos *artesanales*, por ejemplo, dando más flexibilidad a las funciones de base, o, por el contrario, restringiéndolas a la parte fundamental de la física, u obtener una mejor primera estimación de la matriz densidad P
- o bien se aplican métodos que van más allá de la aproximación de Hartree-Fock

Aplicaciones, problemas y más allá de Hartree-Fock

Se usa a menudo en el mismo área de cálculos que la Teoría del Funcional de la Densidad, que puede dar soluciones aproximadas para las energías de intercambio y de correlación. De hecho, es común el uso de cálculos que son híbridos de los dos métodos. Adicionalmente, los cálculos a nivel Hartree-Fock se usan como punto de partida para métodos más sofisticados, como la teoría perturbacional de muchos cuerpos, o cálculos cuánticos de Monte-Carlo.

La inestabilidad numérica es un problema de este método, y hay varias vías para combatirla. Una de las más básicas y más aplicadas es la *mezcla-F*. Con la mezcla-F, no se usa directamente la función de ondas de un electrón conforme se ha obtenido. En lugar de esto, se usa una combinación lineal de la función obtenida con las previas, por ejemplo con la inmediatamente previa. Otro truco, empleado por Hartree, es aumentar la carga nuclear para comprimir a los electrones; tras la estabilización del sistema, se reduce gradualmente la carga hasta llegar a la carga correcta.

Desarrollos más allá del campo autoconsistente o SCF son el CASSCF y la interacción de configuraciones. Los cálculos de este tipo son relativamente económicos frente a otros de la química cuántica. De esta forma, en ordenadores personales es posible resolver moléculas pequeñas en muy poco tiempo. Las moléculas más grandes, o los desarrollos más sofisticados, para obtener resultados más exactos, siguen realizándose en superordenadores. Existen múltiples paquetes informáticos que implementan el método de campo autoconsistente, entre los que pueden destacarse Gaussian, MOLPRO y MOLCAS.

Referencias

- "Modern Quantum Chemistry", de A. Szabo y N. S. Ostlund, contiene un excelente tratamiento del método de Hartree-Fock, desde los conceptos y herramientas matemáticas subyacentes, pasando por un desarrollo formal completo, hasta una implementación en fortran77 para un caso sencillo.
Obtenido de «http://es.wikipedia.org/wiki/M%C3%A9todo_de_Hartree-Fock»

Niels Böhr

Niels Henrik David Böhr (Copenhague, Dinamarca; 7 de octubre de 1885 – ibídem; 18 de noviembre de 1962) fue un físico danés que realizó fundamentales contribuciones para la comprensión de la estructura del átomo y la mecánica cuántica.

Nació en Copenhague, hijo de Christian Bohr, un devoto luterano catedrático de fisiología en la Universidad de la ciudad, y Ellen Adler, proveniente de una adinerada familia judía de gran importancia en la banca danesa, y en los «círculos del Parlamento». Tras doctorarse en la Universidad de Copenhague en 1911, completó sus estudios en Mánchester teniendo como maestro a Ernest Rutherford.

En 1916, Bohr comenzó a ejercer de profesor en la Universidad de Copenhague, accediendo en 1920 a la dirección del recientemente creado *Instituto de Física Teórica*.

En 1943, con la 2ª Guerra Mundial plenamente iniciada, Bohr escapó a Suecia para evitar su arresto por parte de la policía alemana, viajando posteriormente a Londres. Una vez a salvo, apoyó los intentos anglo-americanos para desarrollar armas atómicas, en la creencia errónea de que la bomba alemana era inminente, y trabajó en Los Álamos, Nuevo México (EE. UU.) en el Proyecto Manhattan.

Después de la guerra, abogando por los usos pacíficos de la energía nuclear, retornó a Copenhague, ciudad en la que residió hasta su fallecimiento en 1962.

Investigaciones científicas

Basándose en las teorías de Rutherford, publicó su modelo atómico en 1913, introduciendo la teoría de las órbitas cuantificadas, que en la teoría mecánica cuántica consiste en las características que, en torno al núcleo atómico, el número de electrones en cada órbita aumenta desde el interior hacia el exterior.

En su modelo, además, los electrones podían *caer* (pasar de una órbita a otra) desde un orbital exterior a otro interior, emitiendo un fotón de energía discreta, hecho sobre el que se sustenta la mecánica cuántica.

Conferencia Solvay de 1927. Niels Bohr se encuentra situado en la segunda fila, el primero por la derecha. Entre los participantes destacan Auguste Piccard, Albert Einstein, Marie Curie, Erwin Schrödinger, Wolfgang Pauli, Werner Heisenberg, Paul Dirac, Louis de Broglie y Max Planck.

En 1922 recibió el Premio Nobel de Física por sus trabajos sobre la estructura atómica y la radiación. Numerosos físicos, basándose en este principio, concluyeron que la luz presentaba una dualidad onda-partícula mostrando propiedades mutuamente excluyentes según el caso.

Para este principio, Bohr encontró además aplicaciones filosóficas que le sirvieron de justificación. No obstante, la física de Bohr y Max Planck era denostada por Albert Einstein que prefería la claridad de la de formulación clásica.

En 1933 Bohr propuso la hipótesis de la gota líquida, teoría que permitía explicar las desintegraciones nucleares y en concreto la gran capacidad de fisión del isótopo de uranio 235.

Niels Bohr y Albert Einstein debatiendo la teoría cuántica en casa de Paul Ehrenfest en Leiden (diciembre de 1925).

Bohr sostuvo con Einstein un debate respecto a la validez o no validez de las leyes de la Relatividad en el mundo subatómico de la Física Cuántica. Einstein decía que el universo material era "local y real", donde lo local apuntaba a que nada puede superar la velocidad de la luz, mientras que lo real apunta a que las cosas existen en una sola forma definida en un tiempo y espacio determinado. Bohr por su parte apelaba a la "función de onda" de las partículas subatómicas y al estado de "superposición" que pueden presentar éstas. Por ejemplo dos electrones podían estar en dos estados opuestos y extremamente alejados a la vez y lo que ocurre con uno en determinado punto del universo, es experimentado por el otro al otro extremo del universo. Esto podía ser producto de una de dos alternativas: a) las partículas subatómicas en dos puntos alejados del universo se envían información sobre sus estados a velocidades superiores a la de la luz con lo cual la superposición se explicaría por la presencia de más de un electrón que se comunican en distintos puntos del universo (esta explicación no atentaba con que las cosas fueran reales, mas no permitía que fuesen locales, dado que existiría una velocidad de comunicación mayor que la de la luz). La otra alternativa nos decía: b) las partículas subatómicas pueden existir en dos o más estados a la vez. Estas se mantienen bajo la forma de probabilidades de manifestación en estados precisos, mas no se manifiestan en uno de estos hasta el momento en que son objeto de un estímulo determinado: la observación, y es solo después del acto de observación en que encontramos a la partícula en una coordenada específica de espacio y tiempo. Aquí lo que se atenta es la realidad misma, o el hecho de que en el mundo subatómico las cosas sean reales y se presenten en un estado específico en un tiempo-espacio preciso. En resumen, la postura de Bohr y de la Física Cuántica es que en el mundo subatómico, las cosas no pueden ser reales y locales a vez.

Es durante el desarrollo de este debate que se esgrimió la frase tan célebre por parte de Einstein: "Dios no juega a los dados". De dicha frase hay registros confiables, lo cual no ocurre con un supuesto contrargumento por parte de Bohr hacia Einstein en el mismo debate, donde dice: "¡Einstein, deja de decirle a Dios que hacer con sus dados!".

Exilio forzoso

Uno de los más famosos estudiantes de Bohr fue Werner Heisenberg, que se convirtió en líder del proyecto alemán de bomba atómica. Al comenzar la ocupación nazi de Dinamarca, Bohr, que había sido bautizado en la Iglesia Cristiana, permaneció allí a pesar de que su madre era judía. En 1941 Bohr recibió la visita de Heisenberg en Copenhague, sin embargo no llegó a comprender su postura; Heisenberg y la mayoría de los físicos alemanes estaban a favor de impedir la producción de la bomba atómica para usos militares, aunque deseaban investigar las posibilidades de la tecnología nuclear.

La obra *Copenhagen*, escrita por Michael Frayn y representada durante un tiempo en Broadway, versaba sobre lo que pudo ocurrir en el encuentro que mantuvieron Bohr y Heisenberg en 1941. En 2002 apareció la versión cinematográfica del libro, dirigida por Howard Davies.

En septiembre de 1943, para evitar ser arrestado por la policía alemana, Bohr se vio obligado a marchar a Suecia, desde donde viajó al mes siguiente a Londres, para finalmente dirigirse a Estados Unidos en diciembre. Allí participó en la construcción de las primeras bombas atómicas. Volvió a Dinamarca en 1945

Después de la guerra, se convirtió en un apasionado defensor del desarme nuclear. Pronunció las conferencias Gifford, en los cursos 1948–1950, sobre el tema *Casuality and Complementarity*. En 1952, Bohr ayudó a crear el Centro Europeo para la Investigación Nuclear (CERN) en Ginebra, Suiza. En 1955, organizó la primera Conferencia *Átomos para la Paz* en Ginebra.

Reconocimientos

El Instituto Niels Bohr en la Universidad de Copenhague

Bohr fue galardonado, en 1922, con el Premio Nobel de Física por sus trabajos sobre la estructura atómica y la radiación. También fue el primero que recibió, en 1958, el premio Átomos para la Paz.

Es autor de varios libros de divulgación y reflexión: "La teoría atómica y la descripción de los fenómenos" (1934). En 1958 publicó la famosa obra *Teoría atómica y el conocimiento humano".

El elemento químico Bohrio se llamó así en su honor, igual que el asteroide (3948) Bohr descubierto por Poul Jensen el 15 de septiembre de 1985.
Obtenido de «http://es.wikipedia.org/wiki/Niels_B%C3%B6hr»

Nivel energético

En mecánica cuántica, un **nivel energético** es un estado (o conjunto de estados) cuya energía es uno de los valores posibles del operador hamiltoniano, y por tanto su valor de la energía es un valor propio de dicho operador. Matemáticamente los estados de un cierto nivel energético son funciones propias del mismo hamiltoniano.

En química, se asocian niveles energéticos con orbitales, para relacionar la distribución espacial de la carga eléctrica con la reactividad. De especial importancia son los niveles energéticos del HOMO (orbital molecular más alto ocupado) y del LUMO (orbital molecular más bajo vacío).

Las diferentes espectroscopias estudian transiciones entre niveles de distintas energías. La espectroscopia infrarroja, por ejemplo, estudia transiciones entre niveles energéticos de vibración molecular, mientras que la espectroscopia ultravioleta-visible estudia transiciones electrónicas y la espectroscopia Mössbauer se ocupa de transiciones nucleares. Orbitales Para una descripción y comprensión detalladas de las reacciones químicas y de las propiedades físicas de las diferentes sustancias, es muy útil su descripción a través de orbitales, con ayuda de la mecánica cuántica.

Un orbital atómico viene representado por una función matemática que describe la distribución de probabilidad de uno o dos electrones en un átomo, dicha función es una función propia del hamiltoniano del átomo hidrogenoide. Un orbital molecular es análogo, pero para moléculas.

Obtenido de «http://es.wikipedia.org/wiki/Nivel_energ%C3%A9tico»

Notación Bra-Ket

La **notación bra-ket**, también conocida como **notación de Dirac** por su inventor Paul Dirac, es la notación estándar para describir los estados cuánticos en la teoría de la mecánica cuántica. Puede también ser utilizada para denotar vectores abstractos y funcionales lineales en las matemáticas puras. Es así llamada porque el producto interior de dos estados es denotado por el "paréntesis angular" (*angle bracket*, en inglés), $\langle \phi | \psi \rangle$, consistiendo en una parte izquierda, $\langle \phi |$, llamada el *bra*, y una parte derecha, $|\psi\rangle$, llamada el *ket*.

Bra y kets

En mecánica cuántica, el estado de un sistema físico se identifica con un vector en el espacio de Hilbert complejo, $\mathcal{H}$. Cada vector se llama un *ket*, y se denota como $|\psi\rangle$. Cada ket $|\psi\rangle$ tiene un bra dual, escrito como $\langle\psi|$, esto es una funcional lineal continua de $\mathcal{H}$ a los números complejos **C**, definido como

$$\langle \psi | \rho \rangle = \Big(|\psi\rangle \, , \, |\rho\rangle \Big)$$

para todos los kets $|\rho\rangle$

para todos los *kets* $|\rho\rangle$ donde () denota el producto interior definido en el espacio de Hilbert. La notación está justificada por el teorema de representación de Riesz, que establece que un espacio de Hilbert y su espacio dual son isométricamente isomorfos. Así, cada *bra* corresponde a exactamente un *ket*, y viceversa.

Incidentemente, la notación bra-ket puede ser utilizada incluso si el espacio vectorial no es un espacio de Hilbert. En cualquier espacio de Banach *B*, los vectores pueden ser notados como *kets* y los funcionales lineales continuos por los *bras*. Sobre cualquier espacio vectorial sin topología, se puede también denotar los vectores con *kets* y los funcionales lineales por los *bras*. En estos contextos más generales, el *braket* no tiene el significado de un producto interno, porque el teorema de representación de Riesz no se aplica.

La aplicación del *bra* $\langle\phi|$ al *ket* $|\psi\rangle$ da lugar a un número complejo, que se denota:

$$\langle \phi | \psi \rangle.$$

En mecánica cuántica, ésta es la amplitud de probabilidad para que el estado ψ colapse en el estado φ.

Propiedades

Los bras y kets se pueden manipular de las maneras siguientes:

- Dado cualquier bra $\langle\phi|$ y ket $|\psi_1\rangle$ y $|\psi_2\rangle$, y números complejos c y c, entonces, puesto que los cores son *funcionales lineales*,
$$\langle\phi|\Big(c_1|\psi_1\rangle + c_2|\psi_2\rangle\Big) = c_1\langle\phi|\psi_1\rangle + c_2\langle\phi|\psi_2\rangle.$$

- dado cualquier ket $|\psi\rangle$, cores $\langle\phi_1|$ y $\langle\phi_2|$, y números complejos c y c, entonces, por la definición de la adición y la multiplicación escalar de funcionales lineales,
$$\Big(c_1\langle\phi_1| + c_2\langle\phi_2|\Big)|\psi\rangle = c_1\langle\phi_1|\psi\rangle + c_2\langle\phi_2|\psi\rangle.$$

- dados cualesquiera kets $|\psi_1\rangle$ y $|\psi_2\rangle$, y números complejos c y c, de las propiedades del producto interno (con c* denotando la conjugación compleja de c),
$$c_1|\psi_1\rangle + c_2|\psi_2\rangle$$

es dual a $c_1^*\langle\psi_1| + c_2^*\langle\psi_2|$.

- dado cualquier bra $\langle\phi|$ y el ket $|\psi\rangle$, una propiedad axiomática del producto interno da
$$\langle\phi|\psi\rangle = \langle\psi|\phi\rangle^*.$$

Operadores lineales

Si $A: H \to H$ es un operador lineal, se puede aplicar A al ket $|\psi\rangle$ para obtener el ket $(A|\psi\rangle)$. Los operadores lineales son ubicuos en la teoría de la mecánica cuántica. Por ejemplo, se utilizan operadores lineales hermíticos para representar cantidades físicas observables, tales como la energía o el momento, mientras que los operadores lineales unitarios representan procesos transformativos como la rotación o la progresión del tiempo. Los operadores pueden también ser vistos como actuando en los bras del *lado derecho*. La aplicación del operador A al bra $\langle\phi|$ da lugar al bra $(\langle\phi|A)$, definido como funcional lineal en *H* por la regla
$$\Big(\langle\phi|A\Big)|\psi\rangle = \langle\phi|\Big(A|\psi\rangle\Big)$$
.

Esta expresión se escribe comúnmente como
$$\langle\phi|A|\psi\rangle.$$

Una manera conveniente de definir operadores lineales en *H* es dada por el producto exterior: si $\langle\phi|$ es un bra y $|\psi\rangle$ es un ket, el producto externo
$$|\phi\rangle\langle\psi|$$
denota un operador que mapea el ket $|\rho\rangle$ al bra $|\phi\rangle\langle\psi|\rho\rangle$ (donde

$\langle\psi|\rho\rangle$ es un escalar que multiplica el vector $|\phi\rangle$). Una de las aplicaciones del producto externo es para construir un operador de proyección o proyector dado un ket $|\psi\rangle$ de norma 1, la proyección ortogonal sobre el subespacio generado por $|\psi\rangle$ es

$$|\psi\rangle\langle\psi|$$

Bras y kets compuestos

Dos espacios de Hilbert V y W pueden formar un tercer espacio $V \otimes W$ por producto tensorial. En mecánica cuántica, esto se utiliza para describir conjuntos compuestos. Si un conjunto se compone de dos subconjuntos descritos por V y W respectivamente, entonces el espacio de Hilbert del conjunto entero es el producto tensorial de los dos espacios. La excepción a esto es si los subconjuntos son realmente partículas idénticas; en ese caso, la situación es un poco más complicada.

Si $|\psi\rangle$ es un ket en V y $|\phi\rangle$ es un ket en W, el producto tensorial de los dos kets es un ket en $V \otimes W$. Esto se escribe como

$$|\psi\rangle|\phi\rangle \text{ o } |\psi\rangle \otimes |\phi\rangle \text{ o } |\psi\phi\rangle.$$

Las representaciones en términos de bras y kets

En mecánica cuántica, es a menudo conveniente trabajar con las proyecciones de los vectores de estado sobre una base particular, más bien que con los vectores mismos. Este proceso es muy similiar al uso de vectores coordinados en álgebra lineal. Por ejemplo, el espacio de Hilbert de partículas puntuales de espín cero es generado por una base de posición $\{|\mathbf{x}\rangle\}$, donde el índice **x** se extiende sobre el conjunto de los vectores de posición. Partiendo de cualquier ket $|\psi\rangle$ en este espacio de Hilbert, se puede *definir* una función escalar compleja de **x**, conocida como función de onda

$$\psi(\mathbf{x}) \equiv \langle\mathbf{x}|\psi\rangle.$$

Es entonces usual definir operadores lineales que actúan sobre funciones de ondas en términos de operadores lineales que actúan en kets, como

$$A\psi(\mathbf{x}) \equiv \langle\mathbf{x}|A|\psi\rangle.$$

Aunque el operador **A** en el lado izquierdo de esta ecuación, por convención, se etiqueta de la misma manera que el operador en el lado derecho, debe considerarse que los dos son entidades conceptualmente diversas: el primero actúa sobre funciones de ondas, y el segundo actúa sobre kets. Por ejemplo, el operador de momento **p** tiene la forma siguiente

$$\mathbf{p}\psi(\mathbf{x}) \equiv \langle\mathbf{x}|\mathbf{p}|\psi\rangle = -i\hbar\nabla\psi(x)$$

Se encuentra de vez en cuando una expresión como

$$-i\hbar\nabla|\psi\rangle.$$

Esto es un abuso de notación, aunque bastante común. El operador diferencial debe ser entendido como un operador abstracto, actuando en kets, que tiene el efecto de diferenciar funciones de ondas una vez que la expresión se proyecta en la base de posición. Para otros detalles, véase espacio equipado de Hilbert.

Obtenido de «http://es.wikipedia.org/wiki/Notaci%C3%B3n_Bra-Ket»

Nube de electrones

Se denomina **nube de electrones** o **nube atómica** o **corteza atómica** a la parte externa de un átomo, región que rodea al núcleo atómico, y en la cual orbitan los electrones. Los electrones poseen carga eléctrica negativa y están unidos al núcleo del átomo por la interacción electromagnética. Los electrones al unirse al núcleo desprenden una pequeña porción de carga negativa y de esta se forma la nube de electrones. Posee un tamaño unas 50.000 veces superior al del núcleo sin embargo apenas posee masa.

El diámetro del núcleo atómico es por lo menos 10.000 veces menor que el diámetro total del átomo, y en éste se encuentra casi la totalidad de la masa atómica. La nube atómica está constituida por capas electrónicas, cuyo número puede variar de 1 a 7, y que se designan con las letras K, L, M, N, O, P y Q.

Obtenido de «http://es.wikipedia.org/wiki/Nube_de_electrones»

Número cuántico

Representación clásica de un átomo en los modelos de Rutherford y Bohr.

Los **números cuánticos** son unos números que se conservan en los sistemas cuánticos. Corresponden con aquellos observables que conmutan con el Hamiltoniano del sistema. Así, los números cuánticos permiten caracterizar los estados estacionarios, es decir los estados propios del sistema.

En física atómica, los números cuánticos son valores numéricos discretos que nos indican las características de los electrones en los átomos, esto está basado en la teoría atómica de Niels Bohr que es el modelo atómico más aceptado y utilizado en los últimos tiempos por su simplicidad.

En física de partículas también se emplea el término números cuánticos para designar a los posibles valores de ciertos observables o magnitud física que poseen un espectro o rango posible de valores discreto.

Sistemas atómicos

¿Cuántos números cuánticos hacen falta?

La cuestión de "¿cuántos números cuánticos se necesitan para describir cualquier sistema dado?" no tiene respuesta universal, aunque para cada sistema se debe encontrar la respuesta a un análisis completo del sistema. De hecho, en términos más actuales la pregunta se suele formular cómo "¿Cuántos observables conforman un conjunto completo de observables compatible?". Ya que un número cuántico no es más que un autovalor de cada observable de ese conjunto.

La dinámica de cualquier sistema cuántico se describe por un Hamiltoniano cuántico, H. Existe un número cuántico del sistema correspondiente a la energía, es decir, el autovalor del Hamiltoniano. Existe también un número cuántico para cada operador O_i que conmuta con el Hamiltoniano (es decir, satisface la relación $HO_i = O_i H$). Estos son todos los números cuánticos que el sistema puede tener. Nótese que los operadores O_i que definen los números cuánticos deben ser mutuamente independientes. A menudo existe más de una forma de elegir un conjunto de operadores independientes. En consecuencia, en diferentes situaciones se pueden usar diferentes conjuntos de números cuánticos para la descripción del mismo sistema.Ejemplo: Átomos hidrogenoides

Conjunto de números cuánticos

El conjunto de números cuánticos más ampliamente estudiado es el de un electrón simple en un átomo: a causa de que no es útil solamente en química, siendo la noción básica detrás de la tabla periódica, valencia y otras propiedades, sino también porque es un problema resoluble y realista, y como tal, encuentra amplio uso en libros de texto.

En mecánica cuántica no-relativista el Hamiltoniano de este sistema consiste de la energía cinética del electrón y la energía potencial debida a la fuerza de Coulomb entre el núcleo y el electrón. La energía cinética puede ser separada en una parte debida al momento angular, **J**, del electrón alrededor del núcleo, y el resto. Puesto que el potencial es esféricamente simétrico, el Hamiltoniano completo conmuta con **J**. A su vez **J** conmuta con cualquiera de los componentes del vector momento angular, convencionalmente tomado como **J**. Estos son los únicos operadores que conmutan mutuamente en este problema; por lo tanto, hay tres números cuánticos. Adicionalmente hay que considerar otra propiedad de las partículas denominada espín que viene descrita por otros dos números cuánticos.

En particular, se refiere a los números que caracterizan los estados propios estacionarios de un electrón de un átomo hidrogenoide y que, por tanto, describen los orbitales atómicos. Estos números cuánticos son:

I) El **número cuántico principal** n Este número cuántico indica la distancia entre el núcleo y el electrón, medida en niveles energéticos, pero la distancia media en unidades de longitud también crece monótonamente con n. Los valores de este número, que corresponde al número del nivel energético, varían entre 1 e infinito, mas solo se conocen átomos que tengan hasta 7 niveles energéticos en su estado fundamental.

II) El **número cuántico del momento angular** o azimutal ($l = 0,1,2,3,4,5,...,n-1$), indica la forma de los orbitales y el subnivel de energía en el que se encuentra el electrón. Un orbital de un átomo hidrogenoide tiene l nodos angulares y $n-1-l$ nodos radiales. Si:
l = 0: Subórbita "s" ("forma circular") →**s** proviene de **s**harp (*nítido*) (*)
l = 1: Subórbita "p" ("forma semicircular achatada") →**p** proviene de **p**rincipal (*)
l = 2: Subórbita "d" ("forma lobular, con anillo nodal") →**d** proviene de **d**ifuse (*difuso*) (*)
l = 3: Subórbita "f" ("lobulares con nodos radiales") →**f** proviene de **f**undamental (*)
l = 4: Subórbita "g" (*)
l = 5: Subórbita "h" (*)
(*) Para obtener mayor información sobre los orbitales vea el artículo Orbital.

III) El **número cuántico magnético** (m, m), Indica la orientación espacial del subnivel de energía, "(m = -l,...,0,...,l)". Para cada valor de l hay $2l+1$ valores de m.

IV) El **número cuántico de espín** (s, m), indica el sentido de giro del campo magnético que produce el electrón al girar sobre su eje. Toma valores 1/2 y -1/2.

En resumen, el estado cuántico de un

electrón está determinado por sus números cuánticos:

Con cada una de las capas del modelo atómico de Bohr correspondía a un valor diferente del número cuántico principal. Más tarde se introdujeron los otros números cuánticos y Wolfgang Pauli, otro de los principales contribuidores de la teoría cuántica, formuló el celebrado principio de exclusión basado en los números cuánticos, según el cual en un átomo no puede haber dos electrones cuyos números cuánticos sean todos iguales. Este principio justificaba la forma de llenarse las capas de átomos cada vez más pesados, y daba cuenta de por qué la materia ocupa lugar en el espacio.

Desde un punto de vista mecanocuántico, los números cuánticos caracterizan las soluciones estacionarias de la Ecuación de Schrödinger.

No es posible saber la posición y la velocidad exactas de un electrón en un momento determinado, sin embargo, es posible describir dónde se encuentra. Esto se denomina principio de incertidumbre o de Heisenberg. La zona que puede ocupar un electrón dentro de un átomo se llama **orbital atómico**. Existen varios orbitales distintos en cada átomo, cada uno de los cuales tiene un tamaño, forma y nivel de energía específico. Puede contener hasta dos electrones que, a su vez, tienen **números cuánticos de espín** opuestos.

Sistemas generales

La cantidad de números cuánticos requeridos para representar un estado ligado de un sistema cuántico general dependerá del cardinal de un conjunto cuántico completo de observables compatibles (CCOC). Dado un CCOC formado por los observables $\{A_1, ..., A_n\}$ todo estado del sistema se puede expresar como:

$$|\psi\rangle = \sum_{i_1,...,i_n} c_{i_1,...,i_n} |\alpha_1 \ldots \alpha_n\rangle$$

Donde cada uno de los estados $|\alpha_1 \ldots \alpha_n\rangle$ es simultáneamente propio de cada uno de los observables que forman el CCOC:

$$A_i|\alpha_1 \ldots \alpha_n\rangle = \alpha_i|\alpha_1 \ldots \alpha_n\rangle$$

El conjunto de valores $\{\alpha_1, ... \alpha_n\}$ son los números cuánticos del sistema. Si el CCOC tienen espectro puntual entonces los números cuánticos pueden ser números enteros.

En el caso del átomo hidrogenoide $\{H, L, L_z, S_z\}$ (hamiltoniano, momento angular, componente Z del momento angular, espín del electrón) forman un CCOC y de ahí que sólo sean necesarios cuatro números cuánticos $\{n, l, m, s\}$ para describir los estados estacionarios de dicho sistema.

Números cuánticos aditivos y multiplicativos

En física de partículas diversas leyes de conservación y simetrías se expresan como suma o multiplicación de números cuánticos. Así en interacción de partículas en las que existe cambio de identidades de las partículas, vía creación o destrucción de partículas:

- la suma de los números cuánticos aditivos de las partículas antes y después de la interacción deben ser idénticos.
- el producto de los números cuánticos multiplicativos de las partículas antes y después de la interacción deben ser idénticos.

Un ejemplo de número cuántico multiplicativo es el tipo paridad (± 1), cuando un sistema experimenta un cambio bajo algún tipo de interacción que cambia la paridad el resultado de multiplicar los diferentes multiplicandos asociados al tipo de paridad de cada parte del sistema debe quedar invariante.

Obtenido de «http://es.wikipedia.org/wiki/N%C3%BAmero_cu%C3%A1ntico»

Observable

En física cuántica, un **observable** es toda propiedad del estado de un sistema que puede ser determinada ("observada") por alguna secuencia de operaciones físicas. Estas operaciones pueden incluir, por ejemplo, el someter al sistema a diversos campos electromagnéticos y la lectura de valores en un dispositivo. Para todo observable podemos diferenciar una *cualidad* y una *cantidad*, y esta distinción resulta de especial interés en la física cuántica.

Observables en física clásica

En los sistemas gobernados por la mecánica clásica, cualquier valor observable experimentalmente está relacionado por una función matemática de variables reales con el conjunto de estados posibles del sistema. En palabras llanas, podemos obtener, en sistemas muy similares, una variación continua de *cantidad* para cada *cualidad*.

En mecánica clásica los observables matemáticamente son funciones de las coordenadas de posición y las velocidades (alternativamente los momentos conjugados). Debido a esto un observable en mecánica clásica puede entenderse como una función o aplicación definida sobre el espacio fásico del sistema. Gracias a esta noción, puede entenderse la relación entre los observables de la mecánica clásica y la mecánica cuántica, así el "cuadrado" de la función de onda es análogo a una distribución de probabilidad sobre el espacio fásico del sistema. La noción de observable cuántico que a primera vista parece poco intuitiva se aclara notablemente si pensamos que se corresponden intuitivamente con la acción sobre distribuciones de probabilidad del espacio de fases del sistema.

Mediciones de diferentes observadores

En física clásica, pueden definirse diferentes observadores caracterizados por su posición en el espacio y el tipo de coordenadas usadas para referir las magnitudes físicas vectoriales y tensoriales. Debido a su diferente ubicación y orientación cada uno de los diferentes observadores hará medidas diferentes del mismo fenómeno. Sin embargo, la objetividad de la realidad física, conlleva que dichas medidas deben ser relacionables, mediante leyes de transformación bien definidas. En mecánica clásica no-relativista dichas transformaciones de coordenadas que relacionan las medidas de diferentes observadores vienen dadas por el grupo de Galileo, mientras que en mecánica relativista vienen dadas por el grupo de Poincaré (grupo de Lorentz ampliado con los desplazamientos).

Observables en física cuántica

En mecánica cuántica, en cambio, la relación entre los estados de un sistema y los valores de un observable es más sutil, y precisa de algo de álgebra lineal para su explicación.

En la formulación matemática de la mecánica cuántica, los estados son vectores no nulos en un espacio de Hilbert V (en el que se considera que dos vectores especifican el mismo estado si y solo si son múltiplos escalares entre sí). Matemáticamente los observables en mecánica cuántica se representan por operadores lineales autoadjuntos en V. Concretamente, los operadores corresponden a la *cualidad* del observable, mientras que los valores propios, que forman el espectro de cada operador corresponden a los valores posibles de una medición de esa cualidad.

En la mecánica cuántica, los procesos de medida conllevan fenómenos que contradicen la intuición habitual, basada en los procesos de la mecánica clásica. Esto lleva ocasionalmente a equívocos sobre la propia naturaleza de la mecánica cuántica. Específicamente, si un sistema está en un estado descrito por una función de ondas, el proceso de medición afecta al estado de forma no-determinista, pero tratable estadísticamente. En particular, tras una medida, la descripción del estado del sistema por una única función de ondas puede destruirse y quedar reemplazado por un conjunto estadístico de funciones. La naturaleza irreversible de las operaciones de medida en física cuántica es llamado a veces problema de la medida o problema del colapso de la función de onda. La descripción de una medida es equivalente, desde el punto de vista matemático, a la ofrecida por la interpretación de estados relativos, en la que el sistema original se ve como un subsistema de uno mayor, y el estado del sistema original se ve como la traza parcial del estado de ese sistema mayor.

Momento lineal

Consideremos el espacio de Hilbert de una partícula libre $\mathcal{H} = L^2(\mathbb{R}^3)$ y consideremos el momento lineal (en dirección x) que viene dado por el operador autoadjunto:

$$\Psi(\mathbf{r}) \mapsto \hat{P}_x \Psi = -i\hbar \frac{\partial}{\partial x}\Psi(\mathbf{r}) \quad D\left(-i\hbar\frac{d}{dx}\right) = \{\Psi(\mathbf{r}) \in L^2(\mathbb{R}) | \partial_x \Psi \in L^2(\mathbb{R})\}$$

El espectro de este operador es puramente continuo y coincide con el eje real. Para ver esto basta considerar los vectores aproximadamente propios normalizados dados por:

$$\Psi_n = \frac{1}{\pi n^{3/2}}\left(\frac{n^2}{\|\mathbf{r}\|^2+n^2}\right)^{n/2} e^{i\lambda x/\hbar} \Rightarrow \lim_{n\to\infty}\left\|-i\hbar\frac{d}{dx}\Psi_n - \lambda\Psi_n\right\| = 0$$

Posición

En el mismo espacio de Hilbert anterior podemos consideremos el llamado **operador posición** (respecto a un sistema de ejes cartesianos) que da los posibles valores de ubicación de una partícula. La naturaleza supuestamente continua del espacio en mecánica cuántica convencional lleva a que dicho operador puede asumir cualquier valor real y por tanto a tener un espectro continuo. Empecemos con la definición de dicho operador autoadjunto y de su dominio:

$$\Psi(\mathbf{r}) \mapsto \hat{X}\Psi(\mathbf{r}) = x\Psi(\mathbf{r}) \quad D(\hat{X}) = \{\Psi \in L^2(\mathbb{R}) | x\Psi \in L^2(\mathbb{R})\}$$
$$\Psi(\mathbf{r}) \mapsto \hat{Y}\Psi(\mathbf{r}) = y\Psi(\mathbf{r}) \quad D(\hat{Y}) = \{\Psi \in L^2(\mathbb{R}) | y\Psi \in L^2(\mathbb{R})\}$$
$$\Psi(\mathbf{r}) \mapsto \hat{Z}\Psi(\mathbf{r}) = z\Psi(\mathbf{r}) \quad D(\hat{Z}) = \{\Psi \in L^2(\mathbb{R}) | z\Psi \in L^2(\mathbb{R})\}$$

Puede verse que al igual que el operador momento, su espectro es puramente continuo y coincide con el eje real, es decir, es posible encontrar una partícula libre en cualquier posición del espacio. Esto puede verse usando la sucesión de funciones:

$$\Psi_n = \frac{1}{\pi} \frac{(2n)^{3/2}}{[n^2\|\mathbf{r}-\mathbf{r}_0\|^2+1]^2} \Rightarrow \begin{cases}\lim_{n\to\infty}\|\hat{X}\Psi_n - x_0\Psi_n\| = 0 \\ \lim_{n\to\infty}\|\hat{Y}\Psi_n - y_0\Psi_n\| = 0 \\ \lim_{n\to\infty}\|\hat{Z}\Psi_n - z_0\Psi_n\| = 0\end{cases}$$

Donde $\mathbf{r}_0 = (x_0, y_0, z_0)$ es un vector cualquiera.

Energía (hamiltoniano)

Para consultar ejemplos de operadores hamiltonianos de sistemas físicos importantes ver: Hamiltoniano (mecánica cuántica)#Ejemplos.

Espín

El observable asociado al espín es un caso de observable interesante, porque matemáticamente se realiza mediante un operador que actúa sobre un espacio de dimensión finita. Por esa razón dicho operador puede representarse por una matriz. Por ejemplo las matrices de Pauli implementan los correspondientes operadores para partículas de espín 1/2.

El espacio de Hilbert de una partícula tridimensional que se mueve en un espacio tridimensional y que tiene espín $n/2$, se puede representar como producto tensorial de espacios de Hilbert de un espacio tipo L y espacio vectorial de dimensión $2n+1$.

Mediciones de diferentes observadores

Los observables con sentido físico también obedecen las leyes de transformación que relacionan observaciones hechas por distintos observadores en distintos marcos de referencia. Estas transformaciones son automorfismos del espacio de estados, esto es, transformaciones biyectivas que preservan alguna propiedad matemática. En el caso de la mecánica cuántica, los automorfismos son las transformaciones lineales unitarias o anti-unitarias del espacio de Hilbert V. En la teoría de la relatividad especial, las matemáticas de los marcos de referencia son particularmente simples, y de hecho restringen considerablemente el conjunto de observables con sentido físico.

Observables complementarios

Obtenido de «http://es.wikipedia.org/wiki/Observable»

Ondas de materia

En 1924, el físico francés, Louis-Victor de Broglie (1892-1987), formuló una hipótesis en la que afirmaba que:

Toda la materia presenta características tanto ondulatorias como corpusculares comportándose de uno u otro modo dependiendo del experimento específico.

Para postular esta propiedad de la materia De Broglie se basó en la explicacción del efecto fotoeléctrico, que poco antes había dado Albert Einstein sugiriendo la naturaleza cuántica de la luz. Para Einstein, la energía transportada por las ondas luminosas estaba cuantizada, distribuida en pequeños paquetes energía o cuantos de luz, que más tarde serían denominados fotones, y cuya energía dependía de la frecuencia de la luz a través de la relación: $E = h\nu$, donde ν es la frecuencia de la onda luminosa y h la constante de Planck. Albert Einstein proponía de esta forma, que en determinados procesos las ondas electromagnéticas que forman la luz se comportan como corpúsculos. De Broglie se preguntó que por qué no podría ser de manera inversa, es decir, que una partícula material (un corpúsculo) pudiese mostrar el mismo comportamiento que una onda.

El físico francés relacionó la longitud de onda, λ (lambda) con la cantidad de movimiento de la partícula, mediante la fórmula:

$$\lambda = \frac{h}{mv},$$

donde λ es la longitud de la onda asociada a la partícula de masa m que se mueve a una velocidad v, y h es la constante de Planck. El producto mv es también el módulo del vector $\vec{p}$, o *cantidad de movimiento* de la partícula. Viendo la fórmula se aprecia fácilmente, que a medida que la masa del cuerpo o su velocidad aumenta, disminuye considerablemente la longitud de onda.

Esta hipótesis se confirmó tres años después para los electrones, con la observación de los resultados del experimento de la doble rendija de Young en la difracción de electrones en dos investigaciones independientes. En la Universidad de Aberdeen, George Paget Thomson pasó un haz de electrones a través de una delgada placa de metal y observó los diferentes esquemas predichos. En los Laboratorios Bell, Clinton Joseph Davisson y Lester Halbert Germer guiaron su haz a través de una celda cristalina.

La ecuación de De Broglie se puede aplicar a toda la materia. Los cuerpos macroscópicos, también tendrían asociada una onda, pero, dado que su masa es muy grande, la longitud de onda resulta tan pequeña que en ellos se hace imposible apreciar sus características ondulatorias.

De Broglie recibió el Premio Nobel de Física en 1929 por esta hipótesis. Thomson y Davisson compartieron el Nobel de 1937 por su trabajo experimental.

Obtenido de «http://es.wikipedia.org/wiki/Ondas_de_materia»

Operador (mecánica cuántica)

El **operador cuántico** es el operador matemático que representa a una magnitud física (observable) en el formalismo de la mecánica cuántica. Matemáticamente los operadores de la mecánica cuántica son aplicaciones lineales definidas sobre un conjunto o dominio en un espacio de Hilbert, y que deben satisfacer ciertas propiedades formales como la de ser autoadjuntos.

Algunos operadores están definidos sobre todo el espacio de Hilbert, estos operadores se llaman continuos o acotados. Sin embargo, otros operadores cuánticos están definidos solo sobre un dominio denso en el espacio de Hilbert, pero no en todo el espacio de Hilbert. Por ejemplo el operador hamiltoniano, que representa la energía del sistema, suele ser un operador no-acotado, lo cual se corresponde con el hecho fisico de que muchos sistemas no imponen un límite superior para el valor de la energía

Operadores posición y momento lineal

Resultan de especial interés las correspondencias entre la mecánica clásica y la cuántica de los operadores correspondientes a la posición y al momento lineal:

$\hat{x} = x \quad ; \quad \hat{y} = y \quad ; \quad \hat{z} = z$
$\hat{p}_x = -i\hbar\frac{\partial}{\partial x} \quad ; \quad \hat{p}_y = -i\hbar\frac{\partial}{\partial y} \quad ; \quad \hat{p}_z = -i\hbar\frac{\partial}{\partial z}$

Así, por ejemplo, la energía cinética, que se desarrolla como:

$E_{cin} = \frac{1}{2}m\left(v_x^2 + v_y^2 + v_z^2\right) = \frac{1}{2m}\left(p_x^2 + p_y^2 + p_z^2\right)$

al pasar los operadores a su versión cuántica queda de esta forma:

$$\frac{1}{2m}\left(\hat{p}_x^2 + \hat{p}_y^2 + \hat{p}_z^2\right) = -\frac{\hbar^2}{2m}\nabla^2$$

Conmutación de operadores

Se dice que dos operadores conmutan cuando cumplen:

$$[\hat{A}, \hat{B}] = \hat{A}\hat{B} - \hat{B}\hat{A} = 0$$

Un teorema de importancia capital en la mecánica cuántica es el que sigue:

"Si y solo si dos operadores conmutan, tienen un conjunto de funciones propias en común".

Como se puede ver de forma muy sencilla a partir de las relaciones del apartado anterior, para una dirección espacial dada (digamos la x) los operadores posición y momento lineal no conmutan. Esto implica que no tienen ninguna función propia en común. Así pues, para cualquier función de ondas, si es posible determinar de forma reproducible la posición, en la determinación del momento lineal habrá siempre una contribución estadística. Este es un caso particular del principio de indeterminación de Heisenberg.

Representación matricial de un operador

Se dice que un operador $\hat{O}$ es lineal cuando, para cualquier x, y, se cumple:

$$\hat{O}(x\vec{a} + y\vec{b}) = x\hat{O}\vec{a} + y\hat{O}\vec{b}$$

De esta forma, un operador lineal esta

completamente determinado si se conoce su efecto sobre todo vector. Como cualquier vector se puede definir como combinación lineal de los vectores de una base ($\hat{O}\vec{a} = \sum_i a_i \vec{e_i}$), basta conocer como afecta un operador lineal a cada vector de una base para determinarlo completamente. Por otro lado, como $\hat{O}\vec{e_i}$ también es un vector, siempre se puede describir como:

$$\hat{O}\vec{e_i} = \sum_j O_{ij}\vec{e_j}$$

donde O es el componente del vector $\hat{O}\vec{e_i}$ en la dirección $\vec{e_j}$. Estos componentes se pueden ordenar en forma de una matriz (cuadrada) $i \times j$, que constituye otra descripción completa de $\hat{O}$, y recibe el nombre de *representación matricial de un operador*.
Obtenido de «http://es.wikipedia.org/wiki/Operador_(mec%C3%A1nica_cu%C3%A1ntica)»

Operador escalera

En álgebra lineal (y en sus aplicaciones a la mecánica cuántica), un operador de **subida** o de **bajada** (también conocidos como **operadores escalera**) es un operador que aumenta o disminuye el autovalor de otro operador. En mecánica cuántica, el operador de subida también se denomina *operador de creación* mientras que el de bajada se denomina *operador de destrucción*. Aplicaciones de los operadores escalera se pueden ver en el oscilador armónico cuántico y en el momento angular.

Propiedades generales

Supongamos que dos operadores $\hat{X}$ y $\hat{N}$ tienen una relación de conmutación que es proporcional al operador $\hat{X}$:

$$[\hat{N}, \hat{X}] = c\hat{X}$$

siendo C un escalar. Entonces el operador $\hat{X}$ actuará de tal forma que desplazará el autovalor y autovector de $\hat{N}$ una cantidad C. En efecto:
Es decir, si $|n\rangle$ es un autovector de $\hat{N}$ con autovalor n, entonces $\hat{X}|n\rangle$ también es un autovector de $\hat{N}$, pero en este caso con autovalor $n + c$. Es decir

$$|n+c\rangle = \hat{X}|n\rangle$$

Si $\hat{N}$ es hermítico (por ejemplo, si es el Hamiltoniano), entonces C tiene que ser real. En este caso si C es positiva se dice que $\hat{X}$ es un **operador de subida**, mientras que si es negativa el operador es de **bajada**. Nótese que si $\hat{X}$ es de **subida**, entonces su operador adjunto será de **bajada** y viceversa, ya que obedecen la relación:

$$[\hat{N}, \hat{X}^\dagger] = -c\hat{X}^\dagger.$$

Espectro de los operadores de creación y destrucción

- En cuanto al espectro en las secciones anteriores se ha probado que el espectro del operador número es puramente puntual y coincide con $\mathbb{N}$.
- El espectro puntual del operador destrucción es todo el plano complejo $\mathbb{C}$ y es detipo puntual, ya que para cualquier número complejo $\lambda \in \mathbb{C}$ siempre existe solución $|\xi_\lambda\rangle \in \mathcal{H}$ de la ecuación:
$$\hat{a}|\xi_\lambda\rangle = \lambda|\xi_\lambda\rangle$$
- Finalmente el espectro puntual del operador creación es vacío, mientras que su espectro residual incluye todo el plano complejo.

Aplicación: oscilador armónico cuántico

A continuación veremos la aplicación de los operadores escalera al caso del oscilador armónico cuántico. Así, diagonalizaremos el Hamiltoniano aplicando el álgebra de los operadores escalera. Empezaremos escribiendo el hamiltoniano como:

$$\hat{H} = \frac{\hat{p}_x^2}{2m} + \frac{1}{2}m\omega^2\hat{x}^2$$

donde $\hat{p}_x$ es la componente sobre el eje *x* del operador momento de la partícula.

Análisis dimensional

Comenzaremos reescribiendo el Hamiltoniano en término de magnitudes adimensionales (para ello se puede aplicar el análisis dimensional). Para ello definiremos las magnitudes

$$\hat{X} = \sqrt{\frac{m\omega}{\hbar}}\hat{x}, \qquad \hat{P} = \frac{\hat{p}_x}{\sqrt{m\hbar\omega}}$$

que permiten expresar el Hamiltoniano como la suma de formas cuadráticas

$$\hat{H} = \frac{1}{2}\hbar\omega\left(\hat{P}^2 + \hat{X}^2\right)$$

Esta forma sugiere definir un operador y su adjunto tales que su producto sea proporcional al Hamiltoniano (de manera equivalente a la definición de complejo y complejo conjugado). Así, si definimos el operador de bajada $\hat{a}$ y el de subida $\hat{a}^\dagger$

$$\hat{a} = \frac{1}{\sqrt{2}}(\hat{X} + i\hat{P}), \qquad \hat{a}^\dagger = \frac{1}{\sqrt{2}}(\hat{X} - i\hat{P})$$

es fácil comprobar que la relación de conmutación posición-momento $[\hat{X}, \hat{P}] = i$ se transforma en

$$[\hat{a}, \hat{a}^\dagger] = \hat{a}\hat{a}^\dagger - \hat{a}^\dagger\hat{a} = 1$$

y que el Hamiltoniano se puede reescribir como

$$\hat{H} = \frac{1}{2}\hbar\omega\left(\hat{a}\hat{a}^\dagger + \hat{a}^\dagger\hat{a}\right) = \hbar\omega\left(\hat{a}^\dagger\hat{a} + \frac{1}{2}\right)$$

Conviene hacer notar que el término $\frac{1}{2}\hbar\omega$ es una consecuencia de que $\hat{x}$ y $\hat{p}_x$ no conmutan, es decir, del principio de indeterminación. Veremos en lo que sigue que este término da lugar a la energía del punto cero o energía del estado fundamental.

Por último, de acuerdo con la expresión anterior, el espectro de $\hat{H}$ está relacionado con el espectro de $\hat{N} = \hat{a}^\dagger \hat{a}$. En este caso podemos observar que $\hat{a}$ es un operador escalera de bajada, ya que
$$[\hat{N}, \hat{a}] = \hat{N}\hat{a} - \hat{a}\hat{N} = \hat{a}^\dagger\hat{a}\hat{a} - \hat{a}\hat{a}^\dagger\hat{a} = -\hat{a}$$
donde se ha tenido en cuenta la relación de conmutación.

Valores propios en la representación de energía

Para obtener los valores propios de
$$N = \hat{a}^\dagger \hat{a}$$
$$\hat{N}|n\rangle = n|n\rangle$$
utilizaremos las siguientes propiedades del espectro de $\hat{N}$:

- Los valores propios n son positivos o nulos. En efecto, la norma del vector $\hat{a}|n\rangle$ es positiva o nula, entonces
$$(\hat{a}|n\rangle, \hat{a}|n\rangle) = \langle n|\hat{a}^\dagger \hat{a}|n\rangle = \langle n|\hat{N}|n\rangle = n\langle n|n\rangle = n \geq 0$$
donde hemos considerado que las funciones $|n\rangle$ están normalizadas.
- Si n es un valor propio asociado al vector propio $|n\rangle$, entonces $n - 1$ es también un valor propio asociado al vector $\hat{a}|n\rangle$. Del resultado anterior se obtiene que la constante de normalización de $\hat{a}|n\rangle$ es $1/\sqrt{n}$. Se obtiene así que
$$\hat{a}|n\rangle = \sqrt{n}|n - 1\rangle$$
- De igual manera, tenemos que,
$$\hat{a}^\dagger|n\rangle = \sqrt{n+1}|n+1\rangle$$
- El autovalor n debe de ser un número entero. En efecto, si aplicamos m veces el operador de bajada $\hat{a}$, tendremos que
$$\hat{a}^m|n\rangle = \sqrt{n(n-1)\cdots(n-m+1)}|n-m\rangle$$
Como $|n - m\rangle$ es un autovector de $\hat{N}$ con autovalor $n - m$, si n no es un entero siempre existirá un valor de m para el cual el autovalor $n - m$ será negativo, lo que contradice el primero de los puntos.

Así, los valores propios del operador $\hat{N}$ son los números enteros $n \geq 0$. Como consecuencia, el espectro de energías del Hamiltoniano del oscilador armónico es
$$E_n = \hbar\omega\left(n + \frac{1}{2}\right), \qquad n \geq 0.$$

Vectores propios en la representación de energía

El estado fundamental

Podemos utilizar los resultados anteriores para obtener las autofunciones del oscilador armónico. Para obtener el estado fundamental, podemos aplicar el operador escalera de bajada. Así, como $\hat{a}|n\rangle = \sqrt{n}|n-1\rangle$, tenemos
$$\hat{a}|0\rangle = \sqrt{0}|-1\rangle = 0.$$

Proyectando sobre $\langle x|$ podemos expresar dicha ecuación en la representación de coordenadas,
$$\langle x|\hat{a}|0\rangle = 0 \rightarrow \langle x|\sqrt{\frac{m\omega}{\hbar}}\hat{x} + i\frac{1}{\sqrt{m\hbar\omega}}\hat{p}_x|0\rangle = 0$$

que se puede reescribir como una ecuación diferencial
$$\left(m\omega x + \hbar \frac{d}{dx}\right)\psi_0(x) = 0$$

Así la solución a esta ecuación diferencial permite obtener la función de ondas del estado fundamental
$$\psi_0(x) = A \exp\left(-\frac{m\omega x^2}{2\hbar}\right).$$

donde la constante de normalización se obtiene al imponer $\langle 0|0\rangle$, y toma el valor $A = (m\omega/\pi\hbar)^{1/4}$.

Estados excitados

Para obtener las funciones de onda de los estados excitados del oscilador armónico, podemos aplicar el operador escalera de subida al estado fundamental.
$$|n\rangle = \frac{1}{\sqrt{n}}\hat{a}^\dagger|n-1\rangle = \frac{1}{\sqrt{n!}}\left(\hat{a}^\dagger\right)^n|0\rangle$$

Obtenido de «http://es.wikipedia.org/wiki/Operador_escalera»

Operador hermítico

Un **operador hermítico** (tambien llamado **hermitiano**) definido sobre un espacio de Hilbert es un operador lineal que, sobre un cierto dominio, coincide con su propio operador adjunto. Una propiedad importante de estos operadores es que sus autovalores son siempre números reales.

Cuando el dominio de un operador hermítico y el de su operador adjunto coinciden totalmente se dice entonces que es un **operador autoadjunto**. En un espacio de Hilbert de dimensión finita todo operador hermítico es además autoadjunto.

Dimensión finita

En espacios de Hilbert de dimensión finita todo operador hermítico es además autoadjunto. Además en dimensión finita un operador hermítico fijada una base ortogonal viene dado por una **matriz hermítica** y diagonalizable.

Una matriz es **hermítica** o autoadjunta cuando es igual a su propia adjunta y es **antihermítica** cuando es igual a su traspuesta conjugada multiplicada por -1.

Sobre espacios vectoriales reales, las matrices hermíticas coinciden con las matrices simétricas y las antihermíticas con las antisimétricas. Estos operadores se pueden representar como una matriz diagonal (en una base ortonormal) de números reales. Este concepto se puede generalizar a un espacio de Hilbert de dimensión arbitraria.

Dimensión infinita

En espacios de dimensión infinita, como los espacios de Hilbert que aparecen en análisis funcional y en mecánica cuántica, un operador puede ser hermítico pero no autoadjunto (aunque todos los operadores autoadjuntos son evidentemente hermíticos).

El interés en los operadores en mecánica cuántica se debe a que en la formulación de Dirac-von Neumann, los posibles valores de los observables físicos o magnitudes físicas, son precisamente los autovalores de ciertos operadores que representan la magnitud física. Así pues el que un operador pueda ser interpretado como una magnitud físicamente medible requiere que sus autovalores sean números reales, condición que queda garantizada si los observables se representan por operadores hermíticos.

Operadores autoadjuntos

La consecuencia más importante de que un operador hermítico sea además autoadjunto es que entonces se le puede aplicar el teorema de descomposición espectral. Para un operador hermítico en un espacio de Hilbert de dimensión infinita en general no existe la "resolución espectral de la identidad", que sí está garantizada para operadores autoadjuntos.

Todos los operadores importantes de la mecánica cuántica como la posición, el momentum, el momento angular, la energía o el espín se representan como operadores autoadjuntos en un dominio denso espacio de Hilbert $L^2(\mathbb{R}^3)$. Otro operador particularmente importante para un sistema cuántico es el operador hamiltoniano definido por:

$$\hat{H}\psi = -\frac{\hbar^2}{2m}\Delta\psi + V\psi$$

que, como observable, corresponde a la energía total de una partícula de masa m en un campo de potencial V y que para la mayoría de los sistemas es un operador no-acotado, relacionado con el hecho de que en esos sistemas no existe un valor máximo para la energía que puede tener una partícula.

Es interesante notar que normalmente los operadores no acotados, como el operador Hamiltoniano no están definidos en todo el espacio, sino solamente en un dominio denso. Los estados sobre los que no está definidos corresponderían a estados de "energía infinita". Por ejemplo para el oscilador armónico cuántico unidimensional en que $V(x) = x$, el operador hamiltoniano no está definido sobre el estado cuántico:

$$\psi(x) = \frac{6}{\pi^2}\sum_{k=1}^{\infty}\frac{\psi_k(x)}{k}$$

Donde $\psi(x)$ son los estados estacionarios normalizados, siendo la energía de cada uno de ellos $\hat{H}\psi_n(x) = \hbar\omega[n + (1/2)] \cdot \psi_n(x)$. Es sencillo ver que el hamiltoniano no está definido para ese estado:

$$\hat{H}\psi(x) = \frac{6}{\pi^2}\sum_{k=1}^{\infty}\frac{\hat{H}\psi_k(x)}{k} = \frac{6}{\pi^2}\sum_{k=1}^{\infty}\frac{k+1/2}{k}\psi_k(x) = \infty$$

Ejemplos

Operador hermítico en dimensión finita

Matriz hermítica $A := (A) = A$. Los elementos de la diagonal deben ser reales, por ejemplo:

$$A = \begin{pmatrix} 13 & 3-4i \\ 3+4i & 2 \end{pmatrix} \quad \Rightarrow \quad A^T = \begin{pmatrix} 13 & 3-4i \\ 3-4i & 2 \end{pmatrix} = A^*$$

Es interesante notar que la matriz inversa de una matriz hermítica es también hermítica:

$$A^{-1} = \begin{pmatrix} 2 & -3+4i \\ -3-4i & 13 \end{pmatrix} \quad \Rightarrow \quad (A^{-1})^T = \begin{pmatrix} 2 & 3-4i \\ -3+4i & 13 \end{pmatrix} = (A^*)^{-1}$$

Operadores hermíticos en dimensión infinita

El caso de la dimensión infinita es más complicado ya que un operador hermítico no necesariamente es autoadjunto, a diferencia de lo que sucede en dimensión finita. Como los espacios de Hilbert de la descripción cuántica de los sistemas reales suelen ser de dimensión infinita, el caso de dimensión infinita tiene un interés físico directo.

Un ejemplo bien conocido es el momento lineal en dirección radial, que desde el punto de vista clásico es una magnitud física medible, pero su generalización cuántico es un operador hermítico pero no autoadjunto. Consecuentemente, no existe un experimento cuántico que pueda medir genuinamente el momento radial, al no ser un observable.

Obtenido de «http://es.wikipedia.org/wiki/Operador_herm%C3%ADtico»

Operador unitario

En análisis funcional un **operador unitario** es un operador lineal $U: H \to H$ en un espacio de Hilbert que satisface: $U^*U = UU^* = I$
donde U^* es el operador adjunto de U, y $I: H \to H$ es el operador identidad. Es equivalente a lo siguiente:

- El rango de U es un conjunto denso, y
- U conserva el producto escalar $\langle\ ,\ \rangle$ on el espacio de Hilbert, i.e. para todo vector x e y en el espacio de Hilbert,

$$\langle Ux, Uy\rangle = \langle x, y\rangle.$$

Para comprender esto hay que tener en cuenta que el hecho de que **U** conserve el producto escalar implica que **U** es una isometría. El hecho de que **U** tenga un rango denso asegura que tenga inverso

U. Está claro que U = U.

Además, los eparadores unitarios son automorfismos del espacio de Hilbert i. e. preservan su estructura (en este caso, la estructura lineal del espacio, el producto escalar y por tanto la topología del espacio en el que actúan. El grupo de todos los operadores unitarios de un espacio de Hilbert dado **H** se denomina **grupo de Hilbert** de H, denotado Hilb(H)

La condición $UU = I$ define la *isometría*. Otra condición $U\,U = I$ define la *coisometría*

Un **elemento unitario** es una generalización de un operador unitario. En una álgebra unitaria, un elemento U del álgebra se denomina unitario si:
$U\,U = UU = I$
donde I es el elemento identidad.

Ejemplos

- La función identidad es trivialmente un operador unitario
- Rotaciones en **R** son los ejemplos más simples no triviales de operadore sunitarios. Las rotaciones no combian la longitud de un vector o el ángulo entre dos vectores. Este ejemplo se puede generalizar a **R**.
- En el espacio vectorial **C** de los números complejos, la multiplicación por un número de norma 1, es decir, un número de la forma e para $\theta \in$ **R**, es un operador unitario. θ se denomina la fase y a esta multiplicación se denomina multiplicación por una fase. Nótese que el valor de θ modulo 2π no afecta al resultado de la multiplicación, de modo que los operadores unitarios en **C** estan parametrizados en una circunferencia. El grupo correspondiente se denomina U(1).
- En general, las matrices unitarias son precisamente los operadores unitarios en espacios de Hilbert de dimensión finita, de modo que la noción de operador unitario es la generalización de matriz unitaria. Las matrices ortogonales son un caso particular de matrices unitarias en las cuales todas las entradas son reales (son los operadores unitarios en **R**).
- El operador de Fourier es un operador unitario, i.e. el operador que efectúa la transformada de Fourier (con la normalización adecuada). Ésto se sigue de la identidad de Parseval.
- Los operador unitarios son empleados en representaciones unitarias.

Valores propios

Como consecuencia de su definición, los valores propios de un operador unitario son **fases**, es decir, números complejos de módulo unidad.

Demostración

Sea $|a\rangle$ un vector propio de A con valor propio λ. Consideremos que hemos construido una base ortonormal de forma que $\langle a_i|a_j\rangle = \delta_{i,j}$. Entonces tenemos que:
$\langle a|a\rangle = 1$; podemos introducir la identidad $A^\dagger A = I$
$\langle a|A^\dagger A a\rangle = 1$; pasamos al bra el operador de la izquierda complejo-conjugado
$\langle Aa|Aa\rangle = 1$; aplicamos que
$A|a\rangle = \lambda|a\rangle$
$\langle \lambda a|\lambda a\rangle = 1$; sacamos los valores propios teniendo en cuenta que el de la izquierda sale complejo-conjugado
$\lambda^*\lambda\langle a|a\rangle = 1$; como son ortonormales
$\langle a|a\rangle = 1$
Entonces $|\lambda|^2 = 1$; de donde deducimos que el valor propio debe ser una fase: $\lambda = e^{i\phi}$

Implicaciones en la mecánica cuántica

La aplicación en la mecánica cuántica que debe a que ciertos operadores, como el operador de evolución temporal, se les exige que al aplicarlos sobre un estado dejen invariante la probabilidad. Esto es posible debido a que estos operadores son unitarios. Veamoslo:

Sea $|\psi(0)\rangle$ el estado inicial de un cierto sistema cuántico en notación braket. El estado evolucionado en un tiempo t vendrá dado por la actuación del operador de evolución temporal $U(t) = e^{-iHt/\hbar}$ de forma que $|\psi(t)\rangle = U(t)|\psi(0)\rangle$.

Como $U(t)$ es un operador unitario se cumple que $U(t)^\dagger U(t) = U(t)U(t)^\dagger = I$. Entonces:
$\langle\psi(t)|\psi(t)\rangle = \langle U(t)\psi(0)|U(t)\psi(0)\rangle = \langle\psi(0)|U(t)^\dagger U(t)|\psi(0)\rangle = \langle\psi(0)|\psi(0)\rangle$

Obtenido de «http://es.wikipedia.org/wiki/Operador_unitario»

Orbital molecular

En química cuántica, los **orbitales moleculares** son los orbitales (funciones matemáticas) que describen el comportamiento ondulatorio que pueden tener los electrones en las moléculas. Estas funciones pueden usarse para calcular propiedades químicas y físicas tales como la probabilidad de encontrar un electrón en una región del espacio. El término *orbital* fue utilizado por primera vez en inglés por Robert S. Mulliken en 1925 como una traducción de la palabra alemana utilizada por Erwin Schrödinger,'Eigenfunktion'. Desde entonces se considera un sinónimo a la región del espacio generada con dicha función.

Los orbitales moleculares se construyen habitualmente por combinación lineal de orbitales atómicos centrados en cada átomo de la molécula. Utilizando métodos de cálculo de la estructura electrónica, como por ejemplo, el método de Hartree-Fock se pueden obtener de forma cuantitativa.

Configuración electrónica

Los orbitales moleculares se utilizan para especificar la configuración electrónica de las moléculas, que permite describir el estado electrónico del sistema molecular como un producto antisimetrizado de los espín-orbitales. Para ello se suelen representar los orbitales moleculares como una combinación lineal de orbitales atómicos (también denominado LCAO-MO). Una aplicación importante es utilizar orbitales moleculares aproximados como un modelo simple para describir el enlace en las moléculas.

La mayoría de los métodos de química cuántica empiezan con el cálculo de los orbitales moleculares del sistema. El orbital molecular describe el comportamiento de un electrón en el campo eléctrico generado por los núcleos y una distribución promediada del resto de los electrones. En el caso de dos electrones que ocupan el mismo orbital, el principio de exclusión de Pauli obliga a que tengan espines opuestos. Hay que destacar que existen métodos más elaborados que no utilizan la aproximación introducida al considerar la función de onda como un producto de orbitales, como son los métodos basados en el uso de funciones de onda de dos electrones (geminales).

Obtención cualitativa de orbitales moleculares

Con el fin de describir cualitativamente la estructura molecular se pueden obtener los orbitales moleculares aproximándolos como una combinación lineal de orbitales atómicos.

Algunas reglas sencillas que permiten obtener cualitativamente los orbitales moleculares son:

- El número de orbitales moleculares es igual al número de orbitales atómicos incluidos en la expansión lineal.
- Los orbitales atómicos se mezclan más (es decir, contribuyen más a los mismos orbitales moleculares) si tienen energías similares. Esto ocurre en el caso de moléculas diatómicas homonucleares como el O. Sin embargo en el caso de que se unan diferentes núcleos la desigual carga (y por tanto la carga efectiva y la electronegatividad) hacen que el orbital molecular se deforme. De esta manera los dos orbitales 1s del hidrógeno se solapan al 50% contribuyendo por igual a la formación de los dos orbitales moleculares, mientras que en el enlace H-O el oxígeno tiene un coeficiente de participación mayor y el orbital molecular se parecerá más al orbital atómico del oxigeno (según la descripción matemática de la función de onda)
- Los orbitales atómicos sólo se mezclan si lo permiten las reglas de simetría: los orbitales que se transforman de acuerdo con diferentes representaciones irreducibles del grupo de simetría no se mezclan. Como consecuencia, las contribuciones más importantes provienen de los orbitales atómicos que más solapan (se enlacen).

La molécula de hidrógeno

Como ejemplo simple, es ilustrativa la molécula de dihidrógeno H, con dos átomos etiquetados H' y H". Los orbitales atómicos más bajos en energía, 1s' y 1s", no se transforman de acuerdo con la simetría de la molécula. Sin embargo, las siguientes combinaciones lineales sí lo hacen:

En general, la combinación simétrica (llamada orbital enlazante) está más baja en energía que los orbitales originales, y la combinación antisimétrica (llamada orbital antienlazante) está más alta. Como la molécula de dihidrógeno H tiene dos electrones, los dos pueden ser descritos por el orbital enlazante, de forma que el sistema tiene una energía más baja (por tanto, es más estable) que dos átomos de hidrógenos libres. Esto se conoce como enlace covalente.

La aproximación de orbitales moleculares como combinación lineal de orbitales atómicos (OM-CLOA) fue introducida en 1929 por Sir John Lennard-Jones. Su publicación mostró cómo derivar la estructura electrónica de las moléculas de diflúor y dioxígeno a partir de principios cuánticos. Este acercamiento cuantitativo a la teoría de orbitales moleculares representó el nacimiento de la química cuántica moderna.

Tipos de orbitales moleculares

Al enlazar dos átomos, los orbitales atómicos se fusionan para dar **orbitales moleculares**:

- *Enlazantes*: De menor energía que cualquiera de los orbitales atómicos a partir de los cuales se creó. Se encuentra en situación de atracción, es decir, en la región internuclear. Contribuyen al enlace de tal forma que los núcleos positivos vencen las fuerzas electrostáticas de repulsión gracias a la atracción que ejerce la nube electrónica de carga negativa que hay entre ellos hasta una distancia dada que se conoce como longitud de enlace.
- *Antienlazantes*: De mayor energía, y en consecuencia, en estado de repulsión.

Los tipos de orbitales moleculares son:

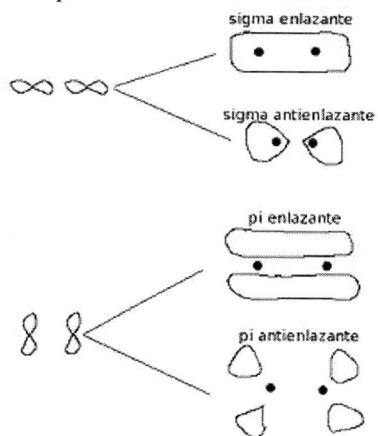

- **Orbitales σ enlazantes:** Combinación de orbitales atómicos s con p (s-s p-p s-p p-s). Enlaces "sencillos" con grado de deslocalización muy pequeño. Orbitales con geometría cilíndrica alrededor del eje de enlace.
- **Orbitales π enlazantes:** Combinación de orbitales atómicos p perpendiculares al eje de enlace. Electrones fuertemente deslocalizados que interaccionan fácilmente con el entorno. Se distribuyen como nubes electrónicas por encima y debajo del plano de

160 - Oscilador armónico cuántico

enlace.
- **Orbitales σ antienlazantes:** Versión excitada (de mayor energía) de los enlazantes.
- **Orbitales π antienlazantes:** Orbitales π de alta energía.
- **Orbitales n:** Para moléculas con heteroátomos (como el N o el O, por ejemplo). Los electrones desapareados no participan en el enlace y ocupan este orbital.

Los orbitales moleculares se "llenan" de electrones al igual que lo hacen los orbitales atómicos:
- **Por orden creciente del nivel de energía**: Se llenan antes los orbitales enlazantes que los antienlazantes, siguiendo entre estos un orden creciente de energía. La molécula tenderá a rellenar los orbitales de tal modo que la situación energética sea favorable.
- **Siguiendo el principio de exclusión de Pauli**: Cuando se forman los orbitales atómicos estos podrán albergar como máximo dos electrones, teniendo estos espines distintos.
- **Aplicando la regla de máxima multiplicidad de Hund**: Los orbitales moleculares degenerados (con el mismo nivel de energía) tienden a repartir los electrones desapareándolos al máximos (espines paralelos). Esto sucede para conseguir orbitales semillenos que son más estables que una subcapa llena y otra vacía debido a las intensas fuerzas repulsivas entre los electrones. Gracias a ello podemos dar explicaciones a propiedades de ciertas moléculas como el paramagnetismo del oxígeno molecular (el orbital más externo de la molécula tiene electrones desapareados que interaccionan con un campo magnético)

Según estas reglas se van completando los orbitales. Una molécula será estable si sus electrones se encuentran de forma mayoritaria en orbitales enlazantes y será inestable si se encuentran en orbitales antienlazantes:
- Al combinar dos orbitales 1s del hidrógeno se obtienen dos orbitales moleculares sigma, uno enlazante (de menor energía) y otro antienlazante (de mayor energía). Los dos electrones de valencia se colocan con espines antiparalelos en el orbital σ y el orbital σ queda vacío : la molécula es estable.
- Al combinar dos orbitales 1s de helio se forman dos orbitales moleculares sigma y los cuatro electrones llenan todos los orbitales. Sin embargo los orbitales antienlazantes fuerzan a la molécula a disociarse y se vuelve inestable, por ello no existe molécula de He.

Obtenido de «http://es.wikipedia.org/wiki/Orbital_molecular»

Oscilador armónico cuántico

El **oscilador armónico cuántico** es el análogo mecánino cuántico del oscilador armónico clásico. Es uno de los sistemas modelo más importante en mecánica cuántica, ya que cualquier potencial se puede aproximar por un potencial armónico en las proximidades del punto de equilibrio estable (mínimo). Además, es uno de los sistemas mecánino cuánticos que admite una solución analítica sencilla.

Oscilador armónico monodimensional

Hamiltoniano, energía y autofunciones

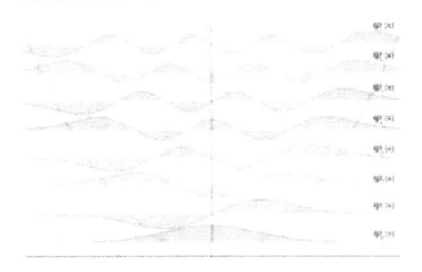

Funciones de onda para los ocho primeros autoestados, $v = 0$ a 7. El eje horizontal muestra la posición y en unidades (h/2πmω). Las gráficas están sin normalizar.

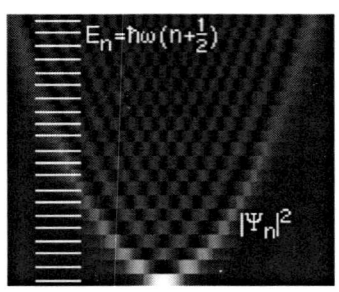

Densidades de probabilidad de los primeros autoestados (dimensión vertical, con los de menor energía en la parte inferior) para las diferentes localizaciones espaciales (dimensión horizontal).

En el problema del oscilador armónico unidimensional, una partícula de masa m está sometida a un potencial cuadrá-

tico $V(x) = \dfrac{1}{2}kx^2$. En Mecánica Clásica $k = m\omega^2$ se denomina constante de fuerza o constante elástica, y depende de la masa m de la partícula y de la frecuencia angular ω.

El Hamiltoniano cuántico de la partícula es:

$$\hat{H} = \dfrac{\hat{p}^2}{2m} + \dfrac{1}{2}m\omega^2 x^2$$

donde x es el operador posición y $\hat{p}$ es el operador momento $\left(\hat{p} = -i\hbar\dfrac{d}{dx}\right)$. El primer término representa la energía cinética de la partícula, mientras que el segundo representa su energía potencial. Con el fin de obtener los estados estacionarios (es decir, las autofunciones y los autovalores del Hamiltoniano o valores de los niveles de energía permitidos), tenemos que resolver la ecuación de Schrödinger

independiente del tiempo
$$\hat{H}\,|\psi\rangle = E\,|\psi\rangle.$$
Se puede resolver la ecuación diferencial en la representación de coordenadas utilizando el método de desarrollar la solución en serie de potencias. Se obtiene así que la familia de soluciones es
$\langle x|\psi_v\rangle = \sqrt{\frac{1}{2^v v!}} \cdot \left(\frac{m\omega}{\pi\hbar}\right)^{1/4} \cdot \exp\left(-\frac{m\omega x^2}{2\hbar}\right) \cdot H_v\left(\sqrt{\frac{m\omega}{\hbar}}x\right)$
$$v = 0, 1, 2, \ldots$$
donde v representa el número cuántico vibracional. Las ocho primeras soluciones ($v = 0$ a 7) se muestran en la figura de la derecha. Las funciones H son los polinomios de Hermite:
$$H_n(x) = (-1)^n e^{x^2} \frac{d^n}{dx^n} e^{-x^2}$$
No se deben de confundir con el Hamiltoniano, que a veces se denota por H (aunque es preferible utilizar la notación $\hat{H}$ para evitar confusiones). Los niveles de energía son
$E_v = \hbar\omega\left(v + \frac{1}{2}\right) \quad v = 0, 1, 2, \ldots$

Este espectro de energía destaca por tres razones. La primera es que las energías están "cuantizadas" y solamente pueden tomar valores discretos, en fracciones semienteras 1/2, 3/2, 5/2, ... de $\hbar\omega$. Este resultado es característico de los sistemas mecano-cuánticos. En la siguiente sección sobre los operadores escalera haremos un detallado análisis de este fenómeno. La segunda es que la energía más baja no coincide con el mínimo del potencial (cero en este caso). Así, la energía más baja posible es $\hbar\omega/2$, y se denomina "energía del estado fundamental" o energía del punto cero. La última razón es que los niveles de energía están equiespaciados, al contrario que en el modelo de Bohr o la partícula en una caja.

Conviene destacar que la densidad de probabilidad del estado fundamental se concentra en el origen. Es decir, la partícula pasa más tiempo en el mínimo del potencial, como sería de esperar en un estado de poca energía. A medida que la energía aumenta, la densidad de probabilidad se concentra en los "puntos de retorno clásicos", donde la energía de los estados coincide con la energía potencial. Este resultado es consistente con el del oscilador armónico clásico, para el cual la partícula pasa más tiempo (y por tanto es donde es más probable encontrarla) en los puntos de retorno. Se satisface así el principio de correspondencia.

Aplicación: moléculas diatómicas
Para estudiar el movimiento de vibración de los núcleos se puede utilizar, en una primera aproximación, el modelo del oscilador armónico. Si consideramos pequeñas vibraciones en torno al punto de equilibrio, podemos desarrollar el potencial electrónico en serie de potencias. Así, en el caso de pequeñas oscilaciones el término que domina es el cuadrático, es decir, un potencial de tipo armónico. Por tanto, en moléculas diatómicas, la frecuencia fundamental de vibración vendrá dada por:
$$\nu = \frac{1}{2\pi}\sqrt{\frac{k}{\mu}}$$
que se relaciona con la frecuencia angular mediante $\omega = 2\pi\nu$ y depende de la masa reducida μ de la molécula diatómica.

Obtenido de «http://es.wikipedia.org/wiki/Oscilador_arm%C3%B3nico_cu%C3%A1ntico»

Paquete de ondas

En física, un **paquete de ondas** es una superposición lineal de ondas, que toman la forma de un pulso o paquete de ondas, que se desplaza de modo relativamente compacta en el espacio antes de dispersarse.

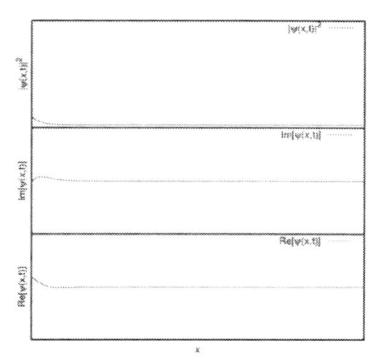

Representación de un paquete de ondas unidimensional: La parte real, parte imaginaria y la densidad de probabilidad de un paquete de ondas desplazándose hacia la derecha.

En mecánica cuántica los paquetes de onda tienen una importancia especial, porque representan partículas materiales localizadas viajando por el espacio. La ecuación de Schrödinger es la ecuación de movimiento que describe la evolución temporal de dichos paquetes. Así los paquetes considerados en mecánica cuántica son soluciones de la ecuación de Schrödinger, siendo la amplitud de onda de dichos paquetes diferentes de cero sólo en la zona del espacio donde en cada instante es probable encontrar a la partícula.

Así, por ejemplo, el paquete de ondas de una partícula libre de masa m se representa como una superposición de partículas libres de energía y momento definido:
$$\Psi(\mathbf{r},t) = \int A(\mathbf{k})e^{i(\mathbf{k}\cdot\mathbf{r}-\omega(k)t)}d\mathbf{k}$$
donde la integral se define sobre todo el

espacio **k**, y donde ω depende de k según la ecuación

$$\omega = \frac{\hbar k^2}{2m}$$

Obtenido de «http://es.wikipedia.org/wiki/Paquete_de_ondas»

Paradoja EPR

La **paradoja de Einstein-Podolsky-Rosen**, denominada «**Paradoja EPR**», consiste en un experimento mental propuesto por Albert Einstein, Boris Podolsky y Nathan Rosen en 1935. Es relevante históricamente, puesto que pone de manifiesto un problema aparente de la mecánica cuántica, y en las décadas siguientes se dedicaron múltiples esfuerzos a desarrollarla y resolverla.

Planteamiento teórico

A Einstein (y a muchos otros científicos), la idea del entrelazamiento cuántico le resultaba extremadamente perturbadora. Esta particular característica de la mecánica cuántica permite preparar estados de dos o más partículas en los cuales es imposible obtener información útil sobre el estado total del sistema haciendo sólo mediciones sobre una de las partículas. Por otro lado, en un estado entrelazado, manipulando una de las partículas, se puede modificar el estado total. Es decir, operando sobre una de las partículas se puede modificar el estado de la otra a distancia de manera instantánea. Esto habla de una correlación entre las dos partículas que no tiene contrapartida en el mundo de nuestras experiencias cotidianas.

El experimento planteado por EPR consiste en dos partículas que interactuaron en el pasado y que quedan en un estado entrelazado. Dos observadores reciben cada una de las partículas. Si un observador mide el momento de una de ellas, sabe cuál es el momento de la otra. Si mide la posición, gracias al entrelazamiento cuántico y al principio de incertidumbre, puede saber la posición de la otra partícula de forma instantánea, lo que contradice el sentido común.

La paradoja EPR está en contradicción con la teoría de la relatividad, ya que aparentemente se transmite información de forma instantánea entre las dos partículas. De acuerdo a EPR, esta teoría predice un fenómeno (el de la acción a distancia instantánea) pero no permite hacer predicciones deterministas sobre él; por lo tanto, la mecánica cuántica es una teoría incompleta.

Esta paradoja (aunque, en realidad, es más una crítica que una paradoja), critica dos conceptos cruciales: la no localidad de la mecánica cuántica (es decir, la posibilidad de acción a distancia) y el problema de la medición. En la física clásica, medir un sistema, es poner de manifiesto propiedades que se encontraban presentes en el mismo, es decir, que es una operación determinista. En mecánica cuántica, constituye un error asumir esto último. El sistema va a cambiar de forma incontrolable durante el proceso de medición, y solamente podemos calcular las probabilidades de obtener un resultado u otro.

Propuesta experimental: las desigualdades de Bell

Hasta el año 1964, este debate perteneció al dominio de la filosofía de la ciencia. En ese momento, John Bell propuso una forma matemática para poder verificar la paradoja EPR. Bell logró deducir unas desigualdades asumiendo que el proceso de medición en mecánica cuántica obedece a leyes deterministas, y asumiendo también localidad, es decir, teniendo en cuenta las críticas de EPR. Si Einstein tenía razón, las desigualdades de Bell son ciertas y la teoría cuántica es incompleta. Si la teoría cuántica es completa, estas desigualdades serán violadas.

Desde 1976 en adelante, se han llevado a cabo numerosos experimentos y absolutamente todos ellos han arrojado como resultado una violación de las desigualdades de Bell. Esto implica un triunfo para la teoría cuántica, que hasta ahora ha demostrado un grado altísimo de precisión en la descripción del mundo subatómico, incluso a pesar de sus consabidas predicciones reñidas con el sentido común y la experiencia cotidiana.

En la actualidad, se han realizado numerosos experimentos basados en esta paradoja y popularizados en ocasiones bajo el nombre de teletransporte cuántico. Este nombre llama a engaño, ya que el efecto producido no es un teletransporte de partículas al estilo de la ciencia ficción sino la transmisión de información del estado cuántico entre partículas entrelazadas. La comprensión de esta paradoja ha permitido profundizar en la interpretación de algunos de los aspectos menos intuitivos de la mecánica cuántica. Esta área continúa en desarrollo con la planificación y ejecución de nuevos experimentos.

Obtenido de «http://es.wikipedia.org/wiki/Paradoja_EPR»

Paridad (física)

En física, una **transformación de la paridad** (también llamada **inversión de la paridad**) es el cambio simultáneo en el signo de toda coordenada espacial:

$$P : \begin{pmatrix} x \\ y \\ z \end{pmatrix} \mapsto \begin{pmatrix} -x \\ -y \\ -z \end{pmatrix}$$

Una representación de una matriz 3×3 de **P** podría tener un determinante igual a -1, y por lo tanto no puede reducir su rotación. En un plano bidimensional, la paridad **no** es la misma como la rotación de 180 grados. Es importante que el determinante de la matriz P sea -1, que no ocurre en una rotación de 180 grados en 2 dimensiones. Aquí un cambio de transformación de la paridad del signo de x o de y, no de ambos.

Relaciones de simple simetría

Bajo rotación, en la geometría clásica los objetos pueden ser clasificados en escalares, vectores u tensores de rango mayor. En la física clásica, configuraciones físicas necesitan ser transformadas bajo representaciones de cada grupo simétrico.

En la teoría cuántica, los estados en un espacio de Hilbert no necesitan transformarse bajo representaciones de grupo de rotaciones, pero solo bajo la representación proyectiva. La palabra *proyectiva* se refiere al hecho que si uno de los proyectos se desfasan del estado, cuando recordamos que la fase de un estado cuántico no es observable, luego la representación proyectiva se reduce a una representación ordinaria. Todas las representaciones son también representaciones proyectivas, pero la conversión no es cierta, por lo tanto la condición de representaciones proyectivas en un estado cuántico es más débil que la condición de representación de un estado clásico.

Las representaciones proyectivas de cualquier grupo son isomorfas a las representaciones ordinarias de una extensión central de grupo. Por ejemplo, representaciones proyectivas de un grupo rotacional de 3 dimensiones, que es de un grupo especial ortogonal SO(*3*), son representaciones ordinarias de un grupo especial unitario SU(*2*). Representaciones proyectivas de un grupo de rotación que no son representaciones llamadas espinoriales y así los estados cuánticos pueden transformarse no sólo en tensores si no también en espinoriales.

Si se añade a esto una clasificación por paridad, esto puede ser extendido, por ejemplo, en las nociones de
- *escalares* (P = 1) y *seudoescalares* (P= -1) que son rotacionalmente invariantes.
- *vectores* (P = -1) y *vectores axiales* (o *seudovectores*) (P = 1) que ambas

transforman como vectores bajo rotación.

Uno puede definir **reflexiones** tales como

$$V_x : \begin{pmatrix} x \\ y \\ z \end{pmatrix} \mapsto \begin{pmatrix} -x \\ y \\ z \end{pmatrix},$$

que también tiene determinante negativo. Luego, combinándolos con rotaciones uno puede generar que la transformación de la paridad tenga un determinante positivo, y por lo tanto puede obtener una rotación. Se usa reflexiones para extender la noción de escalares y vectores a seudoescalares y seudovectores.

Las formas de paridad de un grupo abeliano **Z** debido a una relación **P = 1**. Todo grupo abeliano tiene solo una representación irreductible dimensional. Para **Z**, hay dos representaciones irreductibles: uno es par bajo paridad (**P φ = φ**), la otra es impar (**P φ = –φ**). Es muy útil en mecánica cuántica. Sin embargo, como se detallará a continuación, bajo representaciones proyectivas y así en principio una transformación de la paridad puede rotar de un estado a otro por cualquier fase.

Se dice que un objeto físico presenta **simetría P** si es invariante respecto a cualquier operación de simetría como las anteriormente descritas, consistentes en cambiar el signo de una de las coordenadas espaciales.

Física Clásica

Las ecuaciones de Newton del movimiento **F** = *m* **a** (si la masa es constante) iguala dos vectores, y por lo tanto es invariante bajo paridad. La ley de gravitación también envuelve solo vectores y es también, por lo tanto, invariante bajo paridad. Sin embargo el momento angular **L** es un vector axial.
L = **r** × **p**,
P(**L**) = (-**r**) × (-**p**) = **L**.
En la electrodinámica clásica, la densidad de carga ρ es un escalar, el campo eléctrico **E** y la corriente **j** son vectores, pero el campo magnético **B** es un vector axial. Sin embargo, las ecuaciones de Maxwell son invariantes ante la paridad porque la curva del vector axial es un vector.

Respecto al comportamiento bajo inversión espacial, las variables de la mecánica clásica pueden ser clasificadas en **magnitudes pares** y **magnitudes impares**.

Magnitudes pares

Las variables clásicas que no cambian bajo inversión espacial incluyen:
t, el tiempo cuando ocurre el evento
E, la energía de la partícula
P, Potencia (tasa del trabajo realizado)
L, el momento angular de una partícula (ambos, el orbital y el spín)
ρ, la densidad de carga eléctrica
V, el potencial eléctrico (voltaje)
B, la inducción magnética
H, el campo magnético
M, la magnetización
ρ la densidad de energía del campo electromagnético
T_{ij} tensor de Maxwell
todas las masas, cargas, constantes de acoplamiento y otras constantes físicas excepto las asociadas con la fuerza débil.

Magnitudes impares

Variables clásicas que han invertido su signo por una inversión espacial, incluyen:
x, la posición de una partícula en el espacio tridimensional
V, la velocidad de una partícula
a, la aceleración de una partícula
p, el momento lineal de una partícula
F, la fuerza de una partícula
J, la densidad de corriente eléctrica
E, el campo eléctrico
D, el desplazamiento eléctrico
P, la polarización eléctrica
A, el Potencial vector electromagnético

Mecánica Cuántica

Posibles valores propios

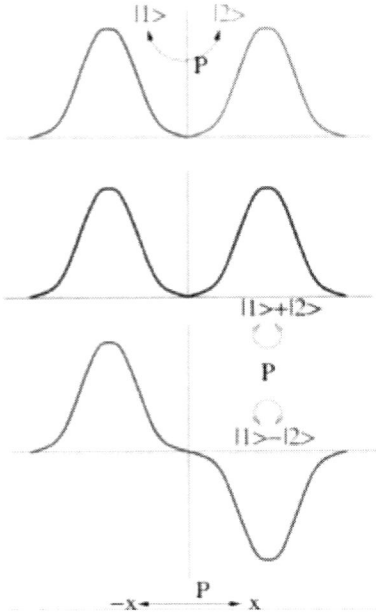

Dos representaciones dimensionales de paridad son dadas por un par de estados cuánticos que van entre ellos sobre la paridad. Sin embargo, ésta representación puede siempre ser reducida a combinaciones lineales de estados, cada uno de ellos es par o impar bajo la paridad. Se dice que todas las representaciones irreducibles de la paridad son de dimensión 1.

En mecánica cuántica, las transformaciones de espacio-tiempo actúan en estados cuánticos. La transformación de paridad, **P** es un operador unitario en mecánica cuántica, actuando en un estado ψ así: **P** ψ(r) = ψ(-r). Se debe tener **P** ψ(r) = e ψ(r), que en todas las fases es inobservable.

El operador **P**, que invierte la paridad de un estado dos veces, deja la invarianza del espacio-tiempo y así es una simetría interna que rota el estado propio de su fase e. Si **P** es un elemento de e de un grupo simétrico continuo U(1) de rotaciones en fase entonces e es parte de ese U(1) y así es también una simetría. En particular podemos definir **P**=Pe que es también una simetría y así puede llamar a **P** nuestro operador paridad inscrito como **P**. Note que P=1 y así **P** tiene un valor propio de ±1. Sin embargo cuando no existe tal grupo de simetría, puede ser que todas las transformaciones de la paridad tengan algunos valores propios que son en fase u otros con ±1.

Consecuencias de la paridad simétrica

Cuando la paridad genera el grupo abeliano **Z**, uno puede siempre tomar combinaciones lineales de estados cuánticos tales que sean pares o impares bajo paridad (véase en la figura). Entonces la paridad de tal estado es ±1. La paridad de un estado multiparticular es el producto de las paridades de cada estado; in otras palabras es un *número cuántico multiplicativo*.

En mecánica cuántica, los hamiltonianos son invariantes (simétricos) bajo transformaciones de paridad si **P** conmuta con el hamiltoniano. En la mecánica cuántica no relativista, esto ocurre para cualquier potencial que sea escalar, por ejemplo, **V** = V(r), por lo que el potencial es esférico simétricamente. Los siguientes hechos pueden ser fácilmente probados:

- Si |A> y |B> tienen la misma paridad, entonces <A| **X** |B> = 0 donde **X** es el operador posición.
- Para un estado |L, m> de momento angular orbital **L** con proyección en el eje z **m**, **P** |L, m> = (-1)|L, m>.
- Si [**H**, **P**] = 0, cuando no ocurren transiciones entre estados de paridad opuesta.
- Si [**H**, **P**] = 0, entonces un estado propio no-degenerativo de **H** es también un estado propio de un operador paridad; p.e. una función propia no-degenerativa de **H** es o bien invariante para **P** o es cargada en un signo por **P'**.

Algunas de las funciones propias no-degenerativas de **H** no se alteran (invariantes) por la paridad **P** y los otros se limitan a invertir el signo cuando un operador hamiltoniano y un operador de paridad conmutan:

P Ψ = c Ψ,

donde *c* es una constante, el valor propio de **P**,

P P Ψ = **P** c Ψ.

Teoría Cuántica de Campos

La paridad intrínseca asignada en esta sección son verdaderos para la mecánica cuántica relativista como una teoría cuántica de campos.

Si podemos mostrar que el estado de vacío es invariante bajo paridad (**P** |0> = |0>), el hamiltoniano es invariante de paridad ([**H**, **P**] = 0) y las condiciones de cuantización se mantienen sin cambio bajo la paridad, entonces de ello se desprende que cada estado tiene una buena paridad y esa paridad se conserva en cualquier reacción.

Para mostrar que la electrodinámica cuántica es invariante bajo paridad, tenemos que probar que la acción es invariante y la cuantización es también invariante. Por simplicidad asumiremos que la cuantización canónica se utilizada; el estado de vacío es el invariante bajo paridad por ecuaciones. La invarianza de la acción continúa desde la invarianza clásica de Maxwell depende de la transformación del operador aniquilación:

P a(p,±) **P** = -a(-p,±)

donde **p** denota el momento de un fotón y ± se refiere a su estado de polarización. Este es equivalente a la afirmación de que el fotón tiene paridad intrínseca impar. Similarmente todos los bosones vectoriales pueden ser mostrados como paridad intrínseca impar, y todo vector axial tiene paridad par intrínseca.

Hay una sencilla extensión de estos argumentos en teoría de campos escalares que muestra que los escalares tienen paridad par, así:

P a(p) **P** = a(-p).

Esto es verdad para campos escalares complejos. (*Detalles de espinoriales son mejor detallados en el artículo de la ecuación de Dirac, donde se muestra que los fermiones y antifermiones tienen paridad intrínseca opuesta.*). Con los fermiones, hay una complicación simple porque hay más que un grupo de pin.

Paridad en el modelo estándar

Fijando las simetrías globales

En el modelo estándar de las interacciones fundamentales, hay precisamente tres grupos de simetría global interna U(1) disponible, con cargas igual al número bariónico **B**, el número de leptones **L** y la carga eléctrica **Q**. El producto del operador paridad con cualquier combinación de esas rotaciones es otro operador paridad. Es una convención el buscar una combinación específica de esas rotaciones para definir a un operador estándar de paridad y otros operadores de paridad son relacionados al estándar uno por rotaciones internas. Un camino para fijar un operador de paridad estándar es asignando las paridades de tres partículas con con cargas **B**, **L** y **Q** linealmente independientes. En general se asigna la paridad de las más comunes partículas masivas: el protón, el neutrón y el electrón como +1.

Steven Weinberg mostró que si **P**=(-1), donde **F** es el operador del número fermión, entonces si el número fermión es la suma del número leptón mas el número barión, **F**=**B**+**L**, para todas las partículas en el modelo estándar y así el número leptón y el número barión son cargas **Q** de simetría contínua e, es posible redefinir el operador paridad de esta manera P=1. Sin embargo, si hay un neutrino majorana, que los experimentadores creen en su existencia, su número fermión sería igual al de Majorana, y así (-1) podría no estar unido con un grupo de simetría contínuo. Los neutrinos de Majorana deberían tener paridad ±i.

Paridad del pión

En un paper de 1954 Absorption of Negative Pions in Deuterium: Parity of the Pion, de William Chinowsky y Jack Steinberger se demostró que el pión π tenía paridad negativa. Ellos estudiaron que el desintegramiento de un átomo hace de un núcleo de deuterio d y un pion π cargado negativamente en un estado con momento angular orbital cero $L=0$ en dos neutrones n

$$d\ \pi^- \longrightarrow n\ n.$$

Neutrones son fermiones y por lo tanto obedecen a las estadísticas de Fermi, que implican que el estado final es antisimétrico. Usando el hecho de que el deuterón tiene com spín uno y el pión cero, juntos con la antisimetría del estado final, concluyen que los dos neutrones deben tener momento angular orbital $L=1$. La paridad total es el producto de la paridad intrínseca de partículas y la paridad extrínseca (-1). Así el momento orbital cambia de cero a uno en el proceso, si el proceso es para conservar la paridad total entonces el producto de las paridades intrínsecas de las partículas iniciales y finales debe tener signo opuesto. Un núcleo de deuterio esta hecho de un protón y un neutrón, y usando la antes mencionada convención de que protones y neutrones tienen paridad intrínseca igual a +1 se argumentó que la paridad del pión es igual a menos el producto de las partículas de dos neutrones divididos por el protón y el neutrón en el deuterio, (-1)(1)/(1), que es igual a menos 1. Así se concluye que el pión es una partícula seudo escalar.

Violación de paridad y simetría P

La paridad se conserva en electromagnetismo, interacción fuerte y gravitación, y se la viola en la interacción débil. Por esa razón se afirma que las tres primeras son interacciones con simetría P. La falta de simetría P o **violación de la paridad** se incorpora en el modelo estándar al expresar a la interacción débil como la interacción quiral de gauge. Solo los componentes zurdos de las partículas y los componentes diestros de las antipartículas participan en la interacción débil en el modelo estándar. Esto implica que la paridad no es simétrica en nuestro universo, a menos que la antimateria exista en esta paridad que se violaría en otro sentido.

La historia de los descubrimientos de la violación de la paridad es interesante. Se sugirió muchas veces y en diferentes contextos que la paridad podría no conservarse, pero en la ausencia de evidencia concreta nunca se los tomo en serio. Una revisión cuidadosa de los físicos teóricos Tsung-Dao Lee y Chen Ning Yang fue más allá, mostrando que mientras la conservación de la paridad ha sido verificada en decaimientos de la fuerza fuerte o de la interacción electromagnética, no fue probada en la interacción débil. Ellos propusieron muchos posibles experimentos directos, los cuales fueron casi en su totalidad ignorados, pero Lee fue capaz de convencer a su colleague de Columbia en probarlos. Ella necesitaba facilidades especiales de criogenia y experiencia, esta fue dada por el Bureau Nacional de Estándares.

En 1956-1957 Wu, E. Ambler, R. W. Hayward, D. D. Hoppes, y R. P. Hudson encontraron una clara violación de la conservación de la paridad en la desintegración beta de Cobalto-60. Como el experimento fue terminado con un doble chequeo en progreso, Wu informó a sus colegas de Columbia sobre sus resultados positivos. Tres de ellos, R. L. Garwin, Leon Lederman, y R. Weinrich modificaron el experimento en el ciclotrón e inmediatamente verificaron la violación de la paridad. La publicación se retrasó hasta que el grupo de Wu estuviera listo, los dos papeles aparecieron uno detrás del otro.

Después de ese hecho, se notó que un oscuro experimento de 1928 tenía en efecto reportes de la violación de la paridad en desintegraciones débiles pero como el concepto apropiado no había sido inventado aún, no tuvo impacto. El descubrimiento de la violación de la paridad explicó inmediatamente el enigma τ-θ en la física del kaón.

Paridad intrínseca de los hadrones

A cada partícula uno puede asignar una **paridad intrínseca** cuan grande como su naturaleza preserve la paridad. Por lo tanto la interacción débil no lo hace, se puede aun asignar una paridad a cualquier hadrón al examinar la reacción de una interacción fuerte que la produce o a través de desintegraciones que envuelven a la interacción débil, tal como π → γγ.

Obtenido de «http://es.wikipedia.org/wiki/Paridad_(f%C3%ADsica)»

Partícula en un anillo

La **partícula en un anillo** es un ejemplo sencillo de sistema cuántico con propiedades interesantes. Este modelo reproduce las características hipotéticas de una partícula libre que se mueve solamente a lo largo de un anillo (espacio topológico homeomorfo a S) y de manera uniforme. Además el modelo aquí presentado ha encontrado aplicación en explicar la regla de Hückel sobre la estabilidad de los hidrocarburos aromáticos.

Descripción cuántica del sistema

Suponemos una partícula que se mueve libremente a lo largo de un anillo. La relación entre la coordenada de posición angular sobre el anillo y las coordenadas cartesianas es:

$$x = R\cos(\varphi), \quad y = R\sin(\varphi)$$

donde $R^2 = x^2 + y^2$. Los operadores de momento lineal vienen dados por:

$$\hat{P}_x = -i\hbar\frac{\partial}{\partial x}, \quad \hat{P}_y = -i\hbar\frac{\partial}{\partial y}$$

Utilizando la forma funcional de la energía (clásica) en términos del momento lineal:

$$E_{clasica} = T + V = \tfrac{1}{2}mv^2 + 0 = \tfrac{1}{2}m(V_x^2+V_y^2) = \tfrac{1}{2m}(P_x^2+P_y^2)$$

podemos obtener la expresión del operador hamiltoniano:

$$\hat{H} = -\frac{\hbar^2}{2m}\left(\frac{\partial^2}{\partial x^2} + \frac{\partial^2}{\partial y^2}\right)$$

Operador hamiltoniano

Para obtener las funciones de onda, $\tilde{\psi}(x,y)$, de los estados estacionarios del sistema, tenemos que resolver la ecuación de Schrödinger independiente del tiempo:

$$\hat{H}\tilde{\psi} = E\tilde{\psi}$$

donde E es el valor de la energía del estado, que por ser estacionario estará perfectamente bien definida. Para ello es conveniente transformar la expresión del hamiltoniano de coordenadas cartesianas, $\tilde{\psi}(x,y)$ a coordenadas polares, $\psi(R,\varphi)$:

$$\hat{H} = -\frac{\hbar^2}{2m}\left(\frac{\partial^2}{\partial x^2}+\frac{\partial^2}{\partial y^2}\right) = -\frac{\hbar^2}{2m}\left(\frac{\partial^2}{\partial R^2}+\frac{1}{R}\frac{\partial}{\partial R}+\frac{1}{R^2}\frac{\partial^2}{\partial \varphi^2}\right)$$

Para el caso de una partícula en un anillo R es una constante y, por tanto, para obtener las funciones propias del Hamiltoniano,

$$\hat{H}_\varphi = -\frac{\hbar^2}{2m}\left(\frac{1}{R^2}\frac{d^2}{d\varphi^2}\right) = -\frac{\hbar^2}{2I}\frac{d^2}{d\varphi^2}$$

tenemos que resolver la ecuación de Schrödinger independiente del tiempo expresada en términos de la variable φ:

(1)
$$-\frac{\hbar^2}{2I}\frac{d^2\psi}{d\varphi^2} = E\psi \Rightarrow \frac{d^2\psi}{d\varphi^2} = \frac{-2IE}{\hbar^2}\psi$$

donde $I = mR^2$ representa el momento de inercia de la partícula.

Soluciones de la ecuación de Schrödinger

Los posibles estados estacionarios del sistema son las soluciones de la ecuación anterior, ecuación (1). Por otro lado, cualquier estado no estacionario será combinación de estados estacionarios de diferente energía. Como candidatos canónicos para representar los estados estacionarios hay que escoger funciones propias del hamiltoniano que, por tanto, deben ser solución de la ecuación (1). En un sistema cuántico, pueden existir varios estados estacionarios con un mismo valor de la energía, tal y como ocurre en el caso de la partícula en un anillo. Cuando esto sucede se dice que dicho nivel de energía presenta degeneración (un término poco explicativo que se introdujo por motivos históricos relacionados con el átomo de hidrógeno, pero que ha sido mantenido a pesar de ser poco explicativo).

Puede verificarse fácilmente que las funciones trigonométricas, seno y coseno, son soluciones de la ecuación de Schrödinger, ecuación (1). Análogamente las exponenciales son soluciones de la ecuación (1). Con el fin de que además sean funciones propias del operador momento angular elegiremos estas últimas:

$$\psi_1(\varphi) = e^{+k\varphi}, \quad \psi_2(\varphi) = e^{-k\varphi}$$

Substituyendo esas funciones candidatas en la ecuación (1), se obtiene el valor necesario de k para que cualquiera de las dos sea solución:

$$\frac{d^2\psi_1}{d\varphi^2} = k^2 e^{k\varphi} = \frac{-2IE}{\hbar^2}e^{k\varphi} \longrightarrow k^2 = \frac{-2IE}{\hbar^2} \Rightarrow k = \sqrt{\frac{2IE}{\hbar^2}}i$$

$$\frac{d^2\psi_2}{d\varphi^2} = k^2 e^{-k\varphi} = \frac{-2IE}{\hbar^2}e^{-k\varphi} \longrightarrow k^2 = \frac{-2IE}{\hbar^2} \Rightarrow k = \sqrt{\frac{2IE}{\hbar^2}}i$$

Por lo tanto, las funciones propias son:

(2)
$$\psi_1(\varphi) = e^{i\sqrt{\frac{2IE}{\hbar^2}}\varphi}, \quad \psi_2(\varphi) = e^{-i\sqrt{\frac{2IE}{\hbar^2}}\varphi}$$

Como vemos, las soluciones son realmente exponenciales complejas. La solución general correspondiente a la función (o vector) de estado se obtiene, por tanto, como una combinación lineal de ambas funciones:

$$\psi(\varphi) = A e^{i\sqrt{\frac{2IE}{\hbar^2}}\varphi} + B e^{-i\sqrt{\frac{2IE}{\hbar^2}}\varphi}$$

Número cuántico principal

Para simplificar, definimos una constante matemática n que vamos a llamar simplemente número cuántico principal como:

$$n = \sqrt{\frac{2IE_n}{\hbar^2}}$$

De nuevo, tendremos que imponer una condición para que mi función se comporte bien (*well-behaviour function*). En este caso, la función de onda tiene que ser continua en todos sus puntos y, por tanto, al dar una vuelta completa en el anillo tiene que tener el mismo valor. Así se tiene que cumplir la siguiente condición de periodicidad:

$$\psi(\varphi) = \psi(\varphi + 2\pi)$$

Como vamos a ver la condición de periodicidad no se da para cualquier valor del número cuántico n. Como estamos interesados sólo en los estados estacionarios que cumplen la condición de periodicidad y, por tanto, representan adecuadamente las restricciones físicas del problema, debemos examinar que valores de n satisfacen la condición de periodicidad. Así, tenemos:

$$Ae^{in\varphi} + Be^{-in\varphi} = Ae^{in(\varphi+2\pi)} + Be^{-in(\varphi+2\pi)}$$
$$Ae^{in\varphi} + Be^{-in\varphi} = Ae^{in\varphi}e^{in2\pi} + Be^{-in\varphi}e^{-in2\pi}$$

Que se satisface si se cumple simultáneamente
$$e^{in2\pi} = e^{-in2\pi} = 1$$

Utilizando la fórmula de Euler obtenemos:
$$\cos(2n\pi) + i\sin(2n\pi) = \cos(2n\pi) - i\sin(2n\pi) = 1$$

o lo que es lo mismo,
$$\cos(2n\pi) = 1 \quad y \quad \sin(2n\pi) = 0$$

De la última ecuación concluimos que sólo los valores enteros de n satisfacen la ecuación, es decir, que los posibles valores del número cuántico principal son $n = 0, 1, 2, 3...$ y $n = -1, -2, -3...$ Es interesante notar que como consecuencia de exigir la condición de periodicidad la energía del sistema está cuantizada:
$$\sqrt{\frac{2IE_n}{\hbar^2}} = n \Rightarrow E_n = \frac{\hbar^2}{2I}n^2$$

Degeneración

El número cuántico n puede tomar, en este caso, el valor 0, debido a que no se anula la función de onda en el espacio. Por otra parte para dos números cuánticos que sean iguales y opuestos, obtenemos la misma energía (al depender la energía de n al cuadrado). Se dice que ambos estados de energía definida están degenerados (es decir, existen varios estados con la misma energía). Sin embargo, esos estados de misma energía no son del todo idénticos como veremos, puesto que sobre ellos podemos medir otras magnitudes físicas (observables) diferentes de la energía y podemos ver que arrojan valores diferentes, lo cual significa que existe un procedimiento físico para distinguir entre estados "degenerados" de la misma energía. Esto se puede comprobar introduciendo el momento angular.

Momento angular

A continuación calcularemos el valor del momento angular de la partícula, es decir, aplicaremos el operador $\hat{L}_z$ para ver si las soluciones obtenidas tienen un momento angular bien definido. A partir de las expresiones clásicas podemos obtener el operador correspondiente:
$$\vec{L} = \vec{r}\times\vec{p} \quad \hat{L}_z = x\hat{P}_y - y\hat{P}_x$$

Construimos el correspondiente operador cuántico:
$$\hat{L}_z = \frac{\hbar}{i}\left(x\frac{\partial}{\partial y} - y\frac{\partial}{\partial x}\right) = \frac{\hbar}{i}\frac{\partial}{\partial \varphi}$$

y comprobaremos si se cumple la ecuación de autovalores
$$\hat{L}_z\psi = l_z\psi$$

En efecto, podemos ver que la solución general no tiene un momento angular definido, ya que no es una función propia de $\hat{L}_z$
$$\hat{L}_z\psi = \frac{\hbar}{i}\frac{\partial}{\partial\varphi}(Ae^{in\varphi}+Be^{-in\varphi}) = \frac{\hbar}{i}(inAe^{in\varphi}-inBe^{-in\varphi}) = \hbar n(Ae^{in\varphi}-Be^{-in\varphi}) \neq l_z\psi$$

Sin embargo debido a que $\hat{L}_z$ conmuta con $\hat{H}_\varphi$, podemos encontrar un conjunto de funciones propias común a ambos operadores. Así, las funciones ψ y ψ definidas anteriormente en la ecuación (2), si son funciones propias del momento angular. En efecto, si $B = 0$
$$\hat{L}_z\psi_1 = \frac{\hbar}{i}\frac{\partial}{\partial\varphi}Ae^{in\varphi} = \hbar n Ae^{in\varphi} = \hbar n \psi_1$$

se comprueba que existe un subconjunto de funciones propias común:
$$\psi_1(\varphi) = Ae^{in\varphi} \quad / \quad l_z = n\hbar$$

Análogamente si $A = 0$ obtenemos
$$\psi_2(\varphi) = Be^{-in\varphi} \quad / \quad l_z = -n\hbar$$

Con esta magnitud se pueden distinguir los dos estados degenerados en la energía debido a que tienen distinto valor de momento angular. Nótese que ψ representa una partícula moviéndose en el anillo en el sentido antihorario, mientras que ψ representa la partícula moviéndose en el sentido horario. Nótese también que el estado fundamental corresponde con $n = 0$ y representa una partícula con energía y momento angular nulo. Clásicamente corresponde con una partícula en reposo.

Normalización de los estados propios de momento angular

Por último, para determinar el valor de A (o de B), utilizaremos la condición de normalización, consecuencia de la interpretación probabilística de la función de onda. Para ello tendremos en cuenta que la probabilidad de encontrar la partícula en el anillo es la unidad:
$$\int_0^{2\pi}|\psi|^2 d\varphi = 1$$

Como la densidad de probabilidad es constante en todo el anillo
(3)
$$|\psi|^2 = \psi^*\psi = (Ae^{in\varphi})^*Ae^{in\varphi} = A^*e^{-in\varphi}Ae^{in\varphi} = |A|^2$$

la constante de normalización A vale
$$|A|^2\int_0^{2\pi}d\varphi = 1 \longrightarrow A = \frac{1}{\sqrt{2\pi}}e^{i\beta}$$

Con lo cual la función de onda normalizada es:
$$\psi(\varphi) = \frac{1}{\sqrt{2\pi}}e^{i(n\varphi+\beta)}$$

Habitualmente se elige la constante de normalización real (es decir se elige su fase nula, $\beta = 0$).

Así, según la ecuación (3), la densidad de probabilidad vale
$$|\psi|^2 = \psi^*\psi = |A|^2 = \frac{1}{2\pi}$$

resultado que concuerda con el caso clásico.

Estados estacionarios generales del sistema

Puede comprobarse que cualquier otro estado estacionario del sistema tiene la forma:
$$\psi(\varphi,t) = \frac{1}{\sqrt{2\pi}}\left(\cos\alpha\, e^{i(n\varphi+\beta)} + \sin\alpha\, e^{-i(n\varphi+\beta)}\right)e^{-iE_nt/\hbar}$$

Este estado tiene la propiedad interesante de que a pesar de que tiene una energía bien definida, su momento angular L no está bien definido, sino que una medida de esa magnitud con una probabilidad p da el valor $+nh/2\pi$ y con una probabilidad p da el valor $-nh/2\pi$, cumpliéndose además:
$$p_1 = |\cos\alpha|^2 \quad p_2 = |\sin\alpha|^2$$

Aplicación a los hidrocarburos aromáticos

En química orgánica, los hidrocarburos aromáticos como el el benceno y otros, contienen estructuras en forma de anillo formado por cinco o seis átomos de carbono. Los experimentos muestran que estos compuestos químicos son extraordinariamente estables, debido a que de acuerdo con la discusión anterior los electrones se comportan como si estuvieran girando en ambas direcciones y están altamente deslocalizados.

De acuerdo con el cálculo cuántico presentado anteriormente, rellenar todos los niveles de energía hasta el nivel n-ésimo requiere $2\cdot(2n+1)$ electrones (donde el factor 2 inicial procede del hecho de que los electrones tienen dos posibles valores de espín). Esa es precisamente la Regla de Hückel que afirma que un exceso de $4n+2$ electrones en un anillo de Kekulé produce un compuesto aromático excepcionalmente estable. Obtenido de «http://es.wikipedia.org/wiki/Part%C3%ADcula_en_un_anillo»

Partícula en un potencial de simetría esférica

Una **partícula en un potencial de simetría esférica**, es un término para referirse a toda una serie de problemas o sistemas físicos interesantes en que una partícula está en un campo exterior central con simetría esférica. Este tipo de sistemas aparece tanto en mecánica clásica, donde el caso más notorio son las órbitas planetarias, como en mecánica cuántica donde el caso más interesante es el átomo con un sólo electrón.

Sistemas cuánticos con simetría esférica

Entre los casos cuánticos físicamente interesantes que están entre la colección de potenciales de simetría esférica están:
- La partícula en una caja (cavidad) esférica
- El átomo hidrogenoide

Formulación

Debido a la simetría esférica del problema conviene usar coordenadas esféricas para buscar las funciones de onda del sistema cuántico (el problema puede llegar a ser irresoluble por los medios comunes si se usa otro tipo de coordenadas). Un sistema cuántico con un potencial de simetría esférica tiene un conjunto de estados estacionarios cuya función de onda calculable es solución de ecuación diferencial de Schrödinger en coordenadas esféricas y con un potencial dependiendo sólo de la coordenada radial:
(1)
$$-\frac{\hbar^2}{2m}\Delta\Psi(r,\theta,\varphi) + V(r)\Psi(r,\theta,\varphi) = E\Psi(r,\theta,\varphi)$$

Separación de variables

Una técnica común para resolver la ecuación (1) es usar la técnica de separación de variables consistente en buscar soluciones particulares que sean producto de una o más funciones cada una dependiendo sólo de algunas de las coordenadas. Así a partir de las propiedades del operador laplaciano y la separación de variables para las coordenada radial y las coordenadas angulares, que las soluciones de la ecuación (1) pueden escribirse como el producto de una función de la coordenada radial por una función de las coordenadas angulares del siguiente modo:

$$\Psi(r,\theta,\varphi) = R_{nl}(r)Y_{lm}(\theta,\varphi)$$

$$\Delta\Psi = (\Delta R_{nl})Y_{lm} + 2(\nabla R_{nl})\cdot(\nabla Y_{lm}) + R_{nl}(\Delta Y_{lm}) = (\Delta R_{nl})Y_{lm} + R_{nl}(\Delta Y_{lm})$$

Gracias a esta última propiedad puede probarse que la función anterior será solución de (1) si y sólo si la función $R(r)$ satisface la siguiente ecuación (2a) y $Y(\theta,\varphi)$ satisface (2b):

$$-\frac{\hbar^2}{2m}\left(\frac{d^2R_{nl}(r)}{dr^2} + \frac{2}{r}\frac{dR_{nl}(r)}{dr} - \frac{l(l+1)}{r^2}R_{nl}(r)\right) + V(r)R_{nl}(r) = ER_{nl}(r) \quad (2a)$$

$$\Delta Y_{lm}(\theta,\varphi) = -\frac{l(l+1)}{r^2}Y_{lm}(\theta,\varphi) \quad (2b)$$

La solución (2b) será físicamente admisible si es periódica en los dos variables, es decir, si después de girar un ángulo 2π la función toma los mismos valores, matemáticamente, $Y(\theta,\varphi) = Y(\theta+2p\pi,\varphi+2q\pi)$ para cualesquiera p y q enteros. Puede probarse que la ecuación (2b) sólo es periódica si l y m son números enteros, por tanto los estados físicos reales se caracterizan por valores enteros de esos dos números cuánticos, y en ese caso la función solución Y, se llama armónico esférico y viene dada por el producto de una exponencial compleja por un polinomio de Legendre:

$$Y_l^m(\theta,\varphi) = N\,e^{im\varphi}P_l^m(\cos\theta)$$

Por ser las coordenadas esféricas ortogonales el segundo miembro de la anterior ecuación se anula y por las propiedades del armónico esférico Y asociado a los l y m. Finalmente el hamiltoniano para una partícula en un potencial de simetría esférica debe ser de la forma:
(3)
$$\hat{H}|\Psi\rangle = -\frac{\hbar^2}{2m}\left(\frac{d^2R_{nl}}{dr^2} + \frac{2}{r}\frac{dR_{nl}}{dr} + \left[V(r) - \frac{l(l+1)}{r^2}\right]R_{nl}\right)Y_{lm}$$

Valores propios de la energía y el momento angular

Los valores propios del momento angular en un campo de simetría esférica son siempre los mismos ya que no dependen de la forma concreta del potencial. Estos valores están cuantizados y dependen del número cuántico ℓ. A partir de las ecuaciones anteriores resulta sencillo probar los valores propios del momento angular vienen dados por $\hbar\sqrt{\ell(\ell+1)}$, ya que:

$$L^2|\Psi\rangle = \hbar^2\ell(\ell+1)|\Psi\rangle$$

Para un potencial atractivo la ecuación (2) admite un número finito o infinito numerable de posibles soluciones $E = E_{n\ell} < 0$. Estas son los posibles valores de la energía de los estados ligados. El análogo clásico de un estado ligado es una situación en que la partícula se mueve en una región finita y acotada del espacio. Además de esas soluciones de energía negativa que representan estados ligados, existirán soluciones de energía positiva si el potencial está acotado superiormente, es decir, si $V(r) \leq V_0$. Este segundo conjunto de soluciones consistirá en general en un conjunto infinito numerable de funciones no-normalizables o estados de colisión, que matemáticamente son miembros de un espacio de Hilbert equipado que incluye al espacio de Hilbert convencional al que pertenecen las soluciones de energía negativa.

Sistemas clásicos con simetría esférica

Formulación

Debido a la **simetría esférica** del problema conviene usar coordenadas esféricas para encontrar las trayectorias de la partícula. El enfoque más sencillo clásico más cercano al anterior problema cuántico es precisamente el usado en la mecánica hamiltoniana que es el que emplearemos en esta sección. Para ello necesitamos encontrar los momentos conjugados asociados a las coordenadas esféricas, cosa que puede hacerse buscando previamente el lagrangiano del sistema:

$$L(r,\theta,\varphi,\dot{r},\dot{\theta},\dot{\varphi}) = \frac{1}{2}\left(m\dot{r}^2 + mr^2\dot{\theta}^2 + mr^2\dot{\varphi}^2\sin^2\theta\right) - V(r)$$

$$p_r = \frac{\partial L}{\partial \dot{r}} = m\dot{r} \qquad p_\theta = \frac{\partial L}{\partial \dot{\theta}} = mr^2\dot{\theta} \qquad p_\varphi = \frac{\partial L}{\partial \dot{\varphi}} = mr^2\sin^2\theta\,\dot{\varphi}$$

Empezaremos escribiendo la función hamiltoniana o suma de la energía cinética y la energía potencial y a continuación plantearemos las ecuaciones de Hamilton para el sistema:

(4)
$$H(r,\theta,\varphi,\dot{r},\dot{\theta},\dot{\varphi}) = \frac{1}{2m}\left(p_r^2 + \frac{p_\theta^2}{r^2} + \frac{p_\varphi^2}{r^2\sin^2\theta}\right) + V(r)$$

Las ecuaciones canónicas de Hamilton nos dan:

$$\dot{p}_\varphi = -\frac{\partial H}{\partial \varphi} = 0 \quad \dot{p}_\theta = -\frac{\partial H}{\partial \theta} \quad \dot{p}_r = -\frac{\partial H}{\partial r} = -\frac{dV(r)}{dr} + \frac{1}{r^3}\left(p_\theta^2 + \frac{p_\varphi^2}{\sin^2\theta}\right)$$

De la primera ecuación de deducimos que p_φ es una constante del movimiento ya que su valor no cambia. Para poder integrar las otras ecauciones necesitamos buscar alguna integral del movimiento que nos simplifique el problema.

Integrales del movimiento

Trivialmente una constante del movimiento viene dada por el hamiltoniano, que en sí mismo es una integral del movimiento. En la sección anterior encontramos que otro de uno de los momentos conjugados era otra constante del movimiento. Sin embargo, ninguna de esas dos constantes nos resulta de gran ayuda para integrar las ecuaciones del movimiento. Sin embargo, puesto que un campo potencial con simetría esférica es un campo central, sabemos en el movimiento de una partícula no se sale del plano que contiene la velocidad inicial y el vector de posición y además el momento angular permanece constante, se puede ver que el momento angular puede expresarse en función de los momentos conjugados de las variables angulares como:

(5)
$$L^2 = 2m\left(p_\theta^2 + \frac{p_\varphi^2}{\sin^2\theta}\right) = 2m^2r^4\left(\dot{\theta}^2 + \dot{\varphi}^2\right)$$

Además se puede ver que las derivadas de esta función cumplen:

$$\frac{\partial H}{\partial p_\theta} = \frac{1}{2mr^2}\frac{\partial L^2}{\partial p_\theta} \qquad \frac{\partial H}{\partial \theta} = \frac{1}{2mr^2}\frac{\partial L^2}{\partial \theta}$$

Se puede comprobar fácilmente a partir éstas dos últimas relaciones y de las las **ecuaciones de Hamilton** que esta función es una integral de movimiento y que, por tanto, su valor permanece constante, sin más que derivar respecto al tiempo:

$$\frac{dL^2}{dt} = \frac{\partial L^2}{\partial p_\theta}\dot{p}_\theta + \frac{\partial L^2}{\partial p_\varphi}\dot{p}_\varphi + \frac{\partial L^2}{\partial \theta}\dot{\theta} - 2mr^2\left(\frac{\partial H}{\partial p_\theta}\dot{p}_\theta + 0 + \frac{\partial H}{\partial \theta}\dot{\theta}\right) - 2mr^2\left(\ddot{\theta}\dot{\theta} - \dot{p}_\theta\dot{\theta}\right) = 0$$

Trayectorias

Si introducimos en la ecuación del momento radial, momento conjugado de la coordenada radial, el cuadrado del momento angular, que como se ha visto permanece constante con el tiempo se tiene:

$$\dot{p}_r = -\frac{\partial H}{\partial r} = -\frac{dV(r)}{dr} - 2\frac{L^2}{r^3} \quad \Rightarrow \quad m\ddot{r} + \frac{dV(r)}{dr} + 2\frac{L^2}{r^3} = 0$$

Comparación del caso cuántico y clásico

Se puede ver que al igual que sucedía con la versión cuántica del problema el momento angular es una constante de movimiento, tanto en el caso clásico (5) como en el cuántico (2b). Esa circunstancia permite que el problema pueda reducirse a un problema unidimensional fácilmente resoluble; en la caso clásico la ecuacion que define el problema unidimensional es (6) mientras que el caso cuántico es (3).

Ver también

- Átomo hidrogenoide
- Pozo cuántico
- Partícula en una caja

Obtenido de «http://es.wikipedia.org/wiki/Part%C3%ADcula_en_un_potencial_de_simetr%C3%ADa_esf%C3%A9rica»

Partícula en una caja

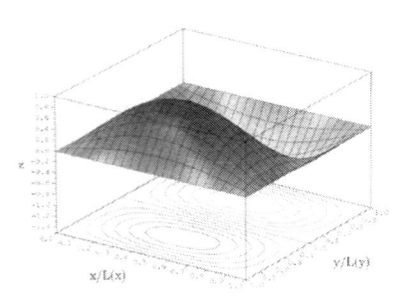

Función de onda para una partícula encerrada una caja bidimensional, las líneas de nivel sobre el plano inferior están relacionadas con la probabilidad de presencia.

En física, la **partícula en una caja** (también conocida como **pozo de potencial infinito**) es un problema muy simple que consiste de una sola partícula que rebota dentro de una caja inmóvil de la cual no puede escapar, y donde no pierde energía al colisionar contra sus paredes. En mecánica clásica, la solución al problema es trivial: la partícula se mueve en una línea recta a una velocidad constante hasta que rebota en una de las paredes. Al rebotar, la velocidad cambia de sentido cambiando de signo la componente paralela a la dirección perpendicular a la pared y manteniéndose la velocidad paralela a la pared, sin embargo, no hay cambio en el módulo de la misma velocidad.

Descripción cuántica del problema

El problema se vuelve muy interesante cuando se intenta resolver dentro de la mecánica cuántica, ya que es necesario introducir muchos de los conceptos importantes de esta disciplina para encontrar una solución. Sin embargo, aun así es un problema simple con una solución definida. Este artículo se concentra en la solución dentro de la mecánica cuántica.

El problema puede plantearse en cualquier número de dimensiones, pero el más simple es el problema unidimensional, mientras que el más útil es el que se centra en una caja tridimensional. En una dimensión, se representa por una partícula que existe en un segmento de una línea, siendo las paredes los puntos finales del segmento.

En términos de la física, la partícula en una caja se define como una partícula puntual, encerrada en una caja donde no experimenta ningún tipo de fuerza (es decir, su energía potencial es constante, aunque sin pérdida de generalidad podemos considerar que vale cero). En las paredes de la caja, el potencial aumenta hasta un valor infinito, haciéndola impenetrable. Usando esta descripción en terminos de potenciales nos permite usar la ecuación de Schrödinger para determinar una solución.

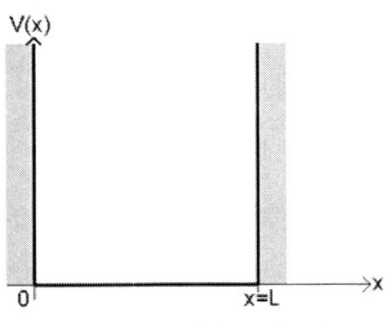

Esquema del potencial para la caja unidimensional.

Como se menciona más arriba, si estuviéramos estudiando el problema bajo las reglas de la mecánica clásica, deberíamos aplicar las leyes del movimiento de Newton a las condiciones iniciales, y el resultado sería razonable e intuitivo. En mecánica cuántica, cuando se aplica la ecuación de Schrödinger, los resultados no son intuitivos. En primer lugar, la partícula sólo puede tener ciertos niveles de energía específicos, y el nivel cero no es uno de ellos. En segundo lugar, las probabilidades de detectar la partícula dentro de la caja en cada nivel específico de energía no son uniformes - existen varias posiciones dentro de la caja donde la partícula puede ser encontrada, pero también hay posiciones donde es imposible hacerlo. Ambos resultados difieren de la manera usual en la que percibimos al mundo, incluso si están fundamentados por principios extensivamente verificados a través de experimentos.

Caja monodimensional

La versión más sencilla se da en la situación idealizada de una "caja monodimensional", en la que la partícula de masa m puede ocupar cualquier posición en el intervalo $[0,L]$. Para encontrar los posibles estados estacionarios es necesario plantear la ecuación de Schrödinger independiente del tiempo en una dimensión para el problema. Considerando que el potencial es cero dentro de la caja e infinito fuera, la ecuación de Schrödinger dentro de la caja es:

(1)
$$-\frac{\hbar^2}{2m}\frac{d^2\psi(x)}{dx^2} = E\psi(x) \quad \text{con} \quad 0 < x < L$$

con las siguientes condiciones de contorno, consecuencia que la función de onda se anula fuera de la caja

(1a) $$\begin{cases} \psi(0) = 0 \\ \psi(L) = 0 \end{cases}$$

y donde
$\hbar$ es la Constante reducida de Planck,
m es la masa de la partícula,
$\psi(x)$ es la función de onda estacionaria independiente del tiempo que queremos obtener (autofunciones) y
E es la energía de la partícula (autovalor).

Las autofunciones y autovalores de una partícula de masa m en una caja monodimensional de longitud L son:

(1b)
$$\psi_n(x) = \sqrt{\frac{2}{L}}\sin\left(\frac{n\pi x}{L}\right), \quad E_n = \frac{\hbar^2\pi^2}{2mL^2}n^2 = \frac{h^2}{8mL^2}n^2, \quad \text{con } n = 1,2,3,\ldots$$

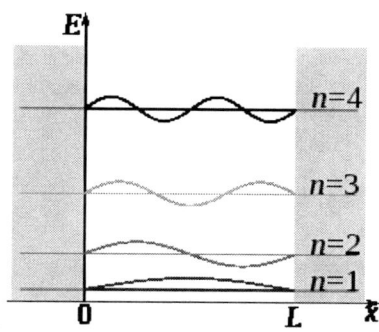

Niveles de energía (líneas discontínuas) y funciones de onda (líneas contínuas) de la partícula en una caja monodimensional.

Nótese que sólo son posibles los niveles de energía "cuantizados". Además, como n no puede ser cero (ver más adelante), el menor valor de la energía tampoco puede serlo. Esta energía mínima se llama energía del punto cero y se justifica en términos del principio de incertidumbre. Debido a que la partícula se encuentra restringida a moverse en una región finita, la varianza de la posición tiene un límite superior (la longitud de la caja, L). Así, de acuerdo con el principio de incertidumbre, la varianza del momento de la partícula no puede ser cero y, por tanto, la partícula debe tener una cierta cantidad de energía que aumenta cuando la longitud de la caja L disminuye.

Deducción

A continuación ilustramos la deducción de los anteriores valores de la energía y forma de las funciones de onda por su valor didáctico. La ecuación de Schrödinger anterior es una ecuación diferencial lineal de segundo orden con coeficientes constantes, cuya solución general es:

$$\psi(x) = A\sin(kx) + B\cos(kx), \quad \text{donde } k^2 = \frac{2mE}{\hbar^2}$$

Donde, A y B son, en general, números complejos que deberán escogerse para cumplir las condiciones de contorno. Por otra parte el número k se conoce como número de onda y es un número real, al serlo E. Por otro, lado la solución particular del problema (1) se obtiene imponiendo las condiciones de contorno apropiadas, lo que permite obtener los valores de A y B. Si consideramos la primera de las condiciones de contorno, $\psi(0) = 0$, entonces $B = 0$ (debido a que $\sin(0) = 0$ y $\cos(0) = 1$). Por tanto, la función de onda debe de tener la forma:

$$\psi(x) = A\sin(kx)$$

y en $x = L$ se obtiene:

$$\psi(L) = A\sin(kL) = 0$$

La *solución trivial* es $A = 0$, que implica que $\psi = 0$ en cualquier lugar (es decir, la partícula no está en la caja). Si $A \neq 0$ entonces $\sin(kL) = 0$ si y sólo si:

$$k = \frac{n\pi}{L} \quad \text{donde} \quad n \in \mathbb{Z}^+$$

El valor $n = 0$ se elimina porque, en este caso, $\psi = 0$ en cualquier lugar, lo que corresponde con el caso en el que la partícula no está en la caja. Los valores negativos también se omiten, debido a que la función de onda esta definida salvo una fase consecuencia de que la densidad de probabilidad, representada por el cuadrado de la función de onda $\psi\psi$, es independiente del valor de dicha fase. En este caso, los valores negativos de n suponen un mero cambio de signo de $\sin(nx)$ y, por tanto, no representan nuevos estados.

El siguiente paso es obtener la constante A para lo cual tenemos que normalizar la función de onda. Como sabemos que la partícula se encuentra en algún lugar del espacio, y como $|\psi(x)|^2$ representa la probabilidad de encontrar la partícula en un punto particular del espacio (densidad de probabilidad), la integral de la densidad de probabilidad en todo el espacio x debe de ser igual a 1:

$$1 = \int_{-\infty}^{\infty} |\psi(x)|^2 \, dx = |A|^2 \int_0^L \sin^2(kx)\,dx = |A|^2 \frac{L}{2} \Rightarrow |A| = \sqrt{\frac{2}{L}}$$

De aquí se deduce que A es cualquier número complejo con valor absoluto $\sqrt{(2/L)}$; todos los valores diferentes de A proporcionan el mismo estado físico, por lo que elegiremos por simplicidad el valor real

$$A = \sqrt{(2/L)}$$

Por último, sustituyendo estos resultados en la solución general obtenemos el conjunto completo de autofunciones y energías para el problema de la partícula en una caja monodimensional, resumido en (1b).

Caja tridimensional ortoédrica

En esta sección consideraremos que el volumen encerrado por la caja en la que se mueve la partícula es un ortoedro de lados L, L y L, la elección de esa forma simplifica el problema concreto ya que podemos usar fácilmente las coordenadas cartesianas para resolver el problema. Los estados estacionarios de este sistema físico consistente en una partícula material atrapada en una caja son aquellos que satisfacen la ecuación de Schrödinger con las siguientes condiciones:

(2)

$$\begin{cases} -\frac{\hbar^2}{2m}\Delta\psi(x,y,z) = E\psi(x,y,z) \\ \psi(0,y,z) = \psi(L_x,y,z) = 0 \quad \psi(x,0,z) = \psi(x,L_y,z) = 0 \\ \psi(x,y,0) = \psi(x,y,L_z) = 0 \end{cases}$$

La función de onda fuera de la caja es cero expresando el hecho de que la probabilidad de encontrar la partícula fuera de una caja de la que la partícula no puede escapar es cero. Las soluciones de la ecuación (2) pueden encontrarse por el método de separación de variables y son de la forma:

$$\psi(x,y,z) = \sqrt{\frac{8}{L_x L_y L_z}} \sin\left(\frac{n_x \pi x}{L_x}\right) \sin\left(\frac{n_y \pi y}{L_y}\right) \sin\left(\frac{n_z \pi z}{L_z}\right)$$

Donde n_x, n_y, n_z son números enteros, que llamaremos números cuánticos. Al igual que en el caso monodimensional, $n_x, n_y, n_z > 0$. Los valores posibles de la energía están cuantizados y vienen dados por:

$$E_{n_x,n_y,n_z} = \frac{h^2}{8m}\left(\frac{n_x^2}{L_x^2} + \frac{n_y^2}{L_y^2} + \frac{n_z^2}{L_z^2}\right)$$

Un caso interesante se produce cuando la caja tiene simetría. Por ejemplo, cuando dos o más lados son iguales, existen varias funciones de onda a las que les corresponde el mismo valor de la energía (se dice que los niveles de energía están degenerados). Por ejemplo, si $L = L$, entonces las funciones de onda con $n_x = 1, n_y = 2$ y $n_x = 2, n_y = 1$ están degeneradas en la energía. En este caso se dice que el nivel de energía está doblemente degenerado.

Cavidad esférica

La forma funcional de los estados estacionarios y los valores de la energía cambian si se cambia la forma de la caja. En esta sección consideraremos una cavidad esférica de radio R y resolveremos el mismo problema empleando coordenadas esféricas que facilitan muchísimo la resolución de la ecuación de Schrödinger del problema:

(3)
$$\begin{cases} -\dfrac{\hbar^2}{2m}\Delta\psi(r,\theta,\varphi) = E\psi(r,\theta,\varphi) \\ \psi(R,\theta,\varphi) = 0 \end{cases}$$

Usando las propiedades del operador laplaciano y la separación de variables para las coordenada radial y las coordenadas angulares, que las soluciones de la ecuación (3) pueden escribirse como el producto de una función de la coordenada radial por un armónico esférico del siguiente modo:
$$\psi(r,\theta,\varphi) = R_{nl}(r)Y_{lm}(\theta,\varphi)$$

Substituyendo esta forma funciona en la ecuación (3) se tiene que para que la función anterior sea solución debe cumplirse que la función radial satisfaga:
$$-\Delta R_{nl}(r) = -\left(\dfrac{d^2 R_{nl}(r)}{dr^2} + \dfrac{2}{r}\dfrac{dR_{nl}(r)}{dr} - \dfrac{l(l+1)}{r^2}R_{nl}(r)\right) = \dfrac{2mE}{\hbar^2}R_{nl}(r)$$

Las soluciones de la ecuación anterior, vienen dadas por las funciones de Bessel y son:
$$R_{nl}(r) = N_{nl}\dfrac{J_{l+\frac{1}{2}}(\epsilon_{nl}r)}{\sqrt{r}} \qquad \epsilon_{nl} = \sqrt{\dfrac{2mE_{nl}}{\hbar^2}}$$

Donde N es una constante de normalización y los posibles valores de la energía E son tales que hacen que la función de onda se anule sobre las paredes de la caja o cavidad esférica, es decir, cuando $r = R$ y pueden obtenerse a partir de los ceros de la $(l+1/2)$-ésima función de Bessel:
$$J_{l+\frac{1}{2}}\left(R\sqrt{\dfrac{2mE_{nl}}{\hbar^2}}\right) = 0$$

Las funciones de onda y las energías para $l=0$ vienen dados por:
$$\psi_{n,0} = \sqrt{\dfrac{\pi}{2R}}\dfrac{\sin\left(\frac{n\pi r}{R}\right)}{r}, \qquad E_{n,0} = \dfrac{\hbar^2}{8m}\dfrac{n^2}{R^2}$$

Para otros valores de l el resultado es más complejo. Por ejemplo para $l=1$ se tiene:
$$R_{n,1}(r) = \dfrac{N_{n,1}}{r^2}(\epsilon_{n,1}r\cos(\epsilon_{n,1}r) - \sin(\epsilon_{n,1}r)) \qquad \epsilon_{n,1} =$$

Obtenido de «http://es.wikipedia.org/wiki/Part%C3%ADcula_en_una_caja»

Partícula libre

En física, una **partícula libre** es una partícula que, en cierto sentido, no está enlazada. En física clásica esto significa que la partícula no está sometida a ninguna fuerza externa.

Partícula libre clásica

La partícula libre clásica se caracteriza simplemente porque su velocidad es constante. El momento lineal viene dado por
$$\mathbf{p} = m\mathbf{v}$$
y la energía por
$$E = \dfrac{1}{2}m\mathbf{v}^2 = \dfrac{\mathbf{p}^2}{2m}$$
donde m es la masa de la partícula y $\mathbf{v}$ el vector velocidad de la partícula.

Partícula libre cuántica no-relativista

La ecuación de Schrödinger dependiente del tiempo para una partícula libre es:
(1)
$$-\dfrac{\hbar^2}{2m}\nabla^2\Psi(\mathbf{r},t) = i\hbar\dfrac{\partial}{\partial t}\Psi(\mathbf{r},t)$$

Es fácil comprobar que para este sistema el operador Hamiltoniano conmuta con el operador momento y, por tanto, existe un conjunto completo de soluciones comunes. La solución correspondiente a valores definidos de la energía y del momento viene dada por una onda plana:
$$\Psi(\mathbf{r},t) = Ae^{i(\mathbf{k}\cdot\mathbf{r}-\omega t)}$$

y, por tanto, con la restricción
(2)
$$\hbar\omega = \dfrac{\hbar^2\mathbf{k}^2}{2m}, \quad \text{es decir,} \quad E = \dfrac{\mathbf{p}^2}{2m}$$

donde $\mathbf{r}$ es el vector posición, t es el tiempo, $\mathbf{k}$ es el vector de onda, ω es la frecuencia angular y A la amplitud. Una onda plana representa el estado de una partícula libre con una probabilidad uniforme en todo el espacio, debido a que la densidad de probabilidad toma un valor constante e independiente de la posición $\mathbf{r}$ y del tiempo t,
$$|\Psi(\mathbf{r},t)|^2 = \Psi^*\Psi = |A|^2$$

. Como la integral de $\Psi^*\Psi$ sobre todo el espacio debe de ser la unidad, hay un problema a la hora de normalizar esta autofunción del momento (una alternativa es considerar la normalización en función del flujo). Sin embargo, no será un problema para una partícula libre más general, ya que de alguna manera se encontrará localizada tanto en su posición como en su momento (véase partícula en una caja para una discusión más detallada).

Paquete de onda

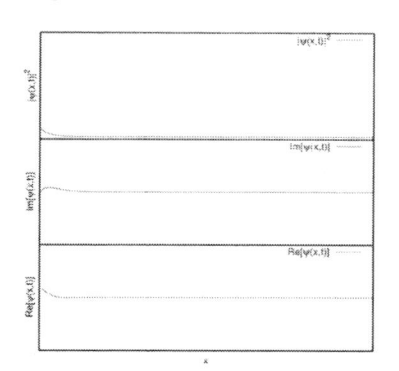

Representación de un paquete de ondas unidimensional: la parte real, parte imaginaria y la densidad de probabilidad de un paquete de ondas desplazándose hacia la derecha.

Una partícula libre más general no tiene un momento o una energía definida. En este caso, la función de onda de la partícula libre se representa como una superposición de ondas planas (que describen el estado de una partícula libre de momento definido), denominada paquete de ondas:

$$\Psi(\mathbf{r}, t) = \int A(\mathbf{k}) e^{i(\mathbf{k}\cdot\mathbf{r} - \omega(k)t)} d\mathbf{k}$$

donde la integral se define sobre todo el espacio $\mathbf{k}$, y donde ω depende de k según la ecuación (2). Nótese que esta función, al contrario que las ondas planas, es de cuadrado integrable y, por tanto, se puede normalizar.

La velocidad de grupo de la onda se define como

$$v_g = \frac{d\omega}{dk} = \frac{dE}{dp} = v$$

donde v es la velocidad clásica de la partícula. La velocidad de fase de la onda se define como

$$v_f = \frac{\omega}{k} = \frac{E}{p} = \frac{p}{2m} = \frac{v}{2}$$

Si suponemos por simplicidad que la variación de la amplitud $A(\mathbf{k})$ es simétrica respecto de su valor máximo $\mathbf{k}_0$, obtenemos que el valor esperado del momento **p** es

$$\langle \mathbf{p} \rangle = \langle \Psi | -i\hbar\nabla | \Psi \rangle = \hbar \mathbf{k}_0$$

mientras que el valor esperado de la energía E es

$$\langle E \rangle = \langle \Psi | i\hbar \frac{\partial}{\partial t} | \Psi \rangle = \hbar\omega(k_0)$$

Despejando $\mathbf{k}_0$ y ω y sustituyendo en la ecuación que las relaciona, obtenemos la relación ya conocida entre energía y momento para partículas no-relativistas con masa m

$$\langle E \rangle = \frac{\langle p \rangle^2}{2m}$$

donde p=|**p**|.

Densidad de corriente en mecánica cuántica

En mecánica cuántica, la **corriente de probabilidad** es un concepto que describe el flujo de densidad de probabilidad. Así, en mecánica cuántica no-relativista, se define como

$$\mathbf{j} = \frac{\hbar}{2mi}(\Psi^*\nabla\Psi - \Psi\nabla\Psi^*) = \frac{\hbar}{m}\text{Im}(\Psi^*\nabla\Psi) = \text{Re}(\Psi^*\frac{\hbar}{im}\nabla\Psi)$$

Para el caso de una partícula libre

$$\Psi(\mathbf{r}, t) = Ae^{i(\mathbf{k}\cdot\mathbf{r} - \omega t)}$$

, la corriente de probabilidad viene dada por

$$\mathbf{j} = |A|^2 \frac{\hbar\mathbf{k}}{m}$$

Partícula libre relativista

Hay varias ecuaciones que describen las partículas relativistas. Para una descripción de las soluciones para una partícula libre ver los artículos:

- La ecuación de Klein-Gordon describe partículas cuánticas relativistas sin carga ni espín
- La ecuación de Dirac describe el electrón relativista (cargado, espín 1/2)

Obtenido de «http://es.wikipedia.org/wiki/Part%C3%ADcula_libre»

Partículas idénticas

Las **partículas idénticas** son partículas que no pueden ser distinguidas entre sí, incluso en principio. Tanto las partículas elementales como partículas microscópicas compuestas (como protones o átomos) son idénticas a otras partículas de su misma especie.

En física clásica, es posible distinguir partículas individuales en un sistema, incluso si tienen las mismas propiedades mecánicas. O bien se puede etiquetar o "pintar" cada partícula para distinguirla de las demás, o bien se puede seguir con detalle sus trayectorias. Sin embargo, esto no es posible para partículas idénticas en mecánica cuántica. Las partículas cuánticas están especificadas exactamente por sus estados mecanocuánticos, de forma que no es posible asignarles propiedades físicas o etiquetas adicionales, más allá de un nivel formal. Seguir la trayectoria de cada partícula también es imposible, ya que su posición y su momento no están definidas con exactitud simultáneamente en ningún momento.

Esto tiene consecuencias importantes en mecánica estadística. Los cálculos en mecánica estadística se basan en argumentos probabilísticos, que son sensibles a si los objetos estudiados son idénticos o no. Así pues, las partículas idénticas exhiben un comportamiento estadístico "masivo" marcadamente distinto del de las partículas clásicas (distinguibles). Esto se desarrolla abajo.

Partículas idénticas y energía de intercambio

Es posible elucidar estas afirmaciones con algo de detalle técnico. La "identidad" de las partículas está ligada a la simetría de los estados mecanocuánticos tras el intercambio de las etiquetas de las partículas. Esto da lugar a dos tipos de partículas que se comportan de diferente forma, llamadas fermiones y bosones. (también hay un tercer tipo, anyones y su generalización, plektones). Lo que sigue se deriva del formalismo desarrollado en el artículo formulación matemática de la mecánica cuántica.

Si se considera un sistema con dos partículas idénticas, se puede suponer que el vector de estado de una partícula es |ψ>, y el vector de estado de la otra partícula es |ψ'>. Se puede representar el estado del sistema combinado, que es una combinación no especificada de los estados de una partícula, como:

$$|\psi\psi'\rangle.$$

Si las partículas son idénticas, entonces (i) sus vectores de estados ocupan espacios de Hilbert matemáticamente idénticos, y (ii) |ψψ'> y |ψ'ψ> han de tener la misma probabilidad de colapsar a cualquier otro estado multipartícula |φ>:

$$|\langle\phi|\psi\psi'\rangle|^2 = |\langle\phi|\psi'\psi\rangle|^2$$

Esta propiedad se llama **simetría de intercambio**. Una forma de satisfacer esta simetría es que la permutación sólo induzca una fase:

$$|\psi\psi'\rangle = e^{i\alpha}|\psi'\psi\rangle$$

Sin embargo, dos permutaciones han de conducir a la identidad (puesto que las etiquetas han vuelto a sus posiciones originales), luego se requiere que e = 1. Entonces, o bien

$$|\psi\psi'\rangle = +|\psi'\psi\rangle$$

que se llama un estado totalmente simétrico, o

$$|\psi\psi'\rangle = -|\psi'\psi\rangle$$

que se llama estado totalmente antisimétrico.

Fermiones, bosones, anyones y plektones

En la discusión precedente, no se ha demostrado que los estados totalmente simétricos o antisimétricos sean la única forma posible de satisfacer la simetría de intercambio. Sin embargo, es un hecho contrastado empíricamente que las partículas encontradas en la naturaleza tienen estados cuánticos que son totalmente simétricos o totalmente antisimétricos, con excepciones menores que se discuten más adelante. Por ejemplo, los fotones siempre forman estados totalmente simétricos, y los electrones siempre forman estados totalmente antisimétricos.

Las partículas que exhiben estados totalmente antisimétricos se llaman fermiones. La antisimetría total da lugar al principio de exclusión de Pauli, que prohíbe que fermiones idénticos estén en el mismo estado cuántico, esta es la razón de la tabla periódica, y de la estabilidad de la materia. El principio de exclusión de Pauli lleva a la estadística de Fermi-Dirac, que describe sistemas de muchos fermiones idénticos.

Las partículas que exhiben estados totalmente simétricos se llaman bosones. A diferencia de los fermiones, los bosones idénticos pueden compartir estados cuánticos. A causa de esto, los sistemas con muchos bosones idénticos se describen por la estadística de Bose-Einstein. Esto da lugar a fenómenos variados como el láser, el condensado de Bose-Einstein y la superfluidez.

Hay al menos una excepción a este esquema: en ciertos sistemas bidimensionales sujetos a un campo magnético intenso, puede haber una simetría "mixta". Estas partículas exóticas, conocidas como anyones, se rigen por la estadística fraccional. Este fenómeno se ha observado en gases de electrones bidimensionales que forman la capa de inversión en los MOSFETs.

Hay una estadística más, para los plektones.

El teorema de estadística de espín relaciona la simetría de intercambio de partículas idénticas con su espín. Afirma que los bosones tienen espín entero, y los fermiones tienen espín semientero. Los anyones tienen espín fraccionario.

Estadísticas

Más arriba, se ha comentado que los bosones, los fermiones y las partículas distinguibles dan lugar a estadísticas diferentes. Esto puede mostrarse con un modelo de dos partículas:

Se trata de un sistema de dos partículas, A y B, en el que cada partícula pueda estar en dos posibles estados, etiquetados |0> y |1>, de la misma energía. Si este sistema evoluciona en el tiempo, interaccionando con un entorno "ruidoso" (intercambiando energía de forma aleatoria), los estados se poblarán de forma aleatoria (ya que los estados |0> y |1> son energéticamente equivalentes). Al cabo de cierto tiempo, el sistema se distribuirá probabilísticamente en todos sus estados posibles.

Si A y B son partículas distinguibles, el sistema compuesto tiene cuatro estados posibles (y equiprobables): |0>|0>, |1>|1>, |0>|1>, y |1>|0>. La probabilidad de obtener las dos partículas en el estado |0> es 0,25; la probabilidad de obtener las dos en el estado |1> es 0,25; y la probabilidad de obtener una en el estado |0> y otra en el estado |1> es 0,5.

Si A y B son bosones idénticos, el sistema compuesto sólo tiene tres estados posibles: |0>|0>, |1>|1>, y 2(|0>|1> + |1>|0>). Cuando se realice la medida, la probabilidad de obtener dos partículas en el estado |0> será ahora 0,33; la de obtener las dos en el estado |1> será 0,33; y la de obtener una en cada estado será 0,33.

Si A y B son fermiones idénticos, sólo hay un estado disponible al sistema compuesto: el estado totalmente antisimétrico 2(|0>|1> - |1>|0>). Al hacer la medida, inevitablemente se encontrará que una partícula está en estado |0> y la otra en estado |1>.

Los resultados se resumen en la Tabla 1:

Como se puede ver, incluso un sistema de dos partículas exhibe diferente comportamiento estadístico entre bosones, fermiones y partículas distinguibles. En los artículos estadística de Fermi-Dirac y estadística de Bose-Einstein se extienden estos principios a un número mayor de partículas, con resultados cualitativamente similares.

Obtenido de «http://es.wikipedia.org/wiki/Part%C3%ADculas_id%C3%A9nticas»

Positronio

El **positronio** (Ps) es un sistema cuasiestable formado por un electrón y su antipartícula, el positrón, unidos formando un átomo exótico. La órbita de ambas partículas y los niveles energéticos son similares al del átomo de hidrógeno (formado por un protón y un electrón). Pero debido a la diferente masa reducida del sistema, las frecuencias asociadas a las líneas espectrales son menos de la mitad que en el hidrógeno.

Detalles

El positronio es inestable, con un periodo de semidesintegración de unos 10 segundos (100 nanosegundos). La aniquilación positrón-electrón en un átomo de positronio aislado da lugar generalmente a dos o tres fotones gamma, dependiendo del espín del átomo de positronio, con una energía total de 1022 keV. Si el positronio se desintegra en presencia de otra partícula, como un electrón, que adquiera parte del momento relativista, es posible la desintegración en un único fotón gamma. Experimentalmente se han observado hasta 5 fotones, confirmando las predicciones de la electrodinámica cuántica hasta un orden muy alto.

El positronio, como el hidrógeno, puede tener varias configuraciones: el nivel fundamental puede ser un estado singlete con espines antiparalelos (S = 0, M = 0), el **parapositronio**, con un símbolo S. Éste estado puede existir hasta 10 segundos, con una vida media de 125 picosegundos. La otra configuración posible, el estado triplete, con espines paralelos (S = 1 y M = −1, 0, 1) es conocida como **ortopositronio** (S), y puede existir hasta 10 s, con una vida media de 140 nanosegundos.

Niveles energéticos

Las semejanzas entre el positronio y el átomo de hidrógeno se extienden incluso hasta la ecuación que indica, de forma aproximada, los niveles energéticos. Los niveles energéticos de ambos sistemas son diferentes debido a las diferencias de m (masa reducida), usada en la ecuación de energía:

$$E_n = \frac{-m^* q_e^4}{8h^2 \epsilon_0^2} \frac{1}{n^2}$$

q es la carga elemental del electrón (la misma que el positrón).
h es la constante de Planck.
ϵ es la permitividad del vacío.
m es la masa reducida.
La masa reducida en este caso viene dada por:

$$m^* = \frac{m_e m_p}{m_e + m_p} = \frac{m_e^2}{2m_e} = \frac{m_e}{2}$$

donde
m y m son, respectivamente, las masas del electrón y del positrón, exactamente la misma.

Para el positronio, la masa reducida sólo se diferencia de la masa en reposo del electrón en un factor 2. Este hecho es la causa de que los niveles energéticos para el positronio sean aproximadamente la mitad que para el hidrógeno.

Así, los niveles energéticos del positronio vienen dados por:
El nivel energético inferior para el positronio ($n = 1$) es de −6.8 eV. El siguiente nivel energético ($n = 2$) es de −1.7 eV.

Historia

- En 1934 el científico croata Stjepan Mohorovičić predijo la existencia del positronio en un artículo publicado en Astronomische Nachrichten, en el cual llamaba a la sustancia "electrum", aunque otras fuentes señalan que Carl Anderson ya había predicho su existencia en 1932.
- Fue descubierto experimentalmente en 1951 por Martin Deutsch, del MIT.
- En 2005 Allen Mills y David Cassidy, de la Universidad de California (Riverside), establecieron la hipótesis de que moléculas de positronio (se podrían formar sobre la superficie del silicio.
- El 12 de septiembre de 2007, Allen Mills y David Cassidy, de la Universidad de California (Riverside) comunican que utilizando una película de silicio han logrado atrapar suficientes positrones para crear simultáneamente una cantidad grande de átomos de positronio para que se combinen y formen dipositronio, o moléculas de dos positronios. Cassidy y Mills indican que es posible combinar millones de átomos de positrones para crear un condensado de Bose-Einstein que al desintegrarse formen un laser de aniquilación de rayos gama de alta energía, alrededor de un millón de veces superior a la de los láseres actuales.

Obtenido de «http://es.wikipedia.org/wiki/Positronio»

Postulados de la mecánica cuántica

La **formulación matemática** rigurosa de la mecánica cuántica fue desarrollada por Paul Adrien Maurice Dirac y John von Neumann. Dicha formulación canónica se basa en un conjunto de media docena de postulados (dependiendo de la formulaciones). Este artículo presenta una enumeración más o menos canónica de dichos postulados fundamentales en que se resume dicha formulación.

Postulado I

Todo estado cuántico está representado por un vector normalizado, llamado en algunos casos "vector de estado" perteneciente a un espacio de Hilbert complejo y separable $\mathcal{H}$ (espacios compactos con estructura vectorial y de funciones acotadas). Fijada una base del espacio de Hilbert unitaria $\{|u_n\rangle\}_{n=1}^N$ tal que,

$$\left\{|u_n\rangle \in \mathcal{H} \quad ; \quad \langle u_n, u_m\rangle = \delta_{nm} \quad ; \quad \forall \psi \in \mathcal{H} \to v = \sum_{i=1}^N c_i u_i\right\}$$

se puede **rep**resentar el estado de las siguientes formas vectoriales:
- Forma **ket**:

176 - Postulados de la mecánica cuántica

$$\text{rep}_{\vec{u}}(|\psi\rangle) = \begin{pmatrix} c_1 \\ c_2 \\ \vdots \end{pmatrix} = \begin{pmatrix} \langle u_1|\psi\rangle \\ \langle u_2|\psi\rangle \\ \vdots \end{pmatrix}$$

- Forma **bra**:
$\text{rep}_{\vec{u}}(\langle \psi |) = (c_1^* \; c_2^* \; \cdots) = (\langle \psi|u_1\rangle \; \langle \psi|u_2\rangle \; \cdots)$,
donde la "*" significa complejo conjugado. El espacio de *kets* y *bras* forman espacios vectoriales duales uno de otro. Puesto que todo espacio de Hilbert es reflexivo ambos espacios son isomorfos y por tanto constituyen descripciones esencialmente semejantes.

El estado físico de un sistema cuántico sólo adquiere forma matemática concreta cuando se escoge una base en la cual representarlo. Más aún, el estado cuántico no debe ser identificado con una forma matemática concreta, sino con una clase de equivalencia de formas matemáticas que representan el mismo estado físico. Por ejemplo, todos los *kets* de la forma $e^{i\theta}|\psi\rangle$ para todo θ, aún siendo vectores diferentes del espacio de Hilbert representan el mismo estado cuántico.

El *ket* **normalizado** debe cumplir: $\||\psi\rangle\|^2 = \langle\psi|\psi\rangle = 1$. La elección del ket normalizado que representa al estado no es única ya que $|\psi\rangle$ y $e^{i\theta}|\psi\rangle$ representan el mismo estado ya que la medida de cualquier magnitud en ellos es idéntica. Las funciones de onda son una de las representaciones posibles de los estados sobre el espacio $L(\mathbb{R})$, cuya definición rigurosa requiere el uso de espacios de Hilbert equipados.

Postulado II

Los observables de un sistema están representados por operadores lineales hermíticos (autoadjuntos). El conjunto de autovalores (valores propios) del observable $\mathcal{O}$ recibe el nombre de **espectro** y sus autovectores (vectores propios), exactos o aproximados, definen una base en el espacio de Hilbert.

En la misma base unitaria $\{|u_n\rangle\}_{n=1}^N$, los representantes de un observable $\mathcal{O}$ se definen como:

$$\text{rep}_{\vec{u}}\mathcal{O} = \begin{bmatrix} o_{11} & \cdots & o_{1n} \\ \vdots & o_{ij} & \vdots \\ o_{n1} & \cdots & o_{nn} \end{bmatrix} = \begin{bmatrix} <u_1|\mathcal{O}|u_1> & \cdots & <u_1|\mathcal{O}|u_n> \\ \vdots & <u_i|\mathcal{O}|u_j> & \vdots \\ <u_n|\mathcal{O}|u_1> & \cdots & <u_n|\mathcal{O}|u_n> \end{bmatrix}$$

En dimensión finita, los autovalores λ se encuentran diagonalizando el representante del operador: igualando a cero el siguiente determinante: $|\mathcal{O} - \lambda\mathbb{I}| = 0$ y los autovectores resolviendo el siguiente sistema de n ecuaciones:
$$\mathcal{O}o_i = \lambda_i o_i \quad \forall i = 1, 2, \ldots, n$$

En la práctica, el espacio de Hilbert de la mayoría de sistemas reales es de dimensión infinita y el cálculo de autovalores y autovectores es un problema matemático un poco más complicado que el que debe hacerse en dimensión finita.

Postulado III

Cuando un sistema está en el estado $|\psi\rangle$, la medida de un observable A dará como resultado el valor propio a, con una probabilidad $P_{A|\psi\rangle} = |\langle a|\psi\rangle|^2$, donde $|a\rangle$ es el vector propio asociado al autovalor a (en notación del espacio de Hilbert esto se expresa como $A|a\rangle = a|a\rangle$).

Como consecuencia de este postulado el valor esperado será:
$$\langle A\rangle_{|\psi\rangle} = \sum_i \lambda_i|\langle a_i|\psi\rangle|^2 = \langle\psi|A|\psi\rangle$$

Llamaremos dispersión o **incertidumbre** a la raíz cuadrada de la varianza. Ésta se calcula así:
$$\Delta_{|\psi\rangle}A = \sqrt{\langle\psi|A^2|\psi\rangle - \langle\psi|A|\psi\rangle^2}$$

Principio de incertidumbre

El producto de las dispersiones de dos observables sobre el mismo estado está acotado.
$$\Delta A \Delta B \geq \frac{1}{2}\langle\psi|[A,B]|\psi\rangle$$

Para el caso de los observables típicos de posición (**X**) y momento (**P**) tenemos:
$$\Delta X \Delta P_x \geq \frac{\hbar}{2}$$

Esto es porque las variables X y P son **canónicas conjugadas**, es decir que el conmutador $[X, P_x] = i\hbar$.

Postulado IV

Para cualquier estado $|\psi\rangle$ sobre el cual se hace una medida de A que filtra al estado $|a_i\rangle$, pasa a encontrarse precisamente en ese estado $|a_i\rangle$, si no se ha destruido durante el proceso.

Éste es el postulado más conflictivo de la mecánica cuántica ya que supone el colapso instantáneo de nuestro conocimiento sobre el sistema al hacer una medida filtrante.

Postulado V

La evolución temporal de un sistema se rige por la ecuación de Schrödinger:
$$i\hbar\frac{\partial}{\partial t}|\psi(t)\rangle = \mathcal{H}|\psi(t)\rangle$$

Donde H es el operador de Hamilton o **hamiltoniano** del sistema, que corresponde a la energía del sistema.

Postulado VI

Los operadores de posición y momento satisfacen las siguientes reglas de conmutación:
$$[X_i, X_j] = 0 \quad [P_i, P_j] = 0 \quad [X_i, P_j] = i\hbar\delta_{ij}\mathbb{I}$$

Nomenclatura usada

$|\psi\rangle \longrightarrow$ Estado cuántico
$A \longrightarrow$ Observable
$\lambda_i \longrightarrow$ Autovalor
$a_i \longrightarrow$ Autovector
$\mathbb{I} \longrightarrow$ Matriz identidad
$\hbar \overset{\text{def}}{=} \frac{h}{2\pi} = 1.054\,571\,68(18) \times 10^{-34} \; J\cdot s$

Constante reducida de Planck (h-barra)
$[A, B] = AB - BA \longrightarrow$
Conmutador

Véase también

- Mecánica cuántica
- Espacio de Hilbert, Hamiltoniano (mecánica cuántica).
- Observable, Espectro de un operador.

Referencias
Obtenido de «http://es.wikipedia.org/wiki/Postulados_de_la_mec%C3%A1nica_cu%C3%A1ntica»

Principio de acción

En física, el **principio de acción** es una aserción sobre la naturaleza del movimiento o trayectoria de un objeto o más generalmente la evolución temporal de un sistema físico, sometido a acciones predeterminadas.

De acuerdo con este principio existe una función escalar definida por una integral invariante llamada integral de acción, tal que, sobre la "trayectoria" temporal del sistema, esta función toma valores extremos. Por ejemplo en mecánica clásica la trayectoria real que seguirá una partícula es precisamente aquella que rinde un valor estacionario de la acción. La acción es una magnitud física escalar, representable por un número, con dimensiones de *energía · tiempo*. El principio es una teoría simple, general, y de gran alcance para predecir el movimiento en todas las áreas de la física. Extensiones del **principio de acción** describen la mecánica relativista, la mecánica cuántica, el electromagnetismo.

El principio también se llama **principio de acción estacionaria** y principio de menor acción o principio de mínima acción (aunque esta forma es menos general y de hecho para ciertos sistemas es incorrecto hablar de mínima acción). Restringido a la mecánica clásica el principio admite una formulación particular conocida como principio de Hamilton.

Historia

El principio de menor acción primero fue formulado por Maupertuis en 1746 y después desarrollado (de 1748 en adelante) por los matemáticos Euler, Lagrange, y Hamilton. Maupertuis llegó a este principio por la sensación de que la misma perfección del universo exige cierta economía en la naturaleza y está opuesta a cualquier gasto innecesario de energía. Los movimientos naturales deben usar alguna cantidad al mínimo. Era solamente necesario encontrar esa cantidad, y esto procedió a hacer. Era el producto de la duración (tiempo) del movimiento dentro de un sistema por la "vis viva" (violencia o fuerza viva) o dos veces lo qué ahora llamamos la energía cinética del sistema. Euler (en "Reflexions sur quelques loix generales de la nature.", 1748) adopta el principio de la menor acción, llamando a la cantidad "effort". Su expresión corresponde a lo que ahora llamaríamos energía potencial, de modo que su declaración de menor acción en estática es equivalente al principio de que un sistema de cuerpos en reposo adoptará una configuración que reduzca al mínimo su energía potencial total.

Importancia en física moderna

El principio de acción surgió en el contexto de la mecánica clásica, como una generalización de las leyes de Newton. De hecho en sistemas inerciales el principio de mínima acción y las leyes de Newton son equivalentes. Sin embargo, la mayor facilidad para generalizar el principio de acción lo hace preferible en cierto tipo de aplicaciones complejas, lo cual hace que el principio ocupe un papel central en la física moderna. De hecho, este principio es una de las grandes generalizaciones en ciencia física. En particular, se lo aprecia completamente y se lo entiende mejor dentro de la mecánica cuántica o la teoría de campos. La formulación de Feynman de la mecánica cuántica se basa en un principio de acción estacionaria, usando integrales de trayectorias. Las ecuaciones de Maxwell puede ser derivadas como condiciones de una acción estacionaria.

Esquema de la curvatura del espacio-tiempo alrededor de una fuente de fuerza de gravedad.

Muchos problemas en física se pueden representar y solucionar en la forma de un principio de acción, tal como encontrar la manera más rápida de descender a la playa para alcanzar a una persona que se ahoga. El agua cayendo por los declives busca la pendiente más escarpada, la manera más rápida de llegar abajo, y agua que corre en una cuenca se distribuye de modo que su superficie sea tan baja como sea posible. La luz encuentra la trayectoria más rápida a través de un sistema óptico (el principio de Fermat de menor tiempo). La trayectoria de un cuerpo en un campo gravitacional (es decir, caída libre en el espacio-tiempo, una, así llamada, geodésica) se puede encontrar usando el principio de acción.

Las simetrías en una situación física se pueden tratar mejor con el principio de acción, junto con las ecuaciones de Euler-Lagrange que se derivan del principio de acción. Por ejemplo, el teorema de Emmy Noether que asignatura que toda simetría continua en una situación física corresponde a una ley de conservación. Esta conexión profunda, sin embargo, requiere asumir el principio de acción.

En mecánica clásica (no-relativista, no cuántica), la elección correcta de la acción puede ser derivada de las leyes de Newton del movimiento. Inversamente, el principio de acción prueba la ecuación de Newton del movimiento dada la elección correcta de la acción. Por tanto en mecánica clásica el **principio de acción** es equivalente a la ecuación de Newton del movimiento. El uso del principio de acción es a menudo más simple que el uso directo de la ecuación de Newton del movimiento. El principio de acción es una teoría escalar, con derivaciones y aplicaciones que emplean cálculo elemental..

El principio de acción en la mecánica clásica

Las leyes de Newton del movimiento se puede establecer de varias maneras alternativas. Una de ellas es el formalismo lagrangiano, también llamada mecánica lagrangiana. Que lo enunciaremos en coordenadas generalizadas, para así poder usar cartesinas, polares o esféricas, según requiera el sistema a tratar. Si denotamos la trayectoria de una partícula en función del tiempo t como $q(t)$, con una velocidad $\dot{q}(t)$, entonces el lagrangiano es una función dependiente de estas cantidades y posiblemente también explícitamente del tiempo:

$$L(q(t), \dot{q}(t), t)$$

la **integral de acción** S es la integral temporal del lagrangiano entre un punto de partida dado $q(t)$ en el tiempo t y un punto final dado $q(t)$ en el tiempo t

$$S = \int_{t_1}^{t_2} L(q(t), \dot{q}(t), t) dt$$

En mecánica lagrangiana, la trayectoria de un objeto es derivada encontrando la trayectoria para la cual la integral de acción S es estacionaria (un mínimo o un punto de ensilladura). La integral de acción es una funcional (una función dependiendo de una función, en este caso $q(t)$).

Para un sistema con fuerzas conservativas (fuerzas que se pueden describir en términos de un potencial, como la fuerza gravitacional y no como las fuerzas de fricción), la elección de un lagrangiano como la energía cinética menos la energía potencial da lugar a las leyes correctas de la mecánica de Newton (notar que la *suma* de la energía cinética y la potencial es la energía total del sistema).

Las ecuaciones de Euler-Lagrange para la integral de acción

Caso unidimensional

El punto estacionario de una integral a lo largo de una trayectoria es equivalente a un sistema de ecuaciones diferenciales, llamado las ecuaciones de Euler-Lagrange. Esto puede ser visto como sigue donde nos restringimos a un coordenada solamente. La extensión a más coordenadas es sencillo.

Suponga que tenemos una integral de acción S de un integrando L que depende de las coordenadas $x(t)$ y $\dot{x}(t)$, sus derivadas con respecto a t:

$$S = \int_{t_1}^{t_2} L(x, \dot{x}(t)) dt$$

considera una segunda curva $x(t)$ que comience y termine en los mismos puntos que la primera curva, y asume que la distancia entre las dos curvas es pequeña por todas partes: $\varepsilon(t) = x(t) - x(t)$ es pequeño. En el comienzo y en el punto final tenemos $\varepsilon(t) = \varepsilon(t) = 0$.

La diferencia entre los integrales a lo largo de la curva uno y a lo largo de la curva dos es:

$$\delta S = \int_{t_1}^{t_2} \{L(x+\varepsilon, \dot{x}+\dot{\varepsilon}) - L(x,\dot{x})\} dt = \int_{t_1}^{t_2} \left(\varepsilon \frac{\partial L}{\partial x} + \dot{\varepsilon}\frac{\partial L}{\partial \dot{x}}\right) dt$$

donde hemos utilizado la primera extensión de la orden de L en ε y $\dot{\varepsilon}$. Ahora utilice la integración parcial en el término pasado y utilice las condiciones $\varepsilon(t) = \varepsilon(t) = 0$ para encontrar:

$$\delta S = \int_{t_1}^{t_2} \left(\varepsilon \frac{\partial L}{\partial x} - \varepsilon \frac{d}{dt}\frac{\partial L}{\partial \dot{x}}\right) dt$$

S alcanza un punto estacionario (un extremo), es decir. $\delta S = 0$ para cada ε. Observe que éste es el único requisito: el extremo podía ser un mínimo, punto de ensilladura o igual formalmente a un máximo. $\delta S = 0$ para cada ε si y solamente si

$$\frac{\partial L}{\partial x^a} - \frac{d}{dt}\frac{\partial L}{\partial \dot{x}^a} = 0 \quad \text{ecuaciones de Euler-Lagrange}$$

donde hemos substituido $xa = 0,1,2,3$ por x, puesto que esto debe valer para cada coordenada. Este sistema de ecuaciones se llama las ecuaciones de Euler-Lagrange para el problema variacional. Una consecuencia simple importante de estas ecuaciones es que si L no contiene explícitamente la coordenada x, es decir,

si $\partial L/\partial x = 0$ entonces $\partial L/\partial \dot{x}$ es constante

Tal coordenada x se llama una coordenada cíclica de S, y $\partial L/\partial \dot{x}$ se llama el *momento conjugado*, que se conserva. Por ejemplo si L no depende del tiempo, la constante asociada del movimiento (el momento conjugado) se llama la energía. Si utilizamos coordenadas esféricas t, r, φ, θ y L no dependen de φ, el momento conjugado son el momento angular (conservado).

Ejemplo: La partícula libre en coordenadas polares

Ejemplos triviales ayudan a apreciar el uso del principio de acción *via* las ecuaciones Euler-Lagrange. Una partícula libre (masa m y velocidad v) en un espacio euclidiano se mueve en una línea recta. Usando las ecuaciones de Euler-Lagrange, esto puede ser demostrado en coordenadas polares como sigue. En ausencia de un potencial, el lagrangiano es simplemente igual a la energía cinética

$$mv^2/2 = \dot{x}^2/2 + \dot{y}^2/2$$

en (x,y) coordenadas ortonormales, donde el punto representa la diferenciación con respecto al parámetro de la curva (generalmente el tiempo t). En coordenadas polares (r, φ) la energía cinética y por lo tanto el lagrangiano se convierte en

$$L = \frac{1}{2}\left(\dot{r}^2 + r^2\dot{\varphi}^2\right)$$

los componentes radiales de φ de las ecuaciones Euler-Lagrange se convierten, respectivamente en

$$\frac{d}{dt}\left(\frac{\partial L}{\partial \dot{r}}\right) - \frac{\partial L}{\partial r} = 0 \quad \Rightarrow \quad \ddot{r} - r\dot{\varphi}^2 = 0$$

$$\frac{d}{dt}\left(\frac{\partial L}{\partial \dot{\varphi}}\right) - \frac{\partial L}{\partial \varphi} = 0 \quad \Rightarrow \quad \ddot{\varphi} + \frac{2}{r}\dot{r}\dot{\varphi} = 0$$

que la solución de estas dos ecuaciones se da

$$\begin{cases} r\cos\varphi = at+b \\ r\sin\varphi = ct+d \end{cases} \begin{cases} r = \sqrt{(at+b)^2 + (ct+d)^2} \\ \varphi = \arctan\left(\frac{ct+d}{at+b}\right) \end{cases}$$

para un sistema de las constantes a,b,c,d determinado por condiciones iniciales.

Así, de hecho, *la solución es una línea recta* dada en coordenadas polares.

Caso n-dimensional

En el caso n-dimensional la acción asociada a un campo físico ϕ_r^α el lagrangiano es una densidad sobre el espacio n-dimensional, y por tanto la acción es una integral sobre un dominio n-dimensional:

$$S[\phi_r^\alpha] \equiv \int_M \mathcal{L}_O\big((\phi_r^\alpha(x), \partial\phi_r^\alpha(x)), x\big) \, d^n x$$

Dadas ciertas condiciones de contorno sobre el borde de una región $V \subset M$, entonces las ecuaciones del movimiento vienen dadas por las **ecuaciones de Euler-Lagrange**:

$$\frac{\partial}{\partial x^\mu}\left(\frac{\partial \mathcal{L}_O}{\partial(\partial_\mu \phi_r^\alpha)}\right) - \frac{\partial \mathcal{L}_O}{\partial \phi_r^\alpha} = 0$$

Incidentalmente, el lado izquierdo es la derivada funcional de la acción con respecto a ϕ_r^α.

Observación sobre el formalismo

Los formalismos arriba son válidos en la mecánica clásica en un sentido muy restrictivo del término. Más generalmente, una acción es una funcional del espacio de configuración a los números reales y en general, no necesita ser necesariamente siquiera una integral porque las acciones no locales son posibles. El espacio de configuración no necesita ser necesariamente un espacio funcional porque podríamos tener cosas como geometría no conmutativa.

Obtenido de «http://es.wikipedia.org/wiki/Principio_de_acci%C3%B3n»

Principio de correspondencia

El **principio de correspondencia** fue primeramente invocado por Niels Bohr en 1923. Las leyes de la mecánica cuántica son altamente exitosas en describir objetos microscópicos tales como átomos y partículas elementales. Por otra parte, se sabe por experimentos que una variedad de sistemas macroscópicos (sólidos rígidos, condensadores eléctricos, etc.) pueden ser descritos con exactitud por teorías clásicas tales como la mecánica clásica y el electromagnetismo. Por el contrario, es razonable creer que las máximas leyes de la física deben de ser independientes del tamaño del objeto físico descrito. Esta fue la motivación para la creación del principio de correspondencia de Bohr, el cual establece que la física clásica debe de emerger como una aproximación a la física cuántica a medida que los sistemas aumentan de tamaño.

Las condiciones por las cuales la física cuántica y la física clásica concuerdan es lo que se denomina el principio de correspondencia, o el límite clásico. La prescripción que Bohr suministró para el límite clásico fue áspera: ocurre *cuando los números cuánticos describiendo el sistema son grandes*, queriendo decir que algunos números cuánticos son excitados a valores muy altos, o el sistema es descrito por un largo set de números cuánticos, o ambos.

El principio de correspondencia es la única herramienta que los físicos poseen para seleccionar teorías cuánticas correspondientes a la relatividad. Los principios de la mecánica cuántica son completamente abiertos - por ejemplo, estos establecen que los estados de un sistema físico ocupa un espacio de Hilbert, pero no aclara que tipo de espacio de Hilbert. El principio de correspondencia limita las opciones a esas que reproducen a la mecánica clásica en el límite de correspondencia. Por esta razón, Bohm ha discutido que la física clásica no emerge de la física cuántica del mismo modo en que la mecánica clásica emerge de la aproximación de la relatividad especial en velocidades pequeñas; pero la física clásica existe, independientemente de la teoría cuántica y no puede ser derivada de ella.

Obtenido de «http://es.wikipedia.org/wiki/Principio_de_correspondencia»

Principio de exclusión de Pauli

El **principio de exclusión de Pauli** fue un principio cuántico enunciado por Wolfgang Ernst Pauli en 1925. Establece que no puede haber dos fermiones con todos sus números cuánticos idénticos (esto es, en el mismo estado cuántico de partícula individual). Perdió la categoría de principio, pues deriva de supuestos más generales: de hecho, es una consecuencia del teorema de la estadística del spin.

El principio de exclusión de Pauli sólo se aplica a fermiones, esto es, partículas que forman estados cuánticos antisimétricos y que tienen espín semientero. Son fermiones, por ejemplo, los protones, los neutrones y los electrones, los tres tipos de partículas subatómicas que constituyen la materia ordinaria. El principio de exclusión de Pauli rige, así pues, muchas de las características distintivas de la materia. En cambio, partículas como el fotón y el (hipotético) gravitón no obedecen a este principio, ya que son bosones, esto es, forman estados cuánticos simétricos y tienen espín entero. Como consecuencia, una multitud de fotones puede estar en un mismo estado cuántico de partícula, como en los láseres.

"**Dos electrones en la corteza de un átomo no pueden tener al mismo tiempo los mismos números cuánticos**".

Es sencillo derivar el principio de Pauli, basándonos en el artículo de partículas idénticas. Los fermiones de la misma especie forman sistemas con estados totalmente antisimétricos, lo que para el caso de dos partículas significa que:

$$|\psi\psi'\rangle = -|\psi'\psi\rangle$$

(La permutación de una partícula por otra invierte el signo de la función que describe al sistema). Si las dos partículas ocupan el mismo estado cuántico |ψ>, el estado del sistema completo es |ψψ>. Entonces,

$|\psi\psi\rangle = -|\psi\psi\rangle = 0$ (ket nulo)

así que el estado no puede darse. Esto se puede generalizar al caso de más de dos partículas.

Obtenido de «http://es.wikipedia.org/wiki/Principio_de_exclusi%C3%B3n_de_Pauli»

Principio de localidad

Para otros usos, véase Localidad (desambiguación).

En física, el **principio de localidad** establece que dos objetos suficientemente alejados uno de otro no pueden interactuar, de manera que cada objeto sólo puede ser influido por su entorno inmediato.

En palabras de Albert Einstein sobre este principio,

la siguiente idea caracteriza la independencia relativa de objetos que están muy alejados uno de otro en el espacio (A y B): una influencia externa en A no puede influir directamente sobre B; esto es conocido como el *principio de acción local*, y es empleado una y otra vez en teoría de campos. Si suprimiéramos por completo este axioma, resultaría inviable la idea de la existencia de sistemas semicerrados, y no podríamos postular leyes que se pudieran comprobar experimentalmente en el sentido aceptado.

Albert Einstein (1948). «Quanten-Mechanik und Wirklichkeit». *Dialectica* **2**: pp. 320 - 324.

Obtenido de «http://es.wikipedia.org/wiki/Principio_de_localidad»

Problema de los muchos cuerpos

El **problema de los muchos cuerpos** es el nombre general para una vasta categoría de problemas físicos acerca de las propiedades de sistemas microscópicos compuestos por un gran número de partículas en interacción. «Microscópico» aquí quiere decir que ha de usarse la mecánica cuántica para obtener una descripción adecuada del sistema. Un «gran número» puede ser desde 3 hasta prácticamente infinito, como es el caso de un sistema homogéneo o de un sistema periódico como un cristal, aunque existen tratamientos específicos para los sistemas de tres y cuatro cuerpos, por lo que a veces se denominan **sistemas de pocos cuerpos**.

En estos sistemas cuánticos, las interacciones entre las partículas crean correlación o entrelazamiento cuántico. Como consecuencia, la función de ondas del sistema es un objeto complicado que contiene una gran cantidad de información, lo que en general imposibilita en la práctica los cálculos exactos o analíticos. Por tanto, la física teórica trata los problemas de muchos cuerpos con una serie de aproximaciones específicas para el problema en estudio, y es uno de los campos científicos más intensivos computacionalmente.

La ecuación de Schrödinger es uno de los llamados problemas de muchos cuerpos. En física del estado sólido, entre otros muchos métodos para abordar este problema es popular la teoría de perturbación diagramática basada en los diagramas de Feynman y las funciones de Green. En química cuántica se usa fundamentalmente la interacción de configuraciones.

Obtenido de «http://es.wikipedia.org/wiki/Problema_de_los_muchos_cuerpos»

Punto cuántico

Un **punto cuántico**, generalmente es una nanoestructura semiconductora que confina el movimiento, en las tres direcciones espaciales, de los electrones de la banda de conducción, los huecos de la banda de valencia, o excitones (pares de enlaces de electrones de conducción de banda y huecos de banda de valencia).

En el mundo macroscópico, los puntos cuánticos pueden tener el aspecto de una simple pastilla plana, o estar disueltos en un líquido. Nadie sospecharía que esa sustancia ha sido elaborada en el laboratorio partiendo de unos pocos átomos, con técnicas que manipulan la materia a escalas de nanómetros. A esas dimensiones el material se convierte en una matriz sobre la que han crecido estructuras, como pirámides o montañas, formadas por unos pocos cientos o miles de átomos. Esas estructuras son los puntos cuánticos.

El confinamiento se puede deber a los potenciales electrostáticos (generados por electrodos externos, doping, tensión, impurezas, etc.), a la presencia de una interfaz entre diferentes materiales semiconductores (ej. en sistemas de nanocristales de núcleo-coraza), a la presencia de la superficie del semiconductor (ej. nanocristal semiconductor), o a una combinación de éstos.

Un punto cuántico tiene un espectro discreto de energía cuantizada. Las funciones de onda correspondientes están espacialmente localizadas dentro del punto cuántico, pero se extienden sobre muchos períodos de la red cristalina. Un punto cuántico contiene un número reducido, y finito, de electrones de la banda de conducción (del orden de 1 a 100), huecos en la banda de valencia, o de excitones, es decir, un número finito de cargas eléctricas elementales.

Una de las propiedades más interesantes de los puntos cuánticos es que, al ser iluminados, reemiten luz en una longitud de onda muy específica y que depende del tamaño de este. Cuanto más pequeños sean los puntos, menor es la longitud de onda y más acusadas las propiedades cuánticas de la luz que emiten.

Hay una gran variedad de implementaciones de puntos cuánticos, partiendo de compuestos químicos y técnicas físicas muy diferentes.

Aplicaciones

- Optoelectrónica. Con los puntos cuánticos de materiales semiconductores, como arseniuro de indio y fosfuro de indio, se fabrican diodos láser emisores de luz más eficientes que los usados hoy en lectores de CD, de códigos de barras y demás. Así que se espera que acaben sustituyéndolos a corto o medio plazo.
- Biomedicina. En este caso, los puntos cuánticos no están embebidos en una matriz, sino que son cristales independientes, pero su fundamento y sus propiedades físicas son las mismas. Los puntos cuánticos emiten luz brillante y muy estable. Con ellos se obtienen imágenes de mucho contraste usando láseres menos potentes, y no existe el temor de que se apaguen. Además, la longitud de onda tan específica a la que brillan evita las superposiciones, y permite teñir a la vez muchas más estructuras que con los métodos de tinción tradicionales.
- Paneles solares experimentales. La tercera generación de células fotovoltaicas usa entre otras posibilidades las superficies con puntos cuánticos. El rendimiento es mayor que las células de primera y segunda generación y su fabricación es más barata. Los puntos cuánticos son de manufacturación barata, y pueden hacer su trabajo en combinación con materiales como conductores polímeros, que también son de producción barata. Un punto polímero cuántico funcionando podría colocar, eventualmente, a la electricidad solar en una posición económica igual a la electricidad del carbón. Si esto pudiera hacerse, sería revolucionario. Una célula comercial de punto cuántico solar está aún años de distancia, asumiendo que sea posible. Pero si lo es, ayudaría a superar el presente de combustibles fósiles.
- Nuevos sistemas de iluminación con un rendimiento más eficiente.

Obtenido de «http://es.wikipedia.org/wiki/Punto_cu%C3%A1ntico»

Regla de oro de Fermi

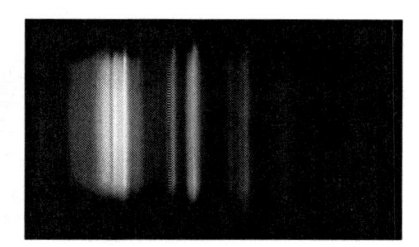

Gracias a la regla de oro de Fermi podemos comprender por qué unas líneas espectrales son más intensas que otras, entre otras cosas.

La **regla de oro de Fermi** es un método empleado en teoría de perturbaciones para calcular la tasa de transición (es decir, la probabilidad de que se produzca una transición dada por unidad de tiempo) entre un autoestado de la energía dado y un continuo de autoestados.

Dicho de otra manera, explica por qué unas líneas espectrales atómicas brillan con más intensidad que otras, en lugar de tener todas la misma intensidad (que es lo que, erróneamente, predice el modelo de Bohr).

Historia

La regla de oro de Fermi es un buen ejemplo de la ley de Stigler, dado que si bien recibe el nombre de Enrico Fermi, la mayor parte de la teoría fue desarrollada por Paul Dirac en 1927, quien llegó a una ecuación casi idéntica. La regla fue asociada a Fermi debido a que éste la conocía como *Regla de Oro Número 2*, debido a la utilidad de la misma.

Teoría

Supongamos un sistema cuyo hamiltoniano total es:

$H = H + H$

Donde H es la parte sin perturbar, que no depende del tiempo, mientras que H es la perturbación, que en general sí depende del tiempo (pero no necesariamente).

Queremos calcular la probabilidad por unidad de tiempo de que el sistema pase del autoestado inicial $|i\rangle$ al conjunto de estados finales $|f\rangle$.

- Si H no depende del tiempo, los únicos estados que el sistema puede alcanzar en el continuo serán aquellos que tengan la misma energía del estado inicial (consecuencia del hecho de que cuando el hamiltoniano total H es independiente del tiempo, la energía total ha de conservarse).
- Si H es una función sinusoidal dependiente del tiempo con frecuencia ω, la diferencia entre las energías de los estados inicial y final será $\hbar\omega$.

En ambos casos, la probabilidad de transición por unidad de tiempo desde el estado inicial al final es:

$$T_{i \to f} = \frac{2\pi}{\hbar} |\langle f|H_1|i\rangle|^2 \rho,$$

donde ρ es la densidad de estados finales (la cantidad de estados por unidad de energía), y $\langle f|H_1|i\rangle$ es, empleando la notación bra-ket, el elemento de matriz de la perturbación H entre los estados inicial y final.

En otros términos, lo que esta fórmula dice es que la probabilidad de la transición es proporcional al acoplo entre los estados inicial y final (el elemento de matriz) por el número de maneras

Relación de indeterminación de Heisenberg

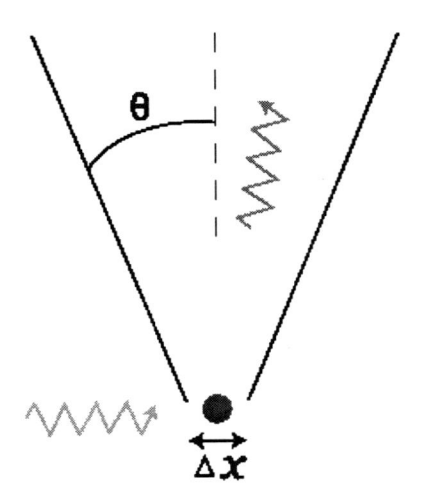

Gráfico del Principio de Indeterminación de Heisenberg.

En mecánica cuántica, la **relación de indeterminación de Heisenberg** o **principio de incertidumbre** establece el límite más allá del cual los conceptos de la física clásica no pueden ser empleados. Sucintamente, afirma que no se puede determinar, en términos de la física clásica, simultáneamente y con precisión arbitraria, ciertos pares de variables físicas, como son, por ejemplo, la posición y el momento lineal (cantidad de movimiento) de un objeto dado. En otras palabras, cuanta mayor certeza se busca en determinar la posición de una partícula, menos se conoce su cantidad de movimiento lineal y, por tanto, su velocidad. Esto implica que las partículas, en su movimiento, **no** tienen asociada una trayectoria definida como lo tienen en la física newtoniana. Este principio fue enunciado por Werner Heisenberg en 1927.

Explicación cualitativa del principio de incertidumbre

La explicación "divulgativa" tradicional del principio de incertidumbre afirma que las variables dinámicas como posición, momento angular, velocidad, momento lineal, etc, son definidas en Física de manera *operacional*, esto es, en términos relativos al procedimiento experimental por medio del cual son medidas: la posición se definirá con respecto a un sistema de referencia determinado, definiendo el instrumento de medida empleado y el modo en que tal instrumento se usa (por ejemplo, midiendo con una regla la distancia que hay de tal punto a la referencia).

Sin embargo, cuando se examinan los procedimientos experimentales por medio de los cuales podrían medirse tales variables en microfísica, resulta que la medida siempre acabará perturbando el propio sistema a medir. En efecto, si por ejemplo pensamos en lo que sería la medida de la posición y velocidad de un electrón, para realizar la medida (para poder "ver" de algún modo el electrón) es necesario que un fotón de luz choque con el electrón, con lo cual está modificando su posición y velocidad; es decir, por el mismo hecho de realizar la medida, el experimentador modifica los datos de algún modo, introduciendo un error que es imposible de reducir a cero, por muy perfectos que sean nuestros instrumentos.

Esta descripción cualitativa del principio, sin ser totalmente incorrecta, es engañosa en tanto que omite el principal aspecto del principio de incertidumbre: el principio de incertidumbre establece el límite más allá del cuál los conceptos de la física clásica no pueden ser empleados. La física clásica concibe sistemas físicos descritos por medio de variables perfectamente definidas en el tiempo (velocidad, posición,...) y que en principio pueden conocerse con la precisión que se desee. Aunque en la práctica resultara imposible determinar la posición de una partícula con un precisión infinitesimal, la física clásica concibe tal precisión como alcanzable: es posible y perfectamente concebible afirmar que tal o cual partícula, en el instante de tiempo exacto 2s, estaba en la posición exacta 1,57m. En cambio, el principio de incertidumbre, al afirmar que existe un límite fundamental a la precisión de la medida, en realidad está indicando que si un sistema físico real se describe en términos de la física clásica, entonces se está haciendo una aproximación, y la relación de incertidumbre nos indica la calidad de esa aproximación.

Por motivos culturales y educativos, las personas se suelen enfrentar al principio de incertidumbre por primera vez estando condicionadas por el determinismo de la física clásica. En ella, la posición x de una partícula puede ser definida como una función continua en el tiempo, $x=x(t)$. Si la masa de esa partícula es m y se mueve a velocidades suficientemente inferiores a la de la luz, entonces el momento lineal de la partícula se define como masa por velocidad, siendo la velocidad la primera derivada en el tiempo de la posición: $p = m\, dx/dt$.

Dicho esto, atendiendo a la explicación habitual del principio de incertidumbre, podría resultar tentador creer que la relación de incertidumbre simplemente establece una limitación sobre nuestra capacidad de medida que nos impide conocer con precisión arbitraria la posición inicial $x(0)$ y el momento lineal inicial $p(0)$. Ocurre que si pudiéramos conocer $x(0)$ y $p(0)$, entonces la física clásica nos ofrecería la posición y la velocidad de la partícula en cualquier otro instante; la solución general de las ecuaciones de movimiento dependerá invariablemente de $x(0)$ y $p(0)$. Esto es, resolver las ecuaciones del movimiento lleva a una familia o conjunto de trayectorias dependientes de $x(0)$ y $p(0)$; según que valor tomen $x(0)$ y $p(0)$, se tendrá una trayectoria dentro de esa familia u otra, pero la propia resolución de las ecuaciones limita el número de trayectorias a un conjunto determinado

Referencias

Obtenido de «http://es.wikipedia.org/wiki/Regla_de_oro_de_Fermi»

de ellas. Según se ha razonado, de acuerdo con el principio de incertidumbre $x(0)$ y $p(0)$ no se pueden conocer exactamente, así que tampoco podrán conocerse $x(t)$ y $p(t)$ en cualquier otro instante con una precisión arbitraria, y la trayectoria que seguirá la partícula no podrá conocerse de manera absolutamente exacta. Este razonamiento es, sin embargo, incorrecto, pues en él subyace la idea de que, pese a que $x(0)$ y $p(0)$ no se pueden conocer exactamente, es posible continuar usando la descripción clásica en virtud de la cual una partícula seguirá una trayectoria definida por la solución general de las ecuaciones de movimiento, introduciendo la noción añadida de que las condiciones iniciales $x(0)$ y $p(0)$ no pueden conocerse al detalle: esto es, no podemos conocer exactamente qué trayectoria va a seguir la partícula, pero estaremos aceptando que, de facto, va a seguir una.

Esta forma de proceder es, sin embargo, totalmente incorrecta: el principio de incertidumbre conlleva un desvío completo de las concepciones clásicas, haciendo que la noción clásica de trayectoria debe ser desechada: preguntar cuáles son simultáneamente los valores de $x(t)$ y $p(t)$ es un absurdo. Así dicho, podría resultar paradójico que primero se establezca una relación de incertidumbre en términos de posición x y momento lineal p, para luego afirmar que x y p, que aparecen en dicha relación, no tienen sentido: si no tienen sentido, ¿qué sentido puede tener una relación que las emplee? Ocurre que, en física cuántica, es posible introducir una serie de entidades matemáticas x y p que se correspondan en muchos aspectos con la posición y el momento clásicos. Dichas entidades no son, no obstante, exactamente iguales a la posición y el momento clásicos: el principio de incertidumbre sencillamente indica que si interpretamos esas entidades como posición y momento lineal -y por tanto interpretamos el movimiento de una forma clásica-, entonces existe un límite fundamental en la precisión con que dichas variables pueden ser conocidas; esto es, si intentamos introducir variables clásicas e intentamos interpretar el movimiento de forma clásica, la precisión con que estas variables pueden ser especificadas está limitada.

Consecuencias de la relación de indeterminación

Este principio supone un cambio básico en la naturaleza de la física, ya que se pasa de un conocimiento absolutamente preciso en teoría (aunque no en el conocimiento basado sólo en probabilidades). Aunque debido a la pequeñez de la constante de Planck, en el mundo macroscópico la indeterminación cuántica es casi siempre completamente despreciable, y los resultados de las teorías físicas deterministas, como la teoría de la relatividad de Einstein, siguen teniendo validez en todos casos prácticos de interés.

Las partículas, en mecánica cuántica, no siguen trayectorias definidas. No es posible conocer exactamente el valor de todas las magnitudes físicas que describen el estado de movimiento de la partícula en ningún momento, sino sólo una distribución estadística. Por lo tanto no es posible asignar una trayectoria a una partícula. Sí se puede decir que hay una determinada probabilidad de que la partícula se encuentre en una determinada región del espacio en un momento determinado.

Comúnmente se considera que el carácter probabilístico de la mecánica cuántica invalida el determinismo científico. Sin embargo, existen varias Interpretaciones de la Mecánica cuántica y no todas llegan a esta conclusión. Según puntualiza Stephen Hawking, la mecánica cuántica es determinista en sí misma, y es posible que la aparente indeterminación se deba a que realmente no existen posiciones y velocidades de partículas, sino sólo ondas. Los físicos cuánticos intentarían entonces ajustar las ondas a nuestras ideas preconcebidas de posiciones y velocidades. La inadecuación de estos conceptos sería la causa de la aparente impredecibilidad.

Enunciado matemático

Si se preparan varias copias idénticas de un sistema en un estado determinado, como puede ser un átomo, las medidas de la posición y de la cantidad de movimiento variarán de acuerdo con una cierta distribución de probabilidad característica del estado cuántico del sistema. Las medidas del objeto observable sufrirán desviación estándar Δx de la posición y el momento Δp. Verifican entonces el principio de indeterminación que se expresa matemáticamente como:

$$\Delta x \cdot \Delta p \geq \frac{\hbar}{2}$$

donde la h es la constante de Planck (para simplificar, $\frac{h}{2\pi}$ suele escribirse como $\hbar$)

El valor conocido de la constante de Planck es:
$h = 6.626\,0693(11) \times 10^{-34}\,J \cdot s = 4,135\,667\,43(35) \times 10^{-15}\,eV \cdot s$

En la física de sistemas clásicos esta indeterminación de la posición-momento no se manifiesta puesto que se aplica a estados cuánticos del átomo y h es extremadamente pequeño. Una de las formas alternativas del principio de indeterminación más conocida es la indeterminación tiempo-energía que puede escribirse como:

$$\Delta E \cdot \Delta t \geq \frac{\hbar}{2}$$

Esta forma es la que se utiliza en mecánica cuántica para explorar las consecuencias de la formación de partículas virtuales, utilizadas para estudiar los estados intermedios de una interacción. Esta forma del principio de indeterminación es también la utilizada para estudiar el concepto de energía del vacío.

Expresión general de la relación de indeterminación

Además de las dos formas anteriores existen otras desigualdades como la que afecta a las componentes J del momento angular total de un sistema:

$$\Delta J_i \Delta J_j \geq \frac{\hbar}{2}|\langle J_k \rangle|$$

Donde i, j, k son distintos y J denota la componente del momento angular a lo largo del eje x.

Más generalmente si en un sistema

cuántico existen dos magnitudes físicas a y b representadas por los operadores u observables denotados como $\hat{A}, \hat{B}$, en general no será posible preparar una colección de sistemas todos ellos en el estado Ψ, donde las desviaciones estándar de las medidas de a y b no satisfagan la condición:

$$\Delta_\Psi \hat{A} \cdot \Delta_\Psi \hat{B} \geq \frac{1}{2}\left|\langle\Psi|[\hat{A},\hat{B}]\Psi\rangle\right|$$

Demostración

Para probar el principio de indeterminación de Heisenberg supongamos dos observables A y B cualesquiera y supongamos un estado $|\psi\rangle$ tal que $\{|\psi\rangle, A|\psi\rangle, B|\psi\rangle\} \subset D(A) \cap D(B)$. En esa situación puede demostrarse que:
(1)
$$\Delta_\psi A \cdot \Delta_\psi B \geq \frac{1}{2}|\langle\psi|[A,B]\psi\rangle|$$

Donde:
$$\Delta_\psi A = \sqrt{\langle A^2\rangle_\psi - \langle A\rangle_\psi^2}$$

, la "incertidumbre" medida como desviación estándar del valor de una medida sobre el estado $|\psi\rangle$.
$[A,B] = AB - BA$, el conmutador de ambos observables.
Definiendo a partir de A y B, los operadores autoadjuntos:
$\bar{A} = A - \langle A\rangle_\psi, \qquad \bar{B} = B - \langle B\rangle_\psi$
Se puede construir la función real:
$y(\lambda) = \langle\psi|(\bar{A}-i\lambda\bar{B})(\bar{A}+i\lambda\bar{B})|\psi\rangle = \|(\bar{A}+i\lambda\bar{B})\psi\|^2 \geq 0$
Y desarrollando el producto escalar anterior:
(2)
$y(\lambda) = \langle\psi|\bar{B}^2\psi\rangle\lambda^2 + \langle\psi|i[\bar{A},\bar{B}]\psi\rangle\lambda + \langle\psi|\bar{A}^2\psi\rangle$
Teniendo en cuenta que:
- $[\bar{A},\bar{B}] = [A,B]$
- $\Delta_\psi A^2 = (\langle\psi|A^2\psi\rangle - \langle\psi|A\psi\rangle^2) = \langle A^2\rangle_\psi - \langle A\rangle_\psi^2$
- $\Delta_\psi B^2 = (\langle\psi|B^2\psi\rangle - \langle\psi|B\psi\rangle^2) = \langle B^2\rangle_\psi - \langle B\rangle_\psi^2$

La ecuación (2) puede ser reescrita como:
(3)
$y(\lambda) = (\Delta_\psi B)^2\lambda^2 + \langle\psi|i[\bar{A},\bar{B}]\psi\rangle\lambda + (\Delta_\psi A)^2$
Como $i[A,B]$ es un operador hermítico los coeficientes de la función polinómica anterior son reales, y como la expresión anterior es real para todo valor de λ necesariamente el discriminante del polinomio asociado debe ser negativo:
(4)
$\langle\psi|i[A,B]|\psi\rangle^2 - 4(\Delta_\psi A)^2(\Delta_\psi B)^2 \leq 0$
Reordenando y obteniendo raíces cuadradas en la ecuación anterior se obtiene precisamente la ecuación (1). Si se particulariza la ecuación (1) tomando $A = P, B = X$:
$(\Delta_\psi X)(\Delta_\psi P) \geq \frac{1}{2}|\langle\psi|[X,P]|\psi\rangle| = \frac{1}{2}|\langle\psi|i\hbar|\psi\rangle| = \frac{\hbar}{2}$

Estimación de la energía de niveles fundamentales

Mediante el principio de incertidumbre es posible estimar la energía del punto cero de algunos sistemas. Para ello supondremos que en tales sistemas el punto cero cumple que la partícula estaría clasicamente en reposo (a nivel cuántico significa que el valor esperado del momento es nulo). Este método del cálculo de energías tan solo da una idea del orden de magnitud del estado fundamental, nunca siendo un método de cálculo del valor exacto (en algún sistema puede resultar que el valor obtenido sea el exacto pero ello no deja de ser más que una simple casualidad). La interpretación física del método es que debido al principio de incertidumbre, la localización de la partícula tiene un coste energético (el término de la energía cinética), de modo que cuanto más cerca del centro de fuerzas esté la partícula más energía tendrá el sistema debido a las fluctuaciones cuánticas, de modo que en el nivel fundamental el sistema minimizará su energía total.

Partícula en un potencial culombiano

A continuación se estimará la energía fundamental de un átomo monoelectrónico. Por el principio de indeterminación se tiene que:
$$\Delta r \cdot \Delta p \geq \frac{\hbar}{2}$$

Empleando como estimación que para el nivel fundamental se cumple:
$\Delta r \cdot \Delta p \approx \hbar \quad \Rightarrow \quad \Delta p \approx \frac{\hbar}{\Delta r}$
La energía total es la suma de cinética más potencial. Dado que el valor medio del momento radial es nulo, su valor cuadrático esperado será igual a su desviación y se aproximará el valor esperado del inverso del radio al inverso de su desviación.
$\langle E\rangle = \langle T\rangle + \langle V\rangle = \langle\frac{p^2}{2m_e}\rangle - \langle\frac{1}{4\pi\epsilon_0}\frac{Ze^2}{r}\rangle \approx \frac{\hbar^2}{2m_e(\Delta r)^2} - \frac{1}{4\pi\epsilon_0}\frac{Ze^2}{\Delta r}$
En el nivel fundamental la energía ha de ser mínima de modo que:
$\frac{dE}{d\Delta r} = 0 \quad \Rightarrow \quad \Delta r = \frac{\hbar^2 4\pi\epsilon_0}{m_e Z e^2} = a_0$
El valor obtenido es casualmente idéntico al radio de Bohr y sustituyendo en la estimación obtenida para la energía se obtiene:

$$E = -\frac{(Ze^2)^2 m_e}{2\hbar^2(4\pi\epsilon_0)^2} = E_0$$

Casualmente este es exactamente la energía del estado fundamental de un átomo hidrogenoide. El objetivo del método es la estimación del valor, si bien en este ejemplo particular obtenido es idéntico al calculado formalmente.

Oscilador armónico unidimensional

Empleando como estimación:
$\Delta x \cdot \Delta p \approx \hbar \quad \Rightarrow \quad \Delta p \approx \frac{\hbar}{\Delta x}$
Tomando que el valor medio de la posición y momento son nulos debido a la simetría del problema se tiene que la energía total es:
$\langle E\rangle = \langle T\rangle + \langle V\rangle \approx \frac{\hbar^2}{2m(\Delta x)^2} + \frac{1}{2}m\omega^2(\Delta x)^2$
Minimizando la energía:
$\frac{dE}{d\Delta x} = 0 \quad \Rightarrow \quad (\Delta x)^2 = \frac{\hbar}{m\omega}$
Sustituyendo el valor en la energía se obtiene:
$$E = \hbar\omega = 2E_0$$

Como se puede observar el valor obtenido es el doble del punto cero del oscilador armónico, de modo que aunque el valor obtenido no sea exacto el orden de magnitud sí es el correcto.

Partícula en un pozo

Sea una partícula que se encuentra confinada en un pozo infinito de anchura $2a$. Dado que las únicas posiciones posibles de la partícula se encuentran dentro del pozo se puede estimar que:
$\Delta x \cdot \Delta p \approx \hbar \quad \Delta x \approx a \quad \Rightarrow \quad \Delta p \approx \frac{\hbar}{a}$
La energía cinética será por tanto:

$$\langle E \rangle = \frac{\langle p^2 \rangle}{2m} \approx \frac{\hbar^2}{2ma^2} = \frac{4}{\pi^2}E_1$$

Como se observa el resultado obtenido difiere en un factor algo superior a 2 del valor real, pero de nuevo el orden de magnitud es el correcto. Este cálculo da una idea de las energías que hay que aportar para confinar una cierta párticula en una región, tal como puede ser un nucleón en el núcleo.

Obtenido de «http://es.wikipedia.org/wiki/Relaci%C3%B3n_de_indeterminaci%C3%B3n_de_Heisenberg»

Relatividad de escala

La **relatividad de escala** es una teoría física desarrollada inicialmente por Laurent Nottale, mientras trabajaba en el observatorio francés de Meudon, cerca de Paris. Extiende la relatividad especial y general con una nueva formulación de invariancia de escala que preserva una longitud de referencia, que postula ser la longitud de Planck.

Al exigir que esta longitud sea invariante bajo cambios de **estado de escala**, se hace necesario abandonar la hipótesis de diferenciabilidad del espaciotiempo. En su lugar se sugiere una estructura fractal. La transición entre mundo clásico/mundo cuántico es reemplazada por una transición fractal/no fractal, que produce como efecto destacado una divergencia en la longitud de los caminos cuánticos a pequeña escala.

Análogo galileano: definición de estado de escala

Mientras que en relatividad galileana el movimiento viene expresado por diferencias de velocidades:
$v = v - v = (v - v) - (v - v)$

En relatividad de escala se define en primer lugar la razón de escala:

$$\rho = \frac{x_2}{x_1} = \left(\frac{x_2}{x_0}\right) / \left(\frac{x_1}{x_0}\right)$$

Y su representación logarítmica
$$V = \ln\left(\frac{x_2}{x_1}\right)$$, llamada **estado de escala**, que puede ser escrito en la misma forma que las velocidades galileanas: $V = V - V$.

Principio fundamental

Las leyes de la naturaleza han de ser válidas en cualquier sistema coordenado, sea cual sea su estado de movimiento o de escala.

Consecuencias y predicciones

- Aparición de dos escalas invariantes bajo dilatación (la longitud de Planck y su contrapartida a gran escala, la longitud cosmológica).
- Localización de exoplanetas
- Explicación de algunas estructuras a gran escala observadas
- Relación entre la masa y la carga del electrón

Obtenido de «http://es.wikipedia.org/wiki/Relatividad_de_escala»

Reloj de lógica cuántica

El **reloj de lógica cuántica** es un tipo de reloj que confina juntos iones de aluminio y de berilio en una trampa electromagnética retardados por lásers a temperaturas cercanas al cero absoluto. Desarrollado por el físico Chin-wen Chou del Instituto Nacional de Estándares y Tecnología, el reloj es 100.000 veces más exacto que el estándar internacional existente. Tanto el reloj cuántico basado en aluminio como el basado en mercurio mantiene el tiempo por medio de la vibración del ión en una frecuencia óptica usando un láser UV, que es 100.000 veces más alta que las frecuencias de microondas usadas en el NIST-F1 y otros estándares de tiempo similares alrededor del mundo. Los relojes cuantum como éste pueden dividir el tiempo en unidades más pequeñas y pueden ser mucho más precisos que los estándares de microondas.

El reloj pierde un segundo cada 3.4 mil millones de años, comparado al reloj atómico de fuente de cesio NIST-F1 que pierde un segundo cada 100 millones de años, que es en el que está basado el estándar internacional actual. El equipo de Chou no puede medir realmente los impulsos por segundo del reloj porque la definición de un segundo está basada en el NIST-F1 que no puede medir a una máquina más precisa. "El reloj de aluminio es muy exacto porque es insensible a los campos magnéticos y eléctricos de fondo, y también a la temperatura".

En febrero de 2010, los físicos del NIST han construido una segunda versión mejorada del reloj de lógica cuántica usando un solo átomo de aluminio. Considerado el reloj más exacto del mundo, éste ofrece más de dos veces la precisión del original.

Obtenido de «http://es.wikipedia.org/wiki/Reloj_de_l%C3%B3gica_cu%C3%A1ntica»

Resonancia (química)

La **Resonancia** (denominado también **Mesomería**) en química es una herramienta empleada (predominantemente en química orgánica) para representar ciertos tipos de estructuras moleculares. La resonancia consiste en la combinación lineal de estructuras de una molécula (estructuras resonantes) que no coinciden con la estructura real, pero

186 - Resonancia (química)

que mediante su combinación, nos acerca más a su estructura real. El efecto es usado en una forma cualitativa, y describe las propiedades de atracción o liberación de electrones de los sustituyentes, basándose en **estructuras resonantes** relevantes, y es simbolizada por la letra **R** o **M** (a veces también por la letra **K**). El efecto resonante o mesomérico es negativo (**-R/-M**) cuando el sustituyente es un grupo que atrae electrones, y el efecto es positivo (**+R/+M**) cuando, a partir de la resonancia, el sustituyente es un grupo que libera electrones.

- Ejemplos de sustituyentes -R/-M: acetilo - nitrilo - nitro
- Ejemplos de sustituyentes +R/+M: alcohol - amina

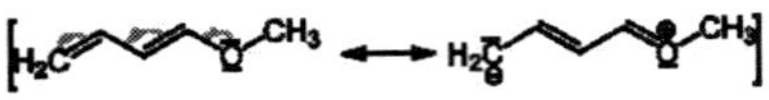

Efecto -R/-M.

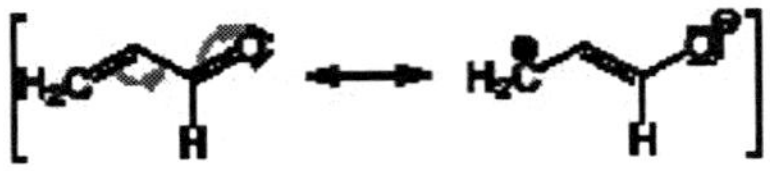

Efecto +R/+M.

La resonancia molecular es un componente clave en la teoría del enlace covalente. Para su existencia es imprescindible la presencia de enlaces dobles o triples en la molécula. El flujo neto de electrones desde o hacia el sustituyente está determinado también por el efecto inductivo. El efecto mesomérico como resultado del traslape de orbital *p* (resonancia) no tiene efecto alguno en este efecto inductivo, puesto que el efecto inductivo está relacionado exclusivamente con la electronegatividad de los átomos, y su química estructural (qué átomos están conectados a cuáles).

Numerosos compuestos orgánicos presentan resonancia, como en el caso de los compuestos aromáticos.

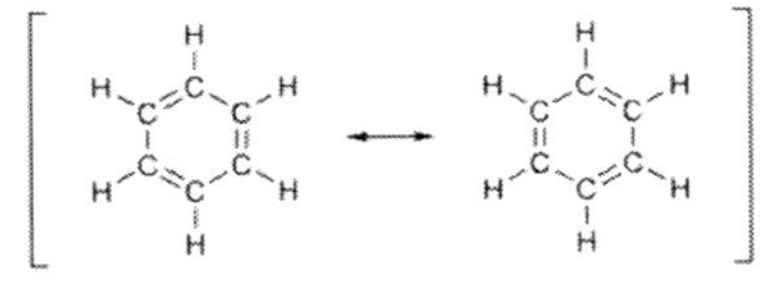

Esquema 1. Estructuras de resonancia en el benceno (Ejemplo clásico)

Historia

El concepto de resonancia fue introducido por el físico Linus Pauling en el año 1928. Se inspiró en ciertos procesos probabilísticos de la mecánica cuántica en el estudio del ion H que posee un electrón deslocalizado entre los dos núcleos de hidrógeno. El término alternativo que suele aparecer en la literatura es **mesomerismo** o **efecto mesomérico** y **mesómero** fue introducido por Christopher Kelk Ingold en 1938 como sinonímico. Es muy popular en las publicaciones realizadas en idiomas alemán y francés, por aquel entonces no fue un concepto capturado en la literatura científica en inglés donde domina el término 'resonancia. **El concepto actual de efecto mesomérico ha adquirido un significado relacionado pero diverso. El símbolo de la doble flecha fue introducido por el químico alemán Arndt (también responsable de síntesis de Arndt-Eistert) quién denominó a este efecto en alemán como *zwischenstufe* que es como *fase intermedia*.**

Debido a la confusión que generaba en la comunidad científica el término resonancia (véase desambiguación), se llevó a sugerir abandonar este nombre en favor de *deslocalización*. De esta forma la energía resonante se convierte en energía de deslocalización y cuando se menciona una *estructura de resonancia* se dice en su lugar **estructura de contribución**. En los diagramas, las dobles flechas se han reemplazado por comas.

dnkdnfdf== Resonancia como herramienta diagramática == Los enlaces mostrados en diagramas de Lewis a veces no pueden representar la verdadera estructura de una molécula.

Ejemplos

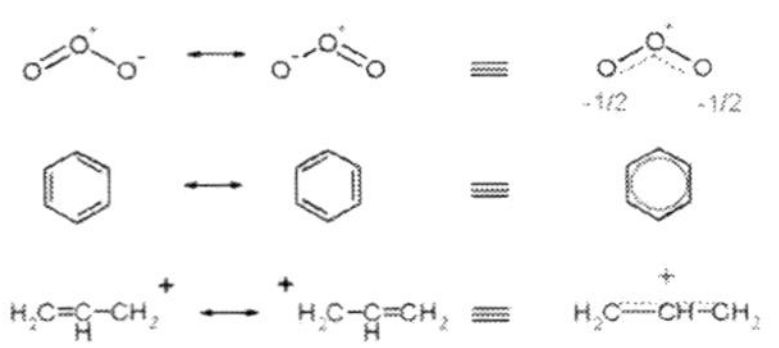

Esquema 2. Ejemplos de resonancia en la molécula de ozono, benceno y el catión del grupo alilo.

- La resonancia de ozono se representa por dos estructuras resonantes en la parte superior del *Esquema 2*. En realidad los dos átomos de oxígeno terminales son equivalentes y forman una estructura híbrida que se representa a la derecha con -1/2 indicando que la carga se reparte entre los dos átomos de oxígeno y los enlaces dobles parciales.
- El concepto del benceno como híbrido de dos estructuras convencionales (medio en el *esquema 2*) fue uno de los hitos importantes de la química ideado por Kekulé, de tal forma que las dos formas del anillo que representan la resonancia total del sistema se suelen denominar *estructuras de Kekulé*. En la estructura híbrida a la derecha, el círculo substituye los tres enlaces dobles del benceno.
- El catión del Grupo alilo (parte inferior del *esquema 2*) tiene dos formas resonantes mediante el enlace doble que hace que la carga positiva esté deslocalizada a lo largo de todo el catión del grupo alilo.

Véase también

- Efecto mesomérico.
- Electrón deslocalizado.
- Sistema conjugado.
- Aromaticidad.

Referencias

Obtenido de «http://es.wikipedia.org/wiki/Resonancia_(qu%C3%ADmica)»

Richard Feynman

Richard Phillips Feynman [ˈfaɪnmən] (Nueva York, Estados Unidos, 11 de mayo de 1918 - Los Ángeles, California, Estados Unidos, 15 de febrero de 1988) fue un físico estadounidense, considerado uno de los más importantes de su país en el siglo XX. Su trabajo en electrodinámica cuántica le valió el Premio Nobel de Física en 1965, compartido con Julian Schwinger y Sin-Ichiro Tomonaga. En ese trabajo desarrolló un método para estudiar las interacciones y propiedades de las partículas subatómicas utilizando los denominados diagramas de Feynman. En su juventud participó en el desarrollo de la bomba atómica en el proyecto Manhattan. Entre sus múltiples contribuciones a la física destacan también sus trabajos exploratorios sobre computación cuántica y los primeros desarrollos de nanotecnología.

Datos biográficos

Richard Feynman nació el 11 de mayo de 1918 en Nueva York; sus padres eran judíos, aunque no practicantes. El joven Feynman se vio influido fuertemente por su padre (John Jesus Feynman), quien le animaba a hacer preguntas que retaban al razonamiento tradicional; su madre le transmitió un profundo sentido del humor, que mantuvo durante toda su vida. De niño disfrutaba reparando radios, pues tenía talento para la ingeniería. Experimentaba y redescubría temas matemáticos tales como la 'media derivada' (un operador matemático que, al ser aplicado dos veces, da como resultado la derivada de una función) utilizando su propia notación, antes de entrar en la universidad. Su modo de pensar desconcertaba a veces a pensadores más convencionales; una de sus preguntas cuando estaba aprendiendo la anatomía de los felinos, durante un curso de biología universitario, fue: "¿Tiene un mapa del gato?". Su manera de hablar era clara, aunque siempre con un marcado discurso informal.

Formación

Richard Feynman se graduó en el Instituto de Tecnología de Massachusetts en 1939 y recibió su doctorado en la Universidad de Princeton en 1942; su director de tesis fue John Archibald Wheeler. Después de que Feynman completó su tesis en mecánica cuántica, Wheeler se lo presentó a Albert Einstein, pero a éste no le convenció.

Mientras trabajaba en su tesis doctoral, Feynman se casó con Arline Greenbaum, a la que los médicos le habían diagnosticado tuberculosis, una enfermedad terminal en aquella época; dado que ambos fueron cuidadosos, Feynman nunca contrajo la enfermedad y vivió muchos años después de la muerte de su esposa.

El proyecto Manhattan

Feynman (centro) con Robert Oppenheimer (derecha), en Los Alamos, Proyecto Manhattan.

En Princeton, el físico Robert R. Wilson instó a Feynman a participar en el Proyecto Manhattan, el proyecto del ejército de los Estados Unidos en Los Alamos para desarrollar la bomba atómica. Visitaba a su esposa en un sanatorio en Santa Fe los fines de semana, hasta su muerte en julio de 1945. Se volcó en su trabajo en el proyecto y estuvo presente en la prueba de la bomba en Trinity. Feynman dijo haber sido la única persona que vio la explosión sin las gafas oscuras proporcionadas, tras llegar a la conclusión de que bastaba con escudarse detrás del parabrisas de un camión para protegerse de los nocivos rayos ultravioleta.

Como joven físico, su papel en el proyecto estuvo relativamente alejado de la línea principal, y consistió en dirigir al equipo de calculistas de la división teórica, y después, junto a Nicholas Metropolis, colaboró en la implementación del sistema de cálculo mediante tarjetas perforadas de IBM. Feynman logró resolver una de las ecuaciones del proyecto escritas en las pizarras. Sin embargo los directores del proyecto 'no comprendieron bien la física implícita' y su solución no fue utilizada.

Los Alamos estaba aislada; en sus propias palabras, "no había nada que *hacer* allí". Aburrido, Feynman encontró pasatiempos como abrir cajas de caudales, dejando notas graciosas para probar que la seguridad en el laboratorio no era tan buena como a la gente le hacían creer; encontró una parte aislada de la 'mesa' (Los Alamos está en una elevación) donde tocaba el tambor al estilo indio; "y también bailaba y cantaba un poco". Esto no pasó desapercibido, pero nadie notó que "Injun Joe" era realmente Feynman. Se hizo amigo del líder del proyecto, J. Robert Oppenheimer, quien intentó sin éxito llevarle a trabajar a la Universidad de California, Berkeley, después de la guerra.

Principios de su carrera: Universidad Cornell

Después del proyecto, Feynman empezó a trabajar como profesor en la Universidad Cornell, donde trabajaba Hans Bethe, quien había probado que la fuente de energía del Sol era la fusión nuclear. Sin embargo, se sentía sin inspiración; pensando que estaba 'quemado', se entretuvo con problemas poco útiles pero divertidos, como analizar la física del twirling. Sin embargo, este trabajo le sirvió para futuras investigaciones. Quedó muy sorprendido cuando le ofrecieron plazas de profesor de universidades punteras, y finalmente decidió trabajar en el Instituto de Tecnología de California en Pasadena, California, a pesar de serle ofrecida también una plaza en el Instituto de Estudios Avanzados cerca de la Universidad de Princeton (donde, por entonces, trabajaba ya Albert Einstein).

Feynman rechazó el instituto por la razón de que no había obligaciones como profesor. Pensaba que sus estudiantes eran una fuente de inspiración y también, durante los periodos no creativos, de comodidad. Sentía que, si no podía ser creativo, al menos podía enseñar.

En ocasiones lo apodaban "El Gran Explicador"; ponía muchísimo cuidado cuando explicaba algo a sus estudiantes, esforzándose siempre para no hacer de ningún tema un arcano, sino algo accesible para los demás. (...) 'Pensamiento claro' y 'presentación clara' fueron requisitos fundamentales. (...) Un año sabático volvió a estudiar los *Principia* de Newton. Lo que aprendió de Newton lo transmitió a sus estudiantes, al igual que el intento de Newton para explicar la difracción.

Los años en el Caltech
Feynman llevó a cabo gran parte de su trabajo en el Instituto Tecnológico de California, el Caltech, y esto incluye investigaciones sobre:
- Electrodinámica Cuántica: la teoría por la que Feynman ganó el Premio Nobel es reconocida por ser extremadamente precisa en sus predicciones. Ayudó también a desarrollar la formulación de integral de camino de la mecánica cuántica, en la cual se consideran todos los posibles caminos de un estado al siguiente, y el camino real es la *suma* de todas las posibilidades.
- la física de la superfluidez del helio líquido. A bajísimas temperaturas el helio parece fluir con una total carencia de viscosidad. Mediante la ecuación de Schrödinger se demuestra que la superfluidez resulta un comportamiento cuántico observable a escala macroscópica. Esto aportó un gran avance en el conocimiento de la superconductividad.
- un modelo de la desintegración débil (...): Un ejemplo de la interacción débil es la desintegración del neutrón en un electrón, un protón, y un anti-neutrino. Aunque E.C. George Sudharsan y Robert Marshak desarrollaron esta teoría en forma casi simultánea, la investigación conjunta de Feynman y Murray Gell-Mann se considera primordial. La teoría fue de una importancia crucial, y la interacción débil se describió con gran precisión.

También desarrolló los diagramas de Feynman, una especie de 'registro contable' para comprender y calcular la interacción de partículas en el espaciotiempo, fundamentalmente entre el electrón y su contraparte de antimateria, el positrón. Estos diagramas lo ayudaron a acercarse a la reversibilidad en el tiempo y otros procesos fundamentales, y forman parte inseparable de la 'teoría de cuerdas' y la 'teoría M'. (...)

A partir de los diagramas de un pequeño número de partículas interactuando en el espacio-tiempo, Feynman intentó modelizar toda la física en términos de esas partículas, de sus espines y del acoplamiento de las fuerzas fundamentales. El modelo de los quarks era el rival de la formulación del 'partón' de Feynman, y fue el ganador. Sin embargo, Feynman nunca se opuso al modelo de los quarks; por ejemplo, cuando se descubrió el quinto quark, Feynman hizo notar a sus estudiantes que este descubrimiento implicaba la existencia de un sexto (el cual fue descubierto una década después de su muerte).

Tras sus logros en electrodinámica cuántica, Feynman se ocupó de la gravedad cuántica. En una analogía con el fotón, que tiene espín 1, investigó las derivaciones de un campo sin masa de espín 2, y pudo derivar las ecuaciones de campo de la relatividad general de Einstein, pero poco más. Desafortunadamente, en este momento llegó a estar exhausto al trabajar en muchos proyectos importantes al mismo tiempo, incluidas sus *Conferencias de física*.

Durante su estadía en el Caltech debió participar en las clases a los estudiantes. Después de dedicar 3 años al proyecto, produjo una serie de clases que se convirtieron en las famosas *Conferencias de física de Feynman*, que hoy son la razón por la cual una gran mayoría de físicos lo consideran uno de los grandes maestros de enseñanza de la física. Posteriormente le fue concedida la medalla Oersted, de la cual estaba especialmente orgulloso. Sus estudiantes competían por su atención; cierta vez despertó cuando un estudiante lanzó por la noche una solución a un problema en su buzón; no pudo volver a dormir y leyó la solución propuesta. Por la mañana, otro estudiante lo interrumpió en su desayuno con otra solución, pero Feynman le informó que ya era demasiado tarde.

Feynman fue un influyente popularizador de la física a través de sus libros y conferencias, y un ejemplo más de ello fue charla que dio en 1959 sobre nanotecnología, intitulada *Hay mucho lugar al fondo*. Feynman ofreció 1.000 dólares en premios por dos de sus retos en nanotecnología. También fue uno de los primeros científicos en señalar las posibilidades de los ordenadores cuánticos. Muchas de sus clases luego se convirtieron en libros, como *El carácter de la ley física* y *Electrodinámica cuántica: La extraña teoría de la luz y la materia*.

Vida personal
La primera esposa de Feynman, Arline Greenbaum (Putzie), murió mientras él estaba trabajando en el proyecto Manhattan. Se casó una segunda vez, con Mary Louise Bell, de Neodesha, Kansas, en junio de 1952; el matrimonio fue breve y fracasado.

Feynman se casó más tarde con Gweneth Howarth, del Reino Unido, que compartía su entusiamo por la vida. Además de su hogar en Altadena, California, tenían una casa en la playa en Baja California. Permanecieron casados el resto de sus vidas y tuvieron un hijo propio, Carl, y una hija adoptiva, Michelle.

Feynman tuvo éxito en sus lecciones a Carl, con quien utilizó diálogos acerca de *hormigas* y *marcianos* como un método para conseguir ver los problemas desde nuevas perspectivas; se sorprendió al ver que la misma manera de enseñar no servía para Michelle. Las matemáticas eran un punto común de interés para padre e hijo, y entraron en el campo de los computadores como consultores.

El Jet Propulsion Laboratory (Laboratorio de Propulsión a Chorro) retuvo a Feynman como consultor de informática para misiones críticas. Un compañero describió a Feynman como un 'Don

Quijote' en su asiento, más que un físico delante de un computador, preparado para batallar con los molinos de viento.

De acuerdo con su colega el profesor Steven Frautschi, Feynman fue la única persona en la región de Altadena que contrató un seguro contra las riadas después del fuego masivo de 1978, y predijo correctamente que la destrucción causada por el fuego ocasionaría la erosión del paisaje, causando corrimientos e inundaciones. La riada ocurrió en 1979, después de las lluvias del invierno, y destruyó muchas casas en el vecindario.

Feynman viajó mucho, notablemente a Brasil, y cerca del final de su vida planeó visitar la oscura tierra rusa de Tuvá, un sueño que, debido a problemas burocráticos de la Guerra Fría, nunca realizó. En esa época se le descubrió un cáncer que, gracias a una extensa cirugía, le fue extirpado.

Los últimos años de Feynman

Feynman no trabajó sólo en física, y tenía un gran círculo de amigos de muchos ámbitos de la vida, incluidas las artes. Practicó la pintura y logró cierto éxito bajo un pseudónimo, y presentó incluso una exposición. En Brasil, con persistencia y práctica, aprendió a tocar percusión al estilo samba, y participó en una escuela de samba. Tales acciones le dieron una reputación de excéntrico.

Feynman tenía unas opiniones muy liberales sobre la sexualidad y no le avergonzaba reconocerlo. En *¿Está Vd. de broma, Sr. Feynman?* explica que realizó encargos de pintor para casas de prostitución, y de cómo frecuentaba bares de *topless*.

Feynman tomó parte en la comisión que investigó el desastre del Challenger en 1986. *"Para lograr un éxito tecnológico, la realidad debe estar por encima de las relaciones públicas, porque la Naturaleza no puede ser engañada."*

A Feynman se le solicitó participar en la 'Comisión Rogers', que investigó el desastre del 'Challenger' en 1986. Siguiendo pistas proporcionadas por algún informador interno, Feynman mostró en televisión el papel crucial que jugaron en el desastre las juntas toroidales ("*O-ring*") de los cohetes laterales, con una simple demostración, usando un vaso de agua con hielo y una muestra del material. Su opinión sobre la causa del accidente fue diferente de la oficial, y considerablemente más crítica sobre el papel jugado por la dirección al dejar de lado las preocupaciones de los ingenieros. Después de insistir mucho, el informe de Feynman fue incluido como un apéndice al documento oficial. El libro *¿Qué te importa lo que piensen los demás?* incluye la historia del trabajo de Feynman en la comisión. Su habilidad como ingeniero se puso de manifiesto en su estimación de la fiabilidad del transbordador espacial (98%), que se ha visto lamentablemente confirmada en los dos fallos cada 100 vuelos del transbordador hasta el 2003.

El cáncer se reprodujo en 1987, y Feynman ingresó en el hospital un año después. Complicaciones quirúrgicas empeoraron su estado, y Feynman decidió morir con dignidad y no aceptar más tratamientos. Murió el 15 de febrero de 1988 en Los Ángeles, California.

Legado

Feynman era y sigue siendo una figura popular no sólo por su habilidad como conferenciante y profesor, sino también por su excentricidad y espíritu libre, que se muestran en libros como: *¿Está usted de broma, Sr. Feynman?* y otros de gran éxito. Además de su carrera académica, Feynman fue un profesor admirado y un talentoso músico amateur. En su carrera también colaboró en el Proyecto Manhattan, en el que se desarrolló la bomba atómica. Durante aquel tiempo Feynman estuvo a cargo de la división de cálculo del proyecto, y consiguió construir un sistema de cálculo masivo a partir de máquinas IBM. Durante este período también supervisó la seguridad de las plantas de enriquecimiento de uranio.

Entre 1950 y 1988, Feynman trabajó en el Instituto Tecnológico de California, Caltech, con el puesto de *Richard Chase Toleman Professor of Theoretical Physics*, encargado de la enseñanza de física teórica.

Durante su vida, Feynman recibió numerosos premios, entre ellos el Premio Albert Einstein (Princeton, 1954), el Premio Lawrence (1962), y el premio Nobel de Física de 1965. Fue también miembro de la Sociedad Norteamericana de Física, de la Asociación Norteamericana para el Avance de la Ciencia, la National Academy of Sciences, y fue elegido como miembro extranjero de la Royal Society en 1965. Estaba particularmente orgulloso de la Medalla Oersted a la Enseñanza que ganó en 1972. Pero tal vez el homenaje más relevante no proviene de los premios académicos: poco después de su muerte, un grupo de estudiantes de Caltech escaló el frente de la Biblioteca Millikan de la universidad y colgó un gran cartel de tela con la leyenda "*We love you Dick!*" ("¡Te amamos, Dick!").

Entre sus trabajos más importantes, destaca la elaboración de los diagramas de Feynman, una forma intuitiva de visualizar las interacciones de partículas atómicas en electrodinámica cuántica mediante aproximaciones gráficas en el tiempo. Feynman es considerado también una de las figuras pioneras de la nanotecnología, y una de las primeras personas en proponer la realización futura de las computadoras cuánticas.

El Servicio Postal de los Estados Unidos emitió, el 5 de mayo de 2005, una estampilla en su honor.

Libros
Física
- *The Feynman's lectures on physics, Vol I,II, III*. Con Robert Leighton y Matthew Sands. Español e inglés.
- *Lectures on Computation*
- *Quantum Mechanics and Path Integrals*
- *Six Easy Pieces*

Divulgación física
- *The Character of Physical Law*
- *Six Easy Pieces: Essentials of Physics Explained by Its Most Brilliant Teacher*
- *Six Not-So-Easy Pieces: Einstein's Relativity, Symmetry and Space-Time*
- *Electrodinámica Cuántica: La extraña teoría de la luz y la materia*

Divulgación y pensamiento de Feynman
- *The Pleasure of Finding Things Out. The Best Short Works of Richard P. Feynman*
- *Surely you are joking Mr. Feynman! Adventures of a Curious character* (*¿Está Vd. de broma, Sr. Feynman?*): Aventuras de un curioso personaje tal como le fueron referidas a Ralph Leighton.
- *What Do You Care What Other People Think? Further Adventures of a Curious Character* (*¿Qué te importa lo que otras personas piensen? Aventuras adicionales de un personaje curioso*)
- *Don't You have Time to Think?* (*¿No tienes tiempo para pensar?*)

Obtenido de «http://es.wikipedia.org/wiki/Richard_Feynman»

Salto cuántico

En física, un **salto cuántico** es un cambio abrupto del estado físico de un sistema cuántico de forma prácticamente instantánea. El nombre se aplica a diversas situaciones. La expresión *salto* se refiere a que el fenómeno cuántico contradice abiertamente el principio filosófico repetido por Newton y Leibniz de que *Natura non facit saltus* (= 'La naturaleza no procede a saltos').

Electrones en un átomo
Frecuentemente se aplica el término salto cuántico al cambio de estado de un electrón que pasa de un nivel de energía menor a otro mayor, dentro de un átomo mediante la emisión o absorción de un fotón. Dicho cambio es discontinuo y no está regido por la ecuación de Schrödinger: el electrón salta de un nivel menor a otro de mayor energía de modo prácticamente instantáneo. Los saltos cuánticos son la única causa de la emisión de radiación electromagnética incluyendo la luz, que ocurren en unidades cuantizadas llamadas fotones.

Colapso del estado cuántico
Esporádicamente se aplica el término a la evolución aleatoria y no determinista que sufre un sistema cuántico al realizar una medida sobre él. Las dificultades teóricas de cómo sucede este colapso se conocen como problema de la medida.

La expresión "salto cuántico" alude a la constatación de que aparentemente la naturaleza viola el "principio" informal enunciado por Newton de que *natura non facit saltum* ('la naturaleza no produce saltos (o discontinuidades)').

Obtenido de «http://es.wikipedia.org/wiki/Salto_cu%C3%A1ntico»

Segunda cuantización

La **segunda cuantización** es un formalismo matemático de cuantización empleado para estudiar tanto sistemas de muchas partículas idénticas con interacciones arbitrarias como la teoría cuántica de campos. El teorema espín-estadística dentro lleva a establecer relaciones de conmutación que clasifican a las partículas en bosones y fermiones.

Historia
El formalismo de segunda cuantización fue iniciado por Paul M. Dirac para los bosones, y fue extendido a los fermiones por Eugene Wigner y Pascual Jordan con la transformación que lleva su nombre. La importancia y utilidad de la segunda cuantificación estriba en que:
- Permite estudiar los campos físicos desde el punto de vista cuántico.
- Permite tomar en cuenta automáticamente en los cálculos los aspectos combinatorios que derivan de la estadística apropiada al tipo de partículas del sistema.
- Además, facilita extender la mecánica cuántica no relativista a sistemas en los cuales el número de partículas no es una constante del movimiento.

En el dominio relativista, donde las antipartículas emergen de un modo natural, y los procesos de creación de pares partícula-antipartícula están presentes se requiere una teoría donde el número de partículas no necesariamente permanezca constante y por tanto requiere un tratamiento como el de la segunda cuantización.

Operadores de creación y destrucción

Si $|\psi\rangle$ es la función de onda para una partícula, con la segunda cuantización se definen una colección de operadores no-hermíticos, llamados operadores de creación $\mathbf{a}(\psi)$ y $\mathbf{a}(\psi)$ que actúan sobre un estado del espacio-tiempo, como por ejemplo el que representa el vacío $|0\rangle$. La actuación del operador sobre dicho estado representa el estado del espacio-tiempo una vez «se ha creado» una partícula con esa función de onda $|\psi\rangle$ habiendo dejado de ser el estado vacío:

$$\hat{\mathbf{a}}^{\dagger}_{\psi}|0\rangle = |\psi\rangle = |1\rangle_{\psi}$$

De estas forma se interpreta que es operador «crea» una partícula en el estado mencionado. Su operador adjunto $\hat{a}_\psi$ «destruiría» dicha partícula (o equivalentemente crearía una antipartícula). Sí $|1\rangle$ denota un estado con una partícula del tipo correcto entonces:

$$\hat{a}_\psi |1\rangle_\psi = |0\rangle$$

Operador hamiltoniano, campo y número de partículas

El resto de magnitudes físicas importantes para una teoría cuántica de campos, como sería el análogo de la magnitud del campo, la energía total del sistema o hamiltoniano o el número de partículas se expresan en términos de los operadores de creación y destrucción. El valor del campo es:

$$\hat{\phi} = \int_{-\infty}^{+\infty} \left(e^{i\mathbf{k}\cdot\mathbf{r}} \hat{a}_\mathbf{k} + e^{-i\mathbf{k}\cdot\mathbf{r}} \hat{a}_\mathbf{k}^\dagger \right) \frac{d^3\mathbf{k}}{(2\pi)^3 2\omega_k}$$

Mientras que el número de partículas y el hamiltoniano vienen dados por:

$$\hat{N} = \int_{-\infty}^{+\infty} :\hat{a}_\mathbf{k}^\dagger \hat{a}_\mathbf{k}: \frac{d^3\mathbf{k}}{(2\pi)^3 2\omega_k} \quad \hat{H} = \int_{-\infty}^{+\infty} \omega_k :\hat{a}_\mathbf{k}^\dagger \hat{a}_\mathbf{k}: \frac{d^3\mathbf{k}}{(2\pi)^3 2\omega_k}$$

Donde la frecuencia angular viene dada por:

$$\omega_k = \sqrt{mc^2 + \mathbf{k}\cdot\mathbf{k}}$$

Como en general un campo cuántico en interacción con partículas materiales tiene un hamiltoniano más complejo, que incluye operadores de creación y destrucción de los diversos tipos de partícular, dichos sistemas en su evolución no tienen un número de partículas constantes. Lo cual implica que el planteamiento de la primera cuantización no es adecuado para esos sistemas. Eso implica entre otras cosas un espacio de Hilbert adecuado para dichos sistemas sea un espacio de Fock cuyo formalismo permita tratar sistemas con un número de partículas variable.

Espacios de Fock

El formalismo de la segunda cuantización permite interpretar los campos cuánticos en términos de partículas. Cada estado cuántico puede interpretarse como un vector en el espacio de Fock. Uno de dichos estados es normalmente una superposición de estados con un número entero de cuantos asociados al campo con energía bien definida.

Obtenido de «http://es.wikipedia.org/wiki/Segunda_cuantizaci%C3%B3n»

Segundo sonido

El **segundo sonido** es un fenómeno de la mecánica cuántica en el que la transferencia de calor se produce por el movimiento, más que por el mecanismo más habitual de difusión. El calor tiene lugar en la presión normal de las ondas de sonido. Esto conduce a una conductividad térmica muy alta. Es conocido como "segundo sonido", porque el movimiento de la ola de calor es similar a la propagación del sonido en el aire.

El segundo sonido se observa en el helio líquido (helio-3, así como en el helio-4) y en el Litio-6 a temperaturas por debajo del punto lambda. En este estado, conocido como el helio II, el helio-4 tiene mayor conductividad térmica que cualquier material conocido (varios cientos de veces mayor que el cobre).

Segundo sonido en el helio II

A temperaturas por debajo del punto lambda, el helio-4 se convierte en un superfluido y tiene la conducción del calor casi perfecta. El helio se encuentra en un estado cuántico macroscópico. Cuando la temperatura baja a a 0 K, la velocidad de las ondas de la temperatura y la entropía aumenta. Estas pueden ser generadas y observadas en un resonador. A una temperatura de 1,8 K la onda se propaga a 20 m/s.

Segundo sonido en otros medios

El Litio 6 se ha observado a una temperatura de 50 K en abril de 2005. El segundo sonido también se ha observado en algunos sólidos dieléctricos, tales como el bismuto y fluoruro de sodio.

Obtenido de «http://es.wikipedia.org/wiki/Segundo_sonido»

Sistema cuántico abierto

En física, un **sistema cuántico abierto** es un sistema cuántico que se encuentra que está en interacción con un sistema cuántico externo, el *ambiente*. El sistema cuántico abierto se puede ver como parte distinguida de un más grande sistema cuántico *cerrado*, siendo el ambiente la otra parte.

Los sistemas cuánticos abiertos son un importante concepto en la óptica cuántica, medidas en la mecánica cuántica, mecánica estadística cuántica, cosmología cuántica y aproximaciones semiclásicas.

Obtenido de «http://es.wikipedia.org/wiki/Sistema_cu%C3%A1ntico_abierto»

Suicidio cuántico

En mecánica cuántica, se denomina **suicidio cuántico** a un experimento imaginario propuesto de manera independiente por Hans Moravec (1987) y Bruno Marchal (1988), y desarrollado por Max Tegmark en 1998.

El experimento trata de distinguir entre la interpretación de Copenhague y la teoría de los universos múltiples de Hugh Everett a través de una variación del experimento del gato de Schrödinger, consistente en mirar este último desde el punto de vista del gato.

El experimento supone un hombre sentado con un arma que apunta hacia su cabeza. El arma es manipulada por una máquina que mide la rotación de una partícula subatómica. Cada vez que el hombre apriete el gatillo el arma se disparará dependiendo del sentido de la rotación de la partícula: Si gira en sentido horario el arma dispara, en sentido contrario no lo hace.

Según la interpretación de Copenhague, con cada ejecución del experimento existe un 50 % de posibilidad de que el arma sea disparada y el hombre muera: finalmente el experimentador morirá. La teoría de los universos múltiples, por su parte, plantea que cada ejecución del experimento divide el universo en dos: uno en que el hombre vive y otro mundo en que muere. Después de muchas series de la prueba, habrá muchos universos. En todos ellos menos en uno el hombre dejará de existir, pero siempre habrá un universo donde siga existiendo. Desde el punto de vista del hombre, por mucho que apriete el gatillo del arma nunca se disparará, toda vez que su conciencia seguirá existiendo en muchos de los universos. Esto último es lo que se denomina inmortalidad cuántica. Obtenido de «http://es.wikipedia.org/wiki/Suicidio_cu%C3%A1ntico»

Superposición cuántica

Superposición cuántica es la aplicación del principio de superposición a la mecánica cuántica. Ocurre cuando un objeto "posee simultáneamente" dos o más valores de una cantidad observable (ejem. la posición o la energía de una partícula).

Más específicamente, en mecánica cuántica, cualquier cantidad observable corresponde a un autovector de un operador lineal hermítico. La combinación lineal de dos o más autovectores da lugar a la superposición cuántica de dos o más valores de la cantidad. Si se mide la cantidad, el postulado de proyección establece que el estado colapsa aleatoriamente sobre uno de los valores de la superposición (con una probabilidad proporcional al cuadrado de la amplitud de ese autovector en la combinación lineal). Immediatamente después de la medida, el estado del sistema será el autovector que corresponde con el autovalor medido.

Es natural preguntarse por qué los objetos (macroscópicos, newtonianos) y los acontecimientos "reales" no parecen exhibir propiedades mecánico cuánticas tales como la superposición. En 1935, Erwin Schrödinger ideó un experimento imaginario, ahora llamado el gato de Schrödinger, que destacó la disonancia entre la mecánica cuántica y la física newtoniana.

De hecho, la superposición cuántica da lugar a muchos efectos directamente observables, tales como los picos de interferencia de una onda de electrón en el experimento de doble-rendija.

Si los operadores correspondientes a dos observables no conmutan, entonces no tienen autofunciones simultáneas y, por tanto, obedecen el principio de indeterminación. Un estado que tiene un valor definido de uno de los dos observables corresponde a una superposición de muchos estados para el otro observable. Obtenido de «http://es.wikipedia.org/wiki/Superposici%C3%B3n_cu%C3%A1ntica»

Teleportación cuántica

La **teleportación es una técnología cuántica única** que transfiere un estado cuántico a una localización arbitrariamente alejada usando un estado de entrelazamiento cuántico distribuido y la transmisión de cierta información clásica. La teleportación cuántica no transporta energía o materia, ni permite la comunicación de información a velocidad superior a la de la luz, pero es útil en comunicación y computación cuánticas.

Realización

A continuación se presenta un experimento realizado en el CERN a través de qubits y computación cuántica:

El objetivo de esta técnica es transmitir un qubit entre Alice (emisor) y Bob (receptor) mediante el envío de dos bits clásicos. Previamente, Alice y Bob deberán compartir un estado entrelazado (entangled).

Los pasos a seguir por Alice y Bob son los siguientes:

- Alice y Bob preparan un estado entrelazado como el que sigue:
$$\beta_{00} = \frac{1}{\sqrt{2}}(|00\rangle + |11\rangle)$$
- Alice y Bob se separan. Alice se queda con el primer qubit del par entrelazado y Bob se lleva el segundo.
- Alice desea ahora transmitir el qubit $|\psi\rangle = \alpha|0\rangle + \beta|1\rangle$ a Bob. Alice operará sobre dos qubits: el primero es el qubit que quiere transmitir y el segundo es el primer qubit del par entrelazado, que ella tiene en su poder.
- Alice primero aplica la compuerta cuántica CNOT a sus dos qubits.
- Alice aplica la compuerta cuántica Hadamard al primero de sus dos qubits.
- Alice realiza una medición sobre ambos qubits y obtiene los dos bits clásicos bb, que envía a Bob por un canal de comunicación clásico.
- Bob aplica la transformación $Z^{b_1} X^{b_2}$ sobre su qubit, de acuerdo a los bits recibidos bb donde X es la matriz de Pauli σ y Z la matriz de Pauli σ. El resultado obtenido por Bob en su qubit será $|\psi\rangle$.

Formulación

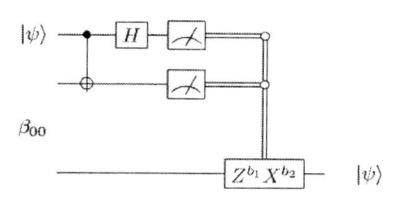

Esquema de la teleportación cuántica.

El esquema completo de la teleportación cuántica se muestra en la figura de la derecha, donde $|\psi\rangle$ es el qubit a teleportar y β es el estado entrelazado auxiliar.

Veamos, la entrada al circuito es:
$$|\psi\rangle = \alpha|0\rangle + \beta|1\rangle$$
$$\beta_{00} = \frac{1}{\sqrt{2}}(|00\rangle + |11\rangle)$$

que puede escribirse:
$$|\psi\rangle \otimes \beta_{00} = (\alpha|0\rangle + \beta|1\rangle)\left(\frac{1}{\sqrt{2}}(|00\rangle + |11\rangle)\right)$$
$$= \frac{1}{\sqrt{2}}(\alpha|0\rangle(|00\rangle + |11\rangle) + \beta|1\rangle(|00\rangle + |11\rangle))$$

Esta entrada pasa a través de una puerta CNOT, cuya función es:

$|0\rangle|0\rangle \to |0\rangle|0\rangle, |0\rangle|1\rangle \to |0\rangle|1\rangle, |1\rangle|0\rangle \to |1\rangle|1\rangle, |1\rangle|1\rangle \to |1\rangle$

con lo que en nuestro circuito obtenemos:
$$\xrightarrow{CNOT(1,2)} \frac{1}{\sqrt{2}}(\alpha|0\rangle(|00\rangle + |11\rangle) + \beta|1\rangle(|10\rangle + |01\rangle))$$

A continuación atraviesa la puerta de Hadamard (bloque **H** en la figura), cuya función es

$|0\rangle \to \frac{1}{\sqrt{2}}(|0\rangle + |1\rangle), |1\rangle \to \frac{1}{\sqrt{2}}(|0\rangle - |1\rangle)$,

con lo cual en la figura obtenemos:
$$\xrightarrow{H(1)} \frac{1}{\sqrt{2}}\left(\alpha \frac{1}{\sqrt{2}}(|0\rangle + |1\rangle)(|00\rangle + |11\rangle) + \beta \frac{1}{\sqrt{2}}(|0\rangle - |1\rangle)(|10\rangle + |01\rangle)\right)$$
$$= \frac{1}{2}(|00\rangle(\alpha|0\rangle + \beta|1\rangle) + |01\rangle(\alpha|1\rangle + \beta|0\rangle) + |10\rangle(\alpha|0\rangle - \beta|1\rangle) + |11\rangle(\alpha|1\rangle - \beta|0\rangle))$$
$$= \frac{1}{2}\sum_{b_1 b_2 = 0}^{1} |b_1 b_2\rangle (X^{b_2} Z^{b_1})|\psi\rangle$$

Ahora Alice hace la medición de sus dos qubits y obtiene uno de los cuatro bb posibles. El sistema colapsa al estado
$$\xrightarrow{Medida} (X^{b_2} Z^{b_1})|\psi\rangle$$

Alice envía la información que obtiene en la medición (bb) a Bob, que sabrá cuál de los cuatro términos es realmente el que tiene en su poder (estos términos varían en el signo de los sumandos o tienen los coeficientes intercambiados). Bob convertirá los signos negativos en positivos y reordenará los coeficientes aplicando $Z^{b_1} X^{b_2}$, según la tabla de abajo, y así obtendrá el estado original $|\psi\rangle$.

Donde I es la matriz de identidad.

Intercambio de entrelazamiento

El entrelazamiento cuántico puede ser aplicado no sólo a estados puros, sino también a estados mezcla, o inclusive a un estado no definido de una partícula entrelazada. El "intercambio de entrelazamiento" es un ejemplo simple e ilustrativo.

Supongamos que dos partes, Alice y Carol, necesitan crear un canal de teleportación pero carecen de un par de partículas entrelazadas, lo cual hace que esta tarea sea imposible. Además, supongamos que Alice tiene en su poder una partícula que está entrelazada con una partícula que pertenece una tercera parte, Bob. Si Bob teletransporta su partícula a Carol, hará que la partícula de Alice se enlace automáticamente con la de Carol.

Una forma más simétrica de explicar la situación es la siguiente: Alice tiene una partícula, Bob tiene dos, y Carol una. La partícula de Alice y la primera de Bob están entrelazadas, de la misma manera que la segunda de Bob está entrelazada con la de Carol.

/ \
Alice-:-:-:-:-:-Bob1 -:- Bob2-:-:-:-:-:- Carol
__/

Ahora: si Bob realiza una medición proyectiva sobre sus dos partículas en una base de Bell (ver Analizador de Estado de Bell), y luego comunica el resultado a Carol, tal como lo describe el esquema de arriba, el estado de la primera partícula de Bob puede ser enviado por teleportación a Carol. Si bien Alice y Carol nunca interactuaron entre sí, sus partículas están ahora entrelazadas.
Obtenido de «http://es.wikipedia.org/wiki/Teleportaci%C3%B3n_cu%C3%A1ntica»

Teorema adiabático

El **teorema adiabático**, en mecánica cuántica, es un teorema enunciado por Max Born y Vladimir Fock en 1928, que afirma lo siguiente:
En otras palabras, un sistema mecanocuántico sujeto a condiciones externas que cambien gradualmente puede adaptar su forma y por tanto permanece en un estado que le es propio durante todo el proceso adiabático. Cuantitativamente, el ket $|n(t)\rangle$, sujeto a un hamiltoniano variable $\psi(t)$ evoluciona como:

$$\psi(t) = e^{i\alpha(t)}|n(t)\rangle$$

y se considera que el proceso es lo bastante lento cuando se puede aplicar:
$$\left|\left\langle m(t)\left|\frac{d}{dt}H(t)\right|n(t)\right\rangle\right| \ll \frac{|E_n(t) - E_m(t)|}{\Delta t_{nm}}$$

Donde:
$|m(t)\rangle$
$|n(t)\rangle$ son dos estados del sistema y
Δt_{nm} es el periodo característico de una oscilación coherente entre estos dos estados.

Las consecuencias de este teorema son múltiples, variadas y extremadamente sutiles. Una cuantificación de la adiabaticidad de un proceso es la fórmula de Landau-Zener que calcula la probabilidad de transición en un cruce evitado. Una aplicación del mismo es la computación adiabática, una propuesta para la computación cuántica en la que, conocido el problema, se define el estado inicial del sistema y la evolución en el tiempo del hamiltoniano externo para que del estado final se obtenga el resultado del cálculo.

Véase también
- Fase geométrica

Notas y Referencias
Obtenido de «http://es.wikipedia.org/wiki/Teorema_adiab%C3%A1tico»

Teorema de Bell

El **teorema de Bell** o **desigualdades de Bell** se aplica en mecánica cuántica para cuantificar matemáticamente las implicaciones planteadas teóricamente en la paradoja de Einstein-Podolsky-Rosen y permitir así su demostración experimental. Debe su nombre al científico norirlandés John S. Bell, que la presentó en 1964.

El **teorema de Bell** es un metateorema que muestra que las predicciones de la mecánica cuántica (MC) no son intuitivas, y afecta a temas filosóficos fundamentales de la física moderna. Es el legado más famoso del físico John S. Bell. El teorema de Bell es un teorema de imposibilidad, que afirma que:
Ninguna teoría física de variables ocultas locales puede reproducir todas las predicciones de la mecánica cuántica.

Introducción

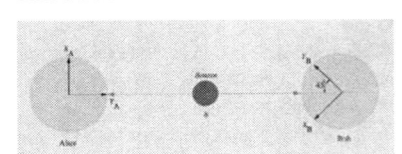

Ilustración del test de Bell para partículas de espín 1/2. La fuente produce un par de espín singlete, una partícula se envía a Alicia y otra a Bob. Cada una mide uno de los dos espines posibles.

Como en el experimento expuesto en la paradoja EPR, Bell consideró un experimento donde una fuente produce pares de partículas correlacionadas. Por ejemplo, un par de partículas con espines correlacionados es creado; una partícula se envía a Alicia y la otra a Bob. En cada intento, cada observador independientemente elige entre varios ajustes del detector y realiza una medida sobre la partícula. (Nota: aunque la propiedad correlacionada utilizada aquí es el espín de la partícula, podría haber sido cualquier "estado cuántico" correlacionado que codifique exactamente un bit cuántico.)

Cuando Alicia y Bob miden el espín de la partícula a lo largo del mismo eje (pero en direcciones opuestas), obtienen resultados idénticos el 100% de las veces.

Pero cuando Bob mide en ángulos ortogonales (rectos) a las medidas de Alicia, obtienen resultados idénticos únicamente el 50% de las veces.

En términos matemáticos, las dos medidas tienen una correlación de 1, o correlación *perfecta* cuando se miden de la misma forma; pero cuando se miden en ángulos rectos, tienen una correlación de 0; es decir, ninguna correlación. (Una correlación de −1 indicaría tener resultados *opuestos* en cada medida.)

De hecho, los resultados pueden ser explicados añadiendo variables ocultas locales - cada par de partículas podría haber sido enviada con instrucciones sobre cómo comportarse según se las mida en los dos ejes (si '+' o '−' para cada eje).

Claramente, si la fuente únicamente envía partículas cuyas instrucciones sean idénticas para cada eje, entonces cuando Alicia y Bob midan sobre el mismo eje, están condenados a obtener resultados idénticos, o bien (+,+) o (−,−); pero (si todos las posibles combinaciones de + y − son generadas igualmente) cuando ellos midan sobre ejes perpendiculares verán correlación cero.

Ahora, considere que Alicia o Bob pueden rotar sus aparatos de forma relativa entre ellos un ángulo cualquiera en cualquier momento antes de medir las partículas, incluso *después* de que las partículas abandonen la fuente. Si las variables ocultas locales determinan el resultado de las medidas, entonces las partículas deberían codificar en el momento de abandonar la fuente los resultados de medida para cualquier posible dirección de medida, y no sólo los resultados para un eje particular.

Bob comienza este experimento con su aparato rotado 45 grados. Llamamos a los ejes de Alicia a y a', y a los ejes rotados de Bob b y b'. Alice y Bob entonces graban las direcciones en que ellos miden las partículas, y los resultados que obtienen. Al final, comparan sus resultados, puntuando +1 por cada vez que obtienen el *mismo* resultado y −1 si obtienen un resultado *opuesto* - excepto que si Alicia midió en a y Bob midió en b', puntuarán +1 por un resultado *opuesto* y −1 para el *mismo* resultado.

Utilizando este sistema de puntuación, cualquier posible combinación de variables ocultas produciría una puntuación media esperada de, como máximo, +0.5. (Por ejemplo, mirando la tabla inferior, donde los valores más correlacionados de las variables ocultas tienen una correlación media de +0.5, i.e. idénticas al 75%. El "sistema de puntuación" inusual asegura que la máxima correlación media esperada es +0.5 para cualquier posible sistema que esté basado en variables locales.)

El teorema de Bell muestra que si las partículas se comportan como predice la mecánica cuántica, Alicia y Bob pueden puntuar más alto que la predicción clásica de variables ocultas de correlación +0.5; si los aparatos se rotan 45° entre sí, la mecánica cuántica predice que la puntuación esperada promedio será 0. 71.

(Predicción cuántica en detalle: Cuando las observaciones en un ángulo de θ son realizadas sobre dos partículas entrelazadas, la correlación predicha es cosθ. La correlación es igual a la longitud de la proyección del vector de la partícula sobre su vector de medida; por trigonometría, cosθ. θ es 45°, y cosθ es $\frac{\sqrt{2}}{2}$, para todos los pares de ejes excepto (a,b') – donde son 135° y $-\frac{\sqrt{2}}{2}$ – pero este último se toma negativo en el sistema de puntuación acordado, por lo que la puntuación total es $\frac{\sqrt{2}}{2}$; 0.707. En otras palabras, las partículas se comportan como si cuando Alicia o Bob hacen una medida, la otra partícula decidiese conmutar para tomar esa dirección instantáneamente.)

Varios investigadores han realizado experimentos equivalentes utilizando diferentes métodos. Parece que muchos de estos experimentos producen resultados que están de acuerdo con las predicciones de la mecánica cuántica, conduciendo a la refutación de las teorías de variables ocultas locales y la demostración de la no localidad. Todavía existen científicos que no están de acuerdo con estos hallazgos. Se encontraron dos escapatorias en el primero de estos experimentos, la escapatoria de detección y la escapatoria de comunicación con los experimentos asociados para cerrar estas escapatorias. Tras toda la experimentación actual parece que estos experimentos dan prima facie soporte para las predicciones de la mecánica cuántica de no localidad.

Importancia del teorema

Este teorema ha sido denominado "el más profundo de la ciencia." El artículo seminal de Bell de 1964 fue titulado "Sobre la paradoja de Einstein Podolsky Rosen." La paradoja Einstein Podolsky Rosen (paradoja EPR) demuestra que, sobre la base de la asunción de "localidad" (los efectos físicos tienen una velocidad de propagación finita) y de "realidad" (los estados físicos existen antes de ser medidos) que los atributos de las partícula tienen valores definidos independientemente del acto de observación. Bell mostró que el realismo local conduce a un requisito para ciertos tipos de fenómenos que no está presente en la mecánica cuántica. Este requisito es denominado **desigualdad de Bell**.

Después de EPR (Einstein–Podolsky–Rosen), la mecánica cuántica quedó en una posición insatisfactoria: o estaba incompleta, en el sentido de que fallaba en tener en cuenta algunos elementos de la realidad física, o violaba el principio de propagación finita de los efectos físicos. En una modificación del experimento mental EPR, dos observadores, ahora comúnmente llamados *Alicia* y *Bob*, realizan medidas independientes del espín sobre un par de electrones, preparados en una fuente en un estado especial llamado un *estado de espín singlete*. Era equivalente a la conclusión de EPR de que una vez Alicia midiese el espín en una dirección (i.e. sobre el eje *x*), la medida de Bob en esa dirección estaría determinada con total certeza, con resultado opuesto al de Alicia, mientras que inmediatamente antes de la medida de Alicia, el resultado de Bob estaba sólo determinado estadísticamente. Por tanto, o el espín en cada dirección es un elemento de realidad física, o los efectos viajan desde Alicia a Bob de forma instantánea.

En mecánica cuántica (MC), las predicciones son formuladas en términos de probabilidades — por ejemplo, la probabilidad de que un electrón sea detectado en una región particular del espacio, o la probabilidad de que tenga espín arriba o abajo. Sin embargo, persiste la idea de que un electrón tiene una posición y espín **definidos**, y que la debilidad de la MC es su incapacidad de predecir exactamente esos valores de forma precisa. Queda la posibilidad de que alguna teoría más potente todavía desconocida, como una *teoría de variables ocultas*, pueda ser capaz de predecir estas cantidades exactamente, mientras al mismo tiempo esté en completo acuerdo con las respuestas probabilísticas dadas por la MC. Si una *teoría de variables ocultas* fuera correcta, las variables ocultas no serían descritas por la MC, y por lo tanto la MC sería una teoría incompleta.

El deseo de una *teoría local realista* se basaba en dos hipótesis:
- Los objetos tienen un estado definido que determina los valores de todas las otras variables medibles, como la posición y el momento.
- Los efectos de las acciones locales, como las mediciones, no pueden viajar más rápido que la velocidad de la luz (como resultado de la relatividad especial). Si los observadores están suficientemente alejados, una medida realizada por uno no tiene efecto en la medida realizada por el otro.

En la formalización del realismo local utilizada por Bell, las predicciones de la teoría resultan de la aplicación de la probabilidad clásica a un espacio de parámetros subyacente. Mediante un simple (aunque inteligente) argumento basado en la probabilidad clásica, mostró que las correlaciones entre las medidas están acotadas de una forma que es violada por la MC.

El teorema de Bell parece poner punto final a las esperanzas del realismo local para la MC. Por el teorema de Bell, o bien la mecánica cuántica o bien el realismo local están equivocados. Se necesitan experimentos para determinar cuál es correcto, pero llevó muchos años y muchos avances en la tecnología el poder realizarlos.

Los experimentos de prueba de Bell hasta la fecha muestran inequívocamente que las desigualdades de Bell son violadas. Estos resultados proveen evidencia empírica contra el realismo local y en favor de la MC. El teorema de no comunicación prueba que los observadores no pueden utilizar las violaciones de la desigualdad para comunicarse información entre ellos más rápido que la luz.

El artículo de John Bell examina tanto la prueba de 1932 de John von Neumann sobre la incompatibilidad de las variables ocultas con la mecánica cuántica, como el artículos seminal de Albert Einstein y sus colegas de 1935 sobre la materia.

Desigualdades de Bell

Las desigualdades de Bell conciernen mediciones realizadas por observadores sobre pares de partículas que han interaccionado y se han separado. De acuerdo a la mecánica cuántica las partículas están en un estado entrelazado, mientras que el realismo local limita la correlación de las siguientes medidas sobre las partículas. Autores diferentes posteriormente han derivado desigualdades similares a la desigualdad de Bell original, colectivamente denominadas *desigualdades de Bell*. Todas las desigualdades de Bell describen experimentos donde el resultado predicho asumiendo entrelazamiento difiere del que se deduciría del realismo local. Las desigualdades asumen que cada objeto de nivel cuántico tiene un estado bien definido que da cuenta de todas sus propiedades medibles y que objetos distantes no intercambian información más rápido que la velocidad de la luz. Estos estados bien definidos son llamados a menudo *variables ocultas*, las propiedades que Einstein afirmó cuando hizo su famosa objeción a la mecánica cuántica: "Dios no juega a los dados."

Bell mostró que bajo la mecánica cuántica, que carece de variables locales ocultas, las desigualdades (el límite de correlación) pueden ser violadas. En cambio, las propiedades de una partícula que no son fáciles de verificar en mecánica cuántica pero pueden estar correlacionadas con las de la otra partícula debido al entrelazamiento cuántico, permitiendo que su estado esté bien definido sólo cuando una medida se hace sobre la otra partícula. Esta restricción está de acuerdo con el principio de incertidumbre de Heisenberg, un concepto fundamental e ineludible de la mecánica cuántica.

En el trabajo de Bell:
Los físicos teóricos viven en un mundo clásico, mirando hacia un mundo cuántico. El último es descrito sólo subjetivamente, en términos de procedimientos y resultados sobre nuestro dominio clásico. (...) Nadie conoce dónde se encuentra el límite entre el dominio clásico y el cuántico. (...) Más pausible para mí es que encontremos que no hay límite. Las funciones de onda serían una descripción provisional o incompleta de la parte de la mecánica cuántica. Es esta posibilidad, acerca de una visión homogénea del mundo, lo que constituye para mí la motivación principal que me lleva al estudio de la así llamada posibilidad de las "variables ocultas".

(...) Una segunda motivación está conectada con el carácter estadístico de las predicciones de la mecánica cuántica. Una vez se sospecha de la incompletitud de la descripción por funciones de onda, se puede aventurar que las fluctuaciones aleatorias estadísticas están determinadas por las variables adicionales "ocultas" — "ocultas" porque hasta ahora sólo podemos conjeturar su existencia y ciertamente no podemos controlarlas.

(...) Una tercera motivación está en el carácter peculiar de algunas predicciones de la mecánica cuántica, que parecen casi gritar por una interpretación de variables ocultas. Este es el famoso argumento de Einstein, Podolsky y Rosen. (...) Encontramos, sin embargo, que ninguna teoría local determinista de variables ocultas puede reproducir todas las predicciones experimentales de la mecánica cuántica. Esto abre la posibilidad de traer la cuestión al dominio experimental, intentando aproximar tanto como sea posible las situaciones ideales donde las variables locales ocultas y la mecánica cuántica no concuerdan

En teoría de la probabilidad, las mediciones repetidas de las propiedades de un sistema pueden ser consideradas como muestras repetidas de variables aleatorias. En el experimento de Bell, Alicia puede elegir el ajuste del detector para medir o bien $A(a)$ o bien $A(a')$ y Bob puede elegir un ajuste del detector para medir o bien $B(b)$ o bien $B(b')$. Las medidas de Alicia y Bob deben de alguna forma estar correlacionadas entre sí, pero las desigualdades de Bell dicen que si la correlación proviene de variables aleatorias locales, entonces existe un límite a la magnitud de la correlación que uno puede esperar obtener.

Desigualdad original de Bell

La desigualdad original que Bell dedujo fue:
$$1 + C(b,c) \geq |C(a,b) - C(a,c)|,$$
donde C es la "correlacion" de los pares de partículas y a, b y c ajustes del aparato. Esta desigualdad no se utiliza en la práctica. Por un lado, es cierta sólo para sistemas genuinamente de "dos salidas", no para los de "tres salidas" (con posibles salidas de cero además de +1 y −1) encontradas en los experimentos reales. Por otro, se aplica únicamente a un conjunto muy restrictivo de teorías de variables ocultas, solamente a aquellas para las que las salidas a ambos lados del experimento están siempre anticorrelacionadas cuando los analizadores están paralelos, de acuerdo con la predicción de la mecánica cuántica.

Existe un límite simple de la desigualdad de Bell que tiene la virtud de ser completamente intuitivo. Si el resultado de tres lanzamientos de monedas estadísticamente diferentes A,B,C tienen la propiedad de que:
- A y B son los mismos (ambos caras o ambos cruces) 99% del tiempo
- B y C son los mismo el 99% del tiempo

entonces A y C son los mismo por lo menos el 98% del tiempo. El número de discordancias entre A y B (1/100) más el número de discordancias entre B y C (1/100) son el máximo número posible de discordancias entre A y C.

En mecánica cuántica, dejando que A,B,C sean los valores del espín de dos partículas entrelazadas medidas con respecto a algún eje a 0 grados, θ grados, y 2θ grados respectivamente, el solapamiento de la función de onda entre los distintos ángulos es proporcional a $\cos(S\theta) \approx 1 - S^2\theta^2/2$. La probabilidad de que A y B den la misma respuesta es $1 - \varepsilon^2$, donde ε es proporcional a θ. Esta es también la probabilidad de que B y C den la misma respuesta. Pero A y C son los mismos $1 - (2\varepsilon)$ del tiempo. Eligiendo el ángulo para que ε = .1, A y B están correlacionados al 99%, B y C están correlacionados al 99% y A y C están correlacionados sólo el 96%.

Imagine que dos partículas entrelazadas en un singlete de espín se alejan a dos localizaciones diferentes, y que los espines de ambas son medidos en la dirección A. Los espines estarán correlacionados al 100% (realmente, anticorrelacionados pero para este argumento es equivalente). Lo mismo es cierto si ambos espines son medidos en las direcciones B o C. Es seguro concluir que cualquier variable oculta que determinase las medidas de A, B y C en las dos partículas está correlacionada al 100% y puede ser utilizada indistintamente en ambas.

Si A es medida en una partícula y B

en la otra, la correlación entre ellas es del 99%. Si B es medida en una y C en la otra, la correlación es del 99%. Esto nos permite concluir que las variables ocultas que determinan A y B están correlacionadas al 99% y las de B y C al 99%. Pero si A se mide en una partícula y C en la otra, los resultados están correlacionados sólo en un 96%, lo que es una contradicción. La formulación intuitiva se debe a David Mermin, mientras que el límite del ángulo pequeño es destacado en el artículo original de Bell.

Desigualdad CHSH

Adicionalmente a la desigualdad de Bell original, la forma dada por John Clauser, Michael Horne, Abner Shimony and R. A. Holt, (the CHSH form) es especialmente importante, porque da límites clásicos a la correlación esperada para el experimento anterior realizado por Alicia y Bob:

(1) $\mathbf{C}[A(a).B(b)] + \mathbf{C}[A(a),B(b')] + \mathbf{C}[A(a'),B(b)] - \mathbf{C}[A(a'),B(b')] \leq 2$.

donde **C** denota correlación.

La correlación de observables X, Y se define como

$$\mathbf{C}(X,Y) = \mathrm{E}(XY).$$

Esta es una forma no normalizada del coeficiente de correlación considerada en estadística (ver correlación cuántica).

Para formular el teorema de Bell, formalizaremos el realismo local como sigue:
- Existe un espacio de probabilidades Λ y las salidas observadas de Alicia y Bob resultan del muestreo aleatorio del parámetro $\lambda \in \Lambda$.
- Los valores observados por Alicia y Bob son funciones de los ajustes del detector local y de los parámetros ocultos únicamente. Luego
- El valor observado por Alicia con el detector ajustado en a es $A(a,\lambda)$
- El valor observado por Bob con el detector ajustado en b es $B(b,\lambda)$

Implícita en la asunción 1) de arriba, el espacio de parámetros ocultos Λ tiene una medida de probabilidad ρ y el valor esperado de una variable aleatoria X sobre Λ con respecto a ρ se escribe

$$\mathrm{E}(X) = \int_\Lambda X(\lambda)\rho(\lambda)d\lambda$$

donde para mayor legibilidad de la notación asumimos que la medida de probabilidad tiene una densidad.

desigualdad de Bell. La desigualdad CHSH (1) se cumple bajo la asunción de variables ocultas anterior.

Por simplicidad, asumamos primero que los valores observados son +1 or −1; quitaremos esta observación abajo en la Nota 1.

Sea $\lambda \in \Lambda$. Entonces por lo menos uno de
$B(b,\lambda) + B(b',\lambda), \quad B(b,\lambda) - B(b',\lambda)$
es 0. Entonces

$A(a,\lambda) B(b,\lambda) + A(a,\lambda) B(b',\lambda) + A(a',\lambda) B(b,\lambda) - A(a',\lambda) B(b',\lambda) =$
$= A(a,\lambda)(B(b,\lambda)+B(b',\lambda)) + A(a',\lambda)(B(b,\lambda) - B(b',\lambda))$
$\leq 2.$

y por tanto

$\mathbf{C}(A(a),B(b)) + \mathbf{C}(A(a),B(b')) + \mathbf{C}(A(a'),B(b)) - \mathbf{C}(A(a'),B(b')) =$
$= \int_\Lambda \{A(a,\lambda) B(b,\lambda) + A(a,\lambda) B(b',\lambda) + A(a',\lambda) B(b,\lambda) - A(a',\lambda) B(b',\lambda)\}\rho(\lambda)d\lambda$
$= \int_\Lambda \{A(a,\lambda)(B(b,\lambda)+B(b',\lambda)) + A(a',\lambda)(B(b,\lambda) - B(b',\lambda))\}\rho(\lambda)d\lambda$
$\leq 2.$

Nota 1. La desigualdad de correlación (1) todavía se mantiene si las variables $A(a,\lambda)$, $B(b,\lambda)$ pueden tomar valor sobre cualquier valor real entre −1 and +1. De hecho, la idea relevante es que cada sumando en la media superior esté acotado superiormente por 2. Es fácil ver que esto es cierto en el caso más general:

$A(a,\lambda) B(b,\lambda) + A(a,\lambda) B(b',\lambda) + A(a',\lambda) B(b,\lambda) - A(a',\lambda) B(b',\lambda) =$
$= A(a,\lambda)(B(b,\lambda)+B(b',\lambda)) + A(a',\lambda)(B(b,\lambda) - B(b',\lambda))$
$\leq |A(a,\lambda)(B(b,\lambda)+B(b',\lambda)) + A(a',\lambda)(B(b,\lambda) - B(b',\lambda))|$
$\leq |A(a,\lambda)(B(b,\lambda)+B(b',\lambda))| + |A(a',\lambda)(B(b,\lambda) - B(b',\lambda))|$
$\leq |B(b,\lambda) + B(b',\lambda)| + |B(b,\lambda) - B(b',\lambda)| \leq 2.$

Para justificar el límite superior 2 afirmado en la última inecuación, sin pérdida de generalidad, podemos asumir que

$$B(b,\lambda) \geq B(b',\lambda) \geq 0.$$

En ese caso

$|B(b,\lambda)+B(b',\lambda)|+|B(b,\lambda)−B(b',\lambda)| = B(b,\lambda)+B(b',\lambda)+B(b,\lambda)−B(b',\lambda) =$
$= 2B(b,\lambda) \leq 2.$

Nota 2. Aunque el componente importante del parámetro oculto λ en la demostración original de Bell está asociado con la fuente y es compartido por Alicia y Bob, pueden haber otros que estén asociados con los detectores separados, siendo estos últimos independientes. Este argumento fue utilizado por Bell en 1971, y de nuevo por Clauser y Horne en 1974, para justificar una generalización del teorema forzada sobre ellos por los experimentos reales, donde los detectores nunca tienen una eficiencia del 100%. Las derivaciones fueron dadas en términos de las *medias* de las salidas sobre las variables locales de los detectores. La formalización del realismo local fue entonces cambiada efectivamente, reemplazando A y B por medias y reteniendo el símbolo λ pero con uun significado ligeramente diferente. Fue entonces restringido (en muchos trabajos teóricos) a significar sólo aquellos componentes que estuvieran asociados con la fuente.

Sin embargo, con la extensión probada en la Nota 1, la desigualdad de CHSH todavía se cumple incluso si los propios instrumentos contienen ellos mismos variables ocultas. En este caso, promediando sobre las variables ocultas del intrumento obtenemos nuevas variables:

$$\overline{A}(a,\lambda), \quad \overline{B}(b,\lambda)$$

sobre Λ que todavía tienen valores en el rango [−1, +1] por lo que podemos aplicar el resultado previo.

Las desigualdades de Bell son violadas por las predicciones de la mecánica cuántica

En el formalismo usual de la mecánica cuántica, los observables X e Y son representados como operadores autoadjuntos sobre un espacio de Hilbert. Para computar la correlación, asumimos que X e Y son representados por matrices en un espacio de dimensión finita y que X e Y conmutan; este caso especial es suficiente para nuestros propósitos abajo. El postulado de medida de von Neumann establece que: una serie de medidas de un observable X sobre una serie de sistemas idénticos en el estado φ produce una distribución de valores reales. Por la asunción de que los observables son matrices finitar, esta distribución es discreta. La probabilidad de observar λ es no nula si y sólo si λ es un autovalor de la matriz X y por lo tanto la probabilidad es

$$\|\mathrm{E}_X(\lambda)\phi\|^2$$

donde E (λ) es el proyector correspondiente al autovalor λ. El estado del sistema inmediatamente tras la medición es

$$\|E_X(\lambda)\phi\|^{-1} E_X(\lambda)\phi.$$

De aquí, podemos mostrar que la correlación de observables que conmutan X e Y en un estado puro ψ es

$$\langle XY \rangle = \langle XY\psi \mid \psi \rangle.$$

Apliquemos este hecho en el contexto de la paradoja EPR. Las medidas realizadas por Alicia y Bob son medidas de espín sobre electrones. Alicia puede elegir entre dos ajustes del detector denominados a y a'; estos ajustes corresponden a medidas del espín a lo largo del eje z o del eje x. Bob puede elegir entre dos ajustes del detector denominados b y b'; éstos corresponden a medidas del espín a lo largo del eje z' o del eje x', donde el sistema de coordenadas $x' - z'$ es rotado 45° relativamente al sistema de coordenadas $x - z$. Los observables del espín son representados por matrices autoadjuntas 2 × 2 :

$$S_x = \begin{bmatrix} 0 & 1 \\ 1 & 0 \end{bmatrix}, S_z = \begin{bmatrix} 1 & 0 \\ 0 & -1 \end{bmatrix}.$$

Estas son las matrices de espín de Pauli normalizadas para que los correspondientes autovalores sean +1, −1. Como es costumbre, denotamos los autovectores de S por

$$|+x\rangle, \quad |-x\rangle.$$

Sea φ el estado de singlete de espín para un par de electrones como en la paradoja EPR. Este es un estado especialmente construido descrito por los siguientes vectores en el producto tensorial

$$|\phi\rangle = \frac{1}{\sqrt{2}}\Big(|+x\rangle \otimes |-x\rangle - |-x\rangle \otimes |+x\rangle\Big).$$

Ahora apliquemos el formalismo CHSH a las medidas que pueden ser realizadas por Alicia y Bob.

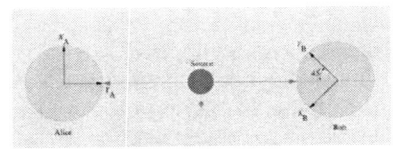

Ilustración del test de Bell para partículas de espín 1/2. La fuente produce pares de singlete de espín, una partícula de cada par es enviada a Alicia y la otra a Bob. Cada uno realizar una de las dos medidas de espín.

$$A(a) = S_z \otimes I$$
$$A(a') = S_x \otimes I$$
$$B(b) = -\frac{1}{\sqrt{2}} I \otimes (S_z + S_x)$$
$$B(b') = \frac{1}{\sqrt{2}} I \otimes (S_z - S_x).$$

Los operadores $B(b')$, $B(b)$ corresponden a las medidas del espín de Bob a lo largo de x' y z'. Notese que los operadores A conmutan con los operadores B, por lo que podemos aplicar nuestro cálculo para la correlación. En este caso, podemos mostrar que la desigualdad CHSH falla. De hecho, un cálculo directo muestra que

$$\langle A(a)B(b)\rangle = \langle A(a')B(b)\rangle = \langle A(a')B(b')\rangle = \frac{1}{\sqrt{2}},$$

y

$$\langle A(a)B(b')\rangle = -\frac{1}{\sqrt{2}}.$$

por lo que

$$\langle A(a)B(b)\rangle + \langle A(a')B(b)\rangle + \langle A(a')B(b')\rangle - \langle A(a)B(b')\rangle = \frac{4}{\sqrt{2}} = 2\sqrt{2} > 2.$$

Teorema de Bell: Si el formalismo de la mecánica cuántica es correcto, entonces el sistema consistente en un par de electrones entrelazados no puede satisfacer el principio del realismo local. Nótese que $2\sqrt{2}$ es de hecho el límite superior de la mecánica cuántica llamado límite de Tsirelson. Los operadores que dan este valor máximo son siempre isomorfos a las matrices de Pauli.

Experimentos prácticos para comprobar el teorema de Bell

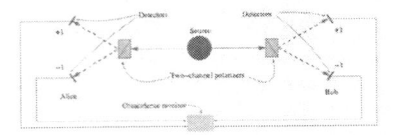

Esquema de un test de Bell de "dos canales"

La fuente SOURCE produce pares de "fotones", enviados en direcciones opuestas. Cada fotón encuentra un polarizador de dos canales cuya orientación (a o b) pueda ser ajustada por el experimentador. Las señales emergentes de cada canal son detectadas y las coincidencias de cuatro tipos (++, −−, +− y −+) son contadas por el monitor de coincidencias.

Los tests experimentales pueden determinar si las desigualdades de Bell requeridas por el realismo local se mantienen bajo evidencia empírica.

Las desigualdades de Bell son comprobadas por "contadores de coincidencias" de un experimento de prueba de Bell como el óptico mostrado en el diagrama. Los pares de partículas son emitidos como resultados de un proceso cuántico, analizados con respecto a alguna propiedad clave como la dirección de polarización, y entonces detectados. El ajuste (orientaciones) de los analizadores son seleccionados por el experimentador.

Los resultados experimentales de los test de Bell hasta la fecha violan la desigualdad de Bell de forma flagrante. Además, puede verse una tabla de experimentos de test de Bell realizados antes de 1986 en 4.5 de Redhead, 1987. De los trece experimentos listados, sólo dos alcanzaron resultados contradictorios con la mecánica cuántica; además, de acuerdo a la misma fuente, cuando se repitieron los experimentos, "las discrepancias con la MC no pudieron ser reproducidas".

Sin embargo, el asunto no está concluyentemente zanjado. De acuerdo a artículo divulgativo de Shimony de la enciclopedia de Stanford de 2004: Plantilla:Quotation

Para explorar la 'escapatoria de detección', uno debe distinguir las clases de desigualdades de Bell homogénea e inhomogénea.

La asunción estándar en Óptica Cuántica es que "todos los fotones de una frecuencia, dirección y polarización dadas son idénticos" por lo que los fotodetectores tratan todos los fotones incidentes sobre la misma base. Semejante asunción de "muestreo justo" generalmente pasa desapercibida, pero limita efectivamente el rango de teorías locales a aquellas que conciben la luz como corpuscular. La asunción excluye una gran familia de teorías de realismo local, en particular, la descripción de Max Planck. Debemos recordar las palabras cautelosas de Albert Einstein poco antes de morir: "Hoy en día cada Tom, Dick y Harry ('jeder Kerl' en el alemán original) piensa que sabe lo que es un fotón, pero está equivocado".

Las propiedades objetivas del análisis de Bell (*teorías realistas locales*) incluyen la amplitud de onda de una señal luminosa. Aquellos que mantienen el concepto de dualidad, o simplemente de la luz siendo una onda, reconocen la posibilidad o realidad de que las señales luminosas emitidas tengan un rango de amplitudes y, por lo tanto, que las amplitudes sean modificadas cuando la señal pase a través de dispositivos de análisis como polarizadores o separadores de rayos. Se sigue que no todas las señales tienen la misma probabilidad de detección (Marshall y Santos 2002).

Dos clases de desigualdades de Bell

El problema del *muestreo justo* fue encarado abiertamente en la década de 1970. En diseños anteriores de su experimento de 1973, Freedman y Clauser utilizaron *muestreo justo* en la forma de la hipótesis de Clauser-Horne-Shimony-Holt (CHSH). Sin embargo, poco después Clauser y Horne realizaron la importante distinción entre desigualdades de Bell inhomogéneas (DBI) y homogéneas (DBH). Comprobar una DBI requiere que comparemos ciertas tasas de coincidencia en dos detectores separados con las tasas aisladas de los dos detectores. Nadie necesita realizar el experimento, pues las tasas simples con todos los detectores en la década de 1970 eran como mínimo diez veces todas las tasas de coincidencia. Por ello, teniendo en cuenta esta baja eficiencia del detector, la predicción MC realmente cumplía la DBI. Para llegar al diseño experimental donde la predicción de la MC viola la DBI necesitamos detectores cuya eficiencia exceda del 82% para estados singlete, pero tenemos tasas oscuras muy bajas y tiempos muertos y de resolución muy bajos. Esto está muy por encima del 30% disponible (Brida et al. 2006) por lo que el optimismo de Shimony en la Stanford Encyclopedia, mencionado en la sección precedente, parece exagerado.

Retos prácticos

Debido a que los detectores no detectan una gran parte de todos los fotones, Clauser y Horne reconocieron que comprobar la desigualdad de Bell requiere algunas asunciones extra. Ellos introdujeron la *Hipótesis de no aumento* (NEH):
una señal luminosa, originándose por ejemplo en una cascada atómica, tiene una cierta probabilidad de activar un detector. Entonces, si se interpone un polarizador entre la cascada y el detector, la probabilidad de detección no puede aumentar.
Dada esta asunción, hay una desigualdad de Bell entre las tasas de coincidencia con polarizadores y las tasas de coincidencias sin polarizadores.

El experimento fue realizado por Freedman y Clauser, que encontraron que la desigualdad de Bell se violaba. Por lo que la hipótesis de no aumento no puede ser cierta en un modelo de variables ocultas. El experimento de Freedman-Clauser revela que las variables ocultas locales implican el nuevo fenómeno de aumento de la señal:
En en conjunto total de señales de una cascada atómica hay un subconjunto cuya probabilidad de detección aumenta como resultado de pasar a través de un polarizador lineal.
Esto es quizá no sorprendente, puesto que es sabido que añadir ruido a los datos puede, en presencia de un umbral, ayudar a revelar señales ocultas (esta propiedad es conocida como resonancia estocástica). Uno no puede concluir que esta es la única alternativa realista local a la Óptica Cuántica, pero muestra que la escapatoria es sorteada. Además, el análisis conduce a reconocer que los experimentos de la desigualdad de Bell, más que mostrar una ruptura con el realismo o la localidad, son capaces de revelar nuevos fenómenos importantes.

Retos teóricos

Algunos defensores de la idea de las variables ocultas creen que los experimentos han rechazado las variables ocultas locales. Están preparados para descartar la localidad, explicando la violación de la desigualdad de Bell por medio de una teoría de variables ocultas no local, donde las partículas intercambian información sobre sus estados. Esta es la base de la interpretación de Bohm de la mecánica cuántica, que requiere que todas las partículas en el universo sean capaces de intercambiar información instantáneamente con todas las demás. Un experimento reciente rechazó una gran clase de teorías de variables ocultas "no locales" y no Bohmianas

Si las variables ocultas pueder comunicarse entre sí mas rápido que la luz, la desigualdad de Bell puede ser violada con facilidad. Una vez una partícula es medida, puede comunicar las correlaciones necesarias a la otra partícula. Puesto que en relatividad la noción de simultaneidad no es absoluta, esto no es atractivo. Una idea es reemplazar la comunicación instantánea con un proceso que viaje hacia atrás en el tiempo sobre el cono de luz del pasado. Esta es la idea tras la interpretación transaccional de la mecánica cuántica, que interpreta la emergencia estadística de una historia cuántica como una convergencia gradual entre historias que van adelante y atrás en el tiempo.

Un trabajo reciente controvertido de Joy Christian proclama que una teoría determinista, local, y realista puede violar las desigualdades de Bell si los observables son elegidos para ser número no conmutativos en vez de números conmutativos como Bell asumió. Christian proclama que de esta forma las predicciones estadísticas de la mecánica cuántica pueder ser reproducidas exactamente. La controversia sobre este trabajo concierne su proceso de promediado no conmutativo, donde los promedios de los productos de variables en lugares distantes dependen del orden en que aparecen en la integral de promediación. Para muchos, esto parece como correlaciones no locales, aunque Christian defines la localidad para que este tipo de cosa esté permitida. En este trabajo, Christian construye una visión de la MC y del experimento de Bell que respeta el entrelazamiento rotacional de la realidad física, que está incluido en la MC por construcción, pues esta propiedad de la realidad se manifiesta claramente en el espín de las partículas, pero no es usualmente tenida en cuenta en el realismo clásico. Tras construir esta vista clásica, Christian sugiere que en esencia, esta es la propiedad de la realidad que origina los valores aumentados de las desigualdades de Bell y como resultado es posible construir una teoría local y realista. Más aún, Christian sugiere un experimento completamente macroscópico, constituido por miles de esferas de metal, para recrear los resultados de los experimentos usuales.

La función de onda de la mecánica cuántica también puede proveer de una descripción realista local, si los valores de la función de onda son interpretados como las cantidades fundamentales que describen la realidad. A esta aproximación se la llama interpretación de las realidades alternativas de la mecánica cuántica. En esta controvertida aproximación, dos observadores distantes se dividen en superposiciones al medir un espín. Las violaciones de las desigualdades de Bell ya no son contraintuitivas, pues no está claro qué copia del observador B verá a qué copia del observador A cuando comparen las medidas. Si la realidad incluye todas las diferentes salidas, la localidad en el espacio físico (no en el espacio de salidas) no es ya restricción sobre cómo los observadores divididos pueden encontrarse.

Esto implica que existe una sutil asunción en el argumento de que el realismo es incompatible con la mecánica cuántica y la localidad. La asunción, en su forma más débil, se llama definición contrafactual. Esta establece que si el resultado de un experimento se observa siempre de forma definida, existe una cantidad que determina cuál hubiera sido la salida aunque no se realice el experimento.

La interpretación de las realidades alternativas (o interpretación de los muchos mundos) no es sólo contrafactualmente indefinida, sino factualmente indefinida. Los resultados de todos los experimentos, incluso de los que han sido realizados, no están únicamente determinados.

Observaciones finales

El fenómeno del entrelazamiento cuántico que está tras la violación de la desigualdad de Bell es sólo un elemento de la física cuántica que no puede ser representado por ninguna imagen clásica de la física; otros elementos no clásicos son la complementariedad y el colapso de la función de onda. El problema de la interpretación de la mecánica cuántica es intentar ofrecer una imagen satisfactoria de estos elementos no clásicos de la física cuántica.

El artículo EPR "señala" las propiedades inusuales de los *estados entrelazados*, i.e. el estado singlete anteriormente mencionado, que es el fundamento de las aplicaciones actuales de la física cuántica, como la criptografía cuántica. Esta extraña no localidad fue originalmente un supuesto argumento de Reductio ad absurdum, porque la interpretación estándar podría fácilmente eliminar la acción a distancia simplemente asignando a cada partícula estados de espín definidos. El teorema de Bell mostró que la predicción de "entrelazamiento" de la mecánica cuántica tenía un grado de no localidad que no podía ser explicado por ninguna teoría local.

En *experimentos de Bell* bien definidos (ver el párrafo sobre "experimentos de test") uno puede ahora establecer que es falsa o bien la mecánica cuántica o bien las asunciones cuasiclásicas de Einstein: actualmente muchos experimentos de esta clase han sido realizados, y los resultados experimentales soportan la mecánica cuántica, aunque algunos creen que los detectores dan una muestra sesgada de los fotones, por lo que hasta que cada par de fotones generado sea observado habrán escapatorias.

Lo que es poderoso sobre el teorema de Bell es que no viene de ninguna teoría física. Lo que hace al teorema de Bell único y lo ha señalado como uno de los más importantes avances en la ciencia es que descansa únicamente sobre las propiedades más generales de la mecánica cuántica. Ninguna teoría física que asuma una variable determinista dentro de la partícula que determine la salida puede explicar los resultados experimentales, sólo asumiendo que esta variable no puede cambiar otras variables lejanas de forma no causal.

Lecturas adicionales

Las siguientes lecturas están pensadas para el público en general.
- Amir D. Aczel, *Entanglement: The greatest mystery in physics* (Four Walls Eight Windows, New York, 2001).
- A. Afriat and F. Selleri, *The Einstein, Podolsky and Rosen Paradox* (Plenum Press, New York and London, 1999)
- J. Baggott, *The Meaning of Quantum Theory* (Oxford University Press, 1992)
- N. David Mermin, "Is the moon there when nobody looks? Reality and the quantum theory", in *Physics Today*, April 1985, pp. 38–47.
- Louisa Gilder, *The Age of Entanglement: When Quantum Physics Was Reborn* (New York: Alfred A. Knopf, 2008)
- Brian Greene, *The Fabric of the Cosmos* (Vintage, 2004, ISBN 0-375-72720-5)
- Nick Herbert, *Quantum Reality: Beyond the New Physics* (Anchor, 1987, ISBN 0-385-23569-0)
- D. Wick, *The infamous boundary: seven decades of controversy in quantum physics* (Birkhauser, Boston 1995)
- R. Anton Wilson, *Prometheus Rising* (New Falcon Publications, 1997, ISBN 1-56184-056-4)

Teorema de Ehrenfest

El **teorema de Ehrenfest** es un teorema empleado en mecánica cuántica que relaciona la derivada temporal del valor esperado de un operador con el valor esperado del conmutador de tal operador con el hamiltoniano.

Enunciado del teorema

Sea A un operador lineal sin dependencia explícita del tiempo, H el operador hamiltoniano del sistema y Ψ una función de onda, se tiene entonces que:

$$\frac{d}{dt}\langle A\rangle = -\frac{i}{\hbar}\langle [A,H]\rangle$$

Siendo

$\langle A\rangle = \langle\Psi|A\Psi\rangle$ $\langle [A,H]\rangle = \langle\Psi|[A,H]\Psi\rangle$ $[A,H] = AH - HA$

En caso de que A dependa del tiempo la expresión queda:

$$\frac{d}{dt}\langle A\rangle = -\frac{i}{\hbar}\langle [A,H]\rangle + \langle\frac{\partial A}{\partial t}\rangle$$

Demostración

Sea A un operador lineal sin dependencia temporal, la derivada temporal de su valor esperado será:

Dado que la función de ondas cumple la ecuación de Schrödinger se tiene que:

$$i\hbar\frac{\partial\Psi}{\partial t} = H\Psi$$

Sustituyendo la derivada temporal por la acción del operador hamiltoniano y empleando la hermiticidad de este último tenemos que:

O expresado en forma más compacta:

$$\frac{d}{dt}\langle A\rangle = -\frac{i}{\hbar}\langle [A,H]\rangle + \langle\frac{\partial A}{\partial t}\rangle$$

Aplicaciones

Relación entre momento y velocidad

Tomando $A=x$ y teniendo en cuenta que:

$[x,H] = [x, \frac{p^2}{2m} + V] = [x, \frac{p^2}{2m}] = \frac{ip}{\hbar}$

Se tiene que:

$$\frac{d\langle x\rangle}{dt} = \frac{\langle p\rangle}{m}$$

Leyes de Newton

Tomando $A=p$ y teniendo en cuenta que:

$[p,H] = [p, \frac{p^2}{2m} + V] = [p, V] = -i\hbar\nabla V$

Se tiene que:

$$\frac{d\langle p\rangle}{dt} = -\nabla V = F$$

Conservación de la energía

Si el operador hamiltoniano no depende explícitamente del tiempo puede tomarse $A=H$ y se tiene que:

$$\frac{d\langle H\rangle}{dt} = -\frac{i}{\hbar}[H,H] = 0$$

Identificando el hamiltoniano con la energía del sistema se tiene:

$$\langle H\rangle = E = \text{cte}$$

Es decir, cuando el hamiltoniano del sistema no depende explícitamente del tiempo, el valor esperado del hamiltoniano se conserva.

Obtenido de «http://es.wikipedia.org/wiki/Teorema_de_Ehrenfest»

Teorema de Hellman-Feynman

En mecánica cuántica, el **teorema de Hellmann–Feynman** relaciona la derivada de la energía total de un sistema con respecto a un parámetro con el valor esperado de la derivada del hamiltoniano con respecto al mismo parámetro. Su aplicación más común es el cálculo de fuerzas en moléculas, donde los parámetros son las posiciones de los núcleos, en lo que se conoce como mecánica molecular: una vez se resuelve la ecuación de Schrödinger, todas las fuerzas se pueden calcular usando conceptos de electromagnetismo clásico.

El teorema ha sido probado independientemente por muchos autores, incluyendo a Paul Güttinger (1932), Wolfgang Pauli (1933), Hans Hellmann (1937) y Richard Feynman (1939).

El teorema es el siguiente:

$$\frac{\partial E}{\partial\lambda} = \int \psi^*(\lambda)\frac{\partial\hat{H}_\lambda}{\partial\lambda}\psi(\lambda)\,d\tau,$$

o, equivalentemente,

$$\frac{\partial E}{\partial\lambda} = \frac{\langle\psi|\frac{\partial\hat{H}_\lambda}{\partial\lambda}|\psi\rangle}{\langle\psi|\psi\rangle}$$

donde

- $\hat{H}_\lambda$ es un operador hamiltoniano que depende de un parámetro contínuo λ,

- $\psi(\lambda)$ es una función de ondas, función propia del hamiltoniano, que depende implícitamente de λ,

- E es la energía del sistema, valor propio de la función de ondas,

- $d\tau$ implica una integración sobre todo el dominio de la función de ondas.

Referencias

Obtenido de «http://es.wikipedia.org/wiki/Teorema_de_Hellman-Feynman»

Teorema de la estadística del espín

El **teorema de la estadística del espín** de la mecánica cuántica establece la relación directa entre el espín de una especie de partícula con la estadística que obedece. Fue demostrado por Fierz y Pauli en 1940, y requiere el formalismo de teoría cuántica de campos.

Relación empírica y enunciado
- El espín es un momento angular intrínseco (no asociado a su movimiento espacial) que posee toda partícula a nivel cuántico. Puede tomar valores enteros (0,1,2,...) o semienteros (1/2,3/2,...), en unidades de la constante de Planck $\hbar$.
- La estadística de una especie de partículas determina su comportamiento colectivo:
  - Si pueden redistribuirse libremente en todas las configuraciones posibles del sistema, se denominan bosones. La función de onda de un sistema de bosones es simétrica bajo el intercambio de las coordenadas de dos partículas cualesquiera. Los fotones y las partículas alfa son bosones.
  - Si por el contrario obedecen el principio de exclusión de Pauli, que restringe estas configuraciones, se denominan fermiones. La función de onda de un sistema de fermiones es antisimétrica bajo el intercambio de dos partículas, esto es, cambia de signo. Los protones, neutrones, y electrones son fermiones.

Estas dos propiedades están en aparencia totalmente descorrelacionadas. Sin embargo es un hecho experimental que todos los bosones poseen espín entero, mientras que los fermiones poseen espín semientero. Esta relación constituye el enunciado del teorema.

Consecuencias
Hay un par de fenómenos interesantes facilitados por los dos tipos de estadística. La distribución de Bose-Einstein describe los bosones en un condensado Bose-Einstein. Bajo una cierta temperatura, la mayoría de las partículas en un sistema bosónico estará en el estado fundamental (el de más baja energía). De ahí resultan propiedades inusuales como la superfluidez.

La distribución de Fermi-Dirac, que describe el comportamiento de los fermiones, también proporciona interesantes propiedades. Dado que sólo un único fermión puede ocupar un estado cuántico, el nivel fundamental de energía sólo puede ser ocupado por dos fermiones, con sus espines alineados de manera contraria. Así, incluso al cero absoluto de temperatura, el sistema tiene una cierta energía diferente de cero. Como resultado, un sistema fermiónico ejerce presión externa. Aún a temperaturas diferentes de cero, dicha presión existe. Esta presión es la responsable de que ciertas estrellas masivas no puedan colapsar debido a la gravedad (ver enana blanca, estrella de neutrones, y agujero negro).

Obtenido de «http://es.wikipedia.org/wiki/Teorema_de_la_estad%C3%ADstica_del_esp%C3%ADn»

Teoría BCS

Placa en la Universidad de Illinois, donde se conmemora el Premio Nobel recibido por John Bardeen gracias al desarrollo de la teoría BCS.

La **Teoría BCS** (que recibe su nombre de las iniciales de quienes la ideraon: John Bardeen, Leon Cooper, y John Robert Schrieffer) fue propuesta en julio de 1957 intentando explicar el fenómeno de la superconductividad. En 1972 los tres recibieron el Premio Nobel de Física gracias a esta teoría.

Esta teoría está considerada como la teoría más importante en el campo de la superconductividad desde el punto de vista microscópico (es decir, tratando de explicar las propiedades de los superconductores a partir de primeros principios). Sin embargo, como se explica más abajo, gran parte de los superconductores siguen sin contar con una explicación satisfactoria.

Contexto histórico
Previamente a la aparición de la teoría BCS, en 1950, Vitaly Ginzburg y Lev Landau presentaron la teoría Ginzburg-Landau, que explicaba varios aspectos de la superconductividad. Sin embargo, las condiciones de la Guerra fría y la poca comunicación que conllevaba entre los miembros de la comunidad científica impidieron que esta teoría influyera sustancialmente el trabajo de Bardeen, Cooper y Schrieffer.

Tras la publicación de la teoría, en 1958, Nikolai Bogoliubov la reafirmó mostrando que la función de onda BCS, que en un principio había sido calculada variacionalmente, se podía obtener también mediante una transformación canónica del hamiltoniano electrónico. Un año más tarde Lev Gor'kov relacionó la teoría BCS con la de Ginzburg-Landau demostrando que esta última es un caso particular de la BCS para temperaturas próximas a la temperatura crítica. El artículo de Gor'kov, publicado en inglés y en ruso, fue a su vez una manera de conciliar ambas teorías a ambos lados del Telón de Acero.

Se considera que en 1964, durante la Conferencia Internacional sobre la Ciencia de la Superconductividad, se alcanzó cierto consenso entre los participantes acerca de la validez de la teoría BCS.

Fundamentos

La atracción de los electrones

La teoría se basa en el hecho de que los portadores de carga no son electrones sino parejas de electrones (conocidas como pares de Cooper). Los electrones habitualmente se repelen debido a que tienen igual carga. Sin embargo, cuando se hallan inmersos en una red cristalina (es decir, la microestructura del material) es posible que la energía entre ellos sea negativa (atractiva) en lugar de positiva (repulsiva), de manera que se creen parejas para minimizar la energía.

Es posible comprender el origen de la atracción entre los electrones gracias a un argumento cualitativo simple. En un metal, los electrones, al tener carga negativa, ejercen una atracción sobre los iones positivos que se encuentran en su vecindad. Estos iones al ser mucho más pesados que los electrones, tienen una inercia mucho mayor. Por esta razón, mientras que un electrón pasa cerca de un conjunto de iones positivos, estos iones no vuelven inmediatamente a su posición de equilibrio original. Ello resulta en un exceso de cargas positivas en el lugar por el que el electrón ha pasado. Un segundo electrón sentirá pues una fuerza atractiva resultado de este exceso de cargas positivas.

Formalmente se suele decir que los electrones interaccionan entre sí mediante fonones, siendo estos una especie de partícula imaginaria que representa la vibración de la red cristalina (generada en este caso por el paso de los electrones).

La banda prohibida superconductora

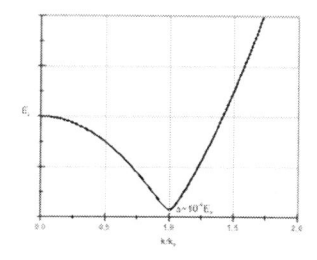

E es, en el marco de la teoría BCS, la diferencia de energía entre un sistema en que todos los electrones están en estado superconductor formando pares de Cooper (que sería el estado fundamental), y ese mismo sistema con un único electrón desapareado en el estado *k* (que es el primer estado excitado).

Esta especie de "energía de enlace" entre los dos electrones se suele llamar *banda prohibida superconductora* o, por contagio del inglés, *gap superconductor*, y se denota Δ. El concepto no está relacionado con la banda prohibida de los semiconductores, salvo en que se comporta de forma parecida.

En un conductor en estado normal (es decir, cuando no es superconductor), es posible excitar un electrón añadiéndole cualquier energía que queramos. Simplemente aumentaremos su energía cinética en igual proporción. Sin embargo, en el caso de un par de Cooper es distinto: si le aplicamos una energía inferior a 2Δ (el doble, debido a que la banda prohibida se toma como energía *por electrón*), no lograremos excitarlo dado que no romperemos el par. Si la energía es superior a 2Δ, entonces el par se rompe y la energía que le sobre se convierte en energía cinética de los electrones.

Resultados

Fenómenos previos que explica

Algunos de los hechos que son explicados con éxito por esta teoría, y que eran bien conocidos antes de 1957, son los siguientes:

- La existencia de una temperatura crítica, por debajo de la cual el material pasa al estado superconductor.
- La existencia de una discontinuidad en el calor específico al pasar al estado superconductor, con el hecho notable de que, independientemente del material, en el estado superconductor es 2.43 veces mayor que en el normal (para $T = T$).
- El efecto Meissner, descubierto 24 años antes, y por el cual el campo magnético es expulsado del interior del material superconductor, dando lugar a efectos muy populares, como la levitación de imanes.
- El efecto isotópico, descubierto 7 años antes, y según el cual $T_c \propto 1/\sqrt{A}$, es decir, para distintos isótopos de un elemento superconductor dado, la temperatura crítica es inversamente proporcional a la raíz cuadrada del número másico: cuanto más pesados son los iones positivos, más difícil es alcanzar el estado superconductor. Este efecto jugó un papel muy importante, porque indicó que el estado superconductor tenía algo que ver con la red cristalina, y no tanto con interacciones como el acoplamiento espín-órbita o el acoplamiento espín-espín.

Predicciones explicadas después experimentalmente

En abril de 1957 (tan sólo algunos meses antes de que la teoría BCS saliera a la luz) Richard Feynman, que por entonces se dedicaba al estudio de la superfluidez y la superconductividad, dijo:

No creo que nadie haya calculado nada en física del estado sólido antes de que apareciera el resultado experimental, ¡así que lo único que hemos hecho hasta ahora ha sido predecir lo que ya habíamos observado!

Richard Feynman*Superfluidity and Superconductivity*

Este pensamiento personal (olvidando la Teoría de la Relatividad General) revela la importancia histórica que tuvo la famosa predicción de la teoría BCS:

- La razón entre el valor de la banda prohibida en el cero absoluto y la temperatura crítica es alrededor de 3.5k, *independientemente del material*, siendo su valor teórico:

$$\frac{2\Delta(0)}{k_B T_C} = \frac{2\pi}{e^\gamma} \simeq 3.53$$

(donde γ es la constante de Euler-Mascheroni, aproximadamente 0.577).

Lo que dicho de otro modo, viene a significar que si un material tiene una temperatura crítica de 1 K, su banda prohibida será de alrededor de 0.0003 eV. Se realizaron varios experimentos para poner a prueba esta predicción, y se vio que efectivamente en la mayoría de los casos este cociente da un valor cercano a 3.5. La explicación de cómo se llega a este resultado se halla más abajo, en la sección de teoría.

Teoría

Tratamiento mecano-cuántico

Evidentemente, este argumento cualitativo se justifica por cálculos más rigurosos pues el comportamiento de los electrones y los iones deben describirse por medio de la mecánica cuántica. El tratamiento teórico completo utiliza los métodos de la segunda cuantización, y se basan en el hamiltoniano de Fröhlich:

$$H = \sum \epsilon(k) c_k^\dagger c_k + \sum \hbar\omega_q b_q^\dagger b_q + \frac{1}{\sqrt{V}} \sum g(k,q) c_{k+q}^\dagger c_k (b_q + b_{-q}^\dagger)$$

donde c es un operador de aniquilación para un electrón de espín σ, y de momento k, b es el operador de aniquilación de un fonón de momento q, $c_{k,\sigma}^\dagger$ y $b_q^\dagger$ son los operadores de creación correspondientes, y $g(k,q)$ es el elemento de matriz de acoplamiento electrón-fonón. Este término describe la emisión o la absorción de fonones por los electrones. Notar que en este proceso, el momento se conserva.

Por medio de una transformación canónica, se puede eliminar la interacción electrón-fonón del hamiltoniano de Fröhlich para obtener una interacción efectiva entre los electrones. Una aproximación alternativa consiste en utilizar la teoría de perturbaciones de segundo orden en el acoplamiento electrón fonón. En esta aproximación un electrón emite un fonón virtual que es absorbido por otro electrón. Este proceso es la versión cuántica del argumento cualitativo semi-clásico explicado antes. Se encuentra un elemento de matriz para la interacción entre los electrones de la forma:

$$\langle k-q, k'+q | V_{eff} | k, k' \rangle = \frac{2|g(k,q)|^2 \hbar\omega_q}{(\epsilon(k) - \epsilon(k+q))^2 - (\hbar\omega_q)^2}$$

Este término matricial es en general positivo, lo que corresponde a una interacción repulsiva, pero por

$$|\epsilon(k) - \epsilon(k+q)| < \hbar\omega_q$$

el término se hace negativo lo que corresponde a una interacción atractiva. Estas interacciones atractivas creadas por intercambio de bosones virtuales no se limitan a la física de la materia condensada pues la interacción atractiva entre nucleones en los núcleos atómicos se explica mediante el intercambio de mesones.

Superconductividad en el cero absoluto

Desde el punto de vista teórico, por sencillez, se suele estudiar en primer lugar cómo se comportan los superconductores cuando estamos en el cero absoluto, y en segundo lugar el caso más general, que es cómo se comporta el material a medida que aumentamos la temperatura hasta llegar a la temperatura crítica (y su paso al estado normal).

Así, es posible explicar la relación entre la superconductividad y el efecto isotópico mediante un desarrollo matemático por el cual se llega a:

$$\Delta = 2\hbar\omega_D \exp(-1/V_0 N(0))$$

donde Δ es la banda prohibida y ω es la frecuencia de Debye. De esta forma, puesto que $VN(0)$ es una constante que depende del material, vemos que la banda prohibida es proporcional a la energía de excitación $\hbar\omega_D$, y puesto que esta a su vez es proporcional a $1/\sqrt{M}$, tenemos que la banda prohibida está relacionada con el efecto isotópico.

La ecuación de la banda prohibida

Para valores arbitrarios de la temperatura, siempre que esta esté entre 0 y la temperatura crítica, es posible llegar a un importante resultado que se conoce como *ecuación de la banda prohibida*:

$$\frac{1}{V} = \frac{1}{2} \sum_k \frac{\tanh(\sqrt{\epsilon_k^2 + \Delta^2(T)}/2k_B T)}{\sqrt{\epsilon_k^2 + \Delta^2(T)}}$$

Con esta ecuación, es posible explicar gran número de propiedades de los materiales superconductores, como por ejemplo la ya mencionada relación entre la banda prohibida y la temperatura crítica con un factor 3.53: para ello basta con tener en cuenta que según nos acercamos a la temperatura crítica, el valor de la banda prohibida tiende a cero, de modo que

$$\Delta(T) \to 0$$

de modo que

$$E_k = \sqrt{\epsilon_k^2 + \Delta^2(T)} \to |\epsilon_k|$$

de esta forma, convirtiendo el sumatorio en una integral, nos quedará algo del tipo:

$$\frac{1}{VN(0)} = \int_0^{\hbar\omega_c/2k_B T_c} \frac{\tanh \epsilon_k}{\epsilon_k} d\epsilon_k$$

y resolviendo la integral nos quedará que

$$\hbar\omega_c / 2k_B T_c = e^\gamma/\pi$$

de donde se puede llegar sin dificultad a la famosa relación ya mencionada.

Limitaciones

Aunque la teoría es notable en cuanto que fue la primera en arrojar luz en este campo, está lejos de ser la teoría definitiva. He aquí algunos ejemplos de ello:

No logra explicar todos los superconductores

Esta teoría explicó bien el comportamiento de ciertos superconductores, conocidos como superconductores *convencionales* (la mayoría de los cuales son superconductores de tipo I, como el aluminio, el plomo o el mercurio), pero fallaba a la hora de predecir resultados experimentales para los llamados superconductores *no convencionales* (que suelen ser sustancias más complejas, como aleaciones, cerámicas o fulerenos).

No obstante, hay otra teoría, la teoría Ginzburg-Landau que es de gran ayuda en el estudio de los superconductores no convencionales desde el punto de vista *macroscópico* (es decir, renunciando a explicar las propiedades rigurosamente a partir de la ecuación de Schrödinger).

Entre estos superconductores no convencionales se encuentran los superconductores de alta temperatura (aquellos que pueden encontrarse en estado superconductor por encima de 77 K), los cuales son famosos porque a día de hoy aún no se ha encontrado una explicación satisfactoria de sus propiedades.

No logra predecir qué materiales serán superconductores

Aun conociendo las propiedades de un material a temperaturas elevadas, la teoría tampoco consigue predecir si éste alcanzará el estado superconductor o no, puesto que se da por sentado que la superconductividad está asociada a la interacción electrón-fonón. Partiendo de esta idea, se supone que una sustancia debería tener más probablididades de ser superconductora a temperaturas relativamente elevadas en los siguientes casos:

- interacción electrón-fonón elevada
- densidad de estados electrónica elevada
- iones de poca masa

Sin embargo, en la práctica, se ha visto que la correlación es muy débil al medir estas propiedades frente al hecho de que la muestra sea superconductora.

Véase también
- Superconductividad
- Teoría Ginzburg-Landau

Enlaces externos
- J. Bardeen, L. N. Cooper y J. R. Schrieffer (1 de diciembre de 1957). «Theory of Superconductivity». *Physical Review* **108** (5): pp. 1175 - 1204. doi:10.1103/PhysRev.108.1175. (artículo original de Bardeen, Cooper y Schrieffer)

Referencias
Obtenido de «http://es.wikipedia.org/wiki/Teor%C3%ADa_BCS»

Teoría de la dispersión

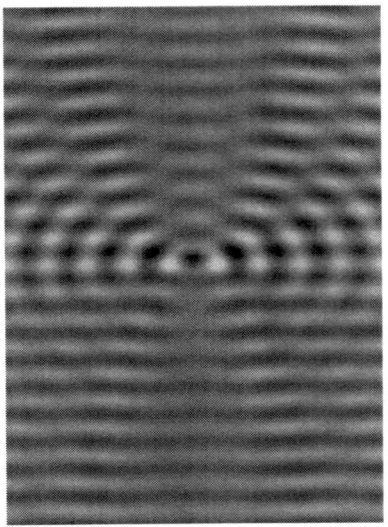

Arriba: la parte real de una onda plana que viaja hacia arriba. Abajo: la parte real de un campo después de insertar en el camino de la onda un pequeño disco transparente con índice de refracción más alto que el índice del medio que le rodea. Este objeto dispersa parte del campo de la onda, aunque en cualquier punto individual, la frecuencia y la longitud de onda se mantienen intactas.

En matemáticas y física, **la teoría de la dispersión** es un marco para el estudio y la comprensión de la dispersión de ondas y párticulas. De forma prosaica, la dispersión de ondas corresponde a la colisión y dispersión de una onda con algún objeto con materia, por ejemplo: la dispersión de la luz solar por las gotas de lluvia para formar un arcoiris. La dispersión también incluye la dispersión de las bolas de billar en la mesa, la dispersión de Rutherford (o cambio de ángulo) de partículas alfa por oro nuclear, La dispersión de Bragg (o difracción) de electrones y rayos X por un cluster de átomos, y la dispersión inelástica de un fragmento de fisión mientras viaja por una fina capa de aluminio. De forma más precisa, la dispersión consiste en el estudio de como soluciones de las ecuaciones en derivadas parciales, propagándose libremente "en un pasado lejano", se juntan e interactúan unas con otras o con una condición de frontera, y luego se propagan alejándose hacia un "futuro distante".

El **problema de dispersión directa** es el problema de determinar la distribución de un flujo de radiación/párticula dispersados basándose en las características de lo disperso.

El problema de dispersión inversa es el problema de determinar las caractericas de un objeto (p.e.: su forma, constitución interna) a partir de los datos de las mediciones de radiaciones o partículas dispersas del objeto.

Desde el comienzo de la radiolocalización, el problema ha encontrado un amplio número de aplicaciones, tales como ecolocalización, mediciones geofísicas, ensayos no destructivos, imagen médica y la teoría cuántica de campos, por nombrar unos pocos.

Bases conceptuales

Los conceptos usados en la teoría de la dispersión llevan diferentes nombres en diferentes campos. El objeto de esta sección es dar un punto de vista al lector de temas comunes.

Objetivos compuestos y ecuaciones de rango

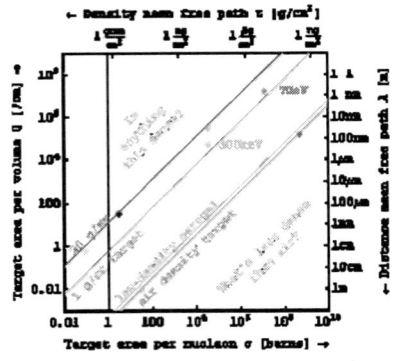

Cantidades equivalentes usadas en la teoría de la dispersión de especímenes compuestos, pero con una variedad de unidades.

Cuando el objetivo es un conjunto de centros de dispersión cuyas posiciones relativas varían de forma impredecible, es normal pensar que una ecuación de rango cuyos argumentos tomen diferentes formas en diferentes áreas de aplicación. En el caso más sencillo de todos se considera una interacción que elimina particulas de un "haz no-disperso" de manera uniforme que es proporcional al flujo I incidente de partículas por unidad de área y unidad de tiempo, p.e. que

$$\frac{dI}{dx} = -QI$$

donde Q es el coeficiente de interacción y x es la distancia recorrida en el objetivo.

La anterior ecuación diferencial de primer órden tiene soluciones de la forma:

$$I = I_o e^{-Q\Delta x} = I_o e^{-\frac{\Delta x}{\lambda}} = I_o e^{-\sigma(\eta \Delta x)} = I_o e^{-\frac{\rho \xi}{\tau}}$$

donde I es el flujo inicial, longitud del camino $\Delta x \equiv x - x$, la segunda igualdad define una interacción de camino libre medio λ, la tercera usa el número de objetivos por unidad de volumen η para definir un área de sección eficaz σ, y la última utiliza la densidad de masa del objetivo ρ para definir un camino libre de densidad media τ. Por lo tanto, se puede convertir entre estas cantidades mediante $Q = 1/\lambda = \eta\sigma = \rho/\tau$, como se muestra en la figura de la izquierda.

En la espectroscopia por absorción electromagnética, por ejemplo, el coeficiente de interacción (e.g. Q en cm) se le llama a veces opacidad, coeficiente de absorción, y coeficiente de atenuación. En física nuclear, las secciones transversales de area (e.g. σ en barns or unidades de 10 cm), el camino libre de densidad media (e.g. τ en gramos/cm), y su recíproco el coeficiente de atenuación de masa (e.g. en cm/gram) o *área por nucleón* son todos populares, mientras que en microscopia electrónica el camino libre medio inelástico (e.g. λ en nanómetros) está usualmente, sin embargo, en controversia.

En física teórica

En física matemática, la **teoría de la dispersión** es un marco para el estudio y la comprensión de la interacción o la dispersión de soluciones para las ecuaciones en derivadas parciales. En acústica, la ecuación diferencial es la ecuación de onda, y la dispersión estudia como sus soluciones, las ecuaciones de onda, se dispersan desde un objeto sólido o se propagan a traves de un medio no uniforme (como las ondas sonoras, en agua marina, provenientes de un submarino). En el caso de la electrodinámica clásica, la ecuación diferencial es de nuevo la ecuación de onda y estudia la dispersión de la luz o las ondas de radio. En mecánica cuántica y fisica de partículas, la ecuación son las de la electrodinámica cuántica QED, cromodinámica cuántica QCD y el modelo estándar, las soluciones corresponden a las partículas fundamentales. En química cuántica, las soluciones corresponden a átomos y moléculas, gobernado por la ecuación de Schrödinger.

Dispersión elástica e inelástica

El ejemplo de dispersión en química cuántica es particularmente instructivo, ya que la teoría es razonablemente compleja mientras que tiene una buenva base para conseguir una comprensión intuitiva. Cuando dos átomos se dispersan el uno del otro, se los puede entender como soluciones de estado ligado de una ecuación diferencial. Esto es, por ejemplo, el hidrógeno atómico corresponde a una solución de la ecuación de Schrödinger de una fuerza central con una potencia-inversa negativa (i.e., atracción de Coulomb). La dispersión de dos átomos de hidrógeno perturbará el estado de cada átomo, resultando en que uno o ambos se excitan, o incluso se ionizan. Esto es, las colisiones pueden ser elástica (el estado cuántico interno de las partículas no cambia) o inelástica (el estado cuántico interno de las partículas cambia). Desde el punto de vista experimental la cantidad observable es de la sección transversal. Desde el punto de vista teórico la cantidad clave es la matriz S.

El marco matemático

En matemáticas, la teoría de la dispersión trata con una formulación más abstracta del mismo conjunto de conceptos. Por ejemplo, si conocemos que una ecuación diferencial tiene alguna soluciónes simples y localizadas, y las soluciones son funcinoes de un único parámetro, ese parámetro puede tomar el rol conceptual del tiempo. Uno se pregunta entonces que podría pasar si dos de esas soluciones están muy lejos una de otra, en un "pasado distante", y se hace que se muevan una hacia la otra, que interactuen (bajo la restricción de la ecuación diferencial) y después se mueven alejandose en el "futuro". La matriz de dispersión entonces pareja las soluciones en el "pasado distante" con aquellas en el "futuro distante".

Las soluciones de las ecuaciones diferenciales se basan normalmente en las variedades. Normalmente, esto quiere decir que la solución requiere el estudio del espectro de un operador en la variedad. Como resultado, las soluciones normalmente tienen un espectro que puede identificarse con un espacio de Hilbert, y la dispersión se describe entonces como un mapa, la matriz S, en los espacios de Hilbert. Los espacios con un espectro discreto corresponden a estados ligados en la mecánica cuántica, mientras que un espectro contínuo está asociado con los estados de la dispersión. El estudio de la dispersión inelástica requiere averiguar como se mezclan los espectros discretos y contínuos.

Un importante y notable descubrimiento es la transformada inversa de dispersión, base de las soluciones de muchos sistemas integrables.

Referencias

- Lectures of the European school on theoretical methods for electron and positron induced chemistry, Prague, Feb. 2005
- E. Koelink, Lectures on scattering theory, Delft the Netherlands 2006

Notas al pie

Obtenido de «http://es.wikipedia.org/wiki/Teor%C3%ADa_de_la_dispersi%C3%B3n»

Teoría de variables ocultas

En Física, se define como **teorías de variables ocultas** a formulaciones alternativas que suponen la existencia de ciertos parámetros desconocidos que serían los responsables de las características estadísticas de la mecánica cuántica. Dichas formulaciones pretenden restablecer el determinismo eliminado por la interpretación de la escuela de Copenhague, que es la interpretación estándar en mecánica cuántica. Suponen una crítica a la naturaleza probabilística de la mecánica cuántica, la cual conciben como una descripción incompleta del mundo físico.

La mecánica cuántica describe el estado instantáneo de un sistema o estado cuántico con una función de ondas que codifica la distribución de probabilidad de todas las propiedades medibles, u observables. Los seguidores de las teorías de variables ocultas conciben la mecánica cuántica como una descripción provisional del mundo físico. Creen en la existencia de teorías en que los comportamientos probabilísticos de la teoría cuántica se corresponderían con un comportamiento estadístico asociado a partes del sistema y parámetros que no nos son accesibles (variables ocultas). Es decir, conciben las probabilidades cuánticas como fruto del desconocimiento de estos parámetros.

Una minoría de físicos es seguidora de estas teorías. Diversos experimentos han descartado una amplia clase de teorías de variables ocultas (las llamadas teorías de variables ocultas locales) por ser incompatibles con las observaciones.

Introducción histórica

En la conferencia de Solvay de 1927, Born y Heisenberg fijaron la postura ortodoxa al afirmar que
"el determinismo, hasta hoy considerado como la base de las ciencias exactas, debe ser abandonado [...] mantenemos que la mecánica cuántica es una teoría completa cuyas hipótesis fundamentales, físicas y matemáticas, no son susceptibles de modificación."
Entendemos por completitud el que la función de ondas Ψ proporcione una descripción exhaustiva de un sistema individual. Frente a ellos, la postura de Albert Einstein queda perfectamente descrita en una carta a Born en 1926:
"La mecánica cuántica es algo muy serio. Pero una voz interior me dice que, de todos modos, no es ese el camino. La teoría dice mucho, pero en realidad no nos acerca demasiado al secreto del Viejo. En todo caso estoy convencido de que Él no juega a los dados."
Quería así expresar su convencimiento de que las teorías físicas deben ser deterministas para ser completas. Un intento de refutar la completitud que pregonaba la escuela de Copenhague lo constituye el argumento de Einstein-Podolski-Rosen, más conocido como paradoja EPR. Otros intentos de restablecer el determinismo partieron de la suposición de que tal vez la mecánica cuántica no era completa y tal vez existían parámetros adicionales ocultos, o **variables ocultas** que una vez tenidas en cuenta restauraban el determinismo clásico.

En referencia a eso, Max Born, en su artículo de 1926 sobre la interpretación estadística de la función de onda, ya había señalado que:
"Cualquiera que no esté satisfecho con estas ideas [estadísticas] puede sentirse libre para suponer que existen parámetros adicionales, todavía no introducidos en la teoría, que determinen cada suceso individual"
Más tarde John von Neumann, en sus «Fundamentos matemáticos de la Mecánica Cuántica» negó totalmente su existencia, basándose en una demostración físicomatemática, cuando dice: "*... una tal explicación [las variables ocultas] es incompatible con ciertos postulados fundamentales de la mecánica cuántica*". Ningún físico cuestionó (explícitamente) este resultado antes de 1952, año en que David Bohm publica una teoría que admite que ciertos tipos de variables ocultas sí serían compatibles con la mecánica cuántica. Esto no tuvo gran influencia en la mayoría de los físicos, como Wolfgang Pauli, que en 1953 se remitía a la demostración de von Neumann; sin embargo, Louis de Broglie sí se mostraba favorable a la utilización de variables ocultas para explicar la dualidad onda-corpúsculo, aunque anteriormente había sido un ferviente partidario de la interpretación de von Neumann. De Broglie utilizó el principio de indeterminación de Heisenberg del movimiento de una partícula para aplicarlo a su onda. Esto le permitía suponer que características estadísticas de ella provenían de la imposibilidad de medir el estado de la partícula, aun cuando éste fuese definido.

En 1966 un trabajo de John Bell abrió un nuevo campo de investigación a partir de una hipótesis sobre la combinación lineal de operadores hermíticos.

Teorías locales de variables ocultas

Una teoría local de variables ocultas es una teoría en la que la medición sobre una parte de un estado entrelazado no tiene efectos sobre otras partes del sistema suficientemente alejadas. Así el efecto de una medida sobre una parte del sistema tendría sólo efectos "locales" y no globales sobre la función de onda.

En 1935, Einstein, Podolsky y Rosen escribieron un artículo que resaltaba la necesidad de una nueva teoría local de variables ocultas que sustituyese a la teoría cuántica. Proponían el argumento de EPR, más conocido como paradoja EPR, como prueba de la necesidad de dicha teoría. Dicho argumento sugería que la mecánica cuántica era sencillamente incompleta.

Es un hecho ampliamente aceptado que no puede existir una teoría local de variables ocultas cuyas predicciones coincidan plenamente con las de la mecánica cuántica convencional. Ese hecho se deriva de ciertos resultados experimentales, relacionados con la desigualdad de Bell. En 1964, John Bell demostró un teorema que afirmaba básicamente que si existen variables ocultas, pueden realizarse ciertos experimentos en los que el resultado debería satisfacer una desigualdad llamada la desigualdad de Bell: si existe una teoría de variables ocultas local entonces debería cumplirse dicha desigualdad. Sin embargo, los experimentos parecen violar dicha desigualdad.

Desde principios de los años 1980, físicos como Alain Aspect y Paul Kwiat, han efectuado experimentos que violan la desigualdad de Bell hasta en 242 desviaciones estándar consiguiendo de este modo una excelente certeza.

Aunque se acepta ampliamente que estos experimentos que violan la desigualdad de Bell implican la imposibilidad de las teorías de variables ocultas compatibles con la mecánica cuántica, cabe mencionar que ciertos autores han argumentado contra esa implicación.

Otro teorema de imposibilidad sobre variables ocultas es el Teorema de Kochen-Specker. Éste afirma no sólo la imposibilidad de variables ocultas locales, sino que pone en duda la existencia del valor de una magnitud física antes de que se realice una medida. Dicho teorema presupone que el valor de un conjunto de variables simultáneamente medibles tiene un valor concreto antes de la medida y obtiene una contradicción al comparar el resultado de ciertas medidas sobre el sistema.

Teorías no-locales de variables ocultas

Una teoría de variables ocultas consistente con los experimentos debe ser no local, es decir, debe mantener la existencia de relaciones causales instantáneas o superlumínicas entre entidades físicamente separadas. La primera teoría de este tipo fue la *teoría de la onda piloto* de Louis de Broglie que data de finales de los años 1920.

La teoría de Bohm

En el año 1952, el físico y filósofo David Bohm publicó la teoría de variables ocultas no locales más conocida, también llamada interpretación de Bohm. En ella Bohm tomó la idea original de Louis de Broglie, de postular para cada partícula la existencia de una "onda guía" que gobierna su movimiento. A diferencia de la interpretación de Copenhague, que considera al electrón como una sola entidad que manifiesta la dualidad onda corpúsculo, la teoría de Bohm considera la existencia de dos entidades correlacionadas. Así, por ejemplo, los electrones siguen siendo partículas. Cuando efectuamos un experimento de doble rendija, el electrón pasará solo por una de ellas, pero su elección de rendija no será aleatoria, sino que estará gobernada por su onda guía. El efecto de la onda guía reproducirá el patrón de interferencias observado.

La principal debilidad de la teoría son sus conflictos con la relatividad no solo en términos de no localidad, sino de invariancia de Lorentz.

La teoría de 't Hooft

Otro tipo de teoría determinista fue introducido por Gerard 't Hooft. Esta teoría encontró su motivación en los problemas que aparecen al tratar de formular una teoría unificada de la gravedad cuántica.

Véase también

- Entrelazamiento cuántico

Referencias

Obtenido de «http://es.wikipedia.org/wiki/Teor%C3%ADa_de_variables_ocultas»

Teoría del campo unificado

En física, la **teoría de campo unificado** es una teoría de campos que trata de unificar - introduciendo principios comunes - dos teorías de campo previamente consideradas diferentes. Esto implicaría que seria posible describir las interacciones fundamentales entre las partículas elementales en términos de solo un campo.

Introducción teórica

En física, las fuerzas entre los objetos pueden describirse por los efectos de los "campos". Las teorías actuales consideran que para distancias subatómicas, estos campos se reemplazan por campos cuánticos interaccionando según las leyes de la mecánica cuántica. Alternativamente, usando la dualidad onda-partícula de la mecánica cuántica, los campos pueden describirse en términos de intercambio de partículas que transfieren el momento y la energía entre los objetos. De esta forma, los objetos interaccionan cuando emiten y absorben las partículas intercambiadas. La base fundamental de la teoría unificada de campos es que las cuatro fuerzas fundamentales (abajo) al igual que la materia son simplemente manifestaciones diferentes de un único campo fundamental.

La teoría unificada de campos trata de reconciliar las cuatro fuerzas fundamentales (o campos) de la naturaleza (del más fuerte al más débil):

- Fuerza nuclear fuerte: fuerza responsable de la unión de los quarks para formar neutrones y protones, y de la unión de estos para formar el núcleo atómico. Las partículas de intercambio que median esta fuerza son los gluones.
- Fuerza nuclear débil: responsable de la radioactividad, es una interacción repulsiva de corto alcance que actúa sobre los electrones, neutrinos y los quarks. Los bosones W y Z son los que median en esta fuerza.
- Fuerza electromagnética: es la fuerza, para nosotros familiar, que actúa sobre las partículas cargadas eléctricamente. El fotón es la partícula de intercambio para esta fuerza.
- Fuerza gravitacional: igualmente experimentada, es una fuerza atractiva de largo alcance que actúa sobre *todas* las partículas con masa. Se postula que hay una partícula de intercambio que se ha denominado gravitón, aunque todavía no se ha podido comprobar. Éste es entre otros, uno de los puntos clave a desvelar en el proyecto LHC.

Historia

El término **teoría de campo unificado** fue introducido por Einstein cuando intentó tratar unificadamente la gravedad y el electromagnetismo mediante una teoría de campos unificada. Previamente Maxwell había logrado en 1864 lo que denominaríamos primera teoría unificada, al formular una teoría de campo que integraba la electricidad y el magnetismo.

La búsqueda de Einstein de una teoría de campo unificado para el campo electromagnético y el campo gravitatorio, generalizando su teoría general de la relatividad fue infructuosa. Otro intento interesante de unificar estas dos teorías fue la teoría de Kaluza-Klein alguna de cuyas ideas inspiraron algunos aspectos de la teoría de cuerdas moderna, un ambicioso intento de formular una teoría del todo.

Desde los primeros intentos de Einstein y Kaluza, otro tipo de interacciones diferentes de la gravedad y electromagnetismo, como la interacción débil y la interacción fuerte han sido objeto de diversos intentos de unificación, así hacia finales de los años 1960 se formuló el modelo electrodébil que de hecho es una teoría de campo unificado del electromagnetismo y la interacción débil.

Los intentos de unificar la teoría de la interacción fuerte con el modelo electrodébil y con la gravedad ha permanecido desde entonces como uno de los retos aún pendientes de los físicos, una teoría que explicaría la naturaleza y el comportamiento de toda la materia.

La siguiente lista recoge las teorías de campo unificado según una cronología histórica:
- electricidad + magnetismo = electromagnetismo (realizada por James Clerk Maxwell en los años 1860).
- electromagnetismo + interacción débil = interacción electrodébil (realizada por Glashow, Salam y Weinberg en los años 1960).
- interacción electrodébil + interacción fuerte = gran teoría unificada (aún por verificar)
- gran teoría unificada + relatividad general = teoría de campos unificada o "Teoría del todo" (aún por desarrollar)

Teoría de campo unificado de Maxwell

Históricamente, la primera teoría unificada de campos fue desarrollada por James Clerk Maxwell. En 1831, Michael Faraday observó que la variación en el tiempo de los campos magnéticos podía inducir corrientes eléctricas. Hasta entonces, la electricidad y el magnetismo se consideraban como fenómenos no relacionados entre sí. En 1864, Maxwell publicó su famosa teoría de campos electromagnéticos. Este fue el primer ejemplo de una teoría que podía unificar teorías anteriores (electricidad y magnetismo) dando lugar al electromagnetismo. No obstante, hoy se sabe que la electrodinámica clásica desarrollada por Maxwell falla a niveles cuánticos. En los 1940s se alcanzó una teoría cuántica completa para describir la fuerza electromagnética, conocida como electrodinámica cuántica (QED). Esta teoría representa las interacciones de las partículas cargadas mediante fotones, las partículas que transmiten la interacción. Esta teoría se basa en la simetría del espacio-tiempo de un campo llamada simetría gauge (realmente simetría de fase). La teoría tuvo tanto éxito que rápidamente se adoptó el principio de la simetría gauge continua para todas las fuerzas.

Teoría de campo unificado de Glashow-Weinberg-Salam

En 1967, Sheldon Glashow y Steven Weinberg y un pakistaní Abdus Salam propusieron de manera independiente una teoría unificadora del electromagnetismo y la fuerza nuclear débil. Demostraron que el campo gauge de la interacción débil era idéntico en su estructura al del campo electromagnético. Esta teoría recibió soporte experimental por el descubrimiento en 1983, de tales bosones W y Z en el CERN por el equipo de Carlo Rubbia. Por sus descubrimientos, Glashow, Weinberg y Salam compartieron el Premio Nobel de Física en 1979. Carlo Rubbia y Simon van der Meer recibieron el mismo premio en 1984.

Teorías de Gran Unificación

El siguiente paso hacia la unificación de las fuerzas fundamentales de la naturaleza fue el incluir la interacción fuerte con las fuerzas electrodébiles en una teoría llamada Gran Teoría Unificada. Una teoría cuántica de la interacción fuerte fue desarrollada en los 1970s bajo el nombre de cromodinámica cuántica.

La interacción fuerte actúa entre quarks mediante el intercambio de partículas llamadas gluones. Hay ocho tipos de gluones, cada uno transportando una carga de color y una carga de anticolor. Basándose en esta teoría, Sheldon Glashow y Howard Georgi propusieron la primera gran teoría unificada en 1974, que se aplicaba a energías por encima de 1000 GeV. Desde entonces ha habido nuevas propuestas, aunque ninguna está aceptada en la actualidad de manera universal. El mayor problema de estas teorías es la enorme escala de energías que requieren las pruebas experimentales, que están fuera del alcance de los aceleradores actuales.

Sin embargo, hay algunas predicciones que se han hecho para procesos de bajas energías que no requieren los aceleradores. Una de estas predicciones es que el protón es inestable y puede decaer. Por el momento, se desconoce si el protón decae, aunque los experimentos han determinado un límite inferior para su vida media de 10 años. Por ello, por el momento es incierto el que esta teoría sea una descripción adecuada de la materia.

Teorías del Todo

La gravedad está aún por ser incluida en la teoría del todo. Los físicos teóricos han sido incapaces hasta ahora de formular una teoría consistente que combine la relatividad general y la mecánica cuántica. Las dos teorías han mostrado ser incompatibles y la cuantización de la gravedad continúa siendo un serio problema en el campo de la física. En los años recientes, la búsqueda de una teoría de campo unificada se ha focalizado en las teoría de cuerdas (*string theory* en inglés) y en la teoría M que pretende unificarlas.

Reduccionismo

Hay un cierto debate sobre el valor último de buscar una teoría de campos unificada. Así algunos han argumentado que si se encontrase tal teoría "final", esto es el origen último de la materia, con ello no se resolverían todos los demás problemas científicos sobre el universo. Éste es el punto de vista en el cual la comprensión última de las partículas no da un conocimiento completo del comportamiento de los átomos y moléculas o de cualquier estructura de nivel más alto. Algunos físicos, como P. W. Anderson, argumentan que las grandes estructuras poseen comportamientos colectivos que no se describen en términos del comportamiento de sus constituyentes y, por lo tanto, no hay razón para considerar tales comportamientos en el nivel más bajo como más fundamentales.

Obtenido de «http://es.wikipedia.org/wiki/Teor%C3%ADa_del_campo_unificado»

Teoría perturbacional

En mecánica cuántica, la **teoría perturbacional** o **teoría de perturbaciones** es un conjunto de esquemas aproximados para describir sistemas cuánticos complicados en términos de otros más sencillos. La idea es empezar con un sistema simple y gradualmente ir activando hamiltonianos "perturbativos", que representan pequeñas alteraciones al sistema. Si la alteración o perturbación no es demasiado grande, las diversas magnitudes físicas asociadas al sistema perturbado (por ejemplo sus niveles de energía y sus estados propios) podrán ser generados de forma continua a partir de los del sistema sencillo. De esta forma, podemos estudiar el sistema complejo basándonos en el sistema sencillo.

En particular al estudiar las energías de un sistema físico, el método consiste en identificar dentro del Hamiltoniano (perturbado) qué parte de éste corresponde a un problema con solución conocida (Hamiltoniano no perturbado en caso que su solución sea analítica) y considerar el resto como un potencial que modifica al anterior Hamiltoniano. Dicha identificación permite escribir a los autoestados del Hamiltoniano perturbado como una combinación lineal de los autoestados del Hamiltoniano sin perturbar y a las autoenergías como las autoenergías del problema sin perturbar más términos correctivos.

Procedimiento

Caso no degenerado

Sea H el Hamiltoniano de un sistema físico. De acuerdo con lo antes mencionado, el mismo se puede escribir como $\hat{H} = \hat{H}_0 + \lambda \hat{V}$, donde $\hat{H}_0$ corresponde al Hamiltoniano sin perturbar (cuyas soluciones se conocen) y $\hat{V}$ es el potencial que modifica a H_0. El parámetro λ controla la magnitud de la perturbación. En general es un parámetro ficticio que se usa por conveniencia matemática y que al final del análisis se toma $\lambda = 1$. Por otro lado, los autoestados de H se escriben como una combinación lineal de los autoestados de H_0

$$|\psi_n\rangle = \sum_m \sum_k \lambda^k c_{nm}^{(k)} |\psi_m^{(0)}\rangle$$

y las energías como

$$E_n = \sum_k \lambda^k E_n^{(k)}$$

donde $E_n^{(k)}$ es la k-ésima corrección a la energía. El índice k indica el orden de la corrección comenzando por $k = 0$. Es decir, cuanto mayor sea k, mejor aproximación se tendrá y para $k = 0$ no hay corrección alguna. En las anteriores expresiones se ha supuesto que

$$H_0|\psi_n^{(0)}\rangle = E_n^{(0)}|\psi_n^{(0)}\rangle$$
$$H|\psi_n\rangle = E_n|\psi_n\rangle$$

y

Si reemplazamos las expresiones para H, E y $|\psi_n\rangle$ en la segunda ecuación de la anterior línea se tiene

$$H|\psi_n\rangle = E_n|\psi_n\rangle$$

$(H_0 + \lambda V)\sum_m \sum_k \lambda^k c_{nm}^{(k)}|\psi_m^{(0)}\rangle = (\sum_{k_1} \lambda^{k_1} E_n^{(k_1)})\sum_m \sum_{k_2} \lambda^{k_2} c_{nm}^{(k_2)}|\psi_m^{(0)}\rangle$

$\sum_m \sum_k \lambda^k c_{nm}^{(k)}(E_m^{(0)} + \lambda V)|\psi_m^{(0)}\rangle = \sum_m \sum_{k_1}\sum_{k_2} E_n^{(k_1)} \lambda^{k_1+k_2} c_{nm}^{(k_2)}|\psi_m^{(0)}\rangle$

$\sum_m \sum_k \lambda^k c_{nm}^{(k)}(E_m^{(0)} + \lambda V)|\psi_m^{(0)}\rangle = \sum_m \sum_{k_1,k_2} E_n^{(k_1)} \lambda^{k_1+k_2} c_{nm}^{(k_2)}|\psi_m^{(0)}\rangle$

Esta igualdad se debe satisfacer para todo orden de λ. El primer término del lado izquierdo de la última línea corresponde al orden $k = 0$ y debe ser idénticamente nulo ya que del lado derecho de la igualdad no existen términos de dicho orden en λ. Esto implica que, para que toda la suma se anule, los

$$c_{nm}^{(0)} = \delta_{nm},$$ donde δ es la delta de Kronecker.

Por otro lado, cuando $k = 1$ se tiene en el lado izquierdo el primer orden de λ que se obtiene en el lado derecho cuando $k + k = 1$, es decir cuando $k_1 = 1 \wedge k_2 = 0$ o bien cuando $k_1 = 0 \wedge k_2 = 1$. Por lo tanto se tiene

$$\sum_m (c_{nm}^{(1)} E_m^{(0)} + c_{nm}^{(0)} V)|\psi_m^{(0)}\rangle = \sum_{m'} (E_n^{(0)} c_{nm'}^{(1)} + E_n^{(1)} c_{nm'}^{(0)})|\psi_{m'}^{(0)}\rangle$$

Para el segundo orden, $k = 2$ y
$k_1 = 2 \wedge k_2 = 0$,
$k_1 = 1 \wedge k_2 = 1$ y
$k_1 = 0 \wedge k_2 = 2$, entonces

$$\sum_m (c_{nm}^{(2)} E_m^{(0)} + c_{nm}^{(1)} V)|\psi_m^{(0)}\rangle = \sum_{m'}(E_n^{(2)} c_{nm'}^{(0)} + E_n^{(1)} c_{nm'}^{(1)} + E_n^{(0)} c_{nm'}^{(2)})|\psi_{m'}^{(0)}\rangle$$

Para el tercer orden, $k = 3$ y
$k_1 = 3 \wedge k_2 = 0$,
$k_1 = 2 \wedge k_2 = 1$,
$k_1 = 1 \wedge k_2 = 2$ y
$k_1 = 0 \wedge k_2 = 0$, entonces

$$\sum_m (c_{nm}^{(3)} E_m^{(0)} + c_{nm}^{(2)} V)|\psi_m^{(0)}\rangle = \sum_{m'}(E_n^{(3)} c_{nm'}^{(0)} + E_n^{(2)} c_{nm'}^{(1)} + E_n^{(1)} c_{nm'}^{(2)} + E_n^{(0)} c_{nm'}^{(3)})|\psi_{m'}^{(0)}\rangle$$

y así sucesivamente hasta el orden que se desee. A partir de las anterior igualdades es posible calcular todos los coeficientes $c_{nm}^{(k)}$ de las combinaciones lineales y las correcciones a las energías E_n^k. Para obtenerlas se procede del siguiente modo: primero se usa el hecho que $c_{nm}^{(0)} = \delta_{nm}$ con lo cual, para los tres órdenes respectivamente se tiene,

$$\sum_m c_{nm}^{(1)} E_m^{(0)} |\psi_m^{(0)}\rangle + V|\psi_n^{(0)}\rangle = E_n^{(1)}|\psi_n^{(0)}\rangle + \sum_{m'} E_n^{(0)} c_{nm'}^{(1)}|\psi_{m'}^{(0)}\rangle$$

$$\sum_m (c_{nm}^{(2)} E_m^{(0)} + c_{nm}^{(1)} V)|\psi_m^{(0)}\rangle = E_n^{(2)}|\psi_n^{(0)}\rangle + \sum_{m'}(E_n^{(1)} c_{nm'}^{(1)} + E_n^{(0)} c_{nm'}^{(2)})|\psi_{m'}^{(0)}\rangle$$

$$\sum_m (c_{nm}^{(3)} E_m^{(0)} + c_{nm}^{(2)} V)|\psi_m^{(0)}\rangle = E_n^{(3)}|\psi_n^{(0)}\rangle + \sum_{m'}(E_n^{(2)} c_{nm'}^{(1)} + E_n^{(1)} c_{nm'}^{(2)} + E_n^{(0)} c_{nm'}^{(3)})|\psi_{m'}^{(0)}\rangle$$

Para hallar las correcciones a la energía se debe multiplicar por el bra $\langle \psi_n^{(0)}|$ y usar que $\langle \psi_n^{(0)}|\psi_n^{(0)}\rangle = 1$, obteniéndose entonces

$c_{nn}^{(1)} E_n^{(0)} + \langle \psi_n^{(0)}|V|\psi_n^{(0)}\rangle = E_n^{(1)} + E_n^{(0)} c_{nn}^{(1)}$
$c_{nn}^{(2)} E_n^{(0)} + \sum_m c_{nm}^{(1)} \langle \psi_n^{(0)}|V|\psi_m^{(0)}\rangle = E_n^{(2)} + (E_n^{(1)} c_{nn}^{(1)} + E_n^{(0)} c_{nn}^{(2)})$
$c_{nn}^{(3)} E_n^{(0)} + \sum_m c_{nm}^{(2)} \langle \psi_n^{(0)}|V|\psi_m^{(0)}\rangle = E_n^{(3)} + (E_n^{(2)} c_{nn}^{(1)} + E_n^{(1)} c_{nn}^{(2)} + E_n^{(0)} c_{nn}^{(3)})$

Reordenando las anteriores expresiones y despejando para la corrección deseada se tiene

$$E_n^{(1)} = \langle \psi_n^{(0)}|V|\psi_n^{(0)}\rangle$$

$$E_n^{(2)} = \sum_m c_{nm}^{(1)} \langle \psi_n^{(0)}|V|\psi_m^{(0)}\rangle - E_n^{(1)} c_{nn}^{(1)}$$

$$E_n^{(3)} = \sum_m c_{nm}^{(2)} \langle \psi_n^{(0)}|V|\psi_m^{(0)}\rangle - (E_n^{(2)} c_{nn}^{(1)} + E_n^{(1)} c_{nn}^{(2)})$$

De este modo se han obtenido las correcciones para las energías en términos de relaciones recursivas partiendo de la primera corrección cuyo valor es el elemento de matriz $E_n^{(1)} = \langle \psi_n^{(0)} | V | \psi_n^{(0)} \rangle$. Las correcciones también dependen de los coeficientes de las combinaciones lineales. Estos pueden ser hallados con un razonamiento similar, en efecto, si en vez de haber multiplicar por $\langle \psi_n^{(0)} |$ se multiplica por $\langle \psi_l^{(0)} |$ con $l \neq n$ se tiene

$c_{nl}^{(1)} E_l^{(0)} + \langle \psi_l^{(0)} | V | \psi_n^{(0)} \rangle = E_n^{(0)} c_{nl}^{(1)}$
$c_{nl}^{(2)} E_l^{(0)} + \sum_m c_{nm}^{(1)} \langle \psi_l^{(0)} | V | \psi_m^{(0)} \rangle = E_n^{(1)} c_{nl}^{(1)} + E_n^{(0)} c_{nl}^{(2)}$
$c_{nl}^{(3)} E_l^{(0)} + \sum_m c_{nm}^{(2)} \langle \psi_l^{(0)} | V | \psi_m^{(0)} \rangle = E_n^{(2)} c_{nl}^{(1)} + E_n^{(1)} c_{nl}^{(2)} + E_n^{(0)} c_{nl}^{(3)}$

Reordenando para este caso

$$c_{nl}^{(1)} = \frac{\langle \psi_l^{(0)} | V | \psi_n^{(0)} \rangle}{E_n^{(0)} - E_l^{(0)}}$$

$c_{nl}^{(2)} = \frac{\sum_m c_{nm}^{(1)} \langle \psi_l^{(0)} | V | \psi_m^{(0)} \rangle - E_n^{(1)} c_{nl}^{(1)}}{E_n^{(0)} - E_l^{(0)}}$

$c_{nl}^{(3)} = \frac{\sum_m c_{nm}^{(2)} \langle \psi_l^{(0)} | V | \psi_m^{(0)} \rangle - (E_n^{(2)} c_{nl}^{(1)} + E_n^{(1)} c_{nl}^{(2)})}{E_n^{(0)} - E_l^{(0)}}$

Los coeficientes $c_{nn}^{(k)}$ se calculan por normalización del estado $|\psi_n\rangle$. Una vez obtenidos todos los coeficientes y las correcciones a la energía del orden deseado se los reemplaza en las expresiones expuestas inicialmente para determinar los autoestados de H y las autoenergías de dicho operados, respectivamente.

Por ejemplo, si se desea calcular la corrección para la energía a primer orden y los autoestados correspondientes, las expresiones

$$|\psi_n\rangle = \sum_m \sum_k \lambda^k c_{nm}^{(k)} |\psi_m^{(0)}\rangle$$

$$E_n = \sum_k \lambda^k E_n^{(k)}$$

y se cortan para $k = 1$ quedando

$|\psi_n\rangle = \sum_m c_{nm}^{(0)} |\psi_m^{(0)}\rangle + \sum_m c_{nm}^{(1)} |\psi_m^{(0)}\rangle$

y $E_n = E_n^{(0)} + E_n^{(1)}$

luego, se reemplazan los resultados antes hallados

$|\psi_n\rangle = (1 + c_{nn}^{(1)})|\psi_n^{(0)}\rangle + \sum_{m \neq n} \frac{\langle \psi_l^{(0)} | V | \psi_n^{(0)} \rangle}{E_n^{(0)} - E_l^{(0)}} |\psi_m^{(0)}\rangle$

y

$$E_n = E_n^{(0)} + \langle \psi_n^{(0)} | V | \psi_n^{(0)} \rangle$$

y se obtienen las aproximaciones de los estados y las energías para el problema con la perturbación V.

Caso degenerado

Ahora veamos el caso en que el operador no perturbado $\hat{H}_0$ posea valores propios degenerados. Llamemos $|\psi_n^k\rangle$ a estas autofunciones (que tomaremos ortonormales $\langle \psi_n^p | \psi_m^k \rangle = \delta_{nm} \delta_{kp}$) asociadas al autovalor $E_n^{(0)}$.

$$\hat{H}_0 |\psi_n^k\rangle = E_n^{(0)} |\psi_n^k\rangle$$

Debemos recordar que las combinaciones lineales de los autoestados degenerados de un mismo nivel energético forman un subespacio vectorial del espacio de Hilbert del sistema físico. Es decir, cualquier combinación lineal de los estados $|\psi_n^k\rangle$ es a su vez un autoestado de $\hat{H}_0$ con el mismo autovalor. En este caso surgen complicaciones matemáticas que nos obligan a considerar solamente las aproximaciones al primer orden en la energía y a orden cero en las autofunciones. En efecto, buscamos resolver:

$$(\hat{H}_0 + \lambda \hat{V}) |\psi\rangle = E |\psi\rangle$$

Donde asumimos que podemos escribir

$$|\psi\rangle = \sum_k C_k |\psi_n^k\rangle$$

$$E = E_n^{(0)} + \lambda E_n^{(1)}$$

Donde los coeficientes C son de orden cero en λ. Reemplazando en la ecuación de Schrödinger:

$$\sum_k C_k \hat{V} \psi_n^k = E_n^{(1)} \sum_k C_k \psi_n^k$$

Haciendo producto interno con $|\psi_n^p\rangle$ y definiendo $V_{pk} = \langle \psi_n^p | \hat{V} | \psi_n^k \rangle$ obtenemos:

$$\sum_k W_{pk} C_k = E_n^{(1)} \sum_k C_k \delta_{pk}$$

Si consideramos la matriz V formada por los elementos matriciales V y el vector columna C (de elementos C), es fácil darse cuenta que la ecuación anterior puede escribirse en forma matricial:

$$VC = E_n^{(1)} C$$

La anterior ecuación es una ecuación de valores propios. Puesto que requerimos soluciones no nulas para las autofunciones debe cumplirse que:

$$|V - E_n^{(1)} I| = 0$$

La anterior es una ecuación de grado igual al orden de degeneración g_n del nivel $E_n^{(0)}$, y tiene en general g_n soluciones diferentes. Estas soluciones van a ser las correcciones (al primer orden en λ) de la energía. Los autoestados correspodientes son las soluciones de la ecuaciones para los C (téngase en cuenta que en las ecuaciones de este tipo siempre queda una incógnita arbitraria que luego será la que permite la normalización del autoestado). Puesto que en general las soluciones para $E_n^{(1)}$ serán diferentes, ya no habrá degeneración en el sistema perturbado. Se dice que la perturbación **rompe la degeneración'**. En otros casos, la degeneración puede ser rota en forma parcial, es decir, se puede obtener un sistema de autoestados con una degeneración menor a la original.

Teoría de perturbaciones de muchos cuerpos

También llamada "teoría de perturbaciones de Möller-Plesset" y "teoría de perturbaciones de Rayleigh y Schrödinger", por sus usos tempranos en mecánica cuántica, se le llama "de muchos cuerpos" por su popularidad entre los físicos que trabajan con sistemas infinitos. Para ellos, la consistencia con la talla del problema, que se discute más abajo, es una cuestión de gran importancia, obviamente.

Representación diagramática y consistencia con la talla del problema

La teoría perturbacional es, como la interacción de configuraciones, un procedimiento sistemático que se puede usar para encontrar la energía de correlación, más allá del nivel Hartree-Fock. La teoría de perturbaciones no es un método variacional, con lo que no da cotas superiores de la energía, sino solamente aproximaciones sucesivamente mejores. En cambio, sí que es consistente con la talla del problema (esto es: la energía de las energías calculadas para dos sistemas es igual a la energía calculada para el sistema suma).

R. P. Feynman ideó una representación diagramática de la teoría de perturbaciones de Rayleigh y Schrödinger, y la aplicó en sus trabajos de electrodinámica cuántica. Inspirado por él, J. Goldstone usó estas representaciones para demostrar la consistencia de la talla (mostró que ciertas contribuciones, que aparentemente rompían la consistencia, se anulaban sistemáticamente a cualquier orden de perturbación).

Con ayuda de estas mismas representaciones, H. P. Kelly llevó a cabo por primera vez la aproximación del par electrónico independiente, sumando ciertas partes de la perturbación (ciertos diagramas) hasta un orden infinito.

Aplicaciones de la teoría perturbacional

La teoría perturbacional es una herramienta extremadamente importante para la descripción de sistemas cuánticos reales, ya que es muy difícil encontrar soluciones exactas a la ecuación de Schrödinger a partir de hamiltonianos de complejidad moderada. De hecho, la mayoría de los hamiltonianos para los que se conocen funciones exactas, como el átomo de hidrógeno, el oscilador armónico cuántico y la partícula en una caja están demasiado idealizados como para describir a sistemas reales. A través de la teoría de las perturbaciones, es posible usar soluciones de hamiltonianos simples para generar soluciones para un amplio espectro de sistemas complejos. Por ejemplo, añadiendo un pequeño potencial eléctrico perturbativo al modelo mecanocuántico del átomo de hidrógeno, se pueden calcular las pequeñas desviaciones en las líneas espectrales del hidrógeno causadas por un campo eléctrico (el efecto Stark). (Hay que notar que, estrictamente, si el campo eléctrico externo fuera uniforme y se extendiera al infinito, no habría estado enlazado, y los electrones terminarían saliendo del átomo por efecto túnel, por débil que fuera el campo. El efecto Stark es una pseudoaproximación.)

Las soluciones que produce la teoría perturbacional no son exactas, pero con frecuencia son extremadamente acertadas. Típicamente, el resultado se expresa en términos de una expansión polinómica infinita que converge rápidamente al valor exacto cuando se suma hasta un grado alto (generalmente, de forma asintótica). En la teoría de la electrodinámica cuántica, en la que la interacción electrón - fotón se trata pertrubativamente, el cálculo del momento magnético del electrón está de acuerdo con los resultados experimentales hasta las primeras 11 cifras significativas. En electrodinámica cuántica y en teoría cuántica de campos, se usan técnicas especiales de cálculo, conocidas como diagramas de Feynman, para sumar de forma sistemática los términos de las series polinómicas.

Bajo ciertas circunstancias, la teoría perturbacional no es camino adecuado. Este es el caso cuando el sistema en estudio no se puede describir por una pequeña perturbación impuesta a un sistema simple. En cromodinámica cuántica, por ejemplo, la interacción de los quarks con el campo de los gluones no puede tratarse perturbativamente a bajas energías, porque la energía de interacción se hace demasiado grande. La teoría de perturbaciones tampoco puede describir estados con una generación no-continua, incluyendo estados enlazados y varios fenómenos colectivos como los solitones. Un ejemplo sería un sistema de partículas libres (sin interacción), en las que se introduce una interacción atractiva. Dependiendo de la forma de la interacción, se puede generar un conjunto de estados propios completamente nuevo, que correspondería a grupos de partículas enlazadas unas a otras. Un ejemplo de este fenómeno puede encontrarse en la superconductividad convencional, en la que la atracción entre electrones de conducción mediada por fonones lleva a la formación de electrones fuertemente correlacionados, conocidos como pares de Cooper. Con este tipo de sistemas, se debe usar otros esquemas de aproximación, como el método variacional o la aproximación WKB.

El problema de los sistemas no perturbativos ha sido aliviado por el advenimiento de los ordenadores modernos. Ahora es posible obtener soluciones numéricas, no perturbativas para ciertos problemas, usando métodos como la Teoría del Funcional de la Densidad (DFT). Estos avances han sido de particular utilidad para el campo de la química cuántica. También se han usado ordenadores para llevar a cabo cálculos de teoría perturbacional a niveles extraordinariamente altos de precisión, algo importante en física de partículas para obtener resultados comparables a los resultados experimentales.

Obtenido de «http://es.wikipedia.org/wiki/Teor%C3%ADa_perturbacional»

Teorías de colapso objetivo

Las **Teorías de Colapso Objetivo** son aquellas teorías físicas que explican el colapso de la funcion de onda de una superposicion de estados en el problema de la medida en la Mecánica Cuántica suponiendo que se produce un colapso real de la función de onda al estado observado.

Difieren de otras interpretaciones de la Mecánica cuántica en que el colapso no es una hipótesis ad-hoc introducida para justificar el colapso de la funcion de onda, o un efecto subjetivo o aparente, sino que sucede realmente (de ahí el término "objetivo") provocado por causas físicas. Según estas teorías la función de onda colapsa a un estado aunque no se esté observando. El colapso se produce cuando determinado parámetro adquiere cierto valor, y el observador no juega un papel especial en el proceso de medida. Eso, de manera automática evita las ramas (con los restantes posibles resultados de una medida, no observados) que aparecen en la teoría de los multi-universos o universos paralelos puesto que las que no observamos desaparecen rápidamente.

Variaciones

En función del mecanismo que produce el colapso objetivo, aparecen distintas teorías:

- Modificación del operador de evolución de la función de onda mediante la introducción de pequeños efectos no lineales, como por ejemplo en la teoria GRW de Ghirardi-Rimini-Weber.
- Adición de un proceso de colapso sin necesidad de cambios en la evolución temporal de la función de onda, como por ejemplo en la interpretación de Penrose, con la toma en cuenta del plegado del espacio tiempo de la Relatividad General al aparecer en juego un gravitón. Otro mecanismo podría ser la pérdida de información debida a la temperatura.

Objecciones

El proceso de colapso propuesto en estas teorias es no-local y aparenta superar la velocidad de la luz. Además, crean sus propios problemas.

Para evitar el principio de conservacion de la energía, se requiere matemáticamente un colapso incompleto, de modo que la función de onda está casi toda contenida en el valor medido pero hay pequeñas "colas" donde intuitivamente la función debería ser cero, pero matemáticamente no lo es. No queda claro cómo interpretar esto todavía. Podría indicar que una pequeña cantidad de materia ha colapsado en algún lugar que la medida no refleja o que con muy poca probabilidad un objeto podría saltar de un estado colapsado a otro. En cualquier caso estas opciones parecen muy poco intuitivas.

Otra objeción, por Peter Lewis, argumenta que el hecho de que en la teoría GRW no se requiere que los estados mutuamente excluyentes se representen mediante vectores ortogonales puede dar lugar a problemas matemáticos en su aplicación a escala macroscópica

Links externos

- Stanford Encyclopedia of Philosophy on Collapse Theories
- Frigg, Roman *GRW theory*

Obtenido de «http://es.wikipedia.org/wiki/Teor%C3%ADas_de_colapso_objetivo»

Tiempo imaginario

Tiempo imaginario es un concepto derivado de la mecánica cuántica. Se usa para describir modelos del universo en física cosmológica. El concepto tiempo imaginario fue popularizado por Stephen Hawking en su libro Historia del tiempo.

El tiempo imaginario es difícil de visualizar. Si visualizamos el "tiempo normal" como una línea horizontal con el pasado a un lado y el futuro en el otro, el tiempo imaginario sería perpendicular a esta línea igual que los números imaginarios corren perpendiculares a los números reales en el plano complejo. Sin embargo, el tiempo imaginario no es imaginario en el sentido de "irreal" o "inventado", simplemente se encuentra en un dirección diferente al tiempo que experimentamos. En esencia, el tiempo imaginario es una manera de ver la dimensión temporal igual que si fuera espacial: es posible moverse en el tiempo imaginario hacia atrás y hacia delante simplemente como nos movemos en el espacio hacia izquierda y derecha.

El concepto de tiempo imaginario es útil en cosmología porque ayuda a "alisar" las singularidades espacio-temporales en los modelos del universo. Las singularidades suponen un problema para los físicos porque son áreas donde las leyes físicas conocidas no son aplicables. El Big Bang por ejemplo aparece como una singularidad en el "tiempo normal", pero cuando se aplica el concepto de tiempo imaginario la singularidad desaparece y el Big Bang funciona como cualquier otro punto del espacio-tiempo.

Obtenido de «http://es.wikipedia.org/wiki/Tiempo_imaginario»

Transición de fase cuántica

En física, se dice que ocurre una **transición de fase cuántica** o un **punto crítico cuántico** cuando el estado fundamental de un sistema reticular experimenta un cruce de niveles o «punto no analítico», incluyendo el caso límite que se puede encontrar al extender un cruce evitado a un número infinito de sitios. A diferencia de la transición de fase termodinámica, el parámetro crítico que domina la transición de fase cuántica no es la temperatura, sino una constante de acoplamiento adimensional entre los sitios de la retícula.

Como parámetro de orden se pueden utilizar la diferencia de energía Δ a la que se encuentra un cambio cualitativo de la naturaleza del estado, si el espectro de niveles es contínuo —o, si la hay, la banda prohibida— o bien el inverso de una escala de longitud ξ relacionada con correlaciones entre diferentes sitios de la red en el estado fundamental. En general, se encuentra que

$$\Delta \simeq J \cdot |g - g_c|^{z\nu}$$
$$\xi^{-1} \simeq \Lambda \cdot |g - g_c|^{\nu}$$

, donde J es la escala de energías del acoplamiento microscópico característico, Λ es una escala de longitud inversa del orden del espaciado reticular, g es el valor del parámetro crítico g en el que se encuentra la transición de fase cuántica y z y ν son exponentes críticos. Estos exponentes en general son universales, esto es, algunos sistemas con distintos detalles microscópicos pueden tener en común estos exponentes y por tanto los resultados de uno de ellos pueden ser renormalizados para describir a los demás.

Este tipo de transición de fase fue estudiado en los años 1970 para sistemas sencillos, como el modelo de Ising en presencia de un campo magnético transversal, y los avances más importantes se hicieron empleando modelos de electrones independientes. Más recientemente, se ha trabajado en el estudio de transiciones de fase cuánticas mediante modelos que sí consideran la interacción interelectrónica. Se ha alegado que el estudio de las transiciones de fase cuánticas aporta una herramienta útil en el estudio del problema de los muchos cuerpos en interacción, puesto que las formas más habituales de abordar estos problemas se basan en perturbar casos límites en los que el acoplamiento es o bien muy fuerte o bien muy débil, mientras que las transiciones de fase cuánticas ocurren precisamente a un acoplamiento intermedio.

Referencias y notas
Obtenido de «http://es.wikipedia.org/wiki/Transici%C3%B3n_de_fase_cu%C3%A1ntica»

Unidades atómicas

Las **Unidades Atómicas (au)** forman un sistema de unidades conveniente para la física atómica, electromagnetismo, mecánica y electrodinámica cuánticas, especialmente cuando nos interesamos en las propiedades de los electrones. Hay dos tipos diferentes de unidades atómicas, denominadas **unidades atómicas de Hartree** y **unidades atómicas de Rydberg**, que difieren en la elección de la unidad de masa y carga. En este artículo trataremos sobre las **unidades atómicas de Hartree**. En **au**, los valores numéricos de las siguientes seis constantes físicas se definen como la unidad:
- Dos propiedades del electrón, la masa y carga;
- Dos propiedades del átomo de hidrógeno, el radio de Bohr y el valor absoluto de la energía potencial eléctrica en el estado fundamental;
- Dos constantes, la Constante de Planck reducida o constante de Dirac y la constante de la Ley de Coulomb.

Estas seis unidades no son independientes; para normalizarlas simultáneamente a 1, es suficiente con normalizar cuatro de ellas a 1. La normalización de la energía de Hartree y de la constante de Coulomb, por ejemplo, son una consecuencia de normalizar las otras cuatro magnitudes.

Análisis dimensional
Para comprobar, por ejemplo, como la normalización de la energía de Hartree y del Bohr son consecuencia de normalizar la masa y carga del electrón y las constantes de Planck y de Coulomb, podemos utilizar el análisis dimensional. Así, si consideramos las dimensiones del operador energía cinética en unidades del Sistema Internacional, tenemos que el Hartree se puede expresar como

$$E_h = \frac{\hbar^2}{m_e a_0^2}$$

Análogamente, si consideramos las dimensiones del operador energía potencial, tendremos

$$E_h = \frac{1}{4\pi\epsilon_0} \frac{e^2}{a_0}$$

Si igualamos ambas expresiones, podemos obtener la relación del Bohr con las otras cuatro unidades

$$a_0 = \frac{4\pi\epsilon_0}{e^2} \frac{\hbar^2}{m_e}$$

Por último, sustituyendo a en cualquiera de las expresiones de E, se obtiene la definición del Hartree en términos de las constantes fundamentales

$$E_h = \frac{1}{(4\pi\epsilon_0)^2} \frac{m_e e^4}{\hbar^2}$$

Comparación con las unidades de Planck
Tanto las unidades de Planck como las unidades atómicas derivan de algunas propiedades fundamentales del mundo físico, libres de consideraciones antropocéntricas. Para facilitar la comparación entre los dos sistemas de unidades, las tablas anteriores muestran los órdenes de magnitud, en unidades del SI, de la unidad de Planck correspondiente a cada unidad atómica. Generalmente, cuando una *unidad atómica* es "grande" en términos del SI, la cooorespondiente unidad de Planck es "pequeña", y viceversa. Conviene tener en cuenta que las unidades atómicas se han diseñado para cálculos a escala atómica en el Universo actual, mientras que las Unidades de Planck son más adecuadas para la gravedad cuántica y la cosmología del Universo primitivo.

Tanto las "unidades atómicas" como las unidades de Planck normalizan la constante de Dirac a 1. Más aún, las unidades de Planck normalizan a 1 las dos constantes de la relatividad general y cosmología: la constante gravitacional G y la velocidad de la luz en el vacío, c. Si denotamos por α la constante de estructura fina, el valor de c en unidades atómicas es $\alpha \approx 137.036$.

Las **unidades Atómicas**, por el contrario, normalizan a 1 la masa y carga del electrón, y a, el radio de Bohr del átomo de hidrógeno. Normalizar a a 1 implica normalizar la constante de Rydberg, R, a $4\pi/\alpha = 4\pi c$. Dado en unidades atómicas, el magnetón de Bohr sería $\mu = 1/2$, mientras que el correspondiente valor en unidades de Planck es $e/2m$. Finalmente, las unidades atómicas normalizan a 1 la unidad de energía atómica, mientras que las unidades de Planck normalizan a 1 la constante de Boltzmann k, que relaciona energía y temperatura.

Mecánica y electrodinámica cuánticas simplificadas

La ecuación de Schrödinger dependiente del tiempo (no-relativista) para un electrón en unidades del Sistema Internacional es

$$-\frac{\hbar^2}{2m_e}\nabla^2 \psi(\mathbf{r},t) + V(\mathbf{r})\psi(\mathbf{r},t) = i\hbar\frac{\partial}{\partial t}\psi(\mathbf{r},t)$$

La misma ecuación en **unidades atómicas** es

$$-\frac{1}{2}\nabla^2 \psi(\mathbf{r},t) + V(\mathbf{r})\psi(\mathbf{r},t) = i\frac{\partial}{\partial t}\psi(\mathbf{r},t)$$

Para el caso especial de un electrón en torno a un protón, el Hamiltoniano en unidades del Sistema Internacional es

$$\hat{H} = -\frac{\hbar^2}{2m_e}\nabla^2 - \frac{1}{4\pi\epsilon_0}\frac{e^2}{r}$$

mientras que en **unidades atómicas** esta ecuación se transforma en

$$\hat{H} = -\frac{1}{2}\nabla^2 - \frac{1}{r}.$$

Por último, las ecuaciones de Maxwell toman la siguiente forma elegante cuando se expresan en **unidades atómicas**:

$$\nabla \cdot \mathbf{E} = 4\pi\rho$$
$$\nabla \cdot \mathbf{B} = 0$$
$$\nabla \times \mathbf{E} = -\alpha\frac{\partial \mathbf{B}}{\partial t}$$
$$\nabla \times \mathbf{B} = \alpha\left(\frac{\partial \mathbf{E}}{\partial t} + 4\pi\mathbf{J}\right)$$

(Realmente hay una ambigüedad a la hora de definir las unidades atómicas del campo magnético. Las ecuaciones de Maxwell anteriores utilizan la convención "Gaussiana", en la que una onda plana tiene un campo eléctrico y magnético de igual magnitud. En la convención de la "fuerza de Lorentz", el factor α se incluye en **B**.)

Obtenido de «http://es.wikipedia.org/wiki/Unidades_at%C3%B3micas»

Universos paralelos

Los **universos paralelos** es una hipótesis física, en la que entran en juego la existencia de varios universos o realidades más o menos independientes. El desarrollo de la física cuántica, y la búsqueda de una teoría unificada (teoría cuántica de la gravedad), conjuntamente con el desarrollo de la teoría de cuerdas, han hecho entrever la posibilidad de la existencia de múltiples dimensiones y universos paralelos conformando un Multiverso.

Universos paralelos en física

Teoría de los universos múltiples de Everett

Una de las versiones científicas más curiosas que recurren a los universos paralelos es la **interpretación de los universos múltiples** de Hugh Everett (IMM). Dicha teoría aparece dentro de la mecánica cuántica como una posible solución al **problema de la medida** en mecánica cuántica. Everett describió su interpretación más bien como una metateoría. Desde un punto de vista lógico la construcción de Everett evade muchos de los problemas asociados a otras **interpretaciones más convencionales de** la mecánica cuántica, sin embargo, en el estado actual de conocimiento no hay una base empírica sólida a favor de esta interpretación. El problema de la medida, es uno de los principales "frentes filosóficos" que abre la mecánica cuántica. Si bien la mecánica cuántica ha sido la teoría física más precisa hasta el momento, permitiendo hacer cálculos teóricos relacionados con procesos naturales que dan 20 decimales correctos y ha proporcionado una gran cantidad de aplicaciones prácticas (centrales nucleares, relojes de altísima precisión, ordenadores), existen ciertos puntos difíciles en la interpretación de algunos de sus resultados y fundamentos (el premio Nobel Richard Feynman llegó a bromear diciendo "*creo que nadie entiende verdaderamente la mecánica cuántica*").

El **problema de la medida** se puede describir informalmente del siguiente modo:

- De acuerdo con la mecánica cuántica un **sistema físico**, ya sea un conjunto de electrones orbitando en un átomo, queda descrito por una función de onda. Dicha función de onda es un objeto matemático que supuestamente describe la máxima información posible que contiene un **estado puro**.
- Si nadie externo al sistema ni dentro de él observara o tratara de ver como está el sistema, la mecánica cuántica nos diría que el estado del sistema evoluciona **determinísticamente**. Es decir, se podría predecir perfectamente hacia dónde irá el sistema.
- La función de onda nos informa cuáles son los **resultados posibles** de una medida y sus probabilidades relativas, pero no nos dice qué resultado concreto se obtendrá cuando un observador trate efectivamente de medir el sistema o averiguar algo sobre él. De hecho, la medida sobre un sistema es un valor aleatorio entre los posibles resultados.

Eso plantea un problema serio: si las personas y los científicos u observadores son también objetos físicos como cualquier otro, debería haber alguna forma determinista de predecir cómo tras juntar el sistema en estudio con el aparato de medida, finalmente llegamos a un resultado determinista. Pero el postulado de que una medición destruye la "coherencia" de un estado inobservado e inevitablemente tras la medida se queda en un estado mezcla aleatorio, parece que sólo nos deja tres salidas:

(A) O bien renunciamos a entender el **proceso de decoherencia**, por lo cual un sistema pasa de tener un estado puro que evoluciona determinísticamente a

tener un estado mezcla o "incoherente".
(B) O bien admitimos que existen unos **objetos no-físicos** llamados **"conciencia"** que no están sujetos a las leyes de la mecánica cuántica y que nos resuelven el problema.
(C) O tratamos de proponer una teoría que explique el proceso de medición, y no sean así las mediciones quienes determinen la teoría.
Diferentes físicos han tomado diferentes soluciones a este "trilema":
- Niels Bohr, que propuso un modelo inicial de átomo que acabó dando lugar a la mecánica cuántica y fue considerado durante mucho tiempo uno de los defensores de la **interpretación ortodoxa de Copenhague**, se inclinaría por (A).
- John Von Neumann, el matemático que creó el formalismo matemático de la mecánica cuántica y que aportó grandes ideas a la teoría cuántica, se inclinaba por (B).
- La interpretación de Hugh Everett es uno de los planteamientos que apuesta de tipo (C).

La propuesta de Everett es que cada medida "desdobla" nuestro universo en una serie de posibilidades (o tal vez existían ya los universos paralelos mutuamente inobservables y en cada uno de ellos se da una realización diferente de los posibles resultados de la medida). La idea y el formalismo de Everett es perfectamente lógico y coherente, aunque algunos puntos sobre cómo interpretar ciertos aspectos, en particular cómo se logra la inobservabilidad o coordinación entre sí de esos universos para que en cada uno suceda algo ligeramente diferente. Pero por lo demás es una explicación lógicamente coherente y posible, que inicialmente no despertó mucho entusiasmo sencillamente porque no está claro que sea una posibilidad falsable.

El Principio de simultaneidad dimensional, establece que dos o más objetos físicos, realidades, percepciones y objetos no-físicos, pueden coexistir en el mismo espacio-tiempo. Este principio sustenta la teoría IMM y la teoría de Multiverso nivel III.

Sin embargo, en una encuesta sobre la IMM, llevada a cabo por el investigador de ciencias políticas L. David Raub, que entrevistó a setenta y dos destacados especialistas en cosmología y teóricos cuánticos, dio los siguientes resultados:
Entre los especialistas que se inclinaron por (1) estaban, Stephen Hawking, Richard Feynman o Murray Gell-Mann, entre los que se decantaron por (2) estaba Roger Penrose. Aunque Hawking y Gell-Mann han explicado su posición. Hawking afirma en una carta a Raub que «*El nombre 'Mundos Múltiples' es inadecuado, pero la teoría, en esencia, es correcta*» (tanto Hawking como Gell-Mann llaman a la IMM, 'Interpretación de Historias Múltiples'). Posteriormente Hawking ha llegado a decir que «*La IMM es trivialmente verdadera*» en cierto sentido. Por otro lado Gell-Man en una reseña de un artículo del físico norteamericano Bruce DeWitt, uno de los principales defensores de la IMM, Murray Gell-Mann se mostró básicamente de acuerdo con Hawking: «*... aparte del empleo desacertado del lenguaje, los desarrollos físicos de Everett son correctos, aunque algo incompletos*». Otros físicos destacados como Steven Weinberg o John A. Wheeler se inclinan por la corrección de esta interpretación. Sin embargo, el apoyo de importantes físicos a la IMM refleja sólo la dirección que está tomando la investigación y las perspectivas actuales, pero en sí mismo no constituye ningún argumento científico adicional en favor de la teoría.

Agujeros negros y Universo de Reissner-Nordström

Visión de un artista de un agujero negro con disco de acreción.

Se ha apuntado que algunas soluciones exactas de las ecuación del campo de Einstein pueden extenderse por continuación analítica más allá de las singularidades dando lugar universos espejos del nuestro. Así la solución de Schwarzschild para un universo con simetría esférica en el que la estrella central ha colapsado comprimiéndose por debajo de su radio de Schwarzschild podría ser continuada analíticamente a una solución de agujero blanco (un agujero blanco de Schwarzchild se comporta como la reversión temporal de un agujero negro de Schwarzschild). La solución completa describe dos universos asintóticamente planos unidos por una zona de agujero negro (interior del horizonte de sucesos). Dos viajeros de dos universos espejos, podrían encontrarse, pero sólo en el interior del horizonte de sucesos, por lo que nunca podrían salir de allí.

Una posibilidad igualmente interesante es la solución de agujero negro de Kerr que puede ser continuada analíticamente a través de una singularidad espacial evitable por un viajero. A diferencia de la solución completa de Schwarzchild, la solución de este problema da como posibilidad la comunicación de los dos universos sin tener que pasar por los correspondientes horizontes de sucesos través de una zona llamada ergosfera.

Universos paralelos en la ficción

La temática de los universos paralelos y de otras dimensiones es muy frecuente en la ficción. Si bien es la ciencia ficción la que más se ha destacado, también se utiliza en el género del terror (Lovecraft, Lumley, por ejemplo), en la fantasía (C.S. Lewis, por ejemplo) e incluso en el drama histórico (Turtledove, Nabokov, entre otros).

En algunos casos un universo paralelo es similar al nuestro pero con eventos históricos diferentes, aunque en otros (frecuentemente en historias de horror) otro universo ó dimensión son lugares sombríos e infernales repletos de formas de vida monstruosas (ejemplos Event Horizon, Doom, etc.).

Series

- En Stargate Atlantis el equipo liderado por John Sheppard viaja a distintos universos paralelos en donde en uno se encuentran a ellos muertos. Los viajes son causados por una máquina creada por el Rodney McKay de un universo paralelo.
- El viaje a Universos paralelos es la temática central de la serie de televisión Sliders donde los personajes viajan a universos donde hubo resultados históricos distintos y decisiones diferentes en sus vidas personales.
- En Star Trek: La serie original se introdujo la idea del universo espejo donde los personajes protagonistas son malvados (episodio Espejo, espejito). Esta temática es retomada en Star Trek: espacio profundo nueve y Enterprise, mientras en Star Trek: La nueva generación, en el episodio Paralelos el teniente Worf viaja a una gran cantidad de diferentes universos donde, por ejemplo, el se encuentra casado con la consejera Deanna Troi, Tasha Yar no murió ó los Borg conquistaron la galaxia. En Star Trek: Voyager se descubre una especie malévola de otra dimensión denominada por los Borg "Especie 8472".
- En Stargate SG-1, el Dr. Daniel Jackson viaja a un universo paralelo donde Jack O'Neill y Samantha Carter están casados, Teal'c sigue siendo brazo derecho de Apofis y los Goa'uld destruyen la Tierra.
- La serie Perdidos en el espacio tiene un episodio muy similar a "*Espejo, espejito*" donde el profesor John Robinson y el mayor Don West viajan a un universo paralelo donde sus dobles son malvados presidiarios - uno de los cuales se intercambia con Robinson para robar su identidad-.
- La serie Hércules: Los viajes legendarios muestra un universo paralelo donde Hércules viaja a un mundo donde él y Xena son malvados, mientras que Ares es el dios del amor.
- En la serie Buffy la cazavampiros se toca el tema del viaje entre dimensiones y universos paralelos, incluso en uno donde Willow Rosenberg es vampiresa.
- En la película para televisión Babylon 5: Thirdspace descubren un pasaje a otro universo donde habita una especie maligna que desea penetrar a nuestra dimensión para destruir toda vida en ella, denominados Alienígenas del Tercer Espacio.
- En la serie Smallville, hay frecuentes viajes a la Zona Fantasma, una dimensión alterna donde se encuentran aprisionados varios criminales de Kriptón, incluyendo a Zod. Los dos universos son comparados en el episodio 10 de la décima temporada.
- En la serie de ciencia ficción policiaca Fringe se toca ampliamente el tema de una posible guerra interdimensional entre los habitantes de dos universos paralelos. Abren una puerta a un universo paralelo en el episodio 15 de la segunda temporada. La tercera temporada se desarrolla de forma alterna en los universos real y paralelo.
- En la serie Flashforward, en el episodio 10 aparece esta teoría en un diálogo.
- En la serie Embrujadas, en el final de la sexta temporada, Leo, Chris, Phoebe y Paige abren un portal a un universo paralelo exactamente igual, con la gran diferencia que la moral está invertida. En este mundo predomina el mal y los demonios son buenos (Ej: Barbas, el demonio del miedo, ahora es el demonio de la Esperanza). Gideon explica a las hermanas que es una especie de equilibrio cósmico, para que ambos mundos se encuentren balanceados entre el bien y el mal, debe existir un mundo de espejo en un universo paralelo contrario al nuestro (Ej: el bien es repugnante para la humanidad) como el yin y yang.
- En la serie estadounidense *Perdidos*, durante su sexta y última temporada, presentan supuestamente dos universos paralelos debido a la explosión de una bomba de hidrógeno en 1977: una en que los supervivientes del accidente aéreo son teletransportados al presente, 2007, y siguen en la isla, y otra dónde el vuelo 815 de Oceanic aterriza sano y salvo en Los Ángeles.
- En la serie original de Cris Morena *Casi Ángeles*, se toma mucho en cuenta el tema de *El otro plano* donde al finalizar su primera temporada *Cielo Mágico* es absorbida por un reloj que la lleva a otro plano llamado *Eudamon* y en el trancurso de la serie se le ve en este plano.
- En un episodio de la serie The Middleman Wendy Watson cae en un universo paralelo donde Tyler Ford fue elegido como aprendiz por el Middleman y fue asesinado por la versión de ella misma de ese universo (que aparentemente trabaja o dirige Fatboy, una empresa que gobierna el mundo); el Middleman de ese universo tuvo una crisis existencial luego de eso y acabó convertido en un patán egoísta similar a Snake Plissken, tanto en el aspecto físico como en lo moral.
- En la serie Doctor Who, el Doctor, Rose y Miki viajaban a bordo de la TARDIS cuando, de repente, entraron en un universo paralelo. Este universo era una versión de nuestro universo pero adelantado tecnológicamente. Tras arreglar algunos problemas más, el Doctor "detona" el *vacío* para que las grietas que unían los dos universos se cierren a sí misas por el simple efecto de succión que ejerció el *vacío*.
- En la serie Supernatural, los hermanos Winchester se han visto en situaciones de viajes en el tiempo, y de viajes a univesos paralelos, como cuando el personaje Trickster los envia a un universo paralelo donde tienen que actuar en programas televisivo, haciendo una parodia de series exitosas como Grey´s Anatomy y Csi Miami. Tambien presentan otro universo paralelo cuando el angel Balthazar los envia

a una dimensión donde la vida de los hermanos es una serie de tv llamada "Sobrenatural", donde tambien se explica que nunca han existido los monstruos, angeles y demás criaturas que cazan regularmente los hermanos. Tambien recientemente recurren a otro universo paralelo cuando Balthazar decide regresar en el tiempo y evitar que se hunda el Titanic, causando un efecto mariposa alterando las muertes de Ellen Y Jo, la vida de Celine Dion, y un incremento en el numero de almas en el mundo.

Animación

- En el anime Umineko no naku koro ni la bruja Beatrice juega con el protagonista, Battler, poniendo los asesinatos de distintas formas paralelas, aunque siempre con el mismo final.
- En el video musical de animación llamada Interstella 5555 de la agrupación Daft punk en el que los protagonistas son secuestrados de su propio universo y traidos a nuestro mundo donde son obligados a interpretar su música
- En el anime Noein trata sobre dos espacio-tiempo en guerra 15 años en el futuro de los protagonistas. Hace uso de interpretaciones actuales de la mecánica cuántica, particularmente la Teoría de los universos múltiples de Hugh Everett.
- En la primera serie de anime de Fullmetal Alchemist se toca el tema de los Universos Paralelos.
- El tema se tocó en los Súper Amigos -similar a "Espejo, espejito" de Star Trek: La serie original- donde Superman viaja a un universo donde los Súper Amigos son malvados. Similares viajes a universos paralelos se dan en la serie animada Liga de la Justicia.
- En Dragon Ball, el personaje de Trunks viaja al pasado y crea un futuro paralelo (Saga Androides).
- Uno de los personajes de Saint Seiya, Saga de Geminis, puede enviar a sus enemigos a otra dimensión.
- La serie de animación Los Verdaderos Cazafantasmas tiene su propio episodio "*Espejo, espejito*" en el cual viajan a un universo paralelo donde los fantasmas son los habitantes normales del mundo y los humanos son temidos y cazados por los Cazahumanos (copias espectrales de los cazafantasmas Egon Spengler, Ray Stantz y Peter Venkman), adicionalmente en muchos episodios se toca el tema de viajes a otras dimensiones y de seres y dioses interdimensionales.
- En la serie de animación Futurama, uno de los personajes, el doctor Hubert Farnsworth fabrica "la caja paradójica de Farnsworth", que parece ser una representación del universo y con ella viajarán a un mundo paralelo. El episodio es una parodia de Espejo, espejito de Star Trek: la serie original) pues los habitantes de ambos universos creen, erróneamente, que sus dobles son malvados. En dicho universo alternativo, Fry y Leela son pareja. Posteriormente, el equipo de Planet Express comienza a viajar por diferentes universos.
- En la serie de animación Spider-Man Unlimited, la serie tiene lugar en la Contra Tierra, un planeta creado en los cómics por el Alto Evolucionador.
- En la serie Spider-Man, en los dos últimos capítulos de la serie, 64 y 65, Madame Web pide ayuda a distintos Spider-Man de universos paralelos (el original, uno millonario, uno con tentáculos del Doctor Octopus, uno con 6 brazos, un clón (La Araña Escarlata) y uno del mundo real que es un actor) para detener a otro convertido en Spider-Carnage que quiere destruir todos los universos. Al finalizar la serie, el Spider-Man original viaja al mundo real para conocer a Stan Lee, su creador y agradecerle por haberlo hecho.
- En la serie Invasor Zim hay varios episodios como una habitación con un alce donde es elegido entre varios universos paralelos para enviar a Did o la noche de brujas donde se revela que dentro de la cabeza de Did existe toda una dimensión terrorífica o las variantes de la vida de Did donde Zim inteta destruirle arrojándole cerdos de goma por un portal del tiempo, causando que obtenga un exoexqueleto robótico que casi lo destruye.
- En el anime y manga Digimon Adventure es el Mundo Digimon el universo paralelo que aparece en esta serie. Un mundo creado en la red de ordenadores del planeta Tierra donde viven seres vivos virtuales llamados Digimons.
- En la serie de animación Suzumiya Haruhi no Yūutsu, la protagonista cuyo nombre es Haruhi Suzumiya; es capaz de crear universos paralelos denominados en aquella serie como 'aislamientos', que eran muy similares al mundo real. De acuerdo a su estabilidad emocional, es capaz de crear, modificar e inclusive destruir universos paralelos o 'aislamientos' a su antojo.Itsuki Koizumi, vicepresidente de la Brigada S.O.S, es capaz de ingresar en este mundo paralelo y evitar que los estragos que causan los Avatares creados por Haruhi acaben con el mundo real.
- Aunque el mayor ejemplo en la animación es el anime de CLAMP Tsubasa Reservoir Chronicle en que sus personajes tienen que embarcarse en viajes interdimensionales en los que se encuentran con los alter-ego de personas que han conocido en sus mundos natales.
- En el anime Pokémon (principalmente en la película Pokémon: Giratina y el Templo de los Cielos) se toma el tema de los universos paralelos, ya que el Pokémon Giratina vive en un Universo Paralelo llamado Mundo Inverso o Distorsionado
- En la serie Los Simpson, en el especial de brujas temporada VI (episodio 134), se muestra a Homer Simpson huyendo de sus cuñadas detrás del armario, el cual lo transporta primero a un universo medio, para después terminar en el mundo real.

- En el anime Bokurano los luchadores viajan con su robot Zearth a pelear a otras "Tierras" alternativas, aparte de la de ellos, en otros universos paralelos, deben destruir a sus rivales de lo contrario el universo de los protagonistas será erradicado, pues la Tierra de los perdedores es destruida junto con todo ese universo.
- En el anime Higurashi no Naku Koro ni Rei, uno de los personajes, Rika Furude, es transportada hacia un mundo alternativo donde todos los sucesos negativos de la trama nunca sucedieron, y, por lo tanto, era bello y perfecto. Finalmente ella debe decidir en cuál de los mundos quedarse.
- En el anime Katekyo Hitman Reborn! El Protagonista Tsunayoshi Sawada y sus amigos, son enviados 10 años al futuro por parte de sus homólogos de esa época, ya que en ese tiempo el mundo es gobernado por el jefe de la familia Millefiore, Byakuran, el cual tiene el poder de comunicarse y compartir conocimientos con sus homólogos de los otros mundos paralelos, o sea son un solo ser. Pero el mundo en que se encuentran los protagonistas es especial ya que una serie de eventos ocurridos en el pasado desencadenaron que el antagonista no pudiera controlar ese mundo y que los protagonistas tuvieran un poder excepcional para derrotarlo, cosa exclusiva de ese mundo.
- En Ben 10: Alien Force Gwen usa un hechizo para viajar al pasado y detener la mutación de Kevin y cuando regresa a su tiempo se encuentra en un universo paralelo dónde Gwen de la otra realidad es asesinada por Charmcaster, Ben y Kevin son capturados y Hex gobierna el mundo.
- En el primer episodio de la sexta temporada de Padre de Familia, Stewie construye un aparato para viajar a otros universos paralelos.
- En la novela, anime y manga asura cryin' el mundo original (primer mundo) fue destruido por la colisión de un agujero negro, unas maquinas llamadas asura machina sirven a atravesar la cuarta dimensión espacial y llegar a otro mundo, estas fueron creadas para evitar la destrucción del primer mundo.
- En la novela visual, anime y manga Clannad, aún siendo el drama su principal género, el pilar de su trama y su desenlace están basados en universos paralelos. Como fundamento para la existencia de esos mundos también se toca el tema de la Teoría de Cuerdas, a través de uno de sus personajes, Kotomi Ichinose, cuyos padres eran investigadores de la teoría. Durante la serie se pueden reconocer algunos conceptos de esta teoría como el Gravitón Evanescente.
- En la novela visual, anime y manga School Days, se aplica este concepto a partir de las decisiones de su protagisnista Makoto Itou, llevando a que elija a una de las protagonistas como pareja y eventualmente, llevando al final a diferentes finales, siendo buenos o malos (donde algunos de los protagonistas muere).
- En Ben 10: Ultimate Alien, el episodio *The forge of creation'*, el Professor Paradox lleva a Ben, Gwen y Kevin camino a la Forja de la Creación, en el camino se encuentran fuera de todo universo, donde ven nuestro universo y uno rojo, que el Porfessor Paradox clasifica que no es muy bueno, pensándose que es un universo paralelo, además la misma forja es otro universo, según el episodio es *donde la realidad comenzó*.
- En la película de Futurama *Bender's Big Score* se descubre que en el trasero de Fry, existe un tatuaje de Bender, donde aparece un código en Binario, el cual permite viajar en el tiempo a través de una esfera. Bender viaja en el tiempo para robar cosas, los alienigenas que poseyeron a Bender le ordenan matar a fry, haciendo que Bender y Fry hagan copias de si mismos en el tiempo. Desgraciadamente las copias de los originales estan destinadas a morir o ser destruidas, para así no provocar paradojas en el tiempo. Tras los eventos de esta película se forma una anomalía en el espacio creando acceso a otra dimensión.
- En la continuacion de esta película, The Beast with a Billion Backs, la anomalía es estudiada por los protagonistas, afirmando que sólo seres vivos son capaces de pasar al otro universo. El otro universo sólo está habitado por una criatura de porte planeta y tentaculos llamado Yivo, el cual intenta procrear con los habitantes de este universo, luego entra en una relacion amorosa, donde los lleva a vivir a su dimensión, donde parece que serían inmortales. Al final de la película la anomalía se cierra.

Cómics

- Tanto Marvel Comics como DC Comics tienen enormes conjuntos de miniseries que tratan sobre los universos paralelos donde los personajes del cómics tienen vidas muy diferentes. Una de las sagas más destacadas es la *Crisis Infinita* de la DC Comics. La Zona Fantasma en el universo de Superman es uno de los ejemplos clásicos del uso de dimensiones alternas en la ficción del comics. En Marvel Comics se encuentra la Zona Negativa, un lugar similar al universo donde existe todo lo que no existe en el universo real y viceversa. Uno de los puntos donde más se tocan los temas de universos paralelos es el los comics de Marvel titulados "What If...?" donde en cada tomo se muestra un universo distinto donde un evento ocurrió de forma diferente que en el Universo Marvel original, y también la serie "Exiles" que cuenta como personajes de universos distintos se unen para viajar por el multiverso y arreglar brechas dimensionales que hallan ocurrido.
- El cómic de Conan el Bárbaro muy frecuentemente toca el tema de demonios y dioses interdimensionales.
- El dibujante Miguel Brieva, colaborador de la revista satírica El

Jueves, recurre frecuentemente a la idea de universos paralelos, en los que se dan aspectos paradójicos o risibles desde la perspectiva sociopolítica de nuestro mundo, como recurso humorístico.
- Wildstorm ha desarrollado la idea de múltiples universos los cuales son posibles de visitar pasando la sangría, zona entre-universos. Cada universo está catalogado como para relacionarse entre ellos o evitar su visita.
- El comics de Dark Horse Hellboy y su adaptación fílmica hace frecuentes referencias a viajes interdimensionales, especialmente desde una fuerte influencia lovecraftiana. En otras dimensiones habitan dioses monstruosos. Algo similar puede decirse del comics Constantine.

Literatura
- El libro *Planilandia* de la era victoriana es uno de los primeros en tocar el tema del viaje entre dimensiones, describiendo un mundo bidimensional habitado por figuras geométricas.
- Uno de los precursores del tema es el escritor de terror y ciencia ficción estadounidense H.P. Lovecraft con sus *Mitos de Cthulhu* que narran cómo entidades perversas y poderosas intentan penetrar a nuestra dimensión como Cthulhu, Azathoth y Yog-Sothoth, así como viajes a otros mundos y dimensiones por parte de personajes en astral como Randolph Carter.
- En el libro *Rescate en el tiempo 1999 - 1357*, el autor, Michael Crichton, explica los viajes en el tiempo a través de la teoría del multiverso, dejando claro que no se pueden hacer viajes temporales si no viajes a otros universos. Plantea que al viajar en el tiempo a un punto del pasado y volver luego al presente se llega no al universo original, sino más bien a un universo paralelo muy similar al del presente pero no del todo igual. Esta situación es una posible solución para salvar el principio de causalidad y sin que aparezca la paradoja del viaje en el tiempo. Este tipo de paradoja es el tipo de situación que se presentaría, si un viajero en el tiempo pudiera ir al pasado, y asesinara a su abuelo, este viajero no nacería y al no nacer, no sería posible que este sujeto haya viajado en el tiempo. Sin embargo, en una realidad alterna o universo paralelo, el viajero podría interactuar con su "abuelo" e incluso hacerle desaparecer, y el viajero seguiría existiendo, ya que cambió una realidad distinta a la suya, de la cual partió originalmente. Una consecuencia de estos viajes sería que para el individuo viajante no sería posible volver a la realidad de la que partió inicialmente..
- El tema de universos paralelos es tocado en las series literarias *Las Crónicas de Narnia* y la trilogía *La materia oscura*, junto a sus adaptaciones cinematográficas.
- También es notable la descripción que hace de un modelo hexadimensional del universo Robert A. Heinlein en su libro *El número de la bestia*, publicado en 1980, en el cual postula que el número 666 no es otra cosa que 666 o lo que es lo mismo, el número posible de universos resultantes de combinar las 6 dimensiones que postula en conjuntos de 3.
- En la novela *Los propios dioses* de Isaac Asimov, la trama transcurre entre nuesto universo y uno paralelo, el cual es descrito y en donde se desarrolla una historia en el segundo bloque del libro.
- En el libro *Alicia y los Universos Alternativos* de Juan de Urraza, se desarrolla la teoría de los universos alternativos a través de relatos interconectados mostrando paralelismos o alternativas al propio, donde una diosa tiene el poder de circular entre ellos a través de "anclas".
- La saga del *Necroscopio* del británico Brian Lumley, a partir del tercer libro; *Necroscopio III: el origen del mal*, narra como los vampiros y los gitanos son originarios de otro universo paralelo, un mundo muy diferente al nuestro el cual se conecto a este por medio de dos entradas ó "agujeros grises" una ubicada desde hace miles de años en Rumania y otra ubicada en Rusia tras un accidente nuclear.
- La novela corta *Coraline* del británico Neil Gaiman la trama trata de una niña que viaja a través de mundos paralelos en los que son su vida normal y aburrida y el "otro mundo" donde todo es divertido.
- El libro de *Dean Koontz*, titulado en inglés From the Corner of His Eyes, habla sobre personas que transportan objetos a otros mundos y sienten como es la vida de ellos en los otros universos.
- El libro de *Rafael Piernagorda*, titulado Frecuencia Cero, habla sobre dos personas que quedan encerradas entre varios universos paralelos, en lo que él llama Frecuencia Cero.
- En la trilogía *La materia oscura* de Philip Pullman la historia se desarrolla en el infinito de los universos paralelos.
- En el cuento " El Jardín de los Senderos que se Bifurcan " del escritor argentino Jorge Luis Borges, la cosmovisión de Ts'ui Pên refiere a la existencia de tantos mundos paralelos como decisiones un hombre puede tomar en determinado momento.
- El libro de *Cederik A. Myrddin*, titulado Los Héroes de Migdaelum, Cuenta sobre un grupo de jóvenes que son transportados a un reino remoto en otra dimensión, llamado Migdaelum para liberar al reino de un tirano opresor y demás amenazas mágicas y oscuras. Contando así una gran aventura.
- Los universos múltiples son una de las premisas de la saga de libros de La Torre Oscura de Stephen King, según ella todos los universos están conectados a través de la Torre Oscura, si esta cae el multiverso colapsaría y el "vacío entre los universos paralelos" está habitado por criaturas malignas

- En la novela Informe sobre la Tierra: fundamentalmente inofensiva (perteneciente a la saga de Guía del Autoestopista Galáctico) los protagonistas son transportados a un universo paralelo mediante el aparato Mark II, diseñado para destruir todos los planetas Tierra del multiverso.

Ucronía

Relacionado al tema de los universos paralelos se encuentra un subgénero de la ciencia ficción; la Ucronía o historia alternativa narra literariamente eventos históricos acontecidos de manera diferente y con ramificaciones y consecuencias históricas muy distintas (como sucedería en universos paralelos). Si bien no siempre se menciona el cruce entre dimensiones, se da por entendido. Pionero en este género es el escritor Harry Turtledove. Otros escritores que han destacado en la Ucronía son Phillip K. Dick y Vladimir Nabokov.

En el Cine

- La película de *Los Cazafantasmas* narra como un antiguo dios hitita llamado Gozer intenta penetrar a nuestra dimensión.
- La película de Jet Li *El único* toca el tema de los universos paralelos.
- En la película *Event Horizon*, el Dr. William Weir crea una nave con un núcleo que crea agujeros negros para pasar a otras distancias, pero hay un error y la nave los lleva al Infierno (un universo paralelo caracterizado por el horror y el caos).
- La saga de películas de Hellraiser se centra en un puzzle que lleva a quienes lo resuelven a otro universo al que llaman "infierno", habitado por seres malignos y sádicos.
- En las películas de Regreso al Futuro, protagonizadas por Michael J. Fox también aparecen universos paralelos, pues al utilizar una máquina del tiempo, puede desplazarse tanto al pasado como al futuro y cambiar los acontecimientos.
- En la película Shrek Forever After, es revelado que si firmas un contrato con Rumpelstilskin, se creará un universo paralelo donde el deseo de la persona que lo firme se haga realidad. Por ejemplo, Rumpel le dio a Shrek un contrato el cual al firmarlo lo dejaba ser Ogro por un día, pero el puso una trampa y Shrek accidentalmente le dio el día en que el nació y Rumpel lo eliminó. Al firmar el contrato, el universo real comenzo a destruirse llevando a Shrek al universo paralelo. La diferencia es que existe un truco para revelar cómo se puede cancelar el contrato, y cuando se realize esa acción, el universo paralelo se destruirá y el que firmó el contrato, será regresado en el tiempo (En este caso a cuando Shrek hizo su gruñido, mucho antes de que firmara el contrato)
- En la película Maximum Shame el fin del mundo es inminente. Huyendo de él, los protagonistas se refugian en un universo paralelo, una auténtica pesadilla de opresión y dolor donde las leyes de la lógica están completamente distorsionadas.
- En la película The Butterfly Effect Evan Treborn[Ashton Kutcher] puede regresar al pasado traves de sus recuerdos y cambiar toda la realidad futura conocida por el, eliminando errores y creando finales felices para sus seres queridos de esta manera se crean universos paralelos alternos para el;su padre tambien podria hacerlo pero fallo en el intento.

Obtenido de «http://es.wikipedia.org/wiki/Universos_paralelos»

Zitterbewegung

El *Zitterbewegung* (del alemán "Bewegung", 'movimiento' y "zitter" 'tremuloso, tembloroso') es un movimiento de vibración ultrarrápido alrededor de la trayectoria clásica de una partícula cuántica, específicamente de los electrones y otras partículas de spín 1/2, que obedecen la ecuación de Dirac.

Descubrimiento

La existencia de dicho movimiento fue propuesta inicialmente por Erwin Schrödinger en 1930 como resultado del análisis del movimiento de paquetes de onda que son solución de la ecuación relativista de Dirac.

El resultado de ese análisis sugería que los electrones de dichos paquetes tenían un movimiento vibratorio a la velocidad de la luz alrededor de su trayectoria. Así además del movimiento observado a lo largo de su trayectoria existía una vibración perpendicular en torno a la trayectoria observada de amplitud minúscula y dificilmente detectable. La frecuencia angular de este movimiento era $2E/\hbar \approx 2mc^2/\hbar$, que es aproximadamente 1.6×10 Hz. Siendo la amplitud algo más grande para electrones lentos y dada por la longitud de onda Compton que es del orden de 10×10 cm.

Derivación

La ecuación de Schrödinger dependiente del tiempo:

$$\hat{H}\psi(\mathbf{x},t) = i\hbar\frac{\partial \psi}{\partial t}(\mathbf{x},t)$$

Donde $\hat{H}$ es el hamiltoniano de Dirac para un electrón en el espacio libre.

$$\hat{H} = \left(\alpha_0 mc^2 + \sum_{j=1}^{3}\alpha_j p_j c\right)$$

implica que cualquier operador Q obedece la ecuación;:

$$-i\hbar\frac{\partial \hat{Q}}{\partial t}(t) = \left[\hat{H}, \hat{Q}\right]$$

En particular, la dependencia temporal del operador de posición viene dada por:

$$\hbar\frac{\partial \hat{x}_k}{\partial t}(t) = i\left[\hat{H}, \hat{x}_k\right] = \hat{\alpha}_k$$

La ecuación anterior muestra que el oerador $\hat{\alpha}_k$ puede interpretarse como la componente *k*-ésima de un "operador velocidad". Por otra parte la dependencia temporal del operador velocidad viene dada por:

$$\hbar \frac{\partial \hat{\alpha}_k}{\partial t}(t) = i\left[\hat{H}, \hat{\alpha}_k\right] = 2i\hat{p}_k - 2i\hat{\alpha}_k \hat{H}$$

Ahora, puesto que ambos p_k y H no dependen del tiempo, la ecuación anterior puede ser integrada fácilmente dos veces para encontrar la dependencia explícita del tiempo del operador posición:

$$x_k(t) = x_k(0) + c^2 p_k H^{-1} t + \frac{1}{2} i \hbar c H^{-1} (\alpha_k(0) - c p_k H^{-1})(e^{-2iHt/\hbar} - 1)$$

donde $x_k(t)$ es el operador posición en el tiempo t. La expresión resultante consiste en una posición inicial, un movimiento proporcional al tiempo, y un término que representa una inesperada "oscilación" cuya amplitud es igual a la longitud de onda Compton. Ese término oscilatorio es el llamado "Zitterbewegung".

Obtenido de «http://es.wikipedia.org/wiki/Zitterbewegung»

Átomo de hidrógeno

El **átomo de hidrógeno** es el átomo más simple existente y el único que admite una solución analítica exacta desde el punto de vista de la mecánica cuántica. El átomo de hidrógeno, es conocido también como **átomo monoelectrónico**, debido a que está formado por un protón que se encuentra en el núcleo del átomo y que contiene más del 99% de la masa del átomo, y un sólo electrón que "orbita" alrededor de dicho núcleo (aunque también puden existir átomos de hidrógeno con núcleos formados por un protón y 1 o 2 neutrones adicionales, llamados deuterio y tritio).

Se puede hacer una analogía pedagógica del átomo de hidrogeno con un Sistema Solar, donde el sol sería el único Núcleo atómico y que tiene la mayor cantidad de masa 99% y en su órbita tuviera un planeta (Electrón) que conformaría el 1% restante de la masa del sistema solar (átomo de **protio** (H)), esto hace que el hidrogeno sea el más simple de todos los elementos de la tabla periódica.

Introducción

Desde principios del siglo XX se conocía que la mecánica clásica no podía explicar ni la estructura interna del átomo, reflejada en la existencia de líneas espectrales, ni la propia existencia de los átomos de hidrógenos. De acuerdo con las predicciones de la mecánica clásica y el electromagnetismo clásico un átomo de hidrógeno formado por un protón y un electrón orbitando a su alrededor no sería, un sistema estable ya que de acuerdo con la electrodinámica clásica una carga en movimiento emite radiación electromagnética. El electrón al orbitar alrededor de centro de masas del sistema tendría una gran aceleración y emitiría gran cantidad de fotones, perdiendo así energía, y haciendo que el átomo como sistema tuviera una duración muy corta antes de que el electrón cayera sobre el núcleo atómico, al haber perdido la energía cinética en forma de radiación.

Este hecho supuso un enigma para los físicos de principios de siglo XX, que en un intento de explicar esta y otros problema de la teoría electromagnética acabaron desarrollando una nueva forma de mecánica que era la única que podía describir los sistemas de escala atómica llamada mecánica cuántica. En este artículo se mostrará la solución cuántica. Históricamente se ha enseñado ésta solución porque además de corroborar los datos experimentales con el modelo teórico cuántico de los átomos, proporciona las herramientas fundamentales de la teoría atómica actual, y provee una solución aproximada pero muy buena para los átomos más complicados.

Estructura electrónica: Fracaso del modelo clásico

En mecánica clásica, un átomo de hidrógeno es un tipo de problema de los dos cuerpos en que el protón sería el primer cuerpo que tiene más del 99% de la masa del sistema y el electrón es el segundo cuerpo que es mucho más ligero. Para resolver el problema de los dos cuerpos es conveniente hacer la descripción del sistema, colocando el origen del sistema de referencia en el centro de masa de la partícula de mayor masa, esta descripción es correcta considerando como masa de la otra partícula la masa reducida que viene dada por

$$\mu = \frac{m_e m_p}{m_e + m_p} \approx 0,999 m_e$$

Siendo m_p la masa del protón y m_e la masa del electrón. En ese caso el problema de átomo de higrógeno parece admitir una solución simple en que el electrón se moviera en órbitas elípticas alrededor del núcleo atómico. Sin embargo, existe un problema con la solución clásica, de acuerdo con las predicciones de electromagnetismo una partícula eléctrica que sigue un movimiento acelerado, como sucedería al describir una elipse debería emitir radiación electromagnética, y por tanto perder energía cinética, la cantidad de energía radiada sería de hecho:

$$\frac{dE_r}{dt} = \frac{e^2 a^2 \gamma^4}{6\pi\epsilon_0 c^3} \approx \frac{\pi}{96} \frac{e^{14} m_e^2 \gamma^4}{\epsilon_0^7 \hbar^8 c^3} \geq 5,1 \cdot 10^{-8} \text{watt}$$

Ese proceso acabaría con el colapso del átomo sobre el núcleo en un tiempo muy corto dadas las grandes aceleraciones existentes. A partir de los datos de la ecuación anterior el tiempo de colapos sería de 10 s, es decir, de acuerdo con la física clásica los átomos de hidrógeno no serían estables y no podrían existir más de una cienmillonésima de segundo.

Esa incompatibilidad entre las predicciones del modelo clásico y la realidad observada llevó a buscar un modelo que explicara fenomenológicamente el átomo. El modelo atómico de Bohr era un modelo fenomenológico que explicaba satisfactoriamente algunos datos, como el orden de magnitud del radio atómico y los espectros de absorción del átomo, pero no explicaba como era posible que el electrón no emitiera radiación perdiendo energía. La búsqueda de un modelo físicamente más motivado

224 - Átomo de hidrógeno

llevó a la formulación del modelo atómico de Schrödinger en el cual puede probarse que el valor esperado de la acelaración es nulo, y sobre esa base puede decirse que la energía electromagnética emitida debería ser también nula. Esto tiene un alto coste en términos intuitivos.

Estructura electrónica: Éxito del modelo cuántico

El modelo cuántico que explica satisfactoriamente el átomo de hidrógeno, se obtiene aplicando la ecuación de Schrödinger a un problema de una partícula en tres dimensiones dentro de un campo electrostático. En ese modelo el electrón queda descrito por una función de onda ψ que satisface la ecuación de Schrödinger tridimensional, con un potencial de Coulomb que viene dado por:

$$V(\mathbf{r}) = -\kappa \frac{e^2}{\mathbf{r}} = -\frac{1}{4\pi\epsilon_0}\frac{e^2}{\mathbf{r}}$$

donde κ es la constante de Coulomb, e es la carga eléctrica del electrón y $\mathbf{r}$ es la distancia al núcleo atómico, ϵ_0 es la constante dieléctrica del vacío. Este potencial modeliza la interacción entre el protón y el electrón. Gracias a la existencia de la simetría esférica la resolución puede simplificarse usando coordenadas esféricas. En la sección anterior vimos que la ecuación de onda independiente del tiempo de una partícula sometida a un potencial $V(\mathbf{r})$ en tres dimensiones es

(1a)
$$-\frac{\hbar^2}{2\mu}\nabla^2\psi(\mathbf{r}) + V(\mathbf{r})\psi(\mathbf{r}) = E\psi(\mathbf{r})$$

donde E es la energía total del electrón. Escribiendo la ecuación de Schrödinger en coordenadas esféricas, el laplaciano se escribe como:

(2)
$$\nabla^2 = \frac{1}{r^2}\frac{\partial}{\partial r}\left(r^2\frac{\partial}{\partial r}\right) + \frac{1}{r^2\mathrm{sen}\theta}\frac{\partial}{\partial \theta}\left(\mathrm{sen}\theta\frac{\partial}{\partial \theta}\right) + \frac{1}{r^2\mathrm{sen}^2\theta}\frac{\partial^2}{\partial \varphi^2}$$

La justificación para utilizar éste laplaciano, aunque obviamente tiene una estructura más complicada que su igual de las coordenadas cartesianas, es que es la forma más práctica de realizar la separación de variables, esto también es posible utilizando otro sistema de coordenadas, si el lector desea ver como se realiza le recomiendo L. Schiff Quantum Mechanics. Ahora nuestra ecuación queda escrita

(1b)
$$\frac{1}{r^2}\frac{\partial}{\partial r}\left(r^2\frac{\partial\psi(r,\theta,\varphi)}{\partial r}\right) + \frac{1}{r^2\mathrm{sen}\theta}\frac{\partial}{\partial\theta}\left(\mathrm{sen}\theta\frac{\partial\psi(r,\theta,\varphi)}{\partial\theta}\right) + \frac{1}{r^2\mathrm{sen}^2\theta}\frac{\partial^2\psi(r,\theta,\varphi)}{\partial\varphi^2} - \frac{2\mu}{\hbar^2}(V(r)-E)\psi(r,\theta,\varphi) = 0$$

esta es una ecuación en derivadas parciales usando la técnica de separación la convertimos en tres ecuaciones diferenciales ordinarias, pero se suele separar primero la parte radial de la angular, y eso quiere decir que la solución se reescribe como

$$\psi(r,\theta,\varphi) = R(r)Y(\theta,\varphi)$$

de modo que la ecuación queda:

$$\frac{1}{r^2}\frac{\partial}{\partial r}\left(r^2\frac{\partial R}{\partial r}\right)Y + \frac{1}{r^2\mathrm{sen}\theta}\frac{\partial}{\partial\theta}\left(\mathrm{sen}\theta\frac{\partial Y}{\partial\theta}\right)R + \frac{1}{r^2\mathrm{sen}^2\theta}\frac{\partial^2 Y}{\partial\varphi^2}R - \frac{2\mu}{\hbar^2}(V(r)-E)RY = 0$$

reordenando términos se puede escribir como

$$\frac{1}{R}\frac{1}{r^2}\frac{\partial}{\partial r}\left(r^2\frac{\partial R}{\partial r}\right) - \frac{2\mu}{\hbar^2}(V-E) = -\frac{1}{Y}\left[\frac{1}{\mathrm{sen}\theta}\frac{\partial}{\partial\theta}\left(\mathrm{sen}\theta\frac{\partial Y}{\partial\theta}\right) + \frac{1}{\mathrm{sen}^2\theta}\frac{\partial^2 Y}{\partial\varphi^2}\right]$$

nótese que la parte izquierda de esta ecuación no depende de las variables de la parte derecha y viceversa, esto quiere decir que la única forma de satisfacer la igualdad es que ambas partes sean igual a una constante, para que la solución sea fisicamente aceptable, la constante de separación debe ser $l(l+1)$ de modo que se obtienen dos ecuaciones.

Ecuación Angular

La primera es conocida en física como los armónicos esféricos y es

$$\frac{1}{r^2\mathrm{sen}\theta}\left(\mathrm{sen}\theta\frac{\partial Y(\theta,\varphi)}{\partial\theta}\right) + \frac{1}{r^2\mathrm{sen}^2\theta}\frac{\partial^2 Y(\theta,\varphi)}{\partial\varphi^2} + l(l+1)Y(\theta,\varphi) = 0$$

y en efecto es la ecuación de Laplace en coordenadas esféricas, la solución a esta ecuación es

$$Y(\theta,\varphi) = A_l^m e^{im\varphi}P_l^m(\cos\theta)$$

con

$$A_l^m = \sqrt{\frac{(2l+1)(l-m)!}{4\pi(l+m)!}}$$

y los $P_l^m(\cos\theta)$ los polinomios asociados de Legendre. Estos polinomios son finitos en 0 y π como lo requiere la función de onda aceptable, la forma de construir los polinomios es *entre otras*, mediane la fórmula de Rodrigues que para estos polinomios es

$$P_l^m(x) = (-1)^m(1-x^2)^{|m|/2}\frac{\mathrm{d}^{m+l}}{\mathrm{d}x^{m+l}}(x^2-1)^l$$

evaluando después en $x = \cos\theta$, la razón por la que la constante de separación se eligió como $l(l+1)$ fue justamente para que la solución fueran estos polinomios, dado que además de ser una solución conocida a la ecuación, es físicamente aceptable, la otra constante m aparece al aplicar el método de separación a la ecuación de los armónicos esféricos, si usted es lo suficientemene curioso y eso espero, también notará que la ecuación para φ proporciona lógicamente, dos soluciones linealmente independientes, sin embargo la otra se descarta porque la densidad de probabilidad debe ser independiente de la coordenada φ ya que no debe existir una dirección preferencial para encontrsr a electrón en el espacio, porque el espacio es isotrópico, la constante m además, solo puede ser un entero, y esto se debe a que $e^{im\varphi}$ no sería monovaluada en caso contrario, por otro lado l también debe ser un entero, y positivo, para que la solución a la ecuación resultante para θ luego de la separación de variables sea aceptable, la fórmula de rodrigues se puede además establecer una relación entre las constantes, puesto que si $|m| > l$ el polinomio correspondiente a las constantes dadas se anula y por consiguiente toda la función de onda, en concreto

$$l = |m|, |m|+1, |m|+2\ldots$$

Ecuación Radial

La otra ecuación es de suma importancia, ya que su solución depende de la forma específica del potencial, de hecho para cualquier potencial esféricamente simétrico la solución anterior es válida, y la solución a ésta parte de la ecuación de onda es característica de la forma específica del potencial electrostático, en efecto la ecuación queda

$$\frac{1}{r^2}\frac{\partial}{\partial r}\left(r^2\frac{\partial R(r)}{\partial r}\right) - \frac{2\mu}{\hbar^2}\left(\frac{Q}{r} - E\right)R(r) = l(l+1)R(r)$$

donde se ha sustituido $V(r)$ por el potencial electrostático mediante el cual interaccionan el protón y el electrón y aquí

$$Q = -\frac{e^2}{4\pi\varepsilon_0}$$

ésta ecuación es de una dificultad consideable, pero se puede resolver si se consideran las soluciones asintóticas y luego se ajusta una solución exacta, haciendo el cambio

$$u(r) = rR(r)$$

se tiene que la ecuación se reescribe como

$$\frac{d^2}{dr^2}u(r) + \frac{2\mu}{\hbar^2}\left(\frac{Q}{r} - \frac{l(l+1)}{2\mu r^2} + E\right)u(r) = 0$$

si ahora se hace un cambio de variable

$$E = -\frac{k^2\hbar^2}{2\mu} \qquad \xi = \frac{2\mu Q}{\hbar^2 k}$$

entonces la ecuación queda

$$\frac{1}{k^2}\frac{d^2}{dr^2}u(r) + \left(\frac{\xi}{kr} - \frac{l(l+1)}{k^2 r^2} - 1\right)u(r) = 0$$

ahora otro cambio

$$kr = x \quad \Rightarrow \quad \frac{d^2}{dr^2} = k^2\frac{d^2}{dx^2}$$

y ahora la ecuación es

$$\frac{d^2}{dx^2}u(x) + \left(\frac{\xi}{x} - \frac{l(l+1)}{x^2} - 1\right)u(x) = 0$$

si se considera ahora que $x \to \infty$ es claro que la ecuación queda

$$\frac{d^2}{dx^2}u(x) - u(x) = 0$$

la solución físicamente aceptable bajo esta condición es

$$u(x) \approx e^{-x}$$

luego otra consideración asintótica, $x \to 0$ el término que depende de 1/x crece mucho más rápido que los demás términos, de donde se obtiene

$$\frac{d^2}{dx^2}u(x) - \frac{l(l+1)}{x^2}u(x) = 0$$

y la solución acpetable en éste caso es

$$u(x) \approx x^{1+l}$$

si ahora se supone una función $S(x)$ tal que

$$u(r) = e^{-x} x^{1+l} S(x)$$

entonces se tendrá que satisfacer la siguiente ecuación

$$x\frac{d^2}{dx^2}S(x) + (1 - 2x + (2l+1))\frac{d}{dx}S(x) + 2\left(\left[\frac{\xi}{2} + l\right] - (2l+1)\right)S(x)$$

si ahora $2l + 1 = \gamma$ y además

$$\frac{\xi}{2} = n$$

con $n \in \mathbb{Z}$ y luego $\beta = n + l$ se tendría

$$x\frac{d^2}{dx^2}S(x) + (1 - 2x + \gamma)\frac{d}{dx}S(x) + 2(\beta - \gamma)S(x)$$

haciendo ahora
$2x = \rho$
se tiene finalmente

$$\rho\frac{d^2}{d\rho^2}S(\rho) + (1 - \rho + \gamma)\frac{d}{d\rho}S(\rho) + (\beta - \gamma)S(\rho)$$

esta es la ecuación de Laguerre y su solución es

$$S(\rho) = L_\gamma^\beta(\rho)$$

o mejor dicho

$$S(\rho) = L_{n-l-1}^{2l+1}(\rho)$$

donde los $L_{n-l-1}^{2l+1}(\rho)$ son los polinomios asociados de Laguerre y que vienen definidos por la fórmula de Rodrigues

$$L_{n-l-1}^{2l+1}(\rho) = \frac{e^\rho \rho^{-(2l+1)}}{(n+l)!}\frac{d^{n+l}}{d\rho^{n+l}}(e^{-\rho}x^{n+3l+1})$$

la solución a la ecuación radial se puede entonces escribir

$$R_{nl}(\rho) = A_{nl} e^{\rho/2} \rho^l L_{n-l-1}^{2l+1}(\rho)$$

donde

$$A_{nl} = \left(\frac{2}{na_0}\right)^{3/2}\left[\frac{(n-l-1)!}{2n[(n+l)!]^3}\right]^{1/2}$$

más adelante se mostrará el valor y el significado de a

Los niveles energéticos del hidrógeno

En la solución de la parte radial de la ecuación del átomo de hidrógeno, apareció un nuevo entero positivo, de hecho mayor estrictamente que cero, y es *n*, en la ecuación en la que apareció que se estableció

$$n = \frac{\xi}{2}$$

con facilidad se puede verificar que

$$\xi^2 = -\frac{2\mu Q}{\hbar^2 E} = 4n^2$$

de donde claramente

$$E_n = -\frac{\mu}{2\hbar^2 n^2}\left(\frac{e^2}{4\pi\varepsilon_0}\right)^2$$

que es un resultado coincidente con la experimentación, y además por si fuera poco con el modelo atómico de Bohr.

Estructura electrónica: Correcciones

En la sección anterior se consideraron las funciones de onda de un electrón ligado a un potencial central creado por un protón. Si bien dicho modelo explica cualitativamente el átomo de hidrógeno y con cierta aproximación las líneas espectrales, los datos experimentales revelan que dichas líneas son algo más complicadas, y el modelo anterior es sólo una simplifación razonable.

En un átomo real los niveles energéticos anteriores y la forma de las funciones de onda debe ser modificada para dar cuenta de la interacción entre el electrón y el protón es algo más complicada debido a efectos relativistas y la existencia del espín del electrón. Concretamente este último lleva tanto al acoplamiento entre espín y momento angular del electrón, como a la interacción entre el espín y el momento magnético del núcleo atómico. El hamiltoniano de un átomo de hidrógeno que tenga en cuenta todos estos efectos es más complicado que el Hamiltoniano que sólo incluye el potencial central, aunque numéricamente las energías de los estados ligados son similares:

$$H = \frac{1}{2\mu}(\mathbf{p} - e\mathbf{A})^2 + V(\mathbf{r}) - \frac{e\hbar}{2\mu}\boldsymbol{\sigma}\cdot\mathbf{B} - \frac{p^4}{8\mu^3 c^2} + \frac{\hbar^2}{4\mu^2 c^2}\boldsymbol{\sigma}\cdot(\boldsymbol{\nabla}V\times\mathbf{p})$$

Donde:
$V(\mathbf{r}), \mathbf{A}(\mathbf{r})$, son el potencial y el potencial vector, si el campo magnético fuera nulo este último vector sería cero.

$$\mathbf{B} = \boldsymbol{\nabla}\times\mathbf{A}(\mathbf{r})$$, el campo magnético.

μ, σ, la masa reducida y el espín del electrón.

$\hbar, c$, la constante de Planck racionalizada y la velocidad de la luz.

En concreto es necesario tener en cuenta en los cálculos:

- La interacción del espín electrónico con el campo magnético del núcleo atómico (tercer término)
- Los efectos relativistas debido a la variación de la masa aparente con la velocidad. (cuarto término)
- El término de Darwin, que no tiene un análogo clásico. (quinto término)
- La interacción espín-órbita. (sexto término)

Las correcciones que se desprenden de estos términos reciben el nombre de "estructura fina" de las líneas espectrales y experimentalmente aparecen como desdobles en líneas más finas de lo que aparentemente parecían con menor detalle líneas gruesas. El factor corrector debido a la corrección relativista y al término de Darwin lleva a que la energía de los niveles energéticos dependa no sólo del número cuántico principal n, sino también del número cuántico l siendo la expresión calculada:

$$E_{n\ell} = \left[1 + \frac{Z^2\alpha^2}{n}\left(\delta_{0\ell} + \frac{1}{\ell+1/2} - \frac{3}{4n}\right)\right]E_n^{(0)}$$

Además posteriormente se descubrió que el efecto del momento magnético nuclear es desdoblar a su vez estas líneas en la llamada "estructura hiperfina" relacionada con el desplazamiento Lamb.

Un tratamiento similar al anterior y que da resultados similares es emplear el hamiltoniano relativista de Dirac:

$$\hat{H} = \hat{\alpha}_0 mc^2 + \sum_{j=1}^{3}\hat{\alpha}_j\left[p_j - \frac{e}{c}A_j(\mathbf{x},t)\right]c + e\varphi(\mathbf{x},t)$$

Si se prescinde de la energía asociada a la masa en reposo del electrón estos niveles pueden resultan cercanos a los predichos por el hamiltoniano de Schrödinger, especialmente en el caso $m = 0$:

$$E_n - m_e c^2 \approx \frac{m_e}{2}\left(\frac{Z\alpha}{n - |m| + \sqrt{m^2 + (Z\alpha)^2}}\right)^2$$

Estructura nuclear del átomo de hidrógeno

El hidrógeno posee tres isótopos conocidos:

$$^1_1H, \qquad ^2_1H, \qquad ^3_1H$$

El primero de ellos es el más abundante y es estable tiene el núcleo atómico más simple posible formado por un único protón. El segundo isótopo se llama deuterio y tiene un nucleo formado por un protón y un neutrón, es un isótopo estable pero poco abundante en la naturaleza (sólo un 0,015% de los átomos de hidrógeno son de deuterio). Finalmente el tercer isótopo, llamado tritio tiene un núcleo formado por dos protones y un neutrón, debido al desequilibrio entre protones y neutrones este átomo es inestable y se desintegra radioactivamente dando lugar a un átomo de Helio:

$$^3_1H \rightarrow {^3_2He^+} + {^0_0e^-}$$

Obtenido de «http://es.wikipedia.org/wiki/%C3%81tomo_de_hidr%C3%B3geno»

Átomo hidrogenoide

Los **átomos hidrogenoides** son átomos formados por un núcleo y un solo electrón. Se llaman así porque son isoelectrónicos con el átomo de hidrógeno y, por tanto, tendrán un comportamiento químico similar.

Evidentemente, cualquiera de los isótopos del hidrógeno es hidrogenoide. Un caso típico de átomo hidrogenoide es también el de un átomo de cualquier elemento que se ha ionizado hasta perder todos los electrones menos uno (por ejemplo, He, Li, Be y B). Existen además multitud de átomos exóticos que también tienen un comportamiento hidrogenoide por motivos diversos.

Introducción

Como en el caso del átomo de hidrógeno los átomos hidrogenoides son uno de los pocos problemas mecáno-cuánticos que se pueden resolver de forma exacta. Los átomos o iones cuya capa de valencia está constituida por un único electrón (por ejemplo en los metales alcalinos) tienen propiedades espectroscópicas y de enlace semejantes a las de los átomos hidrogenoides.

La configuración electrónica más simple posible es la de un único electrón. La resolución analítica del átomo de hidrógeno neutro que posee la misma cantidad de electrones, es decir uno, es en esencia la misma para los átomos hidrogenoides. Así pues la forma de los orbitales y los niveles de energía serán semejantes.

Por el contrario, para átomos con dos o más electrones la resolución de las ecuaciones solo se puede hacer mediante métodos aproximativos. Los orbitales de átomos multielectrónicos son cualitativamente similares a los orbitales del hidrógeno y, en los modelos atómicos más simples, se considera que tienen la misma forma. Pero si se pretende realizar un cálculo riguroso y preciso se tendrá que recurrir a aproximaciones numéricas.

Los orbitales de los átomos hidrogenoides se identifican mediante tres números cuánticos: n, l, y m. Las reglas que restringen los valores de los números cuánticos y sus energías (ver más abajo) explican la configuración electrónica de los átomos y la conformación de la tabla periódica.

Los estados estacionarios (estados cuánticos) de los átomos hidrogenoides son sus orbitales atómicos. A pesar de todo, en general, el comportamiento de un electrón no está plenamente descrito por un orbital simple. Los estados electrónicos se representan mejor como "mezclas" dependientes del tiempo (combinaciones lineales) de varios orbitales. Ver Orbitales moleculares por combinación lineal de orbitales atómicos.

El número cuántico n apareció por primera vez en el modelo atómico de Bohr. Determina, entre otras cosas, la distancia de los electrones con respecto al núcleo. Todos los electrones con el mismo valor de n forman un nivel o capa. Los electrones con idéntico número n pero diferente l componen los llamados subniveles o subcapas. El modelo atómico de Sommerfeld que incorporaba un refinamiento relativista del electrón probó que la energía dependía también de los otros números cuánticos tal como se aprecia en la solución relativista mediante la ecuación de Dirac.

Caracterización matemática

La caracterización de los átomos hidrogenoides se realiza en el marco de la mecánica cuántica, ya que debido a las dimensiones de dichos sistemas físicos ni la mecánica clásica que describe adecuadamente el movimiento de partículas macroscópicas a velocidades moderadas, ni el electromagnetismo clásico son aplicables a escalas tan pequeñas. Dentro de la mecánica cuántica una primera aproximación se obtiene mediante la ecuación de Schrödinger que predice cualitativamente todas las características importantes de los estados estacionarios de los átomos hidrogenoides y perimte obtener valores cuantitativos muy precisos para casi todas las magnitudes. Un refinamiento de este tratamiento es el análisis relativista mediante la ecuación de Dirac que predice pequeñas correcciones a las soluciones obtenidas del análisis no-relativista mediante la ecuación de Schrödinger.

Potencial electrostático

Los orbitales atómicos de los átomos hidrogenoides son las soluciones de la ecuación de Schrödinger para el caso de un potencial de simetría esférica. En este caso, el término de potencial es el potencial de la ley de Coulomb:

$$V(r) = -\frac{1}{4\pi\epsilon_0}\frac{Ze^2}{r}$$

donde
- ϵ es la permitividad del vacío,
- Z es el número atómico,
- e es la carga elemental,
- r es la distancia entre el electrón y el núcleo.

Función de onda no relativista

Debido a que el potencial tiene simetría esférica es posible separar el movimiento del centro de masas del movimiento relativo entre electrón y núcleo. Así, el movimiento relativo se puede tratar como el movimiento de una partícula cuya masa es la masa reducida, μ, del sistema. De esta manera, la función de onda es una función de sólo tres variables espaciales. Tras eliminar la dependencia temporal, la ecuación de Schrödinger es una ecuación en derivadas parciales de tres variables. Debido a que el potencial tiene simetría esférica es conveniente utilizar las coordenadas esféricas para obtener las soluciones, aplicando para ello el método de separación de variables. De esta forma cualquier autofunción ψ puede escribirse como un producto de tres funciones que suelen escribirse de la forma siguiente:

$$\psi(r,\theta,\phi) = R(r)f(\theta)g(\phi)$$

donde θ representa el ángulo polar (colatitud) y ϕ el ángulo azimutal.

De acuerdo con la interpretación probabilística de la función de onda, ésta deberá estar normalizada a 1, por lo que se añadirá una constante de normalización. El resto de la ecuación se separa entre la parte radial representada por la función de onda radial que incorporará la constante de normalización y la angular representada por los armónicos esféricos. Todas estas funciones serán dependientes de los tres números cuánticos antes citados, n, l y m. Así, se tiene lo siguiente:

$$\psi(r,\theta,\phi) = R_{nl}(r)Y_{l,m}(\theta,\phi)$$

Los **números cuánticos** no son independientes unos de otros por lo que el número de combinaciones posibles de estas funciones está limitado. Las restricciones son las siguientes:

$$n = 1, 2, 3, \ldots$$
$$l = 0, 1, 2, \ldots, n-1$$
$$m = -l, -(l-1), \ldots, 0, \ldots, l-1, l$$

La **función radial** ya normalizada se representa como:

$$R_{nl}(r) = \left[\frac{(n-l-1)!}{2n[(n+l)!]^3}\right]^{1/2}\left(\frac{2Z}{na_\mu}\right)^{l+3/2} r^l e^{-\frac{Zr}{na_\mu}} L_{n-l-1}^{2l+1}\left(\frac{2Zr}{na_\mu}\right)$$

Siendo $L_{n-l-1}^{2l+1}\left(\dfrac{2Zr}{na_\mu}\right)$ las funciones asociadas de Laguerre y

$$a_\mu = \frac{4\pi\varepsilon_0 \hbar^2}{\mu e^2}$$

. Nótese que a_μ es aproximadamente igual al radio de Bohr, a_0. Si la masa del núcleo es infinita entonces $\mu = m_e$ y $a_\mu = a_0$.

Sin embargo, es más habitual encontrar las autofunciones expresadas en función de la **función radial reducida**:

$$P_{nl} = rR_{nl}$$

Así pues la **función de onda** queda como sigue:

$$\psi_{n,l,m}(r,\theta,\phi) = \frac{P_{nl}(r)}{r}Y_{l,m} = \left[\frac{(n-l-1)!}{2n[(n+l)!]^3}\right]^{1/2}\left(\frac{2Z}{na_\mu}\right)^{l+3/2} r^l e^{-\frac{Zr}{na_\mu}} L_{n-l-1}^{2l+1}\left(\frac{2Zr}{na_\mu}\right)Y_{l,m}(\theta,\phi)$$

Niveles de energía no relativista

En el caso de los átomos hidrogenoides al no haber interacciones entre electrones, pues sólo hay uno, la energía de los orbitales atómicos puede ser calculada analíticamente de forma exacta. Los valores de energía permitidos son

$$E_n = -\frac{\mu e^4}{(4\pi\epsilon_0)^2\hbar^2}\frac{Z^2}{2n^2}$$

Habitualmente se considera $\mu = m_e$, por lo que los valores de energía se expresan como:

$$E_n = -\frac{1}{2}\frac{Z^2}{n^2}E_h$$

donde E_h es la unidad atómica de energía o Hartree. Como se puede ver, la fórmula solo depende del número cuántico principal. Esto confiere a los diferentes estados de energía lo que se denomina degeneración accidental. Por ejemplo para $n = 2$ existen cuatro estados posibles, $<n,l,m> = <2,0,0>$, $<2,1,0>$, $<2,1,+1>$ y $<2,1,-1>$, con la misma energía para $l=0$ que para $l=1$. Pero dado que la función de energía solo depende de n y no de l, todos ellos tendrán, en principio, la misma energía (la degeneración en m es consecuencia de la invariancia bajo rotaciones de todos los potenciales centrales). Esta aproximación en la medida de los niveles de energía recibe el nombre de **estructura gruesa**. Sin embargo, el hecho de que la degeneración sea accidental es debido a que no aparece para otros potenciales centrales, sino justo para un potencial que decaiga exactamente como el de Coulomb, o sea, exactamente con el inverso de la distancia. Clásicamente esta dependencia con la distancia en la energía potencial hace que se pueda construir una cantidad vectorial (el vector de Runge-Lenz) que permanece constante en el movimiento. Cuánticamente, las componentes del operador vectorial que representan al observable de Runge-Lenz no conmutan con el momento angular orbital al cuadrado, lo cual garantiza que tengamos estados linealmente independientes con el mismo autovalor de la energía y diferente autovalor del momento angular orbital al cuadrado: o sea, lo que hemos llamado degeneración accidental. En realidad, existen tres correcciones distintas que hacen variar sensiblemente el valor de la energía de dichos niveles rompiendo

228 - Átomo hidrogenoide

esa degeneración. Es la denominada **estructura fina** del átomo de hidrógeno o hidrogenoide. En los átomos multielectrónicos en la aproximación de campo central, el potencial "apantallado" que sienten los electrones y que tiene en cuenta en parte la repulsión interelectrónica ya no es Coulomb (no decae con el inverso de la distancia al núcleo) y no hay degeneración accidental.

Función de onda relativista

La ecuación de Schrödinger aplicada a electrones es sólo una aproximación no relativista a la ecuación de Dirac que da cuenta tanto del efecto del spin del electrón. En el tratamiendo de Dirac de los electrones de hecho la función de onda debe substituirse por un espinor de cuatro componentes:

$$\psi_{n,jm}^{(\pm)}(r,\theta,\phi) = \left\{ \begin{array}{c} \dfrac{iG_{n,lj}(r)}{r}\varphi_{jm}^{(\pm)} \\ \dfrac{F_{n,lj}(r)}{r}(\boldsymbol{\sigma}\cdot\mathbf{r})\varphi_{jm}^{(\pm)} \end{array} \right\}$$

Donde las funciones F y G se expresan en términos de funciones hipergeométricas:

A modo de comparación con el caso no relativista se dan a continuación la forma explícita del espinor de funciones de onda del estado fundamental:

El límite no relativista se obtiene haciendo tender

$$\gamma := \sqrt{1 - Z^2\alpha^2} \to 1,$$

es decir, haciendo tender la constante de estructura fina a cero.

Niveles de energía relativista

El tratamiento de los electrones mediante la ecuación de Dirac sólo supone pequeñas correcciones a los niveles dados por la ecuación de Schrödinger. Tal vez el efecto más interesante es la desaparición de la degeneración de los niveles, por el efecto de la interacción espín-órbita consistente en que los electrones con valores diferentes del tercer número cuántico m (número cuántico magnético) tienen diferentes energía debido al efecto sobre ellos del momento magnético del núcleo atómico. De hecho los niveles energéticos vienen dados por:

$$E_n = m_e c^2 \sqrt{1 + \left(\frac{Z\alpha}{n - |m| + \sqrt{m^2 + (Z\alpha)^2}}\right)^2}$$

Donde:

m_e, es la masa del electrón.

c α, son la velocidad de la luz y la constante de estructura fina.

Z, n, m, son el número de protones del núcleo, el número cuántico principal y el número cuántico magnético.

Si se prescinde de la energía asociada a la masa en reposo del electrón estos niveles pueden resultan cercanos a los predichos por la ecuación de Schrödinger, especialmente en el caso $m = 0$:

$$E_n - m_e c^2 \approx \frac{m_e}{2}\left(\frac{Z\alpha}{n - |m| + \sqrt{m^2 + (Z\alpha)^2}}\right)^2$$

Correcciones de espín

Además de las correcciones relativistas simples, en un átomo hidrogenoide pueden existir correcciones debidas a la interacción del espín electrónico con el momento magnético del núcleo, cuando este no es perfectamente esférico. (ver correcciones de espín).

Obtenido de «http://es.wikipedia.org/wiki/%C3%81tomo_hidrogenoide»

CPSIA information can be obtained at www.ICGtesting.com
Printed in the USA
242731LV00003B/21/P

9 781231 640982